Markus Düllmann
Hermanusweg 20
49733 Haren
oder
Hahnenstraße 28
30167 Hannover

Tel: 0176-23599941

Oldenbourg

Höhere Mathematik

für Ingenieure, Physiker und Mathematiker

von
Norbert Herrmann

Oldenbourg Verlag München Wien

Dr. Dr. hc. Norbert Herrmann, Institut für Angewandte Mathematik,
Universität Hannover

Bibliografische Information Der Deutschen Bibliothek

Die Deutsche Bibliothek verzeichnet diese Publikation in der Deutschen
Nationalbibliografie; detaillierte bibliografische Daten sind im Internet
über <http://dnb.ddb.de> abrufbar.

© 2004 Oldenbourg Wissenschaftsverlag GmbH
Rosenheimer Straße 145, D-81671 München
Telefon: (089) 45051-0
www.oldenbourg-verlag.de

Das Werk einschließlich aller Abbildungen ist urheberrechtlich geschützt. Jede Verwertung
außerhalb der Grenzen des Urheberrechtsgesetzes ist ohne Zustimmung des Verlages unzulässig und strafbar. Das gilt insbesondere für Vervielfältigungen, Übersetzungen, Mikroverfilmungen und die Einspeicherung und Bearbeitung in elektronischen Systemen.

Lektorat: Sabine Krüger
Herstellung: Rainer Hartl
Umschlagkonzeption: Kraxenberger Kommunikationshaus, München
Gedruckt auf säure- und chlorfreiem Papier
Druck: R. Oldenbourg Graphische Betriebe Druckerei GmbH

ISBN 3-486-27498-8

Vorwort

Wieso? Weshalb? Warum?

Wer nicht fragt, bleibt dumm!

Lied der Sesamstraße

Das vorliegende Buch verbindet zwei unterschiedliche Teilgebiete der Mathematik.

- Zum einen ist es die Numerische Mathematik mit den Themen ‚Lineare Gleichungssysteme‘, ‚Numerik für Eigenwertaufgaben‘, ‚Interpolation‘, ‚Numerische Quadratur‘ und ‚Nichtlineare Gleichungen‘. Hinzu kommt alles, was mit dem numerischen Lösen von gewöhnlichen und partiellen Differentialgleichungen zu tun hat.

- Das zweite Teilgebiet ist die Höhere Analysis mit den Themen ‚Laplace–Transformation‘, ‚Fourierentwicklung‘, ‚Distributionen‘ und der ganze theoretische Background für gewöhnliche und partielle Differentialgleichungen. Aber gerade hier überschneiden sich die beiden Gebiete; denn fast alle Näherungsverfahren laufen auf das Lösen eines linearen Gleichungssystems hinaus, womit sich der Kreis zum ersten Kapitel wieder schließt.

- Als gewisser Exot mag das Thema ‚Lineare Optimierung‘ gelten.

Das oben vorangestellt Motto aus der Sesamstraße kann und sollte man an den Anfang jeder intensiveren Betätigung mit Mathematik stellen. Denn dies ist geradezu ein Wesensmerkmal der Mathematik, daß alle ihre Aussagen begründbar sind und nichts dem Glauben, dem Zufall oder der Einbildung überlassen bleibt. Das vorliegende Buch möchte diese Botschaft besonders an die Ingenieure und Physiker vermitteln. Deshalb haben wir bei den meisten Ergebnissen und Aussagen auch die Beweise angeführt. Dazu ist es ein Herzensanliegen des Autors, dass sich gerade die Anwender nicht von diesen Beweisen abschrecken lassen, sondern außer der Notwendigkeit eines Beweises auch seine Schönheit entdecken.

Ein herzlicher Dank gebührt meinen eifrigen Studierenden, die sich zur Examensvorbereitung die Internetvorabversion dieses Buches reingezogen und mich auf manche Fehler aufmerksam gemacht haben.

Ein großer Dank geht an meine Kollegen PD Dr. Matthias Maischak, ohne den die PDF-Version des gesamten Buches nicht fertig geworden wäre, und an Dipl.–Math. Florian Leydecker, der an einem regennassen Novembertag das Bild auf dem Umschlag geschossen hat.

Ein ganz besonders lieber Dank aber sei meiner Frau ausgesprochen, die lange Monate hin selbst Sonntagabend den Computertisch als meinen Tatort akzeptiert hat.

Nicht zuletzt möchte ich Frau Sabine Krüger, meiner Lektorin vom Oldenbourg Wissenschaftsverlag, für ihr stets offenes Ohr, wenn ich mit neuen Wünschen kam, danken.

Hannover   N. Herrmann

Inhaltsverzeichnis

Einleitung

1	**Numerik linearer Gleichungssysteme**	1
1.1	Einleitung	1
1.2	Zur Lösbarkeit linearer Gleichungssysteme	1
1.3	Spezielle Matrizen	3
1.3.1	Symmetrische und Hermitesche Matrizen	3
1.3.2	Positiv definite Matrizen	4
1.3.3	Orthogonale Matrizen	8
1.3.4	Permutationsmatrizen	9
1.3.5	Frobeniusmatrizen	11
1.3.6	Diagonaldominante Matrizen	13
1.3.7	Zerfallende Matrizen	15
1.4	Vektor– und Matrix–Norm	17
1.4.1	Vektornorm	17
1.4.2	Matrixnorm	21
1.5	Fehleranalyse	25
1.5.1	Kondition	25
1.5.2	Vorwärtsanalyse und Fehlerabschätzungen	27
1.5.3	Rückwärtsanalyse: Satz von Prager und Oettli	30
1.6	L–R–Zerlegung	35
1.6.1	Die Grundaufgabe	35
1.6.2	Pivotisierung	39
1.6.3	L–R–Zerlegung und lineare Gleichungssysteme	44
1.6.4	L–R–Zerlegung und inverse Matrix	47
1.7	Q–R–Zerlegung	48
1.7.1	Der Algorithmus	50
1.7.2	Q–R–Zerlegung und lineare Gleichungssysteme	53
1.8	Überbestimmte lineare Gleichungssysteme	54
1.8.1	Die kleinste Fehlerquadratsumme	54
1.8.2	Q–R–Zerlegung und überbestimmte lineare Gleichungssysteme	60
1.9	Gleichungssysteme mit symmetrischer Matrix	64
1.9.1	Cholesky–Verfahren	64
1.9.2	Cholesky–Zerlegung und lineare Gleichungssysteme	68
1.9.3	Einige Zusatzbemerkungen	69

1.9.4	Verfahren der konjugierten Gradienten	70
1.10	Iterative Verfahren	74
1.10.1	Gesamt– und Einzelschrittverfahren	74
1.10.2	SOR–Verfahren	81

2 Numerik für Eigenwertaufgaben — 85

2.1	Einleitung und Motivation	85
2.2	Grundlegende Tatsachen	86
2.2.1	Die allgemeine Eigenwert–Eigenvektoraufgabe	86
2.2.2	Ähnlichkeit von Matrizen	89
2.3	Abschätzung nach Gerschgorin	91
2.4	Das vollständige Eigenwertproblem	95
2.4.1	Zurückführung einer Matrix auf Hessenberggestalt	96
2.4.2	Verfahren von Wilkinson	96
2.4.3	Verfahren von Householder	99
2.4.4	Das Verfahren von Hyman	107
2.4.5	Shift	109
2.4.6	Q–R–Verfahren	111
2.4.7	Verfahren von Jacobi	120
2.5	Das partielle Eigenwertproblem	125
2.5.1	Von Mises–Verfahren	125
2.5.2	Rayleigh–Quotient für symmetrische Matrizen	129
2.5.3	Inverse Iteration nach Wielandt	132

3 Lineare Optimierung — 137

3.1	Einführung	137
3.2	Die Standardform	138
3.3	Graphische Lösung im 2D–Fall	140
3.4	Lösbarkeit des linearen Optimierungsproblems	143
3.5	Der Simplex–Algorithmus	149
3.5.1	Der Algorithmus am Beispiel der Transportaufgabe	151
3.5.2	Sonderfälle	154

4 Interpolation — 161

4.1	Polynominterpolation	161
4.1.1	Aufgabenstellung	161
4.1.2	Lagrange–Interpolation	164
4.1.3	Newton–Interpolation	166
4.1.4	Auswertung von Interpolationspolynomen	171
4.1.5	Der punktweise Fehler	172
4.1.6	Hermite–Interpolation	173

4.2	Interpolation durch Spline–Funktionen	176
4.2.1	Ärger mit der Polynom–Interpolation	176
4.2.2	Lineare Spline–Funktionen	178
4.2.3	Hermite–Spline–Funktionen	184
4.2.4	Kubische Spline–Funktionen	192

5 Numerische Quadratur — 203

5.1	Allgemeine Vorbetrachtung	203
5.1.1	Begriff der Quadraturformel	203
5.1.2	Der Exaktheitsgrad von Quadraturformeln	204
5.1.3	Einige klassische Formeln	205
5.2	Interpolatorische Quadraturformeln	206
5.2.1	Newton–Cotes–Formeln	207
5.2.2	Formeln vom MacLaurin-Typ	209
5.2.3	Mehrfachanwendungen	209
5.3	Quadratur nach Romberg	212
5.4	Gauß–Quadratur	216
5.4.1	Normierung des Integrationsintervalls	216
5.4.2	Konstruktion einer Gaußformel	217
5.4.3	Legendre–Polynome	218
5.4.4	Bestimmung der Stützstellen	219
5.4.5	Bestimmung der Gewichte	220
5.4.6	Exaktheitsgrad und Restglied Gaußscher Quadraturformeln	220
5.5	Vergleichendes Beispiel	220
5.6	Stützstellen und Gewichte nach Gauß	226

6 Nichtlineare Gleichungen — 231

6.1	Motivation	231
6.2	Fixpunktverfahren	232
6.3	Newton–Verfahren	238
6.4	Sekanten–Verfahren	242
6.5	Verfahren von Bairstow	243
6.6	Systeme von nichtlinearen Gleichungen	247
6.6.1	Motivation	247
6.6.2	Fixpunktverfahren	247
6.6.3	Newton–Verfahren für Systeme	250
6.6.4	Vereinfachtes Newton–Verfahren für Systeme	251
6.6.5	Modifiziertes Newton–Verfahren für Systeme	252

7 Laplace–Transformation — 257

- 7.1 Einführung — 257
- 7.2 Existenz der Laplace–Transformierten — 258
- 7.3 Rechenregeln — 261
- 7.4 Die inverse Laplace–Transformation — 268
- 7.4.1 Partialbruchzerlegung — 268
- 7.4.2 Faltung — 270
- 7.5 Zusammenfassung — 272
- 7.6 Anwendung auf Differentialgleichungen — 273
- 7.7 Einige Laplace–Transformierte — 275

8 Fourierreihen — 279

- 8.1 Erklärung der Fourierreihe — 279
- 8.2 Berechnung der Fourierkoeffizienten — 281
- 8.3 Reelle F–Reihe $\Longleftrightarrow$ komplexe F–Reihe — 283
- 8.4 Einige Sätze über Fourier–Reihen — 285
- 8.5 Sprungstellenverfahren — 286
- 8.6 Zum Gibbsschen Phänomen — 288
- 8.7 Schnelle Fourieranalyse (FFT) — 290

9 Distributionen — 297

- 9.1 Einleitung und Motivation — 297
- 9.2 Testfunktionen — 298
- 9.3 Reguläre Distributionen — 300
- 9.4 Singuläre Distributionen — 302
- 9.5 Limes bei Distributionen — 304
- 9.6 Rechenregeln — 305
- 9.7 Ableitung von Distributionen — 308
- 9.8 Faltung von Testfunktionen — 311
- 9.9 Faltung bei Distributionen — 312
- 9.10 Anwendung auf Differentialgleichungen — 314

10 Numerik von Anfangswertaufgaben — 319

- 10.1 Einführung — 319

10.2	Wie ein Auto bei Glätte rutscht	319
10.2.1	Explizite Differentialgleichungen n-ter Ordnung	325
10.2.2	DGl n-ter Ordnung → DGl-System	326
10.3	Aufgabenstellung	327
10.4	Zur Existenz und Einzigkeit einer Lösung	329
10.5	Numerische Einschritt–Verfahren	337
10.5.1	Euler–Polygonzug–Verfahren	338
10.5.2	Verbessertes Euler–Verfahren	340
10.5.3	Implizites Euler–Verfahren	341
10.5.4	Trapez–Verfahren	342
10.5.5	Runge–Kutta–Verfahren	343
10.5.6	Die allgemeinen Runge–Kutta–Verfahren	345
10.6	Konsistenz, Stabilität und Konvergenz bei Einschrittverfahren	348
10.6.1	Konsistenz	348
10.6.2	Stabilität	354
10.6.3	Konvergenz	368
10.7	Lineare Mehrschritt–Verfahren	371
10.7.1	Herleitung von Mehrschritt–Verfahren	372
10.8	Konsistenz, Stabilität und Konvergenz bei Mehrschrittverfahren	374
10.8.1	Konsistenz	374
10.8.2	Stabilität	379
10.8.3	Konvergenz	381
10.9	Prädiktor–Korrektor–Verfahren	381
11	**Numerik von Randwertaufgaben**	**385**
11.1	Aufgabenstellung	385
11.1.1	Homogenisierung der Randbedingungen	386
11.2	Zur Existenz und Einzigkeit einer Lösung	387
11.3	Kollokationsverfahren	389
11.4	Finite Differenzenmethode FDM	392
11.5	Verfahren von Galerkin	398
11.5.1	Die schwache Form	402
11.5.2	Sobolev–Räume	403
11.5.3	1. Konstruktion der Sobolev–Räume	405
11.5.4	2. Konstruktion der Sobolev–Räume	406
11.5.5	Durchführung des Verfahrens von Galerkin	410
11.6	Methode der finiten Elemente	415
11.6.1	Kurzer geschichtlicher Überblick	415
11.6.2	Algorithmus zur FEM	416
11.6.3	Zur Fehlerabschätzung	421

11.7	Exkurs zur Variationsrechnung	423
11.7.1	Einleitende Beispiele	423
11.7.2	Grundlagen	424
11.7.3	Eine einfache Standardaufgabe	426
11.7.4	Verallgemeinerung	431
11.7.5	Belastete Variationsprobleme	432
11.8	Verfahren von Ritz	434
11.8.1	Vergleich von Galerkin– und Ritz–Verfahren	436

12 Partielle Differentialgleichungen — 441

12.1	Einige Grundtatsachen	442
12.1.1	Klassifizierung	444
12.1.2	Anfangs– und Randbedingungen	447
12.1.3	Korrekt gestellte Probleme	450
12.2	Die Poissongleichung und die Potentialgleichung	451
12.2.1	Dirichletsche Randwertaufgabe	452
12.2.2	Neumannsche Randwertaufgabe	462
12.2.3	Numerische Lösung mit dem Differenzenverfahren	465
12.3	Die Wärmeleitungsgleichung	471
12.3.1	Einzigkeit und Stabilität	471
12.3.2	Zur Existenz	474
12.3.3	Numerische Lösung mit dem Differenzenverfahren	479
12.4	Die Wellengleichung	486
12.4.1	Die allgemeine Wellengleichung	486
12.4.2	Das Cauchy–Problem	488
12.4.3	Das allgemeine Anfangs–Randwert–Problem	490
12.4.4	Numerische Lösung mit dem Differenzenverfahren	494

Literaturverzeichnis — 499

Index — 501

Einleitung

Wer kennt nicht die leidige Suche nach einem Parkplatz in einer überfüllten City. Und dann sieht man plötzlich eine Lücke am Straßenrand, weiß aber nicht, ob man hineinkommt.

Solch ein Problem stellt eine reizvolle Aufgabe für einen Mathematiker dar. Eine physikalische Alltagssituation möchte analysiert werden. Also muß man zuerst ein mathematisches Modell entwerfen, das die Fragestellung einigermaßen richtig wiedergibt. Das geht normalerweise nur mit erheblichen Vereinfachungen, was Physiker und Ingenieure nicht überrascht; denn sie treiben es seit Jahrhunderten ähnlich.

Wir wollen hier zu Beginn eine Lösung dieses Problems vorstellen, das im Herbst des Jahres 2003 zu einem erheblichen Rauschen im Blätterwald der deutschsprachigen Zeitungen geführt hat; Rundfunk und Fernsehen berichteten in mehreren Sendungen. Den Autor hat es gefreut, daß sich daraufhin viele Menschen mit Mathematik befaßt und ihn mit Fragen überhäuft haben. Vielleicht erkennen ja auch Sie, liebe Leserin, lieber Leser, daß Mathematik nicht nur als Rechenhilfsmittel taugt, sondern bei vielen Alltagsproblemen Lösungen bietet, die manchmal selbst Experten überraschen. Man schaue sich das Ergebnis des Rutschproblems im Kapitel 10 'Numerik von Anfangswertaufgaben' an.

Das Rückwärtseinparken

In der Fahrschule hat man uns gequält mit dem Rückwärtseinparken. Das könnte hier helfen, und genau darum geht es uns in diesem Beitrag. Wie ging das noch gleich?

1. Man stellt sich direkt neben das vordere Auto A in einem Abstand p zu diesem Auto.

2. Man fährt gerade rückwärts, bis der Mittelpunkt unseres Autos, bezogen auf die vier Reifen, auf gleicher Höhe mit dem Ende des Vorderautos A ist. (Wir werden später sehen, daß das verbessert werden kann. Man muß nur so weit zurückfahren, bis die Hinterachse unseres Autos mit dem Ende des Nachbarautos übereinstimmt!)

3. Jetzt dreht man das Steuerrad vollständig bis zum Anschlag, so daß man in die Lücke hineinfährt. Dabei fährt man einen Kreisbogen, zu dem der Winkel α gehört.

4. Dann dreht man das Vorderrad vollständig in die entgegengesetzte Richtung, um wieder parallel zur Straße zu gelangen, und fährt den entgegengesetzten Kreisbogen mit dem selben Winkel α.

5. Schließlich fährt man noch ein Stückchen nach vorne, um das hintere Auto B nicht einzuklemmen.

Die Fragen, die sich hier stellen, lauten:

- Wie breit muß die Lücke mindestens sein, damit wir dort hineinkommmen?
- In welchem Abstand p beginnt man das Spielchen?
- Welchen Kreisbogen sollte man fahren, wie groß ist also der Winkel α?

Die Formeln von Rebecca Hoyle

Mitte April dieses Jahres ging vor allem in den Online–Versionen verschiedener Tageszeitungen folgende „Formel zum Einparken" um die Welt (aus satztechnischen Gründen schreiben wir sie in zwei Zeilen):

$$p = r - w/2, g) - w + 2r + b, f) - w + 2r - fg$$
$$\max((r + w/2)^2 + f^2, (r + w/2)^2 + b^2) \pounds \min((2r)^2, (r + w/2 + k)^2)$$

Internetleser, die auf diese Formel stießen, waren verstört, denn die Formel machte so recht keinen Sinn.

- Was soll gleich zu Beginn die geschlossene Klammer, wenn zuvor keine öffnende Klammer vorhanden ist?
- Was sollen die vielen Kommata mitten im Geschehen?
- Welche Bedeutung hat das englische Pfundzeichen in der zweiten Zeile?

Angeblich stammt diese Formel von der englischen Mathematikerin Rebecca Hoyle. Nun, zu ihrer Ehre sei gesagt, daß sie in der Tat eine solch unsinnige Formel nicht veröffftentlich hat. Auf ihrer homepage findet man folgendes Formelsystem, das aus vier einzelnen Formeln besteht:

$$p = r - \frac{w}{2} \qquad (1)$$
$$g \geq w + 2r + b \qquad (2)$$
$$f \leq w + 2r - fg \qquad (3)$$
$$\max\left(\left(r + \frac{w}{2}\right)^2 + f^2, \left(r + \frac{w}{2}\right)^2 + b^2\right) \leq \min\left(4r^2, \left(r + \frac{w}{2} + k\right)^2\right) \qquad (4)$$

Dabei ist

Einleitung

- p der seitliche Abstand zum vorderen Auto A,
- r der Radius des kleinsten Kreises, den der Automittelpunkt, das ist der Mittelpunkt des Rechtecks aus den vier Reifen, beschreiben kann,
- w die Breite unseres Autos,
- g die Breite der benötigten Parklücke
- f der Abstand vom Automittelpunkt zur Front
- b der Abstand vom Automittelpunkt zum Autoende
- fg der Abstand zum Vorderauto am Ende des Einparkens,
- k der Abstand zum Bordstein am Ende des Einparkens.

Damit klärt sich obige sinnlose Formel weitgehend. Jedes Komma oben trennt zwei Formeln. Dann hat irgendein Textsystem leider das mathematische Zeichen $\geq$ nicht verstanden und einfach aus dem Zeichen $>$ eine Klammmer) und aus dem halben Gleichheitszeichen eine Subtraktion gemacht. Wieso allerdings aus dem Zeichen $\leq$ das englische Pfundzeichen £ geworden ist, bleibt mysteriös.

Kritik an Rebeccas Formeln

Prinzipiell sind Rebeccas Formeln mathematisch vernünftig, und man kann aus ihnen auch Zahlenwerte, die das Einparken beschreiben, ableiten.

Allerdings haben wir einige Kritikpunkte anzugeben.

1. In der Formel (3) ist einzig fg unbekannt, läßt sich also daraus berechnen. Man fragt sich aber, welche Bedeutung für das Einparken dieser Abstand zum Vorderauto hat. Die Formel scheint überflüssig.

2. Analoges gilt für Formel (4), aus der sich zwar am Ende des Einparkens als einzige unbekannte Größe der Abstand k zum Bordstein berechnen läßt, aber wozu braucht man ihn? Auch diese (richtige) Formel wird für das Einparkmanöver nicht gebraucht.

3. Formel (1) scheint sinnvoll zu sein, gibt sie doch der oder dem Einparker den seitlichen Abstand an, den man zu Beginn zum vorderen Nachbarauto halten sollte.

4. Formel (2) sieht nach der Hauptformel aus. Sie beschreibt, wie groß die Lücke zu sein hat, um den Parkvorgang sicher zu Ende führen zu können.

Wenn wir jetzt aber obige Formeln auf einen typischen Mittelklassewagen anwenden, so sehen wir, daß sie alle nicht recht taugen.

In den Wagenpapieren findet man die Angabe über den Wendekreis, der folgendermaßen bestimmt wurde:

Definition 0.1 *Befestigt man an der vordersten linken Ecke des Fahrzeugs einen Stab, der auf dem Boden schleift und fährt man dann den kleinstmöglichen Rechts–Kreis bei voll eingeschlagenem Steuerrad, so beschreibt dieser Stab einen Kreis, den Wendekreis des Fahrzeugs. Sein Durchmesser D wird in den Wagenpapieren verzeichnet.*

Wir wollen mit R den Radius des Wendekreises, also den halben Durchmesser bezeichnen. Dabei liegt der Mittelpunkt auf der Verlängerung der Hinterachse.

Bei einem gut gebauten Auto kann man natürlich auch einen Links–Kreis fahren und den Stab vorne rechts anbringen. Die Symmetrie führt zum gleichen Ergebnis.

Der Zusammenhang zwischen r bei Rebecca und unserem R wird nach Pythagoras ermittelt:

$$r = \sqrt{R^2 - f^2} - \frac{w}{2} \qquad (5)$$

Dabei ist

- f der Abstand von der Hinterachse bis zur Fahrzeugfront
- w die Breite des Fahrzeugs

Nun zu unserem Auto. Nehmen wir an, daß es folgende Abmessungen besitzt – der Übersicht wegen nehmen wir glatte Werte:

- Wendekreis $D = 12\ m$, also $R = 6\ m$
- Abstand Hinterachse – Front $3m$
- Abstand Hinterachse – hinten $1\ m$
- Wagenbreite $w = 1.5\ m$

Damit ergibt sich

$$r = \sqrt{R^2 - f^2} - \frac{w}{2} = \sqrt{36 - 9} - 0.75 = 4.45$$

Wir rechnen also Rebeccas Formeln mit $r = 4.45\ m$ durch. Dann ist

$$p = r - \frac{w}{2} = 3.69\ m,$$

$$g \geq w + 2r + b = 1.5 + 2 \cdot 4.45 + 1 = 11.40$$

Das heißt also, wir sollen zum Nachbarauto einen Abstand von 3.69 m halten. Aber liebe Rebecca, wenn eine Straße nur 6 m breit ist, steht man damit entweder voll im Gegenverkehr oder bereits im gegenüber geparkten Auto.

Wenn man eine Lücke von 11.40 m irgendwo sieht, so fährt man vorwärts hinein, denn dort ist ja Platz für zwei Autos. Da wird unser Manöver nicht benötigt.

Das kann nicht gemeint sein. Hier sind Rebeccas Formeln zwar richtig, aber viel zu grob. Das ist in europäischen Städten nicht vorstellbar.

Neue Formeln zum Parallelparken

Neue und bessere Formeln müssen her. Betrachten wir dazu folgende Skizze.

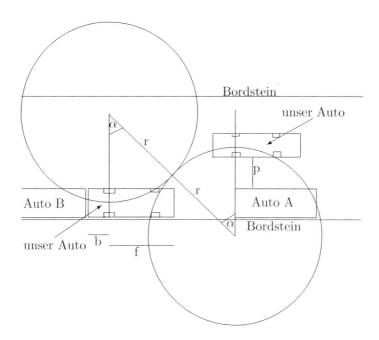

Zur Herleitung unserer Formeln machen wir einen Trick: Wir betrachten das *Ausparken*, nicht das Einparken. Wir gehen also von innen nach außen, weil wir da von der festen Position unseres Autos knirsch am hinteren Auto starten können. Da, wo wir landen, ist dann unser eigentlicher Ausgangspunkt. Der ganze Vorgang ist ja voll reversibel.

Betrachten wir also unsere Skizze. Wir stehen mitten im Parkplatz schön ordentlich am Bordstein. Zum Ausparken fahren wir zuerst rückwärts, bis wir gerade eben das hintere Auto nicht berühren. Mathematisch setzen wir diesen Abstand zu 0 mm. Also bitte, das ist die Theorie, in der Praxis sollten es schon 5 cm sein. Dann schlagen wir das Steuerrad vollständig nach links ein und fahren vorsichtig los. Dabei fahren wir einen Kreisbogen, zu dem ein Winkel α gehört. Diesen Winkel lassen wir zunächst so allgemein stehen, weil wir ja eine allgemeine Formel entwickeln wollen. Später müssen wir ihn dann genauer spezifizieren.

Haben wir diesen Bogen mit Winkel α durchfahren, so bleiben wir stehen und drehen das Steuerrad vollständig in die andere Richtung, in der wir dann einen Kreisbogen wiederum mit dem Winkel α durchfahren. Das Ende vom Lied ist dann, daß wir außerhalb des Parkplatzes und parallel zur Bordsteinkante stehen; denn wir haben ja beide Male einen Kreisbogen mit demselben Winkel durchfahren.

Jetzt kommt ein bißchen Geometrie. Aus der Skizze sieht man, daß der Abstand d unseres Autos zum Bordstein gleich $2x$ ist; x berechnen wir dann über den cos des Winkels α:

$$d = 2x = 2 \cdot (r - y) = 2 \cdot (r - r \cdot \cos \alpha)$$
$$= 2r \cdot (1 - \cos \alpha) \tag{6}$$

Der Abstand p zum Nachbarauto ist

$$p = d - w = 2r \cdot (1 - \cos \alpha) - w \tag{7}$$

Als Lücke erhalten wir

$$g \geq 2r \cdot \sin \alpha + b \tag{8}$$

Vergleicht man diese Lücke mit der von Rebecca (2), so ahnt man, daß Rebecca einen Winkel von 90°, also einen Viertelkreis durchfahren will.

Die Formeln für ein 45°–Manöver

In manchen Fahrschulen wird gesagt, man solle jeweils einen Achtelkreisbogen fahren; dazu gehört der Winkel $\alpha = 45°$. Dafür sehen die Formeln hübsch einfach aus; denn es ist ja $\sin 45° = \cos 45° = \frac{1}{2} \cdot \sqrt{2}$, also

$$p = 2r \cdot \left(1 - \frac{1}{2}\sqrt{2}\right) - w = r(2 - \sqrt{2}) - w \tag{9}$$
$$g \geq 2r \cdot \frac{1}{2}\sqrt{2} + b = \sqrt{2} \cdot r + b \tag{10}$$

Für unser oben schon benutztes Standardauto (vgl. S. XVI) erhalten wir folgende Werte:

$$p = 1.11\ m, \quad g \geq 7.29\ m$$

Das ist immer noch zu groß. Kein vernünftiger Autofahrer und sicher auch keine noch vernünftigere Autofahrerin stellt sich im Abstand von 1.11 m zum Nachbarauto auf die Straße. Das Hupkonzert kann man sich ausmalen.

Die optimalen Formeln

Aus der Formel (8) sehen wir, daß unsere benötigte Lücke stark vom Winkel α abhängt: Je kleiner wir diesen Winkel wählen, desto kleiner wird die Lücke. Das beste Ergebnis erhalten wir, wenn wir uns direkt neben das vordere Auto stellen. Für $p = 0$, also den Abstand zum Nachbarauto $= 0$, erhalten wir den optimalen Winkel α, mit dem wir unser Einparkproblem lösen:

$$\alpha = \arccos \frac{2r - w}{2r} \qquad (11)$$

Für unser Standardauto ergibt sich dabei

$$\alpha = \arccos \frac{2 \cdot 4.45 - 1.5}{2 \cdot 4.45} = 34°$$

Unsere benötigte Lücke kann noch kleiner werden, wenn wir bedenken, daß wir beim Ausparken zunächst ganz weit zurücksetzen und dann beim Vorwärtsausparken nur gerade das vordere Auto nicht berühren dürfen. Dieses kann daher noch ein Stückchen näher stehen.

Als kleinstmögliche Lücke ergibt sich damit

$$g \geq \sqrt{2r \cdot w + f^2} + b, \qquad (12)$$

was für unser Standardauto bedeutet:

$$g \geq \sqrt{2 \cdot 4.45 \cdot 1.5 + 9} + 1 = 5.73\ m$$

Das sieht doch sehr vernünftig aus. In Vorschriften für den Straßenbau und speziell für Parkplätze findet man die Vorgabe, daß ein Parkplatz am Straßenrand für ein paralleles Einparken mindestens die Länge von 5.75 m haben sollte. Jetzt wird das verständlich, denn wir füllen ja nicht die ganze Parklücke aus, sondern brauchen Platz zum Rangieren.

Das brauchen unsere Nachbarn vorne und hinten ebenfalls, so daß von deren Platz ein bißchen für uns übrig bleibt. Das wird offensichtlich in der Vorschrift mit einbezogen.

Zusammenfassung

Einige Schlußbemerkungen dürfen nicht fehlen. Zunächst fassen wir unser Ergebnis in folgendem Kasten zusammen.

Die neuen Formeln zum Einparken

Abstand zum Nachbarauto $\quad p = 0$

Winkel des Kreisbogens $\quad \alpha = \arccos \dfrac{2r - w}{2r}$

benötigte Parklücke $\quad g \geq \sqrt{2rw + f^2} + b$

Selbstverständlich sind diese Formeln aus der Theorie geboren und so für die Praxis noch nicht tauglich.

- Einen Abstand von 0 mm zum Nachbarauto kann nur ein Theoretiker einhalten. Für die Praxis müssen da realistische Werte eingesetzt werden. Genau so sind auch alle anderen Werte so gerechnet, daß man gerade eben die Nachbarautos nicht berührt. Jedem Autofahrer sei geraten, hier eine gewisse Toleranz einzuplanen.

- Wer will denn schon mit Maßband und Winkelmesser auf Parkplatzsuche gehen. Immerhin scheint es vorstellbar, daß ein Autokonstrukteur hier vielleicht Ansätze findet, um einen Computer an Bord mit den entsprechenden Daten zu füttern und das Einparkmanöver vollautomatisch ablaufen zu lassen.

Werte für einige Autos

Wir stellen hier aus den Betriebshandbüchern die Werte für einige Autos zusammen. Allerdings sollte die geneigte Leserin oder der versierte Autofreak obige Schlußbemerkungen im Auge behalten.

Hersteller	Modell	Winkel	optimale Lücke
VW	4er Golf	42°	5.50 m
BMW	3er E46	45°	5.21 m
Mercedes	C–Klasse	43°	5.88 m
Audi	A4 / S4 Limousine	43°	5.94 m
Opel	Astra 5-türig	43°	5.42 m
VW	Passat	41°	6.08 m
VW	Polo	41°	5.29 m
Ford	Focus Limousine 4-türig	42°	5.87 m
Mercedes	E–Klasse	42°	6.27 m
Opel	Corsa Limousine 3-türig	42°	5.16 m
Mercedes	Smart	42°	4.00 m
Renault	Laguna	46°	6.14 m

1 Numerik linearer Gleichungssysteme

1.1 Einleitung

Schon die alten Chinesen kannten lineare Gleichungssysteme und konnten sie mit einer Technik, die sie die Regel „Fang ch'êng" nannten, lösen, indem sie das System mit der Plus–Minus–Regel ganz im Sinne von Gauß auf Dreiecksgestalt transformierten. Die „Neun Bücher arithmetischer Technik" aus dem ersten vorchristlichen Jahrhundert schildern die folgende Aufgabe:

Beispiel 1.1 *Essenszuteilung im alten China:*
1 Vorgesetzter, 5 Beamte und 10 Gefolgsleute erhalten zum Essen 10 Hühner.
10 Vorgesetzte, 1 Beamter und 5 Gefolgsleute erhalten zum Essen 8 Hühner.
5 Vorgesetzte, 10 Beamte und 1 Gefolgsmann erhalten zum Essen 6 Hühner.
Wieviel bekommt jeder vom Huhn zum Essen?

Offensichtlich führt das auf ein lineares Gleichungssystem mit drei Gleichungen und drei Unbekannten. Die Lösung, die man leicht mit dem Gaußschen Eliminationsverfahren ermittelt, gibt sicher nicht die Lebensverhältnisse im alten China wieder, wo also ein Vorgesetzter 45/122 Huhn, ein Gefolgsmann dagegen mehr als doppelt so viel, nämlich 97/122 Huhn erhält, während ein braver Beamter immerhin noch 45/122 Huhn bekommt. Aber es erstaunt schon, daß in so früher Zeit die Eliminationstechnik bekannt war, die dann ja erst Anfang des 19. Jahrhunderts von C. F. Gauß wiederentdeckt wurde.

Gerade in neuerer Zeit sind viele Techniken entwickelt worden, um vor allem große Systeme, die vielleicht dazu noch schwach besetzt sind, numerisch befriedigend zu lösen. Wir werden im folgenden einige dieser Techniken vorstellen.

1.2 Zur Lösbarkeit linearer Gleichungssysteme

Wir wollen hier nur kurz ein paar grundlegende Fakten über lineare Gleichungssysteme auffrischen.

Definition 1.2 *Unter einem* **linearen Gleichungssystem** *verstehen wir die Aufgabe: Gegeben sei eine $(m \times n)$–Matrix $A = (a_{ij})$ und ein Vektor $\vec{b} \in \mathbb{R}^m$.*

Gesucht ist ein Vektor $\vec{x} \in \mathbb{R}^n$, der folgendem Gleichungssystem genügt:

$$a_{11}x_1 + a_{12}x_2 + \cdots + a_{1n}x_n = b_1$$
$$a_{21}x_1 + a_{22}x_2 + \cdots + a_{2n}x_n = b_2$$
$$\vdots \qquad \vdots \quad \vdots$$
$$a_{m1}x_1 + a_{m2}x_2 + \cdots + a_{mn}x_n = b_m$$

In Kurzschreibweise lautet dieses System

$$A\vec{x} = \vec{b}. \tag{1.1}$$

Zur Frage der Lösbarkeit eines solchen Systems gibt uns der Alternativsatz für lineare Gleichungssysteme trefflich und erschöpfend Auskunft.

Satz 1.3 (Alternativsatz für lineare Gleichungssysteme)
Gegeben sei eine reelle $(m \times n)$-Matrix A und ein Vektor $\vec{b} \in \mathbb{R}^m$. Sei $\operatorname{rg}(A)$ der Rang von A und $\operatorname{rg}(A|\vec{b})$ der Rang der um eine Spalte, nämlich den Vektor $\vec{b}$ erweiterten Matrix A. Dann gilt für die Lösbarkeit der Aufgabe 1.1 die folgende Alternative:

(i) *Ist $\operatorname{rg}(A) < \operatorname{rg}(A|\vec{b})$, so ist die Aufgabe nicht lösbar.*

(ii) *Ist $\operatorname{rg}(A) = \operatorname{rg}(A|\vec{b})$, so ist die Aufgabe lösbar.*

Gilt im Fall (ii) zusätzlich $\operatorname{rg}(A) = n$ (= Anzahl der Unbekannten), so gibt es genau eine Lösung.
Gilt im Fall (ii) zusätzlich $\operatorname{rg}(A) < n$ (= Anzahl der Unbekannten), so gibt es eine ganze Lösungsschar mit $n - \operatorname{rg}(A)$ Parametern.

Ein vor allem bei Anfängern sehr beliebter Satz fällt uns hier als leichtes Korollar in den Schoß:

Korollar 1.4 *Ist die Determinante der Koeffizientenmatrix eines quadratischen Gleichungssystems ungleich Null, so hat das System genau eine Lösung.*

Das ist klar, denn $\det A \neq 0$ bedeutet, daß A den vollen Rang hat. Also ist $n - \operatorname{rg}(A) = n - n = 0$. Wir finden also keinen freien Parameter für die Lösung.

Unser Argument befaßte sich nur mit der Zahl der Unbekannten, die durch die Anzahl der Spalten festgelegt ist, und dem Rang der Matrix. Die Anzahl der Zeilen spielte keine Rolle. Das ist auch einsichtig, denn man kann ja einfach die letzte Zeile des Systems noch 20 mal darunter schreiben. Das ändert doch an der Lösbarkeit überhaupt nichts.

1.3 Spezielle Matrizen

1.3.1 Symmetrische und Hermitesche Matrizen

Definition 1.5 *Eine $(n \times n)$–Matrix $A = (a_{ij})$ heißt*

$$\textbf{symmetrisch} \iff A^\top = A \iff a_{ij} = a_{ji} \tag{1.2}$$

$$\textbf{hermitesch} \iff \overline{A}^\top = A \iff \overline{a_{ij}} = a_{ji} \tag{1.3}$$

Beispiel 1.6 *Welche der folgenden Matrizen sind symmetrisch, welche hermitesch?*

$$A = \begin{pmatrix} 1 & 3 & 5 \\ 3 & 2 & -4 \\ 5 & -4 & -3 \end{pmatrix}, \quad B = \begin{pmatrix} 1 & 3+3i & 5-4i \\ 3-3i & 2 & -4+2i \\ 5+4i & -4-2i & -3 \end{pmatrix},$$

$$C = \begin{pmatrix} 1 & 3+3i & 5-4i \\ 3+3i & 2 & -4+2i \\ 5-4i & -4+2i & -3 \end{pmatrix}$$

Die Matrix A ist reell und offensichtlich symmetrisch und auch hermitesch. Allgemein ist eine reelle Matrix genau dann hermitesch, wenn sie symmetrisch ist.

Bei einer Matrix mit komplexen Einträgen ist das keineswegs so. Die Matrix B ist nicht symmetrisch, aber hermitesch; denn wenn wir ihre konjugierte Matrix bilden und anschließend die transponierte, gelangen wir wieder zur Matrix B zurück.

Die Matrix C ist dagegen symmetrisch, aber nicht hermitesch.

Der folgende Satz wird uns lehren, daß sowohl A als auch B eine reelle Determinante haben, nur reelle Eigenwerte besitzen und daß sie zu einer (reellen) Diagonalmatrix ähnlich sind.

Die Matrix C ist zwar auch zu einer Diagonalmatrix ähnlich, aber die Diagonalelemente und damit die Eigenwerte könnten komplex sein.

Im folgenden Satz stellen wir einige Tatsachen über hermitesche und reell–symmetrische Matrizen zusammen.

Satz 1.7   1. *Eine hermitesche Matrix hat reelle Hauptdiagonalelemente.*

2. *Alle Eigenwerte einer reell–symmetrischen und alle Eigenwerte einer hermiteschen Matrix sind reell.*

3. *Das charakteristische Polynom einer hermiteschen Matrix hat reelle Koeffizienten; insbesondere sind die Determinante und die Spur einer hermiteschen Matrix reell.*

4. *Zu jeder reell–symmetrischen und zu jeder hermiteschen Matrix gibt es eine Orthonormalbasis (ONB) aus Eigenvektoren.*

5. *Jede reell–symmetrische und jede hermitesche Matrix ist zu einer Diagonalmatrix ähnlich.*

Beispiel 1.8 *Vervollständigen Sie die folgende Matrix A so, daß sie hermitesch (und damit diagonalähnlich) ist:*

$$A = \begin{pmatrix} 1 & 3+i & -2-i \\ 3-i & 2 & -10 \\ \cdots & \cdots & \cdots \end{pmatrix}, \text{ Lösung: } A = \begin{pmatrix} 1 & 3+i & -2-i \\ 3-i & 2 & -10 \\ -2+i & -10 & a \end{pmatrix}, a \in \mathbb{R}.$$

Wir setzen $a_{31} = -2+i$, um damit $a_{31} = \overline{a_{13}}$ zu erreichen. $a_{32} = -10$, und $a_{33} = a$ können wir beliebig, aber reell wählen. Damit erhalten wir die obige Matrix.

1.3.2 Positiv definite Matrizen

Beginnen wir gleich mit der Definition.

Definition 1.9 *Eine reell–symmetrische $(n \times n)$–Matrix A heißt*

$$\textbf{positiv definit} \iff \vec{x}^\top A \vec{x} > 0 \quad \forall \vec{x} \in \mathbb{R}^n, \ \vec{x} \neq \vec{0}. \tag{1.4}$$

Matrizen mit dieser Eigenschaft treten häufig in den Anwendungen auf. So sind fast immer die Steifigkeitsmatrizen bei Elastizitätsproblemen positiv definit. Daher sind in jüngerer Zeit viele neue Verfahren entstanden, die sich die speziellen Eigenschaften positiv definiter Matrizen zu Nutze machen. Wir erwähnen das Verfahren der konjugierten Gradienten und die Methode der finiten Elemente, die wir später kennenlernen werden.

Eine Abschwächung der obigen Definition dahin, daß in (1.4) auch die Gleichheit zugelassen ist, wird mit „semidefinit" bezeichnet. Wir halten das in der folgenden Definition fest.

Definition 1.10 *Eine reell–symmetrische $n \times n$–Matrix A heißt*

$$\textbf{positiv semidefinit} \iff \vec{x}^\top A \vec{x} \geq 0 \quad \forall \vec{x} \in \mathbb{R}^n. \tag{1.5}$$

Die Definition erweist sich für die Praxis als äußerst unbrauchbar zum Nachweis der positiven Definitheit. Besser geeignet sind die letzten beiden Kriterien der folgenden Sammlung.

Satz 1.11 *Für eine reell–symmetrische Matrix A ist jede der folgenden Bedingungen notwendig und hinreichend (also äquivalent) zur positiven Definitheit:*

(a) *A positiv definit $\iff$ alle Hauptminoren sind echt größer als Null,*

(b) *A positiv definit $\iff$ alle Eigenwerte sind echt größer als Null,*

(c) *A positiv definit $\iff$ A läßt sich durch elementare Gaußsche Zeilenumformungen in eine Dreiecksmatrix mit positiven Diagonalelementen überführen,*

3 Spezielle Matrizen

(d) A positiv definit $\iff$ A läßt sich in $\mathbb{R}$ in das Produkt $A = C^\top \cdot C$ mit einer oberen Dreiecksmatrix C zerlegen, die nur positive Diagonalelemente besitzt (vgl. Cholesky–Zerlegung Seite 64).

Dabei bezeichnet man die folgenden n Determinanten einer $(n \times n)$–Matrix A als ihre Hauptminoren oder auch Hauptunterdeterminanten oder Hauptabschnittsdeterminanten:

$$\det \begin{pmatrix} a_{11} & \cdots & a_{1k} \\ \vdots & & \vdots \\ a_{k1} & \cdots & a_{kk} \end{pmatrix}, \quad k = 1, \ldots, n. \tag{1.6}$$

Wir deuten dies an durch folgende Matrix, in der wir von links oben nach rechts unten, der Hauptdiagonalen folgend, Untermatrizen eingezeichnet haben.

$$\begin{pmatrix} a_{11} & a_{12} & a_{13} & \cdots & \cdots & a_{1n} \\ a_{21} & a_{22} & a_{23} & \cdots & \cdots & a_{2n} \\ a_{31} & a_{32} & a_{33} & \cdots & \cdots & a_{3n} \\ \vdots & \vdots & \vdots & \ddots & & \vdots \\ \vdots & \vdots & \vdots & & \ddots & \vdots \\ a_{1n} & a_{2n} & a_{3n} & \cdots & \cdots & a_{nn} \end{pmatrix} \tag{1.7}$$

Ihre Determinanten sind es. Der erste Hauptminor ist also die Determinante aus der (1×1)–Matrix, die aus dem Element a_{11} besteht, also schlicht die Zahl a_{11}. Der zweite Hauptminor ist die Determinante der eingezeichneten (2×2)–Matrix usw., bis schließlich der n–te Hauptminor die Determinante der Matrix A selbst ist.

Wir wollen schon gleich hier anmerken, daß die Berechnung dieser Hauptminoren sehr aufwendig ist wie stets bei Determinanten und wir daher höchstens bei einfach gebauten (3×3)–Matrizen auf dieses Kriterium zurückgreifen werden.

Der Cholesky–Zerlegung, der für die Anwendungen bestens geeigneten Methode, werden wir ein eigenes Kapitel 1.9.1 spendieren.

Beispiel 1.12 *Wie lauten sämtliche Hauptminoren der Matrix $A = \begin{pmatrix} 1 & 2 & 3 \\ 2 & 4 & 5 \\ 3 & 5 & 6 \end{pmatrix}$?*

Der erste Hauptminor ist die Determinante der folgenden einzeilige Matrix (1), und diese ist 1.
Der zweite Hauptminor ist die Determinante der folgenden zweizeiligen Matrix:
$\det \begin{pmatrix} 1 & 2 \\ 2 & 4 \end{pmatrix} = 0$. Der dritte Hauptminor ist die Determinante der Matrix A, wir berechnen sie zu $\det A = -1$.

Möchte man ausschließen, daß eine Matrix positiv definit ist, so reicht es vielleicht manchmal schon, daß eine der folgenden Bedingungen nicht erfüllt ist.

Satz 1.13 *Für eine reell–symmetrische Matrix A ist jede der folgenden Bedingungen notwendig zur positiven Definitheit:*

(a) A positiv definit $\Longrightarrow A^{-1}$ existiert und ist positiv definit,

(b) A positiv definit $\Longrightarrow$ alle Diagonalelemente sind größer als Null.

Der Vollständigkeit halber erklären wir noch den Begriff der negativen Definitheit:

Definition 1.14 *Eine symmetrische Matrix A heißt*

$$\textbf{negativ definit} \iff -A \; \textit{positiv definit}$$

Man hüte sich vor dem Fehlschluß, daß das Gegenteil von positiv definit die Eigenschaft negativ definit sei. Wenn eine Matrix nicht positiv definit ist, so kann sie

- positiv semidefinit,
- negativ definit,
- negativ semidefinit,
- oder nichts von alledem sein.

Definition 1.15 *Eine reell–symmetrische Matrix A, die weder positiv noch negativ definit und auch nicht semidefinit ist, heißt* **indefinit**.

So ist z. B. die Matrix

$$A = \begin{pmatrix} 1 & 0 \\ 0 & -1 \end{pmatrix}$$

weder positiv noch negativ definit und auch nicht semidefinit. Da sie offensichtlich den positiven Eigenwert 1 und den negativen Eigenwert -1 hat, ist sie indefinit.

Man kann also alle reell–symmetrischen $(n \times n)$–Matrizen in drei Klassen einteilen, die positiv semidefiniten, die negativ semidefiniten und die indefiniten Matrizen. Die positiv definiten Matrizen bilden dann eine Teilmenge der positiv semidefiniten Matrizen und ebenso die negativ definiten eine Teilmenge der negativ semidefiniten Matrizen. Wir deuten das in der Abbildung 1.1, S. 7, an.

Vor einem weiteren Fehlschluß sei auch noch gewarnt.

Richtig ist, daß bei einer positiv definiten Matrix alle Eigenwerte positiv sind und bei einer negativ definiten alle Eigenwerte negativ.

Richtig ist auch, daß eine positiv semidefinite Matrix positive Eigenwerte und auch den Eigenwert 0 besitzt, entsprechend besitzt eine negativ semidefinite Matrix negative Eigenwerte und ebenfalls den Eigenwert 0.

1.3 Spezielle Matrizen

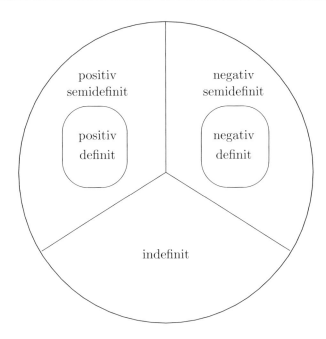

Abb. 1.1: Klasseneinteilung der reell–symmetrischen Matrizen

Falsch ist aber, daß eine negativ definite Matrix nur negative Hauptminoren besitzt. Richtig dagegen ist, daß die Hauptminoren wechselndes Vorzeichen besitzen; also der erste Hauptminor ist negativ, der zweite positiv, der dritte wieder negativ usw. Das liegt daran, daß eine Determinante bereits dann ihr Vorzeichen wechselt, wenn man eine Zeile der Matrix mit -1 multipliziert.

Beispiel 1.16 *Welche der folgenden Matrizen ist positiv definit bzw. nicht positiv definit?*

$$A = \begin{pmatrix} 2 & 4 \\ 3 & 2 \end{pmatrix}, B = \begin{pmatrix} 4 & 4 \\ 4 & 4 \end{pmatrix}, C = \begin{pmatrix} 2 & 3 \\ 3 & -6 \end{pmatrix}, D = \begin{pmatrix} 2 & 3 \\ 3 & 6 \end{pmatrix}, E = \begin{pmatrix} 17 & 0 \\ 0 & 8 \end{pmatrix}.$$

A ist nicht symmetrisch, also nach unserer Definition auch nicht positiv definit.
B hat zwei identische Zeilen, die Matrix ist also singulär, ihre Inverse existiert nicht. Daher ist das erste notwendige Kriterium nicht erfüllt. Also ist auch B nicht positiv definit.
C hat ein negatives Diagonalelement, ist also nach dem zweiten notwendigen Kriterium ebenfalls nicht positiv definit.
Bei D haben wir Glück. Die Hauptminoren sind, wie im Kopf leicht auszurechnen, positiv. Der erste ist ja nur die Zahl $d_{11} = 2$, der zweite Hauptminor ist bei einer zweireihigen Matrix die Determinante. Die beträgt 3, und das ist ebenfalls eine positive Zahl. Also ist D positiv definit.
Auch bei E zeigt der Daumen nach oben. Diese Matrix hat offensichtlich die beiden Eigenwerte 17 und 8. Die sind aber beide positiv, also ist auch E positiv definit.

Beispiel 1.17 *Welche der folgenden Matrizen ist positiv definit?*

$$A = \begin{pmatrix} 4 & -3 \\ -3 & 9/4 \end{pmatrix}, \quad B = \begin{pmatrix} 1 & 1 & 0 \\ 1 & 3 & -1 \\ 0 & -1 & 1 \end{pmatrix}$$

Hier berechnen wir schnell $\det A = 0$, also ist A singulär, was obigem Kriterium widerspricht, A ist nicht positiv definit.

Wir formen die Matrix B mit Gaußschen Elementarumformungen in eine obere Dreiecksmatrix um:

$$B \to \begin{pmatrix} 1 & 1 & 0 \\ 0 & 2 & -1 \\ 0 & -1 & 1 \end{pmatrix} \to \begin{pmatrix} 1 & 1 & 0 \\ 0 & 2 & -1 \\ 0 & 0 & 1/2 \end{pmatrix}.$$

Wir sehen, daß diese Umformungen zu einer Dreiecksmatrix geführt haben, die nur positive Diagonalelemente hat, also ist B positiv definit.

Beispiel 1.18 *Wie muß man die reellen Zahlen a und b wählen, damit die folgenden Matrizen positiv definit sind?*

$$A = \begin{pmatrix} 1 & 3 \\ a & b \end{pmatrix}, \quad B = \begin{pmatrix} 5 & -2 & 1 \\ -2 & 3 & 0 \\ 1 & 0 & a \end{pmatrix} \qquad a, b \in \mathbb{R}$$

Damit A symmetrisch wird, muß $a = 3$ gewählt werden. Dann muß aber $b > 9$ sein, damit die Determinante positiv wird. Für solche Werte ist also A positiv definit.

Zur Untersuchung der Matrix B berechnen wir wieder die Hauptminoren. Der erste und der zweite Hauptminor sind direkt zu berechnen und unabhängig von a. Der erste ist gleich 5, der zweite gleich 11. Für den dritten bemüht man vielleicht die Regel von Sarrus, um zu erkennen, daß für $a > 3/11$ die positive Definitheit erreicht wird.

1.3.3 Orthogonale Matrizen

Wir starten gleich mit der Definition und zeigen einige Eigenschaften in den folgenden Beispielen:

Definition 1.19 *Eine $(n \times n)$–Matrix A heißt*
orthogonal $\iff$ *die Spalten sind normiert und zueinander paarweise orthogonal.*

Beispiel 1.20 *Überlegen Sie sich, daß für eine orthogonale Matrix A gilt:*

$$A^\top \cdot A = E \tag{1.8}$$

1.3 Spezielle Matrizen

Dies folgt unmittelbar aus dem Matrizenmultiplikationsschema. Denn die Spalten von A sind ja gerade die Zeilen von $A^\top$. Die im Beispiel angesprochene Multiplikation ist also das Produkt aus jeweils zwei Spalten. Orthogonal bei Vektoren bedeutet, daß das innere Produkt verschiedener Spalten verschwindet. In der Definition haben wir die Spalten als normiert verlangt, also ist das Produkt einer Spalte mit sich 1. So gelangt man automatisch zur Einheitsmatrix.

Beispiel 1.21 *Zeigen Sie, daß orthogonale Matrizen regulär sind.*

Sei dazu A eine orthogonale Matrix, das bedeutet ja, daß $A^\top \cdot A = E$ gilt, wobei E die Einheitsmatrix ist. Eine reguläre Matrix ist nun z. B. dadurch charakterisiert, daß ihre Determinante nicht verschwindet. Wir überlegen uns also, daß $\det A \neq 0$ gilt. Aus dem Produktsatz für Determinanten haben wir für eine orthogonale Matrix

$$\det E = 1 = \det\left(A^\top \cdot A\right) = \det A^\top \cdot \det A = \det A \cdot \det A = (\det A)^2$$

Das heißt aber gerade, daß $\det A = \pm 1$ ist, also garantiert $\det A \neq 0$ gilt.

Beispiel 1.22 *Zeigen Sie: Falls die Spalten einer $(n \times n)$–Matrix A paarweise orthogonal zueinander sind, dann sind auch die Zeilen paarweise orthogonal.*

Die Spalten einer Matrix A sind die Zeilen der Matrix $A^\top$, eine triviale Erkenntnis, die wir uns hier zunutze machen. Bei der Matrizenmultiplikation einer Matrix B mit einer Matrix A bildet man doch die Skalarprodukte der Zeilen von B mit den Spalten von A. Setzen wir jetzt an die Stelle von B die Matrix $A^\top$, so werden beim Produkt $A^\top \cdot A$ die Zeilen von $A^\top$, also die Spalten von A mit den Spalten von A multipliziert. Orthogonal bedeutet also $A^\top \cdot A = E$. Diese Gleichung läßt sich aber leicht umformen zu $A^\top = A^{-1}$. Multiplikation dieser Gleichung von links mit A führt zu der Gleichung $A \cdot A^\top = A \cdot A^{-1} = E$. Interpretieren wir diese Gleichung wieder mit dem Matrizenmultiplikationsschema, so sehen wir, daß auch die Zeilen orthogonal sind.

Beispiel 1.23 *Ergänzen Sie in der folgenden Matrix A das Element a_{21} so, daß A eine orthogonale Matrix wird, und geben Sie die inverse Matrix von A an.*

$$A = \begin{pmatrix} 1/\sqrt{2} & 1/\sqrt{2} \\ \ldots & 1/\sqrt{2} \end{pmatrix}.$$

Nach den obigen Erklärungen können wir uns darauf beschränken, lediglich die Lösung anzugeben.

$$A = \begin{pmatrix} 1/\sqrt{2} & 1/\sqrt{2} \\ -1/\sqrt{2} & 1/\sqrt{2} \end{pmatrix}, \quad A^{-1} = A^\top = \begin{pmatrix} 1/\sqrt{2} & -1/\sqrt{2} \\ 1/\sqrt{2} & 1/\sqrt{2} \end{pmatrix}$$

1.3.4 Permutationsmatrizen

Manipulationen an Matrizen lassen sich am bequemsten dadurch beschreiben, daß man sie durch Operationen mit anderen Matrizen erklärt. Ein typischer Vertreter einer solchen Manipulation ist das Vertauschen von Zeilen oder Spalten einer Matrix. Dazu dienen die Permutationsmatrizen.

Definition 1.24 *Eine $(n \times n)$–Matrix heißt* **Transpositionsmatrix***, wenn sie aus der Einheitsmatrix durch Tausch zweier Zeilen hervorgeht, also die Form hat:*

$$P_{ij} = \begin{pmatrix} 1 & 0 & & & & & & & 0 \\ 0 & 1 & & & & & & & \\ & & 0 & \cdots & \cdots & \cdots & 1 & & \\ & & \vdots & \ddots & & & \vdots & & \\ & & \vdots & & 1 & & \vdots & & \\ & & \vdots & & & \ddots & \vdots & & \\ & & 1 & \cdots & \cdots & \cdots & 0 & & \\ & & & & & & & 1 & \\ & & & & & & & \ddots & 0 \\ 0 & & & & & & & 0 & 1 \end{pmatrix}, \begin{matrix} \\ \\ \leftarrow i\text{-te Zeile} \\ \\ \\ \\ \leftarrow j\text{-te Zeile} \\ \\ \\ \end{matrix} \quad (1.9)$$

Durch einfaches Ausprobieren erkennt man folgende Eigenschaften:

Satz 1.25 *Die Transpositionsmatrix P_{ij} vertauscht, wenn man sie von links an eine andere $(n \times n)$–Matrix A heranmultipliziert, die i–te mit der j–ten Zeile. Multipliziert man sie von rechts an A heran, so wird in A die i–te Spalte mit der j–ten Spalte vertauscht.*

Transpositionsmatrizen sind symmetrisch.

Transpositionsmatrizen sind zu sich selbst invers; es gilt also

$$P_{ij} \cdot P_{ij} = E \quad \text{und daher} \quad P_{ij}^{-1} = P_{ij}. \quad (1.10)$$

Die Symmetrie sieht man unmittelbar, und wenn Sam es noch einmal macht, nämlich dieselben zwei Zeilen tauscht, kommt er zur Ursprungsmatrix zurück.

Definition 1.26 *Eine $(n \times n)$–Matrix heißt* **Permutationsmatrix***, wenn sie ein Produkt von Transpositionsmatrizen ist.*

Damit ist auch klar, wie sich die Linksmultiplikation mit einer Permutationsmatrix P auf eine Matrix A auswirkt. Bei ihr werden nacheinander die Zeilen getauscht in der Reihenfolge, wie P aus Transpositionsmatrizen aufgebaut ist.

Satz 1.27 *Für jede Permutationsmatrix $P \in \mathbb{R}^{n \times n}$ gilt:*

$$P^{-1} = P^\top, \quad (1.11)$$

Permutationsmatrizen sind also orthogonal.

Beispiel 1.28 *Wie lautet die Transpositionsmatrix P, die bei einer (3,3)-Matrix A die erste Zeile mit der dritten Zeile vertauscht?*

1.3 Spezielle Matrizen

Das Verfahren zur Entwicklung dieser Matrix ist denkbar einfach. Wir nehmen uns die zugehörige (3×3)–Einheitsmatrix her und vertauschen in ihr die erste mit der dritten Zeile, und schon ist es passiert. Die entstehende Matrix ist die gesuchte Transpositionsmatrix. Somit lautet das Ergebnis

$$P = \begin{pmatrix} 0 & 0 & 1 \\ 0 & 1 & 0 \\ 1 & 0 & 0 \end{pmatrix}$$

Beispiel 1.29 *Was geschieht, wenn eine (4×4)–Matrix A von links mit der folgenden Matrix P multipliziert wird:*

$$P = \begin{pmatrix} 1 & 0 & 0 & 0 \\ 0 & 0 & 0 & 1 \\ 0 & 0 & 1 & 0 \\ 0 & 1 & 0 & 0 \end{pmatrix}$$

P ist eine Transpositionsmatrix. Sie entsteht aus der Einheitsmatrix durch Tausch der zweiten mit der vierten Zeile. Die Multiplikation einer Matrix A von links mit P bewirkt daher in A einen Zeilentausch der zweiten mit der vierten Zeile.

1.3.5 Frobeniusmatrizen

Im vorigen Unterkapitel 1.3.4 hatten wir das Vertauschen zweier Zeilen oder Spalten als Matrizenmultiplikation beschrieben. Eine weitere Umformung bei Matrizen, die zum Beispiel bei der Rangbestimmung oder beim Lösen eines linearen Gleichungssystems auftritt, ist die Addition des Vielfachen einer Zeile zu einer anderen Zeile. Auch diese Manipulation läßt sich als Matrizenprodukt deuten. Dazu dienen die Frobeniusmatrizen.

Definition 1.30 *Unter einer* **Frobeniusmatrix** *F_i verstehen wir eine $(n \times n)$–Matrix der Gestalt*

$$F_i = \begin{pmatrix} 1 & 0 & & & & 0 \\ 0 & \ddots & & & & \\ & & 1 & & & \\ & & b_{i+1,i} & 1 & & \\ & & \vdots & & \ddots & \\ 0 & & b_{ni} & & & 1 \end{pmatrix} \tag{1.12}$$

Die Bedeutung dieser Frobeniusmatrizen bei den oben besprochenen Manipulationen fassen wir im folgenden Satz zusammen.

Satz 1.31 *Die Frobeniusmatrix F_i addiert, wenn man sie von links an eine andere $(n \times n)$–Matrix A heranmultipliziert, das b_{ki}–fache der i–ten Zeile von A zur k–ten Zeile von A für $k = i+1\ldots,n$.*

Das erläutern wir an folgendem Beispiel.

Beispiel 1.32 *Wie wirkt sich die Linksmultiplikation der Matrix A mit der Frobeniusmatrix F_2 aus?*

$$A = \begin{pmatrix} 1 & 1 & 1 & 1 \\ 2 & 2 & 2 & 2 \\ 3 & 3 & 3 & 3 \\ 4 & 4 & 4 & 4 \end{pmatrix}, \quad F_2 = \begin{pmatrix} 1 & 0 & 0 & 0 \\ 0 & 1 & 0 & 0 \\ 0 & -1 & 1 & 0 \\ 0 & 2 & 0 & 1 \end{pmatrix}$$

Einfache Ausrechnung liefert das Ergebnis, daß in der Tat die zweite Zeile von A mit -1 multipliziert und zur dritten Zeile addiert wird und daß das zweifache der zweiten Zeile zugleich zur vierten Zeile addiert wird.

$$F_2 \cdot A = \begin{pmatrix} 1 & 1 & 1 & 1 \\ 2 & 2 & 2 & 2 \\ 1 & 1 & 1 & 1 \\ 8 & 8 & 8 & 8 \end{pmatrix}$$

Satz 1.33 *Die Frobeniusmatrizen F_i sind regulär, und ihre inverse Matrix hat wieder Frobeniusgestalt und lautet:*

$$F_i^{-1} = \begin{pmatrix} 1 & 0 & & & & 0 \\ 0 & \ddots & & & & \\ & & 1 & & & \\ & & -b_{i+1,i} & 1 & & \\ & & \vdots & & \ddots & \\ 0 & & -b_{ni} & & & 1 \end{pmatrix} \quad (1.13)$$

Das muß man auf der Zunge zergehen lassen. Was hat man sich im Leben schon geplagt mit der Bestimmung der inversen Matrix. Hier fällt uns das in den Schoß. Einfach die Vorzeichen der einen Spalte unterhalb des Diagonalelementes vertauschen, und schon ist die Arbeit getan.

Beispiel 1.34 *Wie lautet die zu folgender Frobenius-Matrix F_3 inverse Matrix:*

$$F_3 = \begin{pmatrix} 1 & 0 & 0 & 0 & 0 \\ 0 & 1 & 0 & 0 & 0 \\ 0 & 0 & 1 & 0 & 0 \\ 0 & 0 & -3 & 1 & 0 \\ 0 & 0 & 4 & 0 & 1 \end{pmatrix}, \quad \text{Lösung:} \quad F_3^{-1} = \begin{pmatrix} 1 & 0 & 0 & 0 & 0 \\ 0 & 1 & 0 & 0 & 0 \\ 0 & 0 & 1 & 0 & 0 \\ 0 & 0 & 3 & 1 & 0 \\ 0 & 0 & -4 & 0 & 1 \end{pmatrix}.$$

Vielleicht sollte man sich das Vergnügen gönnen und beide Matrizen miteinander multiplizieren, um den Wahrheitsgehalt zu überprüfen.

1.3.6 Diagonaldominante Matrizen

Die Beschreibung dieser Matrizen ist etwas diffizil, weil sich in der Literatur keine einheitliche Benennung durchgesetzt hat. Wir wollen uns an die folgende Bezeichnung halten.

Definition 1.35 *Eine $(n \times n)$-Matrix A heißt* **stark zeilendiagonaldominant**, *wenn sie dem* **starken Zeilensummenkriterium** *genügt:*

$$\sum_{\substack{k=1 \\ k \neq i}}^{n} |a_{ik}| < |a_{ii}|, \quad 1 \leq i \leq n \tag{1.14}$$

Die Bedeutung dieser Definition ergibt sich fast von selbst. Man beachte nur, daß bei dieser Definition in allen Zeilen das echte Größerzeichen verlangt wird. Ersetzt man überall das Wort 'Zeile' durch 'Spalte' und modifiziert die Gleichung (1.14) entsprechend, so erhält man das starke Spaltensummenkriterium und den Begriff der starken Spaltendiagonaldominanz. Bei symmetrischen Matrizen spricht man natürlich nur von Diagonaldominanz.

Diese Begriffsbildung ist häufig zu eng. Gerade Matrizen, die in Anwendungen z. B. beim Differenzenverfahren auftreten, genügen dieser Bedingung nicht. Sie erfüllen aber eine Abschwächung dahingehend, daß in wenigen Zeilen das echte Größerzeichen gilt, in allen anderen auch Gleichheit auftritt. Darum führen wir den neuen Begriff ein:

Definition 1.36 *Eine Matrix A heißt* **schwach zeilendiagonaldominant**, *wenn sie dem* **schwachen Zeilensummenkriterium** *genügt:*

$$\sum_{\substack{k=1 \\ k \neq i}}^{n} |a_{ik}| \leq |a_{ii}|, \quad 1 \leq i \leq n, \tag{1.15}$$

wobei in mindestens einer Zeile das echte Kleinerzeichen gelten muß.

Auch hier kann eine analoge Definition für schwache Spaltendiagonaldominanz formuliert werden.

Beispiel 1.37 *Gegeben sei die Matrix* $A = \begin{pmatrix} 1 & 4 & -1 \\ 2 & 1 & 10 \\ 9 & -2 & 3 \end{pmatrix}$.

Formen Sie A so um, daß sie zeilen- und spaltendiagonaldominant wird.

Mit Umformen meinen wir hier die Vertauschung von Zeilen. Dabei denken wir uns die Matrix als Systemmatrix eines linearen Gleichungssystems. Hier bedeutet ja die Vertauschung von Zeilen keine wesentliche Änderung, wenn wir Rundungsfehler außer Betracht lassen. Wenn wir die erste Zeile mit der zweiten und anschließend die neue erste mit der dritten vertauschen, wird die entstehende Matrix sowohl zeilen– als auch spaltendiagonaldominant:

$$\widetilde{A} = \begin{pmatrix} 9 & -2 & 3 \\ 1 & 4 & -1 \\ 2 & 1 & 10 \end{pmatrix}$$

Wir wollen hier schnell mal den Umgang mit Transpositionsmatrizen üben. Der obige Übergang von A zu $\widetilde{A}$ wird erreicht durch

$$P_{12} = \begin{pmatrix} 0 & 1 & 0 \\ 1 & 0 & 0 \\ 0 & 0 & 1 \end{pmatrix}, \; P_{31} = \begin{pmatrix} 0 & 0 & 1 \\ 0 & 1 & 0 \\ 1 & 0 & 0 \end{pmatrix},$$

und zwar müssen wir in der folgenden Reihenfolge vorgehen:

$$\widetilde{A} = P_{31} \cdot P_{12} \cdot A.$$

Die folgende Aussage ist in ihrem Kern schon interessant genug, bestätigt sie doch unser Gefühl, daß ein quadratisches Gleichungssystem mit diagonaldominanter Matrix genau eine Lösung besitzt. Später werden wir auf sie zurückgreifen.

Satz 1.38 *Sei A eine stark zeilen– oder spaltendiagonaldominante $(n \times n)$–Matrix. Dann ist A regulär.*

Beweis: Wir wollen uns den Beweis nur für eine zeilendominante Matrix überlegen. Das andere folgt dann allein.

Nehmen wir doch mal an, unsere dominante Matrix A wäre nicht regulär. Dann betrachten wir das lineare homogene Gleichungssystem

$$A\vec{x} = \vec{0}.$$

Dieses hätte dann eine nichttriviale Lösung $\vec{x} \neq \vec{0}$. Wir dividieren diesen Lösungsvektor komponentenweise durch seine betraglich größte Komponente und nennen den entstehenden Vektor $\vec{x}^0$. Dann gilt für alle Komponenten von $\vec{x}^0$

$$|x_i|^0 \leq 1, \quad 1 \leq i \leq n. \tag{1.16}$$

Die betraglich größte sei die k–te, und von der wissen wir

$$x_k^0 = 1.$$

Nun schauen wir uns diese k-te Gleichung von $A\vec{x}^0 = \vec{0}$ gesondert an.

$$a_{k1}x_1^0 + a_{k2}x_2^0 + \cdots + a_{kk}x_k^0 + \cdots + a_{kn}x_n^0 = 0.$$

Diese Gleichung lösen wir nach $a_{kk}x_k^0$ auf und beachten $x_k^0 = 1$.

$$a_{kk}x_k^0 = a_{kk} = -\sum_{\substack{j=1 \\ j \neq k}}^{n} a_{kj}x_j^0.$$

1.3 Spezielle Matrizen

Gehen wir zu den Beträgen über, benutzen wir die Dreieckungleichung und im letzten Schritt die Gleichung (1.16), so folgt

$$|a_{kk}| = |-\sum_{\substack{j=1 \\ j \neq k}}^{n} a_{kj} x_j^0 | \leq \sum_{\substack{j=1 \\ j \neq k}}^{n} |a_{kj}| \cdot |x_j^0| \leq \sum_{\substack{j=1 \\ j \neq k}}^{n} |a_{kj}|.$$

Also wäre A in der k-ten Zeile nicht diagonaldominant. Da haben wir den Salat und zugleich unseren Widerspruch, und der Satz ist bewiesen.

1.3.7 Zerfallende Matrizen

Definition 1.39 *Eine quadratische Matrix A heißt* **zerfallend** *oder* **reduzibel**, *wenn man sie durch Vertauschen von Zeilen und gleichnamigen Spalten überführen kann in eine Matrix der Gestalt:*

$$\widetilde{A} = \left(\begin{array}{c|c} A_1 & A_2 \\ \hline 0 & A_3 \end{array} \right), \quad A_1, A_3 \ \textit{quadr. Teilmatrizen} \tag{1.17}$$

Bei der Vertauschung von Zeilen und gleichnamigen Spalten bleiben die Diagonalelemente natürlich in der Diagonalen stehen, sie ändern nur ihren Platz. Die Nullen in der linken unteren Ecke stammen aus den Nichtdiagonalelementen. Wichtig sind also nur die Nichtdiagonalelemente, die von 0 verschieden sind.

Interessanterweise gibt es eine simple graphische Methode, um diese Eigenschaft nachzuweisen. Dazu wollen wir der Einfachheit halber voraussetzen, daß die Matrix symmetrisch ist, obwohl die Methode mit kleinen Änderungen auch für nichtsymmetrische Matrizen durchführbar ist.

Betrachten wir eine $(n \times n)$–Matrix A. Wir numerieren die Spalten von 1 bis n und zeichnen diese Nummern auf ein Blatt. Dann gehen wir zeilenweise vor. Wir starten beim Element a_{11}, egal ob es 0 ist oder nicht, und ziehen eine Verbindungslinie von Nummer 1 zu allen Nummern 2 bis n, wenn das Element a_{12} bis a_{1n} von 0 verschieden ist, sonst ziehen wir keine Verbindung. Dann gehen wir zum Diagonalelement der 2. Zeile und betrachten die Elemente a_{23} bis a_{2n}. Sind sie ungleich 0, so ziehen wir eine Verbindungslinie von der Nummer 2 zur jeweiligen Nummer. So geht das Spielchen alle Zeilen lang. Wegen der Symmetrie brauchen wir nur die Elemente oberhalb der Diagonalen zu untersuchen. Anschließend wird das entstandene Bild daraufhin betrachtet, ob man von jedem Punkt des Graphen jeden anderen Punkt durch eine Verbindungslinie erreichen kann. Ist dies möglich, so ist die Matrix unzerlegbar. Besteht aber der Graph aus mehreren Teilgraphen, die nicht miteinander verbunden sind, so ist die Matrix zerlegbar. Mathematisch fragt man nach der Zahl der Zusammenhangskomponenten. Gibt es nur eine, so ist die Matrix unzerlegbar, besteht der Graph aus mehreren solchen Komponenten, so ist A reduzibel.

Wir üben das Spielchen am besten an Beispielen.

Beispiel 1.40 *Welche der folgenden Matrizen ist zerfallend (reduzibel)?*

$$A = \begin{pmatrix} 4 & 0 & 2 & 2 \\ 0 & 4 & 0 & 0 \\ 2 & 0 & 5 & 3 \\ 2 & 0 & 3 & 4 \end{pmatrix}, \qquad B = \begin{pmatrix} 4 & 2 & 0 & 0 \\ 2 & 4 & 2 & 0 \\ 0 & 2 & 5 & 3 \\ 0 & 0 & 3 & 4 \end{pmatrix}$$

Die Matrix A hat vier Zeilen und Spalten, also malen wir uns die Ziffern 1 bis 4 auf ein Blatt in irgendeiner Anordnung. Da in der ersten Zeile von A die Elemente a_{13} und a_{14} ungleich Null sind, verbinden wir die Ziffer 1 mit den Ziffern 3 und 4. Aus der zweiten Zeile von A entnehmen wir, daß wir von 2 aus keine Verbindungslinie zu ziehen haben. Die dritte Zeile liefert die Verbindung von 3 nach 4. So entsteht die Abbildung 1.2. Für die Matrix B geht man analog vor.

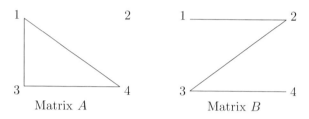

Abb. 1.2: Zerfallen und nicht zerfallen. Offensichtlich zerfällt A, da die Ziffer 2 so erbärmlich einsam steht, während bei B alle Ziffern untereinander Verbindung haben.

Beispiel 1.41 *Bringen Sie die zerfallende Matrix aus Beispiel 1.40. durch Zeilen- und Spaltentausch auf die Form, die das Zerfallen sichtbar macht.*

Wie wir oben gesehen haben, ist A zerfallend. Unser Bildchen zeigt uns eine ganz allein stehende 2. Wir werden also die zweite Zeile und die zweite Spalte jeweils zur ersten machen durch einfachen Tausch mit der ersten Zeile und Spalte. Das führt zu

$$A = \begin{pmatrix} 4 & 0 & 0 & 0 \\ \hline 0 & 4 & 2 & 2 \\ 0 & 2 & 5 & 3 \\ 0 & 2 & 3 & 4 \end{pmatrix}.$$

Hier sieht man, daß z. B. 4 ein Eigenwert von A ist. Die Determinante von A berechnet man als das Produkt von 4 mit der Determinante der verbleibenden (3×3)-Matrix.

Eine einfache hinreichende Bedingung dafür, daß eine Matrix nicht zerfällt, darf nicht fehlen.

Satz 1.42 *Eine $(n \times n)$-Matrix $A = (a_{ij})$, deren Nebendiagonalelemente $a_{i,i+1}$ und $a_{i+1,i}$ für $1 \leq i \leq n-1$ nicht verschwinden, ist nicht zerfallend.*

1.4 Vektor– und Matrix–Norm

Zum Abschluß geben wir noch einen Satz an, der einen interessanten Zusammenhang zwischen diagonaldominanten und positiv definiten Matrizen herstellt.

Satz 1.43 *Ist A eine symmetrische $(n \times n)$–Matrix mit positiven Diagonalelementen und ist A zusätzlich stark diagonaldominant oder schwach diagonaldominant und unzerlegbar, so ist A positiv definit.*

Auf der folgenden Seite stellen wir die oben eingeführten Definitionen zusammen. Wir gehen dabei nicht auf die verschiedenen Möglichkeiten des Nachweises der jeweiligen Eigenschaften ein, dazu möge man an der entsprechenden Stelle nachlesen.

1.4 Vektor– und Matrix–Norm

1.4.1 Vektornorm

Erfahrungsgemäß bereitet der Begriff 'Norm' Anfängern Probleme. Dabei ist etwas recht Einsichtiges dahinter verborgen. Bei vielen Aufgaben, die uns im weiteren Verlauf dieses Buches beschäftigen werden, werden auf teils sehr komplizierten Wegen zu gesuchten Lösungen Näherungslösungen entwickelt. Dieser Begriff ist reichlich vage, man muß ihn unbedingt sauberer fassen. Bei einem Gleichungssystem sucht man einen Lösungsvektor, bei einer Anfangswertaufgabe mit einer Differentialgleichung sucht man eine Funktion, die die exakte Lösungsfunktion annähert. Was meint man mit Näherung?

Hier bietet es sich an, die Differenz der exakten Lösung zur Näherung zu betrachten. Aber wie will ich die Differenz zweier Vektoren bewerten? Oder gar die Differenz zweier Funktionen?

Betrachten wir folgende Beispiele:

Beispiel 1.44 *Gegeben seien die Vektoren (wir schreiben sie zur Platzersparnis als Zeilenvektoren)*

$$\vec{a} = (1, 2, 3, 4),$$
$$\vec{b}_1 = (2, 3, 4, 5), \quad \vec{b}_2 = (1, 2, 3, 8), \quad \vec{b}_3 = (10, 20, 30, -50).$$

Welcher der Vektoren $\vec{b}_1, \vec{b}_2, \vec{b}_3$ ist die beste Annäherung an den Vektor $\vec{a}$?

Geht man ganz naiv an die Frage heran und betrachtet die Differenzen der Vektoren, so folgt

$$\vec{b}_1 - \vec{a} = (1, 1, 1, 1),$$
$$\vec{b}_2 - \vec{a} = (0, 0, 0, 4),$$
$$\vec{b}_3 - \vec{a} = (9, 18, 27, -54).$$

> **Spezielle Matrizen**
>
> Eine $(n \times n)$–Matrix A heißt
>
> | | | |
> |---|---|---|
> | **symmetrisch** | $\iff$ | $A^\top = A \iff a_{ij} = a_{ji}$ |
> | **hermitesch** | $\iff$ | $\overline{A}^\top = A \iff \overline{a_{ij}} = a_{ji}$ |
> | **regulär** | $\iff$ | $\det A \neq 0 \iff \operatorname{rg} A = n$ |
> | **positiv definit** | $\iff$ | (i) A symmetrisch und
 (ii) $\vec{x}^\top A \vec{x} > 0 \;\; \forall \vec{x} \in \mathbb{R}^n, \vec{x} \neq \vec{0}$ |
> | **positiv semidefinit** | $\iff$ | (i) A symmetrisch und
 (ii) $\vec{x}^\top A \vec{x} \geq 0 \;\; \forall \vec{x} \in \mathbb{R}^n, \vec{x} \neq \vec{0}$ |
> | **negativ definit** | $\iff$ | $-A$ positiv definit |
> | **orthogonal** | $\iff$ | $A^\top \cdot A = A \cdot A^\top = E$ |
> | **stark diagonaldominant** | $\iff$ | $\sum_{\substack{k=1 \\ k \neq i}}^{n} |a_{ik}| < |a_{ii}|, \quad 1 \leq i \leq n$ |
> | **schwach diagonaldominant** | $\iff$ | $\sum_{\substack{k=1 \\ k \neq i}}^{n} |a_{ik}| \leq |a_{ii}|, \quad 1 \leq i \leq n$, <br> wobei in mindestens einer Zeile <br> das echte Kleinerzeichen gelten muß. |
> | **zerfallend, reduzibel** | $\iff$ | man kann sie durch Vertauschen von
 Zeilen und gleichnamigen Spalten
 überführen in eine Matrix:
 $\widetilde{A} = \left(\begin{array}{c\|c} A_1 & A_2 \\ \hline 0 & A_3 \end{array} \right),$
 A_1, A_3 quadr. Teilmatrizen |

Man möchte dazu neigen, dem Vektor $\vec{b}_2$ die besten Chancen zu geben. Summiert man aber die Fehler in den Komponenten auf, so haben $\vec{b}_1$ und $\vec{b}_2$ die gleiche Gesamtabweichung 4. Dagegen hat der Vektor $\vec{b}_3$ eine Gesamtabweichung 0, obwohl der doch wohl wirklich nicht verwertbar ist. Die Fehler haben sich in den Komponenten gegenseitig aufgehoben. Also wird man sich auf die Beträge der Komponenten stürzen. Was spricht dagegen, die Beträge zu quadrieren und anschließend aus der Summe die Wurzel zu ziehen? Hier pflegte mein alter Mathematiklehrer einzuwerfen, daß man sich auch ein Loch ins Knie bohren und einen Fernseher dort anbringen kann. Oh nein, wir werden sehen, daß diese Idee mit den Quadraten nicht von schlechten Eltern ist.

Definieren wir zuerst einmal nach diesen Überlegungen, wie man den Abstand zweier Vektoren festlegen kann. Dazu beschreiben wir, wie der Abstand eines Vektors vom Nullpunkt erklärt wird. Diesen Abstand nennt man die Norm dieses Vektors.

1.4 Vektor– und Matrix–Norm

Definition 1.45 *Ein Vektorraum V heißt* **normiert**, *wenn jedem Vektor $\vec{x}$ eine nicht–negative reelle Zahl $\|\vec{x}\|$, seine* **Norm** *zugeordnet ist mit den Eigenschaften:*

$$(i) \quad \|\vec{x}\| = 0 \iff \vec{x} = 0 \qquad (1.18)$$

$$(ii) \quad \|\lambda \vec{x}\| = |\lambda| \cdot \|\vec{x}\| \qquad (1.19)$$

$$(iii) \quad \|\vec{x} + \vec{y}\| \leq \|\vec{x}\| + \|\vec{y}\| \qquad (1.20)$$

Die Bedingung (i) nennt man positive Definitheit oder sagt adjektivisch, daß eine Norm positiv definit ist.

Die Bedingungen (ii) und (iii) beschreiben, wie sich die Norm mit den Verknüpfungen im Vektorraum verträgt, also der Addition zweier Vektoren und der Skalarmultiplikation. (ii) ist eine Einschränkung der Homogenität. Die Norm ist bezogen auf den Betrag homogen.

(iii) nennt man die Dreiecksungleichung. Betrachten wir nämlich im $\mathbb{R}^2$ ein Dreieck, das von den Vektoren $\vec{x}$, $\vec{y}$ und eben $\vec{x} + \vec{y}$ aufgespannt wird. Die Norm dieser Vektoren ist ja ihre Länge. Wie die nebenstehende Abbildung zeigt, ist die Länge des Summenvektors $\vec{x}+\vec{y}$ kleiner als die Summe der Längen der Vektoren $\vec{x}$ und $\vec{y}$. Daher der Name.

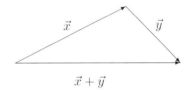

Abb. 1.3: Zur Dreiecksungleichung

Häufig werden diese drei Eigenschaften in vier oder gar fünf aufgebröselt. Wir haben z. B. im Vorspann der drei Eigenschaften schon verlangt, daß die Norm eines Vektors größer oder gleich Null ist, was bei anderen Autoren als erste Bedingung (erstes Axiom, wie die Mathematiker sagen) genannt wird.

Unsere Bedingung (i) zerfällt manchmal in zwei Forderungen:

$$\|\vec{x}\| \geq 0 \quad \text{und} \quad \|\vec{x}\| = 0 \text{ nur für } \vec{x} = 0$$

Aber dennoch bleiben es dieselben Grundforderungen für eine Norm, und das weltweit.

Im $\mathbb{R}^n$ führen wir eine ganze Klasse von Normen durch folgende Definition ein:

Definition 1.46 *Unter der* **p–Norm** *eines Vektors im $\mathbb{R}^n$ verstehen wir*

$$\|\vec{x}\|_p := \left(\sum_{i=1}^{n} |x_i|^p \right)^{1/p} \quad \text{für } p \in [1, \infty). \qquad (1.21)$$

Das muß man ein wenig erläutern. p kann irgendeine reelle Zahl > 1 sein. Man bildet also die p–ten Potenzen der Beträge der einzelnen Komponenten und zieht aus deren Summe die p–te Wurzel. Ganz schön kompliziert. Sind denn durch diese Vorschrift unsere Normbedingungen erfüllt?

Offensichtlich entsteht stets eine reelle Zahl größer oder gleich 0. Allein schon wegen der Beträge kann die Zahl 0 nur entstehen, wenn alle Komponenten gleich 0 sind. Das ergibt die positive Definitheit.

Daß man einen konstanten Faktor vor die Summe ziehen kann, ist klar; denn es handelt sich ja nur um eine endliche Summe. Man nehme bitteschön nur den Betrag dieses Faktors.

Zum Nachweis der Dreiecksungleichung erinnert man sich an die Dreiecksungleichung für die Beträge von Zahlen und für ihre Potenzen.

Wir betrachten die folgenden Spezialfälle.

Für $p = 1$ erhält man aus (1.21) die Summe aus den Beträgen der Komponenten, und das ist einfach die **1–Norm**

$$\|\vec{x}\|_1 := \sum_{i=1}^{n} |x_i| \tag{1.22}$$

Komplizierter wird es für größere p.

In der 2–Norm stecken die oben als alberne Idee betrachteten Quadrate. Jetzt erinnern wir uns auch sicher an die euklidische Norm eines Vektors, die ja genau mit Hilfe des Satzes von Pythagoras auf die Wurzeln aus der Summe der Quadrate der Komponenten führt, also unsere 2–Norm.

$$\|\vec{x}\|_2 := \left(\sum_{i=1}^{n} |x_i|^2\right)^{1/2}. \tag{1.23}$$

Interessant wird es, wenn wir $p \to \infty$ betrachten. Hier ist einsichtig, daß bei der p-ten Potenz nur noch die betragsmäßig größte Komponente eine Rolle spielen wird, wenn p erst hinreichend groß wird. Dann wird durch die anschließende p-te Wurzel die Potenz wieder aufgehoben. Wir können damit also eine sehr einfache Norm definieren, nämlich die **Maximumnorm**

$$\|\vec{x}\|_\infty := \max_{1 \leq i \leq n} |x_i|. \tag{1.24}$$

Wenden wir diese Normen auf unsere Vektoren von oben an, so erhalten wir:

$$\|\vec{a}\|_1 = 1 + 2 + 3 + 4 = 10, \quad \|\vec{a}\|_2 = \sqrt{1 + 4 + 9 + 16} = 5.477, \quad \|\vec{a}\|_\infty = 4$$

Für die Differenzen ergibt sich:

	1–Norm	2–Norm	max–Norm
$\|\vec{b}_1 - \vec{a}\|$	4	2	1
$\|\vec{b}_2 - \vec{a}\|$	4	4	4
$\|\vec{b}_3 - \vec{a}\|$	108	$\sqrt{4050} = 63.639$	54

Das sind ganz schöne Unterschiede. Oftmals sitzt man in der Bredouille, daß man die Qual der Wahl hat mit den Normen. Der folgende Satz sagt uns aber, daß das alles nicht so dramatisch ist; im Prinzip ist es egal, für welche Norm sich unser Herz erwärmt.

1.4 Vektor– und Matrix–Norm

Satz 1.47 *In endlich dimensionalen Räumen sind sämtliche Normen zueinander äquivalent, das heißt, zu zwei Normen $\|.\|_{V_1}$ und $\|.\|_{V_2}$ gibt es stets zwei positive Zahlen c_1 und c_2, so daß gilt*

$$c_1 \|\vec{x}\|_{V_1} \leq \|\vec{x}\|_{V_2} \leq c_2 \|\vec{x}\|_{V_1}. \tag{1.25}$$

Diese Zahlen können wir für unsere oben eingeführten Normen sogar explizit angeben.

Satz 1.48 *Im Vektorraum $\mathbb{R}^n$ gelten die folgenden Ungleichungen*

$$\|\vec{x}\|_\infty \leq \|\vec{x}\|_2 \leq \sqrt{n}\, \|\vec{x}\|_\infty, \tag{1.26}$$

$$\frac{1}{n} \|\vec{x}\|_1 \leq \|\vec{x}\|_\infty \leq \|\vec{x}\|_1, \tag{1.27}$$

$$\frac{1}{\sqrt{n}} \|\vec{x}\|_1 \leq \|\vec{x}\|_2 \leq \|\vec{x}\|_1. \tag{1.28}$$

Beweis: Wir wollen nur mal schnell die Ungleichung (1.26) beweisen. Die anderen lassen sich ganz analog herleiten. Das macht dann keinen Spaß mehr.

Sei ein beliebiger Vektor $\vec{x} \neq \vec{0}$ gegeben. Unter seinen n Komponenten suchen wir die betraglich größte und nennen sie $x_{\max}$. Dann ist die folgende Abschätzung möglich:

$$\begin{aligned}
\|\vec{x}\|_2 &= \sqrt{x_1^2 + \cdots + x_n^2} \\
&\leq \sqrt{x_{\max}^2 + \cdots + x_{\max}^2} \\
&= |x_{\max}| \cdot \sqrt{n} \\
&= \sqrt{n}\, \|\vec{x}\|_\infty
\end{aligned}$$

womit wir die rechte Ungleichung haben. Die linke folgt genauso leicht. Wir lassen einfach alle anderen Komponenten außer $x_{\max}$ fort, womit wir verkleinern.

$$\|\vec{x}\|_2 = \sqrt{x_1^2 + \cdots + x_n^2} \geq \sqrt{x_{\max}^2} = |x_{\max}| = \|\vec{x}\|_\infty.$$

$\square$

Beide Ungleichungen lassen sich übrigens nicht mehr verbessern. Wir können nämlich Vektoren angeben, so daß jedesmal die Gleichheit gilt. Wählen wir $\vec{x} = (a, 0, \ldots, 0)^\top$ mit $a \neq 0$, so gilt links die Gleichheit. Für $\vec{x} = (1, \ldots, 1)^\top$ gilt sie rechts. Wir sagen, beide Ungleichungen sind **scharf**.

1.4.2 Matrixnorm

Normen für Matrizen? Nichts einfacher als das. Wir schreiben einfach die Matrixelemente hintereinander weg als (Spalten–) Vektor, und für den haben wir ja gerade eben verschiedene Normen erklärt. Genau auf diese Weise entsteht die Frobenius– oder Schur–Norm.

Definition 1.49 *Unter der* **Frobenius–** *oder der* **Schur–Norm** *einer* $(n \times n)$*–Matrix* A *verstehen wir die Zahl*

$$\|A\|_F := \sqrt{\left(\sum_{i=1}^{n}\sum_{j=1}^{n} a_{ij}^2\right)}. \tag{1.29}$$

Für Matrizen haben wir aber außer der Addition und der Skalarmultiplikation noch eine weitere Operation erklärt, nämlich die Multiplikation $A \cdot B$ (falls Spaltenzahl von A = Zeilenzahl von B). Den Begriff Norm werden wir daher bei der Übertragung auf Matrizen so fassen wollen, daß er in einem gewissen Sinn mit dieser Multiplikation verträglich ist. Die folgende Definition zeigt das in (iv).

Definition 1.50 *Unter einer* **Matrixnorm** *für eine quadratische* $(n \times n)$*–Matrix* A *verstehen wir eine Vorschrift, die jeder Matrix A eine nichtnegative reelle Zahl $\|A\|$ so zuordnet, daß für beliebige* $(n \times n)$*–Matrizen B und beliebige reelle Zahlen λ gilt:*

$$(i) \quad \|A\| = 0 \iff A = \text{Nullmatrix} \tag{1.30}$$
$$(ii) \quad \|\lambda \cdot A\| = |\lambda| \cdot \|A\| \tag{1.31}$$
$$(iii) \quad \|A + B\| \leq \|A\| + \|B\| \tag{1.32}$$
$$(iv) \quad \|A \cdot B\| \leq \|A\| \cdot \|B\| \tag{1.33}$$

Wir müßten uns eigentlich ganz schnell überlegen, daß wir oben mit der Frobenius–Norm keinen Fauxpas begangen haben, sondern im Sinne dieser Definition eine Matrixnorm definiert haben. Wir verweisen interessierte Leser auf die weiterführende Literatur. Einen gravierenden Nachteil dieser Norm aber können wir schnell erkennen. Nehmen wir uns die $n \times n$–Einheitsmatrix vor, so ist ihre Frobenius–Norm gleich $\sqrt{n}$. Man möchte doch aber lieber für diese Matrix eine Norm gleich 1 haben. Im folgenden Kasten stellen wir verschiedene andere Matrixnormen vor, die diesen Mangel nicht haben.

Matrixnormen

Zeilensummennorm : $\|A\|_\infty := \max_{1 \leq k \leq n}\left\{\sum_{i=1}^{n} |a_{ki}|\right\}$

Spaltensummennorm : $\|A\|_1 := \max_{1 \leq i \leq n}\left\{\sum_{k=1}^{n} |a_{ki}|\right\}$

Spektralnorm : $\|A\|_2 := \sqrt{\varrho(A^\top \cdot A)}$

Frobenius–Norm: $\|A\|_F := \sqrt{\left(\sum_{i=1}^{n}\sum_{j=1}^{n} a_{ij}^2\right)}$

Mit $\varrho(A^\top \cdot A)$ wird dabei der Betrag des betragsgrößten Eigenwertes der Matrix $A^\top \cdot A$ bezeichnet (vgl. Spektralradius Def. 1.52 S. 24).

1.4 Vektor– und Matrix–Norm

Falls man auf die Idee verfällt, die ∞–Norm von Vektoren ungeprüft auf Matrizen zu übertragen, so läuft man in eine Falle. Dann hätte nämlich die 2×2–Matrix,

$$A = \begin{pmatrix} 1 & 1 \\ 1 & 1 \end{pmatrix}$$

die Norm 1, ihr Produkt $A \cdot A$ ist aber die Matrix

$$A \cdot A = \begin{pmatrix} 2 & 2 \\ 2 & 2 \end{pmatrix},$$

hätte also die Norm 2. Und schon sieht man, daß unser Gesetz (1.33) verletzt ist.

Beispiel 1.51 *Berechnen Sie die Zeilensummen–, die Spaltensummen–, die Frobenius– und die Spektralnorm der Matrix*

$$A = \begin{pmatrix} 1 & 4 \\ 0 & 1 \end{pmatrix}.$$

Die Zeilensummennorm erledigt man durch Hinschauen. In jeder Zeile bildet man die Summe der Beträge der Elemente, also $1 + 4 = 5$ für die erste Zeile und 1 für die zweite Zeile, das Maximum beider Zahlen ist die 5, also haben wir

$$\|A\|_\infty = 5.$$

Genauso schnell sieht man das Maximum über die Summe der Spaltenelemente:

$$\|A\|_1 = 5.$$

Die Frobeniusnorm bedeutet: Alle Elemente der Matrix werden einzeln quadriert und anschließend aufsummiert. Aus der Summe wird dann die Quadratwurzel gezogen. Hier erhalten wir

$$\|A\|_F = \sqrt{1 + 16 + 1} = \sqrt{18} = 4.2426.$$

Die Spektralnorm macht etwas mehr Schwierigkeiten. Zunächst bildet man das Matrizenprodukt $A^\top \cdot A$.

$$A^\top \cdot A = \begin{pmatrix} 1 & 4 \\ 4 & 17 \end{pmatrix}.$$

Die entstehende Matrix ist symmetrisch und hat daher nur reelle Eigenwerte. Ist A regulär, so ist $A^\top \cdot A$ sogar positiv definit, und alle Eigenwerte sind positiv, was wir hier aber nicht ausnutzen, da wir von allen Eigenwerten ihre Beträge bilden. Aus dem charakteristischen Polynom

$$p(\lambda) = (1 - \lambda)(17 - \lambda) - 16 = 0$$

erhält man die Eigenwerte

$$\lambda_{1,2} = 9 \pm \sqrt{80}.$$

Unter den Beträgen dieser beiden Eigenwerte suchen wir das Maximum und ziehen die Quadratwurzel, um ein Äquivalent zur Produktbildung $A^\top \cdot A$ zu haben:

$$\|A\|_2 := \sqrt{9 + \sqrt{80}} = \sqrt{17.9443} = 4.2361.$$

Der Vollständigkeit halber sei hier noch ein Begriff genannt, der zwar in engem Zusammenhang mit der Spektralnorm steht, wie der Satz 1.54 zeigen wird, aber nicht mit ihr verwechselt werden darf.

Definition 1.52 *Der* **Spektralradius** $\varrho(A)$ *einer Matrix A ist das Maximum der Beträge der Eigenwerte:*

$$\varrho(A) := \max_{k=1,\ldots,n} |\lambda_k(A)| \tag{1.34}$$

Beispiel 1.53 *Betrachten Sie wieder die Matrix A aus Beispiel 1.51 und bestimmen Sie ihren Spektralradius.*

Das ist wesentlich einfacher, als die Berechnung der Spektralnorm. Wir berechnen sämtliche Eigenwerte von A und bestimmen unter diesen den betraglich größten. Bei dieser Dreiecksmatrix stehen natürlich die Eigenwerte in der Hauptdiagonalen, also $\lambda_1 = \lambda_2 = 1$. Wir erhalten

$$\varrho(A) = 1.$$

Da haben wir nun gesehen, daß zwischen der Spektralnorm und dem Spektralradius ein kleiner, aber feiner Unterschied besteht. Der folgende Satz zeigt, daß der Unterschied im Spezialfall einer symmetrischen Matrix dahinschmilzt.

Satz 1.54 *Für eine symmetrische Matrix A ist der Spektralradius gleich der Spektralnorm:*

$$\|A\|_2 = \varrho(A) \tag{1.35}$$

Häufig werden Matrixnormen und Vektornormen nebeneinander gebraucht. Daher haben wir uns Gedanken über die gegenseitige Verträglichkeit zu machen.

Definition 1.55 *Wir sagen, eine Matrixnorm $\|A\|_M$ sei mit einer Vektornorm $\|\vec{x}\|_V$* **verträglich** *, wenn gilt:*

$$\|A \cdot \vec{x}\|_V \leq \|A\|_M \cdot \|\vec{x}\|_V. \tag{1.36}$$

Schon im Vorgriff auf diese Definition haben wir die Indizierung der Matrixnormen so vorgenommen, daß miteinander verträgliche Normen die gleichen Indizes haben. Das bedeutet, daß Vektor- und Matrixnormen auf folgende Weise einander zugeordnet sind:

Miteinander verträgliche Vektor– und Matrixnormen	
Matrixnorm	verträglich mit der Vektornorm
Zeilensummennorm $\|.\|_\infty$	Maximumnorm $\|.\|_\infty$
Spaltensummennorm $\|.\|_1$	Betragssummennorm $\|.\|_1$
Spektralnorm $\|.\|_2$	euklidische Norm $\|.\|_2$

1.5 Fehleranalyse

1.5.1 Kondition

Der Begriff der Kondition einer Matrix spielt eine große Rolle in der Fehlerbetrachtung bei der Lösung linearer Gleichungssysteme. Die Konditionszahl einer quadratischen regulären Matrix A ist folgendermaßen definiert:

Definition 1.56 *Unter der* **Kondition** *einer regulären $(n \times n)$–Matrix A bezgl. einer Matrixnorm $\|.\|_M$ verstehen wir die Zahl*

$$\operatorname{cond}_M(A) := \|A\|_M \cdot \|A^{-1}\|_M. \tag{1.37}$$

Beispiel 1.57 *Berechnen Sie die Kondition $\operatorname{cond}_1(A)$, $\operatorname{cond}_\infty(A)$ und $\operatorname{cond}_2(A)$ der (schon im Beispiel 1.51 behandelten) Matrix*

$$A = \begin{pmatrix} 1 & 4 \\ 0 & 1 \end{pmatrix}.$$

A ist eine obere Dreiecksmatrix. Wie berechnen wir ihre inverse Matrix?

Weiter vorne haben wir gelernt, wie leicht die inverse Matrix einer Frobeniusmatrix zu berechnen ist. Wie man sieht, hat $A^\top$ Frobeniusgestalt. Den Zusammenhang zwischen der Inversen der Transponierten und der Transponierten der Inversen (Ist das nicht ein schöner Satz?) zeigen wir so:

$$(A^{-1})^\top \cdot A^\top = (A \cdot A^{-1})^\top = (E)^\top = E. \tag{1.38}$$

Hier haben wir weidlich ausgenutzt, wie man das Produkt zweier Matrizen transponiert. Wir sehen aus dieser Gleichungskette damit

$$(A^\top)^{-1} = (A^{-1})^\top, \tag{1.39}$$

und so folgt

$$A^{-1} = ((A^\top)^{-1})^\top. \tag{1.40}$$

Also sollen wir die Matrix A zunächst transponieren:
$$A^\top = \begin{pmatrix} 1 & 0 \\ 4 & 1 \end{pmatrix}.$$
Dies ist eine Frobeniusmatrix mit der inversen
$$(A^\top)^{-1} = \begin{pmatrix} 1 & 0 \\ -4 & 1 \end{pmatrix},$$
wenn wir uns richtig an den Satz 1.33 erinnern. Die müssen wir nur noch transponieren, um die gesuchte inverse Matrix von A zu erhalten:
$$A^{-1} = \begin{pmatrix} 1 & -4 \\ 0 & 1 \end{pmatrix}.$$
Nun beginnt das Spiel mit der Kondition. Packen wir zunächst die 1–Norm an. Wie wir oben im Beispiel 1.51 schon berechnet haben, gilt
$$\|A\|_1 = 5, \ \|A^{-1}\|_1 = 5 \Longrightarrow \mathrm{cond}_1(A) = 25.$$
Ebensowenig Probleme bereitet uns die ∞–Norm:
$$\|A\|_\infty = 5, \ \|A^{-1}\|_\infty = 5 \Longrightarrow \mathrm{cond}_\infty(A) = 25.$$
Die 2–Norm ist ein bißchen rechenaufwendiger, müssen wir doch jeweils die Matrizen
$$A^\top \cdot A \quad \text{und} \quad (A^{-1})^\top \cdot A^{-1}$$
berechnen. Die erste haben wir oben schon bearbeitet und erhielten für ihre Norm
$$\|A\|_2 = \sqrt{17.9443}.$$
Für die zweite rechnen wir
$$(A^{-1})^\top \cdot A^{-1} = \begin{pmatrix} 1 & -4 \\ -4 & 17 \end{pmatrix}.$$
Offensichtlich besitzt sie dasselbe charakteristische Polynom und daher dieselben Eigenwerte und damit auch dieselbe Kondition wie $A^\top \cdot A$.
$$\|A^{-1}\|_2 = \sqrt{17.9443}.$$
Das führt zu der Kondition
$$\mathrm{cond}_2(A) = 17.9443.$$
Ein weiteres, eher negatives Beispiel sind die sog. Hilbertmatrizen. Sie sind bekannt für ihre schlechte Kondition. Allgemein lauten sie

$$H_n = \begin{pmatrix} 1 & \frac{1}{2} & \frac{1}{3} & \frac{1}{4} & \frac{1}{5} & \cdots & \frac{1}{n} \\ \frac{1}{2} & \frac{1}{3} & \frac{1}{4} & \cdots & & & \vdots \\ \frac{1}{3} & \frac{1}{4} & \cdots & & & & \vdots \\ \vdots & \vdots & & & & & \vdots \\ \frac{1}{n} & \frac{1}{n+1} & \cdots & & \cdots & & \frac{1}{2n-1} \end{pmatrix}. \qquad (1.41)$$

1.5 Fehleranalyse

Beispiel 1.58 *Berechnen Sie die Kondition* $\mathrm{cond}_1(H_4)$ *und* $\mathrm{cond}_\infty(H_4)$ *der Hilbertmatrix* H_4.

Wenn wir die inverse Matrix (mit ein klein wenig Nachhilfe durch den Rechner) aufstellen, so erkennt man, daß sie ganzzahlige Elemente enthält. Das gilt für alle Hilbertmatrizen.

$$H_4^{-1} = \begin{pmatrix} 16 & -120 & 240 & -140 \\ -120 & 1200 & -2700 & 1680 \\ 240 & -2700 & 6480 & -4200 \\ -140 & 1680 & -4200 & 2800 \end{pmatrix}.$$

Damit erhalten wir:

$$\|H_4\|_1 = 25/12, \|H_4^{-1}\| = 13\,620 \implies \mathrm{cond}_1(H_4) = 28\,375,$$

$$\|H_4\|_\infty = 25/12, \|H_4^{-1}\|_\infty = 13\,620 \implies \mathrm{cond}_\infty(H_4) = 28\,375.$$

In Büchern findet man die folgenden Angaben über die Kondition bezüglich der Spektralnorm der Hilbertmatrizen:

N	3	4	5	10
$\mathrm{cond}_2(H_N)$	$5.2 \cdot 10^2$	$1.6 \cdot 10^4$	$4.8 \cdot 10^5$	$1.6 \cdot 10^{13}$

Man sieht das starke Anwachsen der Kondition mit der Zeilenzahl. Eine (10×10)–Matrix ist ja wahrlich noch nichts Überwältigendes. Aber bei einer Kondition von 10^{13} zuckt man schon mal mit der Augenbraue. Die Bedeutung dieser Konditionszahlen für ein lineares Gleichungssystem zeigen wir im nächsten Abschnitt auf.

1.5.2 Vorwärtsanalyse und Fehlerabschätzungen

Was heißt hier 'Vorwärts'?

In diesem Abschnitt wollen wir untersuchen, wie sich ein Fehler in den gegebenen Daten eines Problems auf den Fehler in der Lösung auswirkt. Wir suchen also den direkten Weg von den vorgelegten fehlerbehafteten Größen zum Fehler der Lösung.

Das heißt 'Vorwärts'.

Satz 1.59 *Liegt statt des Problems* $A\vec{x} = \vec{b}$ *das gestörte Problem*

$$(A + \Delta A)(\vec{x} + \Delta \vec{x}) = \vec{b} + \Delta \vec{b} \tag{1.42}$$

vor, so gilt für den relativen Fehler, falls $\|\Delta A\| \cdot \|A^{-1}\| < 1$:

$$\frac{\|\Delta \vec{x}\|}{\|\vec{x}\|} \leq \frac{\mathrm{cond}(A)}{1 - \mathrm{cond}(A)\frac{\|\Delta A\|}{\|A\|}} \cdot \left(\frac{\|\Delta A\|}{\|A\|} + \frac{\|\Delta \vec{b}\|}{\|\vec{b}\|} \right). \tag{1.43}$$

Hier erkennt man schon die Bedeutung der Kondition, die im Zähler und im Nenner auftritt. Im Nenner könnte aber eine große Konditionszahl den Effekt des Zählers wieder aufwiegen. Der folgende Spezialfall zeigt deutlicher den Einfluß der Konditionszahl.

Satz 1.60 *Liegt statt des Problems $A\vec{x} = \vec{b}$ das gestörte Problem*

$$A(\vec{x} + \Delta\vec{x}) = \vec{b} + \Delta\vec{b} \tag{1.44}$$

vor, in dem also A als exakt bekannt vorausgesetzt wird, so gilt

$$\frac{\|\Delta\vec{x}\|}{\|\vec{x}\|} \leq \|A^{-1}\| \cdot \|A\| \frac{\|\Delta\vec{b}\|}{\|\vec{b}\|} = \operatorname{cond}(A) \cdot \frac{\|\Delta\vec{b}\|}{\|\vec{b}\|}. \tag{1.45}$$

Dieser Satz sagt ganz klar, daß der relative Fehler im Ergebnis kleiner oder gleich der Kondition multipliziert mit dem relativen Fehler der Daten ist.

Beispiel 1.61 *Gegeben sei das Gleichungssystem $A\vec{x} = \vec{b}$ mit*

$$A = \begin{pmatrix} 1.33 & -0.96 \\ 0.647 & -0.467 \end{pmatrix}, \quad \vec{b} = \begin{pmatrix} 1.11 \\ 0.54 \end{pmatrix}$$

und der exakten Lösung $\vec{x}_0 = (3,3)^\top$. Betrachten Sie ferner die folgenden Näherungslösungen

$$\vec{x}_1 = (3.001, 2.999)^\top, \quad \vec{x}_2 = (1.023, 0.261)^\top.$$

(a) *Berechnen Sie die Residuen (Defekte) $\vec{r}(\vec{x}_1)$ und $\vec{r}(\vec{x}_2)$, und erläutern Sie das Ergebnis.*

(b) *Berechnen Sie $\operatorname{cond}_\infty(A)$.*

(c) *Sei jeweils $\vec{x}_i$, $i = 1,2$ Lösung des Systems mit gestörter rechter Seite*

$$A\vec{x}_i = \vec{b} + \Delta\vec{b}_i, \quad i = 1,2.$$

Zeigen Sie allgemein mit $\Delta\vec{x}_i := \vec{x}_i - \vec{x}_0$ die Abschätzungen

$$\|\Delta\vec{x}_i\|_\infty \leq \|A^{-1}\|_\infty \cdot \|\Delta\vec{b}_i\|_\infty, \quad \frac{\|\Delta\vec{x}_i\|_\infty}{\|\vec{x}_0\|_\infty} \leq \operatorname{cond}_\infty(A) \frac{\|\Delta\vec{b}_i\|_\infty}{\|\vec{b}\|_\infty},$$

und bestätigen Sie die Ungleichungen für die gegebene Näherungslösung $\vec{x}_1$.

Bei diesem Gleichungssystem handelt es sich um ein Beispiel eines schlecht gestellten Problems. Die beiden Geraden, die durch die zwei Gleichungen dargestellt werden, sind fast parallel. So kann es passieren, daß eine kleine Änderung in einer der Koeffizienten eine große Veränderung der Lösung bewirkt.

1.5 Fehleranalyse

Zu (a): Als erstes wollen wir aber lernen, daß bei einem kleinen Residuum nichts, aber auch noch gar nichts über die Güte der Lösung ausgesagt werden kann.

Offensichtlich ist $\vec{x}_1$ die weit bessere Näherung an die exakte Lösung als $\vec{x}_2$. Berechnen wir mal die Residuen:

$$\vec{r}(\vec{x}_1) := A \cdot \vec{x}_1 - \vec{b} = \begin{pmatrix} 0.0023 \\ 0.0011 \end{pmatrix}$$

$$\vec{r}(\vec{x}_2) := A \cdot \vec{x}_2 - \vec{b} = \begin{pmatrix} 0.000030 \\ -0.000006 \end{pmatrix}$$

Das Residuum für $\vec{x}_2$ ist deutlich kleiner als das Residuum für $\vec{x}_1$. Viele numerische Verfahren beruhen auf der Auswertung der Residuen (vgl. das Kollokationsverfahren, Galerkinverfahren). Es reicht aber nicht, lediglich auf die Verkleinerung des Residuums aus zu sein. Man muß für ein gutes Verfahren noch mehr investieren.

Zu (b): Nach der Definition 1.56 müssen wir die ∞–Norm der Systemmatrix A und auch ihrer Inversen miteinander multiplizieren. Berechnen wir zuerst mal die Determinante von A, so erhalten wir

$$\det A = 0.00001 = 10^{-5},$$

was schon ein sehr kleiner Wert ist. Es bedeutet, daß die Zeilen (oder auch die Spalten) der Matrix fast linear abhängig sind. Geometrisch liegen die durch die Zeilen (oder auch die Spalten) repräsentierten Geraden fast parallel. Hier liegt der Hund begraben. Für die inverse Matrix folgt

$$A^{-1} = 10^5 \cdot \begin{pmatrix} -0.467 & 0.960 \\ -0.647 & 1.330 \end{pmatrix}.$$

Jetzt noch ein wenig Normrechnerei. Die ∞–Norm einer Matrix ist ja die Zeilensummennorm. Durch Aufsummieren der Beträge jeder Zeile erhalten wir

$$\|A\|_\infty = 2.29, \quad \|A^{-1}\|_\infty = 1.977 \cdot 10^5 = 197\,700.$$

Damit folgt für die Kondition

$$\operatorname{cond}_\infty(A) = \|A\|_\infty \cdot \|A^{-1}\|_\infty = 2.29 \cdot 197\,700 = 452\,733,$$

für eine solch kleine Matrix eine erstaunlich große Kondition.

Zu (c): Für diese Aufgabe denken wir uns die Näherungslösungen entstanden aus kleinen Störungen $\vec{b} + \Delta\vec{b}$ der rechten Seite. Aus $A\vec{x}_i = \vec{b} + \Delta\vec{b}_i \quad i = 1, 2$ folgt dann

$$\Delta\vec{b}_i = A\vec{x}_i - \vec{b} = \vec{r}(\vec{x}_i), \quad i = 1, 2.$$

Die Störung ist also gerade das Residuum. Zum Nachweis der ersten Ungleichung erstellen wir die folgende Gleichungskette:

$$\Delta\vec{x}_i = \vec{x}_i - \vec{x}_0 = A^{-1}(\vec{b} + \Delta\vec{b}_i) - A^{-1}\vec{b}$$
$$= A^{-1}(\vec{b} + \Delta\vec{b}_i - \vec{b}) = A^{-1}\Delta\vec{b}_i.$$

Mit der Abschätzungsformel (1.36) von Seite 24 folgt damit

$$\|\Delta \vec{x}_i\|_\infty \leq \|A^{-1}\|_\infty \|\Delta \vec{b}_i\|_\infty, \quad i = 1, 2,$$

und schon haben wir die erste Ungleichung. Die zweite folgt sogleich; denn aus $A\vec{x}_0 = \vec{b}$, also $\|\vec{b}\|_\infty \leq \|A\|_\infty \|\vec{x}_0\|_\infty$ folgt

$$\frac{1}{\|\vec{x}_0\|_\infty} \leq \frac{\|A\|_\infty}{\|\vec{b}\|_\infty}.$$

Beide Ungleichungen setzen wir zusammen und erhalten

$$\frac{\|\Delta \vec{x}_i\|_\infty}{\|\vec{x}_0\|_\infty} \leq \frac{\|A^{-1}\|_\infty \cdot \|\Delta \vec{b}_i\|_\infty \cdot \|A\|_\infty}{\|\vec{b}\|} = \mathrm{cond}_\infty(A) \frac{\|\Delta \vec{b}_i\|_\infty}{\|\vec{b}\|_\infty},$$

1.5.3 Rückwärtsanalyse: Satz von Prager und Oettli

Und was heißt bitteschön 'Rückwärts'?

Dieser Abschnitt bringt uns eine erstaunliche Möglichkeit, ein Computerergebnis auf seine Verläßlichkeit zu überprüfen. Wer viel mit Rechnern zu tun hat, weiß, daß die Kerle sehr fleißig und ohne zu murren Ergebnisse ausspucken. Aber wie sicher ist man, daß da auch etwas Vernünftiges dabei ist? Für ein lineares Gleichungssystem haben sich Prager und Oettli ein blitzsauberes Verfahren ausgedacht, wie man das prüfen kann. Der große Vorteil ihrer Methode liegt dabei in der sehr einfachen Anwendung. Man muß wirklich nur eine simple Rechnung durchführen und kann dann überprüfen, ob unser Ergebnis verläßlich ist oder nicht.

Wir betrachten das lineare Gleichungssystem

$$A\vec{x} = \vec{b}.$$

Wie es für die Praxis typisch ist, nehmen wir an, daß die sogenannten Daten, also die Einträge in die Matrix A und in den Vektor $\vec{b}$ der rechten Seite aus Messungen herrühren, also sind Einträge in A und $\vec{b}$ nur näherungsweise bekannt. Wir erhalten daher nur ein angenähertes lineares Gleichungssystem

$$\widetilde{A}\vec{x} = \widetilde{\vec{b}} \tag{1.46}$$

Wir nehmen nun an, daß Fehlerschranken ΔA für die Matrix A und $\Delta \vec{b}$ für den Vektor $\vec{b}$ bekannt seien: das ist eine technisch realistische Ausnahme! Es verblüfft immer wieder, wenn man den Ingenieur fragt, wie gut seine Daten sind, und die feste Antwort erhält: Ja, meine Daten haben einen Fehler von höchstens 3 %. Das weiß man also in vielen Fällen. Dieses Vorwissen nutzen wir jetzt aus, um damit die Verläßlichkeit zu prüfen.

Es ist also folgende Abschätzung bekannt:

$$|\widetilde{A} - A| \leq \Delta A, |\widetilde{\vec{b}} - \vec{b}| \leq \Delta \vec{b} \tag{1.47}$$

1.5 Fehleranalyse

Das Bild rechts deutet an, wie die Definition zu verstehen ist. Das Originalproblem kennen wir nicht, stattdessen liegt uns das realistische Problem $\widetilde{A}\vec{x} = \widetilde{\vec{b}}$ vor. Wir nehmen nun an, daß wir Fehlerschranken ΔA und $\Delta \vec{b}$ in Bezug auf das Originalproblem kennen. Wir denken uns also einen Kreis mit dem Radius $(\Delta A, \Delta \vec{b})$ um das realistische Problem $\widetilde{A}\vec{x} = \widetilde{\vec{b}}$ gezeichnet. In diesem Kreis befindet sich dann das Originalproblem.

Gehört nun die angenäherte Lösung des Näherungsproblems zu einem neuen Problem $B\vec{x} = \vec{c}$, welches in derselben $(\Delta A, \Delta \vec{b})$–Umgebung des Näherungssystems liegt, so wollen wir die Näherung als Lösung unseres Originalproblems akzeptieren. Andernfalls müssen wir die Näherung verbessern.

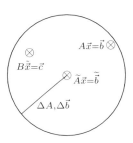

Abb. 1.4: Die Näherungslösung $\widetilde{\vec{x}}$ ist akzeptabel.

Die Betragsstriche bedeuten hier keine Norm, sondern in der Tat nur den Betrag; der wird von den einzelnen Komponenten genommen. Es ist also überhaupt kein Aufwand, diesen Betrag zu berechnen. Das macht die Anwendung des folgenden Satzes so leicht.

Nun stellen wir uns weiter vor, daß das System (1.46) nicht exakt gelöst wird, sondern daß wir nur die Näherungslösung $\widetilde{\vec{x}}$ erhalten. Das entspricht auch sehr dem praktischen Vorgehen. Selbst beim einfachen Runden entsteht ja schon ein Fehler. Später werden wir weitere Verfahren kennenlernen, die von Anfang an nur darauf ausgelegt sind, eine Näherungslösung zu berechnen. Wir fragen: Wie kann man diese Näherungslösung des Näherungssystems beurteilen?

Definition 1.62 *Eine Näherungslösung $\widetilde{\vec{x}}$ des Gleichungssystems $\widetilde{A}\vec{x} = \widetilde{\vec{b}}$, das in der $(\Delta A, \Delta \vec{b})$–Umgebung des Ausgangssystems $A\vec{x} = \vec{b}$ liegt, heißt akzeptable Lösung des Ausgangs-Systems $A\vec{x} = \vec{b}$, wenn sie exakte Lösung eines anderen Systems $B\vec{x} = \vec{c}$ ist, das in der $(\Delta A, \Delta \vec{b})$–Umgebung des Systems $\widetilde{A}\vec{x} = \widetilde{\vec{b}}$ liegt, für das also gilt*

$$|B - \widetilde{A}| \leq \Delta A, \quad |\vec{c} - \widetilde{\vec{b}}| \leq \Delta \vec{b}, \tag{1.48}$$

wobei ΔA und $\Delta \vec{b}$ obige Fehlerschranken sind.

Prager und Oettli haben 1964 ein Kriterium angegeben, mit dem diese Akzeptanz mit einer einfachen Rechnung überprüft werden kann:

Satz 1.63 (Prager–Oettli) *Eine Näherungslösung $\widetilde{\vec{x}}$ des Systems $\widetilde{A}x = \widetilde{\vec{b}}$ ist genau dann akzeptable Lösung des Ausgangssystems $A\vec{x} = \vec{b}$, wenn für das Residuum $\vec{r}(\widetilde{\vec{x}}) := \widetilde{A}\widetilde{\vec{x}} - \widetilde{\vec{b}}$ folgende Abschätzung gilt:*

$$|\vec{r}(\tilde{\vec{x}})| = |\widetilde{A}\tilde{\vec{x}} - \tilde{\vec{b}}| \leq \Delta A \cdot |\tilde{\vec{x}}| + \Delta \vec{b} =: \overline{\vec{r}} \tag{1.49}$$

Dabei ist diese Abschätzung wie oben komponentenweise zu verstehen.

Bemerkung 1.64 *Wie wird dieser Satz benutzt? Wir fassen noch einmal den Ausgangsgedanken für unser Vorgehen zusammen. Wenn wir uns die Praxis ansehen, so ist es typisch, daß man die Daten des zu untersuchenden Problems, also die Einträge in die Matrix A und den Vektor der rechten Seite $\vec{b}$ aus Messungen erhält. Das sind dann beileibe nicht die exakten Werte, sondern wir erhalten Näherungen, also ein System $\widetilde{A}\vec{x} = \tilde{\vec{b}}$. Wir wollen nun voraussetzen, daß wir den Fehler in den Daten kennen, wir kennen also eine Fehlermatrix ΔA und einen Fehlervektor $\Delta \vec{b}$. Berechnen wir zum Beispiel mit einem numerischen Verfahren eine Näherungslösung $\tilde{\vec{x}}$ des Systems $\widetilde{A}\vec{x} = \tilde{\vec{b}}$, so fragen wir, ob diese Näherung ausreicht oder ob wir eine bessere Näherung ausrechnen müssen. Die einfache Abschätzung (1.49) gibt uns darauf eine Antwort.*

Beweis: Wir müssen zwei Richtungen beweisen.

„$\Longrightarrow$" Sei $\tilde{\vec{x}}$ eine akzeptable Lösung. Dann ist also $\tilde{\vec{x}}$ exakte Lösung eines Systems $B\vec{x} = \vec{c}$, das gegenüber dem System $\widetilde{A}\vec{x} = \tilde{\vec{b}}$ gestört ist, also Lösung eines Systems

$$\underbrace{(\widetilde{A} + D)}_{B}\tilde{\vec{x}} = \underbrace{\tilde{\vec{b}} + \vec{d}}_{\tilde{\vec{c}}}$$

Dieses System formen wir ein wenig um

$$\widetilde{A}\tilde{\vec{x}} + D\tilde{\vec{x}} = \tilde{\vec{b}} + \vec{d} \quad \text{und erhalten} \quad \widetilde{A}\tilde{\vec{x}} - \tilde{\vec{b}} = \vec{d} - D\tilde{\vec{x}}$$

So ist links unser Residuum entstanden, das wir jetzt abschätzen können, indem wir zu den Beträgen übergehen und die Dreiecksungleichung beachten:

$$\begin{aligned} |\vec{r}(\tilde{\vec{x}})| &= |\vec{d} - D\tilde{\vec{x}}| = |D\tilde{\vec{x}} + (-\vec{d})| \\ &\leq |D\tilde{\vec{x}}| + |-\vec{d}| \leq |D| \cdot |\tilde{\vec{x}}| + |\vec{d}| \leq \Delta A |\tilde{\vec{x}}| + \Delta \vec{b} \end{aligned}$$

Am Schluß haben wir nur noch die uns bekannten Fehlergrößen ΔA und $\Delta \vec{b}$ eingetragen. Dieses war die Hinrichtung.

„$\Longleftarrow$" Nun zur Rückrichtung:

Sei also jetzt die Abschätzung erfüllt:

$$|\vec{r}(\tilde{\vec{x}})| \leq \Delta A |\tilde{\vec{x}}| + \Delta \vec{b} = \overline{\vec{r}} \tag{1.50}$$

1.5 Fehleranalyse

Dann müssen wir zeigen, daß $\widetilde{x}$ exakte Lösung eines gestörten Systems ist; wir müssen also ein gestörtes System

$$(\widetilde{A} + D)\widetilde{x} = \vec{\widetilde{b}} + \vec{d} \tag{1.51}$$

angeben, für das $\widetilde{x}$ exakte Lösung ist, also richtig explizit eine Matrix D und einen Vektor $\vec{d}$ hinschreiben. Seine Bauart ist so angelegt, daß es dann automatisch in der $\Delta A, \Delta \vec{b}$–Umgebung liegt. Das ist jetzt etwas trickreich, man sieht erst später, daß alles seine Richtigkeit hat.

Wir setzen fest:

$$D := \begin{pmatrix} d_{11} & \cdots & d_{1n} \\ \vdots & \ddots & \vdots \\ d_{n1} & \cdots & d_{nn} \end{pmatrix} \quad \text{mit} \quad d_{ij} := \begin{cases} \text{sign}(\widetilde{x}_j) \cdot \dfrac{r_i}{\overline{r_i}}(\Delta A)_{ij} & \text{für } \overline{r_i} \neq 0 \\ 0 & \text{für } \overline{r_i} = 0 \end{cases} \tag{1.52}$$

Hierin ist $\vec{\overline{r}}$ der *Restvektor* der rechten Seite von (1.49). Der gesuchte Vektor $\vec{d}$ werde folgendermaßen definiert:

$$\vec{d} := \begin{pmatrix} d_1 \\ \vdots \\ d_n \end{pmatrix} \quad \text{mit} \quad d_i := \begin{cases} -\dfrac{r_i}{\overline{r_i}}(\Delta \vec{b})_i & \text{für } \overline{r_i} \neq 0 \\ 0 & \text{für } \overline{r_i} = 0 \end{cases}$$

Wegen der Voraussetzung in der Rückrichtung haben wir $|r_i|/\overline{r_i} \leq 1$, woraus sich folgende Abschätzung ergibt:

$$|D| = |B - \widetilde{A}| \leq \Delta A, \qquad |\vec{d}| = |\vec{c} - \vec{\widetilde{b}}| \leq \vec{b}.$$

Falls $\overline{r_i} = 0$ ist, ist wegen der komponentenweise zu verstehenden Ungleichung (1.50) auch die Komponente r_i des Residuumvektors gleich Null, also erfüllt diese Komponente das angenäherte System (1.46) sogar exakt.

Sei nun also $\overline{r_i} \neq 0$, dann können wir getrost durch $\overline{r_i}$ dividieren. Aus der Definition von $\vec{\overline{r}}$ folgt

$$\sum_{j=1}^{n} (\Delta A)_{ij} \cdot |\widetilde{x}_j| + \Delta b_i = \overline{r_i}.$$

Multiplikation mit $r_i/\overline{r_i}$ gibt: $\quad \sum_{j=1}^{n} \dfrac{r_i}{\overline{r_i}}(\Delta A)_{ij} \cdot |\widetilde{x}_j| = r_i - \dfrac{r_i}{\overline{r_i}}\Delta b_i.$

Mit $r_i = \widetilde{b}_i - \sum_{j=1}^{n} \widetilde{a}_{ij} \cdot \widetilde{x}_j$ folgt

$$\sum_{j=1}^{n} \widetilde{a}_{ij} \cdot \widetilde{x}_j + \sum_{j=1}^{n} \dfrac{r_i}{\overline{r_i}}(\Delta A)_{ij} \cdot |\widetilde{x}_j| = \widetilde{b}_i - \dfrac{r_i}{\overline{r_i}}\Delta b_i.$$

Das ist schon fast unser gewünschtes Ergebnis, wenn wir links nur noch $\widetilde{x}_j$ ausklammern könnten. Das geht aber, wenn wir die triviale Gleichung $|\widetilde{x}_j| = \text{sign}(\widetilde{x}_j) \cdot$

$\widetilde{x}_j$ beachten:

$$\sum_{j=1}^n \left[\widetilde{a}_{ij} + \frac{r_i}{r_i}(\Delta A)_{ij}\mathrm{sign}(\widetilde{x}_j)\right]\cdot \widetilde{x}_j = \widetilde{b}_i - \frac{r_i}{r_i}\Delta b_i$$

$$\left[A\ +\ \quad D\quad\ \right]\cdot \vec{x} = \vec{\widetilde{b}} +\ \vec{d}$$

□

Dieser Satz sagt also, daß man aus der Größe des Residuums $|r(\vec{x}_0)|$ auf die Brauchbarkeit des Vektors $\vec{x}_0$ als Lösung des Gleichungssystems schließen kann. Man folgert also rückwärts aus der Kenntnis einer Näherung und dem zugehörigen Fehler, also dem Residuum, auf die Güte der Lösung. Darum heißt dieses Verfahren auch „Rückwärtsanalyse".

Beispiel 1.65 *Gegeben sei das folgende Gleichungssystem $A\vec{x} = \vec{b}$ mit*

$$A = \begin{pmatrix} 8 & 2 & -1 & 3 \\ 2 & -6 & 0 & -1 \\ -1 & 0 & 3 & 0 \\ 3 & -1 & 0 & -4 \end{pmatrix}, \quad \vec{b} = \begin{pmatrix} 2 \\ 3 \\ 4 \\ 5 \end{pmatrix}.$$

Mit einem Näherungsverfahren sei uns die folgende „Lösung" bereitgestellt worden

$$\vec{x}^{(1)} = (0.9, 0, 1.6, -0.6).$$

Wenn wir annehmen, daß alle obigen Daten in A und $\vec{b}$ mit demselben Fehler behaftet sind, wie groß muß dann dieser relative Fehler mindestens sein, damit $\vec{x}^{(1)}$ als Lösung akzeptiert werden kann?

Wir halten uns streng an den Satz von Prager und Oettli und fragen uns, ob die Bedingung (1.50) erfüllt ist. Als erstes bedenken wir die Vorgabe, daß alle Daten demselben Fehler unterliegen, was also bedeutet, es gibt einen Fehler ε mit

$$\Delta A = \varepsilon \cdot |A|, \quad \Delta\vec{b} = \varepsilon \cdot |\vec{b}|.$$

Wir versuchen, dieses ε so klein zu wählen, daß die Ungleichung (1.50) erfüllt wird

$$|\vec{r}(\vec{x}^{(1)})| = |\vec{b} - A\vec{x}^{(1)}| \le \varepsilon(|A|\cdot|\vec{x}^{(1)}| + |\vec{b}|). \tag{1.53}$$

Berechnen wir das Residuum:

$$|\vec{r}(\vec{x}^{(1)})| = |\vec{b} - A\vec{x}^{(1)}| = \left|\begin{pmatrix} 2 \\ 3 \\ 4 \\ 5 \end{pmatrix} - \begin{pmatrix} 8 & 2 & -1 & 3 \\ 2 & -6 & 0 & -1 \\ -1 & 0 & 3 & 0 \\ 3 & -1 & 0 & -4 \end{pmatrix}\begin{pmatrix} 0.9 \\ 0 \\ 1.6 \\ -0.6 \end{pmatrix}\right|$$

$$= \left|\begin{pmatrix} -1.8 \\ 0.6 \\ 0.1 \\ 0.1 \end{pmatrix}\right| = \begin{pmatrix} 1.8 \\ 0.6 \\ 0.1 \\ 0.1 \end{pmatrix}$$

1.6 L–R–Zerlegung

Man beachte hier, daß wir in der letzten Zeile in der Tat keine Norm berechnet haben, sondern komponentenweise den Betrag des Vektors gebildet haben.

Nun zur rechten Seite:

$$|A| \cdot |\vec{x}^{(1)}| + |\vec{b}| = \begin{pmatrix} 8 & 2 & 1 & 3 \\ 2 & 6 & 0 & 1 \\ 1 & 0 & 3 & 0 \\ 3 & 1 & 0 & 4 \end{pmatrix} \begin{pmatrix} 0.9 \\ 0 \\ 1.6 \\ 0.6 \end{pmatrix} + \begin{pmatrix} 2 \\ 3 \\ 4 \\ 5 \end{pmatrix} = \begin{pmatrix} 12.6 \\ 5.4 \\ 9.7 \\ 10.1 \end{pmatrix}$$

Vergleichen wir die Ergebnisse beider Seiten, so erhalten wir vier Ungleichungen für das gesuchte ε

$$\begin{aligned}
1.8 &\leq \varepsilon \cdot 12.6 & \Rightarrow & \quad \varepsilon \geq 0.142875 \\
0.6 &\leq \varepsilon \cdot 5.4 & \Rightarrow & \quad \varepsilon \geq 0.111 \\
0.1 &\leq \varepsilon \cdot 9.7 & \Rightarrow & \quad \varepsilon \geq 0.010309 \\
0.1 &\leq \varepsilon \cdot 10.1 & \Rightarrow & \quad \varepsilon \geq 0.0099009
\end{aligned}$$

Hier ist die erste Ungleichung die schärfste. Ist sie erfüllt, so auch die anderen. Falls also der Fehler in den Daten mindestens 14.2875 % beträgt, so ist $\vec{x}^{(1)}$ als Lösung akzeptabel. Wenn uns aber jemand versichert, daß der Fehler in den Daten geringer als diese 14% ist, so hilft es nichts, die Näherung reicht noch nicht und muß verbessert werden.

1.6 L–R–Zerlegung

Nun steuern wir mit großen Schritten auf das Lösen linearer Gleichungssysteme zu. Eine probate Methode ist dabei das Zerlegen der vorgegebenen Systemmatrix in eine einfachere Struktur. Wir schildern hier eine Variante des Gaußalgorithmus, bekannt als die L–R–Zerlegung.

1.6.1 Die Grundaufgabe

Die Durchführung der Zerlegung lehnt sich eng an die Gaußelimination an. Im Prinzip macht man gar nichts Neues, sondern wählt lediglich eine andere Form. Am Ende einer erfolgreichen Elimination hat man ja eine obere Dreiecksmatrix erreicht. Diese genau ist schon die gesuchte Matrix R. Und L?

Beim ersten Gaußschritt wird jeweils ein Vielfaches der ersten Zeile zur zweiten, zur dritten etc. addiert, um unterhalb des ersten Diagonalelementes Nullen zu erreichen. Dieser Vorgang wird aber doch, wie wir oben im Satz 1.31 (S. 11) gelernt haben, wunderbar durch Frobeniusmatrizen beschrieben. Im ersten Schritt gehen wir also von A über zu einer Matrix $F_1 \cdot A$, wobei F_1 die Frobeniusmatrix ist, die unterhalb des ersten Diagonalelementes 1 gerade die Zahlen stehen hat, mit denen man die erste Zeile von A multiplizieren muß, um durch Addition zur zweiten usw. Zeile in der ersten Spalte Nullen zu erzeugen. Der weitere Weg ist klar. Mit der Frobeniusmatrix F_2 erzeugen wir anschließend in der zweiten Spalte unterhalb der Diagonalen Nullen, bis wir am Ende mit der Frobeniusmatrix F_{n-1} in der letzten Zeile unterhalb des Diagonalelementes, also in der vorletzten Spalte eine Null erzeugen.

L–R–Zerlegung

Gegeben sei eine $(n \times n)$–Matrix A.
Gesucht ist eine Darstellung von A in der Form

$$A = L \cdot R \tag{1.54}$$

mit einer **linken** Dreiecksmatrix L und einer **rechten** Dreiecksmatrix R, wobei L nur Einsen in der Hauptdiagonalen besitzt; also ($\star$ steht für eine beliebige Zahl)

$$L = \begin{pmatrix} 1 & 0 & \cdots & 0 \\ \star & \ddots & \ddots & \vdots \\ \vdots & \ddots & \ddots & 0 \\ \star & \cdots & \star & 1 \end{pmatrix}, \quad R = \begin{pmatrix} \star & \cdots & \cdots & \star \\ 0 & \ddots & & \vdots \\ \vdots & \ddots & \ddots & \vdots \\ 0 & \cdots & 0 & \star \end{pmatrix} \tag{1.55}$$

Wir fassen das im folgenden Algorithmus zusammen.

Durchführung der L–R–Zerlegung

Man bestimme die zur Elimination erforderlichen Frobeniusmatrizen wie oben beschrieben und bilde

$$\begin{aligned} A &\to F_1 \cdot A \\ &\to F_2 \cdot F_1 \cdot A \\ &\cdots \\ &\to F_{n-1} \cdot F_{n-2} \cdots F_2 \cdot F_1 \cdot A = R. \end{aligned} \tag{1.56}$$

Anschließend ergibt sich die gesuchte L–R–Zerlegung so

$$A = \underbrace{F_1^{-1} \cdot F_2^{-1} \cdots F_{n-2}^{-1} \cdot F_{n-1}^{-1}}_{L} \cdot R = L \cdot R \tag{1.57}$$

Hier haben wir weidlich ausgenutzt, daß sich die inverse Matrix einer Frobeniusmatrix so puppig leicht bestimmen läßt, halt nur durch Vorzeichenwechsel. Das Produkt dieser inversen Matrizen von Frobeniusgestalt ist dann die gesuchte untere Dreiecksmatrix L. Beachten Sie bitte das folgende Gesetz für reguläre Matrizen A und B, das wir in Formel (1.57) ausgenutzt haben:

$$(A \cdot B)^{-1} = B^{-1} \cdot A^{-1} \tag{1.58}$$

1.6 L–R–Zerlegung

Bemerkung 1.66 *Eine Bemerkung über einen leider häufig beobachteten Fehler wollen wir anfügen. Die Matrix L, die sich aus dem Produkt der inversen Frobeniusmatrizen zusammensetzt, läßt sich sehr einfach hinschreiben, indem man die einzelnen Spalten mit ihren Einträgen unterhalb der Diagonalen mit den geänderten Vorzeichen nebeneinander setzt, also ein Kinderspiel. In Matrizenschreibweise heißt das*

$$L = F_1^{-1} \cdot F_2^{-1} \cdots F_{n-2}^{-1} \cdot F_{n-1}^{-1} = F_1^{-1} + (F_2^{-1} - E) + \cdots + (F_{n-2}^{-1} - E) + (F_{n-1}^{-1} - E)$$

Richtig ist auch, daß gilt:

$$L^{-1} = F_{n-1} \cdot F_{n-2} \cdots F_2 \cdot F_1.$$

Falsch ist aber der Analogieschluß, daß sich auch L^{-1} einfach durch Nebeneinanderschreiben der einzelnen Spalteneinträge der Frobeniusmatrizen $F_{n-1}, \ldots, F_1$ ergibt. Es ist wirklich nicht richtig, nicht nur nicht wirklich. Zur Berechnung von L^{-1} müßte man ernstlich arbeiten. Und das sollte man tunlichst vermeiden. Man braucht doch L^{-1} auch gar nicht.

Beispiel 1.67 *Gegeben sei die Matrix*

$$A = \begin{pmatrix} 2 & 3 & 1 \\ 0 & 1 & 3 \\ 3 & 2 & a \end{pmatrix}, \quad a \in \mathbb{R}.$$

Berechnen Sie ihre L–R–Zerlegung, und zeigen Sie, daß A für $a \neq -6$ regulär ist.

Da $a_{21} = 0$ schon gegeben ist, muß nur a_{31} im 1. Schritt bearbeitet werden. Dazu muß die erste Zeile mit $-3/2$ multipliziert werden, um durch Addition zur letzten Zeile $a_{31} = 0$ zu erreichen. Dieser Schritt wird also durch folgende Frobeniusmatrix vermittelt:

$$A \to \underbrace{\begin{pmatrix} 1 & 0 & 0 \\ 0 & 1 & 0 \\ -\frac{3}{2} & 0 & 1 \end{pmatrix}}_{F_1} \cdot A = \begin{pmatrix} 2 & 3 & 1 \\ 0 & 1 & 3 \\ 0 & -\frac{5}{2} & -\frac{3}{2} + a \end{pmatrix}.$$

Zur Ersparnis von Schreibarbeit und beim Einsatz eines Rechners von Speicherplatz ist es empfehlenswert, die geliebten, aber jetzt nutzlosen Nullen, die man unterhalb der Diagonalen erzeugt hat, durch die einzig relevanten Zahlen in den Frobeniusmatrizen zu ersetzen. Das paßt gerade zusammen:

$$A \to \widetilde{A} = \begin{pmatrix} 2 & 3 & 1 \\ \hline 0 & 1 & 3 \\ -\frac{3}{2} & -\frac{5}{2} & -\frac{3}{2} + a \end{pmatrix}.$$

Im 2. Schritt, der auch schon der letzte ist, wird die 2. Zeile mit $5/2$ multipliziert und zur 3. Zeile addiert. Mit einer Frobeniusmatrix ausgedrückt, erhält man

$$\widetilde{A} \to \underbrace{\begin{pmatrix} 1 & 0 & 0 \\ 0 & 1 & 0 \\ 0 & \frac{5}{2} & 1 \end{pmatrix}}_{F_2} \cdot \widetilde{A} = \begin{pmatrix} 2 & 3 & 1 \\ \hline 0 & 1 & 3 \\ -\frac{3}{2} & \frac{5}{2} & 6 + a \end{pmatrix}.$$

Daraus lesen wir sofort die gesuchten Matrizen L und R ab.

$$L = F_1^{-1} \cdot F_2^{-1} = \begin{pmatrix} 1 & 0 & 0 \\ 0 & 1 & 0 \\ \frac{3}{2} & 0 & 1 \end{pmatrix} \begin{pmatrix} 1 & 0 & 0 \\ 0 & 1 & 0 \\ 0 & -\frac{5}{2} & 1 \end{pmatrix} = \begin{pmatrix} 1 & 0 & 0 \\ 0 & 1 & 0 \\ \frac{3}{2} & -\frac{5}{2} & 1 \end{pmatrix},$$

$$R = \begin{pmatrix} 2 & 3 & 1 \\ 0 & 1 & 3 \\ 0 & 0 & 6+a \end{pmatrix}.$$

Um die Regularität von A zu prüfen, denken wir an den Determinantenmultiplikationssatz

$$A = L \cdot R \Rightarrow \det A = \det L \cdot \det R.$$

Offensichtlich ist L stets eine reguläre Matrix, da in der Hauptdiagonalen nur Einsen stehen. Für eine Dreiecksmatrix ist aber das Produkt der Hauptdiagonalelemente gerade ihre Determinante. Die Regularität von A entscheidet sich also in R. Hier ist das Produkt der Hauptdiagonalelemente genau dann ungleich Null, wenn $a \neq -6$ ist. Das sollte gerade gezeigt werden.

Leider ist die L–R-Zerlegung schon in einfachen Fällen nicht durchführbar. Betrachten wir z. B. die Matrix

$$A = \begin{pmatrix} 0 & 1 \\ 1 & 0 \end{pmatrix}. \tag{1.59}$$

Offensichtlich scheitert schon der erste Eliminationsschritt, da das Element $a_{11} = 0$ ist, obwohl die Matrix doch sogar regulär ist, also vollen Rang besitzt. Der folgende Satz zeigt uns, wann eine solche Zerlegung durchgeführt werden kann.

Satz 1.68 *Sei A eine reguläre $(n \times n)$-Matrix. A besitzt dann und nur dann eine L–R-Zerlegung, wenn sämtliche Hauptminoren von A ungleich Null sind.*

Doch dieser Satz hilft in der Praxis überhaupt nicht. Hauptminoren sind schließlich Determinanten. Und die zu berechnen, erfordert einen Riesenaufwand. Der folgende Satz hat dagegen in speziellen Fällen schon mehr Bedeutung.

Satz 1.69 *Sei A eine reguläre $(n \times n)$-Matrix mit der Eigenschaft*

$$\sum_{\substack{k=1 \\ k \neq i}}^{n} |a_{ik}| \leq |a_{ii}|, \quad 1 \leq i \leq n,$$

dann ist die L–R-Zerlegung durchführbar.

Die zusätzliche Bedingung im obigen Satz ist eine Abschwächung dessen, was wir früher (vgl. S. 13) schwach diagonaldominant genannt haben, weil die Zusatzbedingung, daß in einer Zeile das echte Kleinerzeichen gelten muß, fehlt.

1.6 L–R–Zerlegung

Wenn man ein Gleichungssystem vor Augen hat mit obiger Matrix (1.59) als Systemmatrix, so hat man natürlich sofort die Abhilfe parat. Wir tauschen einfach die beiden Zeilen, was das Gleichungssystem völlig ungeändert läßt. Das ist der Weg, den wir jetzt beschreiben werden, und der folgende Satz bestärkt uns in dieser Richtung.

Satz 1.70 *Sei A eine reguläre $(n \times n)$–Matrix. Dann gibt es eine Permutationsmatrix P, so daß die folgende L–R–Zerlegung durchführbar ist:*

$$P \cdot A = L \cdot R. \tag{1.60}$$

Man kann also bei einer regulären Matrix stets durch Zeilentausch, was ja durch die Linksmultiplikation mit einer Permutationsmatrix darstellbar ist, die L–R–Zerlegung zu Ende führen.

Nun packen wir noch tiefer in die Kiste der Numerik. Aus Gründen der Stabilität empfiehlt sich nämlich stets ein solcher Zeilentausch, wie wir im nächsten Abschnitt zeigen werden.

1.6.2 Pivotisierung

Betrachten wir das folgende Beispiel.

Beispiel 1.71 *Gegeben sei das lineare Gleichungssystem*

$$\begin{pmatrix} 0.729 & 0.81 & 0.9 \\ 1 & 1 & 1 \\ 1.331 & 1.21 & 1.1 \end{pmatrix} \begin{pmatrix} x_1 \\ x_2 \\ x_3 \end{pmatrix} = \begin{pmatrix} 0.6867 \\ 0.8338 \\ 1 \end{pmatrix}.$$

Berechnung der exakten Lösung, auf vier Stellen gerundet, liefert

$$x_1 = 0.2245, \ x_2 = 0.2814, \ x_3 = 0.3279.$$

Stellen wir uns vor, daß wir mit einer Rechenmaschine arbeiten wollen, die nur vier Stellen bei Gleitkommarechnung zuläßt. Das ist natürlich reichlich akademisch, aber das Beispiel hat ja auch nur eine (3×3)–Matrix zur Grundlage. Natürlich könnten wir eine Maschine mit 20 Nachkommastellen bemühen, wenn wir dafür das Beispiel entsprechend höher dimensionieren. Solche Beispiele liefert das Leben später zur Genüge. Belassen wir es also bei diesem einfachen Vorgehen, um die Probleme nicht durch zu viel Rechnung zu verschleiern.

Wenden wir den einfachen Gauß ohne großes Nachdenken an, so müssen wir die erste Zeile mit $-1/0.729 = -1.372$ multiplizieren und zur zweiten Zeile addieren, damit wir unterhalb der Diagonalen eine Null erzeugen. Zur Erzeugung der nächsten 0 müssen wir die erste Zeile mit $-1.331/0.729 = -1.826$ multiplizieren und zur dritten Zeile addieren. Wir schreiben jetzt sämtliche Zahlen mit vier signifikanten Stellen und erhalten das System

$$\begin{pmatrix} 0.7290 & 0.8100 & 0.9000 & | & 0.6867 \\ \overline{-1.372} & -0.1110 & -0.2350 & | & -0.1082 \\ -1.826 & -0.2690 & -0.5430 & | & -0.2540 \end{pmatrix}.$$

Um an der Stelle a_{32} eine Null zu erzeugen, müssen wir die zweite Zeile mit $-(-0.2690/-0.1110) = -2.423$ multiplizieren und erhalten

$$\begin{pmatrix} 0.7290 & 0.8100 & 0.9000 & | & 0.6867 \\ \underline{-1.372} & -0.1110 & -0.2350 & | & -0.1082 \\ -1.826 & | & 2.423 & -0.026506 & | & 0.008300 \end{pmatrix}.$$

Hieraus berechnet man durch Aufrollen von unten die auf vier Stellen gerundete Lösung

$$\widetilde{x}_3 = 0.3132, \quad \widetilde{x}_2 = 0.3117, \quad \widetilde{x}_1 = 0.2089.$$

Zur Bewertung dieser Lösung bilden wir die Differenz zur exakten Lösung

$$|x_1 - \widetilde{x}_1| = 0.0156, \quad |x_2 - \widetilde{x}_2| = 0.0303, \quad |x_3 - \widetilde{x}_3| = 0.0147.$$

Hierauf nehmen wir später Bezug.

Zur Erzeugung der Nullen mußten wir zwischendurch ganze Zeilen mit Faktoren multiplizieren, die größer als 1 waren. Dabei werden automatisch auch die durch Rundung unvermeidlichen Fehler mit diesen Zahlen multipliziert und dadurch vergrößert.

Als Abhilfe empfiehlt sich ein Vorgehen, das man 'Pivotisierung' nennt. Das Wort 'Pivot' kommt dabei aus dem Englischen oder dem Französischen. Die Aussprache ist zwar verschieden, aber es bedeutet stets das gleiche: Zapfen oder Angelpunkt.

Definition 1.72 *Unter* **Spaltenpivotisierung** *verstehen wir eine Zeilenvertauschung so, daß das betragsgrößte Element der Spalte in der Diagonalen steht.*

Wir suchen also nur in der jeweils aktuellen Spalte nach dem betraglich größten Element. Dieses bringen wir dann durch Tausch der beiden beteiligten Zeilen in die Diagonale, was dem Gleichungssystem völlig wurscht ist.

In unserem obigen Beispiel müssen wir also zuerst die erste mit der dritten Zeile vertauschen, weil nun mal 1.331 die betraglich größte Zahl in der ersten Spalte ist:

$$\begin{pmatrix} 1.331 & 1.21 & 1.1 \\ 1 & 1 & 1 \\ 0.729 & 0.81 & 0.9 \end{pmatrix} \begin{pmatrix} x_1 \\ x_2 \\ x_3 \end{pmatrix} = \begin{pmatrix} 1 \\ 0.8338 \\ 0.6867 \end{pmatrix}.$$

Nun kommt der Eliminationsvorgang wie früher, allerdings multiplizieren wir immer nur mit Zahlen, die kleiner als 1 sind, das war ja der Trick unserer Tauscherei:

$$\begin{pmatrix} 1.331 & 1.2100 & 1.1000 & | & 1.0000 \\ \underline{-0.7513} & 0.09090 & 0.1736 & | & 0.08250 \\ -0.5477 & | & 0.1473 & 0.2975 & | & 0.1390 \end{pmatrix}.$$

Das Spiel wiederholt sich jetzt mit dem um die erste Zeile und erste Spalte reduzierten (2×2)-System, in dem wir erkennen, daß $0.1473 > 0.09090$ ist. Also müssen wir die

1.6 L–R–Zerlegung

zweite mit der dritten Zeile vertauschen. Da die Faktoren links von dem senkrechten Strich jeweils zu ihrer Zeile gehören, werden sie natürlich mit vertauscht.

$$\begin{pmatrix} 1.331 & 1.2100 & 1.1000 & 1.0000 \\ -0.5477 & 0.1473 & 0.2975 & 0.1390 \\ -0.7513 & 0.09090 & 0.1736 & 0.08250 \end{pmatrix}.$$

Um nun an der Stelle a_{32} eine Null zu erzeugen, müssen wir die zweite Zeile mit $-0.0909/0.1473 = -0.6171$ multiplizieren und erhalten

$$\begin{pmatrix} 1.331 & 1.2100 & 1.1000 & 1.0000 \\ -0.7513 & 0.1473 & 0.2975 & 0.1390 \\ -0.5477 & -0.6171 & -0.01000 & -0.003280 \end{pmatrix}.$$

Wiederum durch Aufrollen von unten erhalten wir die Lösung

$$\widehat{x}_3 = 0.3280, \ \widehat{x}_2 = 0.2812, \ \widehat{x}_1 = 0.2246.$$

Bilden wir auch hier die Differenz zur exakten Lösung

$$|x_1 - \widehat{x}_1| = 0.0001, \ |x_2 - \widehat{x}_2| = 0.0002, \ |x_3 - \widehat{x}_3| = 0.0001.$$

Dies Ergebnis ist also deutlich besser!

Wo liegt das Problem? Im ersten Fall haben wir mit Zahlen größer als 1 multipliziert, dadurch wurden auch die Rundungsfehler vergrößert. Im zweiten Fall haben wir nur mit Zahlen kleiner als 1 multipliziert, was auch die Fehler nicht vergrößerte. Wir müssen also das System so umformen, daß wir nur mit kleinen Zahlen zu multiplizieren haben. Genau das schafft die Pivotisierung, denn dann steht das betraglich größte Element in der Diagonalen, und Gauß sagt dann, daß wir nur mit einer Zahl kleiner oder gleich 1 zu multiplizieren haben, um die Nullen zu erzeugen.

Aus den Unterabschnitten 1.6.1 und 1.6.2 lernen wir also, daß zur Lösung von linearen Gleichungssystemen eine Pivotisierung aus zwei Gründen notwendig ist.

Spaltenpivotisierung ist notwendig, weil

1. selbst bei regulärer Matrix Nullen in der Diagonalen auftreten können und Gaußumformungen verhindern,
2. wegen Rundungsfehlern sonst völlig unakzeptable Lösungen entstehen können.

Wir können das gesamte Vorgehen der L–R–Zerlegung einer $n \times n$–Matrix A mit Spaltenpivotisierung schematisch folgendermaßen darstellen. Der erste Schritt besteht in der Spaltenpivotisierung bezgl. der ersten Spalte der Matrix A an. Wir müssen evtl. zwei Zeilen tauschen. Dies geschieht matrizentechnisch durch Linksmultiplikation mit einer speziellen Transpositionsmatrix. Im Unterschied zu der insgesamt zu suchenden Permutationsmatrix P wollen wir sie mit T bezeichnen. Eine solche Matrix ist nicht nur orthogonal, wie jede anständige Permutationsmatrix, sondern auch noch symmetrisch und zu sich selbst invers, wie wir aus (1.10) wissen. Das ist fein, denn ihre Inverse benötigen wir dringend. Der erste Schritt lautet damit:

$$A \to T_1 \cdot A. \tag{1.61}$$

Wir sollten hier der Vollständigkeit wegen einfügen, daß man, falls das betragsgrößte Element bereits freiwillig auf der gewünschten Position steht, als Transpositionsmatrix die Einheitsmatrix wählt. Dies soll auch bei den weiteren Pivotisierungen gelten, wir wollen das nicht jedes Mal erwähnen.

Als nächstes werden wir mit Gauß unterhalb des Pivotelementes Nullen erzeugen. Das bedeutet, wir multiplizieren von links mit einer Frobeniusmatrix.

$$A \to T_1 \cdot A \to F_1 \cdot T_1 \cdot A. \tag{1.62}$$

Nun muß erneut pivotisiert werden.

$$A \to T_1 \cdot A \to F_1 \cdot T_1 \cdot A \to T_2 \cdot F_1 \cdot T_1 \cdot A. \tag{1.63}$$

Wiederum multiplizieren wir von links mit einer Transpositionsmatrix T_2. Jetzt aber tauschen wir nicht nur in der Matrix A, sondern auch in der Frobenius–Matrix F_1 die Zeilen. Wir zeigen das Ergebnis mal an einer 5×5–Frobenius–Matrix, bei der wir die zweite mit der vierten Spalte tauschen:

$$F_1 = \begin{pmatrix} 1 & 0 & 0 & 0 & 0 \\ f_{21} & 1 & 0 & 0 & 0 \\ f_{31} & 0 & 1 & 0 & 0 \\ f_{41} & 0 & 0 & 1 & 0 \\ f_{51} & 0 & 0 & 0 & 1 \end{pmatrix} \to \begin{pmatrix} 1 & 0 & 0 & 0 & 0 \\ f_{41} & 0 & 0 & \boxed{1} & 0 \\ f_{31} & 0 & 1 & 0 & 0 \\ f_{21} & \boxed{1} & 0 & 0 & 0 \\ f_{51} & 0 & 0 & 0 & 1 \end{pmatrix}$$

Das ist für die relevante Spalte in F_1 nicht tragisch. Da tauschen sich halt die zwei Elemente, wirkt aber dramatisch auf die Hauptdiagonalelemente. Nach dem Zeilentausch stehen zwei Nullen in der Diagonale. Und zwei Einsen tummeln sich außerhalb. Das ist mitnichten eine Frobeniusform. Was tun, spricht Zeus. Wir brauchen Frobenius, um die inversen Matrizen leicht bilden zu können. Jetzt kommt ein hinterlistiger Trick.

Wir machen diesen Tausch wieder rückgängig dadurch daß wir von rechts her mit der Transpositionsmatrix T_2 heranmultiplizieren. Ja, wird man einwenden, das geht doch nicht so einfach. Da könnte ja jeder kommen.[1] Nein, nein, wir manipulieren schon richtig, indem wir nämlich so arbeiten:

$$T_2 \cdot F_1 \cdot T_1 \cdot A = T_2 \cdot F_1 \cdot \underbrace{T_2 \cdot T_2} \cdot T_1 \cdot A. \tag{1.64}$$

---

[1] Dies ist bekanntlich das dritte der pädagogischen Grundprinzipien, die da lauten:
1. Das war schon immer so!
2. Das ham wer noch nie gemacht!
3. Da könnte ja jeder kommen!

1.6 L–R–Zerlegung

Den eingefügten Term haben wir unterklammert. Wie wir uns oben überlegt haben, ist das die Einheitsmatrix. Jetzt klammern wir die rechte Seite so

$$\underbrace{T_2 \cdot F_1 \cdot T_2} \cdot T_2 \cdot T_1 \cdot A \tag{1.65}$$

und erkennen, daß der unterklammerte Teil wiederum eine Frobeniusmatrix ist, die wir $\widetilde{F}_1$ nennen wollen. Und, oh Wunder, rechts davon steht das Produkt von Transpositionsmatrizen und A. Wenn wir einmal annehmen, daß wir schon fertig wären, so wäre das Ergebnis jetzt eine obere Dreiecksmatrix, also

$$A \to \widetilde{F}_1 \cdot T_2 \cdot T_1 \cdot A = R. \tag{1.66}$$

Hier können wir nun leicht auflösen, denn die Inverse einer Frobeniusmatrix ist sofort hingeschrieben, und mit der Abkürzung

$$P := T_2 \cdot T_1, \tag{1.67}$$

wobei P als Produkt von zwei Transpositionsmatrizen eine Permutationsmatrix ist, erhalten wir

$$P \cdot A = \widetilde{F}_1^{-1} \cdot R. \tag{1.68}$$

Offensichtlich ist $\widetilde{F}_1^{-1}$ eine linke untere Dreiecksmatrix. Was wir erreichen wollten, ist eingetreten. Wir haben zwar nicht A selbst, aber immerhin $P \cdot A$, also A nach Zeilentausch, L–R–zerlegt.

Jetzt hält uns niemand mehr, genau so weiterzuverfahren. Wir wollen das ruhig noch mal ausführen, um es auch richtig genießen zu können.

Also erzeugen wir in der zweiten Spalte unterhalb des Pivot–Elementes, das schon in der Diagonalen steht, Nullen durch Multiplikation mit einer Frobeniusmatrix F_2

$$A \to F_2 \cdot \widetilde{F}_1 \cdot T_2 \cdot T_1 \cdot A$$

und müssen erneut in der nun dritten Spalte pivotisieren, also

$$A \to T_3 \cdot F_2 \cdot \widetilde{F}_1 \cdot T_2 \cdot T_1 \cdot A.$$

Diese Vertauscherei mit T_3 wirkt auch wieder auf die Frobeniusmatrizen und zerstört deren von uns so geliebte Frobeniusform. Unser Trick hilft nun ein zweites Mal. Wir fügen an zwei geeigneten Stellen die Einheitsmatrix ein

$$A \to T_3 \cdot F_2 \cdot \underbrace{T_3 \cdot T_3} \cdot \widetilde{F}_1 \cdot \underbrace{T_3 \cdot T_3} \cdot T_2 \cdot T_1 \cdot A$$

und klammern anders

$$A \to \underbrace{T_3 \cdot F_2 \cdot T_3} \cdot \underbrace{T_3 \cdot \widetilde{F}_1 \cdot T_3} \cdot T_3 \cdot T_2 \cdot T_1 \cdot A.$$

Die beiden unterklammerten Matrizen sind wieder in Frobeniusform, die wir $\widetilde{F}_2$ und $\widetilde{\widetilde{F}}_1$ nennen wollen. Und erneut ist das Wunderbare geschehen, daß sich nämlich die

Transpositionsmatrizen alle als unmittelbare Faktoren vor A versammelt haben. Wären wir jetzt fertig, so wäre hier also die obere Dreiecksmatrix R entstanden und wir könnten wieder auflösen

$$\widetilde{F}_2 \cdot \widetilde{\widetilde{F}}_1 \cdot T_3 \cdot T_2 \cdot T_1 \cdot A = R \iff T_3 \cdot T_2 \cdot T_1 \cdot A = \widetilde{\widetilde{F}}_1^{\,-1} \cdot \widetilde{F}_2^{\,-1} \cdot R.$$

Setzen wir

$$P := T_3 \cdot T_2 \cdot T_1,$$

so ist uns also auch hier die L–R–Zerlegung von der permutierten Matrix $P \cdot A$ gelungen; denn P ist als Produkt von Transpositionsmatrizen eine Permutationsmatrix.

Das Ende vom Lied ist schnell erzählt. Es ist nach endlich vielen Schritten, genau nach $n-1$ Schritten einer $n \times n$–Matrix erreicht und lautet, wenn wir alle Schlangen über den Frobeniusmatrizen der Einfachheit wegen wieder weglassen,

$$A \to F_{n-1} \cdot F_{n-2} \cdots F_2 \cdot F_1 \cdot T_{n-1} \cdots T_2 \cdot T_1 \cdot A = R. \tag{1.69}$$

Es sieht nach einem Fehlen der Matrizen T_n und F_n aus; wenn wir uns aber Gauß in Erinnerung rufen, so ist ja zum Schluß nur noch das Element $a_{n,n-1}$ zu Null zu machen. In dieser vorletzten Spalte ist also eine Pivotisierung mittels T_n nicht mehr erforderlich mangels Konkurrenz an Elementen. F_n wird auch nicht mehr gebraucht, weil unterhalb von a_{nn} kein Element mehr ist, das zu Null gemacht werden möchte.

Die Auflösung der Gleichung (1.69) macht sich so schön einfach. Setzen wir

$$P := T_{n-1} \cdot T_{n-2} \cdots T_2 \cdot T_1, \tag{1.70}$$

so erhalten wir

$$P \cdot A = F_1^{-1} \cdot F_2^{-1} \cdots F_{n-1}^{-1} \cdot R. \tag{1.71}$$

Die Inversen der Frobeniusmatrizen rechter Hand bleiben in Frobeniusform. Ihr Produkt erhält man einfach durch „Übereinanderlegen", das Resultat ist also eine Matrix, die Einsen in der Hauptdiagonalen hat und unterhalb in jeder Spalte gerade die mit anderem Vorzeichen versehenen Elemente der ursprünglichen Frobeniusmatrizen $F_1, \ldots, F_{n-1}$. Genau so sollte aber unsere gesuchte L–Matrix aussehen. Also haben wir die Zerlegung

$$P \cdot A = L \cdot R. \tag{1.72}$$

1.6.3   L–R–Zerlegung und lineare Gleichungssysteme

Nachdem wir schon mehrfach in kleinen didaktischen Beispielen lineare Gleichungssysteme gelöst haben, wollen wir in diesem Abschnitt eine ernsthafte Methode kennenlernen, mit der auch umfangreiche Aufgaben gelöst werden können. Das wird die Anwendung der L–R–Zerlegung leisten

1.6 L–R–Zerlegung

Betrachten wir, damit wir keinen Ärger mit der Lösbarkeit haben, ein lineares Gleichungssystem mit einer regulären $(n \times n)$–Matrix A. Auf der nächsten Seite stellen wir den Algorithmus zusammen.

Zwar hat man zur Lösung eines linearen Gleichungssystems zwei Systeme zu bearbeiten, der Vorteil der L–R–Zerlegung liegt aber darin, daß man es jeweils nur mit einem Dreieckssystem zu tun hat. Einfaches Aufrollen von oben nach unten (Vorwärtselimination) bei (1.75) bzw. von unten nach oben (Rückwärtselimination) bei (1.76) liefert die Lösung.

Wir sollten nicht unerwähnt lassen, daß man die Vorwärtselimination direkt in die Berechnung der Zerlegung einbauen kann. Dazu schreibt man die rechte Seite $\vec{b}$ des Systems als zusätzliche Spalte an die Matrix A heran und unterwirft sie den gleichen Umformungen wie die Matrix A. Dann geht $\vec{b}$ direkt über in den oben eingeführten Vektor $\vec{y}$, und wir können sofort mit der Rückwärtselimination beginnen.

Gleichungssysteme und L–R–Zerlegung

Gegeben sei ein lineares Gleichungssystem mit regulärer Matrix A

$$A\vec{x} = \vec{b}.$$

1. Man berechne die L–R–Zerlegung von A unter Einschluß von Spaltenpivotisierung, bestimme also eine untere Dreiecksmatrix L, eine obere Dreiecksmatrix R und eine Permutationsmatrix P mit

$$P \cdot A\vec{x} = L \cdot R \cdot \vec{x} = P\vec{b}. \tag{1.73}$$

2. Man setze

$$\vec{y} := R\vec{x} \tag{1.74}$$

und berechne $\vec{y}$ aus

$$L\vec{y} = P\vec{b} \quad \text{(Vorwärtselimination)} \tag{1.75}$$

3. Man berechne das gesuchte $\vec{x}$ aus

$$R\vec{x} = \vec{y} \quad \text{(Rückwärtselimination)} \tag{1.76}$$

Beispiel 1.73 *Lösen Sie folgendes lineare Gleichungssystem mittels L–R–Zerlegung.*

$$\begin{array}{rcr} 2x_1 + 4x_2 &=& -1 \\ -4x_1 - 11x_2 &=& -1 \end{array}.$$

Die zum System gehörige Matrix lautet

$$A = \begin{pmatrix} 2 & 4 \\ -4 & -11 \end{pmatrix}.$$

Offensichtlich ist in der ersten Spalte das betraglich größte Element -4 nicht in der Diagonalen, also tauschen wir flugs die beiden Zeilen mit Hilfe der Transpositionsmatrix

$$P_{12} = \begin{pmatrix} 0 & 1 \\ 1 & 0 \end{pmatrix} \Rightarrow \widetilde{A} = P_{12} \cdot A = \begin{pmatrix} -4 & -11 \\ 2 & 4 \end{pmatrix}.$$

Dann wenden wir auf die neue Matrix $\widetilde{A}$ die Eliminationstechnik an. Wir müssen die erste Zeile mit $1/2$ multiplizieren und zur zweiten Zeile addieren, um in der ersten Spalte unterhalb der Diagonalen eine Null zu erzeugen:

$$P_{12} \cdot A \to \begin{pmatrix} -4 & -11 \\ \boxed{\tfrac{1}{2}} & -\tfrac{3}{2} \end{pmatrix}.$$

Bei dieser kleinen Aufgabe sind wir schon mit der Zerlegung fertig. Die gesuchten Matrizen L und R lauten

$$L = \begin{pmatrix} 1 & 0 \\ -\tfrac{1}{2} & 1 \end{pmatrix}, \qquad R = \begin{pmatrix} -4 & -11 \\ 0 & -\tfrac{3}{2} \end{pmatrix}.$$

So, nun müssen wir zwei Gleichungssysteme lösen. Zunächst berechnen wir den Hilfsvektor $\vec{y}$ aus dem System

$$L\vec{y} = P_{12}\vec{b} \iff \begin{pmatrix} 1 & 0 \\ -\tfrac{1}{2} & 1 \end{pmatrix} \begin{pmatrix} y_1 \\ y_2 \end{pmatrix} = \begin{pmatrix} -1 \\ -1 \end{pmatrix}.$$

Nun ja, aus der ersten Zeile liest man die Lösung für y_1 direkt ab, und ein wenig Kopfrechnen schafft schon die ganze Lösung herbei

$$y_1 = -1, \ y_2 = -3/2.$$

Das nächste System enthält den gesuchten Vektor $\vec{x}$ und lautet

$$R\vec{x} = \vec{y} \iff \begin{pmatrix} -4 & -11 \\ 0 & -\tfrac{3}{2} \end{pmatrix} \begin{pmatrix} x_1 \\ x_2 \end{pmatrix} = \begin{pmatrix} -1 \\ -3/2 \end{pmatrix}.$$

Hier fangen wir unten an gemäß der Rückwärtselimination und erhalten aus der zweiten Zeile direkt und dann aus der ersten, wenn wir noch einmal unseren Kopf bemühen:

$$x_2 = 1, \ x_1 = -5/2.$$

Der wahre Vorteil des Verfahrens zeigt sich, wenn man Systeme mit mehreren rechten Seiten zu bearbeiten hat. Dann muß man einmal die Zerlegung berechnen, kann sich aber anschließend beruhigt auf das Faulbett legen; denn nun läuft die Lösung fast von selbst. Das wird z. B. benutzt beim Verfahren zur inversen Iteration nach Wielandt zur Bestimmung des kleinsten Eigenwertes einer Matrix (vgl. Kapitel 'Matrizeneigenwertaufgaben') oder auch schon bei der Bestimmung der inversen Matrix, wie wir es jetzt zeigen wollen.

1.6.4 L–R–Zerlegung und inverse Matrix

Inverse Matrizen zu berechnen, ist stets eine unangenehme Aufgabe. Zum Glück wird das in der Praxis nicht oft verlangt. Eine auch numerisch brauchbare Methode liefert wieder die oben geschilderte L–R–Zerlegung.

Bestimmung der inversen Matrix

Gegeben sei eine reguläre Matrix A.
Gesucht ist die zu A inverse Matrix A^{-1}, also eine Matrix $X(=A^{-1})$ mit

$$A \cdot X = E \tag{1.77}$$

Dies ist ein lineares Gleichungssystem mit einer Matrix als Unbekannter und der Einheitsmatrix E als rechter Seite.
Man berechne die L–R–Zerlegung von A unter Einschluß von Spaltenpivotisierung, bestimme also eine untere Dreiecksmatrix L, eine obere Dreiecksmatrix R und eine Permutationsmatrix P mit

$$P \cdot A \cdot X = L \cdot R \cdot X = P \cdot E. \tag{1.78}$$

Man setze

$$Y := R \cdot X \tag{1.79}$$

und berechne Y aus

$$L \cdot Y = P \cdot E \qquad \text{(Vorwärtselimination)} \tag{1.80}$$

Man berechne das gesuchte X aus

$$R \cdot X = Y \qquad \text{(Rückwärtselimination)} \tag{1.81}$$

Auch hier sind die beiden zu lösenden Systeme (1.80) und (1.81) harmlose Dreieckssysteme. Auf ihre Auflösung freut sich jeder Rechner.

Beispiel 1.74 *Als Beispiel berechnen wir die Inverse der Matrix aus Beispiel 1.73 von Seite 45. Gegeben sei also*

$$A = \begin{pmatrix} 2 & 4 \\ -4 & -11 \end{pmatrix}.$$

Gesucht ist eine Matrix X mit $A \cdot X = E$.

In Beispiel 1.73 haben wir bereits die L–R–Zerlegung von A mit Spaltenpivotisierung berechnet und erhielten:

$$\widetilde{A} = P_{12} \cdot A = \begin{pmatrix} -4 & -11 \\ 2 & 4 \end{pmatrix} = L \cdot R = \begin{pmatrix} 1 & 0 \\ -\frac{1}{2} & 1 \end{pmatrix} \cdot \begin{pmatrix} -4 & -11 \\ 0 & -\frac{3}{2} \end{pmatrix}.$$

So können wir gleich in die Auflösung der beiden Gleichungsysteme einsteigen. Beginnen wir mit (1.80). Aus

$$L \cdot Y = \begin{pmatrix} 1 & 0 \\ -\frac{1}{2} & 1 \end{pmatrix} \cdot \begin{pmatrix} y_{11} & y_{12} \\ y_{21} & y_{22} \end{pmatrix} = \begin{pmatrix} 0 & 1 \\ 1 & 0 \end{pmatrix} = P \cdot E$$

berechnet man fast durch Hinschauen

$$Y = \begin{pmatrix} 0 & 1 \\ 1 & \frac{1}{2} \end{pmatrix}.$$

Bleibt das System (1.81):

$$R \cdot X = \begin{pmatrix} -4 & -11 \\ 0 & -\frac{3}{2} \end{pmatrix} \cdot \begin{pmatrix} x_{11} & x_{12} \\ x_{21} & x_{22} \end{pmatrix} = \begin{pmatrix} 0 & 1 \\ 1 & \frac{1}{2} \end{pmatrix} = Y,$$

aus dem man direkt die Werte x_{21} und x_{22} abliest. Für die beiden anderen Werte muß man vielleicht eine Zwischenzeile hinschreiben. Als Ergebnis erhält man

$$X = \frac{1}{6} \begin{pmatrix} 11 & 4 \\ -4 & -2 \end{pmatrix}.$$

So leicht geht das, wenn man die L–R–Zerlegung erst mal hat.

1.7 Q–R–Zerlegung

Im Abschnitt 1.6 auf Seite 35 haben wir die Nützlichkeit der Zerlegung einer Matrix A in zwei Dreiecksmatrizen kennengelernt. Eine weitere Idee, die in die gleiche Richtung weist, verwendet orthogonale Matrizen und läuft unter dem Namen „Q–R–Zerlegung". Wir legen in der folgenden Definition fest, was wir darunter verstehen wollen.

Definition 1.75 *Unter einer Q–R–Zerlegung einer $(n \times n)$–Matrix A verstehen wir die (multiplikative) Zerlegung*

$$A = Q \cdot R \tag{1.82}$$

in das Produkt einer orthogonalen Matrix Q mit einer oberen Dreiecksmatrix R.

Der Vorteil dieser Zerlegung gegenüber der L–R–Zerlegung offenbart sich im folgenden Satz, der uns verrät, daß wir bei der Q–R–Zerlegung nur wenig Ärger mit Rundungsfehlern bekommen, da sich die Kondition nicht ändert.

Satz 1.76 *Ist A eine $(n \times n)$–Matrix und Q eine orthogonale $(n \times n)$–Matrix, so gilt:*

$$cond_2(A) = cond_2(Q \cdot A). \tag{1.83}$$

Die Kondition bezgl. der Spektralnorm bleibt also bei orthogonalen Transformationen erhalten.

1.7 Q–R–Zerlegung

Beweis: Wir müssen zeigen:

$$\mathrm{cond}_2(A) = \|A\|_2 \cdot \|A^{-1}\|_2 \stackrel{!}{=} \|Q \cdot A\|_2 \cdot \|(Q \cdot A)^{-1}\|_2 = \mathrm{cond}_2(Q \cdot A).$$

Die folgende Gleichungskette ergibt sich sofort, wenn wir beachten, daß sich beim Transponieren und bei der Inversenbildung des Produktes zweier Matrizen die Reihenfolge umdreht, also

$$(A \cdot B)^\top = B^\top \cdot A^\top, \quad (A \cdot B)^{-1} = B^{-1} \cdot A^{-1}.$$

Damit folgt nun:

$$A^\top \cdot A = A^\top \cdot Q^{-1} \cdot Q \cdot A = A^\top Q^\top \cdot Q \cdot A = (Q \cdot A)^\top \cdot (Q \cdot A).$$

Klaro, daß dann $A^\top \cdot A$ und $(Q \cdot A)^\top \cdot (Q \cdot A)$ auch dieselben Eigenwerte haben. Also haben wir schon herausgefunden, wenn wir uns die Definition der 2–Norm ins Gedächtnis rufen:

$$\|A\|_2 = \|Q \cdot A\|_2.$$

Jetzt müssen wir uns noch folgende Gleichheit überlegen:

$$\|A^{-1}\|_2 = \|(Q \cdot A)^{-1}\|_2.$$

Dazu zeigen wir wieder im Einklang mit der 2–Norm, daß $(A^{-1})^\top \cdot A^{-1}$ und $((Q \cdot A)^{-1})^\top \cdot (Q \cdot A)^{-1}$ dieselben Eigenwerte haben. Es gilt

$$((Q \cdot A)^{-1})^\top \cdot (Q \cdot A)^{-1} = (A^{-1} \cdot Q^{-1})^\top \cdot A^{-1} \cdot Q^{-1} = Q \cdot (A^{-1})^\top \cdot A^{-1} \cdot Q^\top.$$

Was will uns diese Gleichung sagen? Na klar, rechts steht eine Ähnlichkeitstransformation von $(A^{-1})^\top \cdot A^{-1}$, also hat die rechts stehende Matrix dieselben Eigenwerte wie die Matrix $(A^{-1})^\top \cdot A^{-1}$, wegen der Gleichheit also auch dieselben Eigenwerte wie $((Q \cdot A)^{-1})^\top \cdot (Q \cdot A)^{-1}$, und schon ist alles bewiesen. □

Nicht nur der Mathematiker, sondern auch der Anwender fragt natürlich danach, unter welchen Voraussetzungen eine solche Q–R–Zerlegung möglich ist. Dazu können wir den folgenden sehr allgemeinen Satz angeben.

Satz 1.77 *Eine reelle $(n \times n)$–Matrix läßt sich stets in ein Produkt der Form*

$$A = Q \cdot R \tag{1.84}$$

zerlegen mit einer orthogonalen Matrix Q und einer oberen Dreiecksmatrix R.

1.7.1 Der Algorithmus

Algorithmus zur Q–R–Zerlegung

1. Schritt: Wir bestimmen $A^{(1)}$ folgendermaßen:
   Falls $a_{2,1} = \cdots = a_{n1} = 0$, so nächster Schritt.

   (i) $s := \sqrt{\sum_{i=1}^{n} a_{i1}^2}$,

   (ii) Berechne den Vektor $\vec{\omega}^{(1)}$ gemäß:

   $$\omega_1 = \sqrt{\frac{1}{2} \cdot \left(1 + \frac{|a_{11}|}{s}\right)}$$

   $$\omega_k = \frac{1}{2} \frac{a_{k1}}{\omega_1 \cdot s} \cdot \sigma(a_{11}) \quad \text{mit} \quad \sigma(t) = \begin{cases} 1 & t \geq 0 \\ -1 & t < 0 \end{cases}$$

   $$\text{für } k = 2, \ldots, n$$

   (iii) Bestimme dann die Transformationsmatrix $P^{(1)}$ aus:

   $$P^{(1)} = E - 2\vec{\omega}^{(1)} \cdot \vec{\omega}^{(1)\top}$$

   und berechne damit (beachte $(P^{(1)})^{-1} = P^{(1)}$):

   $$A^{(1)} = P^{(1)} \cdot A$$

   Damit sind in $A^{(1)}$ in der ersten Spalte unterhalb a_{11} alle Elemente 0.

2. Schritt: Wir streichen in $A^{(1)}$ die erste Zeile und erste Spalte und behandeln die Restmatrix in derselben Weise, erzeugen also unterhalb a_{22} Nullelemente. Dem dazu berechneten Vektor $\vec{\omega}^{(2)}$ fügen wir anschließend wieder oben eine 0 hinzu und stellen die neue Transformationsmatrix $P^{(2)}$ auf:

   $$P^{(2)} = E - 2\vec{\omega}^{(2)} \cdot \vec{\omega}^{(2)\top}$$

   Die Matrix

   $$A^{(2)} = P^{(2)} \cdot A^{(1)} = P^{(2)} \cdot P^{(1)} \cdot A$$

   hat dann bereits in der ersten *und* zweiten Spalte unterhalb der Diagonalelemente nur 0.

3. Schritt ...: So geht das Spiel weiter, bis die Matrix

   $$R = P^{(n-1)} \cdots P^{(1)} \cdot A =: Q^\top \cdot A \text{ (also } A = Q \cdot R)$$

   die verlangte Gestalt hat.

1.7 Q–R–Zerlegung

Etwas schwieriger wird die Überlegung, unter welchen Umständen genau eine einzige Q–R–Zerlegung existiert. Das gilt selbst für reguläre Matrizen nur unter einer weiteren Einschränkung, wie wir im folgenden Satz zeigen. Diese bedeutet aber lediglich, daß die Vorzeichen der Diagonalelemente nicht festliegen.

Satz 1.78 *Die Q–R–Zerlegung einer reellen regulären $(n \times n)$–Matrix A ist einzig, wenn die Vorzeichen der Diagonalelemente von R fest vorgeschrieben werden.*

Beweis: Nehmen wir nämlich an, daß wir zwei Q–R–Zerlegungen von A hätten, also

$$A = Q_1 \cdot R_1 = Q_2 \cdot R_2, \tag{1.85}$$

wobei die entsprechenden Diagonalelemente von R_1 und R_2 gleiches Vorzeichen haben. Aus der linearen Algebra ist bekannt, daß die regulären oberen Dreiecksmatrizen eine Gruppe bezgl. der Matrizenmultiplikation bilden. Das hört sich aufregend an, meint aber einfach, daß das Produkt zweier oberen Dreiecksmatrizen wieder eine solche ist und daß die inverse Matrix einer oberen Dreiecksmatrix ebenfalls obere Dreiecksgestalt hat.

Im Satz haben wir A als regulär vorausgesetzt. Dann sind auch R_1 und R_2 regulär, und wir können aus (1.85) die folgende Matrix D berechnen:

$$D := Q_2^{-1} \cdot Q_1 = Q_2^\top \cdot Q_1 = R_2 \cdot R_1^{-1}. \tag{1.86}$$

Nun überlegen wir uns, daß diese Matrix D eine Diagonalmatrix ist. Wir sehen nämlich, daß Q_2^{-1} orthogonal, also auch $Q_2^{-1} \cdot Q_1$ orthogonal ist. Wegen der Gruppeneigenschaft ist $R_2 \cdot R_1^{-1}$ eine obere Dreiecksmatrix. So ist also D orthogonal und zugleich obere Dreiecksmatrix. Also gilt

$$D^{-1} = D^\top,$$

wobei D^{-1} eine obere und $D^\top$ eine untere Dreiecksmatrix ist. Also ist D in Wirklichkeit bereits eine Diagonalmatrix.

Nun zeigen wir nur noch, daß $D = E$ gilt. Aus (1.86) folgt:

$$R_2 = D \cdot R_1.$$

Da R_1 und R_2 in den Diagonalelementen jeweils gleiches Vorzeichen haben, hat D deshalb nur positive Elemente als Diagonalelemente. Da D orthogonal und symmetrisch ist, ist

$$D^{-1} = D^\top = D, \quad \text{also} \quad \frac{1}{d_{ii}} = d_{ii}.$$

Also folgt

$$D = E, \quad \text{und daher} \quad R_1 = R_2, Q_1 = Q_2,$$

womit wir alles bewiesen haben. □

Beispiel 1.79 *Wir betrachten die Matrix*
$$A = \begin{pmatrix} 2 & 3 \\ 1 & 0 \end{pmatrix}$$
und bilden ihre Q–R–Zerlegung.

Wir orientieren uns streng am vorgegebenen Algorithmus und berechnen s:
$$s = \sqrt{2^2 + 1^2} = \sqrt{5}.$$

Damit folgt für die erste Komponente des Vektors $\vec{\omega}$:
$$\omega_1 = \sqrt{\frac{1}{2}\left(1 + \frac{|a_{11}|}{s}\right)} = \sqrt{\frac{1}{2}\left(1 + \frac{2}{\sqrt{5}}\right)} = 0.9732.$$

Und die zweite Komponente lautet:
$$\omega_2 = \frac{1}{2}\frac{a_{21}}{\omega_1 \cdot s} \cdot \sigma(a_{11}) = \frac{1}{2}\frac{1}{0.9732 \cdot \sqrt{5}} \cdot 1 = 0.2298.$$

Damit berechnen wir die Matrix $\vec{\omega} \cdot \vec{\omega}^\top$:
$$\vec{\omega} \cdot \vec{\omega}^\top = \begin{pmatrix} 0.9732 \\ 0.2298 \end{pmatrix} \cdot (0.9732, 0.2298) = \begin{pmatrix} 0.9471 & 0.2236 \\ 0.2236 & 0.0528 \end{pmatrix}.$$

Als Transformationsmatrix erhalten wir:
$$P = \begin{pmatrix} 1 & 0 \\ 0 & 1 \end{pmatrix} - 2\vec{\omega} \cdot \vec{\omega}^\top = \begin{pmatrix} -0.8944 & -0.4472 \\ -0.4472 & 0.8944 \end{pmatrix}$$

Wer Spaß daran hat, mag von ihr ja mal das Quadrat bilden, um zu sehen, daß die Einheitsmatrix E herauskommt, denn schließlich ist P ja orthogonal und symmetrisch. Damit berechnen wir die Matrix R, welche unsere gesuchte obere Dreiecksmatrix ist, aus $R = P \cdot A$
$$P \cdot A = \begin{pmatrix} -0.8944 & -0.4472 \\ -0.4472 & 0.8944 \end{pmatrix} \cdot \begin{pmatrix} 2 & 3 \\ 1 & 0 \end{pmatrix} = \begin{pmatrix} -2.2361 & -2.6833 \\ 0 & -1.3416 \end{pmatrix} = R.$$

Da P orthogonal ist, erhalten wir $P^\top R = A$, also
$$Q = P^\top (= P).$$

Um die Bedeutung der Funktion $\sigma(t)$ herauszustreichen, betrachten wir noch folgendes

Beispiel 1.80 *Wir betrachten die Matrix*
$$A = \begin{pmatrix} -2 & 3 \\ 1 & 0 \end{pmatrix}$$
und bilden ihre Q–R–Zerlegung.

1.7 Q–R–Zerlegung

Wir wollen den geneigten Leser nicht durch langweilige Rechnungen verprellen und geben daher nur das Ergebnis an:

$$A = Q \cdot R = \begin{pmatrix} -0.8944 & 0.4472 \\ 0.4472 & 0.8944 \end{pmatrix} \cdot \begin{pmatrix} 2.2361 & -2.6833 \\ 0 & 1.3416 \end{pmatrix}$$

Im Ergebnis haben sich nur einige Vorzeichen geändert, aber darin lag ja auch der einzige Unterschied zur Matrix in Beispiel 1.79.

1.7.2 Q–R–Zerlegung und lineare Gleichungssysteme

Hat man ein lineares Gleichungssystem vorliegen in der Form

$$A\vec{x} = \vec{b}, \tag{1.87}$$

so bestimmen wir die Q–R–Zerlegung von A. Dann lautet das Gleichungssystem

$$A\vec{x} = Q \cdot R\vec{x} = \vec{b}. \tag{1.88}$$

Wie schon bei der L–R–Zerlegung bilden wir daraus zwei Gleichungssysteme

$$R\vec{x} = \vec{y}, \quad Q\vec{y} = \vec{b}. \tag{1.89}$$

Das rechte System zur Auflösung nach $\vec{y}$ ist zwar im allgemeinen voll besetzt, dafür läßt sich von der orthogonalen Matrix Q durch Transponieren leicht ihre inverse Matrix bilden. Wir erhalten also die Lösung durch schlichte Multiplikation Matrix mal Vektor:

$$\vec{y} = Q^\top \vec{b}. \tag{1.90}$$

Das linke System hat dann Dreiecksgestalt, wird also durch Aufrollen von unten nach oben wie bei der L–R–Zerlegung gelöst.

Q–R–Zerlegung und lineare Gleichungssysteme

Gegeben sei das lineare Gleichungssystem

$$A\vec{x} = \vec{b}, \quad \text{mit} \quad A \in \mathbb{R}^{n \times n}, \vec{x} \in \mathbb{R}^n, \vec{b} \in \mathbb{R}^n.$$

(i) Bilde die Q–R–Zerlegung von A.

(ii) Löse mit den Matrizen Q und R das Gleichungssystem

$$R\vec{x} = Q^\top \vec{b}$$

Beispiel 1.81 *Wir lösen das lineare Gleichungssystem $A\vec{x} = \vec{b}$ mit der Matrix A aus Beispiel 1.79 von Seite 52 und der rechten Seite $\vec{b} = (2, 10)^\top$ mit Hilfe der Q–R–Zerlegung.*

Gegeben sei also das lineare Gleichungssystem

$$A\vec{x} = \begin{pmatrix} 2 & 3 \\ 1 & 0 \end{pmatrix} \begin{pmatrix} x_1 \\ x_2 \end{pmatrix} = \begin{pmatrix} 2 \\ 10 \end{pmatrix}.$$

Wir kennen von oben die Q–R–Zerlegung von A:

$$Q = \begin{pmatrix} -0.8944 & -0.4472 \\ -0.4472 & 0.8944 \end{pmatrix}, \quad R = \begin{pmatrix} -2.2361 & -2.6833 \\ 0 & -1.3416 \end{pmatrix}.$$

Zu berechnen haben wir den Vektor

$$Q^\top \cdot \vec{b} = \begin{pmatrix} -6.2608 \\ 8.0496 \end{pmatrix}.$$

Nun ist nur noch das Dreieckssystem zu lösen:

$$R\vec{x} = Q^\top \vec{b}$$

mit der Lösung

$$\vec{x} = \begin{pmatrix} 10 \\ -6 \end{pmatrix}.$$

1.8 Überbestimmte lineare Gleichungssysteme

Die oben vorgestellte Q–R–Zerlegung einer Matrix hat lediglich beim Nachweis der Einzigkeit einer solchen Zerlegung ernsthaft benötigt, daß die Matrix A quadratisch war. Da kommt doch sofort der Gedanke, dieses Verfahren auch für nichtquadratische Gleichungssysteme nutzbar zu machen. Eine typische Aufgabenstellung finden wir in der Ausgleichsrechnung. Wir wollen diesen Abschnitt lediglich als eine solche kleine Anwendung für die Q–R–Zerlegung behandeln und durcheilen daher im Geschwindschritt die theoretischen Grundlagen.

Ausgangspunkt sei die praktische Erfahrung eines Physikers oder Ingenieurs, der aus einer Versuchsanordnung eine Meßreihe von Daten erhält. Diese sind natürlich mit Meßfehlern behaftet. Um auch an Zwischenpunkten Werte zu erhalten, möchte man eine Kurve entwickeln, die den Verlauf dieser Punkte wenigstens ungefähr wiedergibt. Es wäre aber geradezu unsinnig, diese Punkte durch Interpolation miteinander zu verbinden. Abgesehen davon, daß bei einer größeren Meßreihe der hohe Polynomgrad zu einer sehr wackeligen Kurve führte, sind die Daten ja auch fehlerhaft. Was soll da eine Kurve, die die Punkte verbindet? Häufig weiß der Anwender schon aus der Theorie, welche Kurve bei diesem Experiment zu erwarten ist. Wir wollen uns im folgenden nur damit befassen, daß die gesuchte Kurve ein Polynom ist.

1.8.1 Die kleinste Fehlerquadratsumme

Der Princeps Mathematicorum, also der Erste unter allen Mathematikern, solche oder ähnliche Beinamen pflegt man Carl Friedrich Gauß zu geben, um die hohe Achtung

1.8 Überbestimmte lineare Gleichungssysteme

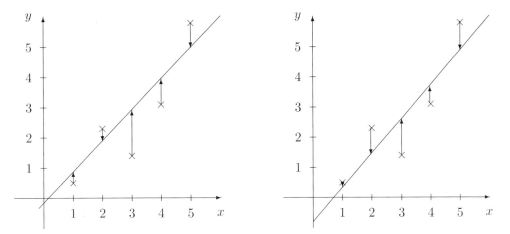

Abb. 1.5: Aus einer Messung stammende Meßpunkte, die wir mit einem (×) gekennzeichnet haben. Wir haben links versucht, eine Gerade so zwischen die Punkte zu legen, daß vom Augenschein her die Punkte optimal angenähert werden. Durch zusätzliche Pfeile sind die Abstände der einzelnen Punkte von der ausgleichenden Gerade dargestellt. Die Idee von Gauß war es, die 2–Norm dieses Vektors, der aus den Abständen besteht, zu minimieren. Und rechts ist die errechnete Antwort.

vor seiner Leistung zu zeigen. Dieser Abschnitt geht ebenfalls auf ihn zurück. Sein Vorschlag, wie man eine große Zahl vorgegebener Punkte durch ein Polynom niedrigen Grades ausgleichen kann, ist von bestechender Einfachheit. Betrachten wir folgendes Beispiel.

Beispiel 1.82 *Wir bestimmen ein Ausgleichspolynom vom Grad 1 für folgende Punkte:*

x_i	1	2	3	4	5
y_i	0.5	2.3	1.4	3.1	5.8

Unser Ansatz sei also eine lineare Funktion

$$p(x) = a_0 + a_1 x.$$

Zunächst stellen wir das zugehörige Gleichungssystem auf, um deutlich zu machen, wie sehr es überbestimmt ist. Wenn wir jeweils obige Werte einsetzen, erhalten wir fünf Gleichungen für die zwei unbekannten Koeffizienten a_0 und a_1.

$$\begin{aligned} a_0 + a_1 \cdot 1 &= 0.5 \\ a_0 + a_1 \cdot 2 &= 2.3 \\ a_0 + a_1 \cdot 3 &= 1.4 \\ a_0 + a_1 \cdot 4 &= 3.1 \\ a_0 + a_1 \cdot 5 &= 5.8 \end{aligned}$$

In Matrixform lautet es

$$A \cdot \vec{a} = \vec{y} \quad \text{mit} \quad A = \begin{pmatrix} 1 & 1 \\ 1 & 2 \\ 1 & 3 \\ 1 & 4 \\ 1 & 5 \end{pmatrix}, \; \vec{y} = \begin{pmatrix} 0.5 \\ 2.3 \\ 1.4 \\ 3.1 \\ 5.8 \end{pmatrix}.$$

Dieses System kann offensichtlich nicht exakt gelöst werden. Schon jeweils drei der beteiligten fünf Gleichungen widersprechen einander. Damit nun keine Gleichung weinen muß, weil wir sie vernachlässigen, werden wir sie alle berücksichtigen, aber in jeder einen Fehler zulassen. Nach Gauß versuchen wir dann, eine angenäherte Lösung derart zu bestimmen, daß der Gesamtfehler in allen Gleichungen minimal wird.

Als Maß für den Fehler wählen wir die euklidische Norm.

Unsere Aufgabe lautet also:

Definition 1.83 (Ausgleich mit Polynomen) *Gegeben seien $N+1$ (Meß–)Punkte*

$$P_0 = (x_0, y_0), \ldots, P_N = (x_N, y_N). \tag{1.91}$$

Dann versteht man unter dem Ausgleich mit Polynomen die Aufgabe:
Gesucht wird ein Polynom $p \in \mathbb{P}_n$ mit $n < N$

$$p(x) = a_0 + a_1 x + \cdots + a_n x^n, \tag{1.92}$$

für das gilt

$$\|\vec{r}\|_2 := \sqrt{\sum_{i=0}^{N} r_i^2} = \min, \tag{1.93}$$

wobei der Residuenvektor $\vec{r}$ definiert ist durch

$$r_i := a_0 + a_1 x_i + \cdots + a_n x_i^n - y_i, \; i = 0, \ldots, N. \tag{1.94}$$

Die Summe in (1.93) heißt Fehlerquadratsumme.

Der Ansatz (1.92) führt auf das folgende überbestimmte lineare Gleichungssystem:

$$A \cdot \vec{a} = \vec{y} \quad \text{mit} \quad A = \begin{pmatrix} 1 & x_0 & \cdots & x_0^n \\ 1 & x_1 & \cdots & x_1^n \\ \vdots & \vdots & & \vdots \\ \vdots & \vdots & & \vdots \\ \vdots & \vdots & & \vdots \\ 1 & x_N & \cdots & x_N^n \end{pmatrix}, \; \vec{a} = \begin{pmatrix} a_0 \\ a_1 \\ \vdots \\ a_n \end{pmatrix}, \; \vec{y} = \begin{pmatrix} y_0 \\ y_1 \\ \vdots \\ \vdots \\ \vdots \\ y_N \end{pmatrix} \tag{1.95}$$

1.8 Überbestimmte lineare Gleichungssysteme

Die Gleichung (1.93) bedeutet, daß wir von einer Funktion mit $n+1$ Veränderlichen eine Minimalstelle berechnen sollen. Selbstverständlich können wir gleich das Quadrat des Fehlers betrachten, um uns nicht mit der lästigen Wurzel abzugeben. Wir betrachten also

$$S := \|\vec{r}\|_2^2 := \sum_{i=0}^{N} r_i^2 = \min, \tag{1.96}$$

Aus der Analysis ist bekannt, daß notwendig der Gradient an einer solchen Stelle zu verschwinden hat. Wegen der Quadrate ist das hier auch eine hinreichende Bedingung.

$$0 = \frac{\partial S}{\partial a_j} = \frac{\partial}{\partial a_j} \sum_{i=0}^{N} (a_0 + \ldots + a_n x_i^n - y_i)^2$$

$$= \sum_{i=0}^{N} 2 \cdot (a_0 + \ldots + a_n x_i^n - y_i) x_i^j \tag{1.97}$$

$$j = 0, 1, \ldots, n$$

$$\tag{1.98}$$

Das sind $n+1$ lineare Gleichungen für die $n+1$ unbekannten Koeffizienten $a_0, \ldots, a_n$.

Definition 1.84 *Das folgende System von linearen Gleichungen (wo die Summe stets von 0 bis N läuft)*

$$\begin{aligned}
a_0(N+1) + a_1 \sum x_i + \ldots + a_n \sum x_i^n &= \sum y_i \\
a_0 \sum x_i + a_1 \sum x_i^2 + \ldots + a_n \sum x_i^{n+1} &= \sum x_i y_i \\
&\vdots \vdots \\
a_0 \sum x_i^n + a_1 \sum x_i^{n+1} + \ldots + a_n \sum x_i^{2n} &= \sum x_i^n y_i
\end{aligned} \tag{1.99}$$

heißt System der **Gaußschen Normalgleichungen**. *Wir bezeichnen es mit*

$$G\vec{a} = \vec{b}. \tag{1.100}$$

Man muß sich dieses kompliziert erscheinende System nur mal von schräg unten anschauen, dann fällt folgendes ins Auge:

Satz 1.85 *Mit den Bezeichnungen wie in (1.95) gilt*

$$G = A^\top \cdot A, \quad \vec{b} = A^\top \vec{y}, \tag{1.101}$$

und die Gaußschen Normalgleichungen schreiben sich in der Form

$$G\vec{a} = A^\top \cdot A \vec{a} = A^\top \vec{y} = \vec{b}. \tag{1.102}$$

Beweis: Zum Beweis schreiben wir lediglich die Zerlegung der Matrix auf, die durch einfaches Ausmultiplizieren verifiziert werden kann.

$$\begin{pmatrix} N+1 & \sum x_i & \cdots & \sum x_i^n \\ \vdots & \vdots & & \vdots \\ \sum x_i^n & \sum x_i^{n+1} & \cdots & \sum x_i^{2n} \end{pmatrix} = \begin{pmatrix} 1 & 1 & \cdots & 1 \\ x_0 & x_1 & \cdots & x_N \\ \vdots & \vdots & & \vdots \\ x_0^n & x_1^n & \cdots & x_N^n \end{pmatrix} \cdot \begin{pmatrix} 1 & x_0 & \cdots & x_0^n \\ 1 & x_1 & \cdots & x_1^n \\ \vdots & \vdots & & \vdots \\ 1 & x_N & \cdots & x_N^n \end{pmatrix}$$

□

Damit haben wir nun eine recht einfache Möglichkeit, mit dem Prinzip von der kleinsten Fehlerquadratsumme nach Gauß ein Ausgleichspolynom zu bestimmen. Wir können uns nämlich leicht davon überzeugen, unter welchen Bedingungen dieses System überhaupt lösbar ist.

Offensichtlich ist die Matrix G der Gaußschen Normalgleichungen symmetrisch; denn wir haben ja

$$G = A^\top \cdot A \;\Rightarrow\; G^\top = (A^\top \cdot A)^\top = G.$$

Außerdem ist G, falls die Spalten $\vec{a}_0, \vec{a}_1, \ldots, \vec{a}_n$ von A linear unabhängig sind, positiv definit; denn sei $\vec{x} \neq \vec{0}$ ein beliebiger Vektor aus $\mathbb{R}^{n+1}$. Dann gilt:

$$\vec{x}^\top G \vec{x} = \vec{x}^\top A^\top \cdot A \vec{x} = (A\vec{x})^\top \cdot (A\vec{x}) = \|A\vec{x}\|_2^2 \geq 0.$$

Wir müssen nur noch zeigen, daß hier $= 0$ nicht auftreten kann. Nehmen wir an, daß doch $A\vec{x} = \vec{0}$ wäre. Das schreiben wir etwas anders als

$$A\vec{x} = \vec{0} \iff \begin{matrix} a_{00}x_0 + \cdots + a_{0n}x_n &= 0 \\ a_{10}x_0 + \cdots + a_{1n}x_n &= 0 \\ \vdots & \vdots \\ a_{N0}x_0 + \cdots + a_{Nn}x_n &= 0 \end{matrix}$$

Wenn wir das noch ein wenig umschreiben, sehen wir klar:

$$x_0 \begin{pmatrix} a_{00} \\ a_{10} \\ \vdots \\ a_{N0} \end{pmatrix} + x_1 \begin{pmatrix} a_{01} \\ a_{11} \\ \vdots \\ a_{N1} \end{pmatrix} + \cdots + x_n \begin{pmatrix} a_{0n} \\ a_{1n} \\ \vdots \\ a_{Nn} \end{pmatrix} = \vec{0}$$

Dies ist doch eine Linearkombination des Nullvektors mit den nach Voraussetzung linear unabhängigen Spaltenvektoren $\vec{a}_0, \ldots, \vec{a}_n$ von A, also ist

$$x_0 = x_1 = \cdots = x_n = 0,$$

was wir behauptet haben. Wir haben damit gezeigt:

1.8 Überbestimmte lineare Gleichungssysteme

Satz 1.86 *Sind die Spalten der Matrix A des überbestimmten Gleichungssystems (1.95) linear unabhängig, so hat dieses System genau eine Lösung, die sich aus dem System der Gaußschen Normalgleichungen (1.102) berechnen läßt. Wir nennen sie Kleinste–Quadrate–Lösung.*

Auf der nächsten Seite findet man eine Zusammenstellung des Algorithmus.

Wir kommen zurück auf unser Anfangsbeispiel mit den Punkten

x_i	1	2	3	4	5
y_i	0.5	2.3	1.4	3.1	5.8

und suchen ein Ausgleichspolynom in der Form

$$p(x) = a_0 + a_1 x.$$

Zur Bestimmung der beiden Koeffizienten a_0 und a_1 rufen wir uns das überbestimmte System in Erinnerung:

$$A \cdot \vec{a} = \vec{y} \quad \text{mit} \quad A = \begin{pmatrix} 1 & 1 \\ 1 & 2 \\ 1 & 3 \\ 1 & 4 \\ 1 & 5 \end{pmatrix}, \; \vec{y} = \begin{pmatrix} 0.5 \\ 2.3 \\ 1.4 \\ 3.1 \\ 5.8 \end{pmatrix}.$$

Bestimmung eines Ausgleichpolynoms

1 Gegeben seien die (Meß–)Punkte

$$P_0 = (x_0, y_0), \ldots, P_N = (x_N, y_N).$$

2 Wähle den Polynomansatz

$$p(x) = a_0 + a_1 x + \cdots + a_n x^n, \quad n < N \quad (1.103)$$

3 Stelle mit diesem Ansatz das überbestimmte Gleichungssystem

$$A \vec{a} = \vec{y} \quad (1.104)$$

mit A und $\vec{y}$ wie in (1.95) auf.

4 Löse das Gleichungssystem

$$G \vec{a} = A^\top \cdot A \vec{a} = A^\top \vec{y} = \vec{b}. \quad (1.105)$$

Die Lösung dieses Systems ist die einzige Kleinste–Quadrate–Lösung des Ausgleichsproblems mit Polynomen.

Dem Algorithmus folgend bilden wir die Matrix G:

$$G = A^\top \cdot A = \begin{pmatrix} 5 & 15 \\ 15 & 55 \end{pmatrix}$$

und die rechte Seite

$$\vec{b} = A^\top \vec{y} = \begin{pmatrix} 13.1 \\ 50.7 \end{pmatrix}.$$

Als Lösung der Gaußschen Normalgleichungen erhalten wir dann

$$a_0 = -0.8, \quad a_1 = 1.14,$$

und damit lautet die gesuchte Augleichsgerade

$$p(x) = -0.8 + 1.14x.$$

Eine bildliche Darstellung findet man in Abbildung 1.5 auf Seite 55 rechts.

Bemerkungen:

1. Da die Matrix der Gaußschen Normalgleichungen positiv definit ist, bietet es sich an, spezielle Lösungsverfahren zu verwenden, z. B. das Verfahren von Cholesky. Auch das Verfahren der konjugierten Gradienten wird häufig verwendet.

2. Diesem unbestreitbaren Vorteil steht aber ein gravierender Nachteil gegenüber. Den Übergang vom überbestimmten System zum System der Normalgleichungen können wir so beschreiben:

$$A\vec{a} = \vec{y} \quad \longleftrightarrow \quad A^\top \cdot A\,\vec{a} = A^\top \vec{y}.$$

Aus der Systemmatrix A wird also das Produkt $A^\top \cdot A$. Wenn A quadratisch wäre, so läßt sich leicht abschätzen, daß bei diesem Übergang die Kondition von A sich quadriert, schlimme Aussichten für die Lösbarkeit. Daher wollen wir im nächsten Abschnitt ein Verfahren vorstellen, das genau diesen Nachteil vermeidet

1.8.2 Q–R–Zerlegung und überbestimmte lineare Gleichungssysteme

Die Q–R–Zerlegung haben wir im Abschnitt 1.7 ausführlich betrachtet, dort uns aber auf quadratische Matrizen beschränkt. Diese Beschränkung lassen wir nun fallen und zeigen, in welcher Weise man das Vorgehen modifizieren kann, um diese Zerlegung auch für überbestimmte Systeme nutzbar zu machen.

Definition 1.87 *Unter einer Q–R–Zerlegung nach Householder einer beliebigen, nicht notwendig quadratischen Matrix A verstehen wir die (multiplikative) Zerlegung*

$$A = Q \cdot R \tag{1.106}$$

1.8 Überbestimmte lineare Gleichungssysteme

in das Produkt einer orthogonalen Matrix Q mit einer Matrix

$$R = \begin{pmatrix} \widetilde{R} \\ 0 \end{pmatrix},$$

wobei $\widetilde{R}$ eine quadratische obere Dreiecksmatrix ist.

Der Unterschied liegt also in der Matrix R. Diese ist nicht mehr quadratisch, setzt sich aber aus einer quadratischen oberen Dreiecksmatrix und einem Rest zusammen. Wir können sogar angeben, unter welchen Bedingungen der quadratische Anteil eine reguläre Marix wird, den wir dann zur Lösung des Ausgleichsproblems heranziehen werden.

Satz 1.88 *Eine beliebige reelle $(N \times n)$–Matrix $(n \leq N)$ läßt sich stets in ein Produkt der Form*

$$A = Q \cdot \begin{pmatrix} \widetilde{R} \\ 0 \end{pmatrix} \tag{1.107}$$

zerlegen mit einer orthogonalen Matrix Q und einer oberen Dreiecksmatrix $\widetilde{R}$. Sind die Spalten von A linear unabhängig, so ist $\widetilde{R}$ regulär.

Betrachten wir nun ein überbestimmtes lineares Gleichungssystem

$$A\vec{a} = \vec{y}, \quad A \in \mathbb{R}^{N \times n},\, n \ll N, \vec{y} \in \mathbb{R}^N, \vec{a} \in \mathbb{R}^n. \tag{1.108}$$

Da wir es nicht exakt lösen können, gehen wir zum Residuenvektor über

$$\vec{r} := A\vec{a} - \vec{y} \tag{1.109}$$

und bilden die Q–R–Zerlegung von A.

$$\vec{r} = Q \cdot R\vec{a} - \vec{y} \tag{1.110}$$

Wie oben werden wir denjenigen Vektor $\vec{a}$ als Lösung akzeptieren, für den die 2-Norm des Residuenvektors minimal wird. Unser Trick besteht in der nochmaligen Multiplikation mit der Matrix $Q^\top$.

$$Q^\top \cdot (Q \cdot R\vec{a} - \vec{y}) = Q^\top \vec{r}. \tag{1.111}$$

Da Q orthogonal ist, bleibt links nur die Matrix R übrig.

$$R\vec{a} - Q^\top \vec{y} = Q^\top \vec{r}. \tag{1.112}$$

Durch die spezielle Bauart der Matrix R vereinfacht sich das weiter zu

$$\widetilde{R}\vec{a} - Q^\top \vec{y} = Q^\top \vec{r}. \tag{1.113}$$

Nennen wir rechts den Vektor

$$\vec{s} := Q^\top \vec{r},$$

so hatten wir uns im Satz 1.76 überlegt, daß die 2–Norm bei orthogonalen Transformationen invariant bleibt. Wir erhalten hier

$$\|\vec{s}\|_2^2 = \vec{s}^\top \cdot \vec{s} = \vec{r}^\top Q \cdot Q^\top \vec{r} = \vec{r}^\top \cdot \vec{r} = \|\vec{r}\|_2^2$$

Ob wir also den Residuenvektor $\vec{r}$ oder den transformierten Vektor $\vec{s}$ minimieren, bleibt Jacke wie Hose. Treiben wir es also mit dem Vektor $\vec{s}$ und schreiben wir Gleichung (1.113) ausführlich. Dazu nennen wir zwecks Schreibvereinfachung

$$\vec{z} := Q^\top \vec{y}$$

und erhalten das System

$$\begin{array}{rcl}
r_{11}a_1 + r_{12}a_2 + \cdots + r_{1n}a_n -z_1 &=& s_1 \\
r_{22}a_2 + \cdots + r_{2n}a_n -z_2 &=& s_2 \\
\ddots &\vdots& \\
r_{nn}a_n -z_n &=& s_n \\
-z_{n+1} &=& s_{n+1} \\
\vdots && \vdots \\
-z_N &=& s_N
\end{array}$$

Die letzten $N-n$ Gleichungen enthalten keine unbekannten a_i mehr; wir können sie bei der Minimumsuche daher getrost übergehen. Der minimale Wert wird erreicht, wenn $\|\vec{r}\|_2 = \|\vec{s}\|_2 = 0$ ist, also für

$$s_1 = s_2 = \cdots = s_n = 0. \tag{1.114}$$

Die gesuchten Koeffizienten $a_1, \ldots, a_n$ erhalten wir deshalb aus dem Gleichungssystem

$$\widetilde{R}\vec{a} = \vec{z}. \tag{1.115}$$

Dies ist ein Dreieckssystem, das sich sehr leicht auflösen läßt. Damit ist die Vorgehensweise klar. Wir halten das im Algorithmus auf Seite 63 fest.

Beispiel 1.89 *Wir betrachten wiederum das Ausgleichsproblem von Seite 55*

$$\text{Gesucht } p(x) = a_0 + a_1 x,$$

das die Punkte $(x_1, y_1), \ldots, (x_5, y_5)$ mit

x_i	1	2	3	4	5
y_i	0.5	2.3	1.4	3.1	5.8

möglichst gut (im Sinne der kleinsten Quadrate) annähert, indem wir das zugehörige überbestimmte Gleichungssystem mit der Q–R–Zerlegung behandeln.

1.8 Überbestimmte lineare Gleichungssysteme

Q–R–Zerlegung und überbestimmte lineare Gleichungssysteme

Gegeben sei das lineare überbestimmte Gleichungssystem

$$A\vec{x} = \vec{b}, \quad \text{mit} \quad A \in \mathbb{R}^{N \times n}, n \leq N, \vec{x} \in \mathbb{R}^n, \vec{b} \in \mathbb{R}^N.$$

(i) Bilde die Q–R–Zerlegung von A:

$$A = Q \cdot R \quad \text{mit} \quad R = \begin{pmatrix} \widetilde{R} \\ 0 \end{pmatrix},$$

(ii) Löse mit den Matrizen Q und $\widetilde{R}$ das Gleichungssystem

$$\widetilde{R}\vec{x} = Q^\top \vec{b}$$

Diese Lösung $\vec{x}$ ist dann auch die Lösung unserer Minimumaufgabe und stellt daher die bzgl. der 2–Norm beste Lösung des überbestimmten Systems dar.

Wir wollen hier nicht mehr ausführlich auf die Bestimmung der Q–R–Zerlegung eingehen, sondern verweisen auf den Abschnitt 1.7. Nach kurzer (oder auch längerer) Rechnung ergibt sich

$$Q = \begin{pmatrix} -0.4472 & -0.6325 & -0.4149 & -0.3626 & -0.3104 \\ -0.4472 & -0.3162 & 0.0672 & 0.3996 & 0.7320 \\ -0.4472 & 0.0000 & 0.8377 & -0.2013 & -0.2403 \\ -0.4472 & 0.3162 & -0.2174 & 0.6543 & -0.4739 \\ -0.4472 & 0.6325 & -0.2726 & -0.4900 & 0.2925 \end{pmatrix},$$

$$R = \begin{pmatrix} -2.2361 & -6.7082 \\ 0 & 3.1623 \\ 0 & 0 \\ 0 & 0 \\ 0 & 0 \end{pmatrix}, \quad \widetilde{R} = \begin{pmatrix} -2.2361 & -6.7082 \\ 0 & 3.1623 \end{pmatrix},$$

wobei wir die für das Gleichungssystem relevante Matrix rechts daneben gesetzt haben. Der Vektor der rechten Seite ist

$$Q^\top \vec{b} = (-5.8585,\ 3.6050,\ -1.1351,\ -0.3577,\ 1.4197)^\top$$

Damit lösen wir nun das Gleichungssystem, wobei nur die ersten beiden Koeffizienten berücksichtigt werden

$$\widetilde{R}\vec{x} = Q^\top \vec{b}$$

und erhalten die bereits oben nach dem Gaußschen Fehlerquadratprinzip gewonnene Lösung

$$a_0 = -0.8, \ a_1 = 1.14,$$

also als Ausgleichsgerade

$$p(x) = -0.8 + 1.14 \, x.$$

1.9 Gleichungssysteme mit symmetrischer Matrix

1.9.1 Cholesky–Verfahren

Häufig treten in den Anwendungen symmetrische Prozesse auf, so daß die zu bearbeitenden Aufgaben ebenfalls symmetrische Gestalt haben. Symmetrische Matrizen bieten dabei den Vorteil einer Speicherplatzreduzierung. Schließlich benötigt ein Rechner fast nur die Hälfte der Einträge einer nichtsymmetrischen Matrix. Für solche Matrizen wurden daher spezielle Verfahren entwickelt. Eines davon ist die sogenannte Cholesky[2]–Zerlegung.

Definition 1.90 *Unter der* **Cholesky–Zerlegung** *einer symmetrischen* $(n \times n)$*–Matrix A verstehen wir die Zerlegung von A in das Produkt einer unteren Dreiecksmatrix mit ihrer Transponierten, die dann ja eine obere Dreiecksmatrix ist, also in Formeln*

$$A = C^\top \cdot C, \tag{1.116}$$

wenn wir hier die obere Dreiecksmatrix mit C bezeichnen.

Wenn wir diese obere Dreiecksmatrix allgemein ansetzen und das Produkt $C^\top \cdot C$ mit der Matrix A, oben links beginnend, vergleichen, so gelangt man unmittelbar zu den folgenden Formeln:

Cholesky–Zerlegung

$A = C^\top \cdot C$ mit $C = (c_{ij})$ und $c_{ij} = 0$ für $i > j$

Für $i = 1, \ldots, n$: $\quad c_{ii} = \sqrt{a_{ii} - \sum_{k=1}^{i-1} c_{ki}^2}$

Für $j = i+1, \ldots, n \quad c_{ij} = \dfrac{1}{c_{ii}} \left\{ a_{ij} - \sum_{k=1}^{i-1} c_{ki} c_{kj} \right\}$

---

[2]Diese Methode geht auf einen Vorschlag des Geodäten Cholesky zurück, veröffentlicht in 'Benoit: Note sur une méthode de résolution des équations normales etc. (Procéde du commandant Cholesky), Bull. géodésique **3** (1924), 66 – 77

1.9 Gleichungssysteme mit symmetrischer Matrix

Hier sticht dem aufmerksamen Leser sofort das Problem ins Auge, daß Quadratwurzeln gezogen werden müssen. Wenn nun aber der Radikand negativ ist? Richtig, dann endet das Verfahren, es sei denn, man ist bereit, eine komplexe Arithmetik bereitzustellen und das Verfahren im Komplexen zu Ende zu führen. Dies hat aber sicher für den Praktiker keine große Bedeutung. Nun, zunächst können wir im folgenden Satz angeben, welche Matrizen in diesem Sinne gutartig sind.

Satz 1.91 *Die Cholesky–Zerlegung einer symmetrischen $(n \times n)$–Matrix A ist genau dann im Reellen mit positiven Diagonalelementen durchführbar, wenn A positiv definit ist. Die gesuchte obere Dreiecksmatrix C ist dann sogar einzig bestimmt.*

Bevor wir uns an den Beweis wagen, sei folgende Bemerkung angefügt. Die Bedingung mit den *positiven* Diagonalelementen ist zwingend erforderlich. Betrachten wir nämlich die Matrix

$$A = \begin{pmatrix} 1 & 0 \\ 0 & 0 \end{pmatrix},$$

so würde der Algorithmus voll bis zu Ende durchlaufen; denn offensichtlich ist die Zerlegung

$$A = C^\top \cdot C \text{ mit } C = C^\top = \begin{pmatrix} 1 & 0 \\ 0 & 0 \end{pmatrix}$$

eine Cholesky–Zerlegung. Aber A ist ja nicht mal regulär, also schon gar nicht positiv definit. Bei der Berechnung des allerletzten Diagonalelementes c_{nn} kann eine Null auftreten, und der Algorithmus bricht nicht ab, weil er diese Null nicht weiter benötigt; er ist ja am Ende.

Beweis: Wegen des 'genau dann' haben wir zwei Richtungen zu beweisen.

Teil 1: Sei zunächst A positiv definit. Wir zeigen dann die Cholesky–Zerlegung mittels vollständiger Induktion.

Induktionsanfang: Sei $n = 1$, also $A = (a_{11})$ und A positiv definit. Dann ist aber $a_{11} > 0$ und unsere triviale Zerlegung lautet

$$A = C^\top \cdot C \text{ mit } C^\top = C = (\sqrt{a_{11}}).$$

Induktionsvoraussetzung: Sei A eine positiv definite $(n-1) \times (n-1)$–Matrix, und A besitze die verlangte Zerlegung mit genau einer oberen Dreiecksmatrix C_{n-1}.

Induktionsschluß: Wir zeigen, daß dann jede positiv definite $(n \times n)$–Matrix A zerlegbar ist mit genau einer oberen Dreiecksmatrix C_n.

Dazu betrachten wir zunächst die einfache Darstellung

$$A = \begin{pmatrix} A_{n-1,n-1} & \vec{b} \\ \vec{b}^\top & a_{nn} \end{pmatrix}.$$

Nach den in Satz 1.11 angegebenen Eigenschaften ist $A_{n-1,n-1}$ positiv definit, da ja z. B. alle ihre Hauptminoren positiv sind. $a_{nn} > 0$ haben wir, weil A positiv definit ist. Nach Induktionsvoraussetzung gibt es genau eine obere Dreiecksmatrix C_{n-1} mit der Zerlegung

$$A_{n-1,n-1} = C_{n-1}^\top \cdot C_{n-1} \text{ und } c_{ii} > 0, i = 1, 2, \ldots, n-1.$$

Unser Ziel ist es zu zeigen, daß der folgende Ansatz für C_n auf genau eine Weise erfüllt werden kann:

$$C_n = \begin{pmatrix} C_{n-1} & \vec{c} \\ 0 & \alpha \end{pmatrix}.$$

Wir werden also zeigen, daß es genau einen Vektor $\vec{c}$ und genau eine positive Zahl $\alpha > 0$ gibt, so daß A sich mit dieser Matrix Cholesky–zerlegen läßt. Dazu berechnen wir $C_n^\top \cdot C_n = A$.

$$A = \begin{pmatrix} C_{n-1}^\top \cdot C_{n-1} & \vec{b} \\ \vec{b}^\top & a_{nn} \end{pmatrix} = C_n^\top \cdot C_n = \begin{pmatrix} C_{n-1}^\top & 0 \\ \vec{c}^\top & \alpha \end{pmatrix} \begin{pmatrix} C_{n-1} & \vec{c} \\ 0 & \alpha \end{pmatrix}. \quad (1.117)$$

Durch blockweises Ausmultiplizieren erhalten wir daraus die folgenden zwei Gleichungen:

$$C_{n-1}^\top \vec{c} = \vec{b}, \quad (1.118)$$

$$\vec{c}^\top \cdot \vec{c} + \alpha^2 = a_{nn}. \quad (1.119)$$

Gleichung (1.118) stellt ein lineares Gleichungssystem dar. Da C_{n-1} regulär ist, gibt es genau eine Lösung $\vec{c}$. Das haben wir also schon. In der zweiten Gleichung könnte es uns passieren, daß α eine komplexe Zahl ist. Oder können wir das ausschließen? Wir müssen ja noch ausnutzen, daß die Matrix A positiv definit ist. Wir wissen also u. a. von A, daß es eine positive Determinante besitzt. Aus (1.117) folgt dann

$$0 < \det A = (\det C_n)^2 = \det C_{n-1}^2 \cdot \alpha^2.$$

Da aber nach Induktionsvoraussetzung $\det C_{n-1} > 0$ gilt, muß α^2 ebenfalls positiv und α damit reell sein. Daher ist auch α ohne wenn und aber eindeutig aus Gleichung (1.119) bestimmbar.

Teil 2: Sei nun umgekehrt die Cholesky–Zerlegung gelungen, gelte also

$$A = C^\top \cdot C$$

mit einer oberen Dreiecksmatrix C, die außerdem noch positive Diagonalelemente besitzt. Dann weisen wir mit der folgenden trickreichen Überlegung die positive Definitheit von A über die Definition 1.4 nach.

$$\vec{x}^\top A \vec{x} = \vec{x}^\top C^\top C \vec{x} = (C\vec{x})^\top (C\vec{x}) = |C\vec{x}|^2 \geq 0 \quad \forall \vec{x} \in \mathbb{R}^n.$$

1.9 Gleichungssysteme mit symmetrischer Matrix

Daß der letzte Ausdruck größer oder gleich Null ist, folgt daher, daß dort ja schlicht das Betragsquadrat eines Vektors steht, und der ist eben so geartet. Ist C regulär, und das wissen wir wegen der positiven Diagonalelemente, folgt aus $C\vec{x} = \vec{0}$ sofort $\vec{x} = \vec{0}$. So haben wir getreu der Definition für positiv definit nachgewiesen, daß $\vec{x}^\top A \vec{x} > 0$ für alle Vektoren $\vec{x} \neq \vec{0}$ gilt. Also ist A positiv definit. □

Beispiel 1.92 *Gegeben sei die folgende Matrix*

$$A = \begin{pmatrix} a & a & a & a \\ a & a+1 & a+1 & a+1 \\ a & a+1 & 3a & a+1 \\ a & a+1 & a+1 & 2a \end{pmatrix}, \quad a \in \mathbb{R}.$$

(a) *Untersuchen Sie durch Überführung mittels Gaußscher Elementarumformungen auf eine Dreiecksmatrix, für welche $a \in \mathbb{R}$ die Matrix A positiv definit ist.*

(b) *Berechnen Sie für diese $a \in \mathbb{R}$ die Cholesky–Zerlegung von A?*

In diesem Beispiel werden zwei gute Möglichkeiten, eine Matrix auf positive Definitheit zu überprüfen, einander gegenübergestellt. Beide Ideen sind mit wenig Aufwand verbunden und daher für die Praxis geeignet. Der Praktiker wird aber wohl den direkten Weg gehen und seine Aufgabe, ein Gleichungssystem zu lösen, sofort mit Cholesky oder dem Verfahren der konjugierten Gradienten angehen, ohne lange die Voraussetzungen zu prüfen. Daher wird der erste Weg eher akademisch bleiben.

Zu (a): Hier dürfen wir nur die Original–Gauß–Umformungen anwenden, also lediglich Vielfache einer Zeile zu einer anderen addieren, vielleicht mal eine Zeile mit einer positiven Zahl multiplizieren. Diese Umformungen liefern hier nach wenigen Schritten, wenn wir die erste Zeile mit (-1) multiplizieren und zu den anderen Zeilen addieren und im zweiten Schritt die gerade entwickelte zweite Zeile mit (-1) multiplizieren und zu den Zeilen 3 und 4 addieren:

$$A = \begin{pmatrix} a & a & a & a \\ a & a+1 & a+1 & a+1 \\ a & a+1 & 3a & a+1 \\ a & a+1 & a+1 & 2a \end{pmatrix} \to \begin{pmatrix} a & a & a & a \\ 0 & 1 & 1 & 1 \\ 0 & 1 & 2a & 1 \\ 0 & 1 & 1 & a \end{pmatrix} \to \begin{pmatrix} a & a & a & a \\ 0 & 1 & 1 & 1 \\ 0 & 0 & 2a-1 & 0 \\ 0 & 0 & 0 & a-1 \end{pmatrix}$$

Um die Ausgangsmatrix als positiv definit zu erkennen, müssen in dieser letzten Matrix alle Diagonalelemente positiv sein. Das führt zu drei Forderungen an den Parameter a:

Aus der ersten Zeile entnehmen wir $a > 0$. Das Diagonalelement der zweiten Zeile ist bereits positiv. Das dritte Diagonalelement führt zu der Forderung, daß $a > 1/2$ sein muß. Aber die Forderung aus der vierten Zeile schlägt die anderen Forderungen glatt, indem hier $a > 1$ sein muß. Das ist dann auch unsere endgültige Forderung an den Parameter:

$$A \text{ ist positiv definit} \iff a > 1.$$

Zu (b): Wir leisten uns hier mal den Luxus, für den Spezialfall $n = 3$ die gesuchte Matrix C als (3×3)–Matrix allgemein anzusetzen und die Formeln direkt aus dem

Produkt $C^\top \cdot C$ abzulesen. Damit legt man die Furcht vor solchen Formelpaketen wie oben am schnellsten ab. Daß wir uns lediglich mit einer (3×3)–Matrix abgeben, liegt ausschließlich am Platzmangel. Das Ergebnis setzt sich aber unmittelbar auf größere Matrizen fort.

$$C^\top \cdot C = \begin{pmatrix} c_{11} & 0 & 0 \\ c_{12} & c_{22} & 0 \\ c_{13} & c_{23} & c_{33} \end{pmatrix} \cdot \begin{pmatrix} c_{11} & c_{12} & c_{13} \\ 0 & c_{22} & c_{23} \\ 0 & 0 & c_{33} \end{pmatrix} \quad (1.120)$$

$$= \begin{pmatrix} c_{11}^2 & c_{11}c_{12} & c_{11}c_{13} \\ c_{11}c_{12} & c_{12}^2 + c_{22}^2 & c_{12}c_{13} + c_{22}c_{23} \\ c_{11}c_{13} & c_{12}c_{13} + c_{23}c_{22} & c_{13}^2 + c_{23}^2 + c_{33}^2 \end{pmatrix}$$

Die hier entstandene Produktmatrix setzen wir (elementweise) gleich der gegebenen Matrix A und lösen jeweils nach dem unbekannten Matrixelement von C auf. Wegen der Dreiecksgestalt von C gibt es, wenn man geschickterweise links oben startet, jeweils genau ein unbekanntes Element.

$$c_{11} = \sqrt{a_{11}}$$
$$c_{12} = a_{12}/c_{11}$$
$$c_{13} = a_{13}/c_{11}$$
$$c_{22} = \sqrt{a_{22} - c_{12}^2}$$
$$\vdots$$

Das Bildungsgesetz der Cholesky–Formeln ist damit wohl klar. Wir geben jetzt gleich das Ergebnis für unsere obige (4×4)–Matrix an:

$$C = \begin{pmatrix} \sqrt{a} & \sqrt{a} & \sqrt{a} & \sqrt{a} \\ 0 & 1 & 1 & 1 \\ 0 & 0 & \sqrt{2a-1} & 0 \\ 0 & 0 & 0 & \sqrt{a-1} \end{pmatrix}, \quad C^\top = \begin{pmatrix} \sqrt{a} & 0 & 0 & 0 \\ \sqrt{a} & 1 & 0 & 0 \\ \sqrt{a} & 1 & \sqrt{2a-1} & 0 \\ \sqrt{a} & 1 & 0 & \sqrt{a-1} \end{pmatrix}$$

1.9.2 Cholesky–Zerlegung und lineare Gleichungssysteme

So, wie wir es oben bei der L–R–Zerlegung bereits geschildert haben, müssen wir auch hier das vorgegebene Gleichungssystem in zwei Systeme mit jeweils einer Dreiecksmatrix aufspalten. Da hier aber einmal die Matrix C und beim nächsten System die transponierte Matrix $C^\top$ verwendet wird, verlangt das keinen neuen Speicherbedarf. Der Vollständigkeit wegen fassen wir das Vorgehen auf der nächsten Seite zusammen.

Auch hier kann man die Vorwärtselimination wie bei der L–R–Zerlegung direkt in den Arbeitsgang zur Erstellung der Zerlegung einbauen.

Die Übertragung auf das Berechnen der Inversen einer symmetrischen Matrix überlassen wir dem freundlichen Leser.

1.9 Gleichungssysteme mit symmetrischer Matrix

Gleichungssysteme und Cholesky–Zerlegung

Gegeben sei ein lineares Gleichungssystem mit symmetrischer und positiv definiter Matrix A

$$A\vec{x} = \vec{b}.$$

Man berechne die Cholesky–Zerlegung von A

$$A\vec{x} = C^\top \cdot C \cdot \vec{x} = \vec{b}. \tag{1.121}$$

Man setze

$$\vec{y} := C\vec{x} \tag{1.122}$$

und berechne $\vec{y}$ aus

$$C^\top \vec{y} = \vec{b} \quad \text{(Vorwärtselimination)} \tag{1.123}$$

Man berechne das gesuchte $\vec{x}$ aus

$$C\vec{x} = \vec{y} \quad \text{(Rückwärtselimination)} \tag{1.124}$$

1.9.3 Einige Zusatzbemerkungen

Wie wir oben schon klargestellt haben, geht das Verfahren nur bei positiv definiten Matrizen gutartig zu Ende. Im anderen Fall bricht es ab, weil der Radikand unter der Quadratwurzel negativ wird, oder falls er null wird, streikt der Rechner bei der anschließenden Division. Was dann?

Einmal kann man tatsächlich den Umweg über die komplexen Zahlen gehen. Das bedeutet aber erheblich mehr Rechenaufwand, so daß der Vorteil der symmetrischen Matrix und der damit verbundenen Speicherplatzreduzierung wesentlich gemindert wird.

Zum anderen bietet sich eine Zerlegung der Form

$$A = C^\top \cdot D \cdot C \tag{1.125}$$

mit einer oberen Dreiecksmatrix C, die nur Einsen in der Hauptdiagonalen hat, und einer reinen Diagonalmatrix D an. Dazu gilt der folgende Satz:

Satz 1.93 *Ist A eine symmetrische $(n \times n)$–Matrix mit nichtverschwindenden Hauptminoren, so gibt es genau eine Zerlegung der Form (1.125).*

Da positiv definit ja bedeutet, daß sämtliche Hauptminoren positiv sind, haben wir mit dieser Zerlegung die Klasse der zu bearbeitenden Matrizen tatsächlich vergrößert.

Außerdem wird das Berechnen von Quadratwurzeln vermieden, was dieses Vorgehen recht interessant macht.

1.9.4 Verfahren der konjugierten Gradienten

In guter englischer Art wird dieses Verfahren in der Literatur 'conjugate gradient method' genannt und daher unter der Abkürzung 'cg–Verfahren' auch in der deutschsprachigen Literatur geführt.

Bei diesem Verfahren greifen wir auf einen allgemeineren Orthogonalitätsbegriff zurück, der dem Problem angepaßt ist.

Definition 1.94 *Sei A eine symmetrische, positiv definite Matrix. Dann heißen zwei Vektoren $\vec{x}$ und $\vec{y}$* **konjugiert**, *wenn gilt:*

$$\vec{x}^\top A \vec{y} = 0. \tag{1.126}$$

Nehmen wir als einfachstes Beispiel als Matrix A die Einheitsmatrix, so steht dort tatsächlich unser gutes altes Skalarprodukt, welches eben für orthogonale Vektoren verschwindet. Mit der zusätzlich dazwischengeschobenen Matrix A produzieren wir also ein etwas allgemeineres Skalarprodukt. Damit ist auch klar, warum wir eine positiv definite Matrix verlangen. Dann bleiben alle Eigenschaften des Skalarproduktes erhalten.

Das Verfahren der konjugierten Gradienten läuft nun folgendermaßen ab.

Verfahren der konjugierten Gradienten

Der Grundgedanke der Methode der konjugierten Gradienten besteht darin, statt das vorgegebenen Gleichungssystem $A\vec{x} = \vec{b}$ zu lösen, das folgende Funktional schrittweise zu minimieren:

$$F(\vec{x}) = \frac{1}{2}\vec{x}^\top A \vec{x} - \vec{b}^\top \vec{x} \tag{1.127}$$

Der Gradient dieses Funktionals berechnet sich zu:

$$\operatorname{grad} F(\vec{x}) = A\vec{x} - \vec{b} \tag{1.128}$$

Haben wir für das Funktional ein Minimum bei $\vec{x}_0$ errechnet, so verschwindet der Gradient an dieser Stelle:

$$\operatorname{grad} F(\vec{x}_0) = A\vec{x}_0 - \vec{b} = 0, \tag{1.129}$$

und damit ist $\vec{x}_0$ die gesuchte Lösung des Gleichungssystems.

Bei der Durchführung gilt es als erstes zu beachten, daß der Vektor $\vec{r} = A\vec{x} - \vec{b}$, also der sog. **Residuenvektor**, gerade gleich dem Gradienten des Funktionals F ist.

1.9 Gleichungssysteme mit symmetrischer Matrix

Wir starten mit einem beliebigen Vektor $\vec{x}^{(0)}$. Um möglichst rasch zum Minimum zu gelangen, legen wir die Relaxationsrichtung $\vec{p}^{(0)}$ in Richtung des negativen Gradienten, den wir ja leicht als Residuenvektor berechnen können; denn dort ist der stärkste Abstieg zu erwarten, also

$$\vec{p}^{(0)} = -\vec{r}^{(0)} = -\operatorname{grad} F(\vec{x}^{(0)}) = -(A\vec{x}^{(0)} - \vec{b}). \tag{1.130}$$

Für den damit zu erzielenden ersten Näherungsvektor $\vec{x}^{(1)}$ machen wir den Ansatz:

$$\vec{x}^{(1)} = \vec{x}^{(0)} + \sigma_0 \cdot \vec{p}^{(0)}. \tag{1.131}$$

Die Bedingung, daß das Funktional F minimal werden möge, führt uns zu:

$$\sigma_0 = \frac{(\vec{r}^{(0)})^\top \cdot \vec{r}^{(0)}}{(\vec{p}^{(0)})^\top \cdot A \cdot \vec{p}^{(0)}}. \tag{1.132}$$

Im allgemeinen Schritt wählt man als Relaxationsrichtung eine Linearkombination des aktuellen Residuenvektors, also des jeweiligen Gradienten, und der vorhergehenden Relaxationsrichtung:

$$\vec{p}^{(k)} := -\vec{r}^{(k)} + \beta_k \cdot \vec{p}^{(k-1)}. \tag{1.133}$$

Hier bestimmt sich β_k aus der Forderung, daß $\vec{p}^{(k)}$ und $\vec{p}^{(k-1)}$ konjugiert zueinander sein mögen:

$$\beta_k := \frac{(\vec{r}^{(k)})^\top \cdot \vec{r}^{(k)}}{(\vec{r}^{(k-1)})^\top \cdot \vec{r}^{(k-1)}}. \tag{1.134}$$

Anschließend bestimmt man

$$\sigma_k := \frac{(\vec{r}^{(k)})^\top \cdot \vec{r}^{(k)}}{(\vec{p}^{(k)})^\top \cdot A \cdot \vec{p}^{(k)}} \tag{1.135}$$

und berechnet den neuen Näherungsvektor für die Lösung

$$\vec{x}^{(k+1)} := \vec{x}^{(k)} + \sigma_k \cdot \vec{p}^{(k)}. \tag{1.136}$$

Das ganze fassen wir zusammen in einem Ablaufplan, der auf der Seite 72 abgedruckt ist.

Bemerkung:

Die Relaxationsrichtungen bestehen aus paarweise konjugierten Richtungen, und demzufolge sind die Residuenvektoren paarweise orthogonal. In einem n–dimensionalen Raum gibt es aber nur n orthogonale Vektoren. Die Methode endet theoretisch also nach n Schritten. In der Praxis wird aber durch das Auftreten von Rundungsfehlern doch ein iterativer Prozeß ablaufen.

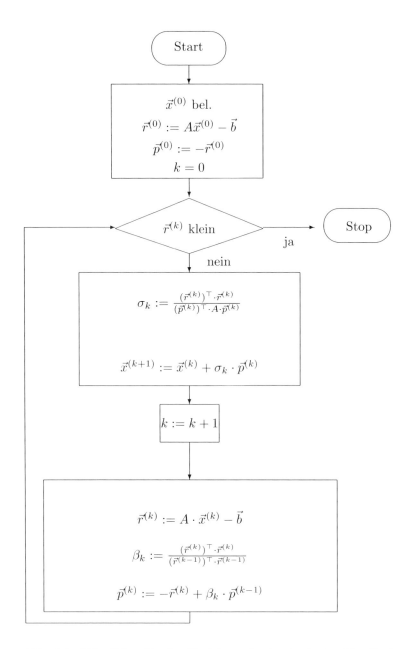

Abb. 1.6: Ablaufplan für das Verfahren der konjugierten Gradienten

1.9 Gleichungssysteme mit symmetrischer Matrix

Der aufwendigste Punkt im obigen Ablauf ist die zweimalige Multiplikation der Matrix A mit dem Vektor $\vec{p}^{(k)}$ bzw. mit dem Vektor $\vec{x}^{(k)}$. Durch eine leichte Überlegung kann die zweite Multiplikation auf die erste zurückgeführt werden. Es gilt nämlich:

$$\begin{aligned} \vec{r}^{(k+1)} &= A \cdot \vec{x}^{(k+1)} - \vec{b} \\ &= A \cdot (\vec{x}^{(k)} + \sigma_k \vec{p}^{(k)}) - \vec{b} \\ &= \vec{r}^{(k)} + \sigma_k \cdot A \cdot \vec{p}^{(k)}. \end{aligned} \quad (1.137)$$

Mit dieser Formel kann erheblich Speicherplatz im Rechner gespart werden.

Beispiel 1.95 *Berechnen Sie für das folgende lineare Gleichungssystem, das wir schon mit der L–R– und mit der Cholesky–Zerlegung bearbeitet haben, die Lösung mit dem Verfahren der konjugierten Gradienten:*

$$\begin{array}{rcr} 2x_1 + 4x_2 &=& -1 \\ 4x_1 + 11x_2 &=& 1 \end{array}.$$

Um uns möglichst die Arbeit zu erleichtern, starten wir mit dem Nullvektor:

$$\vec{x}^{(0)} = (0,0)^\top.$$

Als Residuenvektor erhält man

$$\vec{r}^{(0)} = A\vec{x}^{(0)} - \vec{b} = (1,-1)^\top.$$

Die erste Relaxationsrichtung ist der negative Residuenvektor, also

$$\vec{p}^{(0)} = -\vec{r}^{(0)} = (-1,1)^\top.$$

Sodann berechnen wir die Hilfszahl

$$\sigma_0 = \frac{(\vec{r}^{(0)})^\top \cdot \vec{r}^{(0)}}{(\vec{p}^{(0)})^\top \cdot A \cdot \vec{p}^{(0)}} = \frac{2}{5},$$

wobei der aufwendigste Punkt die Berechnung des Nenners war. Hier muß man echt arbeiten bzw. den Rechner arbeiten lassen.

Die neue Näherung lautet dann

$$\vec{x}^{(1)} = \vec{x}^{(0)} + \sigma_0 \cdot \vec{p}^{(0)} = \begin{pmatrix} 0 \\ 0 \end{pmatrix} + \frac{2}{5} \begin{pmatrix} -1 \\ 1 \end{pmatrix} = \begin{pmatrix} -2/5 \\ 2/5 \end{pmatrix}.$$

Um eine weitere Näherung $\vec{x}^{(2)}$ zu berechnen, bestimmen wir den Residuenvektor

$$\vec{r}^{(1)} = A\vec{x}^{(1)} - \vec{b} = (9/5, 9/5)^\top.$$

Dann brauchen wir eine Hilfsgröße

$$\beta_1 := \frac{(\vec{r}^{(1)})^\top \cdot \vec{r}^{(1)}}{(\vec{r}^{(0)})^\top \cdot \vec{r}^{(0)}} = \frac{2 \cdot (9/5)^2}{2} = 3.24.$$

Daraus ergibt sich die neue Relaxationsrichtung

$$\vec{p}^{(1)} := -\vec{r}^{(1)} + \beta_1 \cdot \vec{p}^{(0)} = \begin{pmatrix} -5.04 \\ 1.44 \end{pmatrix}.$$

Es zeigt sich, daß dieser Vektor $\vec{p}^{(1)}$ orthogonal zu $\vec{p}^{(0)}$ im Sinne des mit der Matrix A gebildeten Skalarproduktes ist, also

$$(\vec{p}^{(1)})^\top \cdot A \cdot \vec{p}^{(0)} = 0.$$

Das genau verstehen wir unter konjugiert.

Wir benötigen ein neues σ:

$$\sigma_1 = \frac{(\vec{r}^{(1)})^\top \cdot \vec{r}^{(1)}}{(\vec{p}^{(1)})^\top \cdot A \cdot \vec{p}^{(1)}} = 0.4167.$$

Damit lautet der neue Näherungsvektor

$$\vec{x}^{(2)} = \vec{x}^{(1)} + \sigma_1 \cdot \vec{p}^{(1)} = \begin{pmatrix} -2/5 \\ 2/5 \end{pmatrix} + 0.4167 \begin{pmatrix} -5.04 \\ 1.44 \end{pmatrix} = \begin{pmatrix} -2,5 \\ 1.0 \end{pmatrix}.$$

Der neue Residuenvektor ergibt sich zu

$$\vec{r}^{(2)} = (0,0)^\top.$$

Wir haben also mit $\vec{x}^{(2)}$ die Lösung erreicht, und zum Glück ist es dieselbe wie bei der L–R–Zerlegung.

1.10 Iterative Verfahren

Die bisher vorgestellten Verfahren haben gerade bei großen Systemmatrizen den Nachteil, die gesamte Matrix, bei einer symmetrischen nur die halbe, im Kernspeicher bereithalten zu müssen. Das wird umgangen, wenn man iteratives Vorgehen einbezieht. Wir werden sehen, daß es dann ausreicht, jeweils nur eine Zeile einer Matrix und die rechte Seite des Gleichungssystems zur augenblicklichen Verfügung zu haben.

1.10.1 Gesamt– und Einzelschrittverfahren

Wir wollen das folgende lineare Gleichungssystem mit einer quadratischen Koeffizientenmatrix A

$$A\vec{x} = \vec{b}$$

mit Hilfe des Gesamtschritt– und des Einzelschrittverfahrens lösen. Zur Herleitung der Iterationsvorschrift zerlegen wir die Matrix A in die **Summe** aus einer linken oder unteren Dreiecksmatrix L, die nur den linken Teil von A unterhalb der Diagonalen enthält,

1.10 Iterative Verfahren

einer Diagonalmatrix D und einer entsprechend gebauten oberen Dreiecksmatrix R. Dies ist kein Akt und bedarf nur des Abschreibens.

$$A = L + D + R. \tag{1.138}$$

Damit lautet das Gleichungssystem

$$(L + D + R)\vec{x} = \vec{b}. \tag{1.139}$$

Nun kommt der Trick. Bei der Iteration in Gesamtschritten formen wir diese Gleichung so um:

$$D\vec{x} = -(L + R)\vec{x} + \vec{b}. \tag{1.140}$$

Der schlaue Leser wird nun sagen: Was soll'n das? Jetzt steht ja das unbekannte Wesen $\vec{x}$ auch noch rechts in der Gleichung. Richtig erkannt. Solch eine Gleichung nennt man eine Fixpunktaufgabe. Wir denken uns einen beliebigen Startvektor $\vec{x}^{(0)}$ und setzen ihn auf der rechten Seite ein. Dadurch erhalten wir auf der linken Seite einen Vektor, den wir $\vec{x}^{(1)}$ nennen. Den verwenden wir nun, um ihn wieder rechts einzusetzen und damit einen weiteren links zu ermitteln, den wir folglich $\vec{x}^{(2)}$ nennen. So geht es weiter, und wir gelangen zu einer Folge von Vektoren. Wenn man Glück hat, ja wenn man Glück hat, konvergiert diese Folge, und wenn man noch mehr Glück hat, sogar gegen die gesuchte Lösung der Aufgabe. Wir werden weiter unten sehen, wie wir dem Glück auf die Schliche kommen können.

Bei der Iteration in Einzelschritten formen wir die Gleichung (1.139) ein wenig anders um:

$$(D + L)\vec{x} = -R\vec{x} + \vec{b}. \tag{1.141}$$

Auch hier die gleiche Feststellung, daß links und rechts die gesuchte Unbekannte auftritt. Wir schleichen uns wieder iterativ an die Lösung heran durch Vorgabe eines Startvektors $\vec{x}^{(0)}$ und Einsetzen wie oben bei den Gesamtschritten.

Die Iterationsvorschriften lauten damit:

$$\begin{aligned} \textbf{Gesamtschrittverfahren:} \quad & D\vec{x}^{(k+1)} = -(L+R)\vec{x}^{(k)} + \vec{b} & (1.142)\\ \textbf{Einzelschrittverfahren:} \quad & (D+L)\vec{x}^{(k+1)} = -R\vec{x}^{(k)} + \vec{b} & (1.143) \end{aligned}$$

Versuchen wir, den Unterschied von 'Gesamt' zu 'Einzel' genauer zu erläutern. Dazu schreiben wir am besten beide Verfahren in ausführlicher Matrizenschreibweise untereinander auf, zunächst das

Gesamtschrittverfahren:

$$\begin{pmatrix} * & 0 & \cdots & \cdots & 0 \\ 0 & * & \ddots & & \vdots \\ \vdots & \ddots & \ddots & \ddots & \vdots \\ \vdots & & \ddots & * & 0 \\ 0 & \cdots & \cdots & 0 & * \end{pmatrix} \begin{pmatrix} x_1^{(k+1)} \\ \vdots \\ \vdots \\ \vdots \\ x_n^{(k+1)} \end{pmatrix} = - \begin{pmatrix} 0 & * & * & \cdots & * \\ * & \ddots & * & & \vdots \\ \vdots & & \ddots & * & \vdots \\ \vdots & & & \ddots & * \\ * & \cdots & \cdots & * & 0 \end{pmatrix} \begin{pmatrix} x_1^{(k)} \\ \vdots \\ \vdots \\ \vdots \\ x_n^{(k)} \end{pmatrix} + \begin{pmatrix} b_1 \\ \vdots \\ \vdots \\ \vdots \\ b_n \end{pmatrix}$$

Und nun das **Einzelschrittverfahren:**

$$\begin{pmatrix} * & 0 & \cdots & \cdots & 0 \\ * & * & \ddots & & \vdots \\ \vdots & & \ddots & & \vdots \\ \vdots & & & * & 0 \\ * & \cdots & \cdots & * & * \end{pmatrix} \begin{pmatrix} x_1^{(k+1)} \\ \vdots \\ \vdots \\ \vdots \\ x_n^{(k+1)} \end{pmatrix} = - \begin{pmatrix} 0 & * & * & \cdots & * \\ \vdots & \ddots & * & & \vdots \\ \vdots & & \ddots & * & \vdots \\ \vdots & & & \ddots & * \\ 0 & \cdots & \cdots & 0 & 0 \end{pmatrix} \begin{pmatrix} x_1^{(k)} \\ \vdots \\ \vdots \\ \vdots \\ x_n^{(k)} \end{pmatrix} + \begin{pmatrix} b_1 \\ \vdots \\ \vdots \\ \vdots \\ b_n \end{pmatrix}$$

Gehen wir zeilenweise vor, so wird jeweils die erste Komponente eines neuen iterierten Vektors beim GSV und beim ESV auf die gleiche Weise bestimmt. Erst ab der jeweiligen zweiten Komponente zeigt sich der Unterschied. Beim GSV wird zur Berechnung eines neuen iterierten Vektors nur der alte iterierte Vektor benutzt. Im ESV wird durch die Dreiecksgestalt der linken Matrix sofort die gerade vorher berechnete erste Komponente verwendet, um die zweite Komponente zu bestimmen. Ebenso werden bei der Berechnung der weiteren Komponenten jeweils die gerade vorher bestimmten Komponenten schon eingebaut. Das bringt Vorteile bei der Verbesserung der Konvergenz, wie wir das im Satz 1.100 zeigen werden.

Damit die Verfahren überhaupt durchführbar sind, muß natürlich

beim GSV die Matrix D invertierbar sein,

beim ESV die Matrix $D + L$ invertierbar sein.

Für beides ist notwendig und hinreichend, daß die Diagonalelemente sämtlich ungleich Null sind. Im Satz 1.70 von Seite 39 haben wir uns klargemacht, daß dieses Ziel für eine reguläre Matrix durch einfachen Zeilentausch stets erreichbar ist. Das lohnt sich schon mal, als kleiner Satz festgehalten zu werden:

Satz 1.96 *Damit das Gesamt– und das Einzelschrittverfahren durchführbar sind, müssen sämtliche Diagonalelemente der Matrix A verschieden von Null sein.*
Ist die Matrix A regulär, so kann dies stets mit einer Zeilenvertauschung, also durch Multiplikation von links mit einer Permutationsmatrix P erreicht werden.

Für die Konvergenzuntersuchung denkt man streng an Fixpunktaufgaben, die wir iterativ lösen:

$$\vec{x}^{(0)} \text{gegeben}, \quad \vec{x}^{(k+1)} = M \cdot \vec{x}^{(k)} + \vec{s}, \quad k = 1, 2, \ldots, \tag{1.144}$$

1.10 Iterative Verfahren

wobei die Iterationsmatrizen folgendermaßen aussehen:

$$\text{GSV}: \quad M := -D^{-1}(L+R), \quad \vec{s} = D^{-1}\vec{b}, \tag{1.145}$$

$$\text{ESV}: \quad M := -(L+D)^{-1}R, \quad \vec{s} = (L+D)^{-1}\vec{b}. \tag{1.146}$$

Mit Hilfe der Jordanschen Normalform erhält man das folgende notwendige und hinreichende Konvergenzkriterium:

Satz 1.97 (Notwendiges und hinreichendes Konvergenzkriterium) *Das Iterationsverfahren (1.144) ist konvergent für jeden beliebigen Startvektor $\vec{x}^{(0)}$ genau dann, wenn der Spektralradius der Iterationsmatrix M kleiner als 1 ist:*

$$\varrho(M) < 1. \tag{1.147}$$

Dieses Kriterium ist zwar kurz, aber nicht handlich. Wer will schon die Eigenwerte der beteiligten Matrix ausrechnen. Das folgende Kriterium ist wesentlich einfacher zu benutzen.

Satz 1.98 (Hinreichende Konvergenzkriterien)   *1. A erfülle das starke Zeilensummenkriterium (oder das starke Spaltensummenkriterium). Dann sind das Gesamtschritt- und das Einzelschrittverfahren konvergent.*

2. A erfülle das schwache Zeilensummenkriterium (oder das schwache Spaltensummenkriterium). Darüber hinaus sei A nicht zerfallend. Dann sind das Gesamtschritt- und das Einzelschrittverfahren konvergent.

Der folgende Sonderfall macht eine Aussage für das Einzelschrittverfahren:

Satz 1.99 *Ist A symmetrisch und positiv definit, so ist das Einzelschrittverfahren konvergent.*

Schließlich zitieren wir einen Satz, der beide Verfahren miteinander vergleicht:

Satz 1.100 (Zusammenhang GSV – ESV) *Seien M_{GSV} die Iterationsmatrix des Gesamtschrittverfahrens und M_{ESV} die Iterationsmatrix des Einzelschrittverfahrens, es gelte $M_{GSV} \geq 0$, alle Elemente in M_{GSV} seien also nicht negativ. Dann gilt:*

$$0 \leq \varrho(M_{GSV}) < 1 \Longrightarrow 0 \leq \varrho(M_{ESV}) < \varrho(M_{GSV}) < 1 \tag{1.148}$$

$$\varrho(M_{GSV}) > 1 \Longrightarrow 1 < \varrho(M_{GSV}) < \varrho(M_{ESV}) \tag{1.149}$$

Dies bedeutet: Wenn das GSV konvergiert, so konvergiert auch das ESV. Wenn das GSV nicht konvergiert, dann divergiert auch das ESV. Unter ein klein wenig mehr Einschränkung an die Matrix A kann man sogar beweisen, daß man mit dem GSV ungefähr doppelt soviele Schritte zur Erreichung einer bestimmten Genauigkeit benötigt wie mit dem ESV.

Man kann Beispiele konstruieren, in denen das GSV konvergiert, das ESV aber nicht, was nach einem Gegenbeispiel zu obiger Aussage aussieht. Man beachte aber die Voraussetzung $M_{GSV} \geq 0$, daß also alle Elemente der Matrix M_{GSV} positiv sein müssen. Nur für Matrizen mit dieser Einschränkung gilt unsere Aussage. Das ist bei angeblichen Gegenbeispielen nicht eingehalten.

Der folgende Satz sagt etwas über den Fehler, der in jedem Iterationsschritt gegenüber dem vorhergehenden Schritt oder gegenüber dem Startvektor gemacht wird.

Satz 1.101 (Fehlerabschätzung) *Gegeben sei ein lineares Gleichungssystem mit einer regulären Systemmatrix A. Die einzige Lösung dieses Systems laute $\vec{x}^{(*)}$. Gilt in einer beliebigen Matrixnorm für die Iterationsmatrix M des Gesamt– oder des Einzelschrittverfahrens nach (1.145) oder (1.146)*

$$L := \|M\| < 1, \tag{1.150}$$

so genügt der Fehler folgender a–posteriori Abschätzung

$$\|\vec{x}^{(k)} - \vec{x}^{(*)}\| \leq \frac{L}{1-L} \|\vec{x}^{(k)} - \vec{x}^{(k-1)}\|. \tag{1.151}$$

und auch der a–priori Abschätzung

$$\|\vec{x}^{(k)} - \vec{x}^{(*)}\| \leq \frac{L^k}{1-L} \|\vec{x}^{(1)} - \vec{x}^{(0)}\|. \tag{1.152}$$

Für den Fehler gilt außerdem die folgende Abschätzung nach unten:

$$\|\vec{x}^{(k)} - \vec{x}^{(*)}\| \geq \frac{1}{L+1} \|\vec{x}^{(k+1)} - \vec{x}^{(k)}\|. \tag{1.153}$$

Einige Bemerkungen zum Satz vorweg.

a–priori meint 'von vornherein'. Zu dieser Abschätzung benötigen wir nur die ersten beiden Näherungen.

a–posteriori meint dagegen 'im nachhinein'. Dort brauchen wir die Kenntnis der k–ten Näherung, um auf den Fehler der (k+1)–ten gegenüber der k–ten zu schließen. Das kann also erst <u>nach</u> erfolgreicher Rechnung geschehen.

Man kann die Abschätzungen auch dazu verwenden, eine Fehlerschranke vorzugeben und dann auszurechnen, wieviele Iterationsschritte benötigt werden, um diese Genauigkeit einzuhalten. Dabei überschätzt man die Anzahl aber in der Regel gewaltig, so daß dieses Vorgehen wohl kaum praktische Bedeutung hat.

Beweis: Der Satz bezieht sich zugleich auf das GSV und das ESV, beide in der Form (1.144) als Fixpunktgleichung geschrieben. Die im folgenden auftretende Matrix M ist

1.10 Iterative Verfahren

also wahlweise die Iterationsmatrix für das GSV oder das ESV, wie wir sie in (1.145) und (1.146) angegeben haben.

Wir beweisen als erstes die a–posteriori Abschätzung (1.151). Die einzige Lösung $\vec{x}^{(*)}$ des Gleichungssystems ist zugleich Fixpunkt der Gleichung (1.144) und genügt deshalb der Gleichung

$$\vec{x}^{(*)} = M\vec{x}^{(*)} + \vec{s}.$$

Subtrahieren wir diese Gleichung von der Gleichung (1.144), so erhalten wir:

$$\vec{x}^{(k+1)} - \vec{x}^{(*)} = M(\vec{x}^{(k)} - \vec{x}^{(*)})$$

Nun erinnern wir uns an das Gesetz (1.33) für Matrixnormen und erhalten mit der im Satz eingeführten Abkürzung (1.150)

$$\|\vec{x}^{(k+1)} - \vec{x}^{(*)}\| \leq \|M\| \cdot \|\vec{x}^{(k)} - \vec{x}^{(*)}\| = L \cdot \|\vec{x}^{(k)} - \vec{x}^{(*)}\|.$$

Schreiben wir die Gleichung (1.144) für den Index k auf

$$\vec{x}^{(k)} = M \cdot \vec{x}^{(k-1)} + \vec{s},$$

so können wir mit demselben Vorgehen die folgende Gleichung herleiten:

$$\|\vec{x}^{(k+1)} - \vec{x}^{(k)}\| \leq L\|\vec{x}^{(k)} - \vec{x}^{(k-1)}\|.$$

Ein klein wenig müssen wir jetzt tricksen, indem wir schreiben

$$\vec{x}^{(k)} - \vec{x}^{(*)} = \vec{x}^{(k)} - \vec{x}^{(k+1)} - (\vec{x}^{(*)} - \vec{x}^{(k+1)}).$$

Ist doch klar, oder? Daraus gewinnen wir mit der Dreiecksungleichung und den obigen Ungleichungen die Abschätzung

$$\begin{aligned}
\|\vec{x}^{(k)} - \vec{x}^{(*)}\| &\leq \|\vec{x}^{(k)} - \vec{x}^{(k+1)}\| + \|\vec{x}^{(*)} - \vec{x}^{(k+1)}\| \\
&= \|\vec{x}^{(k+1)} - \vec{x}^{(k)}\| + \|\vec{x}^{(k+1)} - \vec{x}^{(*)}\| \\
&\leq L \cdot \|\vec{x}^{(k)} - \vec{x}^{(k-1)}\| + L \cdot \|\vec{x}^{(k)} - \vec{x}^{(*)}\|
\end{aligned}$$

Durch Zusammenfassen des zweiten Terms rechts mit dem linken und Division durch $(1 - L)$ folgt die a–posteriori Abschätzung (1.151).

Mit den gleichen Ideen schafft man schnell die Abschätzung (1.152).

$$\begin{aligned}
\vec{x}^{(k)} - \vec{x}^{(k-1)} &= M\vec{x}^{(k-1)} + \vec{s} - (M\vec{x}^{(k-2)} + \vec{s}) \\
&= M(\vec{x}^{(k-1)} - \vec{x}^{(k-2)}) = \cdots = M^{k-1}(\vec{x}^{(1)} - \vec{x}^{(0)}).
\end{aligned}$$

Daraus folgt wieder mit (1.33)

$$\|\vec{x}^{(k)} - \vec{x}^{(k-1)}\| \leq L\|\vec{x}^{(k-1)} - \vec{x}^{(k-2)}\| \leq \cdots \leq L^{k-1}\|\vec{x}^{(1)} - \vec{x}^{(0)}\|$$

Setzen wir das in die rechte Ungleichung von (1.151) ein, so folgt direkt (1.152), und wir sind fertig.

Mit ähnlichem Vorgehen können wir den Fehler in der a–posteriori Abschätzung auch nach unten abschätzen. Wegen

$$\vec{x}^{(k+1)} - \vec{x}^{(k)} = \vec{x}^{(k+1)} - \vec{x}^{(*)} - (\vec{x}^{(k)} - \vec{x}^{(*)})$$

erhalten wir

$$\begin{aligned}
\|\vec{x}^{(k+1)} - \vec{x}^{(k)}\| &\leq \|\vec{x}^{(k+1)} - \vec{x}^{(*)}\| + \|\vec{x}^{(k)} - \vec{x}^{(*)}\| \\
&\leq L\|\vec{x}^{(k)} - \vec{x}^{(*)}\| + \|\vec{x}^{(k)} - \vec{x}^{(*)}\| \\
&\leq (L+1)\|\vec{x}^{(k)} - \vec{x}^{(*)}\|,
\end{aligned}$$

und daraus folgt

$$\|\vec{x}^{(k)} - \vec{x}^{(*)}\| \geq \frac{1}{L+1}\|\vec{x}^{(k+1)} - \vec{x}^{(k)}\|.$$

Beispiel 1.102 *Gegeben sei das folgende lineare Gleichungssystem $A\vec{x} = \vec{b}$ mit*

$$A = \begin{pmatrix} 8 & 2 & -1 & 3 \\ 2 & -6 & 0 & -1 \\ -1 & 0 & 3 & 0 \\ 3 & -1 & 0 & -4 \end{pmatrix}, \quad \vec{b} = \begin{pmatrix} 2 \\ 3 \\ 4 \\ 5 \end{pmatrix}.$$

(a) Untersuchen Sie, ob das Gesamt– und das Einzelschrittverfahren konvergieren.

(b) Ausgehend vom Startvektor $\vec{x}^{(0)} = (1, 0, 2, -1)^\top$, berechne man mit dem Gesamt– und dem Einzelschrittverfahren $\vec{x}^{(1)}$, $\vec{x}^{(2)}$ und $\vec{x}^{(3)}$.

Zu (a) A ist offensichtlich diagonaldominant, aber nicht stark diagonaldominant, wie wir an der vierten Zeile erkennen. Wir müssen also sicher sein, daß A nicht zerfällt, um auf Konvergenz schließen zu können.

Dazu erinnern wir uns an den Abschnitt 1.3.7. Nach demselben Schema, wie wir es dort vorgestellt haben, entwickeln wir die nebenstehende Abbildung. Offensichtlich ist der Graph zusammenhängend, und damit zerfällt die Matrix nicht. Wir schließen daraus, daß sowohl das Gesamtschritt– wie auch das Einzelschrittverfahren konvergieren.

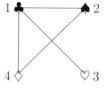

Zu (b) So können wir denn iterieren. Wir geben in den folgenden Tabellen die mit einem Rechner erzielten Ergebnisse der Iteration in Gesamtschritten und in Einzelschritten auszugsweise wieder.

Gesamtschrittverfahren:

$\vec{x}^{(0)}$	1000000	0.000000	2.000000	-1.000000
$\vec{x}^{(1)}$	0.875000	0.000000	1.666666	-0.500000
$\vec{x}^{(2)}$	0.645833	-0.125000	1.625000	-0.593750
$\vec{x}^{(3)}$	0.707030	-0.185764	1.548611	-0.734375
$\vec{x}^{(4)}$	0.765408	-0.141927	1.569010	-0.673285
$\vec{x}^{(5)}$	0.734090	-0.132649	1.588469	-0.640462
$\vec{x}^{(6)}$	0.731894	-0.148559	1.578030	-0.666270
$\vdots$				
$\vec{x}^{(20)}$	0.732571	-0.145092	1.577526	-0.664294
$\vec{x}^{(21)}$	0.732574	-0.145093	1.577524	-0.664298

Einzelschrittverfahren:

$\vec{x}^{(0)}$	1.000000	0.000000	2.000000	-1.000000
$\vec{x}^{(1)}$	0.875000	-0.041666	1.625000	-0.583333
$\vec{x}^{(2)}$	0.682292	-0.175347	1.560764	-0.694444
$\vec{x}^{(3)}$	0.749349	-0.134476	1.583116	-0.654369
$\vec{x}^{(4)}$	0.726897	-0.148639	1.575632	-0.667667
$\vec{x}^{(5)}$	0.734489	-0.143892	1.578163	-0.663160
$\vec{x}^{(6)}$	0.731928	-0.145497	1.577309	-0.664679
$\vdots$				
$\vec{x}^{(11)}$	0.732577	-0.145096	1.577525	-0.664294
$\vec{x}^{(12)}$	0.732574	-0.145093	1.577524	-0.664296

Wie es im Satz 1.100 angekündigt wurde, konvergiert also das ESV erheblich schneller als das GSV — wenn es denn konvergiert. Bereits nach zwölf Iterationen haben wir mit dem ESV die Genauigkeit erreicht, die das GSV erst nach 21 Iterationen schafft. Das bei einer vierreihigen Matrix ist doch schon was.

1.10.2 SOR–Verfahren

Das SOR–Verfahren (**S**uccessive **O**ver **R**elaxation) unterscheidet sich nur in einer Kleinigkeit vom Einzelschrittverfahren. Zur Berechnung der jeweils folgenden Iterierten benutzt man die Idee des Einzelschrittverfahrens, bildet aber anschließend noch einen gewichteten Mittelwert aus der alten und der neuen Komponente mit einem Parameter ω, den wir recht frei wählen können. Für $\omega = 1$ erhalten wir das alte ESV zurück. Wir werden daher mit der Wahl für ω nicht sehr weit von 1 abweichen.

Wir stellen die beiden Verfahren einander gegenüber. So erkennt man am leichtesten die Unterschiede.

$$\begin{aligned} \text{ESV} \quad \vec{x}^{(k+1)} &= \phantom{(1-\omega)\vec{x}^{(k)} + \omega\ } D^{-1}[-L\vec{x}^{(k+1)} - R\vec{x}^{(k)} + \vec{b}] \\ \text{SOR} \quad \vec{x}^{(k+1)} &= (1-\omega)\vec{x}^{(k)} + \omega\ D^{-1}[-L\vec{x}^{(k+1)} - R\vec{x}^{(k)} + \vec{b}] \end{aligned} \quad (1.154)$$

Bevor wir zu einer Konvergenzaussage kommen, üben wir das erst mal an einem Beispiel.

Beispiel 1.103 *Berechnen Sie mit dem SOR–Verfahren und dem Relaxationsparameter $\omega = 0.9$ iterativ eine Lösung des Beispiels 1.102.*

Wir geben gleich das mit einem Rechner erzielte Ergebnis an.

SOR–Verfahren, $\omega = 0.9$:

$\vec{x}^{(0)}$	1.000000	0.000000	2.000000	-1.000000
$\vec{x}^{(1)}$	0.887500	-0.033750	1.666250	-0.618344
$\vec{x}^{(2)}$	0.717488	-0.145377	1.581871	-0.669820
$\vec{x}^{(3)}$	0.7̲3̲3483	$-0.1̲4̲4019$	1.5̲7̲823	$-0.6̲6̲4476$
$\vec{x}^{(4)}$	0.7̲3̲2564	$-0.1̲4̲4961$	1.577592	$-0.6̲6̲4350$
$\vec{x}^{(5)}$	0.7̲3̲2570	$-0.1̲4̲5073$	1.57753̲0	$-0.6̲6̲4309$
$\vec{x}^{(6)}$	0.7̲3̲2574	$-0.1̲4̲5088$	1.57752̲5	$-0.6̲6̲4298$
$\vec{x}^{(7)}$	0.7̲3̲2574	$-0.1̲4̲5092$	1.577524	$-0.6̲6̲4296$

Hier endet also die Iteration bereits nach sieben Schritten mit demselben Ergebnis, das wir beim ESV nach zwölf Schritten erreicht haben.

Wer aber hat uns diesen Wert für ω verraten? Das ist ein großes Problem für das SOR–Verfahren. In einigen Sonderfällen kann man sich etwas mehr Informationen beschaffen, die zu einem optimalen Wert für ω führen. Bei konsistent geordneten Matrizen führen die folgenden Formeln zu einem optimalen Relaxationsparameter ω_{opt}, was 1950 von Young bewiesen wurde (vgl. Finck von Finckenstein). Wir geben die Formeln hier an, ohne zu sagen, was konsistent geordnete Matrizen sind, und mit dem Hinweis, daß hier nur von Überrelaxation gesprochen wird. Der auf diese Weise ermittelte optimale Wert für ω ist also stets größer als 1. Für unser Beispiel war aber $\omega = 0.9$ schon recht optimal.

Näherungsweise Berechnung des optimalen Relaxationsparameters ω_{opt}:

$$q = \lim_{k \to \infty} \frac{\|\vec{x}^{(k+1)} - \vec{x}^{(k)}\|}{\|\vec{x}^{(k)} - \vec{x}^{(k-1)}\|}, \quad \mu^2 = \frac{1}{q}\left(1 + \frac{q-1}{\omega_a}\right)^2, \quad \omega_{opt} = \frac{2}{1 + \sqrt{1-\mu^2}}. \quad (1.155)$$

Die Formeln sind folgendermaßen zu verstehen:

(i) Starte SOR mit einem beliebigen ω_a.

(ii) Berechne aus den Lösungsnäherungen $\vec{x}^{(1)}, \vec{x}^{(2)}, \ldots$ die Quotienten:

$$q_k = \frac{\|\vec{x}^{(k+1)} - \vec{x}^{(k)}\|}{\|\vec{x}^{(k)} - \vec{x}^{(k-1)}\|}, \quad k = 1, 2, \ldots \quad (1.156)$$

(iii) Falls die Quotienten q_k oszillieren, so war ω_a zu groß. Dann neuer Start mit kleinerem ω_a. Falls sich sonst die Quotienten nicht mehr ändern (im Rahmen der Rechengenauigkeit), so berechne man mit dem letzten q_k:

$$\tilde{\mu}^2 = \frac{1}{q_k}\left(1 + \frac{q_k-1}{\omega_a}\right)^2, \quad \text{und damit weiter:} \quad \tilde{\omega}_{opt} = \frac{2}{1 + \sqrt{1-\tilde{\mu}^2}}. \quad (1.157)$$

1.10 Iterative Verfahren

(iv) Setze SOR mit diesem $\tilde{\omega}_{opt}$ fort.

Eventuell muß das Schema mehrfach durchlaufen werden.

Der folgende Satz gibt eine Rechtfertigung für das SOR–Verfahren in einigen Spezialfällen.

Satz 1.104 (Konvergenz des SOR–Verfahrens) *Ist die Matrix A stark diagonaldominant, so konvergiert für $0 < \omega \leq 1$ das SOR–Verfahren (und damit auch das ESV).*

Ist die Matrix A symmetrisch und sind ihre Diagonalelemente positiv, so konvergiert das SOR–Verfahren genau dann, wenn A positiv definit ist und

$$0 < \omega < 2. \tag{1.158}$$

Damit ist natürlich auch das ESV konvergent, das sich ja für $\omega = 1$ aus dem SOR–Verfahren ergibt.

Ist A symmetrisch und stark diagonaldominant mit positiven Diagonalelementen, so konvergiert das SOR–Verfahren für $0 < \omega < 2$.

In diesem Satz kann stets 'stark diagonaldominant' durch 'schwach diagonaldominant und unzerlegbar' ersetzt werden.

2 Numerik für Eigenwertaufgaben

2.1 Einleitung und Motivation

Zur Motivation greifen wir auf ein Beispiel aus der Elementargeometrie zurück.

Beispiel 2.1 *Welche Vektoren werden bei der elementaren Spiegelung in der Ebene auf ein Vielfaches von sich abgebildet?*

Um uns nicht mit viel Ballast abzuschleppen und dabei das wesentliche aus den Augen zu verlieren, wählen wir eine Spiegelung, bei der die Spiegelachse in der (x,y)–Ebene die y–Achse ist. Wir fragen nach einem Vektor, der bei der Spiegelung wieder auf sich abgebildet wird; es reicht uns schon ein Vektor, der auf ein Vielfaches von sich übergeht. Das Vielfache mag sogar negativ sein. Die nebenstehende Abbildung verdeutlicht, daß ein beliebiger Punkt (x,y), den wir mit seinem Ortsvektor $\vec{x} = (x,y)$ identifizieren, auf den Punkt $\vec{x}^* = (-x,y)$ abgebildet wird.

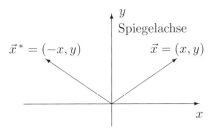

Abb. 2.1: Spiegelung an der y–Achse

Zur Gewinnung der Abbildungsvorschrift nehmen wir uns die beiden Einheitsvektoren $\vec{e}_1, \vec{e}_2$ vor und bilden sie ab.

$$\vec{e}_1 = (1,0) \to (-1,0), \qquad \vec{e}_2 = (0,1) \to (0,1).$$

Die Bildvektoren schreiben wir als Spalten in eine (2×2)–Matrix.

$$A = \begin{pmatrix} -1 & 0 \\ 0 & 1 \end{pmatrix}.$$

Damit lautet die Abbildung in Matrixschreibweise

$$\vec{x} \to \vec{x}^* = \begin{pmatrix} -1 & 0 \\ 0 & 1 \end{pmatrix} \cdot \vec{x}.$$

Unsere obige Frage ist natürlich kinderleicht zu beantworten.

- Jeder Vektor auf der x–Achse geht in seinen negativen Vektor über:
$$\vec{x} = (a, 0) \to \vec{x}^* = (-a, 0),$$

- Jeder Vektor auf der y–Achse wird direkt auf sich abgebildet, bleibt also fix:
$$\vec{x} = (0, a) \to \vec{x}^* = (0, a),$$

Man kann versuchen, die Anzahl solcher linear unabhängigen Vektoren zur Charakterisierung von Abbildungen heranzuziehen. Dies geschieht in der affinen Geometrie unter Einbeziehung von Fixpunkten für die affinen Abbildungen.

Wir werden später bei der Numerik von Differentialgleichungen andere Aufgaben kennenlernen, wo solche Vektoren eine erhebliche praktische Bedeutung gewinnen. Zuvorderst begnügen wir uns mit einer Namensgebung und anschließend mit der numerischen Berechnung.

2.2 Grundlegende Tatsachen

2.2.1 Die allgemeine Eigenwert–Eigenvektoraufgabe

Wir beschreiben allgemein die oben gestellte Aufgabe.

Eigenvektor–Eigenwert–Aufgabe

Gegeben sei eine quadratische $(n \times n)$–Matrix A.
Gesucht werden ein Vektor $\vec{x} \neq 0$ und eine (reelle oder komplexe) Zahl λ mit der Eigenschaft:
$$A\vec{x} = \lambda \vec{x}. \tag{2.1}$$

Dies drückt genau aus, was wir oben im Beispiel 2.1 als Frage formuliert haben, wenn wir den Trivialfall, daß bei einer linearen Abbildung der Nullvektor stets auf sich abgebildet wird, ausschließen.

Definition 2.2 *Ein solcher Vektor $\vec{x} \neq 0$ heißt* **Eigenvektor** *zum* **Eigenwert** λ

Die Berechnung von Eigenvektoren und zugehörigen Eigenwerten verläuft nach einer recht simplen Idee. Wir schreiben die Gleichung (2.1) um.

$$A\vec{x} = \lambda\vec{x} \iff (A - \lambda E)\vec{x} = \vec{0}.$$

Hier ist nun offenbar geworden, daß es sich um ein lineares homogenes Gleichungssystem handelt. Eine Lösung davon fällt uns in den Schoß. Der Nullvektor tut's, aber

2.2 Grundlegende Tatsachen

er ist verabredungsgemäß kein Eigenvektor. Wir suchen nach weiteren Lösungen. Das geht aber nur, wenn das homogene System mehr als eine Lösung hat. Dies ist nach dem Alternativsatz für lineare Gleichungssysteme (vgl. Satz 1.3) nur möglich, wenn die Matrix nicht den vollen Rang hat, also wenn sie singulär ist. Ihre Determinante muß deshalb verschwinden. Wir erhalten also, wenn wir mit E die $(n \times n)$–Einheitsmatrix bezeichnen, die Bedingung

$$\det(A - \lambda E) = 0. \tag{2.2}$$

Hier ist kein Vektor $\vec{x}$ mehr im Spiel. Die Determinante ist nur von λ abhängig, und wie man sich leicht klarmacht, ist das ein Polynom in λ.

Definition 2.3 *Das Polynom*

$$p(\lambda) = det(A - \lambda E) \tag{2.3}$$

heißt **charakteristisches Polynom** *von A. Die Nullstellen von $p(\lambda)$ sind die Eigenwerte von A. Die Vielfachheit als Nullstelle von $p(\lambda)$ heißt* **Vielfachheit** *des Eigenwertes λ.*

Wir kommen auf unser Eingangsbeispiel 2.1 zurück und berechnen die Eigenvektoren analytisch, nachdem wir sie ja schon durch das Bildchen 2.1 gefunden haben.

$$\det(A - \lambda E) = \det\begin{pmatrix} -1-\lambda & 0 \\ 0 & 1-\lambda \end{pmatrix} = (-1-\lambda)(1-\lambda) = 0.$$

Wir erhalten zwei Lösungen. Die Eigenwerte lauten:

$$\lambda_1 = -1, \quad \lambda_2 = 1.$$

Zur Berechnung der Eigenvektoren setzen wir die gefundenen Eigenwerte einzeln in die Gleichung (2.1) ein und erhalten das Gleichungssystem

$$(A - \lambda_1 E)\vec{x} = \begin{pmatrix} 0 & 0 \\ 0 & 2 \end{pmatrix}\begin{pmatrix} x_1 \\ x_2 \end{pmatrix} = \begin{pmatrix} 0 \\ 0 \end{pmatrix}.$$

Das ist typisch Eigenvektorgleichung. Das System hat nicht den vollen Rang. So haben wir ja gerade die Eigenwerte bestimmt, daß die Matrix $A - \lambda E$ nicht mehr regulär ist. Sonst hätten wir ja immer nur den Nullvektor als Lösung, den wir aber nun mal nicht haben wollen, mag er noch so traurig sein. Als Lösung wählen wir $x_1 = t$ und erhalten $x_2 = 0$. Einen Eigenvektor bekommen wir, wenn wir z. B. $t = 1$ wählen:

$$\vec{e}_1 = (1,0)^\top.$$

Jede weitere Lösung, die wir durch verschiedene Wahl von t (nur $t = 0$ lassen wir aus) erhalten, ist ein Vielfaches dieses Vektors. Das läuft darauf hinaus, daß die Eigenvektoren zu einem Eigenwert einen Vektorraum bilden, falls wir den Nullvektor dazu nehmen.

Dieser Vektorraum ist dann also die x–Achse, wie wir es ja schon an der Skizze erkannt haben.

Der zweite Eigenwert $\lambda_2 = 1$ führt auf die Eigenvektorgleichung

$$(A - \lambda_1 E)\vec{x} = \begin{pmatrix} -2 & 0 \\ 0 & 0 \end{pmatrix} \begin{pmatrix} x_1 \\ x_2 \end{pmatrix} = \begin{pmatrix} 0 \\ 0 \end{pmatrix}$$

und damit zu einem Eigenvektor

$$\vec{e}_2 = (0,1)^\top.$$

Auch diesen hatten wir in unserer Skizze schon dingfest gemacht.

Fassen wir die Vorgehensweise zur Berechnung der Eigenwerte zusammen:

Berechnung der Eigenwerte

1. Berechnung des charakteristischen Polynoms $p(\lambda)$.

2. Berechnung der Nullstellen von $p(\lambda)$.

3. Berechnung der Eigenvektoren durch Lösen des homogenen linearen Gleichungssystems

$$(A - \lambda E)\vec{x} = \vec{0}.$$

Diese drei Punkte liefern den Grundstock. Erstaunlicherweise denkt der Anfänger dabei, daß der zweite Punkt oder eventuell der dritte Punkt zu den größten Schwierigkeiten führen. Dabei haben wir dafür sehr gute Verfahren zur Verfügung. Das größte Problem besteht tatsächlich im Aufstellen des charakteristischen Polynoms. Das bedeutet ja, eine Determinante auszurechnen. Diese Operation läuft aber im wesentlichen mit $n!$ vielen Operationen. Unser Augenmerk richten wir daher auf die Suche nach einer einfacheren Matrix, die aber bitteschön dieselben Eigenwerte wie die vorgelegte Matrix haben möchte.

Der folgende Begriff wird uns nicht zu oft begegnen. Wir führen ihn nur der Vollständigkeit wegen an.

Definition 2.4 *Unter der Ordnung eines Eigenwertes λ der $(n \times n)$–Matrix A verstehen wir die Anzahl der linear unabhängigen Eigenvektoren zu diesem Eigenwert.*
Das ist gleichzeitig die Zahl $n - rg(A - \lambda E)$.
Es gilt offensichtlich die Ungleichung

$$Ordnung(\lambda) \leq Vielfachheit(\lambda). \tag{2.4}$$

2.2 Grundlegende Tatsachen

Zur Übung betrachten wir das folgende Beispiel.

Beispiel 2.5 *Wie lauten sämtliche Eigenwerte und zugehörigen Eigenvektoren der $(n \times n)$–Nullmatrix und der $(n \times n)$–Einheitsmatrix?*

Betrachten wir zuerst die Nullmatrix. Ihr charakteristisches Polynom lautet:

$$p(\lambda) = \det(0 - \lambda E) = -\lambda^n.$$

Dieses hat nur die eine einzige Nullstelle $\lambda = 0$, und die ist n–fach. Der Eigenwert $\lambda = 0$ ist also n–fach. Als Eigenvektorgleichung erhält man das sehr triviale System

$$0\vec{x} = \vec{0},$$

wobei die erste 0 die Nullmatrix ist. Hier ist offenkundig jeder Vektor eine Lösung, also besteht der ganze Raum (außer dem Nullvektor) nur aus Eigenvektoren. Jede beliebige Basis des Raumes $\mathbb{R}^n$ ist also zugleich eine Basis aus Eigenvektoren. Der Eigenwert 0 hat also auch die Ordnung n.

Packen wir nun die Einheitsmatrix an. Ihr charakteristisches Polynom lautet

$$p(\lambda) = \det(E - \lambda E) = (1 - \lambda)^n.$$

Auch hier haben wir nur eine einzige Nullstelle $\lambda = 1$, und das ist deshalb der einzige Eigenwert mit der Vielfachheit n. Als Eigenvektorgleichung erhalten wir wieder wie oben das triviale System mit der Nullmatrix und daher auch dieselbe Lösungsvielfalt: sämtliche Vektoren (außer dem Nullvektor) sind Eigenvektoren. Damit gibt es auch hier zu dem einzigen Eigenwert $\lambda = 1$ n linear unabhängige Eigenvektoren; auch dieser Eigenwert hat die Ordnung n.

2.2.2 Ähnlichkeit von Matrizen

Quadratische Matrizen lassen sich deuten als Abbildungsmatrizen eines Vektorraumes in sich. Da liegt es nahe, an eine geschickte Koordinatenwahl zu denken, um die zugehörige Matrix möglichst einfach zu gestalten. Eine Koordinatentransformation wird durch eine reguläre Matrix vermittelt. Wir versuchen also, erst die Koordinaten zu transformieren, anschließend die Abbildung zu beschreiben und am Schluß nicht zu vergessen, die Koordinaten wieder zurück zu transformieren. Für die zugehörigen Matrizen hat sich der folgende Begriff eingebürgert.

Definition 2.6 *Zwei $(n \times n)$–Matrizen A und B heißen zueinander **ähnlich**, wenn es eine reguläre $(n \times n)$–Matrix T gibt, mit*

$$B = T^{-1} \cdot A \cdot T. \tag{2.5}$$

*Eine $(n \times n)$–Matrix A heißt **diagonalähnlich**, wenn A zu einer Diagonalmatrix ähnlich ist.*

Der folgende Satz, den man in der linearen Algebra im Zusammenhang mit der Hauptachsentransformation kennenlernt, gibt uns ein Kriterium, wann genau eine Matrix diagonalähnlich ist.

Satz 2.7 *Eine $(n \times n)$–Matrix A ist genau dann diagonalähnlich, wenn A n linear unabhängige Eigenvektoren besitzt.*

Der nächste Satz führt uns dann schon mitten in die numerischen Methoden zur Bestimmung von Eigenwerten, auch wenn wir das jetzt noch nicht sehen.

Satz 2.8 *Seien A und B zwei $(n \times n)$–Matrizen, und es sei A ähnlich zu B, es gebe also eine reguläre Matrix T mit $B = T^{-1} \cdot A \cdot T$. Dann hat A dasselbe charakteristische Polynom wie B, also auch dieselben Eigenwerte und diese sogar mit der gleichen Vielfachheit.*
Ist $\vec{u}$ Eigenvektor von B zum Eigenwert λ, so ist $\vec{v} := T\vec{u}$ Eigenvektor von A zum Eigenwert λ.

Beweis: Wir benutzen die Definition der Ähnlichkeit: es gibt also eine reguläre Matrix T mit
$$B = T^{-1} \cdot A \cdot T.$$

Mit dieser Gleichung ist es uns ein leichtes, wenn wir nur einmal die Identität $E = T^{-1} \cdot T$, den Produktsatz für Determinanten und das Wissen über die Determinante der inversen Matrix benutzen, das charakteristische Polynom von B auf das charakteristische Polynom von A zurückzuführen:

$$\begin{aligned} p_B(\lambda) &= \det(B - \lambda E) = \det(T^{-1}AT - \lambda E) \\ &= \det(T^{-1}AT - \lambda T^{-1}T) = \det(T^{-1}(A - \lambda E)T) \\ &= \det(T^{-1}) \cdot \det(A - \lambda E) \cdot \det T \\ &= \frac{1}{\det T} \cdot \det(A - \lambda E) \cdot \det T = \det(A - \lambda E) \\ &= p_A(\lambda) \end{aligned}$$

Sei $\vec{u}$ Eigenvektor von B zum Eigenwert λ, so schließen wir:
$$B\vec{u} = \lambda\vec{u} \iff T^{-1} \cdot A \cdot T\vec{u} = \lambda\vec{u} \iff A \cdot (T\vec{u}) = \lambda(T\vec{u})$$

□

Damit liegt der Grundgedanke vieler Verfahren vor uns:

Man bestimme eine Matrix B, die ähnlich zu A ist und deren Eigenwerte leichter zu ermitteln sind.

Wir stellen noch einige Aussagen über Eigenwerte und Eigenvektoren im folgenden Satz zusammen.

Satz 2.9 *Sei A eine reelle $(n \times n)$-Matrix. Dann gilt:*

(a) *A und ihre Transponierte $A^\top$ haben das gleiche charakteristische Polynom.*

(b) *A singulär $\iff \det A = 0 \iff \operatorname{rg} A < n \iff \lambda = 0$ ist Eigenwert von A*

(c) *Ist A regulär und λ Eigenwert von A zum Eigenvektor $\vec{u}$, so ist $1/\lambda$ Eigenwert von A^{-1} zum Eigenvektor $\vec{u}$.*

(d) *Mit λ ist auch die konjugiert komplexe Zahl $\overline{\lambda}$ Eigenwert von A.*

(e) *Ist A Dreiecksmatrix, so sind die Diagonalelemente die Eigenwerte von A.*

Wir überlassen die zum Teil sehr einfachen Beweise gerne dem Leser. Aus der Aussage (a) möchte man den weitergehenden Schluß ziehen, daß jede Matrix zu ihrer Transponierten auch ähnlich ist. Ein Beweis hierfür ist aber sehr kompliziert.

Die Aussage (e) des obigen Satzes legt den Grundgedanken vieler Verfahren offen:

Man bestimme eine **Dreiecksmatrix** *B, die ähnlich zu A ist.*

2.3 Abschätzung nach Gerschgorin

Wir nähern uns in Riesenschritten den numerischen Verfahren zur Eigenwertbestimmung. Häufig benötigt man da einen Startwert, oder man möchte vielleicht sein Rechenergebnis in irgendeiner Form gegen die wahre Lösung abschätzen. Dann ist vielleicht der folgende Satz hilfreich.

Satz 2.10 (Gerschgorin–Kreise) *Gegeben sei eine $(n \times n)$-Matrix A. Aus jeder $\begin{Bmatrix} Zeile \\ Spalte \end{Bmatrix}$ von A bilde man einen Kreis, wobei der Mittelpunkt das Diagonalelement, der Radius die Summe der Beträge der Nichtdiagonalelemente ist:*

$$K_i = \left\{ z \in \mathbb{C} : |z - a_{ii}| \leq \sum_{\substack{j=1 \\ j \neq i}}^n |a_{ij}| \right\}, \quad i = 1, \ldots, n. \tag{2.6}$$

Dann liegen sämtliche Eigenwerte von A in der Vereinigung all dieser $\begin{Bmatrix} Zeilen \\ Spalten \end{Bmatrix}$–Kreise.

Diese Aufteilung in Zeilen und Spalten meint dabei, daß der Satz eine Aussage sowohl für die Zeilenkreise als auch für die Spaltenkreise macht. Dem Anwender bleibt es freundlicherweise überlassen, welche er betrachten will. Man suche sich also gefälligst das Bessere heraus. Wem das noch nicht genügt, kann ja zu allem Überfluß noch die Durchschnitte aus Zeilen– und Spaltenkreisen bilden.

Beweis: Wir führen den Beweis nur für die Zeilenkreise. Die Überlegung überträgt sich wörtlich auf die Spaltenkreise.

Wir gehen indirekt vor und nehmen an, daß ein frecher Eigenwert $\widetilde{\lambda}$ außerhalb der Zeilenkreise sein Domizil hat. Dann gilt also für sämtliche Zeilen der Matrix $A - \widetilde{\lambda}E$

$$|a_{ii} - \widetilde{\lambda}| > r_i, \quad i = 1, \ldots n,$$

wo wir mit r_i die Radien der einzelnen Kreise abgekürzt haben. Bei genauer Betrachtung entdeckt man also, daß die Matrix $A - \widetilde{\lambda}E$ stark diagonaldominant ist. Nach unserem Satz 1.38 von Seite 14 wäre damit diese Matrix regulär. Das steht aber im krassen Widerspruch dazu, daß $\widetilde{\lambda}$ ein Eigenwert sein sollte; denn jeder Eigenwert wird ja gerade so bestimmt, daß die Determinante det $A - \lambda E = 0$, die Matrix $A - \lambda E$ also singulär ist. So geht das nicht. Daher ist die Annahme nicht haltbar, daß sich ein Eigenwert außerhalb der Kreise befindet, und unser Satz ist bewiesen. □

Tatsächlich gilt sogar noch eine Verschärfung des obigen Satzes, die ihn noch leistungsfähiger macht.

Satz 2.11 *In jeder Vereinigung von Gerschgorin-Kreisen, die eine zusammenhängende Punktmenge K bilden, welche zu den übrigen Kreisen disjunkt ist, liegen genauso viele Eigenwerte, wie Kreise an der Vereinigung beteiligt sind.*

Definition 2.12 *Zwei Punktmengen M_1 und M_2 heißen dabei* **disjunkt***, wenn sie keinen gemeinsamen Punkt besitzen, wenn ihr Durchschnitt also leer ist: $M_1 \cap M_2 = \emptyset$.*

Zum Beweis dieses Satzes zieht man einen Homotopietrick aus der Tasche. Dieses Schlagwort werfen wir einfach mal in den Raum, ohne zu erläutern, wo es herkommt. Gemeint ist folgende Überlegung. Betrachte

$$A(t) := D + t \cdot B, \quad 0 \leq t \leq 1,$$

wo D die Diagonalmatrix $D = diag(a_{11}, \ldots, a_{nn})$ und B der Rest von A, also $B = A - D$ ist. Für $t = 0$ und $t = 1$ erhalten wir

$$A(0) = D, \quad A(1) = A.$$

Für die Diagonalmatrix D ist die Behauptung offensichtlich richtig. Nun lassen wir schön peu à peu t von 0 nach 1 wachsen. Da die Eigenwerte als Nullstellen des charakteristischen Polynoms stetige Funktionen der Koeffizienten von det $(A - \lambda E)$ sind, hängen sie stetig vom Parameter t ab. Sind wir schließlich bei $t = 1$ angelangt, haben wir die Behauptung geschafft. Das müßte man etwas sorgfältiger ausführen, als wir es hier angedeutet haben, aber im Prinzip ist das der ganze Beweis.

An den folgenden Beispielen zeigen wir, wie einfach diese Sätze anzuwenden sind.

2.3 Abschätzung nach Gerschgorin

Beispiel 2.13 *Geben Sie für folgende Matrix eine möglichst gute Abschätzung für die Eigenwerte an:*

$$A = \begin{pmatrix} 58 & 2 & 5 \\ 2 & 62 & -3 \\ 5 & -3 & -18 \end{pmatrix}.$$

Wie wir sofort feststellen, ist A symmetrisch. Aus der linearen Algebra wissen wir, daß daher sämtliche Eigenwerte reell sind. Außerdem brauchen wir nur die Zeilenkreise anzuschauen. Wir erhalten

$$\begin{aligned} |58 - \lambda| &\leq 7 \\ |62 - \lambda| &\leq 5 \\ |-18 - \lambda| &\leq 8 \end{aligned}$$

Die ersten beiden Zeilen führen also zu zwei sich schneidenden Kreisen; wir können sie deshalb nur zusammenfassen und erhalten, da ja die Eigenwerte reell sind, direkt eine Abschätzung auf der reellen Achse:

$$51 \leq \lambda_1, \lambda_2 \leq 67.$$

Die dritte Zeile führt zu einem von den beiden anderen disjunkten Kreis und daher zu der Abschätzung

$$-26 \leq \lambda_3 \leq -10.$$

So einfach geht das.

Beispiel 2.14 *Was können Sie über die Lage der Eigenwerte der folgenden Matrix in der komplexen Ebene aussagen?*

$$A = \begin{pmatrix} 0 & 1 \\ 2 & 4 \end{pmatrix}$$

Die Matrix ist offensichtlich nicht symmetrisch. Es könnten also komplexe Eigenwerte auftreten. Aus den Zeilen– und Spaltenkreisen entnehmen wir uns gleich das beste und erhalten:

$$\begin{aligned} |z - 0| &\leq 1 \\ |z - 4| &\leq 1 \end{aligned}$$

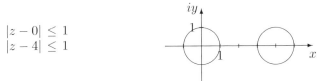

Abb. 2.2: Optimale Gerschgorin–Kreise

Die Kreise liegen disjunkt, und die Matrix hat nur reelle Einträge. Denken wir an das charakteristische Polynom, so hat es dann natürlich auch nur reelle Koeffizienten. Ein solches Polynom zerfällt aber entweder in Linearfaktoren oder in Polynome zweiten Grades. Auf jeden Fall sind seine Nullstellen entweder reell, oder sie sind paarweise konjugiert zueinander. Wenn nun in jedem der beiden Kreise genau ein Eigenwert liegt, so kann keiner von beiden komplex sein. Der zu ihm konjugierte liegt ja nur an der x–Achse gespiegelt, müßte also im selben Kreis liegen, da die Kreise ja symmetrisch zur x–Achse sind. Also sind beide Eigenwerte reell, und wir können die Abschätzung angeben:

$$-1 \leq \lambda_1 \leq 1, \qquad 3 \leq \lambda_2 \leq 5.$$

Beispiel 2.15 *Geben Sie eine (2×2)–Matrix an, deren Elemente $\neq 0$ sind und deren sämtliche Eigenwerte im Intervall $I = [99, 101]$ liegen.*

Natürlich greifen wir auf Gerschgorin zurück. Um uns nicht im Komplexen tummeln zu müssen, werden wir uns auf reelle Matrizen spitzen. Da liegt nun folgende Matrix auf der Hand:

$$A = \begin{pmatrix} 100 & 1 \\ 1 & 100 \end{pmatrix}.$$

Die tut's, wie man sofort einsieht.

Beispiel 2.16 *Geben Sie nach Gerschgorin eine Abschätzung der Eigenwerte der folgenden Matrix an.*

$$A = \begin{pmatrix} 1+i & 1 & 0.8 \\ 0.2 & -3 & 0.2 \\ 1 & -1 & 4 \end{pmatrix}$$

Diese Matrix hat nun einen komplexen Eintrag an der Stelle a_{11}, und sie ist nicht hermitesch. Also können wir uns um die komplexe Ebene nicht rummogeln. Nehmen wir uns zuerst die Zeilenkreise vor.

$$\begin{aligned} |z - (1+i)| &\leq 1.8 \\ |z + 3| &\leq 0.4 \\ |z - 4| &\leq 2 \end{aligned}$$

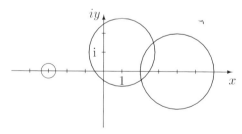

Abb. 2.3: Zeilenkreise

Der Kreis um -3 liegt deutlich von den beiden anderen entfernt, in ihm liegt also genau ein Eigenwert. Die zwei weiteren bilden eine zusammenhängende Punktmenge, in der demnach genau zwei Eigenwerte liegen. Da sie möglicherweise komplex sind, können wir

$$\begin{aligned}|z-(1+i)| &\le 1.2\\ |z+3| &\le 2\\ |z-4| &\le 1\end{aligned}$$

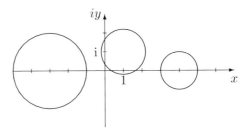

Abb. 2.4: Spaltenkreise

natürlich keine Abschätzung so wie bei den vorigen Beispielen angeben; denn für die komplexen Zahlen gibt es ja keine Anordnung. Ein „≤" hätte also keine Bedeutung.

Die Spaltenkreise schreiben und zeichnen wir genauso schnell hin, siehe Skizze oben.

Hier sind nun alle drei Kreise disjunkt, und deshalb liegt in jedem Kreis genau ein Eigenwert. Klug, wie wir sind, gehen wir zu den Durchschnitten über. Damit bekommen wir die Aussagen:

$$\begin{aligned}|z-(1+i)| &\le 1.2\\ |z+3| &\le 0.4\\ |z-4| &\le 1\end{aligned}$$

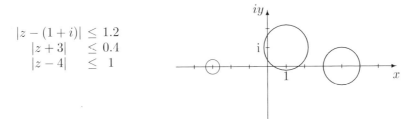

Abb. 2.5: Die beste Wahl

als Mixtum aus den Zeilen– und Spaltenkreisen.

Man wird vielleicht einwenden, daß diese Kreise ja noch ganz schön groß sein können. Aber wie groß ist die gesamte Ebene? Eine gewisse Einschränkung ergibt sich auf jeden Fall.

2.4 Das vollständige Eigenwertproblem

In diesem Abschnitt wollen wir uns Gedanken darüber machen, wie man sämtliche Eigenwerte einer Matrix auf einen Rutsch berechnen kann. Das wird sicher nur bei kleineren Matrizen, wie sie aber durchaus z. B. in der Elektrotechnik vorkommen, relevant sein. In der Baustatik dagegen handelt man mit (1000×1000)-Matrizen und noch größeren. Wie man sich dort behilft, erläutern wir im Abschnitt 2.5 auf Seite 125.

2.4.1 Zurückführung einer Matrix auf Hessenberggestalt

Gerhard Hessenberg erkannte, daß ein bestimmter Typ von Matrix das Eigenwertproblem einfacher machte. Diesen Typ hat man daher nach ihm benannt.

Definition 2.17 *Unter der* **Hessenberg–Form** *einer Matrix versteht den folgenden Typ*

$$H = \begin{pmatrix} h_{11} & h_{12} & \cdots & \cdots & \cdots & h_{1n} \\ h_{21} & h_{22} & h_{23} & \cdots & \cdots & h_{2n} \\ 0 & h_{32} & h_{33} & h_{34} & \cdots & h_{3n} \\ \vdots & \ddots & \ddots & \ddots & \ddots & \vdots \\ \vdots & & \ddots & \ddots & \ddots & \vdots \\ 0 & \cdots & \cdots & 0 & h_{n,n-1} & h_{nn} \end{pmatrix}.$$

Wir werden später Verfahren kennenlernen, wie man von solchen Matrizen leichter die Eigenwerte berechnen kann. In den folgenden Unterabschnitten soll es uns vorerst darum gehen, wie eine gegebene Matrix auf diese Hessenberg–Form transformiert wird. Dabei ist es natürlich von essentieller Bedeutung, daß die als Transformationsmatrix entstehende Hessenberg–Matrix dieselben Eigenwerte besitzt wie die vorgelegte Matrix. Wie wir oben im Abschnitt über 'Ähnlichkeit' gesehen haben, ist es klug, als Transformationen ausschließlich Ähnlichkeitstransformationen zuzulassen. Da bleiben ja sogar die charakteristischen Polynome gleich. Wir stellen im folgenden zwei solcher Verfahren vor.

2.4.2 Verfahren von Wilkinson

Dieses Vorgehen besticht durch seine einfache Anwendung. Es benutzt im wesentlichen dieselben Umformungen, wie wir sie bei der Gauß–Elimination kennengelernt haben. Wir zeigen das Verfahren auf Seite 97.

Wir wollen die einzelnen Schritte ein wenig erläutern.

Bemerkungen:

1. In den Teilschritten (i) und (ii) wird, um Rundungsfehler klein zu halten, eine Spaltenpivotisierung vorgenommen. Natürlich muß eine Vertauschung als Ähnlichkeitstransformation ausgeführt werden. Darum vertauschen wir Zeile und Spalte. Das bedeutet ja eine Multiplikation von links mit einer Permutationsmatrix $P_{j+1,q}$ und zugleich eine Multiplikation von rechts mit derselben Permutationsmatrix $P^{j+1,q}$. Als Permutationsmatrix ist die aber zu sich selbst invers. Also kann man auch getrost die Multiplikation von links mit der Matrix $P_{j+1,q}^{-1}$ ausgeführt denken. So sieht man, daß wir wirklich eine Ähnlichkeitstransformation vorgenommen haben, und so gelangen wir zur Matrix $B^{(j-1)}$.

2.4 Das vollständige Eigenwertproblem

Verfahren von Wilkinson

Gegeben sei eine $(n \times n)$–Matrix A.
Setze $A^{(0)} := A$.
Bestimme $A^{(j)}$ für $j = 1, \ldots, n-2$ wie folgt:

(i) Bestimme den Zeilenindex q so, daß

$$|a_{qj}^{(j-1)}| = \max_{j+1 \leq \mu \leq n} |a_{\mu j}^{(j-1)}|$$

(ii) Falls $q \neq j+1$, so vertausche $(j+1)$-te Zeile <u>und</u> Spalte mit q-ter Zeile <u>und</u> Spalte:

$$A^{(j-1)} \to P_{j+1,q} \cdot A^{(j-1)} \cdot P_{j+1,q} =: B^{(j-1)} \qquad (2.7)$$

(iii) Ist $b_{j+1,j}^{(j-1)} = 0$, dann gehe zum nächsten Schritt,
sonst bestimme die Matrix C_{j+1}

$$C_{j+1} = \begin{pmatrix} 1 & & & & & \\ & \ddots & & & & \\ & & 1 & 0 & & \\ 0 & & c_{j+2,j+1} & 1 & & \\ & & \vdots & 0 & \ddots & \\ & & c_{n,j+1} & & & 1 \end{pmatrix} \qquad (2.8)$$

mit $c_{i,j+1} = \begin{cases} \dfrac{b_{ij}^{(j-1)}}{b_{j+1,j}^{(j-1)}} & \text{falls } b_{j+1,j}^{(j-1)} \neq 0 \\ 0 & \text{sonst} \end{cases}$, $i = j+2, \ldots, n$, (2.9)

und berechne damit:

$$A^{(j)} = C_{j+1} \cdot B^{(j-1)} \cdot C_{j+1}^{-1}. \qquad (2.10)$$

---

2. Im Teilschritt (iii) wird eine Frobeniusmatrix C_{j+1} konstruiert, die bei Linksmultiplikation an $B^{(j-1)}$ heran unterhalb des Elementes $b_{j+1,j}^{(j-1)}$ Nullen erzeugt. Also das muß man noch einmal sagen. Mit Hilfe dieser Matrix C_{j+1} werden in der j-ten Spalte Nullen an den Stellen erzeugt, die wir für die Hessenbergform gerne dort hätten. Die Multiplikation außerdem von rechts mit der inversen Matrix C_{j+1}^{-1} geschieht der Ähnlichkeit wegen, ist im übrigen aber auch nur mit wenig Aufwand verbunden, denn die inverse Matrix einer Frobeniusmatrix ermittelt man ja lediglich durch Vorzeichenwechsel. Außerdem sind so viele Nullen in dieser Matrix, daß eine Multiplikation kaum eine ernste Zahl an Operationen verursacht.

Die Konstruktion dieser Matrix C_{j+1} in der kompliziert erscheinenden Rechnung in Gleichung (2.9) entpuppt sich bei genauem Hinsehen als die harmlose Gauß-elimination, allerdings mit der oben erwähnten kleinen, aber entscheidenden Abwandlung. Wir haben bewußt im j-ten Schritt die Matrix C_{j+1} bezeichnet, weil in diesem Schritt in der j-ten Spalte Nullen erzeugt werden, das aber mit einer Frobeniusmatrix, die in der $(j+1)$-ten Spalte die entsprechenden Eliminationsfaktoren enthält. Vielleicht merkt man sich das daran, daß wir ja eine Hessenbergform erreichen möchten, also das Element unterhalb der Diagonalen nicht verändern, sondern erst darunter anfangen wollen. In der $(j+1)$-ten Frobeniusmatrix haben wir dafür genau die richtige Anzahl an Plätzen zur Verfügung.

Die endgültige Transformation im j-ten Schritt lautet

$$A^{(j)} = C_{j+1}^{-1} \cdot P_{j+1,q} \cdot A^{(j-1)} \cdot P_{j+1,q} \cdot C_{j+1}$$
$$= (P_{j+1,q} C_{j+1})^{-1} \cdot A^{(j-1)} \cdot P_{j+1,q} \cdot C_{j+1}.$$

Dies ist damit eine Ähnlichkeitstransformation.

Beispiel 2.18 *Betrachten wir die folgende symmetrische Matrix*

$$A = \begin{pmatrix} 1 & 2 & 0 & 0 \\ 2 & 4 & -4 & 3 \\ 0 & -4 & -1 & -1 \\ 0 & 3 & -1 & 5 \end{pmatrix},$$

und bringen wir sie mit Hilfe von Herrn Wilkinson auf Hessenberg–Form.

Ein schneller Blick genügt, um festzustellen, daß die Arbeit fast getan ist. Nur die 3 an der Stelle a_{42} tanzt noch aus der Reihe. Unser Verfahren startet demnach mit dem zweiten Schritt ($j = 2$).

Eine Spaltenpivotisierung ist nicht erforderlich, denn $|a_{32}| = |-4| > |a_{42}| = 3$. Wir bestimmen daher sofort die Transformationsmatrix C, indem wir das Element c_{43} nach Formel (2.9) berechnen:

$$c_{43} = \frac{a_{42}}{a_{32}} = \frac{3}{-4} = -0.75.$$

Damit lautet C

$$C = \begin{pmatrix} 1 & 0 & 0 & 0 \\ 0 & 1 & 0 & 0 \\ 0 & 0 & 1 & 0 \\ 0 & 0 & -0.75 & 1 \end{pmatrix}.$$

Dies ist eine sogenannte Frobeniusmatrix, deren Inverse ja durch schlichten Vorzeichentausch in den Außerdiagonalelementen entsteht. Wir erhalten

$$C^{-1} = \begin{pmatrix} 1 & 0 & 0 & 0 \\ 0 & 1 & 0 & 0 \\ 0 & 0 & 1 & 0 \\ 0 & 0 & 0.75 & 1 \end{pmatrix}.$$

Dann kann man die Matrizenmultiplikation zur Bestimmung von $A^{(2)}$ (wir sind ja im zweiten Schritt!) leicht ausführen. Es folgt

$$A^{(2)} = C^{-1} \cdot A \cdot C = \begin{pmatrix} 1 & 2 & 0 & 0 \\ 2 & 4 & -6.25 & 3 \\ 0 & -4 & -0.25 & -1 \\ 0 & 0 & -4.9375 & 4.25 \end{pmatrix}.$$

Dies ist unser gesuchtes Ergebnis, eine zu A ähnliche Matrix in Hessenberg–Form.

Das Verfahren von Wilkinson besticht durch seine einfache Anwendung. Es hat vor allem für Matrizen, die keine spezielle Struktur aufweisen, unbestreitbare Vorzüge. An dem Beispiel erkennt man andererseits einen wesentlichen Nachteil des Verfahrens von Wilkinson. Ist die Ausgangsmatrix symmetrisch, so bleibt diese Symmetrie leider nicht erhalten. Für den Fall einer symmetrischen Matrix bietet sich daher ein anderes Verfahren an, das wir im folgenden Abschnitt besprechen wollen. Wir fassen das Ergebnis des Wilkinson–Verfahrens zum Schluß noch einmal zusammen.

Satz 2.19 *Eine beliebige $(n \times n)$–Matrix A läßt sich mit Hilfe von $n - 2$ Wilkinson–Schritten in eine zu A ähnliche obere Hessenberg–Matrix transformieren.*

2.4.3   Verfahren von Householder

Der Grundgedanke von Householder besteht darin, zur Hessenbergherstellung nach *orthogonalen* Matrizen zu fahnden, die dann zur Ähnlichkeitstransformation herangezogen werden möchten. Die zweite Idee besteht in der Verwendung von Spiegelungen.

Der zugehörige Algorithmus von Householder steht auf der nächsten Seite.

Diesen kompliziert erscheinenden Vorgang wollen wir etwas erläutern, um die einzelnen Schritte klarwerden zu lassen.

1. Die Abfrage, ob $a_{j+2,j} = \cdots = a_{nj} = 0$ ist, prüft lediglich, ob vielleicht durch Zufall dieser Schritt schon erledigt ist.

2. Bei der Berechnung des Vektors $\vec{\omega}$ tritt eine Funktion $\sigma(t)$ auf, die der Vorzeichen– oder Signum–Funktion sehr ähnlich ist. Der einzige kleine Unterschied besteht darin, daß hier der Null der Wert $+1$ zugeordnet wird.

3. Im Schritt ⟨iii⟩ tritt das Produkt eines Spaltenvektors mit seinem (transponierten) Zeilenvektor auf. Dieses bezeichnet man als dyadisches Produkt. Es entsteht eine Matrix, wie man sich leicht mit dem Matrizenmultiplikationsschema klarmacht.

> **Verfahren von Householder**
>
> Gegeben sei eine $(n \times n)$–Matrix A.
>
> Setze $A^{(0)} := A$.
>
> Bestimme $A^{(j)}$, $j = 1, \ldots, n-2$ wie folgt:
>
> Falls $a_{j+2,j} = \cdots = a_{nj} = 0$, so nächster Schritt ($j \to j+1$).
>
> $\boxed{\text{i}}$ $s := \sqrt{\sum_{i=j+1}^{n} \left(a_{ij}^{(j-1)}\right)^2}$, $\quad t := a_{j+1,j}^{(j-1)}$, $\quad c := (s + |t|) \cdot s$
>
> $\boxed{\text{ii}}$ Berechne den Vektor $\vec{\omega}$ gemäß:
>
> $$\omega_i^{(j)} = 0 \quad (i = 1, \ldots, j),$$
> $$\omega_{j+1}^{(j)} = t + s \cdot \sigma(t),$$
> $$\omega_i^{(j)} = a_{ij}^{(j-1)} \quad (i = j+2, \ldots, n), \quad \text{mit} \quad \sigma(t) = \begin{cases} 1 & t \geq 0 \\ -1 & t < 0 \end{cases}$$
>
> $\boxed{\text{iii}}$ Bestimme dann die Transformationsmatrix $P^{(j)}$ aus:
>
> $$P^{(j)} = E - \frac{1}{c} \vec{\omega}^{(j)} \cdot \vec{\omega}^{(j)\top}, \tag{2.11}$$
>
> und berechne damit (beachte $(P^{(j)})^{-1} = P^{(j)}$):
>
> $$A^{(j)} = P^{(j)} \cdot A^{(j-1)} \cdot P^{(j)}. \tag{2.12}$$
>
> Damit entsteht wiederum wie beim Verfahren von Wilkinson eine Matrix $A^{(j)}$, die unterhalb des Elementes $a_{j+1,j}^{(j)}$ nur Nullen hat.
>
> $A^{(n-2)}$ ist dann die gesuchte obere Hessenberg–Matrix, die zu A ähnlich ist.

Als nächstes werden wir einige Besonderheiten des Algorithmus in kleinen Sätzen festhalten. Angenommen, in den vorhergehenden $j-1$ Schritten sei die Matrix $A^{(j-1)}$ erreicht worden, die also bis einschließlich zur $(j-1)$-ten Spalte bereits in Hessenbergform vorliegt. Wir müssen nun die j-te Spalte bearbeiten. Unser Ziel ist es, in dieser Spalte unterhalb des Elementes $a_{j+1,j}^{(j)}$ Nullen zu erzeugen. Schematisch sieht das so aus, ein $*$ steht für ein beliebiges Element:

2.4 Das vollständige Eigenwertproblem

$$A^{(j-1)} \quad \rightarrow \quad A^{(j)}$$

$$\begin{pmatrix} * & \cdots & & \cdots & & \cdots & & * \\ * & \ddots & & & & & & \\ 0 & \ddots & * & & & & & \vdots \\ \vdots & \ddots & * & * & & & & \\ & & 0 & * & * & & & \vdots \\ \vdots & & & \boxed{*} & \ddots & \ddots & & \\ & & & \boxed{*} & & \ddots & \ddots & \vdots \\ 0 & \cdots & 0 & \boxed{*} & \cdots & \cdots & * & * \end{pmatrix} \rightarrow \begin{pmatrix} * & \cdots & & \cdots & & \cdots & & * \\ * & \ddots & & & & & & \\ 0 & \ddots & * & & & & & \vdots \\ \vdots & \ddots & * & * & & & & \\ & & 0 & * & * & & & \vdots \\ \vdots & & \vdots & \boxed{0} & * & \ddots & & \\ & & \vdots & \boxed{*} & & \ddots & \ddots & \vdots \\ 0 & \cdots & 0 & \boxed{0} & * & \cdots & * & * \end{pmatrix}$$

Betrachten wir nur den j-ten Spaltenvektor und nennen wir ihn $\vec{a}$, so heißt das, wir suchen eine Transformation mit der Eigenschaft

$$\vec{a} = \begin{pmatrix} a_{1j} \\ a_{2j} \\ \vdots \\ a_{jj} \\ a_{j+1,j} \\ a_{j+2,j} \\ \vdots \\ a_{nj} \end{pmatrix} \longrightarrow \vec{a}\,' = \begin{pmatrix} \widetilde{a}_{1j} \\ \widetilde{a}_{2j} \\ \vdots \\ \widetilde{a}_{jj} \\ \widetilde{a}_{j+1,j} \\ 0 \\ \vdots \\ 0 \end{pmatrix}. \tag{2.13}$$

Im obigen Algorithmus haben wir festgelegt, daß der Vektor $\vec{\omega}^{(j)}$ in den ersten j Komponenten lediglich die Null enthält. Damit ist die Transformationsmatrix $P^{(j)}$ in den ersten j Zeilen und Spalten die Einheitsmatrix. Eine Transformation mit ihr ändert also in den ersten j Komponenten nichts. Das sieht schon mal ganz vertrauenswürdig aus.

Satz 2.20 *Es gilt*

$$\|\vec{\omega}\|_2^2 = 2 \cdot c. \tag{2.14}$$

Beweis: Das zeigen wir durch einfaches Nachrechnen:

$$\begin{aligned} \|\vec{\omega}\|_2^2 &= 0 + \cdots + 0 + (t + s \cdot \sigma(t))^2 + a_{j+2,j}^2 + \cdots + a_{nj}^2 \\ &= (t + s \cdot \sigma(t))^2 + s^2 - t^2 = t^2 + 2ts\sigma(t) + s^2 + s^2 - t^2 \\ &= 2s^2 + 2s|t| = 2c, \end{aligned}$$

womit schon alles gezeigt ist. $\square$

Satz 2.21 $P^{(j)}$ *ist eine symmetrische und orthogonale Matrix.*

Beweis: Auch hier rechnen wir einfach los.

$$P^\top = (E - \frac{1}{c}\vec{\omega}\vec{\omega}^\top)^\top = E^\top - \frac{1}{c}\vec{\omega}(\vec{\omega}^\top)^\top = E - \frac{1}{c}\vec{\omega}\vec{\omega}^\top = P$$

$$\begin{aligned}
P^2 &= (E - \frac{1}{c}\vec{\omega}\vec{\omega}^\top)(E - \frac{1}{c}\vec{\omega}\vec{\omega}^\top) \\
&= E - \frac{2}{c}\vec{\omega}\vec{\omega}^\top + \frac{1}{c^2}\vec{\omega}\vec{\omega}^\top\vec{\omega}\vec{\omega}^\top \\
&= E - \frac{2}{c}\vec{\omega}\vec{\omega}^\top + \frac{1}{c^2} \cdot \vec{\omega} \cdot 2 \cdot c\vec{\omega}^\top \\
&= E
\end{aligned}$$

Zusammen mit dem ersten Teil folgt $P^{-1} = P = P^\top$. □

Mit diesen beiden Sätzen können wir nun die eingangs geschilderte Idee von Householder, Spiegelungen zu verwenden, ans Licht holen. Mit Satz 2.20 und Formel (2.11) berechnet sich die Transformationsmatrix P zu

$$P = E - \frac{1}{c}\vec{\omega} \cdot \vec{\omega}^\top = E - 2\frac{\vec{\omega} \cdot \vec{\omega}^\top}{\|\vec{\omega}\|_2 \cdot \|\vec{\omega}^\top\|_2}.$$

Setzen wir nun

$$\vec{\omega}_0 = \frac{\vec{\omega}}{\|\vec{\omega}\|_2},$$

so ist $\vec{\omega}_0$ von der Form

$$\vec{\omega}_0 = (0, \ldots, 0, \omega_{j+2}, \ldots, \omega_n),$$

hat also Nullen dort, wo der Vektor $\vec{a}$ aus (2.13) unverändert bleiben soll. Damit berechnen wir den Bildvektor $\vec{a}'$ von $\vec{a}$ wie folgt:

$$\begin{aligned}
\vec{a}' = P\vec{a} &= \vec{a} - 2(\vec{\omega}_0\vec{\omega}_0^\top)\vec{a} \\
&= \vec{a} - 2\vec{\omega}_0(\vec{\omega}_0^\top \vec{a}) \\
&= \vec{a} - 2(\vec{\omega}_0^\top \vec{a})\vec{\omega}_0 \\
&= \vec{a} - 2|\vec{\omega}_0| \cdot |\vec{a}| \cdot \cos(\vec{\omega}_0, \vec{a}) \cdot \vec{\omega}_0 \\
&= \vec{a} - 2|\vec{a}|\cos(\vec{\omega}_0, \vec{a}) \cdot \vec{\omega}_0
\end{aligned}$$

In der Abbildung rechts haben wir die Berechnung von links skizzenhaft dargestellt. Der Faktor 2 führt dazu, daß tatsächlich $\vec{a}'$ der zu $\vec{a}$ gespiegelte Vektor ist, wobei die Spiegelungsachse senkrecht zu $\vec{\omega}_0$ steht. So kommt der Name „Householder-Spiegelung" zustande.

Zusammengefaßt können wir feststellen, daß es wie beim Wilkinson-Verfahren gelingt, eine beliebige quadratische Matrix A durch Ähnlichkeitstransformationen in eine obere Hessenberg-Matrix zu transformieren.

2.4 Das vollständige Eigenwertproblem

Satz 2.22 *Eine beliebige $(n \times n)$-Matrix A läßt sich mit Hilfe von $n-2$ Householder–Transformationen in eine zu A ähnliche obere Hessenberg–Matrix transformieren.*

Beispiel 2.23 *Betrachten wir folgende Matrix*

$$A = \begin{pmatrix} 1 & 4 & 2 & -3 \\ 2 & 4 & 3 & 1 \\ 0 & -4 & -1 & 0 \\ 0 & 3 & -1 & 5 \end{pmatrix},$$

und bringen wir sie mit Herrn Householder in Hessenberg–Form.

Wir setzen, wie im Algorithmus gefordert, $A^{(0)} = A$. Dann sehen wir sofort, daß uns schon viel Arbeit abgenommen wurde; für $j = 1$ ist $a_{31} = a_{41} = 0$. Also können wir diesen Schritt gleich überspringen und zu $j = 2$ kommen. Die folgenden Zahlen erklären sich wohl von selbst.

$$s = \sqrt{\sum_{i=j+1}^{n} (a_{ij}^{(j-1)})^2} = \sqrt{16+9} = 5,$$

$$t = a_{j+1,j}^{(j-1)} = -4, \quad c = (s+|t|)s = (5+4)5 = 45, \vec{\omega} = (0,0,-9,3)^\top.$$

Damit lautet die Householder–Matrix

$$P^{(2)} = \begin{pmatrix} 1 & 0 & 0 & 0 \\ 0 & 1 & 0 & 0 \\ 0 & 0 & 1 & 0 \\ 0 & 0 & 0 & 1 \end{pmatrix} - \frac{1}{45} \cdot \begin{pmatrix} 0 \\ 0 \\ -9 \\ 3 \end{pmatrix} \cdot (0,0,-9,3) = \begin{pmatrix} 1 & 0 & 0 & 0 \\ 0 & 1 & 0 & 0 \\ 0 & 0 & -0.8 & 0.6 \\ 0 & 0 & 0.6 & 0.8 \end{pmatrix}.$$

Dann ist $A^{(2)} = P^{(2)} \cdot A^{(1)} \cdot P^{(2)}$ die gesuchte Hessenbergmatrix, die ähnlich zu $A = A^{(0)}$ ist, da $P^{(2)} = (P^{(2)})^{-1}$. Wir geben nur das Ergebnis dieser Rechnung an.

$$A^{(2)} = \begin{pmatrix} 1 & 4 & -3.4 & -1.2 \\ 2 & 4 & -1.8 & 2.6 \\ 0 & 5 & 1.64 & 2.52 \\ 0 & 0 & 3.52 & 2.36 \end{pmatrix}.$$

Das ist bereits das Endergebnis. Wir haben eine zur Ausgangsmatrix ähnliche Matrix $A^{(2)}$ in Hessenberg–Form gefunden.

Der kluge Leser fragt sofort nach den Unterschieden der Verfahren von Wilkinson und Householder. Wie wir im Kapitel über die Q–R–Zerlegung schon ausgeführt haben, ist ein wesentlicher Vorteil des Householder–Verfahrens in der Verwendung von orthogonalen Matrizen zu sehen. Dabei ändert sich ja bekanntlich die Kondition der Matrix nicht. Also sind es numerische Gründe, die zum Householder raten lassen. Einen weiteren ganz wichtigen Aspekt werden wir jetzt zeigen, indem wir die Matrix A als symmetrisch voraussetzen.

Als ersten Punkt entdeckt man dabei, daß der Householder–Prozeß wesentlich vereinfacht werden kann. Im obigen Householder–Algorithmus ist nämlich ein numerisch recht aufwendiger Punkt das Berechnen der neuen Matrix $A^{(j)}$ durch das Matrizenprodukt (2.12). Für symmetrische Matrizen wird uns hier eine wesentliche Vereinfachung geboten, die wir im folgenden Satz festhalten wollen.

Satz 2.24 *Ist die Matrix A symmetrisch, so kann im Householder–Algorithmus die Matrix $A^{(j)}$ nach folgender Vorschrift berechnet werden:*

$$Setze\ \vec{u}^{(j)} := \frac{1}{c} A^{(j-1)} \vec{\omega}^{(j)}, \quad \vec{v}^{(j)} := \vec{u}^{(j)} - \frac{1}{2c} \vec{\omega}^{(j)} (\vec{\omega}^{(j)})^\top \vec{u}^{(j)} \tag{2.15}$$

Dann ergibt sich:

$$A^{(j)} = A^{(j-1)} - \vec{v}^{(j)}(\vec{\omega}^j)^\top - \vec{\omega}^{(j)}(\vec{v}^{(j)})^\top = A^{(j-1)} - \vec{v}^{(j)}(\vec{\omega}^j)^\top - (\vec{v}^{(j)}(\vec{\omega}^j)^\top)^\top \tag{2.16}$$

Hier sind also lediglich dyadische Produkte und Operationen Matrix mal Vektor durchzuführen. Das spart Rechenzeit. Weil es so schön geht, beweisen wir diese Formeln.

Beweis: Zur Vereinfachung lassen wir den oberen Index, der die jeweilige Stufe anzeigt, weg, schreiben also A statt $A^{(j-1)}$, $\vec{v}$ statt $\vec{v}^{(j)}$ und $\vec{\omega}$ statt $\vec{\omega}^{(j)}$. Dann gilt mit $2c = \|\vec{\omega}\|^2 = \vec{\omega}^\top \vec{\omega}$

$$\begin{aligned}
A^{(j)} &= PAP = (E - \frac{1}{c}\vec{\omega}\vec{\omega}^\top)A(E - \frac{1}{c}\vec{\omega}\vec{\omega}^\top) \\
&= A - \frac{1}{c}\vec{\omega}\vec{\omega}^\top A - \frac{1}{c}A\vec{\omega}\vec{\omega}^\top + \frac{1}{c^2}\vec{\omega}\vec{\omega}^\top A\vec{\omega}\vec{\omega}^\top \\
&= A - \frac{1}{c}\vec{\omega}\vec{\omega}^\top A + \frac{1}{2c^2}\vec{\omega}(\vec{\omega}^\top A\vec{\omega})\vec{\omega}^\top - \frac{1}{c}A\vec{\omega}\vec{\omega}^\top + \frac{1}{2c^2}\vec{\omega}(\vec{\omega}^\top A\vec{\omega})\vec{\omega}^\top \\
&= A - \frac{1}{c}A(\vec{\omega}\vec{\omega}^\top) + \frac{1}{2c}\left(\vec{\omega}\vec{\omega}^\top\frac{A\vec{\omega}}{c}\right)\vec{\omega}^\top - \vec{\omega}\frac{(A\vec{\omega})^\top}{c} + \frac{1}{2c}\vec{\omega}\left(\frac{(A\vec{\omega})^\top}{c}\vec{\omega}\right)\vec{\omega}^\top \\
&= A - \vec{u}\vec{\omega}^\top + \frac{1}{2c}\vec{\omega}(\vec{\omega}^\top\vec{u})\vec{\omega}^\top - \vec{\omega}\vec{u}^\top + \frac{1}{2c}\vec{\omega}(\vec{u}^\top\vec{\omega})\vec{\omega}^\top \\
&= A - \left(\vec{u} - \frac{1}{2c}\vec{\omega}(\vec{\omega}^\top\vec{u})\right)\vec{\omega}^\top - \vec{\omega}\left(\vec{u}^\top - \frac{1}{2c}(\vec{u}^\top\vec{\omega})\vec{\omega}^\top\right) \\
&= A - \left(\vec{u} - \frac{1}{2c}\vec{\omega}(\vec{\omega}^\top\vec{u})\right)\vec{\omega}^\top - \vec{\omega}\left(\vec{u} - \frac{1}{2c}\vec{\omega}(\vec{\omega}^\top\vec{u})\right)^\top \\
&= A - \vec{v}\vec{\omega}^\top - \vec{\omega}\vec{v}^\top
\end{aligned}$$

Hierbei haben wir beim Übergang von der dritten zur vierten Zeile der obigen Gleichungskette die Reihenfolge der Summanden vertauscht. Bei den weiteren Umformungen haben wir das Assoziativgesetz für die Multiplikation, also die Möglichkeit, bei der Multiplikation von drei Matrizen beliebig die Klammern zu setzen, ausgenutzt. Man beachte, daß auch ein Vektor eine Matrix ist. Der Rest war geschicktes Rechnen. □

2.4 Das vollständige Eigenwertproblem

Verfahren von Householder (A symmetrisch)

Bestimme $A^{(j)}$ wie folgt: Falls $a_{j+2,j} = \cdots = a_{nj} = 0$, so nächster Schritt ($j \to j+1$).

(i) $s := \sqrt{\sum_{i=j+1}^{n} a_{ij}^{(j-1)2}}$
  Falls $s = 0$, nächster Schritt, sonst
$$t = a_{j+1,j}^{(j-1)}, c = (s + |t|) \cdot s$$

(ii) Berechne den Vektor $\vec{\omega}$ gemäß:
$$\omega_i^{(j)} = 0 \quad (i = 1, \ldots, j),$$
$$\omega_{j+1}^{(j)} = t + s \cdot \sigma(t),$$
$$\omega_i^{(j)} = a_{ij}^{(j-1)} \quad (i = j+2, \ldots, n), \quad \text{mit} \quad \sigma(t) = \begin{cases} 1 & t \geq 0 \\ -1 & t < 0 \end{cases}$$

(iii) Bestimme dann die Matrix $A^{(1)}$ nach den Formeln:
$$\vec{u}^{(j)} = \frac{1}{c} A^{(j-1)} \vec{\omega}^{(j)}$$
$$\vec{v}^{(j)} = \vec{u}^{(j)} - \frac{1}{2c} \vec{\omega}^{(j)} (\vec{\omega}^{(j)})^\top \vec{u}^{(j)}$$
$$A^{(j)} = A^{(j-1)} - \vec{v}^{(j)} \vec{\omega}^\top - \vec{\omega}^{(j)} (\vec{v}^{(j)})^\top$$

Der Übersichtlichkeit wegen fassen wir das Ergebnis im Schema auf Seite 105 zusammen.

Beispiel 2.25 *Wir verwenden die Matrix, die wir schon im Beispiel 2.18 auf Seite 98 bearbeitet haben.*

$$A = \begin{pmatrix} 1 & 2 & 0 & 0 \\ 2 & 4 & -4 & 3 \\ 0 & -4 & -1 & -1 \\ 0 & 3 & -1 & 5 \end{pmatrix}$$

Auch hier gleich zu Beginn die Erkenntnis, daß die Elemente a_{31} und a_{41} schon freiwillig verschwunden sind und wir nur noch den Algorithmus für $j = 2$ durchführen müssen. Lediglich das Element a_{42} muß noch bearbeitet werden. Wir erhalten

$$s := \sqrt{\sum_{i=j+1}^{n} a_{ij}^{(j-1)2}} = 5,$$

$$t = a_{j+1,j}^{(j-1)} = -4, \quad c = (s + |t|) \cdot s = 45.$$

Damit folgt weiter

$$\vec{\omega}^{(2)} = (0, 0, -9, 3)^\top,$$
$$\vec{u}^{(2)} = \frac{1}{c} A^{(0)} \vec{\omega}^{(2)} = (0, 1, 0.1\overline{3}, 0.5\overline{3})^\top$$
$$\vec{v}^{(2)} := \vec{u}^{(2)} - \frac{1}{2c} \vec{\omega}^{(2)} (\vec{\omega}^{(2)})^\top \vec{u}^{(2)} = (0, 1, 0.17\overline{3}, 0.52)^\top,$$

und schon können wir als Endergebnis die Matrix $A^{(2)}$ berechnen:

$$A^{(2)} = A^{(0)} - \vec{v}^{(2)} (\vec{\omega}^2)^\top - \vec{\omega}^{(2)} (\vec{v}^{(2)})^\top = \begin{pmatrix} 1 & 2 & 0 & 0 \\ 2 & 4 & 5 & 0 \\ 0 & 5 & 2.121 & 3.16 \\ 0 & 0 & 3.16 & 1.88 \end{pmatrix}.$$

Dieses Beispiel belegt den wichtigen Vorteil des Householder–Verfahrens, den wir oben angesprochen haben: symmetrisch bleibt symmetrisch, eine symmetrische Matrix wird demnach in eine Tridiagonalmatrix umgeformt. Beim Wilkinson–Verfahren geht diese Symmetrie verloren. Wir formulieren dies als Satz.

Satz 2.26 *Das Householder–Verfahren erhält die Symmetrie, die nach Householder gespiegelte Matrix einer symmetrischen Matrix ist wieder symmetrisch. Bringt man daher eine symmetrische Matrix nach Householder auf Hessenberg–Form, so ist diese eine Tridiagonalmatrix.*

Beweis: Unmittelbar aus der Formel (2.12) folgt

$$(A^{(j)})^\top = \left(P^{(j)} \cdot A^{(j-1)} \cdot P^{(j)} \right)^\top$$
$$= (P^{(j)})^\top \cdot (A^{(j-1)})^\top \cdot (P^{(j)})^\top$$
$$= P^{(j)} \cdot A^{(j-1)} \cdot P^{(j)}$$
$$= A^{(j)}$$

weil wir ja im Satz 2.21 uns schon Gedanken über die Symmetrie der Transformationsmatrix P gemacht haben. □

Mit der Zurückführung auf Hessenberg–Form haben wir erst eine Teilarbeit zur Bestimmung der Eigenwerte geleistet. Wir müssen und werden uns im folgenden Abschnitt überlegen, wie uns diese Hessenberg–Form weiterbringt.

2.4.4 Das Verfahren von Hyman

In diesem Abschnitt betrachten wir ausschließlich Matrizen in Hessenberg–Form. Dabei wollen wir außerdem verlangen, daß diese nicht in solche kleinerer Ordnung zerfallen. Alle Elemente in der unteren Parallelen zur Hauptdiagonalen seien also ungleich Null. Das ist keine wesentliche Einschränkung, denn sonst wäre es doch wohl klüger, gleich die kleineren Matrizen zu betrachten.

Hyman hat 1957 vorgeschlagen, für eine Hessenberg–Matrix $H = (h_{ij})$ das folgende lineare Gleichungssystem zu betrachten.

$$\begin{array}{rl}
(h_{11} - \lambda)x_1 + h_{12}x_2 + \ldots + h_{1,n-1}x_{n-1} + h_{1n}x_n & = -k \\
h_{21}x_1 + (h_{22} - \lambda)x_2 + \ldots + h_{2,n-1}x_{n-1} + h_{2n}x_n & = 0 \\
\ddots \quad \vdots \quad \vdots & \vdots \\
h_{n,n-1}x_{n-1} + (h_{nn} - \lambda)x_n & = 0
\end{array}$$

wobei der Parameter k in der ersten Zeile noch zu bestimmen ist. Setzen wir $x_n := 1$, so lassen sich nacheinander $x_{n-1}, x_{n-2}, \ldots, x_1$ und k berechnen. Andererseits läßt sich x_n direkt mit der Cramerschen Regel berechnen. Aus dem Vergleich $1 = x_n$ erhält man eine Formel zur Berechnung des charakteristischen Polynoms; denn in der Lösung nach Cramer taucht ja im Nenner die Determinante des Systems, also das charakteristische Polynom auf. Leider tritt in der Formel auch der Parameter k auf, so daß man rekursiv die Werte $x_{n-1}, \ldots, x_1$ berechnen muß. Das ganze hat Hyman in den folgenden Algorithmus zusammengefaßt (vgl. S. 108).

Der Algorithmus liefert also zuerst mal das charakteristische Polynom in der Veränderlichen λ. Aus dem zweiten Teil entnimmt man die Ableitung des charakteristischen Polynoms $p'(\lambda)$. Der wahre Trick zeigt sich aber erst, wenn man für einen Eigenwert nur eine Näherung $\widetilde{\lambda}$ kennt. Dann kann man nämlich mit dem Algorithmus den einzelnen Wert $p(\widetilde{\lambda})$ des charakteristischen Polynoms an dieser Stelle ausrechnen, ohne das ganze Polynom aufstellen zu müssen. Zugleich erhält man mit wenig Mehraufwand den Ableitungswert $p'(\widetilde{\lambda})$ an diesem Näherungswert. Dann kann man aber sofort mit dem Newton–Verfahren (vgl. Kapitel 6) einen weiteren und hoffentlich besseren Näherungswert für diesen Eigenwert berechnen. Wir üben das im folgenden Beispiel.

Beispiel 2.27 *Betrachten wir die folgende Matrix*

$$H = \begin{pmatrix} 2 & 3 & 1 \\ 3 & 4 & 0 \\ 0 & 1 & 6 \end{pmatrix}.$$

Zuerst bestimmen wir das charakteristische Polynom $p(\lambda)$ von H mit dem Verfahren von Hyman. Anschließend berechnen wir, von der Näherung $\lambda = 7$ ausgehend, eine neue Näherung mit Hilfe des Newton–Verfahrens.

Die Matrix H ist offensichtlich bereits in Hessenberg–Form (darum haben wir sie auch schon H genannt). Mit dem oben geschilderten Algorithmus berechnen wir mit der

---

**Verfahren von Hyman ($n = 3$)
für Hessenberg–Matrizen**

Sei $H = (h_{ij})$ eine nichtzerfallende Hessenbergmatrix mit dem charakteristischen Polynom

$$p(\lambda) = (-1)^3 \cdot h_{21} \cdot h_{32} \cdot \varphi(\lambda)$$

Dann berechnet sich $\varphi(\lambda)$ mit den Setzungen $h_{10} = 1, x_3 = 1, y_3 = 0$ aus den Formeln:

$$x_2 = \frac{1}{h_{32}}[\lambda x_3 - h_{33}x_3]$$

$$x_1 = \frac{1}{h_{21}}[\lambda x_2 - h_{22}x_2 - h_{23}x_3]$$

$$\varphi(\lambda) = x_0 = \frac{1}{h_{10}}[\lambda x_1 - h_{11}x_1 - h_{12}x_2 - h_{13}x_3]$$

$$y_2 = \frac{1}{h_{32}}[x_3 + \lambda y_3 - h_{33}y_3]$$

$$y_1 = \frac{1}{h_{21}}[x_2 + \lambda y_2 - h_{22}y_2 - h_{23}y_3]$$

$$\varphi'(\lambda) = y_0 = \frac{1}{h_{10}}[x_1 + \lambda y_1 - h_{11}y_1 - h_{12}y_2 - h_{13}y_3]$$

Ist λ ein Eigenwert von H, so ist $\vec{x} = (x_1, x_2, x_3)^\top$ ein zugehöriger Eigenvektor.

Vorgabe $x_3 := 1$ die Hilfsgrößen

$$x_2 = \frac{1}{h_{32}}[\lambda x_3 - h_{33}x_3] = \frac{1}{1}[\lambda \cdot 1 - 6 \cdot 1] = \lambda - 6$$

$$x_1 = \frac{1}{h_{21}}[\lambda x_2 - h_{22}x_2 - h_{23}x_3] = \frac{1}{3}[\lambda(\lambda-6) - 4(\lambda-6) - 0 \cdot 1]$$

$$= \frac{\lambda^2 - 6\lambda - 4\lambda + 24}{3} = \frac{\lambda^2 - 10\lambda + 24}{3}$$

$$x_0 = x_0(\lambda) = \frac{1}{h_{10}}[\lambda x_1 - h_{11}x_1 - h_{12}x_2 - h_{13}x_3]$$

$$= \frac{1}{1}\left[\lambda\frac{\lambda^2 - 10\lambda + 24}{3} - 2 \cdot \frac{\lambda^2 - 10\lambda + 24}{3} - 3(\lambda-6) - 1 \cdot 1\right]$$

$$= \frac{\lambda^3 - 12\lambda^2 + 44\lambda - 48}{3} - 3\lambda + 17$$

und daraus ergibt sich unmittelbar das charakteristische Polynom

$$p(\lambda) = (-1)^3 \cdot h_{21} \cdot h_{32} x_0(\lambda) = -\lambda^3 + 12\lambda^2 - 35\lambda - 3.$$

2.4 Das vollständige Eigenwertproblem

Nehmen wir nun an, jemand hätte uns verraten, daß die Matrix H einen Eigenwert λ in der Nähe von 7 hat. Wir verbessern diese Näherung durch einen Newton–Schritt, indem wir die Werte $p(7)$ und $p'(7)$ nach Hyman berechnen. Dazu durchlaufen wir den Algorithmus mit dem festen Wert $\lambda = 7$ und setzen zuvor $x_3 = 1$.

$$x_2 = \frac{1}{1}[7 \cdot 1 - 6 \cdot 1] = 1,$$
$$x_1 = \frac{1}{3}[7(7-6) - 4(7-6) - 0 \cdot 1] = 1,$$
$$x_0 = \frac{1}{1}[7 \cdot 1 - 2 \cdot 1 - 3 \cdot 1 - 1 \cdot 1] = 1.$$

Das führt zu

$$p(7) = (-1)^3 \cdot 3 \cdot 1 \cdot 1 = -3.$$

Dasselbe Spielchen nun noch mit den y's, indem wir zuvor $y_3 = 0$ setzen.

$$y_2 = \frac{1}{1}[1 + 7 \cdot 0 - 6 \cdot 0] = 1,$$
$$y_1 = \frac{1}{3}[1 + 7 \cdot 1 - 4 \cdot 1 - 0] = \frac{4}{3},$$
$$y_0 = 1 + 7 \cdot \frac{4}{3} - 2 \cdot \frac{4}{3} - 3 \cdot 1 - 1 \cdot 0 = \frac{14}{3}.$$

Daraus berechnen wir den Ableitungswert zu

$$p'(7) = (-1)^3 \cdot 3 \cdot 1 \cdot \frac{14}{3} = -14.$$

Mit diesen beiden Werten rechnen wir eine neue Näherung nach Newton aus.

$$\lambda^{(0)} = 7, \quad \lambda^{(1)} = \lambda^{(0)} - \frac{p(\lambda^{(0)})}{p'(\lambda^{(0)})} = 7 - \frac{-3}{-14} = 6.7857$$

Nun könnten wir diesen Wert erneut in den Algorithmus einsetzen und einen weiteren Näherungswert berechnen. Das überlassen wir aber lieber einem Rechner, der Gang der Handlung ist doch wohl geklärt.

Zum Vergleich geben wir die exakten Eigenwerte der Matrix H an.

$$\lambda_1 = -0.0833, \quad \lambda_2 = 5.3382, \quad \lambda_3 = 6.7451.$$

Wir haben uns also an den Eigenwert λ_3 herangepirscht.

2.4.5 Shift

Bevor wir zum wichtigsten Verfahren dieser Gruppe, dem Q–R–Verfahren kommen, müssen wir einen besonderen Trick erklären, der sich später auszahlen wird, das sogenannte Shiften. Was geschieht, wenn man von den Hauptdiagonalelementen einer Matrix A eine feste Zahl subtrahiert?

Satz 2.28 *Sei A eine beliebige $(n \times n)$–Matrix und a eine reelle Zahl. Hat A den Eigenwert λ, so hat die Matrix $A - aE$ den Eigenwert $\lambda - a$.*

Das bedeutet, durch diese Subtraktion einer reellen Zahl von den Hauptdiagonalelementen werden alle Eigenwerte um diesen Subtrahenden verschoben oder wie wir vornehm sagen, geshifted, ja, so sagt man das tatsächlich, auch wenn es sich ordinär anhört (direkt auf den Rasen??).

Der Beweis ist sehr einfach, darum wollen wir ihn nicht übergehen.

Beweis: Die folgende Gleichungskette ist unmittelbar einzusehen, wobei das letzte Gleichheitszeichen gerade die Voraussetzung, daß λ Eigenwert von A ist, wiedergibt:

$$\det\left((A - aE) - (\lambda - a)E\right) = \det\left(A - aE - \lambda E + aE\right) = \det\left(A - \lambda E\right) = 0,$$

was wir behauptet haben. □

Wir fassen den Shift–Vorgang folgendermaßen zusammen:

Shift

Sei λ ein Eigenwert der Matrix A. Sodann betrachtet man statt der Matrix A die Matrix

$$\widetilde{A} = A - aE \qquad \text{Shift}$$

Man subtrahiert also von den Diagonalelementen die reelle Zahl a. Das führt zu einer Matrix $\widetilde{A}$, welche $\lambda - a$ als Eigenwert hat.

Beispiel 2.29 *Gegeben sei die Matrix*

$$A = \begin{pmatrix} 2 & 1 \\ 1 & 4 \end{pmatrix}.$$

Berechnen Sie ihre Eigenwerte und vergleichen Sie diese mit den Eigenwerten der um 2 geshifteten Matrix $A - 2E$.

Aus der Berechnung der Eigenwerte wollen wir keinen Herrmann machen. Die charakteristische Gleichung lautet

$$p(\lambda) = \lambda^2 - 6\lambda + 7 = 0,$$

und daraus berechnet man

$$\lambda_{1,2} = 3 \pm \sqrt{2} = \begin{Bmatrix} 4.4142 \\ 1.4758 \end{Bmatrix}$$

2.4 Das vollständige Eigenwertproblem

Das Shiften ist hier das neue, also schreiben wir die um 2 geshiftete Matrix nieder.

$$\widetilde{A} = \begin{pmatrix} 0 & 1 \\ 1 & 2 \end{pmatrix}.$$

Ihre charakteristische Gleichung lautet

$$\widetilde{p}(\lambda) = \lambda^2 - 2\lambda - 1 = 0.$$

Die Nullstellen sind hier

$$\lambda_{1,2} = 1 \pm \sqrt{2} = \left\{ \begin{array}{c} 2.4142 \\ 0.4142 \end{array} \right\},$$

also wie nicht anders zu erwarten, gerade die um 2 verminderten Werte von oben.

2.4.6 Q–R–Verfahren

Dieses Verfahren beruht in seinem wesentlich Teil auf der im Abschnitt 1.7 geschilderten Q–R–Zerlegung einer Matrix A. Jetzt wollen wir aber kein Gleichungssystem lösen, sondern sind an den Eigenwerten einer Matrix interessiert. Wenn wir schon an der Matrix rummanipulieren, so sollte das so geschehen, daß die Eigenwerte gleich bleiben. Wie schon bei früheren Verfahren werden wir uns also auf Ähnlichkeitstransformationen stürzen. Ein Trick, den J. G. F. Francis 1961 vorgestellt hat, ist in seiner ersten Form noch nicht kräftig genug. Wir schildern diesen originalen Algorithmus, weil er uns den gesamten Q–R–Algorithmus, wie wir ihn später kennenlernen werden, leichter zu verstehen hilft.

Q–R–Verfahren von Francis

(A) Setze $A^{(0)} := A$.

(B) Zerlege für $k = 0, 1, \ldots$ die Matrix $A^{(k)}$ in das Produkt einer orthogonalen Matrix $Q^{(k)}$ und einer oberen Dreiecksmatrix $R^{(k)}$ mit

$$A^{(k)} = Q^{(k)} \cdot R^{(k)}. \tag{2.17}$$

(C) Berechne

$$A^{(k+1)} = R^{(k)} \cdot Q^{(k)}. \tag{2.18}$$

Die in Gleichung (2.17) durchzuführende Zerlegung läßt sich bekanntlich für alle quadratischen Matrizen durchführen. (Wir haben in Abschnitt 1.8 sogar beliebige nicht quadratische Matrizen einbezogen.) Die Gleichung (2.18) bringt dann den entscheidenden Durchbruch. Wir zeigen das im folgenden Satz.

Satz 2.30 *Die im obigen Algorithmus vorgeschlagene Transformation $A^{(k)} \to A^{(k+1)}$ ist eine Ähnlichkeitstransformation.*

Beweis: Der Beweis ergibt sich fast von selbst. Wir lösen die Gleichung (2.17) nach R auf, müssen dazu also diese Gleichung mit der inversen Matrix von Q von links multiplizieren. Das ist möglich, denn natürlich ist eine orthogonale Matrix auch regulär, also invertierbar. So erhält man

$$R = Q^{-1} \cdot A^{(k)}.$$

Das setzen wir in die Gleichung (2.18) ein und sehen schon die Ähnlichkeit vor uns:

$$A^{(k+1)} = Q^{-1} \cdot A^{(k)} \cdot Q.$$

Hier wird man natürlich noch ausnutzen, daß wegen der Orthogonalität von Q gilt:

$$Q^{-1} = Q^\top.$$

Damit sind also die Eigenwerte von $A^{(k+1)}$ dieselben wie die der Matrix $A^{(k)}$ und daher wie die der Matrix A. □

Das Ziel des Verfahrens wird im folgenden Satz deutlich.

Satz 2.31 *Ist die Matrix A regulär und sind ihre Eigenwerte betraglich paarweise verschieden, so streben die Matrizen $A^{(k)}$ gegen eine obere Dreiecksmatrix, in deren Diagonale dann die gesuchten Eigenwerte stehen.*

Dies ist eines der komplexeren Verfahren der numerischen Mathematik. Wir betrachten am besten zuerst ein einfaches Beispiel, um den Überblick nicht zu verlieren.

Beispiel 2.32 *Gegeben sei die Matrix*

$$A = \begin{pmatrix} 4 & 3 \\ 1 & 2 \end{pmatrix}.$$

An dieser einfachen Matrix wollen wir das originale Vorgehen von Francis demonstrieren.

Um die Matrix in ihre Q–R–Zerlegung zu überführen, verwenden wir den Algorithmus aus dem Abschnitt 1.7 von Seite 48 und bilden

$$s = \sqrt{4^2 + 1^2} = \sqrt{17},$$

$$\omega_1 = \sqrt{\frac{1}{2}\left(1 + \frac{a_{11}}{s}\right)} = \sqrt{\frac{1}{2}\left(1 + \frac{4}{\sqrt{17}}\right)} = 0.9925,$$

$$\omega_2 = \frac{1}{2}\frac{a_{21}}{\omega_1 \cdot s} \cdot \sigma(a_{11}) = \frac{1}{2}\frac{1}{0.9925 \cdot \sqrt{17}} \cdot 1 = 0.12218.$$

2.4 Das vollständige Eigenwertproblem

Damit lautet der Vektor $\vec{\omega} = (0.9925, 0.12218)^\top$. Die Transformationsmatrix P folgt durch leichte Matrizenmultiplikation:

$$P = \begin{pmatrix} 1 & 0 \\ 0 & 1 \end{pmatrix} - 2\vec{\omega} \cdot \vec{\omega}^\top = \begin{pmatrix} -0.9701 & -0.2425 \\ -0.2425 & 0.9701 \end{pmatrix}.$$

Mit ihr berechnen wir die obere Dreiecksmatrix R.

$$R = P \cdot A = \begin{pmatrix} -4.1230 & -3.3954 \\ 0 & 1.2127 \end{pmatrix}.$$

P ist orthogonal, wie man leicht nachprüft. Also gilt $P^\top R = A$. Wir haben so hier bereits die volle Q–R–Zerlegung geschafft mit

$$Q = P^\top = P = \begin{pmatrix} -0.9701 & -0.2425 \\ -0.2425 & 0.9701 \end{pmatrix},$$

und erhalten unsere gesuchte Matrix $A^{(1)}$ durch

$$A^{(1)} = R \cdot Q = \begin{pmatrix} 4.8235 & -2.2941 \\ -0.2941 & 1.1765 \end{pmatrix}.$$

Für die weiteren Schritte, also Matrix $A^{(1)}$ wieder Q–R–zerlegen und das Produkt $R \cdot Q$ bilden, haben wir einen kleinen Rechner bemüht.

$$A^{(2)} = \begin{pmatrix} 4.9673 & 2.0629 \\ 0.0629 & 1.0327 \end{pmatrix}$$

$$A^{(3)} = \begin{pmatrix} 4.9936 & -2.0127 \\ -0.0127 & 1.0064 \end{pmatrix}$$

$$A^{(4)} = \begin{pmatrix} 4.9987 & 2.0026 \\ 0.0026 & 1.0013 \end{pmatrix}$$

$$A^{(5)} = \begin{pmatrix} 4.9997 & -2.0005 \\ -0.0005 & 1.0003 \end{pmatrix}$$

$$\vdots$$

$$A^{(10)} = \begin{pmatrix} 5 & 2 \\ 0 & 1 \end{pmatrix}$$

Man braucht also zehn Schritte, um die Matrix auf eine Dreiecksform transformiert zu haben. Dann liest man natürlich die Eigenwerte von A als Hauptdiagonalelemente direkt ab:

$$\lambda_1 = 5, \quad \lambda_2 = 1.$$

Für eine solch kleine bescheidene Matrix mußte unser Kollege also ganz schön ran. Da fragt man natürlich nach Verbesserungen. Die ergeben sich, wenn wir uns an die Shift–Strategie erinnern. Baron Rayleigh, den wir später noch mit einem eigenen Verfahren

Q–R–Verfahren

(A) Überführe A in Hessenberg–Form.

(B) Setze $A^{(0)} := A$.

    (I) Bestimmung des Shifts:

        (α) $\sigma = a_{nn}$ 'Rayleigh-Shift'.

        (β) σ der Eigenwert von $\begin{pmatrix} a_{n-1,n-1} & a_{n-1,n} \\ a_{n,n-1} & a_{nn} \end{pmatrix}$, der näher an a_{nn} liegt, 'Wilkinson–Shift'.

    (II) Shiftausführung: $\widetilde{A}^{(0)} = A^{(0)} - \sigma \cdot E$.

    (III) Q–R–Zerlegung: $\widetilde{A}^{(0)} = Q \cdot R$.

    (IV) Berechne $\widetilde{A}^{(1)} = R \cdot Q = Q^{-1} \cdot \widetilde{A}^{(0)} \cdot Q$.

    (V) Rückwärtsshift: $A^{(1)} = \widetilde{A}^{(1)} + \sigma \cdot E$.

Wiederhole Schritte (I) bis (V) solange (das führt zu $A^{(2)}, A^{(3)}, \ldots$), bis $a_{n,n-1} \approx 0$ ist. Damit ist die Hessenbergmatrix A durch Ähnlichkeitstransformationen übergeführt worden in eine zerlegbare Matrix:

$$\widetilde{A} \to \left(\begin{array}{ccccc|c} a_{11} & \cdots & \cdots & \cdots & a_{1,n-1} & a_{1n} \\ a_{21} & \ddots & & & & \vdots \\ 0 & \ddots & \ddots & & & \vdots \\ \vdots & \ddots & \ddots & \ddots & \vdots & \vdots \\ 0 & \cdots & 0 & a_{n-1,n-2} & a_{n-1,n-1} & a_{n-1,n} \\ \hline 0 & \cdots & 0 & 0 & 0 & a_{n,n} \end{array}\right)$$

(C) Führe die Schritte (I) bis (V) mit der $((n-1) \times (n-1))$–Hessenbergmatrix solange durch, bis das Element $a_{n-1,n-2} \approx 0$ ist.

(D) Anschließend die Schritte (I) bis (V) auf die weiteren, jeweils um eine Zeile und Spalte kleiner werdenden Matrizen anwenden, bis schließlich eine Dreiecksmatrix entstanden ist, in deren Diagonale dann natürlich die gesuchten Eigenwerte stehen.

2.4 Das vollständige Eigenwertproblem

kennenlernen werden, und Wilkinson, der früher schon erwähnt wurde, haben hier die Ideen geliefert. Wir zeigen den gesamten Q–R–Algorithmus auf Seite 114.

Wieder wollen wir mit einigen Bemerkungen zum Algorithmus beginnen.

Die Schritte (I) bis (V) zusammen nennt man einen Q–R–Schritt.

Gleich zu Beginn irritiert den unbefangenen Leser vielleicht die Forderung, daß man A auf Hessenberg–Form bringen möchte. Das hat einen ganz praktischen Grund, den wir in der folgenden Tabelle dokumentiert finden. Hier haben wir aufgelistet, wieviele wesentliche Operationen, das sind nach althergebrachter Sitte lediglich die Multiplikationen und die Divisionen, für jedes Verfahren erforderlich sind. Früher benötigte bei einem Rechner eine Multiplikation zweier Zahlen einen wesenlich höheren Zeitaufwand als die Addition. Das hat sich heute stark verändert. Trotzdem bleibt man zur Beurteilung von Verfahren gern bei dieser „Komplexitätsbetrachtung", wie man das Pünktchenzählen wegen der Punktoperationen · und : auch nennt.

Anzahl der wesentlichen Operationen

Verfahren	Mult. + Div.	Quadratw.
Wilkinson	$\frac{5}{6}n^3 + \mathcal{O}(n^2)$	– –
Householder, bel. Matrix	$\frac{5}{3}n^3 + \mathcal{O}(n^2)$	$n-2$
Householder, symm. Matrix	$\frac{2}{3}n^3 + \mathcal{O}(n^2)$	$n-2$
Q–R, bel. Matrix	$15n^3 + \mathcal{O}(n^2)$	$n-1$
Q–R, Hessenbergmatrix	$4n^2 + \mathcal{O}(n)$	$n-1$
Q–R, Hess., Wilk.-Shift	$8n^2 + \mathcal{O}(n)$	$2n-3$
Q–R, Tridiag. Matrix	$15(n-1)$	$n-1$

Deutlich sieht man an der Tabelle, daß ein Vorgehen wie im obigen Algorithmus von großem Gewinn ist. Zu Beginn muß man einmal ein Verfahren mit n^3 vielen Operationen durchführen, anschließend nur noch Verfahren mit n^2 vielen Operationen. Da kann man schon abchecken, daß bereits für eine (5×5)–Matrix ein Vorteil rauskommt. Dazu gibt uns der folgende Satz eine wichtige Information.

Satz 2.33 *Die Q–R–Zerlegung einer Hessenbergmatrix oder einer tridiagonalen Matrix der Ordnung n ist mit $n-1$ Rotationsmatrizen oder $n-1$ Householdertransformationen durchführbar.*

Die Rotationsmatrizen werden wir erst im folgenden Abschnitt „Verfahren von Jacobi" einführen. Wir haben sie hier nur der Vollständigkeit wegen erwähnt.

Das ganze Verfahren läuft darauf hinaus, im ersten Teil das Element $a_{n,n-1}$ zu Null, also das Diagonalelement a_{nn} zum Eigenwert zu machen. Daher erklärt sich der Rayleigh–Shift mit eben diesem Diagonalelement. Wilkinson geht etwas sorgfältiger an dies Problem heran und schlägt als Shift diesen komplizierteren Wert vor. Hier sind zwei wichtige Punkte zu beachten. Erstens verlangt der gesamte Algorithmus nirgends, die Wurzel aus negativen Zahlen zu ziehen. Es wird also mit dem bisherigen Vorgehen nicht gelingen, einen komplexen Eigenwert, den auch eine reelle Matrix besitzen kann, zu ermitteln, weil man nie in die komplexe Rechnung einsteigen muß. Mit dem Wilkinson–Shift kann das aber geschehen. Der Eigenwert dieser (2×2)–Matrix kann ja komplex sein. Da muß man also auch und gerade beim Programmieren gewarnt sein, selbst ohne äußeres Zutun kann komplexe Arithmetik erforderlich werden. Wenn aber ein Eigenwert komplex ist, so fragt man sich zweitens, wie man von den beiden Eigenwerten, den wählen soll, der a_{nn} am nächsten liegt. Bei einer reellen Matrix ist dieser zweite doch stets der konjugiert Komplexe zum ersten, der hat aber von jedem Element der reellen Achse den gleichen Abstand wie der erste Eigenwert. Dann läuft unser Algorithmus ins Leere. In diesem Fall wird ein sogenannter Doppelschritt vorgeschlagen. Im ersten Q–R–Schritt, also den Schritten (I) bis (V), verwenden wir einen der beiden komplexen Eigenwerte, dann führen wir denselben Q–R–Schritt noch einmal mit dem konjugiert komplexen Eigenwert durch.

Der nächste Satz gibt die wesentliche Aussage, daß unser Algorithmus in der vorgestellten Form sinnvoll ist.

Satz 2.34 *1. Die Q–R–Transformierte einer Hessenbergmatrix ist wieder eine Hessenbergmatrix.*

2. Die Q–R–Transformierte einer symmetrischen Matrix ist wieder eine symmetrische Matrix.

3. Insbesondere ist die Q–R–Transformierte einer symmetrischen tridiagonalen Matrix wieder symmetrisch und tridiagonal.

Aha, Hessenberg bleibt Hessenberg, tridiagonal bleibt tridiagonal. Nach einem vollständigen Q–R–Schritt haben wir unsere Anfangsaufgabe, A auf Hessenberg–Form zu bringen, nicht zerstört. Wir können daher den Algorithmus weiterführen.

Beweis: Wir wollen hier lediglich zeigen, daß beim Q–R–Verfahren die Symmetrie nicht verloren geht. Sei also A eine symmetrische Matrix. Wir zeigen dann, daß beim Schritt von k nach $k+1$ die Symmetrie nicht verloren geht; sei also für ein k die Matrix $A^{(k)}$ symmetrisch. Der Shiftvorgang ändert lediglich die Diagonalelemente, stört also die Symmetrie nicht. Daher ist auch $\widetilde{A}^{(k)}$ symmetrisch. Nun kommt der eigentliche Q–R–Schritt:

$$(\widetilde{A}^{(k+1)})^\top = ((Q^{(k)})^{-1} \cdot \widetilde{A}^{(k)} \cdot Q^{(k)})^\top = (Q^{(k)})^\top \cdot (\widetilde{A}^{(k)})^\top \cdot ((Q^{(k)})^{-1})^\top$$
$$= (Q^{(k)})^\top \cdot \widetilde{A}^{(k)} \cdot Q^{(k)} = \widetilde{A}^{(k+1)},$$

wobei wir die vorgegebene Symmetrie von $\widetilde{A}^{(k)}$ und die Orthogonalität von $Q^{(k)}$ ausgenutzt haben. □

2.4 Das vollständige Eigenwertproblem

Wenn man das Verfahren an Beispielen durchführt, erkennt man, daß die Elemente unterhalb der Diagonalen sehr schnell gegen Null streben. Die folgende Konvergenzordnung stellt sich fast immer ein. Nur in Sonderfällen kann es schiefgehen, die werden aber in der Praxis infolge von Rundungsfehlern nie erreicht.

Bei beliebigen Hessenberg–Matrizen konvergieren die Elemente unterhalb der Diagonalen **quadratisch** gegen Null.

Bei symmetrischen Matrizen konvergieren die Elemente unterhalb der Diagonalen **kubisch** gegen Null.

Ein Beweis für diese Aussagen ist in der Literatur nur schwer zu finden. Wir gehen hier mal den etwas unmathematischen Weg und zeigen die Behauptung an einer kleinen (2×2–Matrix, in der wir aber eine kleine Zahl ε an die entscheidende Stelle stecken.

Gegeben sei mit $\varepsilon > 0$ die Matrix

$$A = \begin{pmatrix} 1 & \varepsilon \\ \varepsilon & 2 \end{pmatrix}.$$

Wir führen einen Schritt des QR–Verfahrens durch unter Einschluß eines Shifts mit dem Element $a_{22} = 2$ und beobachten die Veränderung des Elementes $a_{12} = \varepsilon$, in diesem einfachen Fall das einzige Element unterhalb der Diagonalen.

Offensichtlich ist A bereits in Hessenbergform, da es ja unterhalb der Parallelen zur Hauptdiagonalen keine Elemente mehr gibt. Wir setzen $A^{(0)} := A$.

Ein Wilkinson–Shift verbietet sich ebenfalls, weil A ja insgesamt nur zwei Zeilen und Spalten besitzt.

Also kommt zuerst der Rayleight–Shift:

$$\widetilde{A}^{(0)} := A^{(0)} - 2E = \begin{pmatrix} -1 & \varepsilon \\ \varepsilon & 0 \end{pmatrix}.$$

Als nächstes wird diese Matrix QR–zerlegt.

$$s = \sqrt{1+\varepsilon^2}, \quad t = -1, \quad c = \sqrt{1+\varepsilon^2}(\sqrt{1+\varepsilon^2} + 1).$$

Damit ist

$$\vec{\omega} = \begin{pmatrix} -1 - \sqrt{1+\varepsilon^2} \\ \varepsilon \end{pmatrix}$$

Damit folgt

$$\vec{omega} \cdot \vec{\omega}^\top = \begin{pmatrix} (1+\sqrt{1+\varepsilon^2})^2 & -\varepsilon(1+\sqrt{1+\varepsilon^2}) \\ -\varepsilon(1+\sqrt{1+\varepsilon^2}) & \varepsilon^2 \end{pmatrix}$$

Das führt schnell zur Berechnung der Transformationsmatrix

$$Q = \begin{pmatrix} 1 & 0 \\ 0 & 1 \end{pmatrix} - \frac{1}{c} \cdot \vec{\omega} \cdot \vec{\omega}^\top = \begin{pmatrix} \frac{-1}{\sqrt{1+\varepsilon^2}} & \frac{\varepsilon}{\sqrt{1+\varepsilon^2}} \\ \frac{\varepsilon}{\sqrt{1+\varepsilon^2}} & \frac{1}{\sqrt{1+\varepsilon^2}} \end{pmatrix}$$

Als obere Dreiecksmatrix R erhalten wir

$$R := Q \cdot \widetilde{A}^{(0)} = \begin{pmatrix} \sqrt{1+\varepsilon^2} & \frac{-\varepsilon}{\sqrt{1+\varepsilon^2}} \\ 0 & \frac{\varepsilon^2}{\sqrt{1+\varepsilon^2}} \end{pmatrix}$$

Jetzt kommt der entscheidende Trick, wir bilden die neue Matrix $\widetilde{A}^{(1)}$, so daß sie ähnlich zu $\widetilde{A}^{(0)}$ ist:

$$\widetilde{A}^{(1)} := R \cdot Q = \frac{1}{1+\varepsilon^2} \cdot \begin{pmatrix} -1 - 2\varepsilon^2 & \varepsilon^3 \\ \varepsilon^3 & \varepsilon^2 \end{pmatrix}$$

Nun muß zum guten Ende noch der Shift rückgängig gemacht werden:

$$A^{(1)} = \widetilde{A}^{(1)} - 2E = \frac{1}{1+\varepsilon^2} \cdot \begin{pmatrix} 1 & \varepsilon^3 \\ \varepsilon^3 & 2+3\varepsilon^2 \end{pmatrix}$$

An diesem kleinen Beispiel sieht man, daß in der Tat das Element a_{21} mit der dritten Potenz gegen Null geht. Sicherlich ist es nicht genug, und das muß man einem Mathematiker nicht erklären, daß man ein Beispiel testet, aber ein gewisser Hinweis ergibt sich schon auf die Richtigkeit.

Interessant ist zusätzlich die Feststellung, daß die Ausgangsmatrix symmetrisch war; wenn wir das ändern, also die Matrix

$$B = \begin{pmatrix} 1 & a \\ \varepsilon & 2 \end{pmatrix}$$

mit dem QR–Verfahren mit Shift behandeln, so entsteht links unten nur ε^2; also wird man für nicht symmetrische Marizen lediglich erwarten können, daß das Element $a_{n,n-1}$ quadratisch gege Null geht.

Jetzt bleibt nur noch, an handfesten Rechenbeispielen das ganze Verfahren zu üben.

Beispiel 2.35 *Betrachten wir wieder die Matrix vom vorigen Beispiel*

$$A = \begin{pmatrix} 4 & 3 \\ 1 & 2 \end{pmatrix},$$

und führen wir den Q–R–Algorithmus jetzt mit Rayleigh–Shift durch. Offensichtlich ist die Shiftstrategie nach Wilkinson sinnlos. Zur Berechnung des Shifts müßte man ja bereits die Eigenwerte von A berechnen.

Wir subtrahieren dazu von der Diagonale das Element $a_{22} = 2$ und erhalten die Matrix

$$\widetilde{A} = \begin{pmatrix} 2 & 3 \\ 1 & 0 \end{pmatrix}.$$

2.4 Das vollständige Eigenwertproblem

Diese Matrix müssen wir nun wieder wie oben Q–R–zerlegen.

$$s = \sqrt{2^2 + 1^2} = \sqrt{5},$$
$$\omega_1 = \sqrt{\frac{1}{2}\left(1 + \frac{a_{11}}{s}\right)} = \sqrt{\frac{1}{2}\left(1 + \frac{2}{\sqrt{5}}\right)} = 0.9732,$$
$$\omega_2 = \frac{1}{2}\frac{a_{21}}{\omega_1 \cdot s} \cdot \sigma(a_{11}) = \frac{1}{2}\frac{1}{0.9732 \cdot \sqrt{5}} \cdot 1 = 0.2298.$$

Wir erhalten also $\vec{\omega} = (0.9732, 0.2298)^\top$. Einfaches Ausmultiplizieren beschert uns die Transformationsmatrix

$$P = \begin{pmatrix} 1 & 0 \\ 0 & 1 \end{pmatrix} - 2\vec{\omega}\vec{\omega}^\top = \begin{pmatrix} -0.8944 & -0.4472 \\ -0.4472 & 0.8944 \end{pmatrix}.$$

Mit ihr berechnen wir die obere Dreiecksmatrix R.

$$R = P \cdot \widetilde{A} = \begin{pmatrix} -2.2361 & -2.6683 \\ 0 & -1.3416 \end{pmatrix}.$$

Wie wir wissen, ist P orthogonal, was man auch leicht nachprüft. Also gilt $P^\top R = \widetilde{A}$. Wir haben so hier bereits die volle Q–R–Zerlegung geschafft mit

$$Q = P^\top = \begin{pmatrix} -0.8944 & -0.4472 \\ -0.4472 & 0.8944 \end{pmatrix}$$

und erhalten unsere gesuchte Matrix $\widetilde{A}^{(1)}$ durch

$$\widetilde{A}^{(1)} = R \cdot P^\top = \begin{pmatrix} 3.2 & -1.4 \\ 0.6 & -1.2 \end{pmatrix}.$$

Jetzt müssen wir noch den Shift rückgängig machen und bekommen

$$A^{(1)} = \widetilde{A}^{(1)} + 2E = \begin{pmatrix} 5.2 & -1.4 \\ 0.6 & 0.8 \end{pmatrix}.$$

Damit ist der erste Schritt des Q–R–Verfahrens mit Rayleighshift abgeschlossen. Nun müßten wir erneut shiften, diesmal um 0.8, anschließend die neue Matrix wieder Q–R–zerlegen, dann das Produkt $R \cdot Q$ bilden und zurückshiften und so fort. Wir haben dafür wieder unseren kleinen Hilfsknecht, den Freund Computer bemüht und folgendes Ergebnis erzielt:

$$A^{(2)} = \begin{pmatrix} 5.012567 & 1.974442 \\ -0.025558 & 0.987424 \end{pmatrix}$$
$$A^{(3)} = \begin{pmatrix} 5.000040 & 1.999920 \\ 0.000080 & 0.999960 \end{pmatrix}$$
$$A^{(4)} = \begin{pmatrix} 5 & 2 \\ 0 & 1 \end{pmatrix}$$

Das ging schnell, wesentlich schneller als vorher ohne Shift. Nach vier Iterationen war das Ergebnis erreicht, das vorher zehn Iterationen erforderte.

2.4.7 Verfahren von Jacobi

Eine andere Idee, sämtliche Eigenwerte auf einen Rutsch zu bestimmen, stammt von Jacobi (1804 – 1851). Eine übliche Voraussetzung ist dabei, daß die Matrix A symmetrisch sei. Zum einen vereinfacht das die Berechnung wesentlich, zum anderen wissen wir, daß symmetrische Matrizen diagonalähnlich sind. Es gibt also eine reguläre Matrix T mit

$$T^{-1}AT = D. \tag{2.19}$$

In diesem Verfahren wird die Diagonalmatrix D durch einen iterativen Prozeß bestimmt. Es gibt Abwandlungen des Verfahrens auch für nichtsymmetrische Matrizen.

Die grundlegende Idee lautet

$$\boxed{\text{Verwendung von Drehmatrizen}}$$

Drehmatrizen sind von folgender Bauart:

Definition 2.36 *Die Matrix*

$$T^{(k)} = \begin{pmatrix} 1 & & \vdots & & \vdots & & 0 \\ & \ddots & \vdots & & \vdots & & \\ \cdots & \cdots & c & \cdots & s & \cdots & \cdots \\ & & \vdots & \ddots & \vdots & & \\ \cdots & \cdots & -s & \cdots & c & \cdots & \cdots \\ & & \vdots & & \vdots & \ddots & \\ 0 & & \vdots & & \vdots & & 1 \end{pmatrix} \begin{matrix} \\ \\ p\text{-te Zeile} \\ \\ q\text{-te Zeile} \\ \\ \end{matrix}$$

wobei $s := \sin\varphi$, $c := \cos\varphi$.

heißt **Jacobi–Rotationsmatrix**

Man beachte, wo wir den Wert $\sin\varphi$ und wo den Wert $\cos\varphi$ hingeschrieben haben. Das ist in der Literatur unterschiedlich zu finden. Vertauscht man die beiden Werte, so ändern sich die späteren Formeln, aber im Endeffekt bleibt alles gleich.

Satz 2.37 *Die Jacobi–Rotationsmatrizen sind orthogonal und schiefsymmetrisch, also gilt*

$$T^{-1} = T^\top \quad und \quad T = -T^\top.$$

2.4 Das vollständige Eigenwertproblem

Beweis: Der Beweis ist klar wegen der bekannten Beziehung

$$\sin\varphi^2 + \cos\varphi^2 = 1.$$

Die Schiefsymmetrie springt ja geradezu ins Auge. □

Eine vollständige Jacobi–Transformation lautet nun in Anlehnung an obige Gleichung (2.19)

$$A^{(1)} = T^\top A T.$$

Den Winkel φ bestimmen wir dabei so, daß das betraglich größte Element in der Matrix A oberhalb der Diagonalen gleich Null wird. Den gesamten Vorgang fassen wir algorithmisch wie folgt:

Algorithmus nach Jacobi:

Sei A eine symmetrische $(n \times n)$-Matrix. Setze

$$A^0 := A.$$

$\boxed{1}$ Für $k = 1, 2, \ldots$ wähle p,q so, daß $a_{pq}^{(k-1)}$ das betragsgrößte Element außerhalb der Diagonale in $A^{(k-1)}$ ist.

$\boxed{2}$ Berechne $\sin\varphi$ und $\cos\varphi$ aus:

$$\cot 2\varphi = \frac{a_{qq} - a_{pp}}{2 a_{pq}}, \quad -\frac{\pi}{4} < \varphi < \frac{\pi}{4},$$

$$t := (\tan\varphi) = \frac{\sigma(\cot 2\varphi)}{|\cot 2\varphi| + \sqrt{1 + \cot^2 2\varphi}}, \quad \text{mit} \quad \sigma(t) = \begin{cases} 1 & t \geq 0 \\ -1 & t < 0 \end{cases}$$

$$\cos\varphi = \frac{1}{\sqrt{1+t^2}}, \quad \sin\varphi = t \cdot \cos\varphi.$$

und stelle damit die Jacobi–Matrix $T^{(k)}$ auf.

$\boxed{3}$ Berechne

$$\widetilde{A}^{(k)} := T^{(k)^\top} \cdot A^{(k-1)}$$

$\boxed{4}$ Berechne

$$A^{(k)} = \widetilde{A}^{(k)} \cdot T^{(k)}$$

Wegen der Dreheigenschaften der Matrizen $T^{(k)}$ nennt man den bis hierher erfolgten Ablauf eine Jacobi–Rotation. Diese ist eine Ähnlichkeitstransformation. Nach Durchführung einer solchen steht, wenn keine Rundungsfehler auftreten, an der Stelle (p, q) in der Matrix eine 0.

Das Verfahren wird fortgesetzt, indem man wieder bei $\boxed{1}$ beginnt.

Satz 2.38 *Eine Jacobi–Rotation ist eine Ähnlichkeitstransformation.*
Ist die Ausgangsmatrix symmetrisch, so ist auch die transformierte Matrix symmetrisch.

Beweis: Wir fassen nur die beiden Schritte $\boxed{3}$ und $\boxed{4}$ zusammen und erhalten:

$$A^{(k)} := T^{(k)\top} A^{(k-1)} T^{(k)}.$$

Wegen der Orthogonalität der Jacobimatrizen ($T^{(k)\top} = T^{(k)-1}$) ist das eine Ähnlichkeitstransformation.

Die Symmetrie erkennt man so:

$$(A^{(k)})^\top = (T^{(k)\top} \cdot A^{(k-1)} \cdot T^{(k)})^\top = T^{(k)\top} \cdot A^{(k-1)} \cdot T^{(k)}$$

$\square$

Da also somit alle Rotationen Ähnlichkeitstransformationen waren, hat die Matrix $A^{(k)}$ dieselben Eigenwerte wie die ursprüngliche. Das ganze Verfahren wird aber erst dadurch interessant, daß die Elemente außerhalb der Diagonalen alle miteinander gegen Null streben, wie der folgende Satz lehrt, dessen Beweis aber recht kompliziert ist.

Satz 2.39 *Die im obigen Algorithmus konstruierte Matrixfolge $(A^{(k)})_{k=1,2,\ldots}$ konvergiert gegen eine Diagonalmatrix, deren Elemente die Eigenwerte von A sind.*

Nach Ablauf einer Rotation ist zwar die im vorigen Schritt mit Mühe erhaltene 0 wieder verschwunden, aber es sollte eine wesentlich kleinere Zahl dort stehen, wogegen an der jetzt gewählten Stelle (p, q) eine 0 steht. So fortfahrend, entsteht nach und nach eine Matrix, die außerhalb der Diagonale nur noch sehr kleine Zahlen hat, also gegen eine Diagonalmatrix konvergiert. Das sind dann gerade die Eigenwerte.

Wir wollen noch mit zwei kleinen Bemerkungen eine Hilfestellung geben, wie sich die Schritte $\boxed{3}$ und $\boxed{4}$ auswirken.

Die Multiplikation der Matrix A von links mit der Matrix $T^\top$ verändert nur die p-te und die q-te Zeile von A:

$$T^\top \cdot A \rightarrow \begin{pmatrix} a_{11} & a_{12} & \ldots & \ldots & a_{1n} \\ \vdots & \vdots & & & \vdots \\ \hline a_{p1} & a_{p2} & \ldots & \ldots & a_{pn} \\ \hline \vdots & \vdots & & & \vdots \\ \hline a_{q1} & a_{q2} & \ldots & \ldots & a_{qn} \\ \hline \vdots & \vdots & & & \vdots \\ a_{n1} & a_{n2} & \ldots & \ldots & a_{nn} \end{pmatrix}. \tag{2.20}$$

2.4 Das vollständige Eigenwertproblem

Ganz analog verändert die Multiplikation der Matrix A von rechts mit der Matrix T nur die p–te und die q–te Spalte von A:

$$A \cdot T \to \begin{pmatrix} a_{11} & \ldots & a_{1p} & \ldots & a_{1q} & \ldots & a_{1n} \\ a_{21} & \ldots & a_{2p} & \ldots & a_{2q} & \ldots & a_{2n} \\ \vdots & & \vdots & & \vdots & & \vdots \\ \vdots & & \vdots & & \vdots & & \vdots \\ a_{n1} & & a_{np} & \ldots & a_{nq} & & a_{nn} \end{pmatrix}. \tag{2.21}$$

Nun zur Übung wieder die Matrix, deren Eigenwerte wir schon in den Beispielen 2.18 und 2.25 (vgl. S. 98 und 105) angenähert haben.

Beispiel 2.40 *Gegeben sei wieder die Matrix*

$$A = \begin{pmatrix} 1 & 2 & 0 & 0 \\ 2 & 4 & -4 & 3 \\ 0 & -4 & -1 & -1 \\ 0 & 3 & -1 & 5 \end{pmatrix}.$$

Wir berechnen näherungsweise ihre Eigenwerte mit dem Jacobi–Verfahren.

Wir gehen bei der Bearbeitung genau nach obigem Algorithmus vor.

$\boxed{1}$ A ist symmetrisch; zur Suche nach dem betragsgrößten Element müssen wir also nur oberhalb der Diagonalen suchen. Fündig werden wir bei $a_{23} = -4$. Wir wählen deshalb $p = 2$, $q = 3$.

$\boxed{2}$ Wir berechnen die Winkel der Rotationsmatrix.

$$\cot 2\varphi = \frac{a_{qq} - a_{pp}}{2 a_{pq}} = \frac{-1 - 4}{2 \cdot (-4)} = 0.625$$

$$t = \frac{\sigma(\cot 2\varphi)}{|\cot 2\varphi| + \sqrt{1 + \cot^2 2\varphi}} = \frac{1}{0.625 + \sqrt{1 + 0.625^2}} = 0.5543$$

$$\cos \varphi = \frac{1}{\sqrt{1 + t^2}} = 0.8746, \quad \sin \varphi = t \cdot \cos \varphi = 0.4848$$

Mit diesen beiden Werten für $\cos \varphi$ und $\sin \varphi$ können wir die Transformationsmatrix $T^{(1)}$ aufstellen

$$T^{(1)} = \begin{pmatrix} 1 & 0 & 0 & 0 \\ 0 & 0.8746 & 0.4848 & 0 \\ 0 & -0.4848 & 0.8746 & 0 \\ 0 & 0 & 0 & 1 \end{pmatrix}$$

⸢3⸥ und mit ihr das Produkt bilden

$$\widetilde{A} = (T^{(1)})^\top \cdot A = \begin{pmatrix} 1.0000 & 2.0000 & 0.0000 & 0.0000 \\ 1.7493 & 5.4376 & -3.0138 & 3.1087 \\ 0.9595 & -1.5595 & -2.8137 & 0.5579 \\ 0.0000 & 3.0000 & -1.0000 & 5.0000 \end{pmatrix}.$$

Man sieht deutlich, daß sich bei dieser Multiplikation nur die zweite und dritte Zeile geändert haben. Das kann und sollte man bei der Programmierung dringend ausnutzen.

⸢4⸥ Die gesamte Jacobirotation ergibt sich nun, wenn wir die folgende Multiplikation ausführen.

$$A^{(1)} = \widetilde{A} \cdot T^{(1)} = \begin{pmatrix} 1.0000 & 1.7493 & 0.9695 & 0.0000 \\ 1.7493 & 6.2170 & 0.0000 & 3.1087 \\ 0.9695 & 0.0000 & -3.2170 & 0.5797 \\ 0.0000 & 3.1087 & 0.5797 & 5.0000 \end{pmatrix}.$$

Hier blieben die erste und vierte Spalte ungeändert, während die zweite und dritte Spalte neue Werte erhielten. Die entstandene Matrix ist wieder symmetrisch, wie fein. Und sie hat an der Stelle a_{23} eine Null. Das war das Ziel dieser Arbeit und damit der erste Schritt des Algorithmus.

Im nächsten Schritt beginnen wir wieder vorne und werden das Element a_{24} zu Null machen, da es das betraglich größte außerhalb der Diagonalen ist. Wir geben die Rechnung nur in Kurzform an. Die Werte für sin und cos lauten

$$\cos\varphi = 0.7720, \quad \sin\varphi = -0.6356.$$

Damit wird rotiert, und wir erhalten

$$A^{(2)} = \begin{pmatrix} 1.0000 & 1.3505 & 0.9695 & -1.1118 \\ 1.3505 & 8.7762 & 0.3684 & 0.0000 \\ 0.9695 & 0.3684 & -3.2170 & 0.4475 \\ -1.1118 & 0.0000 & 0.4475 & 2.4408 \end{pmatrix}.$$

Nun ist die im ersten Schritt mühsam gewonnene Null an der Stelle a_{23} wieder zerronnen, dafür steht eine neue an der Stelle a_{24}. Zugleich sieht man aber, daß alle Zahlen außerhalb der Diagonalen deutlich dem Betrage nach kleiner geworden sind. Führen wir mit Hilfe eines Rechners fünfzehn derartige Schritte durch, so erhalten wir folgende Diagonalmatrix

$$A^{(15)} = \begin{pmatrix} 0.4978 & 0.0000 & 0.0000 & 0.0000 \\ 0.0000 & 9.0312 & 0.0000 & 0.0000 \\ 0.0000 & 0.0000 & -3.5087 & 0.0000 \\ 0.0000 & 0.0000 & 0.0000 & 2.9796 \end{pmatrix}. \qquad (2.22)$$

Damit ist die Rechnung zum glücklichen Abschluß gebracht; denn natürlich stehen in dieser Matrix in der Hauptdiagonalen die Eigenwerte. Da diese Matrix ähnlich zur Ausgangsmatrix ist, sind das zugleich auch die Eigenwerte der Matrix A.

Eine Schlußbemerkung darf nicht fehlen. Es ist in der Regel bei großen Matrizen viel zu aufwendig, jedesmal die betraglich größte Zahl außerhalb der Diagonalen zu suchen. Daher wird die folgende Abwandlung vorgeschlagen.

Zyklisches Jacobi–Verfahren

Man bearbeite der Reihe nach die Elemente

$$
\begin{array}{cccc}
a_{12} \to & a_{13} \to \ldots \to & a_{1n} \\
& \to a_{23} \to \ldots \to & a_{2n} \\
& \to \ldots \to & \vdots \\
& \ddots & \vdots \\
& & \to a_{n-1,n}
\end{array}
$$

Anschließend beginnt man wieder oben und läßt das so oft durchlaufen, bis diese Zahlen hinreichend klein sind. Eventuell kann man nach ein paar Durchläufen eine Abschätzung der Eigenwerte nach Gerschgorin vornehmen, um zu entscheiden, wie lange der Rechner noch schaffen soll.

2.5 Das partielle Eigenwertproblem

Häufig verlangt der Praktiker nicht sämtliche Eigenwerte einer Matrix. Gerade bei dynamischen Problemen interessiert vor allem der kleinste Eigenwert einer Aufgabe. Wann fängt mein System zuerst an zu schwingen? Die höheren Eigenschwingungen werden nur in extremen Lagen erreicht. Echte Anwendungen begnügen sich in den seltensten Fällen mit (3×3)-Matrizen. Da klotzt so manche Berechnung mit Tausenden von Gleichungen.

Bei solchen Aufgaben würde uns das sonst so lobenswerte Q–R–Verfahren viel zu lange aufhalten. Es gibt ein paar probate Ideen, wie man solch ein partielles Eigenwertproblem geschickt anpackt. Die erste stammt von Richard Edler von Mises[1]. John William Strutt, der dritte Baron Rayleigh[2] bringt eine weitere Variante ins Spiel. Beide berechnen iterativ den betraglich größten Eigenwert. Wielandt schließlich zeigt, wie man das von Mises–Verfahren erfolgreich zur Berechnung des betraglich kleinsten Eigenwertes einsetzen kann.

2.5.1 Von Mises–Verfahren

Der österreichische Mathematiker Richard Edler von Mises entdeckte 1929 die folgende Eigenschaft bei quadratischen Matrizen A:

Wählt man einen beliebigen Startvektor $\vec{x}^{(0)}$ und bildet die Iterationsfolge

$$\vec{x}^{(1)} = A\vec{x}^{(0)}, \vec{x}^{(2)} = A\vec{x}^{(1)} = A^2\vec{x}^{(0)}, \vec{x}_3 = A\vec{x}^{(2)} = A^3\vec{x}^{(0)},\ldots, \qquad (2.23)$$

---
[1] Richard Edler von Mises(1883 – 1953)
[2] John William Strutt, der dritte Baron Rayleigh (1842 – 1919)

so wird nach einigen Schritten in der Regel der iterierte Vektor ein Vielfaches des vorhergehenden Vektors:

$$\vec{x}^{(\nu+1)} = A\vec{x}^{(\nu)} \approx \alpha \vec{x}^{(\nu)}.$$

Dies ist aber doch genau die Eigenvektorgleichung für $\vec{x}^{(\nu)}$. Das bedeutet also, daß der iterierte Vektor $\vec{x}^{(\nu)}$ ein Eigenvektor von A mit dem Eigenwert α ist. Wir zeigen das am folgenden Beispiel.

Beispiel 2.41 *Gegeben sei die Matrix*

$$A = \begin{pmatrix} 1 & 2 & 0 & 0 \\ 2 & 4 & -4 & 3 \\ 0 & -4 & -1 & -1 \\ 0 & 3 & -1 & 5 \end{pmatrix},$$

die wir nun schon öfter am Wickel hatten. Ihr größter und zugleich betraglich größter Eigenwert ist $\lambda_1 = 9.0312$.

Wir berechnen, ausgehend vom Startvektor $(\vec{x}^{(0)})^\top = (1, 0, 0, 0)^\top$, *die iterierten Vektoren nach (2.23).*

Wir erhalten folgendes Rechenergebnis, wenn wir die Matrix–Vektor–Multiplikation versetzt schreiben:

				1	1	5	25	225	1837	16693	148669
				0	2	10	100	806	7428	65988	598088
				0	0	−8	−38	−430	−3472	−32478	−288420
				0	0	6	68	678	6238	56946	515172
1	2	0	0	1	5	25	225	1837	16693	148669	1344845
2	4	−4	3	2	10	100	806	7428	65988	598088	5388886
0	−4	−1	−1	0	−8	−38	−430	−3472	−32478	−288420	−2619104
0	3	−1	5	0	6	68	678	6238	56946	515172	4658544
				$\vec{x}^{(1)}$	$\vec{x}^{(2)}$	$\vec{x}^{(3)}$	$\vec{x}^{(4)}$	$\vec{x}^{(5)}$	$\vec{x}^{(6)}$	$\vec{x}^{(7)}$	$\vec{x}^{(8)}$

Bilden wir jetzt die Quotienten der Komponenten des 8. Vektors durch die entsprechenden des 7. Vektors, so erhalten wir

$$(9.0459, 9.0102, 9.0809, 9.0427)^\top,$$

also bei allen Komponenten fast den gleichen Wert $\alpha = 9$. Das bedeutet, daß der 8. Vektor ungefähr das 9-fache des 7. Vektors ist. Nach obiger Überlegung ist also angenähert $\vec{x}^{(8)}$ ein Eigenvektor von A mit dem angenäherten Eigenwert $\lambda = 9$, wobei der exakte betragsgrößte Eigenwert $\lambda_1 = 9.0312$ (vgl. die mit Jacobi erreichte ähnliche Diagonalmatrix $A^{(15)}$ von Seite 124) erst auf zwei signifikante Stellen erreicht ist; damit ist noch kein Blumenpott zu gewinnen.

Dies Vorgehen hörte sich etwas nach Zufall an. Wir werden jetzt darüber nachdenken, unter welchen Voraussetzungen dieses Verhalten stets eintritt.

2.5 Das partielle Eigenwertproblem

Satz 2.42 *Sei A eine reelle diagonalähnliche $(n \times n)$–Matrix, die einen betraglich dominanten r–fachen Eigenwert λ_1 besitzt:*

$$|\lambda_1| > |\lambda_{r+1}| \geq \cdots \geq |\lambda_n| \text{ für ein } r \text{ mit } 1 \leq r \leq n \text{ und } \lambda_1 = \cdots = \lambda_r, \tag{2.24}$$

und sei

$$\vec{u}_1, \ldots, \vec{u}_n \tag{2.25}$$

eine zugeordnete Basis aus Eigenvektoren. Sei $\vec{x}^{(0)} \neq \vec{0}$ ein beliebiger Startvektor mit der Darstellung

$$\vec{x}^{(0)} = \alpha_1 \vec{u}_1 + \cdots + \alpha_n \vec{u}_n. \tag{2.26}$$

Ist $\vec{x}^{(0)}$ so gewählt, daß

$$\alpha_1 \vec{u}_1 + \cdots + \alpha_r \vec{u}_r \neq \vec{0}, \tag{2.27}$$

so konvergiert die Iterationsfolge mit der Konvergenzordnung 1 gegen den zum betragsgrößten Eigenwert gehörenden Eigenvektor, und es gibt einen Index k mit $1 \leq k \leq n$, so daß für die k–ten Komponenten der von Mises Iterationsfolge (2.23) gilt:

$$\lim_{\nu \to \infty} \frac{x_k^{(\nu+1)}}{x_k^{(\nu)}} = \lambda_1. \tag{2.28}$$

Beweis: Da bei einer reellen Matrix mit jedem Eigenwert λ auch zugleich die konjugiert komplexe Zahl $\overline{\lambda}$ ein Eigenwert ist, folgt aus (2.24) sofort, daß λ_1 reell ist; denn sonst hätten wir ja noch die konjugiert komplexen Eigenwerte mit dem gleichen Betrag, also insgesamt $2r$ Eigenwerte mit dem gleichen Betrag.

Wir setzen die Darstellung (2.26) in die Iterationsfolge 2.23 ein.

$$\vec{x}^{(\nu+1)} = A\vec{x}^{(\nu)} = \cdots = A^{\nu+1}\vec{x}^{(0)} = A^{\nu+1} \sum_{i=1}^{n} \alpha_i \vec{u}_i = \sum_{i=1}^{n} \alpha_i \lambda_i^{\nu+1} \vec{u}_i.$$

Wegen (2.27) gibt es dann eine Komponente, die wir die k–te nennen wollen, mit

$$\alpha_1 (u_1)_k + \cdots + \alpha_r (u_r)_k \neq 0. \tag{2.29}$$

Damit folgt

$$x_k^{(\nu+1)} = \left[\sum_{i=1}^{r} \alpha_i (u_i)_k\right] \lambda_1^{\nu+1} + \sum_{i=r+1}^{n} \alpha_i \lambda_i^{\nu+1} (u_i)_k, \quad \nu = 0, 1, 2 \ldots$$

Damit bilden wir nun die Quotienten der k–ten Komponenten und klammern im nächsten Schritt im Zähler $\lambda_1^{\nu+1}$ und im Nenner λ_1^{ν} aus:

$$\frac{x_k^{(\nu+1)}}{x_k^{(\nu)}} = \frac{\left[\sum_{i=1}^r \alpha_i (u_i)_k\right]\lambda_1^{\nu+1} + \sum_{r+1}^n \alpha_i \lambda_i^{\nu+1}(u_i)_k}{\left[\sum_{i=1}^r \alpha_i (u_i)_k\right]\lambda_1^{\nu} + \sum_{r+1}^n \alpha_i \lambda_i^{\nu}(u_i)_k}$$

$$= \lambda_1 \cdot \frac{\sum_{i=1}^r \alpha_i (u_i)_k + \sum_{r+1}^n \alpha_i \left(\frac{\lambda_i}{\lambda_1}\right)^{\nu+1}(u_i)_k}{\sum_{i=1}^r \alpha_i (u_i)_k + \sum_{r+1}^n \alpha_i \left(\frac{\lambda_i}{\lambda_1}\right)^{\nu}(u_i)_k}$$

$$\xrightarrow[\nu \to \infty]{} \lambda_1;$$

denn die Quotienten $(\lambda_i/\lambda_1)^{\nu+1}$ bzw. $(\lambda_i/\lambda_1)^{\nu}$ streben ja für $\nu \to \infty$ gegen Null, da λ_1 ja der betraglich dominatne Eigenwert war. Der Rest kürzt sich raus; denn wegen (2.29) gehen wir auch nicht unter die bösen Nulldividierer. □

Bemerkungen: Der Satz hört sich mit seinen vielen Voraussetzungen recht kompliziert an. Aber niemand wird im Ernst diese Voraussetzungen zuerst nachprüfen, um dann von Mises anzuwenden. Man rechnet einfach los. Die Einschränkung, daß der Startvektor geschickt gewählt werden muß, erweist sich in der Praxis als nebensächlich. Durch Rundungsfehler wird die Bedingung allemal erreicht. Sollte das Verfahren dennoch einmal schief laufen, wählt man einfach einen anderen Startvektor.

An dieser einfachen Vorgehensweise erkennt man aber gleich einen kleinen Nachteil: eventuell werden die Zahlen recht groß, ja es entsteht vielleicht nach kurzer Zeit Exponentenüberlauf. Dem kann man aber leicht gegensteuern, indem wir die Linearität der Rechnung ausnutzen. Wir normieren zwischendurch die Vektoren. Hier gibt es mehrere Vorschläge. Der einfachste besteht darin, nach jeder Multiplikation den neuen Vektor durch seine erste Komponente zu dividieren. Mit etwas mehr Aufwand kann man auch die betraglich größte Komponente suchen und alle anderen Komponenten durch sie dividieren.

Man kann aber auch jede beliebige Vektornorm verwenden. Dann bildet man die Folge

$$\vec{x}^{(0)} \text{ bel.}, \quad \vec{x}^{(\nu+1)} = \frac{A\vec{x}^{(\nu)}}{\|A\vec{x}^{(\nu)}\|}, \quad \nu = 0, 1, 2 \ldots$$

Mit dieser gilt die Aussage (2.28) des obigen Satzes in der folgenden Abwandlung

$$\lim_{\nu \to \infty} \|A\vec{x}^{(\nu+1)}\| \cdot \frac{x_k^{(\nu+1)}}{x_k^{(\nu)}} = \lambda_1.$$

Wir fassen den von Mises–Algorithmus noch einmal auf Seite 129 zusammen für den Fall, daß der betraglich größte Eigenwert einfach ist — das dürfte in der Praxis wohl der Normalfall sein.

2.5 Das partielle Eigenwertproblem

Von–Mises–Verfahren

Sei A eine diagonalähnliche $(n \times n)$–Matrix mit den (betraglich der Größe nach geordneten) Eigenwerten

$$|\lambda_1| > |\lambda_2| \geq |\lambda_3| \geq \cdots \geq |\lambda_n|$$

und den zugehörigen Eigenvektoren

$$\vec{u}_1, \vec{u}_2, \ldots, \vec{u}_n.$$

Wir wählen einen Startvektor $\vec{x}^{(0)} \neq \vec{0}$ und bilden die Iterationsfolge

$$\vec{x}^{(1)} = A\vec{x}^{(0)}, \vec{x}^{(2)} = A\vec{x}^{(1)} = A^2 \vec{x}^{(0)}, \vec{x}_3 = A\vec{x}^{(2)} = A^3 \vec{x}^{(0)}, \ldots$$

Läßt sich dann $\vec{x}^{(0)}$ darstellen in der Eigenvektorbasis als

$$\vec{x}^{(0)} = \alpha_1 \vec{u}_1 + \cdots + \alpha_n \vec{u}_n \quad \text{mit} \quad \alpha_1 \neq 0,$$

so konvergieren die Quotienten aus entsprechenden Komponenten der Vektoren $\vec{x}^{(\nu)}$ gegen den betraglich größten Eigenwert, falls die jeweilige Komponente u_1^k des zum betragsgrößten Eigenwert gehörenden Eigenvektors nicht verschwindet, also es gilt:

$$\lim_{\nu \to \infty} \frac{x_k^{(\nu+1)}}{x_k^{(\nu)}} = \lambda_1, \quad \text{falls } u_1^k \neq 0$$

2.5.2 Rayleigh–Quotient für symmetrische Matrizen

Der Algorithmus nach von Mises ist recht langsam, halt nur Konvergenzordnung 1. Eine wesentliche Verbesserung bei symmetrischen Matrizen geht auf den dritten Baron Rayleigh zurück, der 1904 den Nobelpreis für Physik erhielt. Leider hat ja Herr Nobel keinen Preis für eine herausragende mathematische Leistung vergeben. Es geht das Gerücht, daß einen solchen Preis damals der bekannte Mathematiker Mittag–Leffler erhalten hätte. Aber Herr Nobel konnte wohl nicht verknusen, daß da einen Sommer lang ein gewisses Techtelmechtel zwischen seiner Freundin und eben dem besagten Herrn Mittag–Leffler bestand. Wie gesagt, ein Gerücht, aber es hält sich hartnäckig.

Rayleigh schlug vor, den folgenden Quotienten zu betrachten:

Definition 2.43 *Sei A eine symmetrische $(n \times n)$–Matrix. Dann heißt*

$$R(\vec{x}) := \frac{\vec{x}^\top A \vec{x}}{\|\vec{x}\|_2^2} \tag{2.30}$$

der **Rayleigh–Quotient** *von $\vec{x}$ (bezügl. A).*

Satz 2.44 *Für jeden Eigenwert λ von A mit zugehörigem Eigenvektor $\vec{u}$ gilt:*

$$R(\vec{u}) = \lambda. \tag{2.31}$$

Beweis: Das geht schnell; denn ist λ ein Eigenwert von A mit zugehörigem Eigenvektor $\vec{u}$, so gilt also $A\vec{u} = \lambda\vec{u}$. Damit folgt

$$R(\vec{u}) = \frac{\vec{u}^\top A \vec{u}}{\|\vec{u}\|_2^2} = \frac{\vec{u}^\top \lambda \vec{u}}{\|\vec{u}\|_2^2} = \lambda \frac{\vec{u}^\top \vec{u}}{\|\vec{u}\|_2^2} = \lambda.$$

□

Seien nun $\lambda_1 \geq \lambda_2 \geq \cdots \geq \lambda_n$ die der Größe nach geordneten Eigenwerte von A. Da A symmetrisch ist, sind ja alle Eigenwerte reell. Die zugehörigen Eigenvektoren wählen wir so, daß sie eine Orthonormalbasis bilden; die Eigenvektoren seien also normiert und zueinander orthogonal. Auch das ist bei symmetrischen Matrizen erreichbar. Ein beliebiger Vektor $\vec{x} \neq \vec{0}$ läßt sich dann normieren und darstellen als

$$\vec{x}_0 := \frac{\vec{x}}{\|\vec{x}\|} = \alpha_1 \vec{u}_1 + \cdots + \alpha_n \vec{u}_n \quad \text{mit} \quad |\alpha_1|^2 + \cdots + |\alpha_n|^2 = 1.$$

Denn durch einfaches Ausrechnen der folgenden Klammern und Ausnutzen der orthonormierten Eigenvektoren erhält man

$$1 = \|\vec{x}_0\|^2 = \vec{x}_0^\top \vec{x}_0 = (\alpha_1 \vec{u}_1 + \cdots + \alpha_n \vec{u}_n)^\top (\alpha_1 \vec{u}_1 + \cdots + \alpha_n \vec{u}_n) = \alpha_1^2 + \cdots \alpha_n^2.$$

Damit gestaltet sich unser Rayleigh–Quotient so:

$$\begin{aligned} R(\vec{x}) &= \frac{\vec{x}^\top A \vec{x}}{\|\vec{x}\|^2} = \frac{\vec{x}^\top}{\|\vec{x}\|} A \frac{\vec{x}}{\|\vec{x}\|} \\ &= (\alpha_1 \vec{u}_1 + \cdots + \alpha_n \vec{u}_n)^\top \cdot A \cdot (\alpha_1 \vec{u}_1 + \cdots + \alpha_n \vec{u}_n) \\ &= \alpha_1^2 \lambda_1 + \cdots \alpha_n^2 \lambda_n \\ &\leq \alpha_1^2 \lambda_1 + \cdots \alpha_n^2 \lambda_1 \\ &= \lambda_1 \end{aligned}$$

Zusammen mit dem Satz 2.44 erhalten wir damit eine bemerkenswerte Eigenschaft des Rayleigh–Quotienten:

Satz 2.45 *Für eine symmetrische Matrix mit den Eigenwerten $\lambda_1 \geq \lambda_2 \geq \cdots \geq \lambda_n$ hat der Rayleigh–Quotient folgende Extremaleigenschaft:*

$$\lambda_1 = \max_{\substack{\vec{x} \in \mathbb{R}^n \\ \vec{x} \neq \vec{0}}} R(\vec{x}), \quad \lambda_n = \min_{\substack{\vec{x} \in \mathbb{R}^n \\ \vec{x} \neq \vec{0}}} R(\vec{x}). \tag{2.32}$$

Analog wie bei von Mises kommen wir so zum folgenden Algorithmus:

2.5 Das partielle Eigenwertproblem

Rayleigh–Quotienten–Verfahren

(handschriftliche Notiz: Dg! $R[u] = \frac{\langle u, M[u]\rangle}{\langle u, N[u]\rangle}$)

Sei A eine reelle symmetrische $(n \times n)$–Matrix mit den (betraglich der Größe nach geordneten) Eigenwerten

$$|\lambda_1| > |\lambda_2| \geq |\lambda_3| \geq \cdots \geq |\lambda_n|$$

Wähle einen beliebigen Startvektor $\vec{x}^{(0)} \neq \vec{0}$.
Bilde die Folge

$$\vec{x}^{(1)} = A\vec{x}^{(0)}, \ \vec{x}^{(2)} = A\vec{x}^{(1)}, \ldots$$

und berechne daraus jeweils den zugehörigen Rayleigh–Quotienten:

$$R(\vec{x}^{(0)}) = \frac{(\vec{x}^{(0)})^\top A \vec{x}^{(0)}}{\|\vec{x}^{(0)}\|^2} = \frac{(\vec{x}^{(0)})^\top \vec{x}^{(1)}}{\|\vec{x}^{(0)}\|^2}$$

$$R(\vec{x}^{(1)}) = \frac{(\vec{x}^{(1)})^\top \vec{x}^{(2)}}{\|\vec{x}^{(1)}\|^2},$$

$$R(\vec{x}^{(2)}) = \cdots$$

Dann konvergiert die Folge dieser Rayleigh–Quotienten gegen den betraglich größten Eigenwert λ_1 von A mit seinem richtigen Vorzeichen.

Der Zähler des Rayleigh–Quotienten $\vec{x}^\top A \vec{x}$ läßt sich also auffassen als das Skalarprodukt der beiden Vektoren $\vec{x}$ und $A\vec{x}$. Das sind aber gerade zwei aufeinander folgende Vektoren in der Iteration nach von Mises. Der Nenner ist das Quadrat der Norm von $\vec{x}$. Es bietet sich also an, während der Ausrechnung nach von Mises den Rayleigh–Quotienten gleich mitzubestimmen. Darüber hinaus ist die Konvergenz der Rayleigh–Quotienten wesentlich schneller. Sind die Eigenwerte dem Betrage nach geordnet

$$|\lambda_1| \geq |\lambda_2| \geq \cdots \geq |\lambda_n|$$

so hat das Restglied bei den Quotienten q^i nach von Mises die Ordnung:

$$\mathcal{O}\left(\left|\frac{\lambda_2}{\lambda_1}\right|^i\right),$$

während die Ordnung des Restgliedes bei den Rayleigh–Quotienten $R(\vec{x}^i)$ lautet

$$\mathcal{O}\left(\left|\frac{\lambda_2}{\lambda_1}\right|^{2i}\right).$$

Beispiel 2.46 *Wir berechnen mit Hilfe des Rayleigh–Quotienten, ausgehend vom Startvektor $\vec{x}^{(0)} = (1, 0, 0, 0)^\top$, den betraglich größten Eigenwert der Matrix*

$$A = \begin{pmatrix} 1 & 2 & 0 & 0 \\ 2 & 4 & -4 & 3 \\ 0 & -4 & -1 & -1 \\ 0 & 3 & -1 & 5 \end{pmatrix}.$$

Das ist eine reine Rechenarbeit, bei der man kaum etwas erklären muß. Wir beginnen damit, den Startvektor mit der Matrix A zu multiplizieren. Das führt zum Vektor $\vec{x}^{(1)}$. Mit ihm berechnen wir den Rayleigh–Quotienten

$$R(\vec{x}^{(0)}) = \frac{\vec{x}^{(0)} \cdot \vec{x}^{(1)}}{\|\vec{x}^{(0)}\|^2} = 1.$$

Wir geben jetzt die weiteren sieben Rayleigh–Quotienten an, um daran die Konvergenzgüte zu erkennen. Die weiteren Vektoren $\vec{x}^{(2)}, \ldots, \vec{x}^{(7)}$ entnehmen wir der bei von Mises durchgeführten Rechnung im Beispiel 2.41.

$$R(\vec{x}^{(1)}) = 5, \qquad R(\vec{x}^{(2)}) = 8.1644, \ R(\vec{x}^{(3)}) = 8.9061,$$
$$R(\vec{x}^{(4)}) = 9.0141, \ R(\vec{x}^{(5)}) = 9.0289, \ R(\vec{x}^{(6)}) = 9.0309,$$
$$R(\vec{x}^{(7)}) = 9.0312$$

Der letzte Wert ist bereits der auf vier Stellen exakte größte Eigenwert λ_1.

2.5.3 Inverse Iteration nach Wielandt

Nach von Mises können wir nun den betragsgrößten Eigenwert näherungsweise bestimmen. Das Interesse der Ingenieure liegt aber häufig am betragskleinsten Eigenwert. Das sollte doch nicht schwer sein, jetzt ein Verfahren zu entwickeln, das auch diese Aufgabe löst. Die Idee lieferte Wielandt[3]. Wir schildern sie im folgenden Satz.

Satz 2.47 *Ist A eine reguläre Matrix und λ ein Eigenwert von A zum Eigenvektor $\vec{u}$. Dann ist $\frac{1}{\lambda}$ Eigenwert zum Eigenvektor $\vec{u}$ von A^{-1}.*
Ist λ der betraglich größte Eigenwert von A, so ist $\frac{1}{\lambda}$ der betraglich kleinste Eigenwert von A^{-1}.

Beweis: Das beweist sich fast von allein. Wir müssen nur die Eigenwertgleichung geschickt umformen. Dabei ist zu beachten, daß eine reguläre Matrix nur Eigenwerte ungleich Null besitzt. Wir dürfen also hemmungslos von jedem Eigenwert den Kehrwert bilden.

$$A\vec{u} = \lambda\vec{u} \iff \frac{1}{\lambda}\vec{u} = A^{-1}\vec{u}.$$

---

[3]H. Wielandt: Bestimmung höherer Eigenwerte durch gebrochene Iteration, Bericht der aerodynamischen Versuchsanstalt Göttingen, 44/J/37 (1944)

2.5 Das partielle Eigenwertproblem

Die zweite Gleichung ist aber gerade die Eigenwertgleichung des Eigenwertes $\frac{1}{\lambda}$ zur Matrix A^{-1}. □

Also das ist der Trick. Wir betrachten die inverse Matrix A^{-1} und berechnen von dieser nach von Mises den betragsgrößten Eigenwert. Von dem bilden wir den Kehrwert und sind fertig. Aber um nichts in der Welt (nicht mal für einen Lolly) sollte sich ein Numeriker dazu hinreißen lassen, die inverse Matrix echt zu berechnen. Das umgehen wir raffiniert. Das Fachwort dafür lautet inverse Iteration und meint folgendes.

Wir starten wie bei von Mises mit einem Startvektor $\vec{x}^{(0)}$, den wir uns ausdenken. Im ersten Schritt ist zu berechnen

$$\vec{x}^{(1)} = A^{-1}\vec{x}^{(0)}.$$

Das schreiben wir anders als

$$A\vec{x}^{(1)} = \vec{x}^{(0)}.$$

Das ist nun ein lineares Gleichungssystem für den unbekannten Vektor $\vec{x}^{(1)}$. Das müssen wir lösen. Im nächsten Schritt passiert das gleiche. Wieder führen wir die originale Berechnung nach von Mises mit der unangenehmen inversen Matrix

$$\vec{x}^{(2)} = A^{-1}\vec{x}^{(1)}$$

zurück auf das Lösen eines linearen Gleichungssystems

$$A\vec{x}^{(2)} = \vec{x}^{(1)}.$$

Schau an, dieses System enthält dieselbe Systemmatrix A, die wir im vorigen Schritt schon bearbeitet haben. Nach Wielandt müssen wir also in jedem Iterationsschritt ein lineares Gleichungssystem lösen mit stets derselben Koeffizientenmatrix A. Das ist doch klar, daß hier unsere L–R–Zerlegung voll zum Zuge kommt. Einmal führen wir die durch und benutzen diese Zerlegung dann bei jedem Schritt. Wir müssen also stets nur Dreieckssysteme lösen, in jedem Schritt zwei.

Beispiel 2.48 *Wir wollen uns noch einmal mit der Matrix*

$$A = \begin{pmatrix} 1 & 2 & 0 & 0 \\ 2 & 4 & -4 & 3 \\ 0 & -4 & -1 & -1 \\ 0 & 3 & -1 & 5 \end{pmatrix}$$

befassen und diesmal den betraglich kleinsten Eigenwert berechnen.

Wielandt sagt uns, wir möchten bitteschön den betraglich größten Eigenwert von A^{-1} mit von Mises berechnen. Wir werden aber um nichts in der Welt die inverse Matrix von A ausrechnen, sondern statt dessen ein lineares Gleichungssystem bearbeiten. Starten wir wieder mit $\vec{x}^{(0)} = (1,0,0,0)^\top$, so lautet unser erstes System

$$\vec{x}^{(1)} = A^{-1}\vec{x}^{(0)} \iff A\vec{x}^{(1)} = \vec{x}^{(0)}.$$

> **Verfahren von Wielandt**
>
> Sei A eine reguläre $n \times n$–Matrix. Nennen wir $\lambda^\star$ den betraglich kleinsten Eigenwert der Matrix A, so gilt also:
>
> $$A\vec{x} = \lambda^\star \vec{x} \text{ mit } \vec{x} \neq \vec{0},\ \lambda \neq 0.$$
>
> Diese Gleichung ist daher gleichbedeutend mit
>
> $$A^{-1}\vec{x} = \frac{1}{\lambda^\star}\vec{x}.$$
>
> Das ist aber gerade eine Eigenwertgleichung für die Matrix A^{-1} zum Eigenwert $1/\lambda^\star$. Offensichtlich ist, wenn $\lambda^\star$ der betraglich kleinste Eigenwert von A war, $1/\lambda^\star$ der betraglich größte Eigenwert von A^{-1}. Unsere Aufgabe, den betraglich kleinsten Eigenwert von A zu bestimmen, ist bei einer regulären Matrix A also äquivalent zu der Aufgabe:
>
> Gesucht ist der betraglich größte Eigenwert von A^{-1}.

Das nächste System ist dann

$$\vec{x}^{(2)} = A^{-1}\vec{x}^{(1)} \iff A\vec{x}^{(2)} = \vec{x}^{(1)},$$

es hat also dieselbe Systemmatrix A. Das setzt sich so fort. Also ist es doch klug, einmal von der Matrix A ihre L–R–Zerlegung zu berechnen, um dann anschließend alle auftretenden Systeme leicht als zwei Dreieckssysteme bearbeiten zu können. Wir schenken uns hier die ausführliche Durchrechnung und verweisen auf die Übungsaufgaben. Das Ergebnis lautet:

$\vec{x}^{(0)}$	$\vec{x}^{(1)}$	$\vec{x}^{(2)}$	$\vec{x}^{(3)}$	$\vec{x}^{(4)}$	$\vec{x}^{(5)}$	$\vec{x}^{(6)}$
1	1.5106	2.9593	5.8985	11.8403	23.7810	47.7921
0	−0.2553	−0.7243	−1.4696	−2.9709	−5.9703	−11.9956
0	0.7234	1.3997	2.8684	5.7589	11.5741	23.2510
0	0.2979	0.7741	1.6103	3.2564	6.5483	13.1572

Nun kommt der von Mises–Trick, wir dividieren jeweils zusammengehörige Komponenten durcheinander, nein schön der Reihe nach. Wenn wir nur die letzten beiden Vektoren $\vec{x}^{(5)}$ und $\vec{x}^{(6)}$ verwenden, so erhalten wir jedesmal den Quotienten

$$\widetilde{\lambda} = 2.0096.$$

Das ist aber nicht das Endergebnis, also der betragskleinste Eigenwert, sondern von dieser Zahl müssen wir tunlichst noch ihren Kehrwert berechnen. Also sind wir sehr klug und berechnen gleich die umgekehrten Quotienten und erhalten

$$\lambda_{\min} = \frac{x_1^{(5)}}{x_1^{(6)}} = \cdots = \frac{x_4^{(5)}}{x_4^{(6)}} = 0.4978.$$

2.5 Das partielle Eigenwertproblem

Das ist dann wirklich der betraglich kleinste Eigenwert von A.

Eine interessante Kombination ergibt sich mit dem Shiften. Stellen wir uns vor, jemand war so freundlich und hat uns eine Näherung $\widetilde{\lambda}$ für einen Eigenwert λ der Matrix A verraten. Oder vielleicht hat Gerschgorin gute Dienste geleistet, und eine seiner Abschätzungen liefert einen recht guten Wert. (Oder wir haben beim Nachbarn geschlinzt.) Dann könnte man auf den Gedanken verfallen, die Matrix A um diesen Näherungswert zu shiften. Die neue Matrix $A - \widetilde{\lambda}E$ hat dann den Eigenwert $\lambda - \widetilde{\lambda}$. Wenn die Näherung gut war, ist das der betraglich kleinste Eigenwert von $A - \widetilde{\lambda}E$. So hat uns das Shiften zur inversen Iteration gebracht.

Beispiel 2.49 *Vielleicht wissen wir von jemanden, daß die Matrix*

$$A = \begin{pmatrix} 1 & 2 & 0 & 0 \\ 2 & 4 & -4 & 3 \\ 0 & -4 & -1 & -1 \\ 0 & 3 & -1 & 5 \end{pmatrix}$$

einen Eigenwert in der Nähe von 3 hat. Vielleicht sagt uns das Experiment ja auch solches. Jedenfalls wollen wir den mit der Shifttechnik annähern.

Dazu bilden wir die Matrix

$$A - 3E = \begin{pmatrix} -2 & 2 & 0 & 0 \\ 2 & 1 & -4 & 3 \\ 0 & -4 & -4 & -1 \\ 0 & 3 & -1 & 2 \end{pmatrix}.$$

Behandeln wir sie mit Wielandt, so erhalten wir das Ergebnis bereits nach drei Iterationen; die Rechnung ändert sich nicht mehr. Ab da wären auch die Zahlen furchtbar groß geworden, und wir hätten zwischendurch normieren müssen.

$\vec{x}^{(0)}$	$\vec{x}^{(1)}$	$\vec{x}^{(2)}$	$\vec{x}^{(3)}$
1	-9.5	452.25	-22205
0	-9.0	447.50	-21979
0	5.0	-251.50	12354
0	16.0	-789.00	38752

Bilden wir hier, nachdem wir das im vorigen Beispiel gelernt haben, gleich die Quotienten

$$\widetilde{\lambda}_{\min} = \frac{x_1^{(2)}}{x_1^{(3)}} = \cdots = \frac{x_4^{(2)}}{x_4^{(3)}} = -0.0204,$$

so muß dieses Ergebnis jetzt nur noch wieder um $+3$ geshiftet werden. So erhalten wir eine Näherung für einen Eigenwert

$$\lambda_3 = -0.0204 + 3.0 = 2.9796,$$

und der ist auf vier Stellen exakt.

Wir fassen die Shifttechnik im Verein mit der Wielandt Iteration noch einmal zusammen.

Shift und Wielandt

Sei $\widetilde{\lambda}$ eine Näherung für den Eigenwert λ der Matrix A. Sodann betrachtet man statt der Matrix A die Matrix $\widetilde{A} = A - \widetilde{\lambda} E$. Man subtrahiert also von den Diagonalelementen die Näherung $\widetilde{\lambda}$. Das führt zu einer Matrix, welche $\lambda - \widetilde{\lambda}$ als Eigenwert hat. Ist nun tatsächlich $\widetilde{\lambda}$ eine gute Approximation für λ, so ist die Differenz $\lambda - \widetilde{\lambda}$ klein. Das bedeutet also, wir suchen für die neue Matrix $\widetilde{A} = A - \widetilde{\lambda} E$ den vermutlich kleinsten Eigenwert. Diesen bestimmen wir mit dem Verfahren von Wielandt.

---

3 Lineare Optimierung

3.1 Einführung

Zu Beginn schildern wir eine typische Aufgabenstellung der linearen Optimierung.

Beispiel 3.1 *Eine Firma, die aus aus einer Hauptniederlassung (H) und einem Zweigwerk (Z) besteht, stellt ein Produkt (P) her, das zu drei Nebenstellen N_1, N_2, N_3 transportiert werden muß. In H wurden gerade neun dieser Produkte und in Z sechs hergestellt. Fünf davon sollen nach N_1, sechs nach N_2 und die restlichen vier nach N_3 transportiert werden. Die Transportkosten von H nach N_1 betragen 60€, nach N_2 40€, nach N_3 55€, während die Kosten von Z nach N_1 50€, nach N_2 45€ und nach N_3 50€ betragen.*

Wie muß man die Transporte organisieren und verteilen, damit die Kosten möglichst niedrig gehalten werden?

Dies ist eine Transportaufgabe, wie sie natürlich in dieser einfachen Form kaum der Praxis entspricht, aber sie zeigt die wesentlichen Merkmale. Wir sollten nur im Hinterkopf behalten, daß es sich eher um zehn Zweigstellen, um eine Palette von tausend Produkten und um mehrere hundert Nebenstellen weltweit handelt. Uns geht es hier lediglich um die prinzipielle Behandlung. Auf Sonderprobleme, die wegen der großen Zahlen den Anwender das Fürchten lehren, können wir leider nicht eingehen und müssen auf eine umfangreiche Spezialliteratur verweisen. Zuerst werden wir die Problemstellung so verallgemeinern, daß wir eine möglichst große Klasse von Aufgaben beschreiben.

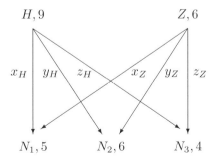

Abb. 3.1: Graphik zum Transportproblem

3.2 Die Standardform

Definition 3.2 *Gegeben seien ein Vektor $\vec{c} \in \mathbb{R}^n$, eine reelle Zahl $d \in \mathbb{R}$, eine $(m \times n)$–Matrix A und ein Vektor $\vec{b} \in \mathbb{R}^m$. Dann verstehen wir unter der Standardform die folgende Aufgabe.*

Gesucht wird ein Vektor $\vec{x} \in \mathbb{R}^n$, der die folgende Zielfunktion

$$f(x) := \vec{c}^\top \cdot \vec{x} + d \tag{3.1}$$

minimiert unter den Nebenbedingungen

$$A\vec{x} \leq \vec{b}, \quad \vec{x} \geq 0. \tag{3.2}$$

Hier erkennt man, warum wir in der Überschrift nur von linearer Optimierung gesprochen haben. Sowohl die Zielfunktion als auch die Nebenbedingungen sind linear.

Bringen wir zuerst unser Transportproblem aus Beispiel 3.1 auf diese Standardform.

In der Abbildung 3.1, Seite 137, haben wir die Beförderungswege eingetragen und die Bezeichnungen für die unbekannten Anzahlen der Produkte eingeführt.

Die Frage lautet: Wieviele Produkte werden jeweils von H bzw. Z zu den drei Nebenstellen befördert? Wir haben es im Prinzip mit sechs Unbekannten zu tun.

$$\begin{array}{ll} x_H : H \to N_1 & x_Z : Z \to N_1 \\ y_H : H \to N_2 & y_Z : Z \to N_2 \\ z_H : H \to N_3 & z_Z : Z \to N_3 \end{array}$$

Das Ziel besteht darin, die Kosten zu minimieren. Die Gesamtkosten belaufen sich auf

$$K = 60x_H + 40y_H + 55z_H + 50x_Z + 45y_Z + 50z_Z. \tag{3.3}$$

Die Unbekannten unterliegen nun aber etlichen Einschränkungen. Zunächst sind H und Z in ihrer Produktivität beschränkt. In H werden man gerade neun und in Z sechs Produkte hergestellt. Mehr können von dort also nicht transportiert werden. Das führt auf die Gleichungen

$$x_H + y_H + z_H = 9, x_Z + y_Z + z_Z = 6. \tag{3.4}$$

Außerdem verlangen die Nebenstellen nach festen Lieferungen. Wir bekommen weitere Gleichungen:

$$x_H + x_Z = 5, y_H + y_Z = 6, z_H + z_Z = 4. \tag{3.5}$$

Damit haben wir insgesamt in der Kostenfunktion sechs Unbekannte und fünf Nebenbedingungen. Diese sind aber, wie man sofort sieht, nicht voneinander linear unabhängig. Wenn wir die drei Gleichungen in (3.5) addieren und die erste Gleichung in (3.4) subtrahieren, erhalten wir die zweite Gleichung aus (3.4). Diese lassen wir somit fallen, um nicht überflüssigen Ballast mitzuschleppen.

Damit bleiben vier Nebenbedingungen. Wir können also vier Unbekannte aus der Kostenfunktion eliminieren. Wir entscheiden uns, daß wir x_H und y_H als Unbekannte behalten wollen, und eliminieren die anderen Unbekannten aus der Kostenfunktion. Nach ein klein wenig Rechnung erhalten wir mit den Abkürzungen $\vec{c} = (5, -10)^\top, \vec{x} = (x_H, y_H)^\top$ die Zielfunktion

$$K(x_H, y_H) = \vec{c}^\top \cdot \vec{x} + d = 5x_H - 10y_H + 765. \tag{3.6}$$

Betrachten wir noch ein weiteres Mal die erste Gleichung von (3.4) und die ersten zwei Gleichungen von (3.5) unter dem Gesichtspunkt, nur x_H und y_H als Unbekannte zuzulassen, so gewinnen wir, da ja alle Größen ≥ 0 sind, als Nebenbedingungen die Ungleichungen

$$\begin{aligned} x_H + y_H &\leq 9 \text{ Weglassen von } z_H \\ x_H &\leq 5 \text{ Weglassen von } x_Z \\ y_H &\leq 6 \text{ Weglassen von } y_Z \end{aligned} \tag{3.7}$$

In der letzten Gleichung von (3.5) verwenden wir (3.4) und lassen z_Z weg; das ergibt als vierte Nebenbedingung

$$x_H + y_H \geq 5 \tag{3.8}$$

Damit haben wir die Standardform erreicht, wobei in der Zielfunktion eine Konstante auftaucht, die natürlich bei der Minimumsuche vergessen werden kann. Lediglich zur Berechnung der minimalen Kosten muß sie herangezogen werden.

Zwei Bemerkungen dürfen nicht fehlen, woran es manchmal bei der vorgelegten Aufgabe hapert und wie man den Mangel beseitigt.

Bemerkung:
Die Standardform verlangt, das Minimum einer Zielfunktion zu suchen und nicht das Maximum. Außerdem müssen die Nebenbedingungen in der Form vorliegen, daß ein Term, linear in den Variablen, kleiner oder gleich einer Zahl ist, nicht größer oder gleich. Beide Einschränkungen sind recht unwesentlich. Durch harmlose Manipulationen lassen sie sich erreichen.

1. Wird in der Aufgabe das Maximum einer Zielfunktion $f(x)$ gesucht, so betrachtet man die Funktion $\widetilde{f}(x) := -f(x)$. Von dieser Funktion suchen wir dann ihr Minimum. Dort, wo es angenommen wird, hat die ursprüngliche Funktion ihr Maximum, der Wert des Minimums muß allerdings noch mit -1 multipliziert werden, um den richtigen maximalen Wert von f zu erhalten.

2. Ist eine Nebenbedingung mit dem falschen Ungleichheitszeichen versehen, so multiplizieren wir diese mit -1, und schon haben wir die Nebenbedingung in der verlangten Form.

Beispiel 3.3 *Gesucht wird das Maximum von*

$$f(x_1, x_2) := 2x_1 + x_2$$

unter den Nebenbedingungen:

$$\begin{aligned} x_1 - x_2 &\geq -1 \\ -x_1 + 2x_2 &\geq -2, \quad x_1 \geq 0, \quad x_2 \geq 0 \\ x_1 + 2x_2 &\leq 2 \end{aligned}$$

Mit den obigen Bemerkungen führen wir diese Aufgabe flugs auf ihre Standardform zurück:

Gesucht wird das Minimum von

$$\widetilde{f}(x_1, x_2) := -2x_1 - x_2$$

unter den Nebenbedingungen:

$$\begin{aligned} -x_1 + x_2 &\leq 1 \\ x_1 - 2x_2 &\leq 2, \quad x_1 \geq 0, \quad x_2 \geq 0 \\ x_1 + 2x_2 &\leq 2 \end{aligned}$$

3.3 Graphische Lösung im 2D–Fall

Liegt ein solch einfach geartetes Problem wie in Beispiel 3.1 vor, so können wir uns die Lösung graphisch verschaffen. Gleichzeitig gibt uns diese Darstellung die Möglichkeit, verschiedene Sonderfälle zu betrachten, ihre Ursachen zu erkennen und auf Abhilfe zu sinnen. In diesem Beispiel sind zwei Unbekannte x_H und y_H gegeben. Wir listen die Aufgabe in der Standardform noch einmal auf. Die Zielfunktion, deren Minimum gesucht wird, lautet:

$$K(x_H, y_H) = \vec{c}^\top \cdot \vec{x} + d = 5x_H - 10y_H + 765. \tag{3.9}$$

Zu erfüllen sind folgende Nebenbedingungen:

$$\begin{aligned} x_H + y_H &\leq 9 \\ x_H &\leq 5, \quad x_H \geq 0, y_H \geq 0 \\ y_H &\leq 6 \\ x_H + y_H &\geq 5 \end{aligned} \tag{3.10}$$

Also wird man das ganze in der Ebene skizzieren. Vielleicht schauen wir uns zuerst die Nebenbedingungen an. Diese Ungleichungen lassen sich leicht veranschaulichen. Als lineare Ungleichungen stellen sie jeweils eine Halbebene dar. Wir erhalten sie am leichtesten dadurch, daß wir sie als Gleichungen ansehen und uns anschließend überlegen, welche der beiden durch jede Ungleichung entstehenden Halbebenen die gemeinte ist. In der Abbildung 3.2 haben wir das entstehende Gebiet, ein Polygongebiet, schraffiert. Die Zielfunktion haben wir ohne die Konstante 765 eingetragen.

Wie finden wir nun die optimale Lösung unseres Problems, also den Punkt im schraffierten Bereich, an dem die Kostenfunktion minimal wird?

3.3 Graphische Lösung im 2D–Fall

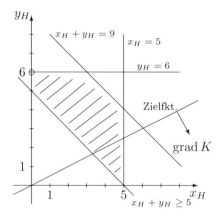

Abb. 3.2: Graphische Lösung des Transportproblems

Hier hilft uns die Rückbesinnung auf die Extremwertsuche bei Funktionen $f : \mathbb{R}^2 \to \mathbb{R}$. Wir fassen zur Wiederholung im folgenden Hilfssatz zwei kleine Tatsachen über den Gradienten zusammen.

Lemma 3.4 *Sei $f : \mathbb{R}^n \to \mathbb{R}$ eine Funktion aus $\mathcal{C}^1(a,b)$. Dann gilt:*

1. *Der Gradient $\operatorname{grad} f(x_1, \ldots, x_n)$ zeigt in die Richtung des stärksten Anstiegs, der negative Gradient in Richtung des stärksten Abstiegs von f.*

2. *Der Gradient $\operatorname{grad} f(x_1, \ldots, x_n)$ steht senkrecht auf den Äquipotentiallinien*
$$f(x_1, \ldots, x_n) = const.$$

Unsere Aufgabe besteht nun darin, die Zielfunktion so zu verändern, daß ihr Wert extremal wird. Noch deutlicher ausgedrückt, wir betrachten

$$f(x) = \text{const} \tag{3.11}$$

und möchten die Konstante optimieren. Diese Gleichung (3.11) ist graphisch wegen der Linearität eine Gerade bzw. in höheren Dimensionen eine (Hyper–)Ebene und stellt die Äquipotentiallinie (in höheren Dimensionen die Äquipotentialfläche) der Funktion f dar. Der Gradient steht aber senkrecht auf diesen Äquipotentiallinien, wie unser Hilfssatz sagt. Wir werden also schlicht die Zielfunktion in senkrechter Richtung verschieben. Den Gradienten

$$\operatorname{grad} K(x_H, y_H) = (5, -10)$$

haben wir in der Skizze eingetragen und verschieben jetzt also die Zielfunktion in die andere Richtung, da wir ein Minimum suchen. Gleichzeitig erkennt man, daß der optimale Wert stets in einer Ecke oder auf einer ganzen Randseite angenommen wird. Das werden wir später im Abschnitt 3.4 auch für den allgemeinen Fall so kennenlernen. Damit sehen wir an unserem Transportbeispiel, daß wir zur Minimumsuche die Zielfunktion nach oben zu verschieben haben und daß der minimale Wert bei $(0,6)$ angenommen wird. Das heißt, wenn wir uns die Bedeutung der Unbekannten ins Gedächtnis zurückrufen:

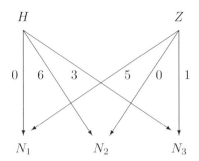

Abb. 3.3: Lösung des Transportproblems. Die Zahlen an den Pfeilen geben die Anzahl der Produkte an, die jeweils zu transportieren sind.

Vom Hauptwerk H darf kein Produkt nach N_1 befördert werden, sechs Produkte gehen von H nach N_2 und drei Produkte nach N_3.

Damit liegen auch die übrigen Transporte fest: vom Zweigwerk Z werden demnach fünf Produkte nach N_1, kein Produkt nach N_2 und ein Produkt nach N_3 befördert.

Die Gesamtkosten lassen sich auf zweierlei Art ermitteln. Einmal setzen wir den Punkt $(0,6)$ in unsere Gesamtkostenfunktion (3.6) ein und erhalten

$$K(x_H, y_H) = 5 \cdot 0 - 10 \cdot 6 + 765 = 705.$$

Die zweite Idee besteht darin, aus der Abbildung 3.3, S. 142, und der Vorgabe der Kosten in der Aufgabenstellung direkt die Gesamtkosten zu berechnen. Wir erhalten

$$K(x_H, y_H) = 0 \cdot 60 + 6 \cdot 40 + 3 \cdot 55 + 5 \cdot 50 + 0 \cdot 45 + 1 \cdot 50 = 705.$$

Einige weitere Beispiele mögen den graphischen Lösungsweg noch erläutern.

Beispiel 3.5 *Skizzieren Sie graphisch die Lösung des folgenden linearen Optimierungsproblems:*

$$f(x_1, x_2) = x_1 + 9x_2 = max$$

unter den Nebenbedingungen $4x_1 + 9x_2 \leq 36$ *und* $8x_1 + 3x_2 \leq 24$, $x_1, x_2 \geq 0$

Wir haben die Skizze in Abbildung 3.4 angedeutet. Mit den obigen Überlegungen finden wir das Maximum beim Punkt $(0,4)$. Damit ergibt sich als maximaler Wert der Zielfunktion $f(0,4) = 36$.

Beispiel 3.6 *Eine Fabrik produziert zwei Produkte mit der Stückzahl* X_1, X_2 *in einem gewissen Zeitraum. Aus Kapazitätsgründen muß gelten:*

$$X_1 \leq 30.000, \ X_2 \leq 20.000.$$

3.4 Lösbarkeit des linearen Optimierungsproblems   143

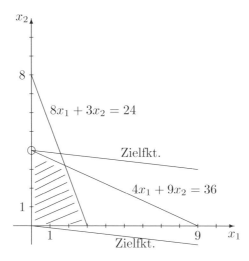

Abb. 3.4: Graphische Lösung von Beispiel 3.5

Die Produkte werden teilweise auf denselben Maschinen gefertigt. Dies führt zu der weiteren Einschränkung:

$$X_1 + X_2 \leq 40.000.$$

Der Ertrag beträgt eine Geldeinheit beim ersten und zwei Geldeinheiten beim zweiten Produkt. Man maximiere den Gesamtertrag (unter der vereinfachenden Annahme, daß alles abgesetzt wird und daß keine Überträge aus früheren Produktionszeiträumen vorliegen).

Lösen Sie diese Aufgabe graphisch.

Dies ist eine typische Anwendungsaufgabe, bei der die Einschränkungen bereits in der Aufgabe genannt sind. Lediglich die Zielfunktion muß aus dem Text gewonnen werden:

$$f(X_1, X_2) = X_1 + 2X_2.$$

Das Bildchen zu malen, ist ja wohl puppig leicht. Wir zeigen das Ergebnis in Abbildung 3.5. Den maximalen Ertrag finden wir im Punkt $(20, 20)$. Er beträgt

$$f(20, 20) = 20 + 2 \cdot 20 = 60.$$

3.4 Lösbarkeit des linearen Optimierungsproblems

Vorgelegt sei die folgende lineare Optimierungsaufgabe im $\mathbb{R}^n$:

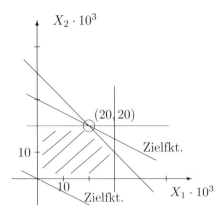

Abb. 3.5: Graphische Lösung von Beispiel 3.6

Lineare Optimierungsaufgabe

Die lineare Zielfunktion

$$f(\vec{x}) = \vec{c}^\top \cdot \vec{x} = c_1 x_1 + c_2 x_2 + \ldots + c_n x_n \tag{3.12}$$

ist zu minimieren unter Einhaltung der m Nebenbedingungen (A hat also m Zeilen):

$$A\vec{x} \leq \vec{b}, \tag{3.13}$$

$$\vec{x} \geq 0. \tag{3.14}$$

Führen wir für jede Nebenbedingung eine sogenannte **Schlupfvariable** ein, so gehen die Ungleichungen in Gleichungen über, und wir erhalten die Nebenbedingungen in der Form:

$$\begin{array}{cccccc} a_{11}x_1 & + \ldots + & a_{1n}x_n & + x_{n+1} & & = b_1 \\ \vdots & & \vdots & & \ddots & \vdots \\ a_{m1}x_1 & + \ldots + & a_{mn}x_n & & + x_{n+m} & = b_m \end{array} \tag{3.15}$$

$$x_i \geq 0, \ i = 1, \ldots, n+m \tag{3.16}$$

Die Matrix A, die in den Nebenbedingungen (3.15) auftaucht, hat nun also m Zeilen und $m+n$ Spalten, und sie ist folgendermaßen gebaut:

$$\begin{pmatrix} a_{11} & \cdots & a_{1n} & 1 & & \\ \vdots & & \vdots & & \ddots & \\ a_{m1} & \cdots & a_{mn} & & & 1 \end{pmatrix}. \tag{3.17}$$

Wir wollen von jetzt an voraussetzen, daß keine Nebenbedingung überflüssig ist, also durch die anderen Nebenbedingungen ausgedrückt werden kann. Das bedeutet, daß die

3.4 Lösbarkeit des linearen Optimierungsproblems

Matrix (3.17) den vollen Zeilenrang rg $A = m$ hat. (3.15) ist ein lineares Gleichungssystem mit m Gleichungen für $n + m$ Unbekannte.

Generalvoraussetzung

rg $A = m$ \hfill (3.18)

Im Raum $\mathbb{R}^{n+m}$ ist damit ein $n + m - m = n$–dim. Unterraum beschrieben. Die Nebenbedingungen (3.16) schränken diesen Unterraum weiter ein, so daß ein Polyeder (im $\mathbb{R}^2$ im ersten Quadranten) entsteht. Von den $n + m$ Unbekannten $x_1, \ldots, x_{n+m}$ können wir demnach n frei wählen, wodurch die restlichen festgelegt sind und sich aus diesen berechnen lassen.

Definition 3.7 *Ein zulässiger Punkt $\vec{x} = (x_1, \ldots, x_{n+m})$ ist ein Punkt, der den Nebenbedingungen (3.15) und (3.16) genügt.*

Die zulässigen Punkte bilden also das Polyeder. In älterer Literatur werden die zulässigen Punkte auch 'zulässige Lösungen' genannt. Wir werden diesen Begriff aber nicht weiter verwenden, da ein zulässiger Punkt eben noch keineswegs die Optimierungsaufgabe zu lösen braucht.

Wenn wir uns jetzt weiter an der graphischen Darstellung orientieren, so erinnern wir uns, daß die Randseiten des Polyeders von den als Gleichungen geschriebenen Nebenbedingungen gebildet werden. Das bedeutet, die jeweilige Schlupfvariable ist Null. Ein Eckpunkt ist dann aber Schnittpunkt von zwei solchen Gleichungen. Dort sind also mindestens zwei Variable Null. So kommen wir zu der nächsten Definition.

Definition 3.8 *Ein Eckpunkt ist ein zulässiger Punkt, bei dem wenigstens n der $n + m$ Koordinaten Null sind.*

Sind mehr als n Koordinaten eines Eckpunktes gleich Null, so heißt dieser Eckpunkt entartet oder degeneriert.

Üben wir die Begriffe an unserem Beispiel 3.5 von Seite 142. Zur Betrachtung der Ecken benötigen wir die Darstellung der Nebenbedingungen als Gleichungen. Also flott die Schlupfvariablen eingeführt

$$4x_1 + 9x_2 + x_3 = 36 \hfill (3.19)$$
$$8x_1 + 3x_2 + x_4 = 24 \hfill (3.20)$$

und die Matrix angegeben:

$$A = \begin{pmatrix} 4 & 9 & 1 & 0 \\ 8 & 3 & 0 & 1 \end{pmatrix}.$$

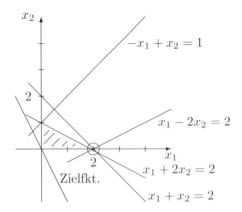

Abb. 3.6: Ein entartetes Problem

Hinzu kommen die beiden positiven Halbachsen $x_1, x_2 \geq 0$, und wir verlangen weiter $x_3, x_4 \geq 0$. Hier haben wir nun $m = 2$ Gleichungen als Nebenbedingungen und die $n + m = 2 + 2$ Variablen x_1, x_2, x_3, x_4. Je zwei davon setzen wir Null, um die Ecken zu bestimmen. $x_1 = x_2 = 0$ führt zum Punkt $(0, 0, 36, 24)$, dessen Darstellung in der Ebene (nur die ersten m Koordinaten werden betrachtet) zum Koordinatenursprung führt. $x_1 = x_3 = 0$ ergibt den Eckpunkt $(0, 4, 0, 12)$, denn dieser Punkt erfüllt auch (3.20), ist also zulässig. $x_1 = x_4 = 0$ ergibt den Punkt $(0, 8, -36, 0)$. Dieser Punkt verletzt aber (3.14), was wir an der negativen Koordinate x_3 sehen, ist also nicht zulässig. Ich denke, wir können das Spielchen hier beenden. Die anderen Eckpunkte bestimmt man auf die gleiche Weise. Sie sind alle nicht entartet.

Wir greifen auf unser Beispiel 3.3 von Seite 139 zurück, das wir aber jetzt durch eine weitere Nebenbedingung ergänzen.

Beispiel 3.9 *Gesucht ist das Maximum der Zielfunktion*

$$f(x_1, x_2) = 2x_1 + x_2$$

unter den Nebenbedingungen

$$\begin{aligned} -x_1 + x_2 &\leq 1 \\ x_1 - 2x_2 &\leq 2 \\ x_1 + 2x_2 &\leq 2 \\ x_1 + x_2 &\leq 2 \end{aligned}, \qquad x_1 \geq 0, \quad x_2 \geq 0$$

Die graphische Darstellung in Abbildung 3.6 zeigt uns, daß durch den Eckpunkt $(2, 0)$ drei Geraden gehen. Zwei von diesen können wir getrost weglassen; sie schränken das schraffierte Gebiet nicht ein, das geschieht allein durch die dritte Nebenbedingung. Durch den Eckpunkt $(0, 1)$ gehen zwei Geraden. Auch hier ist eine überflüssig.

3.4 Lösbarkeit des linearen Optimierungsproblems

Was wir an der Graphik erkennen, zeigt sich auch in der Rechnung: Beide Eckpunkte sind entartet. Denn machen wir aus den Nebenbedingungen durch vier Schlupfvariable Gleichungen

$$\begin{aligned} -x_1 + x_2 + x_3 &= 1 \\ x_1 - 2x_2 + x_4 &= 2 \\ x_1 + 2x_2 + x_5 &= 2 \\ x_1 + x_2 + x_6 &= 2 \end{aligned} \qquad (3.21)$$

so lautet die Matrix der Nebenbedingungen, ergänzt durch Schlupfvariable,

$$A = \begin{pmatrix} -1 & 1 & 1 & 0 & 0 & 0 \\ 1 & -2 & 0 & 1 & 0 & 0 \\ 1 & 2 & 0 & 0 & 1 & 0 \\ 1 & 1 & 0 & 0 & 0 & 1 \end{pmatrix}.$$

Für den Eckpunkt $(2,0)$ gilt dann tatsächlich $x_2 = x_4 = x_5 = x_6 = 0$, wie sich durch Einsetzen in obige Nebenbedingungen (3.21) ergibt. Dort verschwinden also mehr als $6 - 4 = 2$ der Variablen. Ebenso erhält man für den Eckpunkt $(0,1)$ die Werte der Schlupfvariablen zu $x_3 = 0, x_4 = 4, x_5 = 0, x_6 = 1$, also $x_1 = x_3 = x_5 = 0$, wiederum mehr als die verlangten zwei.

Vielleicht hat jemand Spaß an der rein algebraischen Bestimmung der Ecken mit Hilfe des folgenden Satzes:

Satz 3.10 *Seien mit $\vec{a}_1, \ldots, \vec{a}_{n+m}$ die Spaltenvektoren der Matrix $A = (a_{ik}) \in \mathbb{R}^{m,m+n}$ bezeichnet. $\vec{x} \in \mathbb{R}^{m+n}$ sei ein zulässiger Punkt. Dann ist $\vec{x}$ genau dann Eckpunkt, wenn die Spaltenvektoren von A, wie sie zur Numerierung der* **positiven** *Koordinaten von $\vec{x}$ gehören, linear unabhängig sind.*

Nehmen wir als zulässigen Punkt im obigen Beispiel 3.5, den Punkt $(1, 1, 23, 13)$, der in der Ebene als Punkt $(1, 1)$ dargestellt ist. Hier sind alle vier Koordinaten positiv. Der Punkt ist also genau dann Eckpunkt, wenn die vier Spaltenvektoren $\vec{a}_1, \ldots, \vec{a}_4$ linear unabhängig sind. Diese sind aber Vektoren im $\mathbb{R}^2$, davon können doch nur höchstens zwei linear unabhängig sein. Also, das war nichts, dieser Punkt ist wahrlich kein Eckpunkt.

Betrachten wir den Punkt $(3, 0, 24, 0)$, der in der Skizze ein Eckpunkt ist. Der erste und der dritte Spaltenvektor (die Koordinaten x_1 und x_3 sind $\neq 0$) sind offenbar linear unabhängig. Der Satz 3.10 gibt uns also denselben Hinweis, daß wir einen Eckpunkt gefunden haben.

Wir stellen noch einige Bezeichnungen zusammen, die sich im Rahmen der linearen Optimierung in der Literatur eingebürgert haben.

Definition 3.11 *Eine Basislösung ist ein zulässiger Punkt, in dem höchstens m Variable von Null verschiedene Werte besitzen.*

Diese Variablen nennt man dann Basisvariable. Die übrigen Variablen heißen Nichtbasisvariable oder Nullvariable.

Nach Definition 3.8 gilt also:

$$\text{Basislösung} = \text{Eckpunkt}$$

Nun können wir den Satz formulieren, der gewissermaßen der Hauptsatz dieses Kapitels ist.

Satz 3.12 *Es gelte $rg(A) = m$, und die Menge der zulässigen Punkte sei nicht leer. Dann nimmt die Zielfunktion ihren optimalen Wert in einem Eckpunkt an.*

Damit bietet sich ein ganz harmlos erscheinender Weg an, das Optimum zu suchen. Wir checken einfach sämtliche Ecken des gegebenen Polyeders der Reihe nach durch und suchen die Ecke mit dem optimalen Wert der Zielfunktion. Ja, aber wie findet man denn die Ecken? Davon gibt es bei Problemen mit ein paar mehr Nebenbedingungen reichlich viel. Der Weg, den Herr G. B. Dantzig schon 1947/48 vorschlug, vermeidet auf geschickte Weise weite Umwege und wählt sich die Ecken, die schneller zum optimalen Wert führen. Wir werden diesen Algorithmus im nächsten Abschnitt kennenlernen.

Möglicherweise hat ein solches Problem mehr als eine Lösung. Wenn aber zwei Eckpunkte den optimalen Wert der Zielfunktion liefern, so tut das auch jeder Punkt auf der Geraden zwischen diesen Eckpunkten. Um das zu demonstrieren, ändern wir im Beispiel 3.5 die Zielfunktion ab.

Beispiel 3.13 *Gesucht wird das Maximum der Zielfunktion*

$$f(x_1, x_2) = 4x_1 + 9x_2 = max$$

unter den Nebenbedingungen

$$4x_1 + 9x_2 \leq 36 \quad und \quad 8x_1 + 3x_2 \leq 24, \quad x_1, x_2 \geq 0.$$

Wie man leicht feststellt, ist nun die Zielfunktion parallel zu einer ganzen Kante des Polyeders. Man vergleiche die Abbildung 3.4 von Seite 143. Die beiden Eckpunkte $(0,4)$ und $(1.8, 3.2)$ liefern beide denselben Wert der Zielfunktion, nämlich 36, und dieser Wert ist optimal. Offensichtlich liefert aber auch jeder Wert auf der Kante, die von diesen beiden Eckpunkten bestimmt wird, denselben optimalen Wert.

Nun kann es auch passieren, daß ein lineares Optimierungsproblem keine Lösung besitzt. Schauen wir uns ein Beispiel dafür an.

Beispiel 3.14 *Gesucht ist das Maximum der Zielfunktion*

$$f(x_1, x_2) = 2x_1 + x_2$$

unter den Nebenbedingungen

$$\begin{array}{l} -x_1 + x_2 \leq 1 \\ x_1 - 2x_2 \leq 2 \end{array}, \quad x_1 \geq 0, \quad x_2 \geq 0$$

Eine graphische Darstellung zeigt die Abbildung 3.7 von Seite 149, aus der man das entstandene Ärgernis abliest. Der Bereich, in dem das Maximum gesucht wird, ist nicht beschränkt.

3.5 Der Simplex–Algorithmus

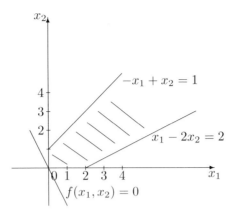

Abb. 3.7: Ein nicht lösbares Optimierungsproblem

3.5 Der Simplex–Algorithmus

Zur Beschreibung des oben bereits angekündigten Algorithmus führen wir die Tableau–Schreibweise ein.

Definition 3.15 *Unter einem Simplex–Tableau verstehen wir die folgende Tabelle:*

		$-x_1$	$-x_2$	$\ldots$	$-x_\varrho$	$\ldots$	$-x_n$
f	α_{00}	α_{01}	α_{02}	$\ldots$	$\alpha_{0\varrho}$	$\ldots$	$\alpha_{0,n}$
x_{n+1}	α_{10}	α_{11}	α_{12}	$\ldots$	$\alpha_{1\varrho}$	$\ldots$	$\alpha_{1,n}$
$\vdots$	$\vdots$	$\vdots$	$\vdots$		$\vdots$		$\vdots$
$x_{n+\mu}$	$\alpha_{\mu 0}$	$\alpha_{\mu 1}$	$\alpha_{\mu 2}$	$\ldots$	$\alpha_{\mu\varrho}$	$\ldots$	$\alpha_{\mu,n}$
$\vdots$	$\vdots$	$\vdots$	$\vdots$		$\vdots$		$\vdots$
x_{n+m}	α_{m0}	α_{m1}	α_{m2}	$\ldots$	$\alpha_{m\varrho}$	$\ldots$	$\alpha_{m,n}$

Zunächst wählen wir eine Ecke und bestimmen damit, welche Variablen wir zu Basisvariablen und welche zu Nullvariablen machen. Die erste Zeile enthält die Nichtbasisvariablen oder auch Nullvariablen, die wir sämtlich mit dem negativen Vorzeichen versehen. Das vereinfacht die Rechnung ein wenig. In der zweiten Zeile finden wir die Koeffizienten der Zielfunktion. α_{00} ist der Wert der zu minimierenden Funktion. Gehen wir von der Basislösung $x_1 = \cdots = x_n = 0$ aus, so ist also $\alpha_{00} = f(x_1,\ldots,x_n) = 0$. In den weiteren Spalten stehen die Koeffizienten der Nullvariablen, wobei wir diese – wie darübergesetzt – negativ führen. Die folgenden Zeilen enthalten die Koeffizienten der Nebenbedingungen, wobei diese Gleichungen jeweils nach den Basisvariablen, für die wir ja im ersten Schritt die Schlupfvariablen wählen können, aufgelöst wurden und die Nullvariablen wieder negativ geführt werden.

Der eigentliche Simplexalgorithmus wurde bereits 1947/48 von G. D. Dantzig entwickelt, aber erst 1960 in einer Arbeit schriftlich vorgestellt. Es handelt sich im wesentlichen darum, nicht sämtliche Ecken des Polyeders zu betrachten, sondern, von einem ersten Eckpunkt ausgehend, eine weitere Ecke so zu bestimmen, daß die Zielfunktion (bei einer Maximumsuche) ihren größten Zuwachs dort annimmt. Die Suche nach weiteren solchen Ecken geschieht dann stets auf die gleiche Weise. Da ein solches Polyeder nur endlich viele Ecken besitzt, endet die Suche nach endlich vielen Schritten. Die Anzahl dieser Schritte ist im Normalfall wesentlich kleiner als die Anzahl der Ecken.

Erläuterung: Im wesentlichen verläuft der Algorithmus in zwei Schritten.

- Bestimmung einer Anfangsecke
- Austausch mit einer Nachbarecke.

Das Simplexverfahren

$\boxed{1}$ Bestimme einen Eckpunkt und das zugehörige Simplextableau.

$\boxed{2}$ Falls $\alpha_{0j} \leq 0$, $j = 1, \ldots, n$, gehe zu Schritt $\boxed{4}$, sonst bestimme $\varrho \in \{1, \ldots, n\}$, so daß $\alpha_{0\varrho} > 0$. Falls mehrere der $\alpha_{0\varrho} > 0$ sind, so wähle das größte.

$\boxed{3}$ Falls $\alpha_{i\varrho} \leq 0$, $i = 1, \ldots, m$, gehe zu Schritt $\boxed{5}$, sonst bestimme die zu eliminierende μ-te Basisvariable: bestimme μ so, daß $\alpha_{\mu 0}/\alpha_{\mu\varrho}$ minimal ist, $\mu = 1, \ldots, m, \alpha_{\mu\varrho} > 0$. Tausche die μ-te Basisvariable und die ϱ-te Nichtbasisvariable und berechne das neue Simplextableau mit der Formel:

$$\alpha_{ij} := \begin{cases} 1/\alpha_{\mu\varrho} & i = \mu, j = \varrho \\ \alpha_{\mu j}/\alpha_{\mu\varrho} & i = \mu, j \neq \varrho \\ -\alpha_{i\varrho}/\alpha_{\mu\varrho} & i \neq \mu, j = \varrho \\ (\alpha_{ij}\alpha_{\mu\varrho} - \alpha_{i\varrho}\alpha_{\mu j})/\alpha_{\mu\varrho} & i \neq \mu, j \neq \varrho \end{cases} \quad (3.22)$$

Gehe zu Schritt $\boxed{2}$.

$\boxed{4}$ Stop: Das vorliegende Simplextableau ist optimal.

$\boxed{5}$ Stop: Die Zielfunktion ist nach unten unbeschränkt.

Der erste Schritt, eine Anfangsecke zu bestimmen, fällt uns bei der Standardaufgabe in den Schoß. Offensichtlich ist $0 = x_0 = x_1 = \cdots = x_n$, $x_{n+1}, \ldots, x_{n+m}$ eine passende Wahl. So haben wir das erste Tableau bereits angelegt.

3.5 Der Simplex–Algorithmus

Der zweite Schritt wird im Algorithmus in mehrere Schritte unterteilt. In 2 wird aus den jeweiligen Basisvariablen die ausgesucht, die zum Austausch freigegeben wird. In 3 wird der beste Tauschpartner gesucht und mit der Gleichung (3.22) der Tausch vollzogen. Wir wollen am Beispiel der Transportaufgabe im einzelnen erläutern, woher diese Formeln ihren Sinn beziehen.

3.5.1 Der Algorithmus am Beispiel der Transportaufgabe

Wir erläutern diesen Algorithmus am obigen Transportproblem, wie wir es in den Gleichungen (3.6) und (3.7) schon in einer reduzierten Form vorgestellt haben. Das erste Tableau gibt genau die Standardform der Aufgabe wieder. Wir wählen x_H, y_H als Nullvariable und damit $(0,0)$ als ersten Eckpunkt.

In der ersten Zeile stehen gerade nur die Nullvariablen mit negativem Vorzeichen. In der zweiten Zeile finden wir die Koeffizienten der Zielfunktion. Sie lautete für das Transportproblem, wenn wir die negativen Variablen bedenken

$$K(x_H, y_H) = 5x_H - 10y_H + 765 = (-5)(-x_H) + 10(-y_H) + 765.$$

Die ersten beiden Zeilen des Tableaus lauten damit:

		$-x_H$	$-y_H$
K	765	-5	10

Die weiteren Zeilen entstammen den Nebenbedingungen. Für jede der drei führen wir eine Schlupfvariable ein und schreiben sie in der Form:

$$x_H + y_H + x_3 = 9 \tag{3.23}$$
$$x_H + x_4 = 5 \tag{3.24}$$
$$y_H + x_5 = 6 \tag{3.25}$$
$$-x_H - y_H + x_6 = -5 \tag{3.26}$$

Das sind übrigens die alten Gleichungen aus (3.4) und (3.5). Aus dieser Form können wir die Matrix A und den Vektor $\vec{b}$ direkt ablesen:

$$A = \begin{pmatrix} 1 & 1 & 1 & 0 & 0 & 0 \\ 1 & 0 & 0 & 1 & 0 & 0 \\ 0 & 1 & 0 & 0 & 1 & 0 \\ -1 & -1 & 0 & 0 & 0 & 1 \end{pmatrix}, \quad \vec{b} = \begin{pmatrix} 9 \\ 5 \\ 6 \\ -5 \end{pmatrix}.$$

Die Spalten drei bis sechs der Matrix A zeigen uns direkt, daß die Matrix den Rang vier hat, also den vollen Zeilenrang. Die Voraussetzung $\operatorname{rg} A = m$, wobei m die Zeilenzahl bedeutete, ist also erfüllt. Gleichzeitig erkennen wir, daß bei der Form der Nebenbedingungen als Ungleichungen diese Bedingung stets erfüllt ist. Denn durch Einführung von Schlupfvariablen sehen die hinteren Spalten gerade so aus wie in obiger Matrix, und deren lineare Unabhängigkeit sieht man mit einem halben Auge. Diese Voraussetzung wird also erst relevant, wenn wir allgemeinere Nebenbedingungen in Gleichungsform vorgeben.

Jetzt lösen wir die entstandenen Gleichungen jeweils nach der Schlupfvariablen auf und berücksichtigen wieder die Vorzeichenumkehr.

$$x_3 = 9 + 1(-x_H) + 1(-y_H)$$
$$x_4 = 5 + 1(-x_H)$$
$$x_5 = 6 + 1(-y_H)$$
$$x_6 = -5 - 1(-x_H) - 1(-y_H)$$

Genau die hier entstandenen Zahlen bilden die weiteren Zeilen des Tableaus, das wir nun vervollständigen können.

1. Tableau:

		$-x_H$	$-y_H$
K	765	-5	10
x_3	9	1	1
x_4	5	1	0
x_5	6	0	$\boxed{1}$
x_6	-5	-1	-1

Damit ist der Schritt $\boxed{1}$ getan. Allerdings war es bis hierher nur ein anderes Aufschreiben der Aufgabe. Jetzt setzt der Algorithmus ernsthaft ein.

Im Schritt $\boxed{2}$ werden die Koeffizienten der Zielfunktion auf ihr Vorzeichen hin betrachtet. Ist keiner mehr positiv, so sind wir fertig. Der Koeffizient von $-y_H$ ist hier $10 > 0$. Wir wählen also $\varrho = 2$ (y_H ist ja die zweite Koordinate unseres Problems). In der Graphik bedeutet diese Wahl, daß wir auf der y_H-Achse einen weiteren Eckpunkt des Polyeders suchen wollen. Die jetzt zu berechnenden Quotienten $\alpha_{\mu 0}/\alpha_{\mu \varrho}$ sind, wenn wir die Geradengleichungen richtig deuten, die Schnittpunkte der das Polyeder bildenden Geraden mit der y_H-Achse. Davon wählen wir nur von den positiven den kleinsten, damit also den dem Nullpunkt am nächsten liegenden Eckpunkt im ersten Quadranten auf der y_H-Achse. Diesen Koeffizienten, der zur Basisvariablen x_5 gehört, haben wir vorsorglich schon umrahmt. Häufig wird er 'Pivotelement' genannt. Die so bestimmte Basisvariable wird nun gegen y_H getauscht. Das geschieht dadurch, daß wir die Nebenbedingung, in der x_5 enthalten ist, nach y_H auflösen und damit in allen anderen Gleichungen y_H ersetzen. $y_H = 6 - x_5$ impliziert

$$K(x_H, y_H) = K(x_H, y_5) = 5x_H - 60 + 10x_5 + 765$$
$$= 705 - 5(-x_H) - 10(-x_5)$$
$$x_3 = 3 - x_H + x_5$$
$$= 3 + 1(-x_H) - 1(-x_5)$$
$$x_4 = 5 + 1(-x_H) + 0(-x_5)$$
$$x_6 = -5 - (-x_H) - (-6 + x_5)$$

Genau diese Gleichungen sind es, die in das nächste Tableau übertragen werden. Diese Auflöserei verbirgt sich hinter den Formeln (3.22) im Schritt $\boxed{3}$ unseres Algorithmus, dessen Berechnungsvorschrift sich kurz so zusammenfassen läßt:

3.5 Der Simplex–Algorithmus

Tableaurechnung

1. Elemente außerhalb der Pivotzeile und Pivotspalte:
   Determinante einer (2×2)–Matrix berechnen, Division durch Pivotelement

2. Pivotzeile: Division durch Pivot–Element

3. Pivot–Spalte: Division durch Pivotelement, Vorzeichenumkehr

4. Pivotelement: Kehrwert

So gelangt man mit leichtem Schritt und frohem Sinn zum

2. Tableau:

		$-x_H$	$-x_5$
K	705	-5	-10
x_3	3	1	-1
x_4	5	1	0
y_H	6	0	1
x_6	1	-1	1

Wir sind bereits fertig; denn die Koeffizienten der Zielfunktion in der ersten Zeile sind alle negativ. Damit gelangen wir im Algorithmus zum Punkt $\boxed{4}$, und unser Tableau ist optimal.

Die Auswertung des letzten Tableaus geht nun folgendermaßen vor sich:

In der ersten Zeile stehen die Variablen, die im gegenwärtigen Zeitpunkt Nullvariable sind, hier ist also $x_H = x_5 = 0$. Aus der Skizze oder aus den Nebenbedingungen können wir damit entnehmen, welche Geraden zum gesuchten Eckpunkt führen, nämlich genau die, die mit diesen Variablen gebildet werden. Das sind die Geraden aus der Nebenbedingung (3.25) und der x_H–Achse. Die zweite Zeile enthält die Zielfunktion. Der gesuchte minimale Wert ist 705. Von den weiteren Zeilen ist jeweils nur die erste und die zweite Spalte interessant. Dort stehen die Werte, die die übrigen Variablen in diesem Eckpunkt annehmen. Wir entnehmen also $y_H = 6$, und wenn wir noch an den anderen Variablen interessiert sind, $x_3 = 3$, $x_4 = 5$. So haben wir denn auf rechnerischem Wege unsere Lösung des Transportproblems von Seite 142 wiedergefunden.

Tableauauswertung

1. Variable der ersten Zeile $= 0$

2. Variable der ersten Spalte: Wert in zweiter Spalte

3. Zielfunktion: zweite Zeile

4. minimaler Wert der Zielfunktion: Element $(2, 2)$

3.5.2 Sonderfälle

In diesem Abschnitt wollen wir uns mit drei Sonderfällen befassen, zunächst mit einem unlösbaren Problem (Beispiel 3.16), danach mit einem Problem, das mehrere Lösungen besitzt (Beispiel 3.13) und schließlich eine entartete Ecke mit dem Simplexalgorithmus angehen (Beispiel 3.18).

Wir kommen zurück auf das nichtlösbare Problem aus Beispiel 3.14 von Seite 148. Wir können auch am Simplexalgorithmus ablesen, daß dieses Problem leider keine Lösung besitzt.

Beispiel 3.16 *Dazu betrachten wir die Standardform, suchen also das Minimum der Funktion*

$$\widetilde{f}(x_1, x_2) = -2x_1 - x_2$$

unter den obigen Nebenbedingungen, die wir durch Einführung von zwei Schlupfvariablen x_3, x_4 auf die Gleichungsform bringen:

$$-x_1 + x_2 + x_3 = 1$$
$$x_1 - 2x_2 + x_4 = 2$$

Das erste Tableau lautet dann:

1. Tableau:

		$-x_1$	$-x_2$
$\widetilde{f}$	0	2	1
x_3	1	-1	1
x_4	2	**1**	-2

Da bei x_1 ein größerer Wert steht als bei x_2, tauschen wir x_1 aus. Nur bei x_4 finden wir einen Wert ≥ 0, also wird x_1 gegen x_4 getauscht. Wir haben diesen Punkt bereits durch Umrahmung hervorgehoben. Daraus berechnen wir nach dem Algorithmus das zweite Tableau:

2. Tableau:

		$-x_4$	$-x_2$
$\widetilde{f}$	-4	-2	5
x_3	3	1	-1
x_1	2	1	-2

Klar, daß wir hier nun x_2 austauschen wollen. Aber gegen welche Variable sollen wir tauschen? In der Spalte unter x_2 sind nur negative Werte zu finden. Genau zu diesem Fall gibt uns der Algorithmus die Antwort: Beende das Verfahren, denn die Zielfunktion ist unbeschränkt.

Als zweites Beispiel betrachten wir die Aufgabe 3.13 von Seite 148, bei der eine ganze Polygonseite den maximalen Wert erbrachte. Wie wirkt sich das im Algorithmus aus?

3.5 Der Simplex–Algorithmus

Beispiel 3.17 *Gesucht wird das Maximum der Zielfunktion*

$$f(x_1, x_2) = 4x_1 + 9x_2 = max$$

unter den Nebenbedingungen

$$4x_1 + 9x_2 \leq 36 \quad und \quad 8x_1 + 3x_2 \leq 24, \quad x_1, x_2 \geq 0.$$

Wir sind ja nun schon so erfahren, daß wir uns auf die Wiedergabe der Tableaus beschränken können.

1. Tableau:

		$-x_1$	$-x_2$
$\widetilde{f}$	0	4	$\boxed{9}$
x_3	36	4	9
x_4	24	8	3

$\longrightarrow$ 2. Tableau:

		$-x_1$	$-x_3$
$\widetilde{f}$	-36	0	-1
x_2	4	4/9	1/9
x_4	12	20/3	$-1/3$

Wir sind bereits am Ende. Alle Koeffizienten der ersten Reihe sind negativ oder gleich Null. Basisvariable sind dann x_1 und x_3. Beide gleich Null liefert den Eckpunkt $(0,4)$ mit dem minimalen Wert $\widetilde{f}(0,4) = -36$, also dem maximalen Wert der Ausgangszielfunktion $f(0,4) = 36$, wie das Gesetz es befahl, nein, wie es die Graphik ergab.

Betrachten wir nun noch zum zweiten Mal das Beispiel 3.9, das uns aus der graphischen Darstellung (vgl. S. 146) zwei entartete Eckpunkte bescherte.

Beispiel 3.18 *Gesucht ist das Maximum der Zielfunktion*

$$f(x_1, x_2) = 2x_1 + x_2$$

unter den Nebenbedingungen

$$\begin{aligned} -x_1 + x_2 &\leq 1 \\ x_1 - 2x_2 &\leq 2 \\ x_1 + 2x_2 &\leq 2 \\ x_1 + x_2 &\leq 2 \end{aligned}, \quad x_1 \geq 0, \quad x_2 \geq 0$$

Bei der praktischen Berechnung mit dem Simplexalgorithmus wird eine solche Entartung fast unmerklich übergangen. Der Algorithmus bleibt einfach an dieser Ecke eine oder mehrere Runden lang stehen. Schließlich wird er aber weitergeführt und findet seinen optimalen Wert. Wir schreiben die Tableaus kurz auf, um das Verhalten zu demonstrieren.

Das erste Tableau lautet, wenn wir das Minimum der Funktion $\widetilde{f}(x_1, x_2) = -2x_1 - x_2$ suchen:

1. Tableau:

		$-x_1$	$-x_2$
$\widetilde{f}$	0	2	1
x_3	1	-1	1
x_4	2	$\boxed{1}$	-2
x_5	2	1	2
x_6	2	1	1

Der Koeffizient von $\widetilde{f}$ ist bei x_1 am größten, also wird x_1 getauscht. Die Quotienten im zweiten Schritt des Algorithmus sind hier nun alle gleich, nämlich gleich 2. Ohne irgendeinen Grund wählen wir als zu tauschende Variable x_4. Wir werden gleich anschließend zeigen, wie sich die Wahl x_5 auswirken würde. Mit dieser Wahl der Basisvariablen x_2 und x_4 haben wir die entscheidende Ecke bereits erreicht. Aber der Algorithmus will noch etwas arbeiten.

2. Tableau:

		$-x_4$	$-x_2$
$\widetilde{f}$	-4	-2	5
x_3	3	1	-1
x_1	2	1	-2
x_5	0	-1	$\boxed{4}$
x_6	0	-1	3

Hier muß also noch einmal x_2 getauscht werden. Als Quotienten erhalten wir in der vorletzten und in der letzten Zeile des Tableaus jeweils den Wert 0. Wir entscheiden uns, x_5 auszutauschen. Das führt zum

3. Tableau:

		$-x_4$	$-x_5$
$\widetilde{f}$	-4	$-3/4$	$-5/4$
x_3	3	$3/4$	$1/4$
x_1	2	$2/4$	$1/2$
x_2	0	$-1/4$	$1/4$
x_6	0	$-1/4$	$-4/4$

Jetzt meldet der Algorithmus, das Ende sei erreicht, da die Koeffizienten in der Zielfunktion negativ sind. Der Wert der Zielfunktion war schon im 2. Tableau -4. Dieses Minimum wird an der Stelle $(x_1, x_2) = (2, 0)$ angenommen, wie wir es aus der Skizze entnommen haben.

Hätten wir uns oben für die Variable x_5 als auszutauschende entschieden, wäre uns eine Runde Simplex erspart geblieben. Das zweite Tableau lautet dann nämlich:

2. Tableau:

		$-x_5$	$-x_2$
$\widetilde{f}$	-4	-2	-3
x_3	3	1	3
x_4	0	-1	-4
x_1	2	1	2
x_6	0	-1	-1

Der minimale Wert wird bei $(x_1, x_2) = (2, 0)$ angenommen, und er beträgt -4 wie oben.

Wir schließen dieses Kapitel mit einem Anwendungsbeispiel, wie man es zwar in Schulbüchern findet, aber wohl kaum noch ernstlich in der Praxis. Dort handelt man nicht mit zwei Unbekannten und drei Nebenbedingungen, sondern hat tausend Unbekannte, die vielleicht zwanzigtausend Nebenbedingungen genügen müssen. Die Probleme, die sich bei der Behandlung solcher umfangreicher Aufgaben auftun, können wir hier natürlich

3.5 Der Simplex–Algorithmus

nicht erörtern. Sie sind Gegenstand der modernen Forschung. Unser Beispiel soll lediglich demonstrieren, wie man aus praktischen Vorgaben das mathematische Modell entwirft, um es anschließend mit unserem Algorithmus zu lösen.

Beispiel 3.19 *Eine Fabrik stellt Küchenmaschinen in den Modellen K_1 und K_2 her. Für die Herstellung werden drei Maschinen M_1, M_2 und M_3 mit folgendem Zeitaufwand (in Stunden) verwendet:*

	M_1	M_2	M_3
K_1	1	2/3	1
K_2	1	4/3	2/3

Werden an einem achtstündigen Arbeitstag x_1 Stück von dem Modell K_1 und x_2 Stück von dem Modell K_2 hergestellt, so errechnet sich der Tagesgewinn nach

$$G(x_1, x_2) = 15x_1 + 20x_2.$$

Bestimmen Sie graphisch, wieviel Stück von K_1 und K_2 täglich (also in 8 Stunden) hergestellt werden müssen, damit der höchste Gewinn erzielt wird?

Dies ist eine weitere typische Anwendungsaufgabe, bei der uns die Gewinnfunktion vorgegeben ist, aber die Nebenbedingungen müssen noch aus der Tabelle für den Zeitaufwand in mathematische Form gegossen werden.

Nun, jede Maschine hat acht Stunden pro Tag zu schaffen. Die Tabelle sagt uns, wieviel Zeit jede Maschine für ein Stück benötigt. Daraus gewinnen wir die Nebenbedingungen:

$$\begin{aligned} x_1 + x_2 &\leq 8 &\iff&& x_1 + x_2 &\leq 8 \\ \tfrac{2}{3}x_1 + \tfrac{4}{3}x_2 &\leq 8 &\iff&& 2x_1 + 4x_2 &\leq 24 \\ x_1 + \tfrac{2}{3}x_2 &\leq 8 &\iff&& 3x_1 + 2x_2 &\leq 24 \end{aligned} \quad (3.27)$$

Wir haben wieder mit Schulkenntnissen die zugehörige Abbildung 3.8 auf Seite 158 bereitgestellt.

Wir sehen, daß die Aufgabe entartet ist. Durch den Eckpunkt $(8,0)$ gehen mehrere Geraden, die von den Nebenbedingungen herrühren. Die Abbildung zeigt uns weiter, daß der maximale Gewinn im Eckpunkt $(4,4)$ angenommen wird. Der Gewinn beträgt dort

$$G(4,4) = 15 \cdot 4 + 20 \cdot 4 = 140.$$

Wir kommen zum Simplexalgorithmus für diese Aufgabe.

Durch Einführung von drei Schlupfvariablen x_3, x_4, x_5 werden aus den Ungleichungen Gleichungen. Die Matrix A für die Nebenbedingungen lautet

$$A = \begin{pmatrix} 1 & 1 & 1 & 0 & 0 \\ 2 & 4 & 0 & 1 & 0 \\ 3 & 2 & 0 & 0 & 1 \end{pmatrix}. \quad (3.28)$$

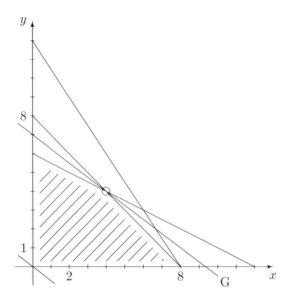

Abb. 3.8: Lösung von Beispiel 3.10

Offensichtlich hat auch diese Matrix den vollen Zeilenrang 3. Statt den höchsten Gewinn der Gewinnfunktion G zu suchen, werden wir uns auf den minimalen Wert der Funktion

$$f(x) = -15x_1 - 20x_2 \tag{3.29}$$

spitzen, um damit die Standardform zu bearbeiten.

Das erste Tableau lautet so:

1. Tableau:

		$-x_1$	$-x_2$
f	0	15	20
x_3	8	1	1
x_4	24	2	4
x_5	24	3	2

Wir tauschen x_2 gegen x_4 und erhalten das

2. Tableau:

		$-x_1$	$-x_4$
f	-120	5	-5
x_3	2	1/2	-1/4
x_2	6	1/2	1/4
x_5	12	2	-1/2

Hier tauschen wir noch einmal x_1 gegen x_3, um damit das Endtableau zu erhalten:

3. Tableau:

		$-x_3$	$-x_4$
f	-140	-10	-5/2
x_1	4	2	-1/2
x_2	4	-1	1/2
x_5	4	-4	1/2

Als Lösung entnehmen wir diesem Tableau, daß $x_1 = x_2 = 4$ der Eckpunkt mit dem minimalen Wert der Zielfunktion

$$f(4,4) = -140 \iff G(4,4) = 140$$

ist, was wir oben an der Zeichnung bereits gesehen haben.

Auch hier sieht man, daß der Entartungsfall dem Algorithmus gar nicht aufgefallen ist. Er arbeitet über diesen Punkt ohne Hindernis hinweg.

4 Interpolation

4.1 Polynominterpolation

4.1.1 Aufgabenstellung

Eine häufig in den Anwendungen zu findende Aufgabe besteht darin, gegebene Punkte in der Ebene durch eine Kurve zu verbinden. Dahinter verbirgt sich mathematisch eine Interpolationsaufgabe, die wir folgendermaßen charakterisieren:

Definition 4.1 *Unter einer Interpolationsaufgabe mit Polynomen verstehen wir das folgende Problem:*
Gegeben seien $N+1$ Punkte in der Ebene: (x_0, y_0), $(x_1, y_1), \ldots, (x_N, y_N)$. *Wir nennen $x_0, \ldots, x_N$ die* **Stützstellen**.
Gesucht wird ein Polynom p möglichst niedrigen Grades mit der Eigenschaft:

$$p(x_0) = y_0, \; p(x_1) = y_1, \ldots, \; p(x_N) = y_N \qquad (4.1)$$

Da ein Polynom N–ten Grades tatsächlich $N+1$ unbekannte Koeffizienten aufweist und in obiger Aufgabe genau $N+1$ Punkte vorgegeben sind, wird man intuitiv erwarten, daß es in der Regel genau ein solches Polynom N-ten Grades geben wird, welches unsere Aufgabe löst. Schließlich entsteht ja bei der Interpolation ein einfaches lineares Gleichungssystem. Mit dem Ansatz

$$p(x) = a_0 + a_1 x + a_2 x^2 + \cdots + a_n x^N \qquad (4.2)$$

erhalten wir die folgenden $n+1$ Gleichungen:

$$\begin{aligned} p(x_0) &= a_0 + a_1 x_0 + a_2 x_0^2 + \cdots + a_N x_0^N = y_0 \\ p(x_1) &= a_0 + a_1 x_1 + a_2 x_1^2 + \cdots + a_N x_1^N = y_1 \\ p(x_2) &= a_0 + a_1 x_2 + a_2 x_2^2 + \cdots + a_N x_2^N = y_2 \\ &\vdots \qquad \qquad \vdots \\ p(x_N) &= a_0 + a_1 x_N + a_2 x_N^2 + \cdots + a_N x_N^N = y_N \end{aligned} \qquad (4.3)$$

In diesem (quadratischen) System sind die $a_i, i = 0, \ldots, N$, die Unbekannten. Nach dem Alternativsatz für lineare Systeme hat es genau eine Lösung dann und nur dann, wenn die Determinante des Systems nicht verschwindet. Schauen wir uns also zuerst die Systemmatrix genauer an.

$$A = \begin{pmatrix} 1 & x_0 & x_0^2 & \cdots & x_0^N \\ 1 & x_1 & x_1^2 & \cdots & x_1^N \\ \vdots & & & & \vdots \\ 1 & x_N & x_N^2 & \cdots & x_N^N \end{pmatrix} \qquad (4.4)$$

Definition 4.2 *Die in Gleichung (4.4) auftretende Matrix heißt Vandermonde–Matrix.*

Für diese Matrix können wir unter einer leichten Einschränkung an die Stützstellen ihre Regularität beweisen.

Satz 4.3 *Die Vandermonde–Matrix des Systems (4.3) ist regulär, falls die Stützstellen paarweise verschieden sind.*

Hier wollen wir den Beweis vorführen; denn einmal ist er ganz pfiffig gemacht, und zum zweiten entnimmt man erst dem Beweis den wahren Grund für die Einschränkung an die Stützstellen.

Wir zeigen, daß die Determinante dieser Matrix nicht verschwindet. Dazu entwickeln wir sie nach der letzten Zeile. Das ergibt

$$\det A = (-1)^N \cdot 1 \begin{vmatrix} \cdots \end{vmatrix} + (-1)^{N+1} \cdot x_N \begin{vmatrix} \cdots \end{vmatrix} + \cdots + (-1)^{2N} \cdot x_N^N \begin{vmatrix} 1 & x_0 & x_0^{N-1} \\ \vdots & & \vdots \\ 1 & x_{N-1} & x_{N-1}^{N-1} \end{vmatrix}$$

Das ist ein Polynom in x_N vom Grad N. Der Vorfaktor vor dem letzten Summanden ist dabei 1, da $2N$ eine gerade Zahl ist. Bezüglich dieser Variablen x_N hat das Polynom die Nullstellen $x_0, x_1, \ldots, x_{N-1}$; denn setzt man $x_N = x_0$, so sind in der Matrix A die erste und die letzte Zeile identisch, ihre Determinante verschwindet also. Das gleiche passiert für $x_N = x_1, \ldots, x_N = x_{N-1}$. Das Polynom ist also von der Form

$$\det A = c \cdot (x_N - x_0) \cdots (x_N - x_{N-1}).$$

Klammert man das alles aus, so entsteht als erstes ein Term $c \cdot x_N^N$. Das ist fein, denn oben hatten wir die Determinante ja auch schon in der Form hingeschrieben. Jetzt können wir also einen Koeffizientenvergleich durchführen und erhalten

$$c = \begin{vmatrix} 1 & x_0 & \cdots & x_0^{N-1} \\ \vdots & \vdots & & \vdots \\ 1 & x_{N-1} & \cdots & x_{N-1}^{N-1} \end{vmatrix}.$$

Das ist eine um eine Zeile und Spalte kleinere Vandermonde–Matrix. Nach dem gleichen Schluß wie oben ist diese Determinante von der Form

$$d(x_{N-1} - x_0) \cdots (x_{N-1} - x_{N-2}).$$

Jetzt wiederholen wir die Schlußweise (ein Mathematiker ist aufgefordert, hier eine leichte Induktion durchzuführen) und bekommen als Endresultat

$$\det A = \prod_{0 \leq i < j \leq N} (x_j - x_i). \tag{4.5}$$

Nun kann endlich die Frage beantwortet werden, warum die Voraussetzung über die Stützstellen gemacht werden muß. Hier sieht man, daß diese Determinante nur ungleich

4.1 Polynominterpolation

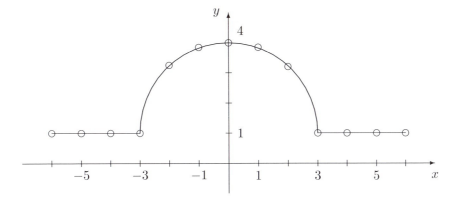

Abb. 4.1: Tunneldaten

0 ist, wenn die Stützstellen paarweise verschieden sind. Damit ist der Beweis vollständig erbracht. □

Damit haben wir aber sogleich nach dem Alternativsatz für lineare Gleichungssysteme die Bedingung dafür gefunden, daß unsere Interpolationsaufgabe lösbar ist.

Satz 4.4 *Genau dann, wenn die Stützstellen $x_0, \ldots, x_N$ paarweise verschieden, so gibt es genau ein Polynom p vom Grad kleiner oder gleich n, das unsere Interpolationsaufgabe (4.1) löst.*

Beispiel 4.5 *Wir betrachten die folgende Interpolationsaufgabe.
Gegeben seien in der (x,y)-Ebene die 13 Punkte:*

x_i	−6	−5	−4	−3	−2	−1	0	1	2	3	4	5	6
y_i	1	1	1	1	$1+\sqrt{5}$	$1+\sqrt{8}$	4	$1+\sqrt{8}$	$1+\sqrt{5}$	1	1	1	1

Bestimmen Sie das Polynom $p(x)$, welches diese Punkte interpoliert.

Hier ist es ganz instruktiv, sich die gegebenen Punkte in der Ebene zu veranschaulichen, wie wir es in der Abbildung 4.1 auf Seite 163 getan haben.

Die Daten beschreiben den Querschnitt durch einen Tunnel. Besonders hinterhältig ist der senkrechte Anstieg bei $x = -3$ und $x = 3$. Da hat natürlich jede Interpolation ihre Probleme.

Versuchen wir erst mal, mit der Originalmethode ans Ziel zu gelangen. In den Ansatz (4.2) setzen wir obige Punkte ein und erhalten mit $N = 12$ das System

$$p(-6) = a_0 + a_1(-6) + a_2(-6)^2 + a_3(-6)^3 + \cdots + a_{12}(-6)^{12} = 1$$
$$p(-5) = a_0 + a_1(-5) + a_2(-5)^2 + a_3(-5)^3 + \cdots + a_{12}(-5)^{12} = 1$$
$$p(-4) = a_0 + a_1(-4) + a_2(-4)^2 + a_3(-4)^3 + \cdots + a_{12}(-4)^{12} = 1$$
$$\vdots \qquad \vdots$$
$$p(1) = a_0 + a_1 1 + a_2 1^2 + a_3 1^3 + \cdots + a_{12} 1^{12} = \sqrt{8} + 1$$
$$\vdots \qquad \vdots$$
$$p(6) = a_0 + a_1 6 + a_2 6^2 + a_3 6^3 + \cdots + a_{12} 6^{12} = 1$$

Ehrlich, wer hat schon Lust, solch ein Gleichungssystem zu lösen? Dies wäre noch kein schwerwiegender Einwand, obwohl sehr viel neue Erkenntnis auch aus einer gewissen Faulheit herrührt. Der entscheidendere Grund, hier nicht weiter zu arbeiten, liegt im System begründet. Wir finden kleine Zahlen neben sehr großen Elementen in der Matrix. Das bereitet in der Regel große Probleme bei der numerischen Berechnung. Diese Vandermonde-Matrizen sind sehr schlecht konditioniert. Obige mit der Reihenzahl 13 hat die Kondition

$$\text{cond}(A) = \frac{480\,132\,009\,101\,824}{51\,975} \approx 10^{10}.$$

Ihre Determinante ist zwar für die Numerik nicht sehr wesentlich, aber die Zahl ist so eindrucksvoll (Dank an Maple):

$$\det(A) = 127\,313\,963\,299\,399\,416\,749\,559\,771\,247\,411\,200\,000\,000\,000 \approx 10^{45}.$$

Ohne guten Rechner und ein noch besseres Programm wird man hier wohl die Segel streichen müssen.

Wir werden uns also zunächst nach besseren Methoden umsehen, ehe wir dieses Beispiel lösen.

4.1.2 Lagrange–Interpolation

Der Satz 4.4 sagt uns nicht nur, daß es eine Lösung der Interpolationsaufgabe (4.1) gibt, sondern er ist in seinem Beweis sogar konstruktiv und gibt ein Verfahren an, mit dem man die Aufgabe tatsächlich lösen kann, wie wir im Beispiel 4.5 gesehen haben. Aber wie das so geht im Leben, nicht jede Möglichkeit ist eine gute Idee. Diese hier ist sogar ausgesprochen schlecht, vergleichbar mit der Cramerschen Regel zur Lösung von linearen Gleichungssystemen. Böse Zungen vergleichen wegen solcher Regeln Mathematiker mit Eunuchen, die zwar wissen, wie „es" geht, „es" aber nicht können.

In diesem Abschnitt setzen wir noch eins drauf, indem wir ein Verfahren schildern, das den gleichen Nachteil besitzt, nämlich praktisch völlig unbrauchbar zu sein, obwohl es sehr einfach zu erklären und zu durchschauen ist. Joseph Louis de Lagrange hat sich das vor ca. zweihundert Jahren einfallen lassen.

4.1 Polynominterpolation

Definition 4.6 *Die Polynome*

$$\varphi_{N,j}(x) = \frac{(x-x_0)(x-x_1)\cdots(x-x_{j-1})(x-x_{j+1})\cdots(x-x_N)}{(x_j-x_0)(x_j-x_1)\cdots(x_j-x_{j-1})(x_j-x_{j+1})\cdots(x_j-x_N)}, \quad (4.6)$$
$$j = 0, 1, \ldots, N.$$

heißen **Lagrange–Grundpolynome** *zu den Stützstellen* $x_0, \ldots, x_N$.

Die nächste Eigenschaft dieser Lagrange–Grundpolynome fällt geradezu ins Auge:

Satz 4.7 *Das Lagrange-Grundpolynom* $\varphi_{N,j}$ *hat an der Stützstelle* x_j *den Wert 1, an allen anderen Stützstellen verschwindet es. Mit dem Kroneckersymbol*

$$\delta_{i,j} := \begin{cases} 1 & \text{für } i = j \\ 0 & \text{für } i \neq j \end{cases}, \quad (4.7)$$

schreibt sich dies

$$\varphi_{n,j}(x_i) = \delta_{i,j}, \quad i,j = 0, \ldots, N. \quad (4.8)$$

Damit ist es nun leicht, das Interpolationspolynom, welches der Interpolationsaufgabe (4.1) genügt, anzugeben. Benutzt man für φ zur Abkürzung die Produktschreibweise, so gilt:

Satz 4.8 *Das einzige Polynom, welches die Interpolationsaufgabe (4.1) löst, lautet*

$$p_N(x) = \sum_{j=0}^{N} y_j \prod_{\substack{k=0 \\ k \neq j}}^{N} \frac{x-x_k}{x_j-x_k}.$$

Dieses Interpolationspolynom heißt **Lagrangesches Interpolationspolynom**.

Beweis: Der Beweis erübrigt sich fast. Offensichtlich handelt es sich um ein Polynom N-ten Grades. Die Interpolationseigenschaften ergeben sich direkt mit (4.8). □

Damit haben wir quasi durch Konstruktion des Polynoms seine Existenz gezeigt, die Einzigkeit wurde ja schon im Satz 4.4 nachgewiesen.

Hier wird die Parallelität zur unnutzbaren Cramerschen Regel für Gleichungssysteme noch deutlicher. Offensichtlich ist es kein Thema, das Polynom direkt hinzuschreiben, wie wir es im folgenden Beispiel vorführen. Für theoretische Zwecke leistet Lagrange also Gutes. Wir werden aber anschließend über die Nachteile dieser Methode einiges sagen.

Beispiel 4.9 *Seien die folgenden Punkte in der Ebene gegeben:*

x_i	-3	-1	1	3	5
y_i	-14	6	2	22	114

Wir bestimmen das diese Punkte interpolierende Polynom nach Lagrange.

Die Antwort bedarf keiner weiteren Erläuterung, wir schreiben die Lösung einfach auf:

$$p_4(x) = -14 \frac{(x+1)(x-1)(x-3)(x-5)}{(-3+1)(-3-1)(-3-3)(-3-5)}$$
$$+6 \frac{(x+3)(x-1)(x-3)(x-5)}{(-1+3)(-1-1)(-1-3)(-1-5)} + 2 \frac{(x+3)(x+1)(x-3)(x-5)}{(1+3)(1+1)(1-3)(1-5)}$$
$$+22 \frac{(x+3)(x+1)(x-1)(x-5)}{(3+3)(3+1)(3-1)(3-5)} + 114 \frac{(x+3)(x+1)(x-1)(x-3)}{(5+3)(5+1)(5-1)(5-3)}$$

Hier nun noch eine Umordnung nach Potenzen von x vorzunehmen, führt mit Sicherheit zu einer Unordnung – es sei denn, man läßt das einen dummen Rechner durchführen.

Beispiel 4.10 *Gegeben sei die Interpolationsaufgabe von Beispiel 4.5.*

x_i	-6	-5	-4	-3	-2	-1	0	1	2	3	4	5	6
y_i	1	1	1	1	$1+\sqrt{5}$	$1+\sqrt{8}$	4	$1+\sqrt{8}$	$1+\sqrt{5}$	1	1	1	1

Wie lautet das Interpolationspolynom nach Lagrange?

Wir müssen hier lediglich eine ziemlich lange Summe von Lagrange–Grundpolynomen mit den zugehörigen y–Werten als Vorfaktoren hinschreiben. Jeder Summand ist dabei ein Polynom 12. Grades. Wir deuten das nur mal an; denn es ist schrecklich:

$$p_{12}(x) = 1 \cdot \frac{(x+5)(x+4)(x+3)(x+2)(x+1)x}{(-6+5)(-6+4)(-6+3)(-6+2)(-6+1)(-6)} \cdot$$
$$\cdot \frac{(x-1)(x-2)(x-3)(x-4)(x-5)(x-6)}{(-6-1)(-6-2)(-6-3)(-6-4)(-6-5)(-6-6)} + \cdots$$

Vielleicht möchte jemand dieses Polynom nach Potenzen von x sortieren. Natürlich gibt es dafür Programme. Aber man sieht auch so, welch Ungetüm da entsteht. Dies ist einer der wesentlichen Nachteile der Lagrange–Interpolation.

Ein zweiter Nachteil zeigt sich, wenn vielleicht durch eine weitere Messung ein zusätzlicher Datenpunkt gewonnen wird und nun in das Polynom eigearbeitet werden muß. Dann ist die gesamte Rechnung neu durchzuführen; denn jetzt besteht ja jeder Summand aus einem Polynom 13. Grades. Also diese Idee hat theoretisch ihr Gutes, aber praktisch ist sie wirklich nicht.

4.1.3 Newton–Interpolation

Vor ungefähr dreihundert Jahren, also hundert Jahre vor Lagrange hat Sir Isaac Newton die folgende Idee vorgestellt.

Definition 4.11 *Der **Newton–Ansatz** zur Lösung der Interpolationsaufgabe (4.1) lautet:*

$$p(x) = a_0 + a_1(x - x_0) + a_2(x - x_0) \cdot (x - x_1) + \cdots$$
$$\cdots + a_N(x - x_0) \cdot (x - x_1) \cdot \ldots \cdot (x - x_{N-1}) \tag{4.9}$$

4.1 Polynominterpolation

Man beachte hier, daß im letzten Summanden die Stützstelle x_N nicht explizit vorkommt. Es dürfen ja auch nur N Faktoren sein, um ein Polynom N–ten Grades zu erzeugen. Die Stützstelle x_N spielt natürlich trotzdem ihre Rolle, indem sie zur Berechnung der Koeffizienten $a_0, \ldots, a_N$ herhalten muß, wie wir jetzt zeigen werden.

Wenn wir in obigen Newton–Ansatz die Stützstelle x_0 einsetzen, so folgt (das ist ja gerade der Witz dieses Ansatzes!)

$$p(x_0) = a_0.$$

Die verlangte Interpolationseigenschaft bedeutet dann

$$a_0 = y_0, \tag{4.10}$$

womit wir schon den ersten Koeffizienten bestimmt haben.

Setzen wir nun x_1 in den Ansatz ein, so folgt

$$p(x_1) = a_0 + a_1(x_1 - x_0) = y_1.$$

Aufgelöst nach a_1 folgt

$$a_1 = \frac{y_1 - y_0}{x_1 - x_0}. \tag{4.11}$$

Diesen Term nennt man aus leicht ersichtlichen Gründen den ersten **Differenzenquotienten**. Dieser Erfolg ermuntert uns, so fortzufahren und $p(x_2)$ zu berechnen:

$$p(x_2) = y_0 + a_1(x_2 - x_0) + a_2(x_2 - x_0) \cdot (x_2 - x_1) = y_2.$$

Daraus ermitteln wir

$$a_2 = \frac{\dfrac{y_2 - y_0}{x_2 - x_0} - a_1}{x_2 - x_1}. \tag{4.12}$$

In dieser Form findet man diesen **zweiten Differenzenquotienten** tatsächlich in der Literatur. Wir wollen ihn noch etwas verändern, um das anschließende Schema plausibel zu machen. Aus dem ersten Differenzenquotienten entnehmen wir

$$y_0 = y_1 - a_1(x_1 - x_0),$$

und damit geht folgende Umformung:

$$\begin{aligned}
a_2 &= \frac{y_2 - y_1 + a_1(x_1 - x_0)}{(x_2 - x_0)(x_2 - x_1)} - \frac{a_1}{x_2 - x_1} \\
&= \frac{y_2 - y_1}{(x_2 - x_0)(x_2 - x_1)} + \frac{a_1(x_1 - x_2 + x_2 - x_0)}{(x_2 - x_0)(x_2 - x_1)} - \frac{a_1}{x_2 - x_1} \\
&= \frac{y_2 - y_1}{(x_2 - x_0)(x_2 - x_1)} - \frac{a_1}{x_2 - x_0} + \frac{a_1}{x_2 - x_1} - \frac{a_1}{x_2 - x_1} \\
&= \frac{\dfrac{y_2 - y_1}{x_2 - x_1} - \dfrac{y_1 - y_0}{x_1 - x_0}}{x_2 - x_0}.
\end{aligned}$$

Hier sieht man, warum dieser Quotient zweiter Differenzenquotient heißt; im Zähler steht die Differenz von zwei ersten Differenzenquotienten und im Nenner die zugehörige Differenz der Stützstellen. Durch vollständige Induktion läßt sich nun zeigen, daß auch die weiteren Koeffizienten $a_3, \ldots, a_N$ als Differenzenquotienten berechenbar sind. Wir schenken uns die durchaus aufwendige Herleitung. Als Bezeichnung hat sich folgende Schreibweise mit eckigen Klammern eingebürgert:

Differenzenquotienten

$$[x_0] := a_0 = y_0$$

$$[x_1, x_0] := a_1 = \frac{y_1 - y_0}{x_1 - x_0}$$

$$[x_2, x_1, x_0] := a_2 = \frac{[x_2, x_1] - [x_1, x_0]}{x_2 - x_0}$$

$$[x_3, x_2, x_1, x_0] := a_3 = \frac{[x_3, x_2, x_1] - [x_2, x_1, x_0]}{x_3 - x_0}$$

$$[x_N, \ldots, x_0] := a_N = \frac{[x_N, \ldots, x_1] - [x_{N-1}, \ldots, x_0]}{x_N - x_0}$$

Mit diesen Bezeichnungen schreibt sich nun der Newton–Ansatz so:

$$p(x) = [x_0] + [x_1, x_0](x - x_0) + \cdots$$
$$\cdots + [x_N, \ldots, x_0](x - x_0) \cdot (x - x_1) \cdot \ldots \cdot (x - x_{N-1}). \qquad (4.13)$$

Die Berechnung der Differenzenquotienten geschieht dabei nach folgendem Schema. Wir schreiben die gegebenen Stützstellen untereinander als Spalte; als zweite Spalte schreiben wir daneben die gegebenen y–Werte. In die dritte Spalte, jeweils versetzt zwischen die y–Werte, kommen die ersten Differenzenquotienten, wieder versetzt in die vierte Spalte die zweiten Differenzenquotienten und so fort. Die gesuchten Koeffizienten haben wir im folgenden Schema umrahmt:

$$\begin{array}{cccccc}
x_0 & \boxed{[x_0]} & & & & \\
& & [x_1, x_0] & & & \\
x_1 & y_1 & & [x_2, x_1, x_0] & & \\
& & [x_2, x_1] & & [x_3, x_2, x_1, x_0] & \\
x_2 & y_2 & & [x_3, x_2, x_1] & & \boxed{[x_4, x_3, x_2, x_1, x_0]} \\
& & [x_3, x_2] & & [x_4, x_3, x_2, x_1] & \\
x_3 & y_3 & & [x_4, x_3, x_2] & & \\
& & [x_4, x_3] & & & \\
x_4 & y_4 & & & & \\
\end{array}$$

4.1 Polynominterpolation

Hier erkennt man neben der leichten Berechenarkeit auch zugleich den zweiten großen Vorteil der Newton–Interpolation. Wird ein weiterer Stützpunkt gegeben mit zugehörigem y–Wert, so kann die bisherige Rechnung vollständig übernommen werden. An obiges Schema wird schlicht eine Zeile unten angefügt, dann werden die neuen Differenzenquotienten gebildet und als Ergebnis ein weiterer Term additiv an das alte Polynom angehängt.

Beispiel 4.12 *Versuchen wir uns an den Vorgabepunkten von Beispiel 4.9 (Seite 165)*

x_i	−3	−1	1	3	5
y_i	−14	6	2	22	114

und bestimmen das zugehörige Interpolationspolynom nach Newton.
Anschließend fügen wir einen weiteren Interpolationspunkt, nämlich $x_5 = 2$, $y_5 = 9$ hinzu und berechnen das Newton–Polynom erneut.

$$
\begin{array}{r|rrrrr}
-3 & \boxed{-14} & & & & \\
   &   & \boxed{10} & & & \\
-1 & 6   &   & \boxed{-3} & & \\
   &   & -2 &   & \boxed{1} & \\
1 & 2   &   & 3   &   & \boxed{0} \\
   &   & 10 &   & 1   & \\
3 & 22 &   & 9   &   & \\
   &   & 46 &   &   & \\
5 & 114 &   &   &   & \\
\end{array}
$$

Daraus lesen wir direkt das gesuchte Interpolationspolynom nach Newton ab:

$$p(x) = -14 + 10(x+3) - 3(x+3)(x+1) + (x+3)(x+1)(x-1)$$

Weil der vierte Differenzenquotient verschwindet, hat es lediglich den Grad 3.

Fügen wir nun den neuen Punkt x_5, y_5 hinzu, so sehen wir den weiteren großen Vorteil der Idee von Sir Isaac. Die alte Rechnung wird übernommen und lediglich um eine Zeile erweitert. Dabei ist es uns schnurz egal, daß die neue Stützstelle aus der aufsteigenden Reihenfolge der alten Stützstellen ausschert.

$$
\begin{array}{r|rrrrrr}
-3 & \boxed{-14} & & & & & \\
   &   & \boxed{10} & & & & \\
-1 & 6   &   & \boxed{-3} & & & \\
   &   & -2 &   & \boxed{1} & & \\
1 & 2   &   & 3   &   & \boxed{0} & \\
   &   & 10 &   & 1   &   & \boxed{\tfrac{1}{15}} \\
3 & 22 &   & 9   &   & \tfrac{1}{3} & \\
   &   & 46 &   & 2   &   & \\
5 & 114 &   & 11 &   &   & \\
   &   & 35 &   &   &   & \\
2 & 9   &   &   &   &   & \\
\end{array}
$$

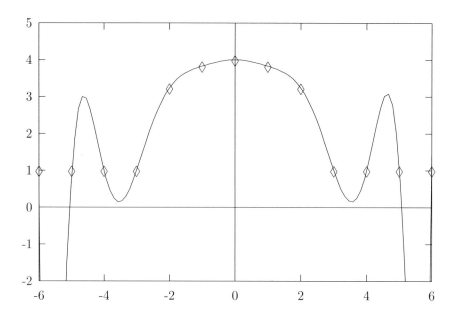

Abb. 4.2: Interpolationspolynom $p(x)$ der Tunneldaten aus Beispiel 4.1. Im Intervall $[3, 6]$ hat dies mit einem Tunnel nichts zu tun.

Das neue Interpolationspolynom nach Newton lautet nun:

$$p(x) = -14 + 10(x+3) - 3(x+3)(x+1) + (x+3)(x+1)(x-1) + \\ + \frac{1}{15}(x+3)(x+1)(x-1)(x-3)(x-5)$$

Beispiel 4.13 *Wagen wir uns mit diesem Schema auch noch an die Tunnelpunkte aus Beispiel 4.5.*

Um den Leser nicht mit langen Zahlenkolonnen zu langweilen, geben wir nur die wesentlichen Newton–Koeffizienten an und zeigen in Abbildung 4.2 das Ergebnis.

a_0	a_1	a_2	a_3	a_4	a_5	a_6
1	0	0	0	0.0932	-0.0696	0.0272
a_7	a_8	a_9	a_{10}	a_{11}	a_{12}	
-0.00735	0.00153	-0.0002636	0.00005079	-0.00000633	0.000001055	

Nun ja, ein Tunnel ist das nun gerade nicht, aber es interpoliert. Wir kommen in Abschnitt 4.2.1 darauf zurück.

4.1.4 Auswertung von Interpolationspolynomen

Hat man nach den oben beschriebenen Verfahren das Interpolationspolynom aufgestellt, so fragt man häufig nach Zwischenwerten außerhalb der Stützstellen. Klar, daß man auch dafür nicht mit dem Lagrangepolynom arbeiten wird. Mit dem Newtonpolynom läßt sich das viel einfacher bewerkstelligen. Man erinnere sich nur an die Idee des Hornerschemas, um auch hier auf die folgende geschickte Klammerung zu kommen:

$$p_N(x) = a_0 + (x - x_0)(a_1 + (x - x_1)(a_2 + \cdots \\ \cdots + (x - x_{N-2})(a_{N-1} + (x - x_{N-1})a_N)\cdots). \quad (4.14)$$

Die Anzahl der Operationen zur Auswertung des Polynoms läßt sich nicht weiter verringern. Diese Formel liefert den schnellsten Zugang.

Der Algorithmus von Neville–Aitken Ist man nur am Wert des Interpolationspolynoms an einer einzigen Stelle $\overline{x}$ interessiert, so ist folgender Algorithmus von Neville–Aitken eventuell hilfreich. Er ist zwar numerisch aufwendiger als das Hornerschema — wer kann das schon schlagen? — läßt sich aber einfach programmieren. Man muß nur in das Newton-Schema ein kleines Unterprogramm dazupacken.

Algorithmus von Neville–Aitken

Wir setzen

$$\varphi_{0i}(\overline{x}) := y_i, \quad i = 0, \ldots, N, \quad (4.15)$$

$$\varphi_{ki}(\overline{x}) = \varphi_{k-1,i}(\overline{x}) + (\overline{x} - x_i)\frac{\varphi_{k-1,i+1}(\overline{x}) - \varphi_{k-1,i}(\overline{x})}{x_{k+i} - x_i} \quad (4.16)$$

$$k = 1, \ldots, N, \; i = 0, 1, \ldots, N - k$$

Dann gilt

$$p_N(\overline{x}) = \varphi_{N,0}(\overline{x}). \quad (4.17)$$

Beispiel 4.14 *Wir greifen unser Beispiel 4.9 von Seite 165 wieder auf und fragen nun lediglich nach dem Wert des Interpolationspolynoms an der Stelle $\overline{x} = 0$.*

Es bietet sich hier an, das Schema von Newton etwas zu erweitern. In der Formel (4.16) steckt ja offenkundig ein Differenzenquotient. Dieser wird mit dem Faktor $(\overline{x} - x_i)$ multipliziert und anschließend zum ersten Funktionswert, der beim Differenzenquotienten verwendet wird, hinzuaddiert. Wir schreiben also folgendes Schema auf:

i	x	φ_0	φ_1	φ_2	φ_3	φ_4
0	−3	−14				
			16			
1	−1	6		7		
			4		4	
2	1	2		1		4
			−8		4	
3	3	22		19		
			−116			
4	5	114				

Als Wert an der Stelle $x = 0$ erhalten wir dann den rechts außen stehenden Wert, also

$$p_4(0) = 4,$$

was man durch Einsetzen in das Newton–Polynom auch direkt bestätigt.

4.1.5 Der punktweise Fehler

In den Stützstellen stimmt das Interpolationspolynom mit dem vorgegebenen Wert überein, so haben wir das eingerichtet. Da erhebt sich die Frage, wie gut sieht es denn zwischen den Stützstellen aus. Dazu denken wir uns eine Funktion f gegeben, die an den Stützstellen gerade die Werte $y_j = f(x_j)$ annimmt.

Definition 4.15 Der **punktweise Fehler** zwischen einer Funktion $f(x)$ und der sie in den Stützstellen interpolierenden Funktion $p_N(x)$ ist definiert durch:

$$R_N(x) := f(x) - p_N(x). \tag{4.18}$$

Für diesen Fehler gibt es eine sogenannte Restglieddarstellung, die von Cauchy stammt. Wir stellen sie im folgenden Satz vor.

Satz 4.16 *Es seien* $x, x_0, x_1, \ldots, x_N \in [a, b]$ *$N+2$ paarweise verschiedene Punkte und f in dem Intervall $[a, b]$ $(N + 1)$–mal stetig differenzierbar. Dann gibt es im Intervall*

$$\bigl(\min\{x_0, x_1, \ldots, x_N, x\}, \max\{x_0, x_1, \ldots, x_N, x\}\bigr) \subseteq [a, b] \tag{4.19}$$

einen Punkt $\xi = \xi(x)$ mit

$$R_N(x) = f(x) - p_N(x) = \frac{f^{(N+1)}(\xi)}{(N+1)!} \prod_{j=0}^{N}(x - x_j). \tag{4.20}$$

Beweis: Wir betrachten nun also eine beliebige Stelle $x \in [a, b]$, wobei wir $x \neq x_i$, $i = 0, \ldots, N$ voraussetzen; denn dort gibt es ja nichts zu beweisen. Zur Abkürzung definieren wir das **Stützstellenpolynom**

$$\omega(x) = (x - x_0) \cdot \ldots \cdot (x - x_N) \tag{4.21}$$

4.1 Polynominterpolation

und betrachten die folgende Hilfsfunktion

$$F(t) := f(t) - p_N(t) - \frac{f(x) - p_N(x)}{\omega(x)} \cdot \omega(t). \tag{4.22}$$

Diese Funktion ist dann auch $(N+1)$–mal stetig differenzierbar in $[a,b]$, und es gilt

$$F(x_i) = \underbrace{f(x_i) - p_N(x_i)}_{=0} - \frac{f(x) - p_N(x)}{\omega(x)} \cdot \underbrace{\omega(x_i)}_{=0} = 0,$$

$$F(x) = f(x) - p_N(x) - \frac{f(x) - p_N(x)}{\omega(x)} \cdot \omega(x) = 0.$$

Im Intervall (4.19) hat also F mindestens die $N+2$ Nullstellen $x_0, \ldots, x_N, x$. Nun kommt der Satz von Rolle zum Einsatz. Es gibt also mindestens $N+1$ Stellen im Innern dieses Intervalls, wo die erste Ableitung von F verschwindet. Der gleiche Schluß auf die erste Ableitung angewendet, liefert für die zweite Ableitung noch mindestens n Nullstellen usw., bis wir zur $(N+1)$–ten Ableitung kommen und von der also wissen, daß sie mindestens noch eine Nullstelle im Innern des Intervalls (4.19) besitzt. Nennen wir diese ξ. Sie hängt natürlich von der Wahl des Punktes x ab. Aber das haben wir im Satz ja zugelassen. Wir schreiben daher $\xi = \xi(x)$. Bilden wir die $(N+1)$-te Ableitung, so folgt

$$F^{(N+1)}(t) = f^{(N+1)}(t) - 0 - \frac{f(x) - p_N(x)}{\omega(x)} \cdot (N+1)!$$

und damit wegen $F^{(N+1)}(\xi(x)) = 0$

$$f^{(N+1)}(\xi(x)) = \frac{f(x) - p_N(x)}{\omega(x)} \cdot (N+1)!,$$

also erhalten wir die gesuchte Darstellung

$$R_N(x) = f(x) - p_N(x) = \frac{\prod_{j=0}^{N}(x - x_j) f^{(N+1)}(\xi)}{(N+1)!}.$$

□

4.1.6 Hermite–Interpolation

In technischen Anwendungen gibt es Aufgaben, wo nicht nur die Funktionswerte, sondern auch die Werte der Ableitungen eingehen. Manchmal weiß z. B. der Anwender außer dem Aufenthaltsort eines Teilchens aus dem Experiment auch noch etwas über seine augenblickliche Geschwindigkeit und kann vielleicht sogar die Beschleunigung an speziellen Stellen messen. Mathematisch gesprochen heißt das, er kennt den Funktionswert, die erste und die zweite Ableitung. Dann möchte man natürlich diese Werte bei der Interpolation berücksichtigt wissen.

Allgemeiner stellt sich die Aufgabe so dar:

Definition 4.17 *Unter einer* **Hermiteschen Interpolationsaufgabe** *verstehen wir das folgende Problem:*

Gegeben seien $N+1$ Stützstellen $x_0 < x_1 < \cdots < x_N$, zusätzlich natürliche Zahlen $m_0, \ldots, m_N > 0$ und zugehörige reelle Werte

$$y_i^{(k)}, \ i = 0, \ldots, N, \ k = 0, \ldots, m_i - 1. \tag{4.23}$$

Diese Werte stehen für die Funktionswerte ($k = 0$) und die Ableitungswerte ($k = 1, \ldots, m_i - 1$), falls wir uns die Interpolationsvorgaben aus einem funktionalen Zusammenhang mit einer Funktion gegeben denken.

Gesucht wird ein Polynom p mit der Eigenschaft:

$$p^{(k)}(x_i) = y_i^{(k)}, \quad i = 0, \ldots, N, \ k = 0, \ldots, m_i - 1. \tag{4.24}$$

Gemeint ist also, daß an jeder Stützstelle eventuell unterschiedlich viele Vorgaben für Funktions- und Ableitungswert gegeben sind. Wichtig ist aber, daß in der Folge der Vorgabewerte keine Lücke auftritt. Es darf also nicht z. B. an einer Stelle Funktionswert und erste und dritte Ableitung gegeben sein, während die zweite Ableitung fehlt.

Für diese Aufgabe gilt der folgende Satz:

Satz 4.18 (Existenz und Einzigkeit) *Zu den den Stützstellen*

$$x_0 < x_1 < \cdots < x_N$$

zugeordneten natürlichen Zahlen

$$m_0, m_1, \ldots, m_N > 0$$

und beliebigen reellen Zahlen

$$y_i^{(k)} \in \mathbb{R}, \quad i = 0, \ldots, N, \ k = 0, \ldots, m_i - 1$$

gibt es genau ein Polynom $p \in \mathbb{P}^m$ höchstens m-ten Grades mit

$$m = \left(\sum_{i=0}^{N} m_i\right) - 1, \tag{4.25}$$

das die folgenden Interpolationseigenschaften besitzt:

$$p^{(k)}(x_i) = y_i^{(k)} \quad i = 0, \ldots, N, \ k = 0, \ldots, m_i - 1. \tag{4.26}$$

Der Satz läßt sich ähnlich wie der Satz 4.4 beweisen. Man kann auch die Lagrange–Polynome verallgemeinern und damit die Existenz konstruktiv beweisen. Da das aber nicht zu einem praktikablen Verfahren führt, wollen wir das nicht vorführen, sondern statt dessen auf S. 175 ein Konstruktionsverfahren angeben, das in einfacher Form das Vorgehen von Newton verallgemeinert.

4.1 Polynominterpolation

Interpolation nach Hermite

$\boxed{1}$ Wir schreiben in die erste Zeile die Stützstellen, aber jede so oft, wie dort Werte vorgegeben sind, also m_i oft, $i = 0, \ldots, N$.

$\boxed{2}$ In die zweite Zeile schreiben wir die zugehörigen gegebenen Funktionswerte, indem wir sie eventuell mehrfach niederschreiben.

$\boxed{3}$ Die nächste Zeile enthält die Differenzenquotienten, soweit sie aus dem Schema berechenbar sind. Gelangt man an einen Platz, wo der Nenner des Quotienten 0 würde wegen gleicher Stützstellen, so schreiben wir an diese Stelle den vorgegebenen Ableitungswert zu dieser Stützstelle, auch diesen eventuell mehrfach.

$\boxed{4}$ Die vierte Zeile enthält die zweiten Differenzenquotienten, soweit man sie aus dem Schema berechnen kann, ansonsten aber die vorgegebenen zweiten Ableitungen, allerdings dividiert durch 2!.

$\boxed{5}$ In gleicher Weise enthält die fünfte Zeile entweder die dritten Differenzenquotienten oder, falls man bei deren Berechnung auf eine Division durch 0 stößt, die dritte Ableitung zu dieser Stützstelle, dividiert durch 3! usw.

$\boxed{6}$ In der ersten Schrägzeile stehen dann wie bei der Newton–Interpolation die Koeffizienten des gesuchten Interpolationspolynoms.

Wir üben den Algorithmus gleich an einem Beispiel, wodurch wohl alles sehr klar wird. Allerdings sei noch einmal expressis verbis auf die Punkte $\boxed{4}$ und $\boxed{5}$ hingewiesen, wo noch durch Fakultäten dividiert wird. Warum das?

Der Grund liegt in folgender Formel: Berechnet man für eine (k mal stetig differenzierbare) Funktion f ihren k-ten Differenzenquotienten, so gilt

$$[x_i, \ldots, x_{i+k}] = \begin{cases} \dfrac{y_i^{(k)}}{k!} & \text{für } x_i = \cdots = x_{i+k} \\ \dfrac{[x_{i+1}, \ldots, x_{i+k}] - [x_i, \ldots, x_{i+k-1}]}{x_{i+k} - x_i} & \text{für } x_i < x_{i+k} \end{cases} \quad (4.27)$$

In die Hermite–Tabelle werden nur Differenzenquotienten eingetragen. Wenn wir die Vorgabewerte verwerten wollen bzw. müssen, also auch die Ableitungen, so dürfen wir nicht vergessen, diese erst in Differenzenquotienten umzuwandeln, indem wir sie durch die jeweilige Fakultät dividieren, bevor sie in das Schema aufgenommen werden.

Beispiel 4.19 *Gegeben seien folgende Werte:*

x_i	$f(x_i)$	$f'(x_i)$	$f''(x_i)$
0	1	3	--
1	6	14	20
3	406	618	--

Wir suchen das diese Vorgaben interpolierende Polynom nach Hermite.

Wir gehen nach obigem Schema vor:

$$N = 2, \; m_0 = 2,$$
$$m_1 = 3,$$
$$m_2 = 2.$$

x_i	0	0	1	1	1	3	3
$f[x_i]$	$\boxed{1}$	$\underline{1}$	$\underline{6}$	$\underline{6}$	$\underline{6}$	$\underline{406}$	$\underline{406}$
		$\boxed{3}$	5	$\underline{14}$	$\underline{14}$	200	$\underline{618}$
			$\boxed{2}$	9	$\underline{10}$	93	209
				$\boxed{7}$	1	41.5	58
					$\boxed{-6}$	13.5	8.25
						$\boxed{6.5}$	$-1{,}75$
							$\boxed{-2.75}$

In obiger Tabelle haben wir die gegebenen Werte unterstrichen.

Durch Übernahme der umrahmten Werte erhalten wir folgendes Polynom 6. Grades, das die vorgegebenen Werte interpoliert:

$$\begin{aligned} p(x) &= 1 + 3(x-0) + 2(x-0)^2 + 7(x-0)^2(x-1) - 6(x-0)^2(x-1)^2 \\ &\quad + 6.5(x-0)^2(x-1)^3 - 2.75(x-0)^2(x-1)^3(x-3) \\ &= 1 + 3x - 25.75x^2 + 66x^3 - 58.5x^4 + 23x^5 - 2.75x^6 \end{aligned}$$

4.2 Interpolation durch Spline–Funktionen

4.2.1 Ärger mit der Polynom–Interpolation

Bereits im Jahre 1901 untersuchte Carl Runge (1856 – 1927), der von 1886 bis 1904 als ordentlicher Professor an der Technischen Hochschule in Hannover lehrte, die folgende

4.2 Interpolation durch Spline–Funktionen

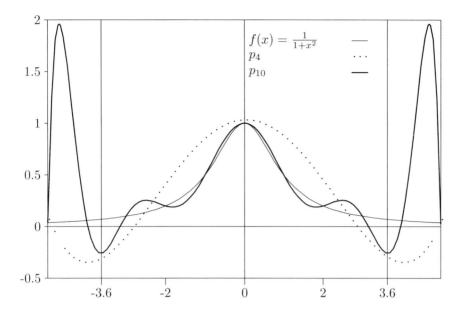

Abb. 4.3: Der Graph der Runge–Funktion. Die Runge–Funktion und die mit fünf bzw. elf Knoten interpolierenden Polynome $p_4(x)$ und $p_{10}(x)$. Man kann zeigen, daß im Intervall $[-3.6, 3.6]$ die Interpolationspolynome immer besser die Runge–Funktion annähern. Außerhalb dieses Intervalls aber herrscht Heulen und Zähneknirschen, wie es in der Abbildung angedeutet ist.

Funktion:
$$f(x) = \frac{1}{1+x^2}, \quad x \in [-5, 5].$$

Er verwendete zur Interpolation die $n+1$ äquidistanten Stützstellen
$$x_i = -5 + i \cdot h, \quad h := 10/n, \ i = 0, 1, \ldots, n$$

Die Abbildung 4.3 auf Seite 177 zeigt diese Funktion zusammen mit den interpolierenden Polynomen 4. und 10. Grades. Man sieht deutlich zu den Rändern hin die Abweichung der Polynome. Vergrößert man die Anzahl der Stützstellen, so wird auch die Auslenkung am Rand immer größer, während im Intervall $[-3.6, 3.6]$ Konvergenz eintritt.

Der folgende Satz gibt ein wenig Anlaß zur Hoffnung; für eine in der ganzen komplexen Ebene holomorphe Funktion, also eine ganze Funktion läßt sich die Konvergenz der Interpolationspolynome zeigen. Ganze Funktionen sind um jeden Punkt $z_0 \in \mathbb{C}$ in eine Potenzreihe
$$\sum_{i=0}^{\infty} a_i (z - z_0)^i$$

entwickelbar, und diese Reihe konvergiert für alle z. Als Beispiele seien die Polynome und die Exponentialfunktion, aber auch $\sin x$ und $\cos x$ genannt.

Satz 4.20 (Konvergenzsatz) *Sei f eine in der komplexen Ebene ganze Funktion, deren Potenzreihenentwicklung nur reelle Koeffizienten hat. Dann konvergiert die Folge $(Q_N)_{N\to\infty}$ der Interpolationspolynome bei beliebig vorgegebenen Stützstellen, wenn wir deren Anzahl $N+1$ gegen unendlich wachsen lassen, gleichmäßig gegen f.*

Dagegen gibt der nächste Satz ein ausgesprochen negatives Ergebnis wider.

Satz 4.21 (Satz von Faber) *Zu jedem vorgegebenen Stützstellenschema S, $x_{N_\nu} \in [a,b]$ für $N = 0, 1, \ldots$ und $0 \leq \nu \leq N$ kann eine Funktion $f \in \mathcal{C}[a,b]$ angegeben werden, so daß die Folge $(p_N)_{N \in \mathbb{N}}$ der Interpolationspolynome nicht gleichmäßig gegen f konvergiert.*

Im Beispiel von Runge sind wir ja schon fündig geworden. Dort waren äquidistante Stützstellen vorgegeben. Dazu hat Carl Runge eine Funktion angegeben und gezeigt, daß die Folge der Interpolationspolynome nicht gegen diese Funktion konvergiert. Allerdings kann man zu dieser bösartig erscheinenden Runge–Funktion wiederum ein anderes Stützstellenschema finden, so daß doch wieder eitel Sonnenschein herrscht, wie der folgende Satz zeigt.

Satz 4.22 (Satz von Marcinkiewicz) *Zu jeder Funktion $f \in \mathcal{C}[a,b]$ kann ein Stützstellenschema S, $x_{N_\nu} \in [a,b]$ für $N = 0, 1, \ldots$ und $0 \leq \nu \leq N$, angegeben werden, so daß die Folge $(p_N)_{N \in \mathbb{N}}$ der Interpolationspolynome gleichmäßig gegen f konvergiert.*

4.2.2 Lineare Spline–Funktionen

Nach den negativen Ergebnissen des vorangegangenen Abschnittes wollen wir nun nach Methoden forschen, die uns diese Interpolationsärgernisse nicht mehr bereiten. Als sehr einfach, aber auch sehr effektiv hat sich die Methode herausgestellt, die gegebenen Punkte geradlinig zu verbinden. So etwas lernt man schon in der Schule. Mit Hilfe der Zwei–Punkte–Form läßt sich diese Darstellung berechnen. Wir gehen etwas systematischer vor und beschreiben diese Funktionen als Vektoren eines linearen Raumes, für den wir anschließend eine Basis angeben.

Der Vektorraum der linearen Spline–Funktionen Wir betrachten eine fest vorgegebene Stützstellenmenge

$$x_0 < x_1 < \cdots < x_N, \tag{4.28}$$

auf die wir im weiteren unsere Aussagen beziehen, ohne dies jedesmal ausdrücklich zu erwähnen.

Definition 4.23 *Unter dem* **Vektorraum der linearen Spline–Funktionen** *verstehen wir die Menge*

$$\mathcal{S}_0^1 := \{s \in \mathcal{C}[x_0, x_N] : s|_{[x_i, x_{i+1}]} \in \mathbb{P}_1, \ i = 0, \ldots, N-1\} \tag{4.29}$$

4.2 Interpolation durch Spline–Funktionen

Ganz offensichtlich ist die Summe zweier solcher stückweise linearen Polynome wieder ein stückweise lineares Polynom; die Multiplikation mit einer reellen Zahl führt auch nicht aus dieser Menge heraus. Also haben wir es wirklich mit einem Vektorraum zu tun. Und schon fragen wir nach seiner Dimension und noch genauer nach einer Basis.

Fragen wir zunächst nach den möglichen Freiheiten, die uns die Aufgabe läßt. In jedem Teilintervall haben wir für eine lineare Funktion zwei Parameter frei wählbar, in N Teilintervallen also $2N$ freie Parameter. Diese werden aber dadurch eingeschränkt, daß unsere Spline–Funktion stetig sein möchte. An jeder inneren Stützstelle verlieren wir also eine Freiheit. Wir haben $N-1$ innere Stützstellen und damit frei zur Verfügung

$$2N - (N-1) = N+1.$$

Wir halten das im folgenden Satz fest.

Satz 4.24 *Der Raum der linearen Spline–Funktionen für $N+1$ Stützstellen (4.28) hat die Dimension*

$$dim\,\mathcal{S}_0^1 = N+1 \tag{4.30}$$

Eine Basis läßt sich sehr leicht angeben, wenn wir folgendes **Konstruktionsprinzip** beachten.

Wir geben speziell folgende Werte an den Stützstellen vor:

Die lineare Spline–Funktion $\varphi_i(x)$ habe an der Stützstelle x_i den Wert 1, an allen anderen Stützstellen den Wert 0, und das gelte für $i = 0, \ldots N$.

Damit sind die Funktionen $\varphi_0, \ldots, \varphi_N$ eindeutig charakterisiert. Ihre graphische Darstellung zeigen wir in der Abbildung 4.4 auf Seite 180.

Interpolation mit linearen Spline–Funktionen Nachdem wir uns über die Zahl der Freiheiten, also die Dimension des linearen Splineraumes klargeworden sind, können wir an die Interpolation denken. Das paßt natürlich exakt: wir haben $N+1$ Stützstellen, und unser Raum läßt $N+1$ Freiheiten zu. Wir werden uns also gar nicht lange besinnen und schlicht an jeder Stützstelle einen Funktionswert vorgeben.

Definition 4.25 (Interpolationsaufgabe mit linearen Splines) *Gegeben seien die Stützstellen (4.28) und an jeder Stelle ein Wert y_i, $i = 0, \ldots, N$, der vielleicht der Funktionswert einer unbekannten Funktion ist.*
Gesucht ist dann eine lineare Spline–Funktion $s(x) \in \mathcal{S}_0^1$, die diese Werte interpoliert, für die also gilt:

$$s(x_i) = y_i, \quad i = 0, \ldots, N \tag{4.31}$$

In jedem Teilintervall sind damit zwei Werte vorgegeben. Allein schon die Anschauung sagt uns, daß damit die Aufgabe genau eine Lösung hat. Wir halten dieses einfache Ergebnis in einem Satz fest, um den Aufbau dieses Abschnittes in den nächsten Kapiteln übernehmen zu können.

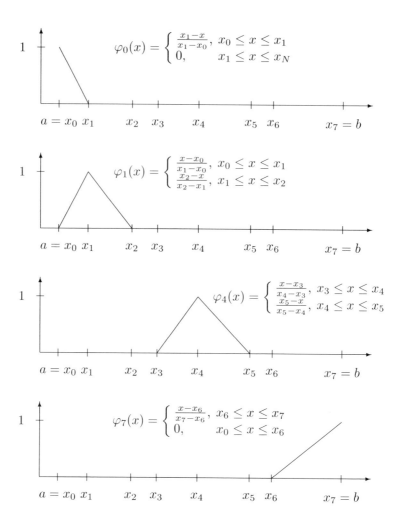

Abb. 4.4: Darstellung der linearen Basisfunktionen, der sogenannten Hutfunktionen, bei gegebenen acht Stützstellen $x_0, \ldots, x_7$. Wir haben lediglich exemplarisch φ_0, φ_1, φ_4 und φ_7 gezeichnet. Außerhalb der angegebenen Intervalle sind die Funktionen identisch Null.

4.2 Interpolation durch Spline–Funktionen

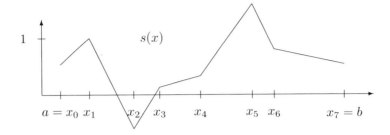

Abb. 4.5: Eine die Vorgaben des Beispiels 4.27 interpolierende lineare Spline–Funktion

Satz 4.26 *Die Aufgabe 4.25 hat genau eine Lösung.*

Konstruktion linearer Spline–Funktionen

Die Konstruktion der interpolierenden linearen Spline-Funktion $s(x)$ geschieht über den Ansatz

$$s(x) = \begin{cases} a_0 + b_0(x - x_0) & \text{für} \quad x \in [x_0, x_1) \\ a_1 + b_1(x - x_1) & \text{für} \quad x \in [x_1, x_2) \\ \vdots & \vdots \quad \vdots \\ a_{N-1} + b_{N-1}(x - x_{N-1}) & \text{für} \quad x \in [x_{N-1}, x_N) \end{cases} \tag{4.32}$$

Man sieht unmittelbar

$$a_i = y_i, \quad i = 0, \ldots, N-1. \tag{4.33}$$

Die anderen Koeffizienten erhält man dann aus

$$a_i + b_i(x_{i+1} - x_i) = y_{i+1}, \quad i = 0, \ldots, N-1. \tag{4.34}$$

Beispiel 4.27 *Als Beispiel wählen wir folgende Vorgaben*

i	0	1	2	3	4	5	6	7
x_i	0.5	1.3	2.5	3.2	4.3	5.7	6.3	8.2
y_i	0.5	1	−0.6	0.1	0.3	1.6	0.8	0.5

Die zugehörige stückweise lineare Funktion, die diese Werte interpoliert, haben wir in der Abbildung 4.5 auf Seite 181 dargestellt.

Bilden wir mit den Basis-Funktionen von Seite 180 in Fortführung unseres Beispiels 4.27 die Linearkombination

$$s(x) = 0.5 \cdot \varphi_0(x) + 1 \cdot \varphi_1(x) + (-0.6) \cdot \varphi_2(x) + 0.1 \cdot \varphi_3(x) + 0.3 \cdot \varphi_4(x)$$
$$+ 1.6 \cdot \varphi_5(x) + 0.8 \cdot \varphi_6(x) + 0.5 \cdot \varphi_7(x),$$

so läßt sich unschwer feststellen, daß dadurch gerade die auf Seite 181 in der Abbildung 4.5 vorgestellte lineare Spline-Funktion erzeugt wird. Hier wirkt sich aus, daß jede der Basisfunktionen an genau einer Stützstelle den Wert 1 hat und an allen anderen Stützstellen den Wert 0. Die Faktoren für jede Basis-Funktion sind gerade die Vorgabewerte an den Stützstellen.

Konvergenzeigenschaft Im folgenden Satz wird von der Funktion lediglich zweimalige stetige Differenzierbarkeit vorausgesetzt. Daraus läßt sich dann bereits auf Konvergenz schließen, wie wir anschließend erläutern werden.

Satz 4.28 *Für die Stützstellen (4.28) sei*

$$h := \max_{0 \leq i < N} |x_{i+1} - x_i|. \tag{4.35}$$

Sei $f \in \mathcal{C}^2[a,b]$, und sei s die f in den Stützstellen (4.28) interpolierende lineare Splinefunktion. Dann gilt:

$$\|f - s\|_\infty \leq \frac{h^2}{8} \|f''\|_\infty. \tag{4.36}$$

Beweis: Betrachten wir zunächst für ein festes $i = 0, \ldots, N-1$ im Intervall $[x_i, x_{i+1}]$ die Hilfsfunktion

$$\omega(x) := (x - x_i) \cdot (x - x_{i+1}).$$

Diese Parabel ist nach oben geöffnet und nimmt in $[x_i, x_{i+1}]$ nur Werte kleiner oder gleich 0 an. Ihr Minimum liegt in der Mitte des Intervalls $[x_i, x_{i+1}]$, also bei $x = (x_i + x_{i+1})/2$ und hat den Wert

$$\omega\left(\frac{x_i + x_{i+1}}{2}\right) = -\frac{(x_{i+1} - x_i)^2}{4}. \tag{4.37}$$

Die Funktion

$$\vartheta(x) := f(x) - s(x) - \kappa \cdot \omega(x) \tag{4.38}$$

hat die zwei Nullstellen x_i und x_{i+1}. Wählen wir nun ein $\overline{x}$ aus dem offenen Intervall (x_i, x_{i+1}) und halten es fest, so können wir κ so wählen, daß ϑ bei diesem festgehaltenen $\overline{x}$ eine weitere Nullstelle hat, also

$$\vartheta(\overline{x}) = f(\overline{x}) - s(\overline{x}) - \kappa \cdot \omega(\overline{x}) = 0.$$

4.2 Interpolation durch Spline–Funktionen

Dann existiert aber nach dem Satz von Rolle eine Zwischenstelle $\xi = \xi(\overline{x})$, so daß gilt

$$\vartheta''(\xi(\overline{x})) = f''(\xi(\overline{x})) - s''(\xi(\overline{x})) - \kappa \cdot \omega''(\xi(\overline{x})) = f''(\xi(\overline{x})) - 2\kappa = 0.$$

Hier haben wir ausgenützt, daß s eine lineare Funktion ist und ω eine Parabel. Daraus können wir κ bestimmen:

$$\kappa = \frac{f''(\xi(\overline{x}))}{2}.$$

Das bedeutet nun, daß wir zu einem beliebigen $x \in (x_i, x_{i+1})$ stets ein $\xi(x) \in (x_i, x_{i+1})$ finden können mit

$$f(x) - s(x) = \frac{f''(\xi(x))}{2} \cdot \omega(x).$$

Diese Gleichung gilt natürlich auch für $x = x_i$ oder $x = x_{i+1}$, wie man sofort sieht. Da kann man $\xi(x)$ beliebig wählen. Damit können wir zunächst in jedem Teilintervall folgendermaßen abschätzen:

$$\begin{aligned}
\max_{x \in [x_i, x_{i+1}]} |f(x) - s(x)| &= \max_{x \in [x_i, x_{i+1}]} \left| \frac{f''(\xi(x))}{2} \cdot \omega(x) \right| \\
&\leq \max_{x \in [x_i, x_{i+1}]} \left| \frac{\sup_{[x_i, x_{i+1}]} |f''(x)|}{2} \cdot \omega(x) \right| \\
&\leq \frac{\sup_{[x_i, x_{i+1}]} |f''(x)|}{2} \cdot \max_{x \in [x_i, x_{i+1}]} |\omega(x)| \\
&\leq \frac{\sup_{[x_i, x_{i+1}]} |f''(x)|}{2} \cdot \frac{(x_{i+1} - x_i)^2}{4} \\
&= \frac{\sup_{[x_i, x_{i+1}]} |f''(x)|}{2} \cdot \frac{h_i^2}{4} \\
&\leq \frac{1}{8} \sup_{x \in [x_0, x_N]} |f''(x)| \cdot h^2 \\
&= \frac{\|f''\|_\infty}{8} \cdot h^2.
\end{aligned}$$

Dies war die Abschätzung in jedem Teilintervall, wobei wir im vorletzten Schritt das Maximum von $|f''|$ im ganzen Intervall $[x_0, x_N]$ gebildet und im letzten Schritt h_i zu h geändert haben. Dadurch haben wir die Abschätzung eventuell vergrößert.

Im Satz wird aber eine Abschätzung über das Gesamtintervall behauptet. Da wir nur mit endlich vielen Teilintervallen zu tun haben und die rechte Seite von diesen Teilintervallen völlig unabhängig ist, können wir links das Maximum über diese endlich vielen Teilintervalle bilden und erhalten die gewünschte Abschätzung:

$$\|f - s\|_\infty = \max_{x \in [x_0, x_N]} |f(x) - s(x)| = \frac{\|f''\|_\infty}{8} \cdot h^2 \qquad \square$$

Betrachten wir nun eine Folge von Zerlegungen so, daß der größte Stützstellenabstand, den wir ja mit h bezeichnet haben, gegen 0 strebt. Die zugehörigen linearen Spline–Funktionen interpolieren dann an immer mehr Stützstellen, woraus aber noch nichts folgt für die Werte zwischen den Stützstellen. Der obige Satz sagt aber, daß auch dort Konvergenz sogar mit quadratischer Ordnung eintritt. Das ist doch ein vorzeigbares Ergebnis, wenn wir an das Dilemma mit den Polynomen zurückdenken. Im nächsten Abschnitt zeigen wir, daß wir es sogar noch besser können.

4.2.3 Hermite–Spline–Funktionen

Ähnlich wie bei der Interpolation mit Polynomen fragen wir auch hier nach einer Möglichkeit, außer den Funktionswerten auch Werte der Ableitungen in die Spline–Interpolation einfließen zu lassen. Für die ganz allgemeine Aufgabe verweisen wir den freundlichen Leser auf die Spezialliteratur über „Lakunäre Spline–Interpolation". Wir werden hier lediglich den Spezialfall behandeln, daß an jeder Stützstelle die Funktionswerte und die Werte der ersten Ableitung vorgegeben sind. Dafür läßt sich mit sehr einfachen Mitteln eine kubische Spline–Funktion ermitteln.

Der Vektorraum der Hermite–Spline–Funktionen Wieder betrachten wir die fest vorgegebene Stützstellenmenge

$$x_0 < x_1 < \cdots < x_N. \tag{4.39}$$

Definition 4.29 *Unter dem* **Vektorraum der Hermite–Spline–Funktionen** *verstehen wir die Menge*

$$\mathcal{S}_1^3 := \{s \in \mathcal{C}^1[x_0, x_N] : s|_{[x_i, x_{i+1}]} \in \mathbb{P}_3, \ i = 0, \ldots, N-1\} \tag{4.40}$$

Die Vektorraumeigenschaften sieht man unmittelbar (oder glaubt sie doch wenigstens). Wir müssen lediglich zählen, wieviel Freiheiten zur Verfügung stehen, um dadurch die Dimension zu erkennen. Nun, Polynome dritten Grades benötigen vier Koeffizienten zur vollen Beschreibung. In N Teilintervallen haben wir daher $4N$ Koeffizienten zu bestimmen. Durch die Forderung nach einmaliger Differenzierbarkeit gehen an jeder inneren Stützstelle aber wieder zwei Freiheiten verloren; es soll ja dort Funktionswert und erste Ableitung übereinstimmen. Nun ist

$$4N - 2(N-1) = 2N + 2,$$

und wir erhalten den Satz:

Satz 4.30 *Der Raum der Hermite–Spline–Funktionen für $N+1$ Stützstellen (4.28) hat die Dimension*

$$\dim \mathcal{S}_1^3 = 2(N+1) \tag{4.41}$$

4.2 Interpolation durch Spline–Funktionen

Nun wollen wir auch für diesen Raum eine Basis angeben. Erinnern wir uns an das Konstruktionsprinzip für die linearen Splines Seite 179, so liegt es nicht fern, hier folgendermaßen zu verfahren.

Die Hermite–Spline–Funktion $h_i^0(x)$ habe an der Stützstelle x_i den Wert 1, aber den Wert der ersten Ableitung 0, an allen anderen Stützstellen den Wert 0 und auch den Ableitungswert 0, und das gelte für $\quad i = 0, \ldots N$.

Damit haben wir insgesamt $2N + 2$ Werte für die Funktion h_i^0 vorgeschrieben und können sie konstruieren oder auch berechnen. Im Intervall $[x_0, x_{i-1}]$ und im Intervall $[x_{i+1}, x_N]$ verschwindet sie identisch. Für das verbleibende Intervall $[x_{i-1}, x_{i+1}]$ haben wir die Funktionsgleichung unten angegeben, selbstverständlich aufgesplittet in die beiden Teilintervalle $[x_{i-1}, x_i]$ und $[x_i, x_{i+1}]$, da unsere Funktion ja stückweise definiert ist. Wie man sieht, ist sie in der Tat in jedem Stück ein Polynom dritten Grades. Wir haben noch die beiden Sonderfälle für $i = 0$ und $i = N$ hinzugefügt. Der obere Index 0 verweist auf die Vorgabe des Funktionswertes, also der nullten Ableitung.

$$h_0^0(x) = \begin{cases} 2\left(\dfrac{x - x_0}{x_1 - x_0}\right)^3 - 3\left(\dfrac{x - x_0}{x_1 - x_0}\right)^2 + 1 & x \in [x_0, x_1] \\ 0 & x \in [x_1, x_N] \end{cases}$$

$$h_i^0(x) = \begin{cases} -2\left(\dfrac{x - x_{i-1}}{x_i - x_{i-1}}\right)^3 + 3\left(\dfrac{x - x_{i-1}}{x_i - x_{i-1}}\right)^2 & x \in [x_{i-1}, x_i] \\ 2\left(\dfrac{x - x_i}{x_{i+1} - x_i}\right)^3 - 3\left(\dfrac{x - x_i}{x_{i+1} - x_i}\right)^2 + 1 & x \in [x_i, x_{i+1}] \end{cases}$$

$$h_N^0(x) = \begin{cases} -2\left(\dfrac{x - x_{N-1}}{x_N - x_{N-1}}\right)^3 + 3\left(\dfrac{x - x_{N-1}}{x_N - x_{N-1}}\right)^2 & x \in [x_{N-1}, x_N] \\ 0 & x \in [x_0, x_{N-1}] \end{cases}$$

(4.42)

Damit haben wir $N + 1$ Basisfunktionen angegeben. In der Abbildung 4.6 auf Seite 186 sind sie skizziert.

Weitere $N + 1$ Basis–Funktionen erhalten wir, wenn wir an den Stützstellen jeweils den Ableitungswert 1 setzen.

Die Hermite–Spline–Funktion $h_i^1(x)$ habe an der Stützstelle x_i den Wert 0, aber den Wert der ersten Ableitung 1, an allen anderen Stützstellen den Wert 0 und auch den Ableitungswert 0, und das gelte für $\quad i = 0, \ldots N$.

Auch damit ist die Funktion h_i^1 eindeutig festgelegt. Wir geben ihre Funktionsgleichung an und haben zugleich die Sonderbehandlung an den Randpunkten beachtet und die

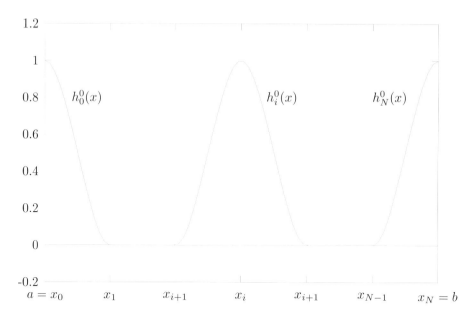

Abb. 4.6: Graphen der Basisfunktionen h_0^0 und h_N^0, deren Träger die Intervalle $[a, x_1]$ bzw. $[x_{N-1}, b]$ sind, und der allgemeinen Basisfunktion h_i mit dem Trägerintervall $[x_{i-1}, x_{i+1}]$.

Funktionen h_0^1 und h_N^1 hinzugefügt.

$$h_0^1(x) = \begin{cases} \left(\dfrac{x_1 - x}{x_1 - x_0}\right)^2 (x - x_0) & x \in [x_0, x_1] \\ 0 & x \in [x_1, x_N] \end{cases}$$

$$h_i^1(x) = \begin{cases} \left(\dfrac{x - x_{i-1}}{x_i - x_{i-1}}\right)^2 (x - x_i) & x \in [x_{i-1}, x_i] \\ \left(\dfrac{x_{i+1} - x}{x_{i+1} - x_i}\right)^2 (x - x_i) & x \in [x_i, x_{i+1}] \end{cases} \quad (4.43)$$

$$h_N^1(x) = \begin{cases} \left(\dfrac{x - x_{N-1}}{x_N - x_{N-1}}\right)^2 (x - x_N) & x \in [x_{N-1}, x_N] \\ 0 & x \in [x_0, x_{N-1}] \end{cases}$$

Eine graphische Darstellung dieser Basis–Funktionen ist in Abbildung 4.7 auf Seite 187 zu finden.

4.2 Interpolation durch Spline–Funktionen 187

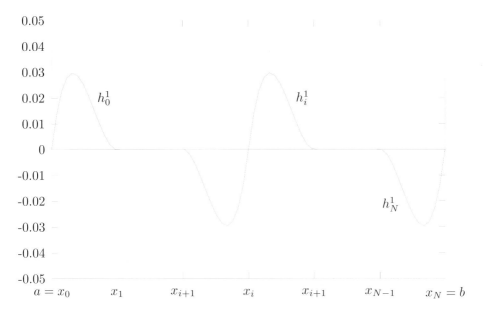

Abb. 4.7: Graphen der Basisfunktionen h_0^1 und h_N^1, deren Träger die Intervalle $[a, x_1]$ bzw. $[x_{N-1}, b]$ sind, und der allgemeinen Basisfunktion h_i^1 mit dem Trägerintervall $[x_{i-1}, x_{i+1}]$.

Interpolation mit Hermite–Spline–Funktionen

Definition 4.31 (Interpolationsaufgabe mit Hermite–Splines)
Gegeben seien wieder die Stützstellen (4.28) und an jeder Stelle ein Wert y_i, $i = 0, \ldots, N$, der vielleicht der Funktionswert einer unbekannten Funktion ist, und ein Wert y_i^1, der dann der Wert der ersten Ableitung der unbekannten Funktion an dieser Stelle ist.
Gesucht ist eine Hermite–Spline–Funktion $h(x) \in \mathcal{S}_1^3$, die diese Werte interpoliert, für die also gilt:

$$h(x_i) = y_i, \ h'(x_i) = y_i^1, \quad i = 0, \ldots, N \tag{4.44}$$

In jedem Teilintervall sind damit vier Werte vorgegeben. Allein schon die Anschauung sagt uns, daß damit die Aufgabe genau eine Lösung hat.

Satz 4.32 *Die Aufgabe 4.31 hat genau eine Lösung.*

Konstruktion von Hermite–Spline–Funktionen

Die Konstruktion einer interpolierenden Hermite–Spline-Funktion $s(x)$ geschieht über den Ansatz

$$s(x) = \begin{cases} a_0 + b_0(x-x_0) + c_0(x-x_0)^2 + d_0(x-x_0)^3 & \text{für } x \in [x_0, x_1) \\ a_1 + b_1(x-x_1) + c_1(x-x_1)^2 + d_1(x-x_1)^3 & \text{für } x \in [x_1, x_2) \\ \quad\vdots & \\ a_{N-1} + b_{N-1}(x-x_{N-1}) + c_{N-1}(x-x_{N-1})^2 + d_{N-1}(x-x_{N-1})^3 & \\ \hspace{5cm} \text{für } x \in [x_{N-1}, x_N) & \end{cases} \quad (4.45)$$

Man sieht unmittelbar

$$a_i = y_i, \quad b_i = y_i^1, \quad i = 0, \ldots, N-1. \tag{4.46}$$

Die anderen Koeffizienten c_i und d_i erhält man dann für $i = 0, \ldots, N-1$ jeweils aus dem linearen Gleichungssystem

$$\begin{aligned} c_i(x_{i+1} - x_i)^2 + d_i(x_{i+1} - x_i)^3 &= y_{i+1} - a_i - b_i(x_{i+1} - x_i) \\ 2c_i(x_{i+1} - x_i) + 3d_i(x_{i+1} - x_i)^2 &= y_{i+1}^1 - b_i \end{aligned} \tag{4.47}$$

Beispiel 4.33 *Eine Funktion f sei durch folgende Wertetabelle beschrieben:*

x_i	1	2	4
$f(x_i)$	0	1	1
$f'(x_i)$	1	2	1

Um den Unterschied zwischen Hermite–Interplation und Hermite–Spline–Interpolation deutlich herauszuarbeiten, berechnen wir

(a) *das Interpolationspolynom $p(x)$ nach Hermite,*

(b) *die Hermite–Spline–Interpolierende.*

4.2 Interpolation durch Spline–Funktionen

Zu (a) Beginnen wir mit der Interpolation nach Hermite. Das Schema haben wir oben erläutert, also geben wir ohne weitere Erklärung das Ergebnis an.

x_i	1	1	2	2	4	4
$f[x_i]$	$\boxed{0}$	0	1	1	1	1
		$\boxed{1}$	1	2	0	1
			$\boxed{0}$	1	-1	$\frac{1}{2}$
				$\boxed{1}$	$-\frac{2}{3}$	$\frac{3}{4}$
					$\boxed{-\frac{5}{9}}$	$\frac{17}{36}$
						$\boxed{\frac{37}{108}}$

Damit lautet das Interpolationspolynom

$$p(x) = 0 + 1(x-1) + 0(x-1)^2 + 1(x-1)^2(x-2) - \frac{5}{9}(x-1)^2(x-2)^2 +$$
$$+ \frac{37}{108}(x-1)^2(x-2)^2(x-4)$$
$$= x - 1 + (x-1)^2(x-2) - \frac{5}{9}(x-1)^2(x-2)^2 + \frac{37}{108}(x-1)^2(x-2)^2(x-4)$$

Zu (b) Weil das so schön ging, starten wir frohgemut mit den Hermite–Splines. Das geht nämlich ebenso leicht.

Wie es sich für einen Spline gehört, gehen wir intervallweise vor. Im Intervall $[1,2]$ machen wir den Ansatz

$$s(x) = a_0 + b_0(x-1) + c_0(x-1)^2 + d_0(x-1)^3.$$

Die Ableitung lautet

$$s'(x) = b_0 + 2c_0(x-1) + 3d_0(x-1)^2$$

Die Interpolationsbedingung $s(1) = 0$ ergibt sofort

$$a_0 = 0,$$

die weitere Bedingung $s'(1) = 1$ bringt

$$b_0 = 1.$$

Jetzt nutzen wir die Interplationsbedingungen am rechten Rand aus und erhalten zwei Gleichungen

$$s(2) = 1 \Rightarrow 1 + c_0 + d_0 = 1$$
$$s'(2) = 2 \Rightarrow 1 + 2c_0 + 3d_0 = 2$$

Daraus erhält man

$$c_0 = -1, \; d_0 = 1,$$

und so lautet die Spline–Funktion im Intervall $[1, 2]$

$$s(x) = (x-1) - 1(x-1)^2 + (x-1)^3 \text{ in } [1, 2]$$

Ein analoges Vorgehen im Intervall $[2, 4]$ führt zur Funktionsgleichung im Intervall $[2, 4]$

$$s(x) = 1 + 2(x-2) - \frac{10}{4}(x-2)^2 + \frac{3}{4}(x-2)^3 \text{ in } [2, 4]$$

Konvergenzeigenschaft In der Spezialliteratur sind viele Konvergenzaussagen zu finden. Wir beschränken uns wie schon bei den linearen Spline–Funktionen darauf, etwas über die für die Anwendungen wohl gebräuchlichste Norm, nämlich die Maximum–Norm zu erzählen.

Satz 4.34 *Für die Stützstellen (4.28) sei*

$$h := \max_{0 \leq i < N} |x_{i+1} - x_i|. \tag{4.48}$$

Sei $f \in \mathcal{C}^4[a,b]$, und sei s die f in den Stützstellen (4.28) interpolierende Hermite–Splinefunktion. Dann gilt:

$$\|f - s\|_\infty \leq \frac{h^4}{384} \|f^{(iv)}\|_\infty. \tag{4.49}$$

Beweis: Die Beweisführung ist ganz ähnlich zu der von Satz 4.28. Jedoch betrachten wir hier für ein festes $i = 0, \ldots, N-1$ die Hilfsfunktion

$$\omega(x) := (x - x_i)^2 \cdot (x - x_{i+1})^2.$$

Dies ist eine nach unten geöffnete Parabel 4. Ordnung mit dem Maximum in der Mitte des Intervalls $[x_i, x_{i+1}]$, also bei $x = (x_i + x_{i+1})/2$ und dem Wert

$$\omega\left(\frac{x_i + x_{i+1}}{2}\right) = \frac{(x_{i+1} - x_i)^4}{16}. \tag{4.50}$$

Die Funktion

$$\vartheta(x) := f(x) - s(x) - \kappa \cdot \omega(x) \tag{4.51}$$

hat die zwei doppelten Nullstellen x_i und x_{i+1}. Wählen wir nun ein $\overline{x}$ aus dem offenen Intervall (x_i, x_{i+1}) und halten es fest, so können wir κ so wählen, daß ϑ bei diesem festgehaltenen $\overline{x}$ eine weitere Nullstelle hat, also

$$\vartheta(\overline{x}) = f(\overline{x}) - s(\overline{x}) - \kappa \cdot \omega(\overline{x}) = 0.$$

4.2 Interpolation durch Spline–Funktionen

Dann existiert aber nach dem Satz von Rolle eine Zwischenstelle $\xi = \xi(\overline{x})$, so daß gilt

$$\vartheta^{(iv)}(\xi(\overline{x})) = f^{(iv)}(\xi(\overline{x})) - s^{(iv)}(\xi(\overline{x})) - \kappa \cdot \omega^{(iv)}(\xi(\overline{x})) = f^{(iv)}(\xi(\overline{x})) - 4!\kappa = 0.$$

Hier haben wir ausgenützt, daß s eine kubische Funktion ist und ω eine Parabel vierter Ordnung. Daraus können wir κ bestimmen:

$$\kappa = \frac{f^{(iv)}(\xi(\overline{x}))}{4!}.$$

Das bedeutet nun, da wir $\overline{x}$ beliebig gewählt haben, daß wir zu einem beliebigen $x \in (x_i, x_{i+1})$ stets ein $\xi(x) \in (x_i, x_{i+1})$ finden können mit

$$f(x) - s(x) = \frac{f^{(iv)}(\xi(x))}{4!} \cdot \omega(x).$$

Diese Gleichung gilt natürlich auch für $x = x_i$ oder $x = x_{i+1}$, wie man sofort sieht. Da kann man $\xi(x)$ beliebig wählen. Damit können wir nun folgendermaßen abschätzen:

$$\begin{aligned}
\max_{x \in [x_i, x_{i+1}]} |f(x) - s(x)| &= \max_{x \in [x_i, x_{i+1}]} \left| \frac{f^{(iv)}(\xi(x))}{24} \cdot \omega(x) \right| \\
&\leq \max_{x \in [x_i, x_{i+1}]} \left| \frac{\sup_{[x_i, x_{i+1}]} |f^{(iv)}(x)|}{24} \cdot \omega(x) \right| \\
&= \frac{\sup_{[x_i, x_{i+1}]} |f^{(iv)}(x)|}{24} \cdot \max_{x \in [x_i, x_{i+1}]} |\omega(x)| \\
&= \frac{\sup_{[x_0, x_N]} |f^{(iv)}(x)|}{24} \cdot \frac{|x_{i+1} - x_i|^4}{16} \\
&\leq \frac{\sup_{[x_i, x_{i+1}]} |f^{(iv)}(x)|}{384} \cdot h_i^4 \\
&\leq \frac{\|f^{(iv)}\|_\infty}{384} \cdot h^4.
\end{aligned}$$

Dies war die Abschätzung in jedem Teilintervall, wobei wir im vorletzten Schritt das Supremum von $|f^{(iv)}|$ im ganzen Intervall $[x_0, x_N]$ gebildet und im letzten Schritt h_i zu h geändert haben. Dadurch haben wir die Abschätzung eventuell vergrößert.

Im Satz wird aber eine Abschätzung über das Gesamtintervall behauptet. Da wir nur mit endlich vielen Teilintervallen zu tun haben und die rechte Seite von diesen Teilintervallen völlig unabhängig ist, können wir links das Maximum über diese endlich vielen Teilintervalle bilden und erhalten die gewünschte Abschätzung:

$$\|f - s\|_\infty = \max_{x \in [x_0, x_N]} |f(x) - s(x)| = \frac{\|f^{(iv)}\|_\infty}{384} \cdot h^4$$

□

4.2.4 Kubische Spline–Funktionen

Die Überschrift könnte Verwirrung stiften; denn auch die Hermite–Spline–Funktionen bestanden ja stückweise aus kubischen Polynomen. Es hat sich aber eingebürgert, die nun zu erklärenden Spline–Funktionen mit dem Zusatz kubisch zu versehen.

Der Vektorraum der kubischen Spline–Funktionen Auch hier betrachten wir die fest vorgegebene Stützstellenmenge

$$x_0 < x_1 < \cdots < x_N \quad \text{mit} \quad h_k := x_{k+1} - x_k, k = 0, \ldots, N-1. \tag{4.52}$$

Definition 4.35 *Unter dem* **Vektorraum der kubischen Spline–Funktionen** *verstehen wir die Menge*

$$\mathcal{S}_2^3 := \{s \in \mathcal{C}^2[x_0, x_N] : s|_{[x_i, x_{i+1}]} \in \mathbb{P}_3,\ i = 0, \ldots, N-1\} \tag{4.53}$$

Der Unterschied zu den Hermite–Splines liegt also in der größeren Glattheit; noch die zweite Ableitung möchte stetig sein.

Vielleicht sollten wir an dieser Stelle auf die Verallgemeinerung für beliebige Spline–Funktionen hinweisen.

Definition 4.36 *Unter dem* **Vektorraum der Spline–Funktionen** *vom Grad n und der Differenzierbarkeitsklasse k verstehen wir die Menge*

$$\mathcal{S}_k^n := \{s \in \mathcal{C}^k[x_0, x_N] : s|_{[x_i, x_{i+1}]} \in \mathbb{P}_n,\ i = 0, \ldots, N-1\} \tag{4.54}$$

Die Differenz $n - k$ zwischen dem verwendeten Polynomgrad und der Differenzierbarkeitsklasse heißt der **Defekt**. Unsere kubischen Splines haben den Defekt 1, während die Hermite–Splines den Defekt 2 haben.

Um etwas über die Dimension des kubische Spline–Raumes zu erfahren, überlegen wir uns, wieviel Freiheiten vorliegen. Wie schon bei den Hermite–Splines haben wir $4N$ Koeffizienten frei zur Verfügung. Durch das Verlangen nach $\mathcal{C}^2$ erhalten wir die Einschränkungen:

Stetigkeit an inneren Knoten	$\longrightarrow$	$N-1$ Bedingungen
1. Abl. an inneren Knoten	$\longrightarrow$	$N-1$ Bedingungen
2. Abl. an inneren Knoten	$\longrightarrow$	$N-1$ Bedingungen

Fassen wir zusammen, so folgt

$$4N - 3(N-1) = N + 3.$$

Satz 4.37 *Der Raum der kubischen Spline–Funktionen für $N+1$ Stützstellen (4.28) hat die Dimension*

$$dim \mathcal{S}_2^3 = N + 3 \tag{4.55}$$

4.2 Interpolation durch Spline–Funktionen

Zur Bestimmung einer Basis könnte man versucht sein, die Idee der Hermite–Splines zu verwerten, also nach kubischen Splines zu fahnden, die jeweils an einer Stützstelle den Wert 1, aber an sämtlichen anderen den Wert 0 haben. Abgesehen davon, daß wir damit nur $N+1$ Bedingungen vorschreiben, wo wir doch $N+3$ Freiheiten haben, die Funktionen also nicht eindeutig festgelegt wären, führt diese Idee leider auch nicht zu brauchbaren Funktionen. Der entscheidende Vorteil der Basis bei den linearen Splines und den Hermite–Splines lag darin, daß die Funktionen nur auf einer kleinen Teilmenge des Intervalls $[x_0, x_N]$ von Null verschieden waren. Bei den kubischen Splines entstehen Funktionen, die auf dem gesamtem Intervall bis auf die Stützstellen Werte ungleich Null haben. Diese für den Praktiker nicht nutzbaren Basisfunktionen heißen **Kardinal–Splines**.

Eine kaum bessere Basis gewinnt man mit den Abschneide–Funktionen.

Definition 4.38 *Sei x_i einer der Knoten $x_0, \ldots, x_N$. Die folgende Funktion heißt* **Abschneide–Funktion** *zum Knoten x_i:*

$$(x - x_i)_+^3 := \begin{cases} (x - x_i)^3 & \text{für } x \geq x_i \\ 0 & \text{für } x < x_i \end{cases} \quad (4.56)$$

Satz 4.39 *Die Abschneide–Funktionen sind kubische Spline–Funktionen aus S_2^3.*

Beweis: Das ist fast trivial. Natürlich ist jede Abschneide–Funktion stückweise, also in jedem Teilintervall $[x_i, x_{i+1}]$ ein Polynom höchstens 3. Grades; denn entweder ist es direkt ein solches Polynom oder es ist die Nullfunktion, die man ebenfalls als Polynom auffassen kann. Ein klein bißchen nachdenken sollte man über die zweimalige stetige Differenzierbarkeit. An der Stelle x_i, wo ja zwei Stücke der Abschneide–Funktion zusammengefügt werden, könnte diese Eigenschaft verloren gehen. Aber natürlich ist die zweite Ableitung an der Stelle x_i, von rechts kommend, gleich 0, von links ist die zweite Ableitung identisch 0. Also ist alles klar. □

Mit Hilfe dieser Abschneide–Funktion bilden wir nun als Ansatz die folgende **Darstellungsformel**

$$s(x) = a_0 + a_1 x + a_2 x^2 + a_3 x^3 + b_1 (x - x_1)_+^3 + \ldots + b_{N-1}(x - x_{N-1})_+^3 \quad (4.57)$$

und halten im folgenden Satz fest, daß sich jede kubische Spline–Funktion auf genau eine Weise in dieser Form darstellen läßt.

Satz 4.40 (Darstellungssatz) *Die Elemente $1, x, x^2, x^3, (x-x_1)_+^3, \ldots, (x-x_{N-1})_+^3$ bilden eine Basis von S_2^3 zu den Stützstellen (4.28).*

Der Beweis dieses Satzes ist nicht ganz einfach. Wir übergehen ihn hier und verweisen auf die Spezialliteratur; denn ähnlich wie die Cramersche Regel für lineare Gleichungssysteme ist auch diese Basis nur für Theoretiker von Interesse.

Dagegen ist die folgende Basis von größtem praktischen Nutzen. Es sind die bereits 1946 von I. J. Schoenberg eingeführten B–Splines. Nur um die Definition leichter fassen zu können, werden zu den vorgelegten Stützstellen (4.28) weitere Stützstellen hinzugefügt:

$$x_{-3} < x_{-2} < x_{-1} < x_0 < \ldots < x_N < x_{N+1} < x_{N+2} < x_{N+3} \tag{4.58}$$

Dies kann z. B. dadurch geschehen, daß man die neuen Stützstellen äquidistant legt mit dem Abstand gerade gleich der ersten bzw. letzten Intervallänge der ursprünglichen Stützstellen, also

$$x_{i+1} - x_i = x_1 - x_0, \ i = -1, -2, -3,$$
$$x_{j+1} - x_j = x_N - x_{N-1}, \ j = N, N+1, N+2.$$

Dann erklären wir die B–Splines so:

Definition 4.41 *Die folgenden kubischen Spline–Funktionen*

$$N_i(x) = \sum_{k=i}^{i+4} \frac{(x_k - x)_+^3}{\prod_{\substack{j=i \\ j \neq k}}^{i+4} (x_k - x_j)}, \quad i = -3, -2, \ldots, N-1 \tag{4.59}$$

heißen **B–Splines**.

Wir haben in die Definition locker vom Hocker einfließen lassen, daß es sich bei den so definierten Funktionen um kubische Spline–Funktionen handelt. Nun, wenn wir akzeptieren, daß die Abschneide–Funktionen von dieser Art sind (vgl. Satz 4.39), dann sind wir auf der sicheren Seite.

Wir können aus der Definition eine direkte Beschreibung der B–Splines herleiten. Wenn wir uns aus Vereinfachungsgründen auf äquidistante Stützstellen mit der Schrittweite $h > 0$ beschränken, so gilt für $i = -3, -2, -1, \ldots, N-1$:

$$N_i(x) = \frac{1}{6h^3} \begin{cases} (x - x_i)^3 & \text{für} \quad x_i \leq x < x_{i+1} \\ h^3 + 3h^2(x - x_{i+1}) + 3h(x - x_{i+1})^2 \\ \quad -3(x - x_{i+1})^3 & \text{für} \quad x_{i+1} \leq x < x_{i+2} \\ h^3 + 3h^2(x_{i+3} - x) + 3h(x_{i+3} - x)^2 \\ \quad -3(x_{i+3} - x)^3 & \text{für} \quad x_{i+2} \leq x < x_{i+3} \\ (x_{i+4} - x)^3 & \text{für} \quad x_{i+3} \leq x < x_{i+4} \\ 0 & \text{sonst} \end{cases} \tag{4.60}$$

4.2 Interpolation durch Spline–Funktionen 195

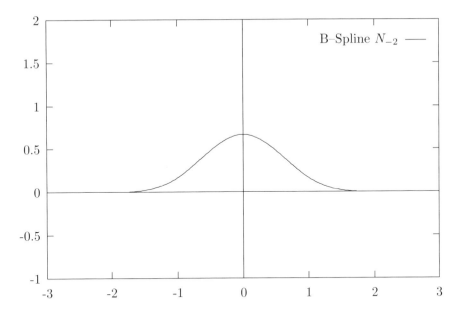

Abb. 4.8: Der B–Spline N_{-2} für eine äquidistante Stützstellenverteilung

Diese Funktionsgleichung versetzt uns zugleich in die Lage, die B–Splines zu skizzieren, wie wir es in der Abbildung 4.8 auf Seite 195 getan haben.

Man sieht, daß der B–Spline $N_i(x)$ nur auf dem Intervall $[x_i, x_{i+4}]$ ungleich Null ist. Das war es, was wir uns wünschten und den anderen Basisfunktionen angekreidet haben. Diese Eigenschaft macht sie so erfolgreich bei Anwendungen.

Durch diese Definition haben wir $N+3$ B–Splines festgelegt. Das sind, falls sie linear unabhängig wären, genug für eine Basis von S_2^3. Auch diese Aussage wolle wir lediglich als Satz zitieren und verweisen zum Beweis auf die Speziallliteratur.

Satz 4.42 *Jede kubische Spline–Funktion $s(x) \in S_2^3$ besitzt genau eine Darstellung durch B–Splines der Form*

$$s(x) = \sum_{i=-1}^{N+1} \alpha_i N_i(x), \quad \alpha_{-1}, \ldots, \alpha_{N+1} \in \mathbb{R}. \tag{4.61}$$

Interpolation mit kubischen Spline–Funktionen Unsere Interpolationsaufgabe gestaltet sich hier etwas komplizierter, weil wir $N+3$ Freiheiten haben, aber nur $N+1$ Stützstellen. Wir werden also auf jeden Fall zur Interpolation alle Stützstellen verwenden. Damit haben wir schon mal $N+1$ Bedingungen.

Definition 4.43 (Interpolationsaufgabe mit kubischen Splines)
Gegeben seien wieder die Stützstellen (4.28) und an jeder Stelle ein Wert y_i, $i =$

$0, \ldots, N$, *der vielleicht der Funktionswert einer unbekannten Funktion ist.*
Gesucht ist eine kubische Spline–Funktion $s(x) \in \mathcal{S}_2^3$, die diese Werte interpoliert, für die also gilt:

$$s(x_i) = y_i, \quad i = 0, \ldots, N \tag{4.62}$$

Für das weitere Vorgehen wählen wir einen ähnlichen Ansatz wie bei den Hermite–Spline-Funktionen. Allerdings werden wir eine kleine Modifikation vornehmen.

Definition 4.44 *Ansatz zur Interpolation mit kubischen Spline–Funktionen:*

$$s(x) := \begin{cases} a_0 + b_0(x - x_0) + c_0(x - x_0)^2 + d_0(x - x_0)^3 & \text{für } x \in [x_0, x_1] \\ a_1 + b_1(x - x_1) + c_1(x - x_1)^2 + d_1(x - x_1)^3 & \text{für } x \in [x_1, x_2] \\ \quad \vdots \\ a_N + b_N(x - x_N) + c_N(x - x_N)^2 + d_N(x - x_N)^3 & \text{für } x \in [x_N, x_{N+1}] \end{cases} \tag{4.63}$$

Die Modifikation besteht also darin, daß wir den Ansatz über das Intervall $[x_0, x_N]$ hinaus weiterführen bis zur Stützstelle x_{N+1}. Die haben wir ja oben schon eingeführt, um die B–Splines beschreiben zu können. Dadurch erhalten wir allerdings auch vier Unbekannte a_N, b_N, c_N und d_N hinzu. Der Gewinn liegt wieder in einer einheitlichen Beschreibung, die sich jetzt ergibt.

Es gibt sicherlich sehr viele Möglichkeiten, die zwei zusätzlichen Freiheiten sinnvoll für eine Interpolationsaufgabe zu nutzen. Eine verbreitete Idee bezieht sich auf den Ursprung der Spline–Funktionen im Schiffbau.

Definition 4.45 *Unter einer **natürlichen kubischen Spline–Funktion** verstehen wir eine Spline–Funktion $s(x) \in \mathcal{S}_2^3$, die außerhalb der vorgegebenen Knotenmenge $x_0, \ldots, x_N$ als Polynom ersten Grades, also linear fortgesetzt wird mit $\mathcal{C}^2$-stetigem Übergang an den Intervallenden.*

Man stelle sich einen Stab vor, der gebogen wird und durch einige Lager in dieser gebogenen Stellung gehalten wird. So wurden genau die Straklatten im Schiffbau eingesetzt, um den Schiffsrumpf zu bauen. Außerhalb der äußeren Stützstellen verläuft der Stab dann gerade, also linear weiter. So erklärt sich auch die Bezeichnung „natürlich".

Mathematisch betrachtet müssen die zweiten Ableitungen am linken und rechten Interpolationsknoten dann verschwinden, d. h. $s''(x_0) = s''(x_N) = 0$. Aus der Definition der natürlichen kubischen Spline–Funktionen erhalten wir daher folgende Randvorgaben zum Aufstellen des linearen Gleichungssystems:

$$s_0''(x_0) = 2c_0 + 6d_0 \underbrace{(x_0 - x_0)}_{=0} = 0 \quad \Leftrightarrow \quad c_0 = 0$$

$$s_N''(x_N) = 2c_N + 6d_N \underbrace{(x_N - x_N)}_{=0} = 0 \quad \Leftrightarrow \quad c_N = 0$$

4.2 Interpolation durch Spline–Funktionen

Satz 4.46 *Bei natürlichen kubischen Spline–Funktionen sind die Koeffizienten c_0 und c_N gleich Null.*

Damit ist schon einer unserer vier zusätzlichen Koeffizienten, nämlich c_N festgelegt. Wir werden sehen, daß wir a_N leicht erhalten, b_N und d_N für die weitere Rechnung überhaupt nicht mehr benötigen.

Algorithmus zur Berechnung kubischer Spline–Funktionen

$\boxed{1}$ $\quad a_k = y_k \quad$ für $k = 0, \ldots, N$

$\boxed{2}$ $\quad c_{k-1} h_{k-1} + 2c_k(h_{k-1} + h_k) + c_{k+1} h_k = \dfrac{3}{h_k}(a_{k+1} - a_k) - \dfrac{3}{h_{k-1}}(a_k - a_{k-1})$

$\qquad\qquad$ für $k = 1, \ldots, N-1$

$\boxed{3}$ $\quad b_k = \dfrac{a_{k+1} - a_k}{h_k} - \dfrac{1}{3}(2c_k + c_{k+1})h_k \quad$ für $k = 0, \ldots, N-1$

$\boxed{4}$ $\quad d_k = \dfrac{1}{3h_k}(c_{k+1} - c_k) \quad$ für $k = 0, \ldots, N-1$

Der Schritt $\boxed{1}$ folgt unmittelbar aus der Interpolationsbedingung. Interessant ist der Schritt $\boxed{2}$. Hier ensteht ein lineares Gleichunssystem zur Bestimmung der Koeffizienten $c_0, \ldots, c_N$. Wie gesagt, um dieses System so leicht hinschreiben zu können, haben wir die Spline-Funktion über x_N hinaus fortgesetzt. Wenn wir nun aber einbeziehen, daß wir nur an natürlichen kubischen Splines interessiert sind, und daher die erste und die letzte Spalte des Systems fortlassen, sieht die Matrix, die zu dem System gehört, folgendermaßen aus:

$$S = \begin{pmatrix} 2(h_0 + h_1) & h_1 & 0 & \cdots & & \cdots & 0 \\ h_1 & 2(h_1 + h_2) & h_2 & \ddots & & & \vdots \\ 0 & h_2 & \ddots & \ddots & \ddots & & \vdots \\ \vdots & \ddots & \ddots & \ddots & \ddots & & 0 \\ \vdots & & & \ddots & \ddots & 2(h_{N-3} + h_{N-2}) & h_{N-2} \\ 0 & \cdots & & \cdots & 0 & h_{N-2} & 2(h_{N-2} + h_{N-1}) \end{pmatrix}$$

Diese Matrix ist offensichtlich quadratisch, symmetrisch, tridiagonal und stark diagonaldominant, da alle $h_i > 0$ für $i = 0, \ldots, N-1$. Bekanntlich ist sie damit regulär, und das System hat genau eine Lösung.

Satz 4.47 (Existenz und Einzigkeit kubischer Spline–Funktionen)
In der Klasse der natürlichen kubischen Spline–Funktionen gibt es genau eine Funktion, welche die Interpolationsaufgabe 4.43 löst.

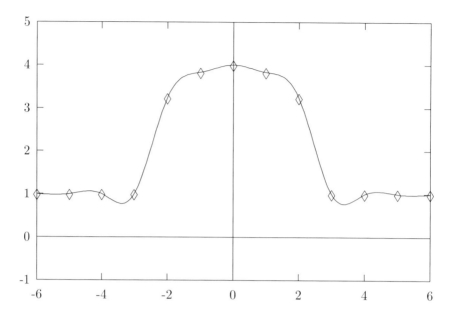

Abb. 4.9: Interpolation der Tunneldaten aus Beispiel 4.5 mit einer natürlichen kubischen Splinefunktion

Mit dem Satz von Gerschgorin erkennt man sogar, daß alle Eigenwerte positiv sind und damit unsere Matrix sogar positiv definit ist. Man kann also auch das Verfahren von Cholesky zur Lösung einsetzen. Der L-R-Algorithmus für Tridiagonalsysteme ist aber stabiler.

Beispiel 4.48 *Wir kommen noch einmal zurück auf den schönen Tunnel aus Beispiel 4.5.*

Wenn wir die Daten nun mit natürlichen kubischen Splines interpolieren, wird das Ergebnis wesentlich glatter als bei der Interpolation mit Polynomen. Auch hier wollen wir den Leser nicht mit langwierigen Rechnungen ärgern, sondern zeigen das Ergebnis in der Abbildung 4.9.

Um den bei -3 und 3 senkrechten Anstieg zu bewältigen, muß auch die Splinefunktion vorher ausholen. Sie schwenkt zwar nur sehr wenig nach unten aus, aber als Tunnel kauft uns dieses Gebilde auch noch niemand ab. Durch die unten folgende Konvergenzaussage wissen wir natürlich, daß wir nur die Anzahl der Vorgabepunkte erhöhen müssen, um ein besseres Ergebnis zu erzielen. Es ist aber vorstellbar, daß solche Vorgabepunkte nur begrenzt zur Verfügung stehen oder vielleicht nur mit großem Aufwand zu beschaffen sind. Dann ist die schönste Konvergenzaussage Makulatur. Abhilfe schafft eine Interpolation mit kubischen Béziersplines. Den interessierten Leser müssen wir dafür auf die Speziallliteratur verweisen.

4.2 Interpolation durch Spline–Funktionen

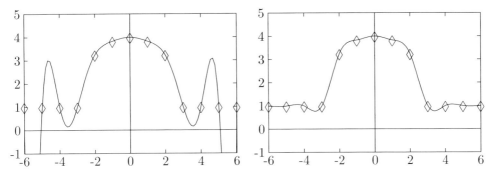

Abb. 4.10: Interpolation der Tunneldaten mit einem Polynom 12. Grades (links) und einer natürlichen kubischen Splinefunktion (rechts)

Wir stellen noch einmal zum unmittelbaren Vergleich die Abbildungen mit Polynominterpolation und Splineinterpolation etwas verkleinert nebeneinander; so sieht man sehr deutlich die Unterschiede.

Konvergenzeigenschaft Mit einem recht komplizierten Beweisverfahren kann man auch für die natürlichen kubischen Splinefunktionen eine Konvergenzaussage herleiten, die sicherstellt, daß mit der Erhöhung der Knotenzahl eine immer bessere Annäherung einhergeht. Wir verweisen für den Beweis auf Spezialliteratur und zitieren lediglich die Hauptaussage.

Satz 4.49 *Für die Stützstellen (4.28) sei*

$$h := \max_{0 \leq i < N} |x_{i+1} - x_i|. \tag{4.64}$$

Sei $f \in \mathcal{C}^4[a,b]$, und sei s die f in den Stützstellen (4.28) interpolierende kubische Splinefunktion mit den zusätzlichen Randbedingungen $s'(x_0) = f'(x_0), s'(x_N) = f'(x_N)$. Dann gilt:

$$\|f - s\|_\infty \leq \frac{5}{384} h^4 \|f^{(iv)}\|_\infty. \tag{4.65}$$

Der Faktor $\frac{5}{384}$ ist dabei nicht zu verbessern. Der entscheidende Punkt liegt in der 4-ten Potenz des Stützstellenabstandes h. Genau die gleiche Potenz war auch für die Konvergenz der kubischen Hermitesplines verantwortlich.

Extremaleigenschaft Schon zuvor hatten wir auf die Bedeutung der Spline–Funktionen im Schiffbau mit den Straklatten hingewiesen. Das schien aber eher zufällig übereinzustimmen. Die 1957 von Holladay entdeckte Extremaleigenschaft der Spline–Funktionen zeigt nun, daß dies mit Methode geschah. Wir geben zunächst die mahematische Formulierung von Holladay wieder.

Extremaleigenschaft der Spline–Funktionen

$$\|s''\|^2 := \int_{x_0}^{x_N} s''(x)^2\, dx \leq \int_{x_0}^{x_N} f''(x)^2\, dx =: \|f''\|^2$$

Die genaue Formulierung dieses wichtigen Ergebnis geben wir im folgenden Satz:

Satz 4.50 *Ist f eine beliebige Funktion mit $f \in \mathcal{C}^2[x_0, x_N]$ und ist s die natürliche kubische Splinefunktion, die f in den Punkten $x_0, \ldots, x_N$ interpoliert, so ist die Norm der zweiten Ableitung der Spline–Funktion kleiner oder gleich der Norm von f''.*

Die natürliche kubische Splinefunktion $s(x)$ ist also dadurch ausgezeichnet, daß sie unter allen Funktionen, die unsere Interpolationsaufgabe lösen, die kleinste Norm bezgl. der zweiten Ableitung besitzt.

Beweis: Wir haben zu zeigen:

$$\int_{x_0}^{x_N} \left[f''(x)^2 - s''(x)^2\right] dx \geq 0.$$

Dazu betrachten wir die Differenz

$$g(x) := f(x) - s(x).$$

Offensichtlich ist dann wegen der Interpolationsvorgaben

$$g(x_i) = 0, \quad i = 0, \ldots, N.$$

Mit dem kleinen binomischen Satz erhält man:

$$\int_{x_0}^{x_N} (f''(x))^2\, dx - \int_{x_0}^{x_N} (s''())^2\, dx = \int_{x_0}^{x_N} (g''(x))^2\, dx + 2\int_{x_0}^{x_N} s''(x) \cdot g''(x)\, dx$$

Das erste Integral rechts ist ja wegen des Quadrates stets größer oder gleich Null. Also müssen wir uns nur noch um das zweite kümmern, und wir werden sogar zeigen:

$$\int_{x_0}^{x_N} s''(x) \cdot g''(x)\, dx = 0.$$

Das folgt mit partieller Integration:

$$\int_{x_0}^{x_N} [s''(x) \cdot g''(x)]\, dx = \sum_{i=0}^{N-1} \int_{x_i}^{x_{i+1}} s''(x) \cdot g''(x)\, dx$$

$$= \sum_{i=0}^{N-1} [s''(x_{i+1}) \cdot g'(x_{i+1}) - s''(x_i) \cdot g'(x_i)] - \sum_{i=0}^{N-1} \int_{x_i}^{x_{i+1}} s'''(x) \cdot g'(x)\, dx$$

4.2 Interpolation durch Spline–Funktionen

Die in der letzten Zeile auftretende erste Summe hat eine spezielle Eigenschaft. Wenn wir die ersten drei Glieder aufschreiben, wird das sehr deutlich:

$$s''(x_1) \cdot g'(x_1) - s''(x_0) \cdot g'(x_0) + s''(x_2) \cdot g'(x_2) - s''(x_1) \cdot g'(x_1)$$
$$+ s''(x_3) \cdot g'(x_3) - s''(x_2) \cdot g'(x_2) + \ldots$$

Das zweite Glied fällt von vornherein weg, da wir ja eine natürliche Splinefunktion verlangen. Dann wird das erste Glied vom vierten aufgefressen, das dritte Glied vom sechsten, das fünfte vom achten, usw. Man nennt so etwas manchmal eine Teleskopsumme. Von der ganzen Summe bleibt nichts übrig, denn am Schluß nutzen wir erneut die Natürlichkeit unserer Splinefunktion aus, so daß auch das vorletzte Glied noch wegfällt. Damit erhalten wir weiter:

$$\int_{x_0}^{x_N} [s''(x) \cdot g''(x)] \, dx = -\sum_{i=0}^{N-1} \int_{x_i}^{x_{i+1}} s'''(x) \cdot g'(x) \, dx$$
$$= -\sum_{i=0}^{N-1} 6d_i \int_{x_i}^{x_{i+1}} g'(x) \, dx$$
$$= -\sum_{i=0}^{N-1} 6d_i [g(x_{i+1}) - g(x_i)]$$
$$= 0$$

Dabei haben wir brutal ausgenutzt, daß $s(x)$ eine kubische Splinefunktion, ihre dritte Ableitung also stückweise konstant ist. Hier tauchen dann kurzzeitig die Koeffizienten d_i wieder auf. $g(x)$ war nun aber gerade die Differenz $f(x) - s(x)$, die an den Stützstellen verschwindet. Damit folgt dann die Behauptung. □

Wir sollten noch einmal betonen, daß der Beweis sehr wesentlich den natürlichen kubischen Spline benutzt hat. Das läßt eine schöne geometrische Interpretation zu:
Unter der Krümmung κ eines Funktionsgraphen $y = g(x)$ versteht man die Größe:

$$\kappa(x) := \frac{g''(x)}{(1 + g'(x)^2)^{3/2}}.$$

Falls nun $|g'(x)| \ll 1$ ist für $x \in [a, b]$, so folgt:

$$\|\kappa(x)\|^2 \approx \int_a^b g''(x)^2 \, dx,$$

d. h. unter allen Funktionen, die gegebene Daten interpolieren, hat die natürliche kubische Spline–Funktion die kleinste Krümmungsnorm.

Mechanisch läßt diese Eigenschaft folgende Deutung zu.
Betrachten wir einen homogenen, isotropen Stab. Dessen Biegelinie sei gegeben durch

$y = g(x)$. Dann erhält man aus der Mechanik:

$$\text{Biegemoment:} \quad M(x) := c_1 \cdot \frac{g''(x)}{(1 + g'(x)^2)^{3/2}},$$

$$\text{Biegeenergie:} \quad E(g) := c_2 \cdot \int_a^b M(x)^2 \, dx.$$

Man weiß, daß ein Stab, der durch Lager in gewissen Interpolationspunkten so festgehalten wird, daß dort nur Kräfte senkrecht zur Biegelinie aufgenommen werden können, eine solche Endlage einnimmt, daß die aufzuwendende Biegeenergie minimal ist. Falls nun $|g'(x)| \ll 1$ ist für $x \in [a, b]$, was eine kleine Biegung bedeutet, so wird diese Lage gerade durch die natürliche kubische Spline–Funktion angenommen.

Damit haben wir also drei verschiedene Deutungen der Extremaleigenschaft, die wir noch einmal zusammenfassen:

1. **Mathematische Deutung:** Unter allen Funktionen, die eine gegebene $\mathcal{C}^2$–Funktion in den Stützstellen $x_0, \ldots, x_N$ interpoliert, hat die natürliche kubische Splinefunktion die kleinste Norm bzgl. der zweiten Ableitung.

2. **Geometrische Deutung:** Unter allen Funktionen, die eine gegebene $\mathcal{C}^2$–Funktion in den Stützstellen $x_0, \ldots, x_N$ interpoliert, hat die natürliche kubische Splinefunktion die kleinste Krümmung.

3. **Mechanische Deutung:** Ein Stab, der durch Lager in eine feste Form gezwungen wird, nimmt eine Endlage an, die genau einer natürlichen kubischen Splinefunktion entspricht, die die Lagerpunkte als Interpolationspunkte besitzt.

Gerade diese Extremaleigenschaft ist es, die in neuerer Zeit zur Approximation gegebener oder durch Messung gewonnener Punkte mit Spline–Funktionen herangezogen wird. Leider müssen wir für Einzelheiten auf die Spezialliteratur verweisen.

5 Numerische Quadratur

Gerne benutzen Journalisten die Metapher, jemand habe die Quadratur des Kreises versucht. Damit wollen sie ausdrücken, daß man etwas Unmögliches angestrebt hat. Denn den Kreis zu quadrieren, bedeutet, daß man zu einem vorgegebenen Kreis lediglich mit Zirkel und Lineal ein flächengleiches Quadrat konstruieren sollte. Dieses Jahrtausende alte Problem konnte 1882 Ferdinand Lindemann, der übrigens in Hannover geboren wurde, dahingehend lösen, daß er die Transzendenz von π nachwies und damit zeigte, daß diese Quadratur unmöglich ist.

Die Bezeichnung Quadratur hat man beibehalten für die Berechnung von Flächeninhalten und ihn übertragen auf die Berechnung von bestimmten Integralen. Die exakte Berechnung stößt dabei oftmals an unüberwindliche Hürden. So ist z. B. für

$$\int_0^x e^{-\xi^2}\,d\xi$$

keine Stammfunktion bekannt. Da bleibt nur der Ausweg, sich numerisch an den gesuchten Flächeninhalt heranzutasten.

Die näherungsweise Berechnung von bestimmten Integralen versieht man heute mit dem Begriff 'Numerische Quadratur'.

5.1 Allgemeine Vorbetrachtung

5.1.1 Begriff der Quadraturformel

Als allgemeine Form einer Quadraturformel wählen wir einen linearen Ansatz, um damit das eventuell komplizierte Integral anzunähern.

Definition 5.1 *Gegeben sei ein bestimmtes Integral*

$$I = \int_a^b f(x)\,dx \tag{5.1}$$

Unter einer Quadraturformel verstehen wir die Gleichung

$$\int_a^b f(x)\,dx = Q_n(f) + R_n(f) \quad mit \quad Q_n(f) := \sum_{i=1}^n A_i f(x_i) \tag{5.2}$$

und dem Restglied $R_n(f)$. Hierin heißen $A_1, A_2, \ldots, A_n$ die **Gewichte** *, $x_1, x_2, \ldots, x_n$ die* **Stützstellen** *der Quadraturformel.*

Diese Formeln sind so zu verstehen, daß eine Funktion f vorgegeben ist, deren bestimmtes Integral über das Intervall $[a,b]$ gesucht ist. Zur Anwendung der Quadraturformel braucht man deren Stützstellen und die zugehörigen Gewichte. Dann kann man den Näherungswert $Q_n(f)$ leicht aus (5.2) ermitteln. Um etwas über den Fehler aussagen zu können, müssen wir Genaueres über das Restglied wissen.

Damit ist unser Programm abgesteckt. Im folgenden wollen wir verschiedene Vorgehensweisen vorstellen und miteinander vergleichen. Wir werden also für verschiedene Grundideen jeweils die Stützstellen, die Gewichte und das Restglied angeben.

Man beachte, daß wir die Summation hier bei Eins beginnen lassen. Will man unsere Formeln mit denen in anderen Büchern vergleichen, empfiehlt sich dringend ein Blick auf diese Summation. Die Bezeichnung geht hier leider ziemlich durcheinander.

5.1.2 Der Exaktheitsgrad von Quadraturformeln

Für den Vergleich verschiedener Quadraturformeln hat sich ein etwas eigenwilliger Maßstab herausgebildet. Man stellt bei jeder neuen Quadraturformel fest, Polynome welchen Grades noch exakt integriert werden mit dem Hinterkopfgedanken, daß man stetige Funktionen ja durch Polynome gut annähern kann. Wenn man nun Polynome vom hohen Grad exakt integrieren kann, so wird die Formel wohl auch gute Dienste bei beliebigen stetigen Funktionen leisten.

Definition 5.2 *Unter dem algebraischen Exaktheitsgrad oder der Ordnung einer Quadraturformel verstehen wir die natürliche Zahl k, für die alle Polynome vom Grad kleiner oder gleich k exakt integriert werden.*

Für diesen Exaktheitsgrad können wir leicht eine Höchstzahl angeben. Es gilt nämlich der

Satz 5.3 *Eine Quadraturformel der Gestalt (5.2) mit n Stützstellen hat höchstens den Exaktheitsgrad $2n-1$.*

Beweis: Das überlegen wir uns ganz schnell, indem wir ein Polynom vom Grad $2n$ angeben, das durch die Quadraturformel (5.2) nicht exakt integriert wird, dessen Restglied also nicht verschwindet.

Betrachten wir das Polynom vom Grad $2n$

$$p(x) = (x-x_1)^2 \cdot \ldots \cdot (x-x_n)^2,$$

das mit den in der Quadraturformel vorgegebenen Stützstellen gebildet ist. Anwendung der Quadraturformel führt zu

$$\int_a^b p(x)\,dx = \sum_{\nu=1}^n A_\nu \cdot p(x_\nu) + R_n(p).$$

5.1 Allgemeine Vorbetrachtung

Aus der Definition von $p(x)$ erkennt man sofort: $p(x_1) = \cdots = p(x_n) = 0$. Damit verschwindet in der Quadraturformel die gesamte Summe:

$$\sum_{\nu=1}^{n} A_\nu \cdot p(x_\nu) = 0.$$

Nun ist das Polynom $p(x)$ als Produkt von quadratischen Termen überall bis auf die endlich vielen Stützstellen, die ja zugleich die Nullstellen sind, echt positiv. Damit ist das Integral über dieses Polynom ebenfalls echt positiv, endlich viele Nullstellen ändern daran nichts. Die linke Seite ist also eine positive Zahl. Damit Gleichheit herrscht, muß auch die rechte Seite eine positive Zahl sein, das Restglied kann also nicht verschwinden, womit wir gezeigt haben, daß die Quadraturformel nicht die Ordnung $2n$ hat. □

5.1.3 Einige klassische Formeln

Wir beginnen mit drei Formeln, die sich schon seit langer Zeit als nützlich erwiesen haben. Allerdings lassen sie in der Fehlerbetrachtung deutliche Wünsche offen. Wir werden im Abschnitt 5.2.3 zeigen, wie man diesem Mangel beikommen kann.

Zunächst eine Formel, bei der lediglich ein Funktionswert in der Mitte des Intervalls herangezogen wird. Die beiden schraffierten Flächen scheinen sich hier gegenseitig zu kompensieren.

Die Rechteckregel (Regel von MacLaurin)

$$Q_R(f) = (b-a) f\left(\frac{a+b}{2}\right)$$

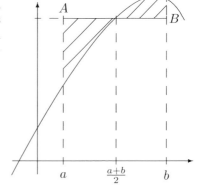

Abb. 5.1: Die Rechteckregel

Im folgenden Bild zeigen wir den Nachteil dieses einfachen Vorgehens. Mit der Kompensation klappt das nur in Spezialfällen.

Wir wählen eine konvexe Funktion, die gerade in der Mitte ihr Minimum hat. Die schraffierte Fläche geht bei der Inhaltsberechnung glatt verloren. Wir werden uns hier eine raffiniertere Methode einfallen lassen, um mit der so schön einfachen Regel weiterzukommen.

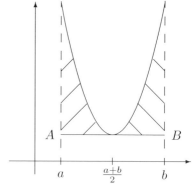

Abb. 5.2: Nachteil der Rechteckregel

Die folgende Regel benutzt beide Endpunkte des Integrationsintervalls und die dortigen Funktionswerte. Aus diesen Punkten wird zusammen mit den beiden Abszissenpunkten das Trapez gebildet und dessen Fläche als Näherung des gesuchten Integrals verwendet. Das sieht besser aus, kann aber natürlich auch nicht allzu genau annähern. Von nix kommt eben nix.

Die Trapezregel

$$Q_T(f) = (b-a)\frac{f(a) + f(b)}{2}$$

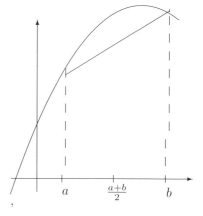

Abb. 5.3: Zur Trapezregel

Wie wir oben schon angedeutet haben, liefern diese Regeln nur grobe Annäherungen an den gesuchten Integralwert. Bevor wir zu Verbesserungen kommen, wollen wir zunächst das allgemeine Prinzip zur Entwicklung dieser Formeln vorstellen.

5.2 Interpolatorische Quadraturformeln

Wie der Name andeutet, werden diese Formeln mit Hilfe der Interpolation gewonnen. Der Hauptgedanke lautet:

> Ersetze die zu integrierende Funktion an vorgegebenen Stützstellen durch das zugehörige Interpolationspolynom, und integriere dieses.

5.2 Interpolatorische Quadraturformeln

Die folgende Regel entwickelte der berühmte Astronom Johannes Kepler, als er im Jahre 1613 anläßlich seiner Wiedervermählung einige Fässer Wein kaufte. Bei der Bezahlung fühlte er sich übers Ohr gehauen und dachte daraufhin über eine neue Methode nach, den Inhalt von Weinfässern zu bestimmen. So fand er die nach ihm benannte Faßregel. Dabei wird mit den Intervallendpunkten und dem Mittelpunkt die interpolierende Parabel 2. Ordnung gebildet und deren Fläche als Näherung für die gesuchte Fläche verwendet.

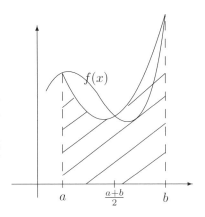

Die Keplerregel

$$Q_K(f) = \frac{b-a}{6}\left(f(a) + 4f(\frac{a+b}{2}) + f(b)\right) \qquad (5.2)$$

Abb. 5.4: Zur Keplerregel

Zwei Teilgruppen erhält man durch die unterschiedliche Wahl der Stützstellen.

Bei Newton–Cotes verwendet man die Intervallgrenzen als Stützstellen.
Bei MacLaurin verwendet man die Intervallgrenzen nicht als Stützstellen.

5.2.1 Newton–Cotes–Formeln

Diese Gruppe verwendet also die Intervallgrenzen a und b als Stützstellen. Wir wollen exemplarisch zeigen, wie die Trapezregel zustande kommt. Dazu bestimmen wir das Interpolationspolynom, welches die vorgegebene Funktion f in den Punkten $(a, f(a))$ und $(b, f(b))$ interpoliert. Das ist ja nun sehr einfach. Es lautet, als Newton–Polynom geschrieben:

$$p_1(x) = f(a) + \frac{f(b) - f(a)}{b - a}(x - a). \qquad (5.3)$$

Wir wissen aus dem Interpolationskapitel (vgl. Gleichung (4.20) auf Seite 172) auch etwas über den Fehler:

$$R_1(x) = \frac{f''(\xi)}{2!}(x-a)(x-b), \qquad (5.4)$$

wobei ξ ein Zwischenwert im Intervall $[a, b]$ ist, der aber von x abhängt, was wir nicht vergessen dürfen.

Damit können wir die Funktion f folgendermaßen darstellen:

$$f(x) = p_1(x) + \frac{f''(\xi)}{2!}(x-a)(x-b), \qquad (5.5)$$

Es ist uns ein Leichtes, diese Funktion zu integrieren. Dabei nutzen wir aus, daß der Term $(x-a)(x-b)$ auf dem Intervall $[a,b]$ sein Vorzeichen nicht wechselt. Dann können wir nämlich den verallgemeinerten Mittelwertsatz der Integralrechnung heranziehen und aus dem zu berechnenden Integral den Term $f''(\xi)/2!$, gebildet an einer Zwischenstelle, die wir ξ^* nennen wollen, herausziehen. Hier haben wir also beachtet, daß unser ξ von x abhängt. Wir erhalten so:

$$\begin{aligned}
\int_a^b f(x)\,dx &= \int_a^b \left[f(a) + \frac{f(b)-f(a)}{b-a}(x-a) + \frac{f''(\xi)}{2!}(x-a)(x-b) \right] dx \\
&= f(a)(b-a) + \frac{f(b)-f(a)}{b-a} \frac{1}{2}(x-a)^2 \Big|_a^b \\
&\quad + \frac{f''(\xi^*)}{2} \int_a^b (x^2 - ax - bx + ab)\,dx \\
&= \frac{(b-a)}{2}(f(a)+f(b)) + \frac{f''(\xi^*)}{2}\left(\frac{1}{3}x^3 - \frac{1}{2}ax^2 - \frac{1}{2}bx^2 + abx\right)\Big|_a^b \\
&= \frac{(b-a)}{2}(f(a)+f(b)) - \frac{f''(\xi^*)}{12}(b-a)^3
\end{aligned}$$

Das ist aber genau die Trapezregel, wie wir sie oben vorgestellt haben, mit einem Zusatzterm, den wir oben als Restglied eingeführt haben.

Leider hat die Sache den Haken mit dem verallgemeinerten Mittelwertsatz der Integralrechnung. Zu seiner Anwendung darf der im Integral verbleibende Rest sein Vorzeichen nicht wechseln. Wenn wir aber mehrere Stützstellen zulassen, wird das zwangsläufig eintreten, und unsere einfache Rechnung geht so nicht mehr. Es gibt stärkere Hilfsmittel, am besten hat sich der Peano'sche Kernsatz bewährt. Wir müssen da aber auf die Spezialliteratur verweisen.

Wir stellen unten einige Formeln mit ihren Restgliedern zusammen zur Übersicht. Bei Betrachtung dieser Restglieder fällt bei der Keplerregel eine Besonderheit ins Auge. Obwohl wir zu ihrer Herleitung lediglich ein Interpolationspolynom zweiten Grades verwenden, erscheint im Restglied die vierte Ableitung der zu integrierenden Funktion. Wenn wir also hier ein Polynom dritten Grades einsetzen, verschwindet das Restglied. Also werden noch Polynome bis zum dritten Grad einschließlich exakt integriert. Die mit vier Stützstellen hergeleitete 3/8-Regel kann da nichts Besseres. Auch ihr Restglied enthält die vierte Ableitung. Obwohl sie von Newton wohl wegen ihres symmetrischen Aufbaus als die „pulcherrima", die schönste bezeichnet wurde, wird man der Keplerregel der einfacheren Anwendung wegen den Vorzug geben.

Das setzt sich so fort bei den Newton–Cotes–Regeln. Bei Verwendung von einer ungeraden Anzahl von Stützstellen gewinnt man einen Exaktheitsgrad hinzu.

Satz 5.4 *Die Newton–Cotes–Regeln haben bei Verwendung von n Stützstellen folgenden Exaktheitsgrad:*

# Stützstellen	Exaktheitsgrad
n gerade	$n-1$
n ungerade	n

5.2.2 Formeln vom MacLaurin-Typ

MacLaurin verwendet nicht die Intervallgrenzen, sondern Punkte im Innern als Stützstellen. Die einfachste seiner Regeln mit einer Stützstelle in der Mitte des Intervalls haben wir oben bereits als Rechteckregel vorgestellt. Manchmal wird sie auch als Mittelpunktsregel bezeichnet. Hier bietet sich eine andere Methode als bei den Newton–Cotes–Formeln an, um auf den Exaktheitsgrad zu schließen.

Herleitung des Restgliedes für die Rechteckregel. Dazu setzen wir $f \in \mathcal{C}^2[a,b]$ voraus, um dann eine Taylorentwicklung anzugeben.

$$f(x) = f\left(a + \frac{b-a}{2}\right) + f'\left(a + \frac{b-a}{2}\right) \cdot \left[x - \left(a + \frac{b-a}{2}\right)\right]$$
$$+ \frac{1}{2} f''(\xi) \cdot \left[x - \left(a + \frac{b-a}{2}\right)\right]^2 \tag{5.6}$$

mit einer Zwischenstelle $\xi \in (a,b)$. Hier integrieren wir beide Seiten und werden so direkt auf die Rechteckregel geführt:

$$\int_a^b f(x)\,dx = f\left(a + \frac{b-a}{2}\right)(b-a) + f'\left(a + \frac{b-a}{2}\right) \frac{1}{2}\left(x - \frac{a+b}{2}\right)^2 \bigg|_a^b$$
$$+ \frac{1}{2} f''(\xi) \cdot \frac{1}{3}\left(x - \frac{a+b}{2}\right)^3 \bigg|_a^b$$

der erste Summand führt gerade zur Rechteckregel, der zweite verschwindet und der dritte ist das Restglied

$$= (b-a) f\left(\frac{a+b}{2}\right) + \frac{1}{3}\left(\frac{b-a}{2}\right)^3 f''(\xi) \tag{5.7}$$

Das Restglied enthält die zweite Ableitung (an einer Zwischenstelle), woraus folgt, daß Polynome ersten Grades noch exakt integriert werden. Der Exaktheitsgrad ist also 1.

5.2.3 Mehrfachanwendungen

Allein schon die kleinen Skizzen auf Seite 206 und 207 deuten an, daß mit diesen einfachen Formeln keine Meisterschaft zu gewinnen ist. Es zeigt sich außerdem, daß Formeln mit mehr als sieben Stützstellen zu negativen Gewichten führen. Dann können durch Auslöschung der einzelnen Terme völlig irrelevante Ergebnisse entstehen. Im folgenden schildern wir den wahren Trick, der obige Formeln zu einer sinnvollen Anwendung führt. Dabei ist dieses Vorgehen gar nicht neu. Schon bei der Einführung des Riemannschen Integrals wird derselbe Trick angewendet.

> Wir unterteilen das Gesamtintervall in kleine Teilabschnitte und wenden in jedem ein und dieselbe Quadraturformel an.

Wir demonstrieren das Vorgehen an der Trapezregel. Sie lautet in ihrer einfachen Form (ohne Restglied):

$$Q_T(f) = (b-a)\frac{f(a)+f(b)}{2}$$

Wir unterteilen das Integrationsintervall $[a,b]$ in N gleiche Teile, bilden also mit

$$h := (b-a)/N \qquad (5.8)$$

folgende Stützstellen:

$$x_0 = a, x_1 = a+h, x_2 = a+2h, \ldots, x_{N-1} = a+(N-1)h, x_N = a+Nh = b$$

Aus der Linearität des Integrals erhalten wir dann die Zerlegung

$$\int_a^b f(x)\,dx = \int_a^{x_1} f(x)\,dx + \int_{x_1}^{x_2} f(x)\,dx + \cdots + \int_{x_{N-1}}^{x_N=b} f(x)\,dx$$

Auf jedes der so gewonnenen Teilintegrale wenden wir die Trapezregel an

$$\begin{aligned}\int_a^b f(x)\,dx &= \frac{h}{2}(f(a)+f(a+h)) + \frac{h}{2}(f(a+h)+f(a+2h)) + \cdots \\ &\quad + \frac{h}{2}(f(a+(N-1)h)+f(a+Nh)) \\ &= \frac{h}{2}(f(a)+2f(a+h)+\cdots+2f(a+(N-1)h)+f(a+Nh)),\end{aligned}$$

wobei wir die zweite Zeile durch Ausklammern und Zusammenfassen der Terme gebildet haben.

In der Abbildung 5.5 zeigen wir für $N=5$, wie sich die Fläche der Trapeze der gesuchten Fläche annähert.

Wie sieht es mit dem Restglied aus, wenn wir zur summierten Trapezregel übergehen? In jedem Teilintervall $[x_i, x_{i+1}]$ gibt es eine Zwischenstelle ξ_i $i=0,\ldots,N-1$, und wir erhalten als gesamten Rest

$$R_N(f) = -\sum_{i=0}^{N-1} \frac{h^3}{12} f''(\xi_i) = -\frac{h^3}{12} \sum_{i=0}^{N-1} f''(\xi_i) = -\frac{h^3}{12} \frac{\sum_{i=0}^{N-1} f''(\xi_i)}{N} N$$

Hier ist $\sum_{i=0}^{N-1} f''(\xi_i)/N$ ein Zahlenwert, der zwischen $\min_i\{f''(\xi_i)\}$ und $\max_i\{f''(\xi_i)\}$ liegt:

$$\min_i\{f''(\xi_i)\} \leq \sum_{i=0}^{N-1} f''(\xi_i)/N \leq \max_i\{f''(\xi_i)\}$$

5.2 Interpolatorische Quadraturformeln

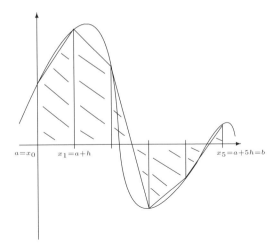

Abb. 5.5: Zur summierten Trapezregel. Für $N = 5$ sind die Trapeze in die zu berechnende Fläche eingezeichnet.

Wenn wir $f''(x)$ als stetig voraussetzen, so gibt es nach dem Zwischenwertesatz eine Stelle $\widetilde{\xi}$, an der dieser Zahlenwert angenommen wird: $f''(\widetilde{\xi}) = \sum_{i=0}^{N-1} f''(\xi_i)/N$. Dann erhalten wir als neues Restglied

$$R_N(f) = -\frac{b-a}{12} h^2 f''(\widetilde{\xi}), \tag{5.9}$$

wobei wir den Stützstellenabstand $h := \frac{b-a}{N}$ verwendet haben.

Der Faktor h^2 ist nun interessant. Er sagt aus, wenn wir mehr und mehr Stützstellen wählen, geht das Restglied quadratisch gegen Null, wir können also von quadratischer Konvergenz sprechen. Damit lautet die gesamte summierte Trapezregel:

$$\int_a^b f(x)\,dx = \frac{h}{2}\left(f(a) + 2f(a+h) + \cdots + 2f(a+(N-1)h) + f(b)\right) - \frac{b-a}{12} h^2 f''(\widetilde{\xi}) \tag{5.10}$$

Beispiel 5.5 *Wir wollen das Integral*

$$\int_1^2 \frac{dx}{1+x}$$

näherungsweise mit der summierten Trapezregel berechnen.

Dabei überlegen wir uns zunächst, wieviele Stützstellen wir denn wohl benötigen, wenn wir einen Fehler kleiner als $2.5 \cdot 10^{-3}$ zulassen wollen.

Im Restglied erscheint die zweite Ableitung des Integranden an einer Zwischenstelle, die wir naürlich nicht kennen. Also versuchen wir, sie abzuschätzen. Es ist

$$f''(x) = \frac{2}{(1+x)^3} > 0 \text{ in } [1,2],$$

der Nenner wächst im Intervall $[1,2]$ monoton, nimmt also sein Minimum für $x=1$ an. Also folgt

$$\max_{x\in[1,2]} |f''(x)| = \frac{2}{2^3} = \frac{1}{4}$$

Unsere Forderung an den Fehler führt somit zur Gleichung

$$|R_T(f)| \leq \left| -\frac{b-a}{12} h^2 f''(\xi) \right| = \frac{h^2}{48} \stackrel{!}{<} 2.5 \cdot 10^{-3},$$

aus der wir sofort die Forderung

$$h < 0.346$$

gewinnen. Wir werden daher die Schrittweite

$$h = 1/3$$

wählen und unser Intervall $[1,2]$ in drei Teile aufteilen, also die Stützstellen

$$x_0 = 1,\ x_1 = 1.\overline{3},\ x_2 = 1.\overline{6},\ x_3 = 2$$

einführen und damit obige Formel anwenden:

$$\int_1^2 \frac{dx}{1+x} \approx \frac{1}{6}\left(f(1) + 2f(1.\overline{3}) + 2f(1.\overline{6}) + f(2)\right) = 0.4067$$

Als exakten Wert erhalten wir

$$\int_1^2 \frac{dx}{1+x} = \left| \ln(1+x) \right|_1^2 = 0.405465.$$

Als Fehler erhalten wir

$$\text{Fehler} = 0.4067 - 0.405465 = 0.001235 < 0.0025,$$

was unserer Forderung entspricht.

Wir sollten dieser Rechnung nicht allzu viel Bedeutung beimessen; denn die Abschätzung der zweiten Ableitung gelingt nur in einfachen Fällen und ist in der Regel viel zu grob. Sie kann nur als vager Anhalt dienen.

5.3 Quadratur nach Romberg

Der Grundgedanke von Romberg[1] ist von bestechender Einfachheit. Wir orientieren uns an der mehrfach angewendeten Trapezregel. Nehmen wir also an, daß wir eine

---
[1] W. Romberg 1955

5.3 Quadratur nach Romberg

Quadraturformel $If(x)$ hätten, deren Fehler $R(h)$ proportional zu h^{2m} ist, wie eben bei der Trapezregel, also

$$\int_a^b f(x)\,dx = If(h) + Rf(h) \quad \text{mit } Rf(h) = c_1 h^{2m}.$$

Halbieren wir die Schrittweite $h \to h/2$, so erhalten wir als neuen Fehler

$$\int_a^b f(x)\,dx = If(h/2) + Rf(h/2) \quad \text{mit } Rf(h/2) = c_2 \cdot \left(\frac{h}{2}\right)^{2m}.$$

Daraus erhalten wir durch einfaches Umrechnen (c neue Konstante)

$$If(h/2) - If(h) = Rf(h) - Rf(h/2) = c(\cdot 2^{2m} - 1)Rf(h/2),$$

woraus sich ergibt

$$\frac{If(h/2) - If(h)}{2^{2m} - 1} = c \cdot Rf(h/2).$$

Damit folgt

$$\int_a^b f(x)\,dx = If(h/2) + Rf(h/2) = If(h/2) + \frac{1}{c} \cdot \frac{If(h/2) - If(h)}{2^{2m} - 1}.$$

Wenn wir nun die Konstante c vernachlässigen, da sie bei weiterer Verkleinerung von h nur noch eine marginale Rolle spielt, und dann statt '=' ein '≈' benutzen, erhalten wir

$$\int_a^b f(x)\,dx \approx \frac{2^{2m} If(h/2) - If(h)}{2^{2m} - 1}. \tag{5.11}$$

Dies ist die interessante Formel von Romberg. Mit Hilfe der Richardson Extrapolation kann man zeigen, daß der Fehler dieser Näherung proportional zu $h^{2m+2} = h^{2(m+1)}$ ist.

Das Spiel treiben wir nun mehrfach und stellen folgende Tabelle auf. Wir nennen den Näherungswert nach der einfachen Trapezregel $T_0^{(0)}$, der zweifachen Trapezregel $T_0^{(1)}$, der vierfachen $T_0^{(2)}$ usw. Dann bilden wir

$$T_m^{(k)} = \frac{4^m T_{m-1}^{(k+1)} - T_{m-1}^{(k)}}{4^m - 1}, \quad m = 1, 2, 3, \ldots,\ k = 0, 1, 2, \ldots \tag{5.12}$$

Die Tabelle 5.1 (S. 214) ist dann so entstanden: In der ersten Spalte stehen die Werte aus der mehrfach angewendeten Trapezregel. In der zweiten Spalte stehen die Werte

$$T_1^{(k)} = \frac{4 \cdot T_0^{(k+1)} - T_0^{(k)}}{3}, \quad k = 0, 1, 2, \ldots;$$

$$
\begin{array}{l}
T_0^{(0)} \\
\quad \searrow \\
T_0^{(1)} \longrightarrow T_1^{(0)} \\
\quad \searrow \qquad \searrow \\
T_0^{(2)} \longrightarrow T_1^{(1)} \longrightarrow T_2^{(0)} \\
\quad \searrow \qquad \searrow \qquad \searrow \\
T_0^{(3)} \longrightarrow T_1^{(2)} \longrightarrow T_2^{(1)} \longrightarrow T_3^{(0)}
\end{array}
$$

Tabelle 5.1: Schema der Romberg-Iteration

man multipliziere also den Wert aus der Spalte davor, gleiche Zeile, mit 4 und subtrahiere den Wert eine Zeile darüber, dann teile man durch 3. Die nächste Spalte ist dann

$$T_2^{(k)} = \frac{16 \cdot T_1^{(k+1)} - T_1^{(k)}}{15}, \quad k = 0, 1, 2, \ldots.$$

Das erklärt sich analog. Man sollte und wird feststellen, daß das Durchlaufen der Spalten, abgesehen von der ersten, keine Arbeit mehr bedeutet. Da freut sich jeder Computer geradezu drauf, solch eine einfache Rechnung durchzuführen. Das geht blitzschnell. Die Arbeit liegt in der ersten Spalte der mehrfachen Trapezregel. Hier müssen viele Funktionsauswertungen vorgenommen werden. Das kostet Zeit.

Ein ausführliches Beispiel rechnen wir auf Seite 220 vor.

In der folgenden Tabelle stellen wir verschiedene Regeln mit ihren Restgliedern zusammen und vermerken in der letzten Spalte ihren Exaktheitsgrad.

Tabelle der Newton–Cotes–Formeln

Newton–Cotes–Formeln

Name	Quadraturformel	Restglied	Exakth.grad
Trapezregel	$\frac{b-a}{2}\left(f(a)+f(b)\right)$	$-\frac{2}{3}\left(\frac{b-a}{2}\right)^3 f''(\xi)$	2
Keplerregel	$\frac{b-a}{6}\left(f(a)+4f\left(\frac{a+b}{2}\right)+f(b)\right)$	$-\frac{1}{90}\left(\frac{b-a}{2}\right)^5 f^{(4)}(\xi)$	4
3/8-Regel	$\frac{b-a}{8}\left(f(a)+3f\left(a+\frac{b-a}{3}\right)+3f\left(a+2\cdot\frac{b-a}{3}\right)+f(b)\right)$	$-\frac{3}{80}\left(\frac{b-a}{3}\right)^5 f^{(4)}(\xi)$	4
1/90-Regel	$\frac{b-a}{90}\left(7f(a)+32f\left(a+\frac{b-a}{4}\right)+12f\left(a+2\cdot\frac{b-a}{4}\right)+32f\left(a+3\cdot\frac{b-a}{4}\right)+7f(b)\right)$	$-\frac{8}{945}\left(\frac{b-a}{4}\right)^7 f^{(6)}(\xi)$	6

MacLaurin–Formeln

Name	Quadraturformel	Restglied	Exakth.grad
Rechteckregel	$(b-a)f\left(\frac{a+b}{2}\right)$	$+\frac{1}{3}\left(\frac{b-a}{2}\right)^3 f''(\xi)$	2
	$\frac{b-a}{2}\left(f\left(a+\frac{b-a}{4}\right)+f\left(a+\frac{3(b-a)}{4}\right)\right)$	$+\frac{1}{12}\left(\frac{b-a}{2}\right)^3 f''(\xi)$	2
	$\frac{b-a}{8}\left(3f\left(a+\frac{b-a}{6}\right)+2f\left(a+\frac{3(b-a)}{6}\right)+3f\left(a+\frac{5(b-a)}{6}\right)\right)$	$+\frac{21}{640}\left(\frac{b-a}{3}\right)^5 f^{(4)}(\xi)$	4
	$\frac{b-a}{48}\left(13f\left(a+\frac{b-a}{8}\right)+11f\left(a+\frac{3(b-a)}{8}\right)+11f\left(a+\frac{5(b-a)}{8}\right)+13f\left(a+\frac{7(b-a)}{8}\right)\right)$	$+\frac{103}{1440}\left(\frac{b-a}{4}\right)^5 f^{(4)}(\xi)$	4

Summierte Newton–Cotes–Formeln

Name	Quadraturformel	Restglied	Konv.Ord.
Trapezregel $h=\frac{b-a}{N}$	$\frac{h}{2}(f(a)+2f(a+h)+\cdots+f(a+(N-1)h)+f(b))$	$-\frac{b-a}{12}h^2 f''(\xi)$	2
Simpsonregel $h=\frac{b-a}{2N}$	$\frac{h}{3}(f(a)+4f(a+h)+2f(a+2h)+\cdots+2f(a+(2N-2)h)+4f(a+(2N-1)h)+f(b))$	$-\frac{b-a}{180}h^4 f^{(4)}(\xi)$	4

Summierte MacLaurin–Formeln

Name	Quadraturformel	Restglied	Konv.Ord.
Rechteckregel $h=\frac{b-a}{N}$	$h\left(f\left(a+\frac{h}{2}\right)+f\left(a+3\frac{h}{2}\right)+\cdots+f\left(a+(2N-2)\frac{h}{2}\right)+f\left(a+(2N-1)\frac{h}{2}\right)\right)$	$+\frac{b-a}{24}h^2 f''(\xi)$	2
$h=\frac{b-a}{2N}$	$h\left(f(a+\frac{h}{2})+f(a+3\frac{h}{2})+\cdots+f(a+(4N-1)\frac{h}{2})\right)$	$+\frac{b-a}{24}h^2 f''(\xi)$	2

5.4 Gauß–Quadratur

Bei den bisher betrachteten interpolatorischen Quadraturformeln haben wir die Stützstellen zur Vermeidung umfangreicher Rechnungen äquidistant gelegt. Dies nahm uns etwas Freiheit in der Berechnung der Formeln. Wir konnten daher im Exaktheitsgrad auch nur $N+1$ erreichen, wenn wir N Stützstellen vorgaben.

Diese einschränkende Voraussetzung der äquidistanten Stützstellen wollen wir nun verlassen in der Hoffnung, durch dieses Mehr an Wahlmöglichkeit bessere Formeln entwickeln zu können. Das führt auf die große Gruppe der Gaußschen Quadraturformeln.

5.4.1 Normierung des Integrationsintervalls

Die im folgenden betrachteten Quadraturformeln beziehen sich auf Integrale über das Intervall

$$I = [-1, 1] \tag{5.13}$$

Dies bedeutet aber natürlich keine Einschränkung. Die Transformation

$$t = \frac{2}{b-a}\left(x - \frac{b+a}{2}\right) \tag{5.14}$$

führt zu folgender Umrechnung

$$\int_a^b f(x)\,dx = \int_{-1}^1 f(t)\,dt \tag{5.15}$$

Beispiel 5.6 *Gegeben sei das Integral*

$$I = \int_0^1 \frac{4}{1+x^2}\,dx = 4 \cdot \arctan 1 = \pi,$$

mit bekanntem Wert. Wir transformieren es auf das Intervall $[-1, 1]$.

Durch

$$t = \frac{2}{1}\left(x - \frac{1}{2}\right) = 2x - 1 \iff x = \frac{t+1}{2}$$

entsteht mit $dt = 2\,dx$

$$I = \int_{-1}^1 \frac{4}{1 + \frac{(t+1)^2}{4}} \frac{1}{2}\,dt = \int_{-1}^1 \frac{8}{4+(t+1)^2}\,dt$$

5.4.2 Konstruktion einer Gaußformel

Wie in der Einleitung zu diesem Abschnitt schon gesagt, starten wir mit dem Ansatz

$$\int_{-1}^{1} f(t)\, dt = A_1 \cdot f(x_1) + \cdots + A_n \cdot f(x_n) + R_{G_n} \tag{5.16}$$

Die Gewichte $A_1, \ldots, A_n$ und die Stützstellen $x_1, \ldots, x_n$ bestimmen wir nun so, daß der Exaktheitsgrad möglichst groß wird. Am Beispiel für $n = 3$ wollen wir das Vorgehen demonstrieren.

Beispiel 5.7 *Wir bestimmen für $n = 3$ obige Quadraturformel.*

Gesucht sind also A_1, A_2, A_3 und t_1, t_2, t_3 so, daß Polynome möglichst hohen Grades noch exakt integriert werden. Da wir sechs Unbekannte haben, werden wir es mit Polynomen bis zum Grad fünf versuchen. Da sich solche Polynome ja bekanntlich aus den Grundpolynomen linear kombinieren lassen und das Integral ein linearer Operator ist, können wir uns auf die Verwendung der Polynome

$$1, t, t^2, t^3, t^4, t^5$$

beschränken. Eine einfache Rechnung ergibt

$$\int_{-1}^{1} t^i\, dt = \begin{cases} \frac{2}{i+1}, & \text{falls } i \text{ gerade,} \\ 0, & \text{falls } i \text{ ungerade} \end{cases} \stackrel{!}{=} A_1 t_1^i + A_2 t_2^i + A_3 t_3^i, \quad i = 0, \ldots, 5$$

Das sind nun sechs leider nichtlineare Gleichungen mit sechs Unbekannten. Wir nutzen die Symmetrie des Intervalls $[-1, 1]$ aus und verlangen

$$t_1 = -t_3,\ t_2 = 0,\ A_1 = A_3$$

Dann bleiben drei Unbekannte t_1, A_1, A_2. Wegen der Symmetrie verwenden wir nun auch nur die Polynome geraden Grades $1, t^2$ und t^4 und erhalten so drei Gleichungen:

(i) $i = 0$ $\int_{-1}^{1} t^0\, dt = 2 = A_1 + A_2 + A_3 = 2A_1 + A_2$
(ii) $i = 2$ $\int_{-1}^{1} t^2\, dt = \frac{2}{3} = 2A_1 t_1^2$
(iii) $i = 4$ $\int_{-1}^{1} t^4\, dt = \frac{2}{5} = 2A_1 t_1^4$

Eine kurze Rechnung ergibt

$$A_1 = \frac{5}{9} = A_3,\ A_2 = \frac{8}{9},\ t_1 = -\sqrt{\frac{3}{5}} = -t_3,\ t_2 = 0$$

Also lautet die gesuchte Formel:

$$\int_{-1}^{1} f(t)\, dt \approx \frac{1}{9}\left[5f\left(-\sqrt{\frac{3}{5}}\right) + 8f(0) + 5f\left(\sqrt{\frac{3}{5}}\right)\right] \tag{5.17}$$

Betrachten wir das folgende

Beispiel 5.8 *Gesucht ist eine Näherung des Integrals*

$$\int_0^1 \frac{4}{1+x^2}\, dx (= \pi)$$

mit obiger Quadraturformel.

Wir müssen zuerst das Integral auf das Intervall $[-1,1]$ zurückführen und anschließend die kleine Rechnung mit der Formel durchführen.

$$\int_0^1 \frac{4}{1+x^2}\, dx = \int_{-1}^1 \frac{8}{4+(t+1)^2}\, dx$$

$$\approx \frac{1}{9}\left(\frac{5\cdot 8}{4+(1-\sqrt{\frac{3}{5}})^2} + \frac{8\cdot 8}{5} + \frac{5\cdot 8}{4+(1+\sqrt{\frac{3}{5}})^2}\right)$$

$$= 3.14106814$$

Wenn man bedenkt, daß wir nur drei Funktionsauswertungen benötigten, so sind wir dem Wert π doch schon recht nahe gekommen.

Es zeigt sich, daß die so gewonnenen Stützstellen gerade die Nullstellen der Legendre–Polynome sind. Daher der folgende Abschnitt.

5.4.3 Legendre–Polynome

Es gibt verschiedene Möglichkeiten, die Legendre–Polynome zu definieren. Wir wählen die Form, bei der man leicht ihren Polynomcharakter erkennt.

Definition 5.9 *Die folgenden Polynome heißen* **Legendre–Polynome**

$$L_n(t) = \frac{1}{2^n \cdot n!} \frac{d^n\left[(t^2-1)^n\right]}{dt^n},\ n=0,1,2,\ldots \tag{5.18}$$

Die folgenden Polynome heißen **normierte Legendre–Polynome**

$$\tilde{L}_n(t) = \frac{1}{2^n \cdot n!} \sqrt{\frac{2n+1}{2}} \frac{d^n\left[(t^2-1)^n\right]}{dt^n}, \tag{5.19}$$

worunter wir verstehen, daß der Koeffizient des Terms mit der höchsten Potenz 1 ist.

Wir können leicht die ersten nicht normierten Legendre–Polynome explizit angeben:

$$L_0(t) = 1,\ L_1(t) = t\ L_2(t) = 3t^2 - 1,\ L_3(t) = 5t^3 - 3t \tag{5.20}$$

Sie lassen sich rekursiv berechnen:

5.4 Gauß–Quadratur

Satz 5.10 *Mit den beiden Anfangspolynomen*

$$L_0(t) = 1, \; L_1(t) = t$$

gilt folgende Rekursionsformel für die Legendre–Polynome

$$(n+1)L_{n+1}(t) = (2n+1) \cdot t \cdot L_n(t) - nL_{n-1}(t) \tag{5.21}$$

Die interessanteste Eigenschaft ist die Orthogonalität der Legendre–Polynome, die man prächtig bei der Fourier–Entwicklung ausnutzen kann. Es gilt der

Satz 5.11 *Die Legendre–Polynome genügen folgender Orthogonalitätsrelation*

$$\int_{-1}^{1} L_n(t) \cdot L_m(t) \, dt = \begin{cases} 0 & \text{für } m \neq n \\ \frac{2}{2n+1} & \text{für } m = n \end{cases} \tag{5.22}$$

Alles das ist aber nur zusammengetragen, weil wir nun mal über diese Polynome gestolpert sind. Die wesentliche Aussage im Zusammenhang mit numerischer Quadratur steckt im folgenden Satz:

Satz 5.12 *Die Stützstellen der Gauß–Quadraturformeln sind die Nullstellen der Legendre–Polynome.*

5.4.4 Bestimmung der Stützstellen

Es gibt wieder verschiedene Wege, die Stützstellen zu bestimmen. Der mit Abstand beste und schnellste Weg ist der, in einer Tabelle nachzuschauen. Wir haben weiter hinten eine Liste angefügt für Polynome gerader Ordnung. Falls jemand Lust verspürt, diese Liste, die wir ohne Gewähr angeben, aber auf Wunsch gerne per e-Mail verschicken, nachzuprüfen, dem sei folgender Weg empfohlen, wobei sich das QR–Verfahren bewähren dürfte:

Satz 5.13 *Die Stützstellen der Gauß–Quadraturformeln sind die Eigenwerte der folgenden symmetrischen Tridiagonalmatrix*

$$\mathcal{G}_n = \begin{pmatrix} 0 & \beta_1 & 0 & \cdots & \cdots & 0 \\ \beta_1 & \ddots & \beta_2 & 0 & \cdots & 0 \\ 0 & \ddots & \ddots & \ddots & \ddots & \vdots \\ \vdots & \ddots & \ddots & \ddots & \ddots & 0 \\ 0 & \cdots & \ddots & \ddots & \ddots & \beta_{n-1} \\ 0 & \cdots & \cdots & 0 & \beta_{n-1} & 0 \end{pmatrix}$$

$$\text{mit } \beta_k = \frac{k}{\sqrt{4k^2 - 1}}, \quad k = 1, \ldots, n-1$$

5.4.5 Bestimmung der Gewichte

Auch für die Gewichte sei der Weg über eine vorgegebene Liste empfohlen. Weiter hinten haben wir sie zusammengestellt für Polynome gerader Ordnung bis hin zur Ordnung 32. Überflüssigerweise wollen wir hier ebenfalls eine Formel zu ihrer Berechnung angeben.

Satz 5.14 *Die Gewichte der Gaußschen Quadraturformeln lassen sich folgendermaßen berechnen:*

Sind $t_1, \ldots, t_n$ die Stützstellen der Gaußschen Quadraturformel G_n, so berechnen sich die zugehörigen Gewichte $A_1, \ldots, A_n$ nach der Formel:

$$A_k = \frac{2}{L_0^2(t_k) + 3L_1^2(t_k) + 5L_2^2(t_k) + \cdots + (2n-1)L_{n-1}^2(t_k)} \tag{5.23}$$

5.4.6 Exaktheitsgrad und Restglied Gaußscher Quadraturformeln

Im folgenden Satz zeigt sich nun der Lohn der ganzen Mühe. Wir haben wirklich und wahrhaftig Quadraturformeln mit optimalem Exaktheitsgrad erhalten. Besser als $2n$ geht es nimmer, wie wir bereits im Satz 5.3 auf Seite 204 bewiesen haben.

Satz 5.15 *Die Gaußsche Quadraturformel G_n hat den Exaktheitsgrad $2n$. Für $f \in \mathcal{C}^{2n}([-1,1])$ besitzt ihr Restglied die Darstellung:*

$$R_n(f) = \frac{f^{(2n)}(\xi)}{(2n)!} \int_{-1}^{1} (t-t_1)^2 \cdot \ldots \cdot (t-t_n)^2 \, dt \quad mit \quad \xi \in [-1,1] \tag{5.24}$$

5.5 Vergleichendes Beispiel

An einem ausführlichen Beispiel wollen wir viele der oben vorgestellten Verfahren anwenden und die Ergebnisse vergleichen, um so zu einem besseren Verständnis der Verfahren zu kommen.

Beispiel 5.16 *Betrachten wir das Integral*

$$\int_0^1 x \cdot e^x \, dx,$$

und berechnen wir es

(a) exakt,

(b) nach der Trapez-Regel (1-fach, 2-fach, 4-fach, 8-fach, 16-fach)

(c) nach der Kepler und der Kepler–Simpson–Regel (1-fach, 2-fach, 4-fach, 8-fach),

5.5 Vergleichendes Beispiel

(d) mit der 3/8–Regel,

(e) mit der 1/90–Regel,

(f) nach Romberg,

(g) nach Gauß mit G_3.

Bei (b), (c) und (d) interessiert uns auch eine Fehlerabschätzung.

Das ist ein umfangreiches Programm. Wir sollten nicht verheimlichen, daß unser kleiner Knecht, Mr Computer, kräftig mithelfen wird.

Zu (a): Die exakte Berechnung geht mit partieller Integration fast von allein:

$$\int_0^1 x \cdot e^x \, dx = x \cdot e^x \Big|_0^1 - \int_0^1 e^x \, dx = 1.$$

Damit haben wir den exakten Wert, den es nun bei den weiteren Verfahren anzunähern gilt.

Zu (b): Die einfache Trapezregel liefert:

$$\int_0^1 x \cdot e^x \, dx \approx (1-0)\frac{1e^1 - 0e^0}{2} = \frac{e}{2} = 1.35914091423.$$

Wir haben hier reichlich übertrieben mit der Stellenzahl nach dem Dezimalpunkt; jedoch wollen wir auf Romberg hinaus, und daher brauchen wir die vielen Stellen. Der Wert ist noch ziemlich ungenau, wie wir mit Hilfe der Fehlerabschätzung feststellen können. Dazu brauchen wir die zweite Ableitung des Integranden, später für Herrn Kepler auch noch die vierte:

$$f(x) = x \cdot e^x \Rightarrow f''(x) = (2+x) \cdot e^x, f''''(x) = (5+x) \cdot e^x.$$

Sowohl f als auch alle ihre Ableitungen sind auf $[0,1]$ monoton wachsend, so daß wir den jeweiligen Ableitungswert durch den Wert am rechten Rand, also bei 1 abschätzen können:

$$|R_T| = \left| -\frac{2}{3}\left(\frac{1-0}{2}\right)^3 f''(\xi) \right| \leq \frac{1}{12} \cdot 3e = 0.6796.$$

Das ist noch ein ziemlich großer Wert. Wir interpretieren ihn folgendermaßen. Wie wir wissen, ist der Integralwert gerade die Summe aus dem Wert der Quadraturformel (QF) und dem Fehler (R_T):

$$\int f(x) \, dx = QF + R_T.$$

Nun können wir leider R_T nicht exakt berechnen, da uns niemand die Zwischenstelle ξ verrät, sondern wir können R_T nur abschätzen und erhalten

$$\left|\int f(x)\,dx - QF\right| \leq |R_T|.$$

Das bedeutet aber

$$-R_T \leq \int f(x)\,dx - QF \leq +R_T$$

und hier konkret

$$-0.6796 \leq \int_0^1 x \cdot e^x\,dx - 1.359 \leq 0.6796,$$

also

$$0.6794 \leq \int_0^1 x \cdot e^x\,dx \leq 2.0386,$$

und wir sehen, daß der exakte Wert 1 dieser Ungleichung genügt.

Versuchen wir es besser mit der zweifach angewendeten Trapezregel.

$$\int_0^1 x \cdot e^x\,dx \approx \frac{1}{2}\left[\frac{f(0)}{2} + f\left(\frac{1}{2}\right) + \frac{f(1)}{2}\right] = 1.0917507747.$$

Den Fehler schätzen wir in gleicher Weise wie oben ab:

$$|R_{T_2}| = \left|-\frac{1-0}{12} \cdot \frac{1}{4} \cdot f''(\xi)\right| \leq \frac{1}{48} \cdot 3e = 0.1699.$$

Der Wert wird besser, der Fehler ist auf ein Zehntel zurückgegangen. Also weiter in dem Konzept:

Trapezregel vierfach:

$$\int_0^1 x \cdot e^x\,dx \approx \frac{1}{4}\left[\frac{f(0)}{2} + f\left(\frac{1}{4}\right) + f\left(\frac{1}{2}\right) + f\left(\frac{3}{4}\right) + \frac{f(1)}{2}\right] = 1.0230644790.$$

Der Fehler hier ist höchstens:

$$|R_{T_4}| = \left|-\frac{1-0}{12} \cdot \frac{1}{16} \cdot f''(\xi)\right| \leq \frac{3e}{192} = 0.042.$$

Trapezregel achtfach:

$$\int_0^1 x \cdot e^x\,dx \approx \frac{1}{8}\left[\frac{f(0)}{2} + f\left(\frac{1}{8}\right) + \cdots + f\left(\frac{7}{8}\right) + \frac{f(1)}{2}\right] = 1.0057741073.$$

5.5 Vergleichendes Beispiel

Der Fehler hier ist höchstens:
$$|R_{T_8}| = \left|-\frac{1-0}{12} \cdot \frac{1}{64} \cdot f''(\xi)\right| \leq \frac{3e}{768} = 0.0106.$$

Trapezregel sechzehnfach:
$$\int_0^1 x \cdot e^x \, dx \approx \frac{1}{16}\left[\frac{f(0)}{2} + f\left(\frac{1}{16}\right) + \cdots + f\left(\frac{15}{16}\right) + \frac{f(1)}{2}\right] = 1.0014440270.$$

Der Fehler hier ist höchstens:
$$|R_{T_{16}}| = \left|-\frac{1-0}{12} \cdot \frac{1}{256} \cdot f''(\xi)\right| \leq \frac{3e}{3072} = 0.00265.$$

Das Ergebnis ist nach solch einer langen Rechnung für dieses einfache Integral nicht gerade berauschend, wenn wir ehrlich sind. Wir werden mal die weiteren Regeln einsetzen und das Ergebnis zu verbessern trachten.

Kepler-Regel:
$$\int_0^1 x \cdot e^x \, dx \approx \frac{1}{6}\left[f(0) + 4f\left(\frac{1}{2}\right) + f(1)\right] = 1.0026207283.$$

Der Fehler hier ist höchstens:
$$|R_K| = \left|-\frac{1}{90} \cdot \left(\frac{1-0}{2}\right)^5 \cdot f''''(\xi)\right| \leq 0.0047.$$

Wau, das hat schon was gebracht, der einfache Kepler liefert schon zwei Nachkommastellen genau. Also weiter auf diesem Weg.

Kepler-Simpson zweifach:
$$\int_0^1 x \cdot e^x \, dx \approx \frac{1}{12}\left[f(0) + 4f\left(\frac{1}{4}\right) + 2f\left(\frac{2}{4}\right) + 4f\left(\frac{3}{4}\right) + f(1)\right] = 1.0001690471.$$

Der Fehler hier ist höchstens:
$$|R_{K_2}| = \left|-\frac{1-0}{180} \cdot \left(\frac{1}{4}\right)^4 \cdot f''''(\xi)\right| \leq 0.000295.$$

Es wird immer besser.

Kepler-Simpson vierfach:
$$\int_0^1 x \cdot e^x \, dx \approx \frac{1}{24}\left[f(0) + 4f\left(\frac{1}{8}\right) + 2f\left(\frac{2}{8}\right) + 4f\left(\frac{3}{8}\right) + \cdots + 4f\left(\frac{7}{7}\right) + f(1)\right]$$
$$= 1.0000106501.$$

Der Fehler hier ist höchstens:

$$|R_{K_4}| = \left| -\frac{1-0}{180} \cdot \left(\frac{1}{8}\right)^4 \cdot f''''(\xi) \right| \leq 0.000018.$$

Nur zum Üben und um gleich anschließend den Romberg zu zeigen, sei noch der achtfache Kepler–Simpson gezeigt:

Kepler–Simpson achtfach:

$$\int_0^1 x \cdot e^x \, dx \approx \frac{1}{48} \left[f(0) + 4f\left(\frac{1}{16}\right) + 2f\left(\frac{2}{16}\right) + 4f\left(\frac{3}{16}\right) + \cdots + 4f\left(\frac{15}{16}\right) + f(1) \right]$$
$$= 1.0000006669.$$

Der Fehler hier ist höchstens:

$$|R_{K_8}| = \left| -\frac{1-0}{180} cdot \left(\frac{1}{16}\right)^4 \cdot f''''(\xi) \right| \leq 0.000001152.$$

Hier haben wir an 16 Stellen die Funktion ausgewertet, das sind die Hauptkosten, wenn man sich mal so eine richtig knackige Funktion, wie sie die Wirklichkeit bereit hält, vorstellt. Dafür haben wir schon Genauigkeit auf ca. 6 Nachkommastellen.

Zu (d): Die 3/8–Regel, Newtons Schönste:

$$\int_0^1 x \cdot e^x \, dx \approx \frac{1-0}{8} \left[f(0) + 3f\left(\frac{1}{3}\right) + 3f\left(\frac{2}{3}\right) + f(1) \right] = 1.00117.$$

Der Fehler hier ist höchstens:

$$|R_{3/8}| = \left| -\frac{3}{80} \cdot \left(\frac{1-0}{3}\right)^5 \cdot f''''(\xi) \right| \leq 0.00209.$$

Zu (e): Die 1/90–Regel:

$$\int_0^1 x \cdot e^x \, dx \approx \frac{1-0}{90} \left[7f(0) + 32f\left(\frac{1}{4}\right) + 12f\left(\frac{2}{4}\right) + 32f\left(\frac{3}{4}\right) + 7f(1) \right]$$
$$= 1.0000056017.$$

Der Fehler hier ist höchstens:

$$|R_{1/90}| = \left| -\frac{8}{945} \cdot \left(\frac{1-0}{4}\right)^7 \cdot f^{vi}(\xi) \right| \leq 0.000009831.$$

5.5 Vergleichendes Beispiel

Zu (f) Romberg-Iteration: Jetzt wenden wir die fundamental einfache Idee von Romberg an. Dazu stellen wir folgende Tabelle auf, in der in der ersten Spalte die Werte der mehrfach angewendeten Trapezregel stehen. Hierin steckt der rechnerische Aufwand. Man denke an böse Funktionen f. Die zweite Spalte ergibt sich durch eine ganz primitive Rechnung; man multipliziere den in der gleichen Zeile, aber in der ersten Spalte stehenden (Trapez-)Wert mit 4, subtrahiere den in der ersten Spalte, aber in der Zeile darüber stehenden Trapezwert und teile das Ergebnis durch 3. Es entsteht der Wert nach Kepler. In der Spalte darunter stehen so die Werte nach Kepler–Simpson.

In der nächsten Spalte (16· Kepler-Simpson-Wert gleiche Zeile − Kepler-Simpson-Wert Zeile darüber, geteilt durch 15) stehen die Werte nach der 1/90–Regel. Die weiteren Spalten lassen sich nicht mehr Newton–Cotes–Formeln zuordnen. Wir sehen aber, daß die weiteren Spalten sich immer besser dem richtigen Wert 1 nähern. In der fünften Spalte ist er auf 10 Nachkommastellen erreicht. Wir betonen noch einmal, daß diese Spaltenrechnerei überhaupt keinen Aufwand mehr darstellt für die heutigen Rechnergenerationen.

Trapez	Kepler–Simpson	1/90		
1.3591409142				
1.0917507747	1.0026207283			
1.0230644790	1.0001690471	1.0000056017		
1.0057741073	1.0000106501	1.0000000903	1.0000000028	
1.0014440270	1.0000006669	1.0000000014	1.0000000000	1.0000000000

Tabelle 5.2: Romberg–Iteration

Und man sieht sehr schön die Konvergenz sowohl in den Spalten, aber vor allem in den Schrägzeilen.

Zu (g) Gauß–Quadratur:

Um G_3 anzuwenden, müssen wir das Integral auf das Intervall $[-1, 1]$ transformieren.

$$[0,1] \to [-1,1] \ : \ t = \frac{2}{b-a}\left(x - \frac{a+b}{2}\right) = 2x - 1.$$

Damit lautet das neue Integral

$$\int_0^1 x \cdot e^x \, dx = \int_{-1}^1 \frac{t+1}{2} \cdot e^{\frac{t+1}{2}} \, \frac{dt}{2}$$

Hier wenden wir G_3 an und erhalten:

$$\int_0^1 x \cdot e^x \, dx \approx \frac{1}{2}\frac{1}{9}\left[5 \cdot \frac{-\sqrt{3/5}+1}{2} \cdot e^{\frac{-\sqrt{3/5}+1}{2}} + 8 \cdot \frac{1}{2}e^{\frac{1}{2}} + 5 \cdot \frac{\sqrt{3/5}+1}{2} \cdot e^{\frac{\sqrt{3/5}+1}{2}}\right]$$
$$= 0.99999463.$$

Der einfache Gauß G_3 liefert also schon ein Ergebnis, das wir mit der Trapezregel mit 16 Stützstellen nicht annähernd erhalten haben und das erst mit der 1/90–Regel bei fünf Stützstellen erreicht wurde. Gauß ist eben der Prinzeps Mathematicorum.

5.6 Stützstellen und Gewichte nach Gauß

In der folgenden Tabelle haben wir die Stützstellen und Gewichte der Gaußschen Quadraturformeln G_n für $n = 2, 4, \ldots, 32$ zusammengestellt. Zugrunde liegt das Intervall $[-1, 1]$. Da die Stützstellen symmetrisch im Intervall $[0, 1]$ mit den gleichen Gewichten angeordnet sind, haben wir lediglich die Stützstellen im Intervall $[-1, 0]$ mit ihren zugehörigen Gewichten aufgeschrieben.

n	Stützstellen	Gewichte
2	-.5773502691896257645	1.000000000000000000
4	-.8611363115940525752	.3478548451374385737
	-.3399810435848562648	.6521451548625614263
6	-.9324695142031520278	.1713244923791703450
	-.6612093864662645136	.3607615730481386075
	-.2386191860831969086	.4679139345726910473
8	-.9602898564975362316	.1012285362903762591
	-.7966664774136267395	.2223810344533744705
	-.5255324099163289858	.3137066458778872873
	-.1834346424956498049	.3626837833783619829
10	-.9739065285171717200	.0666713443086881375
	-.8650633666889845107	.1494513491505805931
	-.6794095682990244062	.2190863625159820440
	-.4333953941292471908	.2692667193099963550
	-.1488743389816312108	.2955242247147528701
12	-.9815606342467192506	.0471753363865118271
	-.9041172563704748566	.1069393259953184309
	-.7699026741943046870	.1600783285433462263
	-.5873179542866174473	.2031674267230659217
	-.3678314989981801937	.2334925365383548087
	-.1252334085114689154	.2491470458134027850

5.6 Stützstellen und Gewichte nach Gauß

n	Stützstellen	Gewichte
14	-.98628380869681233884 -.92843488366357351734 -.82720131506976499319 -.68729290481168547015 -.51524863635815409197 -.31911236892788976044 -.10805494870734366207	.03511946033175186303 2 .08015808715976020980 6 .12151857068790318469 .15720316715819353457 .18553839747793781374 .20519846372129560397 .21526385346315779020
16	-.98940093499164993260 -.94457502307323257608 -.86563120238783174388 -.75540440835500303390 -.61787624440264374845 -.45801677765722738634 -.28160355077925891323 -.09501250983763744018 5	.02715245941175409485 2 .06225352393864789286 3 .09515851168249278481 0 .12462897125553387205 .14959598881657673208 .16915651939500253819 .18260341504492358887 .18945061045506849629
18	-.99156516842093094673 -.95582394957139775518 -.89260246649755573921 -.80370495897252311568 -.69168704306035320787 -.55977083107394753461 -.41175116146284264604 -.25188622569150550959 -.08477501304173530124 2	.02161601352648331031 3 .04971454889496979645 3 .07642573025488905652 9 .10094204410628716556 .12255520671147846018 .14064291467065065120 .15468467512626524493 .16427648374583272299 .16914238296314359184
20	-.99312859918509492479 -.96397192727791379127 -.91223442825132590587 -.83911697182221882339 -.74633190646015079261 -.63605368072651502545 -.51086700195082709800 -.37370608871541956067 -.22778585114164507808 -.07652652113349733375 5	.01761400713915211831 2 .04060142980038694133 1 .06267204833410906357 0 .08327674157670474872 5 .10193011981724043504 .11819453196151841731 .13168863844917662690 .14209610931838205133 .14917298647260374679 .15275338713072585070
22	-.99429458548239929207 -.97006049783542872712 -.92695677218717400052 -.86581257772030013654 -.78781680597920816200	.01462799529827220068 5 .03377490158481415479 3 .05229335152683285940 .06979646842452048809 5 .08594160621706772741 4

n	Stützstellen	Gewichte
	-.69448726318668278005	.10041414444288096493
	-.58764040350691159296	.11293229608053921839
	-.46935583798675702641	.12325237681051242429
	-.34193582089208422516	.13117350478706237073
	-.20786042668822128548	.13654149834601517135
	-.06973927331972221214	.13925187285563199338
24	-.99518721999702136018	.01234122979998719954
	-.97472855597130949820	.02853138862893366318
	-.93827455200273275852	.04427743881741980616
	-.88641552700440103421	.05929858491543678074
	-.82000198597390292195	.07334648141108030573
	-.74012419157855436424	.08619016153195327591
	-.64809365193697556925	.09761865210411388827
	-.54542147138883953566	.10744427011596563478
	-.43379350762604513849	.11550566805372560135
	-.31504267969616337439	.12167047292780339120
	-.19111886747361630916	.12583745634682829612
	-.06405689286260562608	.12793819534675215697
26	-.99588570114561692900	.01055137261734300715
	-.97838544595647099110	.02441785109263190878
	-.94715906666171425014	.03796238329436276395
	-.90263786198430707422	.05097582529714781199
	-.84544594278849801880	.06327404632957483554
	-.77638594882067885619	.07468414976565974588
	-.69642726041995726486	.08504589431348523921
	-.60669229301761806323	.09421380035591414846
	-.50844071482450571770	.10205916109442542324
	-.40305175512348630648	.10847184052857659066
	-.29200483948595689514	.11336181654631966655
	-.17685882035689018397	.11660443485296582040
	-.05923009342931320709	.11832141527926227652
28	-.99644249757395444995	.00912428259309451775
	-.98130316537087275370	.02113211259277125973
	-.95425928062893819725	.03290142782304379987
	-.91563302639213207387	.04427293475900422783
	-.86589252257439504894	.05510734567571674543
	-.80564137091717917145	.06527292396699959579
	-.73561087801363177203	.07464621423456877902
	-.65665109403886496122	.08311341722890121839

5.6 Stützstellen und Gewichte nach Gauß

n	Stützstellen	Gewichte
	-.56972047181140171931	.09057174439303284094
	-.47587422495511826103	.09693065799792991585
	-.37625151608907871022	.10211296757806076981
	-.27206162763517807768	.10605576592284641791
	-.16456928213338077128	.10871119225829413525
	-.05507929889884034270427	.11004701301647519628
30	-.99689348407464954027	.00796819249616660562 23
	-.98366812327974720997	.01846646831109095911 6
	-.96002186496830751222	.02878470788332336933 5
	-.92620004742927432588	.03879919256962704959 3
	-.88256053579205268154	.04840267283059405290 4
	-.82956576238276839744	.05749315621761906648 4
	-.76777743210482619492	.06597422988218049512 8
	-.69785049479331579693	.07375597473770520626 8
	-.62052618298924286114	.08075589522942021535 5
	-.53662414814201989926	.08689997872010829798 02
	-.44703376953808917678	.09212252223778612871 8
	-.35270472553087811347	.09636873717464425963 9
	-.25463692616788984644	.09959342058679526706 3
	-.15386991360858354696	.10176238974840550460
	-.05147184255531769583 3	.10285265289355884034
32	-0.99726386184948156354 4981128665	0.00701861000947009660 04070637389
	-0.98561151154526833540 0175044631	0.01627439473090567060 51705622064
	-0.96472255587506430773 811928118	0.02539206530926205945 57525897892
	-0.93490607593773968917 0919134835	0.03427386291302143310 26877322524
	-0.89632115576605212396 5307243719	0.04283589802222668065 68786466061
	-0.84936761373256997013 3693004968	0.05099805926237617619 61632446895
	-0.79448379596794240696 3097298970	0.05868409347853554714 52836373002
	-0.73218211874028968038 7426665091	0.06582222277636184683 76500637069
	-0.66304426693021520097 5115168663	0.07234579410884850622 53993564785
	-0.58771575724076232904 0745476402	0.07819389578707030647 17409188283
	-0.50689990893222939002 3747474378	0.08331192422694675522 21990746043
	-0.42135127613063534536 4119436172	0.08765209300440381114 27714627518
	-0.33186860228212764977 9916805730	0.09117387869576388471 28685771116
	-0.23928736225213074544 603209166	0.09384439908080456563 91802376681
	-0.14447196158279649348 5186373599	0.09563872007927485941 90820022041
	-0.04830766568773831623 48125704405	0.09654008851472780056 67648300636

6 Nichtlineare Gleichungen

6.1 Motivation

Ja, was ist denn damit gemeint? Diese Überschrift ist doch reichlich nichtssagend. Gemeint ist folgende

Aufgabe: *Bestimmen Sie die Nullstellen von beliebigen Funktionen!*

Für eine lineare Funktion haben wir schon in der 8. Klasse gelernt, ihre Nullstelle zu berechnen. Aber eine beliebige Funktion kann eben auch nichtlinear sein, und dann wird die Aufgabe sehr viel komplizierter, aber dafür auch interessanter. Formulieren wir mathematisch, was wir tun wollen:

Definition 6.1 (Nullstellensuche) *Gegeben sei eine Funktion $f : [a,b] \to \mathbb{R}$. Gesucht ist ein $\overline{x} \in [a,b]$ mit*

$$f(\overline{x}) = 0 \tag{6.1}$$

Eine eng damit verknüpfte Fragestellung ist die nach der Suche eines Fixpunktes einer gegebenen Funktion.

Definition 6.2 (Fixpunktaufgabe) *Gegeben sei eine Funktion*

$$T : [a,b] \to \mathbb{R}$$

Gesucht ist ein $\xi \in [a,b]$ mit

$$T(\xi) = \xi$$

Ein solcher Punkt ξ heißt dann Fixpunkt *von T.*

In gewissem Sinn können wir uns überlegen, daß beide Fragestellungen fast äquivalent sind. Formulieren wir es etwas genauer, so gilt:

> *Jede Fixpunktaufgabe läßt sich in eine Nullstellensuche umformulieren.*
> *Aus jeder Nullstellensuche läßt sich eine Fixpunktaufgabe entwickeln.*

Betrachten wir dazu ein

Beispiel 6.3 *Gegeben sei die Funktion*

$$f(x) = e^x + x^2 - x - 1.25 \quad \text{für} \quad x \in [-1, 1].$$

Die Nullstellensuche ist leicht formuliert:

Gesucht ist ein $\overline{x} \in [-1, 1]$ mit $e^{\overline{x}} + \overline{x}^2 - \overline{x} - 1.25 = 0$

Wollen wir diese Aufgabe als Fixpunktaufgabe formulieren, gibt es viele Möglichkeiten.

(i) Gesucht ist ein Fixpunkt $\xi \in [-1, 1]$ der Gleichung $x = e^x + x^2 - 1.25$.

(ii) Gesucht ist ein Fixpunkt $\xi \in [-1, 1]$ der Gleichung $x = \ln(1.25 + x - x^2)$.

Gewiß fallen dem Leser weitere 100 Möglichkeiten ein, aus obiger Nullstellensuche Fixpunktaufgaben herzustellen. Das führt uns direkt zu der Frage, welche dieser vielen Möglichkeiten denn die beste ist. Wie können wir überhaupt die verschiedenen Darstellungen beurteilen?

6.2 Fixpunktverfahren

Wir beginnen mit der Fixpunktaufgabe; denn hier haben wir einen fundamentalen Satz von Banach[1], der fast alle Fragen beantwortet. Allerdings muß uns die zu untersuchende Funktion schon eine kleine Freundlichkeit erweisen, sie muß kontrahierend sein. Das erklären wir in der folgenden

Definition 6.4 *Eine Abbildung $T : [a, b] \to \mathbb{R}$ heißt* kontrahierend, *wenn es eine reelle Zahl L mit $0 < L < 1$ gibt, so daß für alle $x, y \in [a, b]$ gilt:*

$$|T(x) - T(y)| \leq L \cdot |x - y| \tag{6.2}$$

Dies bedeutet anschaulich, daß der Abstand $|x - y|$ zweier Punkte $x, y \in [a, b]$ nach der Abbildung kleiner geworden ist; durch die Abbildung werden die beiden Punkte also zusammengezogen oder kontrahiert. Rechts ist eine grobe Skizze eines solchen Verhaltens.

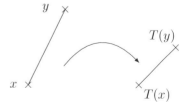

Der Mittelwertsatz der Differentialrechnung beschert uns, falls die Funktion T etwas glatter ist, eine recht einfache Möglichkeit, diese Kontraktionseigenschaft nachzuweisen:

---
[1] Stefan Banach, poln. Mathematiker, 1892 – 1945

6.2 Fixpunktverfahren

Satz 6.5 *Ist T stetig differenzierbar auf $[a, b]$ und gibt es eine reelle Zahl $k < 1$ mit*

$$\max_{x \in [a,b]} |T'(x)| \leq k < 1, \tag{6.3}$$

so ist T kontrahierend.

Beweis: Das ist, wie gesagt, eine Folgerung aus dem Mittelwertsatz; denn für zwei beliebige Punkte x und y aus $[a, b]$ gibt es stets eine Zwischenstelle t mit

$$\frac{T(x) - T(y)}{x - y} = T'(t),$$

woraus folgt

$$\left| \frac{T(x) - T(y)}{x - y} \right| = |T'(t)|,$$

also ergibt sich

$$|T(x) - T(y)| = |T'(t)| \cdot |x - y| \leq \max_{t \in [a,b]} |T'(t)| \cdot |x - y|.$$

Und nun setzen wir einfach $L := \max_{t \in [a,b]} |T'(t)|$, und schon ist T kontrahierend, denn diese Zahl L existiert, weil T' ja noch stetig ist auf $[a, b]$. □

Die zentrale Aussage über Fixpunkte liefert nun der folgende Satz:

Satz 6.6 (Banachscher Fixpunktsatz) *Sei $T : [a, b] \to \mathbb{R}$ eine stetige Funktion mit den Eigenschaften:*

(i) $T([a, b]) \subseteq [a.b]$, es gelte also für jedes $x \in [a, b]$, daß $T(x)$ wieder in $[a, b]$ liegt,

(ii) T sei kontrahierend.

Dann gilt:
Es gibt eine reelle Zahl $\xi \in [a, b]$, so daß für beliebiges $x^{(0)} \in [a, b]$ die Folge

$$x^{(0)}, \; x^{(1)} := T(x^{(0)}), \; x^{(2)} := T(x^{(1)}), \ldots \to \xi, \tag{6.4}$$

konvergiert; dabei ist ξ der einzige Fixpunkt von T in $[a, b]$.

Dies ist ein zentraler Satz für nichtlineare Gleichungen, darum wollen wir uns den Beweis nicht entgehen lassen.

Beweis: Wir zeigen, daß die Folge

$$x^{(0)}, \; x^{(1)}, \; x^{(2)}, \ldots$$

eine Cauchy–Folge ist. Dazu überlegen wir uns, daß der Abstand zweier Elemente der Folge beliebig klein wird, je weiter wir die Folge durchlaufen. Nehmen wir also zwei Elemente der Folge her und zwar $x^{(m)}$ und $x^{(k)}$, wobei wir ohne Einschränkung $m > k$ voraussetzen können. Dann nutzen wir die Dreiecksungleichung aus und erhalten:

$$|x^{(m)} - x^{(k)}| \leq |x^{(m)} - x^{(m-1)}| + |x^{(m-1)} - x^{(m-2)}| + \cdots |x^{(k+1)} - x^{(k)}|$$

Jeder Summand besteht nun aus Nachbargliedern, die wir zuerst betrachten. Für sie gilt:

$$|x^{(k+1)} - x^{(k)}| = |T(x^{(k)}) - T(x^{(k-1)})| \leq L \cdot |x^{(k)} - x^{(k-1)}| \leq \cdots \leq L^k |x^{(1)} - x^{(0)}|,$$

Das setzen wir oben in jeden Summanden ein und erhalten:

$$|x^{(m)} - x^{(k)}| \leq (L^{m-1} + L^{m-2} + \cdots + L^k) \cdot |x^{(1)} - x^{(0)}|$$
$$\leq L^k \cdot \underbrace{(1 + L + L^2 + \cdots + L^{m-1-k})}_{\text{endl. geom. Reihe}} \cdot |x^{(1)} - x^{(0)}|$$

diese endliche Reihe ersetzen wir durch die unendliche Reihe und bilden deren Summe:

$$\leq L^k \frac{1}{1-L} |x^{(1)} - x^{(0)}| \qquad (6.5)$$

Wegen $L < 1$ ist $L^k \ll 1$ und strebt natürlich gegen Null für $k \to \infty$, also ist $(x^{(m)})$ eine Cauchy–Folge.

Für Puristen sollten wir das ein wenig genauer sagen. Gibt uns jemand eine kleine Zahl $\varepsilon > 0$ und verlangt nach einer Nummer N, von der ab die Abstände beliebiger Folgenglieder stets kleiner als ε ist, so setzen wir im letzten Term $k = N$ und berechnen cool aus der Ungleichung

$$L^N \frac{1}{1-L} |x^{(1)} - x^{(0)}| \leq \varepsilon$$

das verlangte N. Achtung, wegen $L < 1$ ist $\log L < 0$, was bei Multiplikation das Ungleichheitszeichen umkehrt.

Aus der Cauchy–Eigenschaft schließen wir jetzt auf die Existenz des Grenzelements, das wir ξ nennen wollen. Das ist die im Satz gesuchte reelle Zahl, womit wir also einen wesentlichen Teil des Satzes bewiesen haben. Aus (6.5) folgt unmittelbar für $m \to \infty$:

$$|\xi - x^{(k)}| \leq \frac{L^k}{1-L} |x^{(1)} - x^{(0)}| \qquad (6.6)$$

Dies ist ein praktisches Zwischenergebnis, das wir später in einem Korollar festhalten werden. Damit können wir auch gleich zeigen, daß ξ Fixpunkt von T ist, denn es ist ja

$$T(x^{(k)}) = x^{(k+1)} \quad \text{also} \quad -x^{(k+1)} + T(x^{(k)}) = 0,$$

6.2 Fixpunktverfahren

und damit folgt:

$$|\xi - T(\xi)| = |\xi - x^{(k+1)} + T(x^{(k)}) - T(\xi)| \qquad (6.7)$$

$$\leq \underbrace{|\xi - x^{(k+1)}|}_{\frac{L^{k+1}}{1-L}|x^{(1)}-x^{(0)}|} + \underbrace{|T(x^{(k)}) - T(\xi)|}_{L \underbrace{|x^{(k)} - \xi|}_{\frac{L^k}{1-L}|x^{(1)}-x^{(0)}|}} \qquad (6.8)$$

$$\leq 2\frac{L^{k+1}}{1-L}|x^{(1)} - x^{(0)}| \qquad (6.9)$$

$$\to 0 \quad \text{für } k \to \infty. \qquad (6.10)$$

Also folgt

$$|\xi - T(\xi)| = 0, \text{ und damit } \xi - T(\xi) = 0, \text{ also } T(\xi) = \xi.$$

So haben wir also gezeigt, daß ξ ein Fixpunkt ist.

Nun könnte es doch sein, daß es mehrere Fixpunkte gibt. Aber unsere Voraussetzungen sind so stark, daß wir das ausschließen können. Wären nämlich ξ_1 und ξ_2 zwei Fixpunkte von T, so folgt:

$$|\xi_1 - \xi_2| = |T(\xi_1) - T(\xi_2)| \leq L \cdot |\xi_1 - \xi_2|.$$

Das steht im glatten Widerspruch dazu, daß ja $L < 1$ ist. Damit ist der Satz nun aber wirklich vollständig bewiesen. $\square$

Das obige Zwischenergebnis (6.6) halten wir im folgenden Korollar fest:

Korollar 6.7 (Fehlerabschätzung) *Unter den Voraussetzungen des Banachschen Fixpunktsatzes gelten für den einzigen Fixpunkt ξ der Abbildung T folgende Abschätzungen für den Fehler:*

$$|\xi - x^{(k)}| \leq \frac{L}{1-L}|x^{(k)} - x^{(k-1)}| \qquad \text{'Abschätzung a posteriori'} \qquad (6.11)$$

$$\leq \frac{L^k}{1-L}|x^{(1)} - x^{(0)}| \qquad \text{'Abschätzung a priori'} \qquad (6.12)$$

Die beiden Begriffe 'a posteriori' und 'a priori' bedürfen einer Erläuterung. Alte Lateiner wissen natürlich die Übersetzung 'im nachhinein' und 'von vorne herein'. Die Abschätzung (6.12) benötigt nur $x^{(0)}$, also den Vorgabewert, und den ersten berechneten Wert $x^{(1)}$. Schon gleich zu Beginn, eben von vorne herein können wir etwas über den Fehler zwischen der gesuchten Nullstelle ξ und dem k-ten Näherungswert $x^{(k)}$ für beliebiges $k \in \mathbb{N}$ aussagen.

Ganz anders die Abschätzung (6.11). Hier benutzt man den $k-1$-ten und den k-ten Näherungswert zu einer Fehleraussage. Man rechnet also erst einige Schritte, um danach zu einer Aussage zu kommen. Diese ist dann aber meistens auch sehr viel besser, weil der Fehler $|x^{(k)} - x^{(k-1)}|$ schon viel kleiner ist. Der Anfangsfehler $|x^{(1)} - x^{(0)}|$ in (6.12) ist dagegen häufig wegen einer zu groben Schätzung viel zu groß. Da nützt es auch nichts, daß der Faktor $L^k/(1-L)$ für $k \to \infty$ gegen Null strebt.

Versuchen wir uns an dem Beispiel 6.3, mit dem wir oben S. 232 schon begonnen haben. Rechts haben wir $f(x) = e^x$ und $g(x) = -x^2 + x + 1.25$ skizziert. Man erkennt, daß bei $x = -0.4$ und bei $x = 0.4$ jeweils ein Fixpunkt liegt. Oben hatten wir zwei Versionen zur Fixpunktsuche angegeben. Wir wollen nun untersuchen, welche der beiden Versionen besser ist. Die beiden Versionen lauteten:

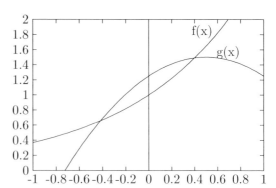

$$(a): \quad x = e^x + x^2 - 1.25 =: T_1(x) \tag{6.13}$$
$$(b): \quad x = \ln(1.25 + x - x^2) =: T_2(x) \tag{6.14}$$

Zu (a): Zum Nachweis der Kontraktionseigenschaft benutzen wir die im Satz 6.5 genannte Bedingung. Es ist

$$T_1(x) = e^x + x^2 - 1.25 \Longrightarrow T_1'(x) = e^x + 2x.$$

Zum Testen benutzen wir den ungefähren Punkt $x_1 = -0.4$ und den Punkt $x_2 = 0.4$ und erhalten:

$$T_1'(-0.4) = -0.129 \ll 1.$$

Das deutet auf ein gutes Konvergenzverhalten hin.

$$T_1'(0.4) = 2.2918 > 1.$$

O, weia, das geht schief. Diese Version taugt also nur zur Annäherung an den bei $x_1 = -0.4$ liegenden Fixpunkt.

Zu (b) Versuchen wir uns hier an einer Berechnung der Kontraktionszahl:

$$T_2(x) = \ln(1.25 + x - x^2) \Longrightarrow T_2'(x) = \frac{1 - 2x}{1.25 + x - x^2}$$

Daraus folgt:

$$T_2'(-0.4) = 2.6086 > 1.$$

Das führt also zu nichts.

$$T_2'(0.4) = 0.1342,$$

und das deutet auf sehr gute Konvergenz hin.

Damit haben wir unsere Bewertung abgeschlossen und fassen zusammen:

6.2 Fixpunktverfahren

Zur Berechnung des Fixpunktes bei $x_1 = -0.4$ verwenden wir T_1, zur Berechnung des Fixpunktes bei $x_2 = 0.4$ verwenden wir T_2.

Die Rechnung ist nun ein Kinderspiel

(a)	(b)
$x^{(0)} = -0.4$	$x^{(0)} = 0.4$
$x^{(1)} = -0.419679$	$x^{(1)} = 0.398776$
$x^{(2)} = -0.416611$	$x^{(2)} = 0.398611$
$x^{(3)} = -0.417158$	$x^{(3)} = 0.398588$
$x^{(4)} = -0.417062$	$x^{(4)} = 0.398585$
$x^{(5)} = -0.417079$	$x^{(5)} = 0.398585$
$x^{(6)} = -0.417077$	
$x^{(7)} = -0.417077$	

Nachdem wir uns so auf 6 Stellen genau an den jeweiligen Fixpunkt herangepirscht haben, wollen wir nun noch den Fehler a posteriori abschätzen. Wegen $T_1'(x^{(7)}) = -0.175183$ wählen wir $L_1 = 0.18$ und erhalten

$$\|x^{(7)} - \xi_1\| \leq 0.22 \cdot 5 \cdot 10^{-7} = 1.1 \cdot 10^{-7}.$$

Wegen $T_2'(x^{(5)}) = 0.136153$ wählen wir $L_2 = 0.14$ und erhalten

$$\|x^{(5)} - \xi_2\| \leq 0.17 \cdot 5 \cdot 10^{-7} \leq 0.9 \cdot 10^{-7}.$$

In beiden Fällen ist der Abbruchfehler also kleiner als der Rundungsfehler. Das ist eine hinreichende Genauigkeit.

Den Einfluß der Kontraktionsbedingung auf das Konvergenzverhalten machen wir uns an folgenden Skizzen klar. Die hinreichende Bedingung aus dem Satz 6.5, nämlich $\max_{x \in [a,b]} |T'(x)| < 1$ bedeutet ja, daß (bei gleicher Einheit auf der x– und der y–Achse) die Tangente in der Nähe des Fixpunktes im Winkelraum zwischen der ersten und der zweiten Winkelhalbierenden verlaufen muß. Diesen Bereich haben wir rechts in der Skizze schraffiert.

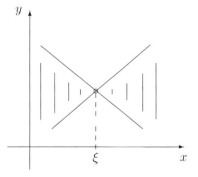

Die folgenden Bilder zeigen drei typische Verhalten. Links und rechts verläuft die Tangente im Fixpunkt in dem oben gezeigten Winkelraum. Daher tritt Konvergenz ein. In der Mitte ist die Tangente im Fixpunkt steiler als die Winkelhalbierende, und wie man sieht, tritt Divergenz ein. Wir starten zwar mit $x^{(0)}$ in der Nähe des Fixpunktes, bewegen uns aber schon mit $x^{(1)}$ und dann erst recht mit $x^{(2)}$ vom Fixpunkt weg.

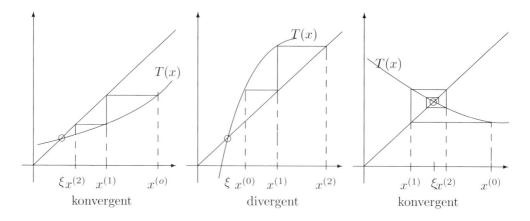

konvergent   divergent   konvergent

Nun wollen wir einen Begriff einführen, mit dem wir die Iterationsverfahren beurteilen und vergleichen können:

Definition 6.8 *Gilt für den Fehler $|\xi - x^{(k)}|$ der Iterationsfolge (für hinreichend große k) mit einer Zahl $q \in \mathbb{R}$*

$$|\xi - x^{(k)}| \leq q \cdot |\xi - x^{(k-1)}|^p \tag{6.15}$$

für ein $p \in \mathbb{R}$, so nennt man p die Konvergenzordnung des Verfahrens.

Für $p = 1$ nennt man das Verfahren linear konvergent,
für $p = 2$ nennt man das Verfahren quadratisch konvergent.

Unmittelbar aus den Voraussetzungen schließt man;

Satz 6.9 *Obiges Fixpunktverfahren ist linear konvergent.*

Beweis: Das sieht man sofort, wenn wir folgende Gleichungskette aufschreiben:
$$|\xi - x^{(k)}| = |T(\xi) - T(x^{(k-1)})| \leq L \cdot |\xi - x^{(k-1)}|^1$$

Wir haben die Potenz 1 extra hinzugefügt, um die lineare Konvergenz sichtbar zu machen. □

6.3 Newton–Verfahren

Wir stellen uns nun die Aufgabe, zur Bestimmung einer Nullstelle einer Funktion f einen Iterationsprozeß mit möglichst hoher Konvergenzordnung zu bestimmen. Die lineare Konvergenz des Fixpunktverfahrens reicht uns eben nicht.

Dazu bilden wir folgenden Ansatz:

$$f(x) = 0 \iff x = x + \lambda(x) \cdot f(x) \quad \text{mit} \quad \lambda(x) \neq 0 \tag{6.16}$$

6.3 Newton–Verfahren

Wir haben also aus der Nullstellensuche eine Fixpunktaufgabe gemacht mit einer noch zu bestimmenden Funktion $\lambda(x)$, und wir suchen also den Fixpunkt der Funktion

$$T(x) := x + \lambda(x) \cdot f(x).$$

$\lambda(x)$ versuchen wir nun so festzulegen, daß die Konvergenzordnung möglichst groß wird. Dazu betrachten wir den Fehler bei der Iteration und entwickeln ihn in eine Taylorreihe:

$$\begin{aligned} e_{k+1} &= x^{(k+1)} - \xi \\ &= T(x^{(k)}) - T(\xi) \\ &= (x^{(k)} - \xi) \cdot T'(\xi) + (x^{(k)} - \xi)^2 \frac{T''(\xi)}{2!} + (x^{(k)} - \xi)^3 \frac{T'''(\xi)}{3!} + \cdots \end{aligned}$$

Hier sieht man, daß $T'(\xi)$ verschwinden müßte, dann hätten wir quadratische Konvergenz. Rechnen wir also flugs T' aus:

$$T'(x) = 1 + \lambda'(x) \cdot f(x) + \lambda(x) \cdot f'(x),$$

woraus sofort wegen $f(\xi) = 0$ folgt

$$T'(\xi) = 1 + \lambda'(\xi) \cdot f(\xi) + \lambda(\xi) \cdot f'(\xi) = 1 + \lambda(\xi) \cdot f'(\xi).$$

Also gilt

$$T'(\xi) = 0 \quad \text{für} \quad \lambda(\xi) = -\frac{1}{f'(\xi)}.$$

Dies erreichen wir sicher, wenn wir ganz frech setzen:

$$\lambda(x) = -\frac{1}{f'(x)}.$$

Damit lautet unser gesuchtes Verfahren:

Newton–Verfahren

$\boxed{1}$ Wähle als Startwert eine reelle Zahl $x^{(0)}$.

$\boxed{2}$ Berechne $x^{(1)}, x^{(2)}, \ldots$ nach folgender Formel:

$$x^{(k+1)} = x^{(k)} - \frac{f(x^{(k)})}{f'(x^{(k)})}$$

Zugleich mit obiger Herleitung haben wir folgenden Satz bewiesen:

Satz 6.10 *Sei I ein offenes Intervall, $f \in \mathcal{C}^2(I)$, ξ sei Nullstelle von f mit $f'(\xi) \neq 0$. Dann gibt es ein Intervall $[\xi - h, \xi + h]$, in dem f' keine Nullstelle hat und in dem das Newton–Verfahren quadratisch konvergiert.*

Die Voraussetzung $f' \neq 0$ bedeutet dabei, daß unser gesuchtes ξ keine mehrfache Nullstelle sein darf. Das ist wieder so eine typische Voraussetzung, wie sie nur Mathematikern einfällt. Um zu wissen, ob ξ einfache Nullstelle ist, müßte man ξ doch kennen, dann aber braucht man nicht mehr zu rechnen. Halt, so dürfen wir das nicht verstehen.

Wir haben gezeigt: Ist ξ eine einfache Nullstelle, so konvergiert das Vefahren quadratisch.

Die Umkehrung dieser Aussage lautet: Wenn das Verfahren nicht quadratisch konvergiert, so ist die Nullstelle nicht einfach.

Wir werden in Beispielen sehen, wie schnell 'quadratisch' ist. Tritt das bei einem speziellen Beispiel mal nicht ein, so sollte man gewarnt sein: vielleicht haben wir es mit einer mehrfachen Nullstelle zu tun. Dann gibt es Abwandlungen des Newton–Verfahrens, auf die wir hier aber nicht eingehen wollen, sondern verweisen den interessierten Leser auf die Fachliteratur.

Das Newton–Verfahren kann man wunderschön anschaulich deuten. Betrachten wir rechts die Skizze. Wir haben eine Funktion f eingezeichnet, die bei ξ eine Nullstelle hat. Wir starten bei $x^{(0)}$ und gehen zum Punkt $(x^{(0)}, f(x^0))$. Dort legen wir die Tangente an den Graphen. Das geht hurtig mit der Punkt–Steigungsform:

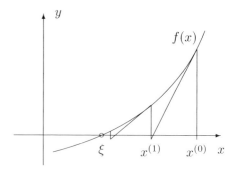

$$\frac{y - f(x^{(0)})}{x - x^{(0)}} = m = f'(x^{(0)}) \Longrightarrow y - f(x^{(0)}) = (x - x^{(0)})f'(x^{(0)}).$$

Diese Tangente bringen wir nun zum Schnitt mit der x–Achse, setzen also $y = 0$, und benutzen diesen Schnittpunkt als neue Näherung $x^{(1)}$. Die zugehörige Formel lautet:

$$x^{(1)} = x^{(0)} - \frac{f(x^{(0)})}{f'(x^{(0)})},$$

das ist aber genau die Newton–Formel.

Üben wir das an einem Beispiel.

Beispiel 6.11 *Wir berechnen mit dem Newton–Verfahren, ausgehend von $x^{(0)} = 1$ Näherungen $x^{(1)}$ und $x^{(2)}$ für die Nullstelle in der Nähe von 0 des Polynoms*

$$p(x) = x^4 - 4.5x^3 + 21x - 10.$$

6.3 Newton–Verfahren

Die Berechnung läßt sich bei Polynomen wunderbar mit dem Hornerschema durchführen. Es liefert den Funktionswert und in der zweiten Zeile den Ableitungswert und das mit minimalem Aufwand, was gerade für den Rechnereinsatz wichtig ist:

$$
\begin{array}{r|rrrrl}
 & 1 & -4.5 & 0 & 21 & -10 \\
1 & & 1 & -3.5 & -3.5 & 17.5 \\
\hline
 & 1 & -3.5 & -3.5 & 17.5 & 7.5 \quad = p(1) \\
1 & & 1 & -2.5 & -6 & \\
\hline
 & 1 & -2.5 & -6 & 11.5 & \quad = p'(1)
\end{array}
$$

Die Formel des Newton–Verfahrens liefert uns sofort

$$x^{(1)} = x^{(0)} - \frac{7.5}{11.5} = 0.3478.$$

Die weitere Berechnung liefert:

$$
\begin{array}{r|rrrrl}
 & 1 & -4.5 & 0 & 21 & -10 \\
0.3478 & & 0.3478 & -1.441 & -0.502 & 7.129 \\
\hline
 & 1 & -4.152 & -1.444 & 20.549 & -2.871 \quad = p(0.3478) \\
0.3478 & & 0.3478 & -1.323 & -0.963 & \\
\hline
 & 1 & -3.804 & -2.767 & 19.535 & \quad = p'(0.3478)
\end{array}
$$

Daraus folgt

$$x^{(2)} = x^{(1)} - \frac{-2.871}{19.535} = 0.49476.$$

Die exakte Nullstelle ist übrigens $\xi = 0.5$. Mit unserm kleinen Knecht, dem Computer, haben wir die weiteren Näherungen ausgerechnet. Wir stellen das Ergebnis in folgender Tabelle zusammen, wobei wir 14 Nachkommastellen berücksichtigt haben.

x_0	1.00000000000000
x_1	0.34782608694652
x_2	0.49476092471723
x_3	0.49999211321205
x_4	0.49999999998198
x_5	0.50000000000000

Man sieht hieran, was quadratische Konvergenz bedeutet. x_0 und x_1 sind noch voll daneben, bei x_2 sind zwei Nachkommastellen (bei Rundung) richtig. x_3 zeigt schon fünf richtige Stellen, x_4 zehn richtige und x_5 ist der exakte Wert. Die Anzahl der richtigen Stellen verdoppelt sich also in jedem Schritt.

6.4 Sekanten–Verfahren

Störend beim Newton–Verfahren, so schön es sonst läuft, ist die Berechnung der Ableitung. Ingenieure haben in ihren Anwendungen durchaus Funktionen, für die es schwerfällt, eine Ableitung zu berechnen. Die Ausdrücke werden unübersichtlich lang. Funktionsauswertungen sind daher das, was zählt und kostet.

Als Abhilfe liegt es nahe, die Ableitung durch einen Differenzenquotienten zu ersetzen. Das ergibt sofort folgende Formel:

$$x^{(k+1)} = x^{(k)} - \frac{f(x^{(k)})}{\frac{f(x^{(k)}) - f(x^{(k-1)})}{x^{(k)} - x^{(k-1)}}} = x^{(k)} - \frac{f(x^{(k)})(x^{(k)} - x^{(k-1)})}{f(x^{(k)}) - f(x^{(k-1)})}$$

Hier sieht man sofort einen großen Vorteil des Verfahrens gegenüber Herrn Newton. Zur Berechnung des neuen Näherungswertes muß statt der aufwendigen Ableitung lediglich ein neuer Funktionswert $f(x^{(k)})$ berechnet werden, der dann an zwei Stellen eingesetzt wird. $f(x^{k-1})$ ist ja aus dem vorherigen Schritt bekannt.

Aber auch einen kleinen Nachteil wollen wir festhalten; wenn man mit $k = 0$ starten will, braucht man in der Formel $k = -1$, also müssen wir mit $k = 1$ starten. Wir brauchen also $x^{(0)}$ und $x^{(1)}$, also zwei Startwerte. Das soll uns doch aber ein Lächeln kosten. Damit lautet dann das Verfahren:

Sekanten–Verfahren

$\boxed{1}$ Wähle zwei Startwerte $x^{(0)}$ und $x^{(1)}$.

$\boxed{2}$ Berechne $x^{(2)}, x^{(3)}, \ldots$ nach folgender Formel:

$$x^{(k+1)} = x^{(k)} - \frac{f(x^{(k)})}{\frac{f(x^{(k)}) - f(x^{(k-1)})}{x^{(k)} - x^{(k-1)}}} = x^{(k)} - \frac{f(x^{(k)})(x^{(k)} - x^{(k-1)})}{f(x^{(k)}) - f(x^{(k-1)})}$$

Auch hier kann man eine wunderschöne Veranschaulichung an Hand der Skizze rechts geben. Betrachten wir bei gegebenen Startwerten die Sekante durch die beiden Punkte $(x^{(0)}, f(x^{(0)}))$ und $(x^{(1)}, f(x^{(1)}))$. Berechnen wir deren Schnittpunkt mit der x–Achse, so entsteht nach analoger Rechnung wie bei Newton die Formel des Sekanten–Verfahrens.

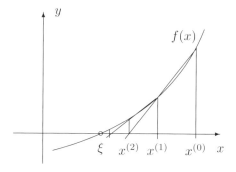

Wir wählen unser Beispiel von oben.

Beispiel 6.12 *Gegeben seien jetzt zwei Startwerte $x^{(0)} = 0$ und $x^{(1)} = 1$. Wir berechnen die nächste Näherung $x^{(2)}$ mit dem Sekantenverfahren:*

Es ist $p(0) = -10$, den Funktionswert $p(1) = 7.5$ hatten wir oben schon mit dem Hornerschema ausgerechnet.

$$x^{(2)} = 1 - \frac{7.5 \cdot 1}{7.5 + 10} = 0.57143$$

Zur Konvergenzordnung wollen wir lediglich den einschlägigen Satz zitieren und zum Beweis auf die Literatur verweisen.

Satz 6.13 *Sei I ein offenes Intervall, $f \in \mathcal{C}^2(I)$, $\xi \in I$ sei Nullstelle von f mit $f'(\xi) \neq 0$. Dann gibt es in I ein Teilintervall $[\xi - h, \xi + h]$, in dem f' keine Nullstelle hat und in dem das Sekanten–Verfahren mit der Konvergenzordnung*

$$p = \frac{1 + \sqrt{5}}{2} \approx 1.6180 \tag{6.17}$$

gegen ξ konvergiert.

Fassen wir unser Wissen über das Sekantenverfahren zusammen, so stellen wir fest:

1. Vorteil: In jedem Schritt wird nur eine neue Funktionsauswertung benötigt.
2. Vorteil: Die Konvergenzordnung ist fast so gut wie die des Newton–Verfahrens.
3. Nachteil: Es werden zwei Startwerte benötigt.

Bemerkung 6.14 *In der Literatur wird ein weiteres Verfahren behandelt, die sog. „Regula Falsi". Es benutzt dieselbe Formel wie das Sekantenverfahren, verlangt aber, daß die beiden in jedem Schritt verwendeten Näherungswerte die gesuchte Nullstelle einschließen. Geprüft wird das über die Vorzeichen: man beachtet zusätzlich, daß $f(x^{(k)}) \cdot f(x^{(k-1)}) < 0$ ist, eventuell nimmt man also statt $x^{(k-1)}$ den älteren Wert $x^{(k-2)}$ zur Bestimmung von $x^{(k+1)}$. Diese zusätzliche Überlegung bringt außer mehr Arbeit auch noch eine Reduktion der Konvergenzordnung, die für die Regula Falsi nur linear ist. Einen Vorteil aber hat sie doch: durch die ständige Einschließung der Nullstelle tritt garantiert Konvergenz ein.*

6.5 Verfahren von Bairstow

Polynome $p(x)$ mit $\operatorname{grad} p(x) \geq 3$ mit reellen Koeffizienten haben

1. einfache reelle Nullstellen oder
2. mehrfache reelle Nullstellen oder

3. komplexe Nullstellen, die wiederum einfach oder mehrfach sein können, aber mit $z_0 = \xi_1 + i\xi_2$ ist dann auf jeden Fall auch $z_1 = \xi_1 - i\xi_2$ eine Nullstelle, die konjugiert komplexe von z_0.

Bei einfachen reellen Nullstellen helfen Newton– und Sekanten–Verfahren. Bei mehrfachen Nullstellen geht die Konvergenzordnung rapide nach unten, und komplexe Nullstellen sind überhaupt nicht zu berechnen, wenn man nicht bereits den Startwert komplex vorgibt und in der ganzen Rechnung komplexe Arithmetik verwendet.

Für den Fall doppelter reeller oder einfacher komplexer Nullstellen hat sich Herr Bairstow 1914 ein Verfahren ausgedacht, das fast vollständig im Reellen abläuft und auf folgender Überlegung beruht:

Hat $p(x)$ eine doppelte reelle Nullstelle z_0 oder eine einfache komplexe Nullstelle $z_0 = \xi_1 + i\xi_2$ und damit auch die einfache komplexe Nullstelle $z_1 = \xi_1 - i\xi_2$, so ist der Faktor

$$(x - z_0)(x - \overline{z_0}) = x^2 - x(z_0 + \overline{z_0}) + z_0 \cdot \overline{z_0} = x^2 - 2\Re z_0 \cdot x + |z_0|^2 = x^2 - ux - v$$

aus dem Polynom $p(x)$ abspaltbar. Dabei haben wir gesetzt:

$$u := 2 \cdot \Re z_0, \quad v = -|z_0|^2 = -(\xi_1^2 + \xi_2^2).$$

Wir werden also näherungsweise den reellen quadratischen Faktor $x^2 - ux - v$ berechnen. Aus diesem läßt sich dann kinderleicht mit der bekannten p-q–Formel die Nullstelle (einfach komplex oder doppelt reell) berechnen. Wir zerlegen also

$$p(x) = a_0 + a_1 x + a_2 x^2 + \cdots + a_n x^n = (x^2 - ux - v)(q(x) + b_1(x - u) + b_0).$$

Hier sind

$$b_1 = b_1(u, v) \quad \text{und} \quad b_0 = b_0(u, v)$$

Summanden, die natürlich von u und v abhängen. Dann ist $x^2 - ux - v$ genau dann Faktor von $p(x)$, wenn gilt

$$b_1(u, v) = b_0(u, v) = 0.$$

Dies sind zwei nichtlineare Gleichungen, die mit dem Newton–Verfahren näherungsweise gelöst werden können. Das führt auf folgendes Schema:

Verfahren von Bairstow (1914)

zur Berechnung komplexer Nullstellen von Polynomen

Sei $p_n(x) = a_0 x^n + a_1 x^{n-1} + \ldots + a_{n-1} x + a_n, \quad a_i \in \mathbb{R}, \quad i = 0, 1, \ldots, n.$

$x_0 = \xi_1 + i\xi_2, \quad x_1 = \xi_1 - i\xi_2$ seien Näherungen für konjugiert komplexe Nullstellen von $p(x)$.

6.5 Verfahren von Bairstow

$\boxed{1}$ Bilde: $u_0 = 2\Re(x_0) = 2\xi_1$
$\phantom{\boxed{1}\text{Bilde: }}v_0 = -|x_0|^2 = -(\xi_1^2 + \xi_2^2)$

$\boxed{2}$ Berechne für $k = 0, 1, 2, \ldots$:

	a_0	a_1	a_2	$\cdots$	a_{n-3}	a_{n-2}	a_{n-1}	a_n
v_k	—	—	$v_k b_0$	$\cdots$	$v_k b_{n-5}$	$v_k b_{n-4}$	$v_k b_{n-3}$	$v_k b_{n-2}$
u_k	—	$u_k b_0$	$u_k b_1$	$\cdots$	$u_k b_{n-4}$	$u_k b_{n-3}$	$u_k b_{n-2}$	$u_k b_{n-1}$
	b_0	b_1	b_2	$\cdots$	b_{n-3}	b_{n-2}	$\boxed{b_{n-1}}$	$\boxed{b_n}$
v_k	—	—	$v_k c_0$	$\cdots$	$v_k c_{n-5}$	$v_k c_{n-4}$	$v_k c_{n-3}$	
u_k	—	$u_k c_0$	$u_k c_1$	$\cdots$	$u_k c_{n-4}$	$u_k c_{n-3}$	$u_k c_{n-2}$	
	c_0	c_1	c_2	$\cdots$	$\boxed{c_{n-3}}$	$\boxed{c_{n-2}}$	$\boxed{c_{n-1}}$	

$\boxed{3}$ Mit $\delta_k := \dfrac{b_n c_{n-3} - b_{n-1} c_{n-2}}{c_{n-2}^2 - c_{n-1} c_{n-3}}$ und $\varepsilon_k := \dfrac{b_{n-1} c_{n-1} - b_n c_{n-2}}{c_{n-2}^2 - c_{n-1} c_{n-3}}$

setze $u_{k+1} := u_k + \delta_k$, $v_{k+1} := v_k + \varepsilon_k$.

$\boxed{4}$ Berechne die Nullstellen von

$$q_2(x) = x^2 - ux - v$$

mit $u := \lim_{k \to \infty} u_k$, $v := \lim_{k \to \infty} v_k$.

$\boxed{5}$ Berechne weitere Nullstellen entweder durch Wahl neuer Startwerte, oder bearbeite

$$q_{n-2}(x) := b_0 x^{n-2} + b_1 x^{n-3} + \ldots + b_{n-3} x + b_{n-2}.$$

Satz 6.15 *Es sei $p(x) = h(x) \cdot q(x)$ ein reelles Polynom mit einem quadratischen Faktor*

$$q(x) = (x - z_0)(x - z_1) = x^2 - ux - v, \quad u, v \in \mathbb{R},$$

und $q(x)$ sei teilerfremd zu $p(x)$.
Dann konvergiert das Bairstow-Verfahren, falls man nur hinreichend nahe mit u_0 und v_0 bei u und v startet, quadratisch gegen u und v.

Die Voraussetzung 'teilerfremd' bedeutet, daß nur einfache komplexe Nullstellen oder doppelte reelle Nullstellen zu dieser guten Konvergenzordnung führen. Sogar wenn reelle Nullstellen dicht benachbart liegen, liefert das Bairstow-Verfahren noch brauchbare Ergebnisse.

Beispiel 6.16 *Wir betrachten das Polynom*

$$p(x) = x^4 - 4.5x^3 + 21x - 10.$$

Es hat die exakten Nullstellen

$$x_1 = 0.5,\ x_2 = -2,\ x_3 = 3+i,\ x_4 = 3-i,$$

wie man unschwer nachrechnet. Ja, wenn wir ehrlich sind, hier haben wir Osterhase gespielt, also die exakten Nullstellen vorgegeben und dann das Polynom aus den Linearfaktoren berechnet. Angenommen, jemand htte uns hinetr vorgehaltener Hand verraten, daß in der Nähe von $z_0 = 3 + 2i$ eine Nullstelle zu erwarten ist. Dann wollen wir mit Herrn Bairstow Genaueres herausfinden.

Also benutzen wir unser Schema:

$\boxed{1}$ Bilde: $u_0 = 2\Re(z_0) = 6\xi_1$
$\phantom{\text{Bilde: }}v_0 = -|z_0|^2 = -(3^2 + 2^2) = -13$

$\boxed{2}$ Berechne für $k = 0$

		1	−4.5	0	21	−10
$v_0 = -13$	− − − − − −			−13	−19.4	52
$u_0 = 6$	− − −		6	9	−24	135
		1	1.5	−4	−22.5	−93
$v_0 = -13$	− − − − − −			−13	−97.5	
$u_0 = 6$	− − −		6	45	168	
		1	7.5	28	48	

$\boxed{3}$ $\delta_1 = \dfrac{-93 \cdot 7.5 - (.22.5 \cdot 28)}{28^2 - 7.5 \cdot 48} = -0.159198,\quad \varepsilon_1 = \dfrac{-22.5 \cdot 48 - (-93 \cdot 28)}{424} = 3.59433$

Setze $u_1 := 6 - 0.159 = 5.84$, $v_1 = -13 + 3.59 = -9.4$.

$\boxed{4}$ Berechne die Nullstellen von

$$q_2(x) = x^2 - 5.84x + 9.4$$

Man erhält

$$x_{1,2} = 2.92 \pm 0.9347i.$$

Das ist eine deutliche Verbesserung, allerdings sollte man hier noch drei–, viermal mehr iterieren, um der Nullstelle nahe zu kommen.

6.6 Systeme von nichtlinearen Gleichungen

6.6.1 Motivation

Zur Motivation betrachten wir folgendes Beispiel:

Beispiel 6.17 *Wir betrachten die beiden Gleichungen*

$$x_1^2 - x_2^2 - 1 = 0 \quad und \quad x_1^3 x_2^2 - 1 = 0.$$

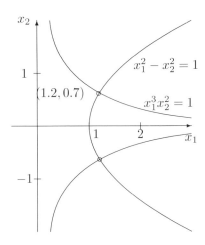

Wir suchen nun nach Punkten, die diese beiden Gleichungen simultan erfüllen. Wir schauen uns das ganze nur in der rechten Halbebene an. Die erste Gleichung ist eine nach rechts geöffnete Parabel, die zweite besteht aus zwei hyperbelartigen Ästen. Als Schnittpunkte erhalten wir $(1.2, 0.7)$ und $(1.2, -0.7)$.

Das alles sieht hier noch recht übersichtlich aus, aber unsere gegebenen Gleichungen sind auch nicht sehr kompliziert. Bei beliebigen Gleichungen kann das ganze natürlich sehr viel chaotischer ausschauen, und dieses Wort 'Chaos' benutzen wir mit Absicht an dieser Stelle; denn genau so beschreibt man die Menge der Nullstellen von Systemen nichtlinearer Gleichungen. Wir kommen darauf im Beispiel 6.22 noch zurück. Damit ist das Fachwort gefallen, und wir legen uns fest mit folgender Definition:

Definition 6.18 *Unter einem System von nichtlinearen Gleichungen verstehen wir folgendes:*

$$\vec{f}(\vec{x}) = \vec{0} \quad oder\ ausgeschrieben \quad \begin{array}{c} f_1(x_1, x_2, \ldots, x_n) = 0 \\ f_2(x_1, x_2, \ldots, x_n) = 0 \\ \vdots \quad \vdots \\ f_n(x_1, x_2, \ldots, x_n) = 0 \end{array} \quad (6.18)$$

Betrachten wir obiges Beispiel, so ist dort $n = 2$, und die beiden Gleichungen lauten:

$$\begin{array}{l} f_1(x_1, x_2) = x_1^2 - x_2^2 - 1 \\ f_2(x_1, x_2) = x_1^3 x_2^2 - 1 \end{array}$$

6.6.2 Fixpunktverfahren

Genau wie im eindimensionalen Fall können wir leicht aus einer Nullstellensuche eine Fixpunktaufgabe machen. Wir lösen nur die gegebenen Gleichungen nach $x_1, \ldots, x_n$

auf. Da gibt es ebenfalls wieder sehr viele Möglichkeiten. Für unser Beispiel schlagen wir folgende Auflösung vor:

$$x_1 = \sqrt{1+x_2^2} =: T_1(x_1,x_2)$$
$$x_2 = x^{-3/2} =: T_2(x_1,x_2)$$

Mit dieser Auflösung lautet dann die Fixpunktaufgabe:

Gesucht ist ein Punkt (ξ_1,ξ_2) mit $\vec{\xi} = \vec{T}(\vec{\xi}) = (T_1(\xi_1,\xi_2), T_2(\xi_1,\xi_2))$

Und ebenso wie im $\mathbb{R}^1$ können wir auch hier den grundlegenden Satz von Banach angeben, der alle Fragen bezüglich Existenz und Einzigkeit von Lösungen beantwortet.

Satz 6.19 (Fixpunktsatz von Banach) *Sei V ein normierter vollständiger Vektorraum, $D \subseteq V$ eine abgeschlossene Teilmenge von V und $\vec{T} : V \to V$ eine stetige Abbildung. Ist dann*

$$(i) \qquad \vec{T}(D) \subseteq D \tag{6.19}$$

und ist

(ii) $\vec{T}$ eine Kontraktion, gibt es also eine Zahl L mit $0 < L < 1$ und

$$\|\vec{T}(\vec{x}_1) - \vec{T}(\vec{x}_2)\| \leq L \cdot \|\vec{x}_1 - \vec{x}_2\| \quad \text{für alle} \quad \vec{x}, \vec{y} \in D \tag{6.20}$$

so besitzt $\vec{T}$ genau einen Fixpunkt $\vec{\xi}$ in D.
Das Iterationsverfahren

$$\text{Wähle Startvektor } \vec{x}^{(0)}, \text{ bilde } \vec{x}^{(k+1)} = \vec{T}(\vec{x}^{(k)}), \quad k = 0, 1, 2, \ldots \tag{6.21}$$

konvergiert für jeden Startvektor $\vec{x}^{(0)} \in D$ gegen $\vec{\xi}$, und es gilt

$$\|\vec{\xi} - \vec{x}^{(k)}\| \leq \frac{L^k}{1-L} \|\vec{x}^{(1)} - \vec{x}^{(0)}\| \tag{6.22}$$

Die Konvergenzordnung ist 1, das Verfahren konvergiert also linear.

Den Beweis können wir getrost übergehen, denn der Beweis aus dem $\mathbb{R}^1$ läßt sich wörtlich übertragen.

Damals hatten wir uns Gedanken über einen leichteren Nachweis der Kontraktionsbedingung gemacht und waren auf die Ableitung gestoßen. Hier läßt sich etwas Ähnliches überlegen, allerdings müssen wir uns Gedanken über den Ableitungsbegriff machen. Da wir hier, allgemein gesprochen, mit Operatoren handeln, ist der adäquate Begriff die „Fréchet–Ableitung". Wir wollen das nicht vertiefen, denn schlaue Mathematiker haben festgestellt, daß diese Ableitung im $\mathbb{R}^n$ die Funktionalmatrix ist. Diese lautet für unsere Funktion $\vec{T}(\vec{x})$:

$$\vec{T}'(\vec{x}) = \begin{pmatrix} \frac{\partial T_1(\vec{x})}{\partial x_1} & \cdots & \frac{\partial T_1(\vec{x})}{\partial x_n} \\ \vdots & & \vdots \\ \frac{\partial T_n(\vec{x})}{\partial x_1} & \cdots & \frac{\partial T_n(\vec{x})}{\partial x_n} \end{pmatrix}$$

Der zugehörige Satz mit der hinreichenden Bedingung für Kontraktion lautet dann:

6.6 Systeme von nichtlinearen Gleichungen

Satz 6.20 *Sei der $\mathbb{R}^n$ mit irgendeiner Norm versehen, $D \subseteq \mathbb{R}^n$ sei eine abgeschlossene und beschränkte Teilmenge, D sei konvex, und $\vec{T}(\vec{x}) \in \mathcal{C}^1(D)$ mit $\vec{T}(D) \subseteq D$.
Gilt dann*

$$\|\vec{T}'(\vec{x})\| < 1$$

in irgendeiner Matrixnorm, so konvergiert das Fixpunktverfahren

$$\text{Wähle Startvektor } \vec{x}^{(0)}, \text{ bilde } \vec{x}^{(k+1)} = \vec{T}(\vec{x}^{(k)}), \quad k = 0, 1, 2, \ldots \quad (6.23)$$

für jeden Startwert $\vec{x}^{(0)} \in D$ gegen den einzigen Fixpunkt $\vec{\xi} \in D$.

Beispiel 6.21 *Wir führen unser Beispiel von oben fort, indem wir diese Kontraktionsbedingung nachprüfen.*

Wir erhalten als Funktionalmatrix

$$\vec{T}'(\vec{x}) = \begin{pmatrix} 0 & \dfrac{x_2}{\sqrt{1+x_2^2}} \\ -\dfrac{3}{2} x_1^{-5/2} & 0 \end{pmatrix}$$

Wir setzen hier unsere nach der Skizze vermutete Nullstelle $(x_1^{(0)}, x_2^{(0)}) = (1.2, 0.7)$ ein und berechnen die Zeilensummennorm der Matrix:

$$\|\vec{T}'(1.2, 0.7)\|_\infty = \max\left(\frac{0.7}{\sqrt{1+0.7^2}}, \frac{3}{2} \cdot 1.2^{-5/2} \right) = 0.9509 < 1$$

womit wir nachgewiesen haben, daß unser Fixpunktverfahren konvergiert, wenn wir nur nahe genug beim Fixpunkt starten; aber die Konvergenz wird wohl recht langsam sein, denn die Norm der Funktionalmatrix liegt sehr nahe bei 1.

Wagen wir uns an die Rechnung, die wir mit Hilfe eines kleinen Taschenrechners durchgeführt haben.

$\begin{pmatrix} x_1^{(0)} \\ x_2^{(0)} \end{pmatrix}$	$\begin{pmatrix} x_1^{(1)} \\ x_2^{(1)} \end{pmatrix}$	$\begin{pmatrix} x_1^{(2)} \\ x_2^{(2)} \end{pmatrix}$	$\begin{pmatrix} x_1^{(3)} \\ x_2^{(3)} \end{pmatrix}$
$\begin{pmatrix} 1.2 \\ 0.7 \end{pmatrix}$	$\begin{pmatrix} 1.2206 \\ 0.7607 \end{pmatrix}$	$\begin{pmatrix} 1.256449 \\ 0.741549 \end{pmatrix}$	$\begin{pmatrix} 1.244948 \\ 0.710039 \end{pmatrix}$

Hier ist noch nicht viel von Konvergenz zu sehen. Das entspricht sehr gut unserer Untersuchung bezgl. der Kontraktionszahl. Also müssen wir noch ein wenig weiter iterieren. Da es aber im Prinzip zu einem guten Ergebnis führt, überlassen wir die Rechnung unserm treuen Leser.

Beispiel 6.22 *Betrachten Sie die Fixpunktaufgabe mit folgender Funktion*

$$\vec{T}(x_1, x_2) = \begin{pmatrix} x_1^2 - x_2^2 + u \\ 2 x_1 x_2 + v \end{pmatrix} \quad, \quad (u, v) \in \mathbb{R}^2$$

Wählen Sie sich ein beliebiges Paar $(u, v) \in \mathbb{R}^2$ und führen Sie obiges Iterationsverfahren durch. Bleibt die dabei entstehende Folge beschränkt, so färben Sie den Punkt (u, v) in der (x_1, x_2)-Ebene schwarz. Ist die Folge unbeschränkt, bleibt dieser Punkt weiß (vorausgesetzt, Sie haben ein weißes Blatt Papier benutzt!). Ahnen Sie, was dabei entsteht?

Das Apfelmännchen oder die Mandelbrotmenge, die vor Jahren durch die Welt geisterte und die Phantasie anregte. Vielleicht haben Sie ja Lust zur Programmierung dieser Gleichung und zur Herstellung eines eigenen Apfelmännchens?

6.6.3 Newton–Verfahren für Systeme

Betrachten wir das einfache Newton–Verfahren und wollen wir es direkt auf Systeme übertragen, stoßen wir gleich auf ein Problem, das wir oben schon hatten: Was ist mit der Ableitung, die sich noch dazu im Nenner tummelt? Die Antwort ist wie oben: Eigentlich ist es die Fréchet–Ableitung, die wir aber im freundlichen $\mathbb{R}^n$ durch die Funktionalmatrix ersetzen können. Eine Matrix im Nenner geht nun wirklich nicht; wer kann denn schon durch Matrizen dividieren? Für uns bedeutet das, daß wir mit der Inversen der Funktionalmatrix multiplizieren. Damit schreibt sich die Verfahrensvorschrift:

$$\vec{x}^{(k+1)} = \vec{x}^{(k)} - \vec{f}'(\vec{x}^{(k)})^{-1} \cdot \vec{f}(\vec{x}^{(k)}).$$

Das Berechnen einer inversen Matrix ist immer ein unangenehmer Punkt, denn dieses kleine Luder entzieht sich häufig einer exakten Berechnung. Die Kondition wird furchtbar schlecht. Darum vermeiden wir diese Rechnung, wo immer möglich. Hier machen wir das genauso wie bei Herrn Wielandt und dem kleinsten Eigenwert. Wir schaufeln die Inverse auf die linke Seite der Gleichung, und schon ist die Inverse verschwunden. Leider führt das auf die Aufgabe, ein lineares Gleichungssystem zu lösen. Das ist aber immer noch angenehmer, als zu invertieren, wenn man an große Matrizen denkt. Wir behandeln also Herrn Newton in der folgenden Form:

Newton–Verfahren für Systeme

Gegeben sei ein Startvektor $\vec{x}^{(0)}$. Bestimme für $k = 0, 1, 2, \ldots$ den neuen Näherungsvektor $\vec{x}^{(k+1)}$ jeweils aus dem linearen Gleichungssystem:

$$\vec{f}'(\vec{x}^{(k)})(\vec{x}^{(k+1)} - \vec{x}^{(k)}) = -\vec{f}(\vec{x}^{(k)}) \tag{6.24}$$

Wir greifen erneut unser Beispiel von oben auf und notieren einige Schritte, die man mit einem Taschenrechner erzielen kann:

Beispiel 6.23 *Fortsetzung von Beispiel 6.17, S. 247.*

Wir formulieren die Aufgabe als Nullstellensuche und erhalten damit die zu untersuchende Funktion $\vec{f}$:

$$\begin{array}{l} x_1^2 - x_2^2 - 1 = 0 \\ x_1^3 x_2^2 - 1 = 0 \end{array} \quad \Rightarrow \quad \vec{f}(\vec{x}) = \begin{pmatrix} x_1^2 - x_2^2 - 1 \\ x_1^3 x_2^2 - 1 \end{pmatrix}.$$

6.6 Systeme von nichtlinearen Gleichungen

Daraus ermitteln wir die zugehörige Funktionalmatrix:

$$\vec{f}'(\vec{x}) = \begin{pmatrix} 2x_1 & -2x_2 \\ 3x_1^2 x_2^2 & 2x_1^3 x_2 \end{pmatrix},$$

mit der wir dann folgendes lineare Gleichungssystem bekommen:

$$\begin{pmatrix} 2x_1 & -2x_2 \\ 3x_1^2 x_2^2 & 2x_1^3 x_2 \end{pmatrix} (\vec{x}^{(1)} - \vec{x}^{(0)}) = -\vec{f}(\vec{x}^{(0)}).$$

Nun müssen wir den Startvektor $\vec{x}^{(0)} = (1.2, 0.7)^\top$ einsetzen und erhalten folgendes lineare Gleichungssystem:

$$\begin{pmatrix} 2.4 & -1.4 \\ 2.1168 & 2.4192 \end{pmatrix} (\vec{x}^{(1)} - \vec{x}^{(0)}) = \begin{pmatrix} 0.05 \\ 0.1533 \end{pmatrix}.$$

Als Lösung erhält man:

$$\vec{x}^{(1)} - \vec{x}^{(0)} = \begin{pmatrix} 0.0383 \\ 0.0299 \end{pmatrix} \quad \text{und daraus} \quad \vec{x}^{(1)} = \vec{x}^{(0)} + \begin{pmatrix} 0.0383 \\ 0.0299 \end{pmatrix} = \begin{pmatrix} 1.1617 \\ 0.6701 \end{pmatrix}.$$

Auf die gleiche Weise verwenden wir nun diesen Vektor, um die nächsten Näherungen zu erhalten:

$$\vec{x}^{(2)} = \begin{pmatrix} 1.236511 \\ 0.727299 \end{pmatrix}, \qquad \vec{x}^{(3)} = \begin{pmatrix} 1.236\,505\,703 \\ 0.727\,286\,982 \end{pmatrix}.$$

Falls es uns noch nach $\vec{x}^{(4)}$ gelüsten sollte, erleben Rechnerfreaks eine Enttäuschung; denn jetzt ändert sich nichts mehr, es ist $\vec{x}^{(4)} = \vec{x}^{(3)}$ mit allen oben notierten Stellen. Das ist wieder ein Zeichen für die gute Konvergenz des Newton–Verfahrens auch für Systeme. Das halten wir im folgenden Satz fest:

Satz 6.24 *Sei $D \subseteq \mathbb{R}^n$ eine abgeschlossene und beschränkte Teilmenge und $\vec{f} : D \to \mathbb{R}^n$ eine zweimal stetig differenzierbare Abbildung, deren Funktionaldeterminante auf D nicht verschwindet. Es sei $\vec{f}(\vec{\xi}) = 0$ für ein $\vec{\xi} \in D$.*
Dann gibt es eine Umgebung von ξ, in der das Newton–Verfahren für jeden Startwert $\vec{x}^{(0)}$ konvergiert.
Ist $\vec{f}$ sogar dreimal stetig differenzierbar, so ist die Konvergenz quadratisch.

Auch hier übergehen wir den Beweis, da er sich ebenfalls fast wörtlich aus dem $\mathbb{R}^1$ übertragen läßt.

6.6.4 Vereinfachtes Newton–Verfahren für Systeme

Dies ist eine Spielart, die sich im ersten Moment fast nach einem Taschenspielertrick anhört.

> *Statt die Funktionalmatrix jedesmal für die aktuelle Näherung neu auszurechnen, nehmen wir stets die gleiche Funktionalmatrix und zwar die, die wir beim ersten Schritt berechnet haben.*

Es ist kaum zu glauben, aber diese Abwandlung bringt es immer noch zu Konvergenz, wenn auch ziemlich schlecht:

Satz 6.25 *Das vereinfachte Newton–Verfahren hat die Konvergenzordnung 1, ist also linear konvergent.*

Geschickt ist in praktischen Anwendungen vielleicht die folgende Kombination:

Man starte zur Nullstellenbestimmung eines Systems nichtlinearer Gleichungen mit dem gewöhnlichen Newton–Verfahren, berechne also in jedem Schritt die Funktionalmatrix neu. Ist nach einigen Schritten die erhaltene Näherung schon recht gut, sind also schon wenige Nachkommastellen richtig, so steige man um zum vereinfachten Newton–Verfahren. Dann übergeht man also die aufwendige Berechnung der Funktionalmatrix und benutzt stets die alte.

6.6.5 Modifiziertes Newton–Verfahren für Systeme

Die folgende Variante umgeht ebenfalls das Berechnen der Funktionalmatrix.

Zur Veranschaulichung betrachten wir folgendes Beispiel:

$$f_1(x_1, x_2) = \cos x_1 - x_2$$
$$f_2(x_1, x_2) = x_1 - \sin x_2$$

Aus der Skizze entnimmt man den Fixpunkt $\vec{\xi} \approx (0.7, 0.8)$. Daher wählen wir als Startvektor der Iteration den Punkt $(x_1^{(0)}, x_2^{(0)}) = (1, 1)$.

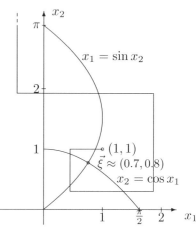

Nun wird vorgeschlagen, folgende Strategie einzuhalten:

Man halte jeweils alle Variablen bis auf eine fest und wende das eindimensionale Newton–Verfahren auf diese Variable an.

Für unser obiges Beispiel schreiben wir die Formeln auf, den allgemeinen Fall wird man dann leicht selbst herstellen können.

6.6 Systeme von nichtlinearen Gleichungen

> **Modifiziertes Newton–Verfahren (2–D)**
>
> Wir starten mit $(x_1^{(0)}, x_2^{(0)})$ und berechnen für $k = 0, 12, \ldots$:
>
> $$x_1^{(k+1)} = x_1^{(k)} - \frac{f_1(x_1^{(k)}, x_2^{(k)})}{\frac{\partial f_1}{\partial x_1}(x_1^{(k)}, x_2^{(k)})}, \qquad x_2^{(k+1)} = x_2^{(k)} - \frac{f_2(x_1^{(k+1)}, x_2^{(k)})}{\frac{\partial f_2}{\partial x_2}(x_1^{(k+1)}, x_2^{(k)})}$$

Wir hatten uns ziemlich willkürlich entschieden, zuerst mit der Funktion f_1 zu starten und mit ihr die Näherung $x_1^{(1)}$ zu berechnen und anschließend aus f_2 die Näherung $x_2^{(1)}$ zu bestimmen. Wir könnten aber genau so gut mit f_2 beginnen und daraus $x_1^{(1)}$ herleiten, um dann anschließend f_1 zur Berechnung von $x_2^{(1)}$ zu verwenden.

Diese beiden Vorgehensweisen sind keineswegs identisch, ganz im Gegenteil. Gewöhnlich tritt bei einer der beiden Varianten Konvergenz und dann bei der anderen Divergenz ein.

Die Rechnung für unser Beispiel sieht folgendermaßen aus:

Die partiellen Ableitungen lauten:

$$f_1(x_1, x_2) = \cos x_1 - x_2 = 0 \Rightarrow \frac{\partial f_1}{\partial x_1} = -\sin x_1, \quad \frac{\partial f_2}{\partial x_1} = 1$$

$$f_2(x_1, x_2) = x_1 - \sin x_2 = 0 \Rightarrow \frac{\partial f_1}{\partial x_2} = -1, \qquad \frac{\partial f_2}{\partial x_2} = -\cos x_2$$

Unser Startpunkt sei $(x_1^{(0)}, x_2^{(0)}) = (1, 1)$.

Variante 1: Wir beginnen mit f_1 zur Berechnung von $x_1^{(k+1)}$, dann fahren wir fort mit f_2 und berechnen $x_2^{(k+1)}$. Die Iterationsformeln lauten hier:

$$x_1^{(k+1)} = x_1^{(k)} - \frac{\cos x_1^{(k)} - x_2^{(k)}}{-\sin x_1^{(k)}} \qquad k = 0, 1, 2, \ldots$$

$$x_2^{(k+1)} = x_2^{(k)} - \frac{x_1^{(k+1)} - \sin x_2^{(k)}}{-\cos x_2^{(k)}} \qquad k = 0, 1, 2, \ldots$$

Das Ergebnis, bei dem uns wieder unser kleiner Rechner geholfen hat, schreiben wir als Tabelle, wobei immer schön nacheinander erst die x_1–Komponente und dann die x_2–Komponente berechnet wurde.

	0	1	2	3		8
$x_1^{(i)}$	1	0.4537	1.86036	−0.45068	$\cdots$	−1330.74
$x_2^{(i)}$	1	0.2823	1.92929	5.88268	$\cdots$	−19633.37

In der Skizze oben haben wir dieses divergierende Verhalten bereits durch einen Geradenzug, der von $(1,1)$ losgeht, festgehalten. Er windet sich einmal um den gesuchten Fixpunkt herum, verschwindet dann aber nach oben.

Variante 2: Diesmal beginnen wir mit f_2 zur Berechnung von $x_1^{(k+1)}$, dann fahren wir fort mit f_1 und berechnen $x_2^{(k+1)}$. Die Iterationsformeln lauten hier:

$$x_1^{(k+1)} = x_1^{(k)} - \frac{x_1^{(k)} - \sin x_2^{(k)}}{1}$$

$$x_2^{(k+1)} = x_2^{(k)} - \frac{\cos x_1^{(k+1)} - x_2^{(k)}}{-1}$$

Wieder haben wir unsern Rechner angeworfen und folgendes Ergebnis erhalten:

	0	1	2	3		20
$x_1^{(k)}$	1	0.84147	0.61813	0.727699	$\cdots$	0.6948196
$x_2^{(k)}$	1	0.66637	0.81496	0.746707	$\cdots$	0.7681690

Den hierzu gehörenden Geradenzug haben wir nicht in der Skizze vermerkt, er würde so dicht um den Fixpunkt herumwandern, daß man stark vergrößern müßte, um ihn sichtbar zu machen. Aber an den Werten erkennt man das konvergente Verhalten.

Vergleich der Verfahren

Name	Gleichung	Vorgaben	Verfahren	Pluspunkte	Minuspunkte	Konv.-Ordn.
nichtlin. Gl.						
Fixpunkt-V.	$T(x) = x$	Startwert $x^{(0)}$	$x^{(k+1)} = T(x^{(k)}), k = 0, 1, 2 \ldots$	leichte Berechnung	lineare Konvergenz	1
Newton-V.	$f(x) = 0$	Startwert $x^{(0)}$	$x^{(k+1)} = x^{(k)} - \frac{f(x^{(k)})}{f'(x^{(k)})}$	gute Konvergenz	Funktion und Ableitung	2
Sekanten-V.	$f(x) = 0$	2 Startw. $x^{(0)}, x^{(1)}$	$x^{(k+1)} = x^{(k)} - f(x^{(k)}) \frac{x^{(k)} - x^{(k-1)}}{f(x^{(k)}) - f(x^{(k-1)})}$	recht gute Konvergenz eine Funktionsauswertung	zwei Startwerte	1.6
Systeme						
Fixpunkt-V.	$\vec{T}(\vec{x}) = \vec{x}$	Startwert $\vec{x}^{(0)}$	$\vec{x}^{(k+1)} = \vec{T}(\vec{x}^{(k)}), k = 0, 1, 2 \ldots$	leichte Berechnung	lineare Konvergenz	1
Newton-V.	$\vec{f}(\vec{x}) = \vec{0}$	Startwert $\vec{x}^{(0)}$	$\vec{f}'(\vec{x})\vec{x}^{(k+1)} = \vec{f}'(\vec{x}^{(k)})\vec{x}^{(k)} - \vec{f}(\vec{x}^{(k)})$	gute Konvergenz lineares Gleich. System	Funktionalmatrix	2
vereinf. Newt.-V.	$\vec{f}(\vec{x}) = \vec{0}$	Startwert $\vec{x}^{(0)}$	$\vec{f}'(\vec{x}^{(0)})\vec{x}^{(k+1)} = \vec{f}'(\vec{x}^{(0)})\vec{x}^{(k)} - \vec{f}(\vec{x}^{(k)})$	einfache Berechnung lineares Gleich. System	lineare Konvergenz	1
Polynome						
Bairstow-V.	$p(x) = 0$	$\approx$ komplexe Nullst.	quadr. Faktor $x^2 - ux - v$	gute Konvergenz Horner-Schema		2

Diese Tabelle gibt eine Übersicht über die verschiedenen in diesem Kapitel besprochenen Verfahren.
An Hand der beschriebenen Vor- und Nachteile mag der Leser nun selbst entscheiden, welches Verfahren er jeweils bevorzugt.

7 Laplace–Transformation

Ein wichtiges Hilfsmittel zur Lösung von Differentialgleichungen und hier insbesondere von Anfangswertaufgaben wird in diesem Kapitel mit der Laplace–Transformation vorgestellt.

Wir betrachten dazu das folgende Beispiel, dessen Lösung wir am Ende erarbeiten werden.

Beispiel 7.1 *Wir lösen die Anfangswertaufgabe*

$$y''' - 3y'' + 3y' - y = t^2 e^t \tag{7.1}$$

mit den Anfangswerten

$$y(0) = 1,\ y'(0) = 0,\ y''(0) = -2. \tag{7.2}$$

Wir werden später im Rahmen der numerischen Behandlung von Differentialgleichungen lernen, wie man solche Aufgaben näherungsweise löst. Hier geht es um die exakte Lösung. Dazu werden wir die Differentialgleichung in eine algebraische Gleichung überführen, also transformieren; diese Gleichung läßt sich in den meisten Fällen, die in der Anwendung gefragt sind, leicht auflösen. Aber dann, ja dann kommt das Problem der Rücktransformation. Hier können wir wie bei allen Umkehroperationen lediglich ein paar Tricks verraten, aber keinen Algorithmus angeben, der stets zum Ziel führt. Man denke an das Integrieren, wo wir zwar etliche Regeln (Substitution, partielle Integration) kennen, aber am Ende doch im Gedächtnis oder in Integraltafeln nachgraben müssen, ob wir nicht auf Bekanntes stoßen. Damit ist also der Weg dieses Kapitels vorgezeichnet.

7.1 Einführung

Am Anfang steht die grundlegende Definition.

Definition 7.2 *Es sei die Funktion $f : [0, \infty) \to \mathbb{R}$ gegeben. Dann heißt*

$$\mathcal{L}[f](s) := \int_0^\infty e^{-st} \cdot f(t)\, dt \tag{7.3}$$

die Laplace–Transformierte der Funktion f.

Da über die Variable t integriert wird, ist das Integral auf der rechten Seite lediglich eine Funktion von s, was wir links auch so bezeichnet haben. Durch die obere Grenze ∞ ist das ein uneigentliches Integral. Daher müssen wir uns Gedanken darüber machen, wann dieses Integral überhaupt existiert. Doch betrachten wir zuerst ein paar einfache Beispiele, um ein Gefühl für diese Bildung zu bekommen.

Beispiel 7.3 *Wir berechnen die Laplace–Transformierte der Funktion*

$$f(t) \equiv 1 \quad \textit{für } t \geq 0.$$

Dazu setzen wir nur die Funktion f in die Definitionsgleichung ein:

$$\mathcal{L}[f](s) = \int_0^\infty e^{-st} \cdot 1 \, dt = -\frac{1}{s} e^{-st} \Big|_0^\infty = +\frac{1}{s} \text{ für } s > 0.$$

Dabei mußten wir die Variable $s > 0$ voraussetzen, da sonst die Exponentialfunktion zu schnell nach Unendlich entschwindet. Das Integral würde keinen endlichen Grenzwert besitzen, also nicht existieren, wie das der Mathematiker ausdrückt. Die Existenz kann also nur unter Einschränkungen gewährleistet werden.

Beispiel 7.4 *Wie lautet die Laplace–Transformierte der Funktion*

$$f(t) := e^{at}, \ a \in \mathbb{R}?$$

Auch hier rechnen wir einfach los.

$$\begin{aligned}
\mathcal{L}[f](s) &= \int_0^\infty e^{-st} \cdot e^{at} \, dt = \int_0^\infty e^{(a-s)t} \, dt \\
&= \frac{1}{a-s} e^{(a-s)t} \Big|_0^\infty = -\frac{1}{s-a} e^{-(s-a)t} \Big|_0^\infty \\
&= -\frac{1}{s-a} \cdot 0 + \frac{1}{s-a} \cdot 1 \\
&= \frac{1}{s-a} \quad \text{für } s > a.
\end{aligned}$$

Wieder finden wir nur unter einer Einschränkung an die Variable s eine Lösung.

7.2 Existenz der Laplace–Transformierten

Da in der Laplacetransformation eine Integration auszuführen ist, können wir eine ziemlich große Klasse von Funktionen zur Transformation zulassen. Das Integral glättet ja manche unstetigen Funktionen. Aus der Analysis wissen wir, daß endlich viele Unstetigkeitsstellen dem fröhlichen Integrieren keinen Einhalt gebieten. Wir definieren also:

Definition 7.5 *Eine Funktion f heißt* **stückweise stetig** *in einem Intervall $[a,b]$, wenn*

7.2 Existenz der Laplace–Transformierten

1. $[a,b]$ *in endlich viele Teilintervalle so zerlegt werden kann, daß f in jedem Teilintervall stetig ist, und*
2. *die Grenzwerte von f in jedem Teilintervall bei Annäherung an die Teilintervallgrenzen endlich bleiben.*

Wir können kürzer sagen, daß eine stückweise stetige Funktion nur eine endliche Zahl von endlichen Unstetigkeitspunkten besitzt.

Nach diesen Vorbereitungen fällt es uns nicht schwer, den folgenden Satz zu verstehen.

Satz 7.6 *Sei $f : [0, \infty) \to \mathbb{R}$ eine stückweise stetige Funktion, und es gebe Zahlen $M, \gamma > 0$ mit*

$$|f(t)| \leq M \cdot e^{\gamma t}, \quad t \geq 0, \tag{7.4}$$

dann existiert die Laplace–Transformierte für $s > \gamma$:

$$\mathcal{L}[f](s) = \int_0^\infty e^{-st} \cdot f(t)\, dt \tag{7.5}$$

Beweis: f haben wir als stückweise stetig über der gesamten positiven Achse vorausgesetzt. Deshalb gibt es endlich viele Intervalle, in denen das Produkt $e^{-st} \cdot f(t)$ integrierbar ist. Nur für $t \to \infty$ könnte noch Kummer auftreten. Aber da hilft die vorausgesetzte Beschränktheit von f. Der Term e^{-st} fällt ja für festes s und $t \to \infty$ sehr schnell nach Null ab. Nur wenn f dieses Abfallen durch ein noch schnelleres Wachsen aufwiegen würde, könnte Unsinn eintreten. Daher also die Bedingung (7.5) mit der e–Funktion. Denn damit rechnen wir nun die Beschränktheit des Integrals direkt nach:

$$|\mathcal{L}[f](s)| = \left| \int_0^\infty e^{-st} \cdot f(t)\, dt \right| \leq \int_0^\infty e^{-st} \cdot |f(t)|\, dt$$

$$\leq \int_0^\infty e^{-st} \cdot M \cdot e^{\gamma t}\, dt$$

$$\leq \frac{M}{s - \gamma} \quad \text{für } s > \gamma$$

So bleibt also das Integral insgesamt beschränkt, und die Laplace–Transformierte existiert. □

Beispiel 7.7 *Wir berechnen die Laplace–Transformierte der Sprungfunktion*

$$f(t) = \begin{cases} 0 \text{ für } t < a \\ 1 \text{ für } t \geq a \end{cases}, \quad a \geq 0.$$

Diese Funktion heißt auch **Heaviside–Funktion**.

$$\mathcal{L}[f](s) = \int_a^\infty e^{-st} \cdot 1\, dt = \int_a^\infty e^{-st}\, dt = \left[-\frac{1}{s} e^{-st}\right]_a^\infty = \frac{1}{s}\left[-0 + e^{-as}\right]$$
$$= \frac{e^{-as}}{s} \quad \text{für } s > 0.$$

Hier haben wir beim Einsetzen der Grenzen ausgenutzt, daß die Funktion e^{-st} für $t \to \infty$ gegen Null strebt. Das macht sie aber nur, wenn der Exponent ernstlich negativ bleibt, s also positiv ist. Wieder finden wir eine Einschränkung, nämlich $s > 0$.

Beispiel 7.8 *Durch den Erfolg im vorigen Beispiel angeregt, berechnen wir die Laplace–Transformierte der Funktion*

$$f(t) = at \text{ für } t \geq 0, \ a \in \mathbb{R}.$$

Dies ist eine auf $[0, \infty)$ lineare Funktion.

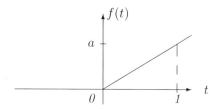

Bei der Ausrechnung greifen wir zur Berechnung einer Stammfunktion von $f(t) = t \cdot e^{-st}$ auf eine Formelsammlung zurück.

$$\mathcal{L}[f](s) = \int_0^\infty e^{-st} \cdot at\, dt = a \int_0^\infty t \cdot e^{-st}\, dt = a \left[-\frac{e^{-st}}{s^2}(st + 1)\right]_0^\infty = \frac{a}{s^2}.$$

Mit derselben Schlußweise beim Grenzübergang $t \to \infty$ wie im Beispiel 7.7 erhalten wir auch hier die Einschränkung $s > 0$.

Mehrfach haben wir feststellen müssen, daß die Laplace–Transformierte nur unter Einschränkungen an die Variable s existiert. Es gilt allgemein der folgende Satz.

Satz 7.9 *Sei $f : \mathbb{R}_+ \to \mathbb{R}$ über jedem endlichen Intervall in $\mathbb{R}_+$ integrierbar. Dann gibt es genau eine reelle Zahl σ_0, $-\infty \leq \sigma_0 \leq \infty$, so daß $\mathcal{L}[f]$ in $\Re(s) > \sigma_0$ absolut konvergiert.*

Die im Satz genannte besondere Stelle verdient einen eigenen Namen, den wir in der folgenden Definition festhalten.

Definition 7.10 *Die Schnittstelle σ_0, ab der die Laplace–Transformierte existiert, heißt* **Abszisse der absoluten Konvergenz**.

Auf Seite 275 stellen wir eine Übersicht über häufig auftretende Funktionen und ihre Laplace–Transformierten zusammen. Einige davon berechnen wir noch in den Übungsaufgaben am Schluß dieses Kapitels.

7.3 Rechenregeln

Wir wollen einige Sätze kennenlernen, die uns das Ausrechnen der Laplace–Transformation erleichtern.

Satz 7.11 (Linearitätssatz) *Die Laplace–Transformation ist linear, das heißt, für beliebige Funktionen f, g und beliebige reelle Zahlen $a, b \in \mathbb{R}$ gilt*

$$\mathcal{L}\big[a \cdot f(t) + b \cdot g(t)\big](s) = a \cdot \mathcal{L}\big[f(t)\big](s) + b \cdot \mathcal{L}\big[g(t)\big](s). \tag{7.6}$$

Beweis: Der Beweis gestaltet sich sehr einfach, wir müssen nur die Definition anwenden und ausnützen, daß das Integrieren ein linearer Vorgang ist.

$$\begin{aligned}
\mathcal{L}\big[a \cdot f(t) + b \cdot g(t)\big](s) &= \int_0^\infty (a \cdot f(t) + b \cdot g(t))\, dt \\
&= a \cdot \int_0^\infty f(t)\, dt + b \cdot \int_0^\infty g(t)\, dt \\
&= a \cdot \mathcal{L}\big[f(t)\big](s) + b \cdot \mathcal{L}\big[g(t)\big](s).
\end{aligned}$$

□

Satz 7.12 (Verhalten bei ∞) *Existiert die Laplace–Transformierte $F(s)$ der Funktion $f(t)$, so gilt*

$$\lim_{s \to \infty} F(s) = 0. \tag{7.7}$$

Der Beweis ergibt sich unmittelbar aus der Definition der Laplace–Transformierten, wenn man bedenkt, daß $\lim_{s \to +\infty} e^{-st} = 0$ ist für $t > 0$. □

Wie wirkt sich die Multiplikation einer Funktion mit einem Polynom aus? Dazu gibt der folgende Satz Antwort.

Satz 7.13 (Multiplikationssatz) *Sei die Funktion $t \cdot f(t)$ stückweise stetig, und gelte $|t \cdot f(t)| \leq M \cdot e^{\gamma t}$, $M, \gamma > 0$ geeignet. Dann gilt*

$$\mathcal{L}\big[t \cdot f(t)\big](s) = -\frac{d}{ds}\big\{\mathcal{L}\big[f(t)\big](s)\big\}, \tag{7.8}$$

$$\mathcal{L}\big[t^n \cdot f(t)\big](s) = (-1)^n \frac{d^n}{ds^n}\big\{\mathcal{L}\big[f(t)\big](s)\big\}. \tag{7.9}$$

Die Multiplikation mit einem Basispolynom t^n bewirkt also die mit wechselndem Vorzeichen versehene Differentiation der transformierten Funktion.

Beweis: Wir führen den Beweis lediglich für $n = 1$ vor. Für beliebiges $n \in \mathbb{N}$ hätte man dann einen Induktionsbeweis zu führen, der aber keine neue Erkenntnis vermittelt.

Wir vertauschen Differentiation und Integration, ziehen also die Ableitung d/ds unter das Integral – der wahre Mathematiker müßte natürlich noch untersuchen, wann diese Operation erlaubt ist.

$$\frac{d}{ds}\{\mathcal{L}[f(t)](s)\} = \frac{d}{ds}\left(\int_0^\infty e^{-st} f(t)\, dt\right) = \int_0^\infty \frac{d}{ds}\left(e^{-st} f(t)\right) dt$$

$$= -\int_0^\infty t e^{-st} f(t)\, dt = -\mathcal{L}[t \cdot f(t)](s).$$

Das ist schon der Beweis für $n = 1$. ∎

Beispiel 7.14 *Wir berechnen die Laplace–Transformierte der Funktion*

$$f(t) = t \cdot \sin at, \quad a \in \mathbb{R},$$

wobei wir die Laplace–Transformierte der Funktion $g(t) = \sin at$ in der Tabelle Seite 275 nachschlagen.

Die Berechnung geht in einer Zeile.

$$\mathcal{L}[t \cdot \sin at](s) = -\frac{d}{ds}\mathcal{L}[\sin at](s) = -\frac{d}{ds}\left(\frac{a}{s^2 + a^2}\right) = \frac{2as}{(s^2 + a^2)^2}$$

Gewissermaßen die Umkehrung ist der folgende Satz.

Satz 7.15 (Divisionssatz) *Sei $f(t)$ stückweise stetig und gelte $|f(t)| \leq M \cdot e^{\gamma t}$. Es existiere außerdem der Grenzwert*

$$\lim_{t \to 0} \frac{f(t)}{t}.$$

Dann gilt

$$\mathcal{L}\left[\frac{f(t)}{t}\right](s) = \int_s^\infty \mathcal{L}[f(t)](\tilde{s})\, d\tilde{s}. \tag{7.10}$$

Beweis: Wir setzen

$$g(t) := \frac{f(t)}{t} \iff f(t) = t \cdot g(t),$$

bilden auf beiden Seiten der rechten Gleichung die Laplace–Transformierte und nutzen den Multiplikationssatz aus:

$$\mathcal{L}[f(t)](s) = -\frac{d}{ds}\mathcal{L}[g(t)](s), \quad \text{kurz} \quad F(s) = -\frac{d}{ds}G(s).$$

Wir multiplizieren mit -1 und integrieren beide Seiten:

$$-\int_a^s F(\tilde{s})\, d\tilde{s} = \int_s^a F(\tilde{s})\, d\tilde{s} = G(s).$$

7.3 Rechenregeln

Aus dem Verhalten bei ∞ wissen wir aber, daß $\lim_{s\to\infty} G(s) = 0$ gilt, also muß $a = \infty$ gelten, woraus wir messerscharf die Behauptung ableiten:

$$G(s) := \mathcal{L}\big[g(t)\big](s) = \mathcal{L}\left[\frac{f(t)}{t}\right](s) = \int_s^\infty F(\tilde{s})\, d\tilde{s}.$$

$\square$

Beispiel 7.16 *Wir berechnen die Laplace–Transformierte von*

$$f(t) = \frac{\sin t}{t}.$$

Wiederum nutzen wir die Kenntnis der Laplace–Transformierten von $g(t) = \sin t$ aus: $\mathcal{L}[\sin t](s) = 1/(s^2+1)$. Außerdem kennen wir aus der Analysis den Grenzwert

$$\lim_{t\to 0} \frac{\sin t}{t} = 1,$$

zu dessen Herleitung die Formel, die der Marquis de l'Hospital dem Mathematiker Johann I Bernoulli vor dreihundert Jahren mit viel Geld abluchste, wertvolle Dienste leistet. Damit liefert der Divisionssatz die Antwort:

$$\mathcal{L}\left[\frac{\sin t}{t}\right](s) = \int_s^\infty \frac{d\tilde{s}}{\tilde{s}^2+1} = \arctan \frac{1}{s}.$$

Den folgenden Satz könnte man als das Herzstück der ganzen Anwendungen bezeichnen; denn er bringt endlich die Hauptidee der ganzen Transformiererei ans Tageslicht. Wenn wir eine Ableitung transformieren, so entsteht das Produkt der Funktion mit der Variablen s, und wir müssen nicht mehr differenzieren. Aus einer Differentialgleichung entsteht so eine algebraische Gleichung in s.

Satz 7.17 (Differentiationssatz) *Sei $f : [0, \infty) \to \mathbb{R}$ stückweise stetig, sei f' stückweise definiert und stückweise stetig auf endlichen Intervallen, es gelte mit geeigneten Zahlen $M, \gamma > 0$*

$$|f(t)| \leq M \cdot e^{\gamma t}.$$

Dann gilt

$$\mathcal{L}\left[f'(t)\right](s) = s \cdot \mathcal{L}\left[f(t)\right](s) - f(0) \tag{7.11}$$

$$\mathcal{L}\left[f^{(n)}(t)\right](s) = s^n \mathcal{L}\left[f(t)\right](s) - s^{n-1}f(0) - s^{n-2}f'(0) - \cdots - f^{(n-1)}(0) \tag{7.12}$$

Beweis: Wir führen den Beweis nur für den Fall, daß f' eine auf dem Intervall $[0, \infty)$ insgesamt stetige Funktion ist. Falls sie nur stückweisestetig ist, muß man das zu betrachtende Integral aus mehreren Stücken zusammensetzen. Das ist nur schreibaufwendiger, bringt aber nichts an neuen Erkenntnissen. Dann rechnet sich das Ergebnis mit

Hilfe partieller Integration wirklich leicht aus:

$$\mathcal{L}[f'(t)](s) = \int_0^\infty e^{-st} f'(t)\, dt$$
$$= e^{-st} f(t)\Big|_0^\infty - (-s) \int_0^\infty e^{-st} f(t)\, dt$$
$$= -f(0) + s \cdot \mathcal{L}[f(t)](s).$$

□

Beispiel 7.18 *Wir betrachten die Funktion und ihre Laplace–Transformierte (aus der Tabelle Seite 275)*

$$f(t) = \cos 2t, \quad \mathcal{L}[f(t)](s) = \frac{s}{s^2 + 4}$$

und suchen die Laplace–Transformierte von $f'(t)$.

Wir wenden den Satz 7.17 an und erhalten mit $\cos 0 = 1$

$$\mathcal{L}[f'(t)](s) = \mathcal{L}[-2\sin 2t](s) = s\frac{s}{s^2+4} - 1 = \frac{-4}{s^2+4}.$$

Andererseits finden wir mit der Tabelle direkt

$$\mathcal{L}[-2\sin 2t](s) = -2\frac{2}{s^2+4},$$

und das ist dasselbe, wie es sich gehört.

Satz 7.19 (Integrationssatz) *Sei* $f : [0, \infty) \to \mathbb{R}$ *stückweisestetig, und es gelte mit geeigneten Zahlen* $M, \gamma > 0$

$$|f(t)| \leq M \cdot e^{\gamma t}.$$

Dann gilt

$$\mathcal{L}\left[\int_0^t f(\tau)\, d\tau\right](s) = \frac{1}{s}\mathcal{L}[f(t)](s) \quad \text{für } s > 0, s > \gamma. \tag{7.13}$$

Beweis: Wir führen folgende Hilfsfunktion ein:

$$g(t) := \int_0^t f(\tau)\, d\tau, \quad \text{also} f(t) = g'(t).$$

Außerdem gilt $g(0) = 0$, da ja für $t = 0$ das Integrationsintervall auf einen Punkt zusammenschrumpft. Wir müssen uns noch überzeugen, daß g Laplace–transformiert werden darf:

$$|g(t)| \leq \int_0^t |f(\tau)|\, d\tau \leq M \int_0^t e^{\gamma \tau}\, d\tau = \frac{M}{\gamma}\left(e^{\gamma t} - 1\right) \leq \frac{M}{\gamma} e^{\gamma t}.$$

7.3 Rechenregeln

Dann können wir also den Differentiationssatz 7.17 anwenden und erhalten

$$\mathcal{L}[f(t)](s) = \mathcal{L}[g'(t)](s) = s \cdot \mathcal{L}[g(t)](s) - g(0)$$
$$= s \cdot \mathcal{L}[g(t)](s).$$

□

Auch hierzu ein kleines Beispiel.

Beispiel 7.20 *Wie lautet die Laplace–Transformation der Funktion*

$$g(t) = \int_0^t \sin 2\tau \, d\tau ?$$

Wegen $\mathcal{L}[\sin 2t](s) = 2/(s^2+4)$ folgt

$$\mathcal{L}\left[\int_0^t \sin 2\tau \, d\tau\right](s) = \frac{2}{s(s^2+4)}.$$

Satz 7.21 (Shift in s–Achse) *Bezeichnen wir die Laplace–Transformierte von f mit F, also $\mathcal{L}[f(t)](s) = F(s)$, so gilt*

$$\mathcal{L}[e^{at} f(t)](s) = F(s-a) = \mathcal{L}[f(t)](s-a) = \int_0^\infty e^{-(s-a)t} \cdot f(t) \, dt. \quad (7.14)$$

Beweis: Mit $F(s) = \mathcal{L}[f(t)](s) = \int_0^\infty e^{-st} f(t) \, dt$ folgt, wenn wir von rechts nach links rechnen:

$$F(s-a) = \int_0^\infty e^{-(s-a)t} f(t) \, dt = \int_0^\infty e^{-st} \left[e^{at} f(t)\right] dt = \mathcal{L}[e^{at} f(t)](s),$$

und schon ist der Beweis erbracht. □

Beispiel 7.22 *Wenn wir aus der Tabelle von Seite 275 die Laplace–Transformierte*

$$\mathcal{L}[\cos at](s) = \frac{s}{s^2+a^2}$$

entnehmen, wie lautet dann die Laplace–Transformierte von $e^{at} \cos at$?

Der obige Shiftsatz macht diese Aufgabe sehr leicht.

$$\mathcal{L}[e^{at} \cos at](s) = \frac{s-a}{(s-a)^2+a^2}.$$

Analog folgt auch

$$\mathcal{L}[e^{at} \sin at](s) = \frac{a}{(s-a)^2+a^2}.$$

□

Satz 7.23 (Shift in t–Achse) *Bezeichnen wir die Laplace–Transformierte von f mit F, also $\mathcal{L}\big[f(t)\big](s) = F(s)$, so gilt*

$$e^{-as}F(s) = \mathcal{L}\big[\widetilde{f}(t)\big](s) \; \textit{mit} \; \widetilde{f}(t) := \begin{cases} 0, & t < a \\ f(t-a), & t \geq a \end{cases}. \tag{7.15}$$

Beweis: Wir rechnen einfach vorwärts und benutzen nur zwischendurch die kleine Substitution $t \to \tau = t + a$:

$$\begin{aligned} e^{-as}F(s) &= e^{-as}\int_0^\infty e^{-st}f(t)\,dt = \int_0^\infty e^{-(t+a)s}f(t)\,dt \\ &\stackrel{\tau=t+a}{=} \int_a^\infty e^{-\tau s}f(\tau - a)\,d\tau \\ &= \mathcal{L}\big[\widetilde{f}\,\big](s) \end{aligned}$$

□

Beispiel 7.24 *Wir betrachten die Funktion*

$$\widetilde{f}(t) = (t-3)_+^4 := \begin{cases} (t-3)^4, & t > 3 \\ 0, & t < 3 \end{cases}.$$

Wie lautet ihre Laplace–Transformierte?

Also mit dem zweiten Shiftsatz kommt da Freude auf. Wegen $\mathcal{L}\big[t^4\big](s) = \dfrac{4!}{s^5}$ folgt

$$\mathcal{L}\big[\widetilde{f}\,\big](s) = \frac{24e^{-3s}}{s^5}.$$

Satz 7.25 (Periodizitätssatz) *Gegeben sei eine periodische Funktion f mit der Periode $T > 0$, also*

$$f(t+T) = f(t), \quad \text{für alle } t \in \mathbb{R}.$$

Dann gilt

$$\mathcal{L}[f(t)](s) = \frac{1}{1-e^{-sT}}\int_0^T e^{-st}f(t)\,dt \quad \textit{für } s > 0. \tag{7.16}$$

Man kann also die Berechnung der Laplace–Transformierten einer periodischen Funktion f auf die Integration über ein Periodenintervall zurückführen.

Beweis: Der Beweis ist etwas tricky, man muß schon aus der Kiste ein paar Formeln herauskramen, die hier gute Dienste tun. Fangen wir mal ganz einfach an.

$$\begin{aligned} \mathcal{L}\big[f(t)\big](s) &= \int_0^\infty e^{-st}f(t)\,dt \\ &= \int_0^T e^{-st}f(t)\,dt + \int_T^{2T} e^{-st}f(t)\,dt + \int_{2T}^{3T} e^{-st}f(t)\,dt + \cdots \end{aligned}$$

7.3 Rechenregeln

Jetzt führen wir durch eine Variablentransformation die hinteren Integrale auf das erste Integral zurück. Wir setzen im zweiten Integral $t = u+T$, im dritten Integral $t = u+2T$ usw. und können wegen der Periodizität $f(u+T) = f(u)$, $f(u+2T) = f(u)$,... schreiben.

$$\begin{aligned}\mathcal{L}[f(t)](s) &= \int_0^T e^{-su} f(u)\, du + \int_0^T e^{-s(u+T)} f(u+T)\, du + \\ &\quad + \int_0^T e^{-s(u+2T)} f(u+2T)\, du + \cdots \\ &= \int_0^T e^{-su} f(u)\, du + e^{-sT} \int_0^T e^{-su} f(u)\, du + e^{-2sT} \int_0^T e^{-su} f(u)\, du + \cdots \\ &= (1 + e^{-sT} + e^{-2sT} + \cdots) \int_0^T e^{-su} f(u)\, du\end{aligned}$$

Jetzt öffnen wir die Trickkiste, indem wir uns überlegen, ob wir die Klammer vor dem Integral berechnen können. Wenn wir die folgendermaßen umschreiben

$$1 + e^{-sT} + e^{-2sT} + e^{-3sT} + \cdots = 1 + e^{-sT} + (e^{-sT})^2 + (e^{-sT})^3 + \cdots,$$

so sieht man die geometrische Reihe schon winken. Denn der Term e^{-sT} ist betraglich kleiner als 1, falls $s \cdot T > 0$ ist. T ist als Periode stets positiv, also müssen wir noch $s > 0$ verlangen, wie wir es in den Voraussetzungen des Satzes getan haben. Dann steht da also die geometrische Reihe, deren Grenzwert uns in der Analysis daherkam mit

$$1 + q + q^2 + q^3 + q^4 + \cdots = \frac{1}{1-q}.$$

Setzen wir das oben ein, so folgt die Behauptung □

Beispiel 7.26 *Wir betrachten die rechts abgebildete Funktion*

$$f(t) = \begin{cases} \sin t & 0 < t < \pi \\ 0 & \pi < t < 2\pi \end{cases},$$

periodisch mit der Periode 2π fortgesetzt, und berechnen ihre Laplace-Transformierte.

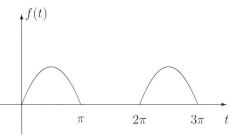

Abb. 7.1: Halbwellen

Die Berechnung der Laplace–Transformierten läuft nach bewährtem Muster. Wir wenden den Periodizitätssatz mit $T = 2\pi$ an.

$$\begin{aligned}
\mathcal{L}\big[f(t)\big](s) &= \frac{1}{1-e^{-2\pi s}} \int_0^{2\pi} e^{-st} f(t)\, dt \\
&= \frac{1}{1-e^{-2\pi s}} \int_0^{\pi} e^{-st} \sin t\, dt \\
&= \frac{1}{1-e^{-2\pi s}} \left[\frac{e^{-st}(-s\sin t - \cos t)}{s^2+1} \right]_0^{\pi} \\
&= \frac{1}{1-e^{-2\pi s}} \left[\frac{1+e^{-s\pi}}{s^2+1} \right] = \frac{1}{(1-e^{-s\pi})(s^2+1)}
\end{aligned}$$

7.4 Die inverse Laplace–Transformation

Schon mehrfach haben wir die Hauptidee der Anwendung der Laplace–Transformation zur Lösung von Anfangswertaufgaben angesprochen. Man transformiere die Differentialgleichung, führe sie damit zurück auf eine algebraische Gleichung, ja und dann transformiere man zurück. Es stellt sich aber sofort die Frage, ob denn die Hin– und Rücktransformation inverse Operationen sind. Dazu gibt der folgende Satz Auskunft.

Satz 7.27 *Konvergieren $\mathcal{L}[f]$ und $\mathcal{L}[g]$ für $\Re(s) > \sigma_0$, so gilt*

$$\mathcal{L}[f] = \mathcal{L}[g] \Longrightarrow f = g \quad f.\,\ddot{u}. \tag{7.17}$$

Das müssen wir ein wenig kommentieren.

Die Aussage gibt einen Hinweis darauf, wie sich die Rücktransformation gestaltet. Die Abkürzung **f. ü.** bedeutet **fast überall**. Es meint, daß die Aussage eventuell einige Ausnahmepunkte zuläßt. Diese Punkte dürfen aber nicht überhandnehmen. 'Fast' bedeutet, daß die Ausnahmemenge das Maß Null haben muß. Das wollen wir hier nicht weiter vertiefen, sondern anmerken, daß es für den Anwender ausreicht, sich unter diesen Ausnahmepunkten **endlich viele** vorzustellen. Ja, und der Satz sagt nun, daß aus der Gleichheit der Laplace–Transformierten zweier Funktionen die Gleichheit der Funktionen nur bis auf endlich viele Ausnahmepunkte eintritt. Mehr ist nicht zu erwarten.

Wie wir in der Einleitung schon erläutert haben, gibt es leider keinen festen Algorithmus, wie man die Rücktransformation auszuführen hat. Wir haben ein paar kleine Tricks parat, mehr nicht. Wesentlicher Gedanke: Wir führen die rückzutransformierende Funktion durch Zerlegen, Zerhacken, Kürzen, Strecken, Verschieben oder viele weitere Umformungen auf Funktionen zurück, von denen wir die Rücktransformierte kennen.

7.4.1 Partialbruchzerlegung

Ein wesentliches Hilfsmittel ist die Partialbruchzerlegung; wir nehmen an, daß der freundliche Leser sich darin auskennt und daher ein Beispiel zur Auffrischung langt.

7.4 Die inverse Laplace–Transformation

Beispiel 7.28 *Ein typisches Ergebnis einer Laplace-Transformation sieht, angewandt auf eine Anfangswertaufgabe, folgendermaßen aus:*

$$Y(s) = \frac{4}{(s^2 - 3s + 2)(s - 2)} + \frac{14 - 3s}{s^2 - 3s + 2}.$$

Wir suchen nun eine Funktion y(t), deren Laplace-Transformierte gerade diese Gestalt hat, wir suchen also

$$y(t) = \mathcal{L}^{-1}[Y(s)].$$

Dazu müssen wir den Funktionsausdruck vereinfachen. Der Gedanke liegt nahe, durch eine Partialbruchzerlegung zu einfacheren Termen zu gelangen. Als erstes müssen wir den Nenner möglichst in Linearfaktoren zerlegen. Am schnellsten geschieht das durch Raten, vielleicht mit Hilfe durch Vitali oder man bestimmt halt die Nullstellen des Nennerpolynoms. Jedenfalls findet man

$$s^2 - 3s + 2 = (s - 1)(s - 2).$$

Dann gehen wir mit folgendem Ansatz vor:

$$\frac{4}{(s^2 - 3s + 2)(s - 2)} = \frac{A}{s - 1} + \frac{B}{s - 2} + \frac{C}{(s - 2)^2}. \tag{7.18}$$

Im Prinzip muß man nun mit dem Hauptnenner durchmultiplizieren, dann durch Ausmultiplizieren der Klammern alles nach Potenzen von s sortieren. Ein Koeffizientenvergleich — schließlich handelt es sich um Polynome zweiten Grades — verschafft uns dann drei Gleichungen für die drei Unbekannten A, B und C.

Manchmal kann man aber geschickter zum Ziel gelangen. Wenn wir Gleichung (7.18) mit $s - 1$ durchmultiplizieren, so entsteht

$$\frac{4}{(s - 2)^2} = A + \frac{B}{s - 2}(s - 1) + \frac{C}{(s - 2)^2}(s - 1),$$

woraus sich unschwer A berechnen läßt, wenn wir $s = 1$ setzen, zu

$$A = 4.$$

Multiplikation von (7.18) mit $(s - 2)^2$ und anschließend $s = 2$ eingesetzt, ergibt direkt

$$C = 4.$$

Zur Berechnung von B multiplizieren wir (7.18) mit $(s - 2)^2(s - 1)$ und differenzieren beide Seiten anschließend nach s, bevor wir wieder $s = 2$ setzen:

$$\begin{aligned} 4 &= A(s-2)^2 + B(s-1)(s-2) + C(s-1) \\ &= 4(s-2)^2 + B(s-1)(s-2) + 4(s-1) \\ \implies 0 &= 8(s-2) + B(s-1) + (s-2) + 4 \\ s = 2 \implies B &= -4 \end{aligned}$$

Analog wird der zweite Term behandelt, was wir uns wohl sparen können. Das Ergebnis lautet:

$$Y(s) = \frac{4}{s-1} + \frac{-4}{s-2} + \frac{4}{(s-2)^2} + \frac{-11}{s-1} + \frac{8}{s-2}$$

$$= \frac{-7}{s-1} + \frac{4}{s-2} + \frac{4}{(s-2)^2}$$

So, nun können wir uns an die Rücktransformation machen. Ein Blick in die weiter hinten angefügte Tabelle bringt sofort das Ergebnis

$$y(t) = \mathcal{L}^{-1}\left[\frac{-7}{s-1} + \frac{4}{s-2} + \frac{4}{(s-2)^2}\right] = -7e^t + 4e^{2t} + 4te^{2t}.$$

7.4.2 Faltung

Manchmal hilft bei der Rücktransformation ein Satz, dem man diese Möglichkeit gar nicht ansieht. Wir betrachten dazu die Faltung von Funktionen.

Definition 7.29 *Unter der Faltung zweier Funktionen f und g verstehen wir die neue Funktion*

$$(f * g)(t) := \int_0^t f(t-\tau) \cdot g(\tau)\, d\tau = \int_0^t g(t-\tau) \cdot f(\tau)\, d\tau. \tag{7.19}$$

Satz 7.30 *Die Faltung zweier Funktionen ist kommutativ*

$$f * g = g * f, \tag{7.20}$$

Beweis: Das beweisen wir ganz leicht mit der kleinen Variablensubstitution $\tau \to u = t - \tau$, also $\tau = t - u$ und $d\tau = -du$. Damit folgt

$$\int_0^t f(t-\tau) \cdot g(\tau)\, d\tau = -\int_t^0 f(u)g(t-u)\, du = \int_0^t f(u)g(t-u)\, du.$$

Nennen wir im letzten Integral wieder $u = \tau$, steht schon alles da. □

Satz 7.31 *Die Faltung von Funktionen ist assoziativ*

$$(f * g) * h = f * (g * h) \tag{7.21}$$

und distributiv

$$f * (g+h) = f * g + f * h, \quad (f+g) * h = f * h + g * h. \tag{7.22}$$

Der Beweis dieser kleinen Formeln besteht nur im Hinschreiben, kein Trick verschönt die Sache, daher sei es geschenkt.

Auf diese etwas merkwürdig anmutende Bildung einer neuen Funktion lassen wir nun unsere Laplace-Transformation los.

7.4 Die inverse Laplace–Transformation

Satz 7.32 (Faltungssatz) *Zwischen der Faltung von Funktionen und der Laplace–Transformation besteht der folgende Zusammenhang:*

$$\mathcal{L}\left[f*g\right](s) = \mathcal{L}\left[f\right](s) \cdot \mathcal{L}\left[g\right](s), \tag{7.23}$$

oder wenn wir die Umkehrung betrachten mit $F(s) := \mathcal{L}[f(t)](s)$, $G(s) := \mathcal{L}[g(t)](s)$

$$\mathcal{L}^{-1}\left[F(s)G(s)\right](t) = \int_0^t f(\tau)g(t-\tau)\,d\tau \tag{7.24}$$

Der Beweis für diesen Satz benötigt unter anderem die Vertauschung der Integrationsreihenfolge bei mehrfachen Integralen. Da wir dabei auf die großen Sätze der Analysis zurückverweisen müßten (Satz von Fubini), bringt der Rest der Rechnung keinen großen Gewinn, und wir belassen es dabei, den Faltungssatz ohne Beweis mitgeteilt zu haben.

Beispiel 7.33 *Berechnen Sie die inverse Laplace–Transformierte von*

$$F(s) = \frac{1}{(s-1)(s-2)}.$$

Wir wissen schon

$$\mathcal{L}^{-1}\left[\frac{1}{s-1}\right] = e^t, \ \mathcal{L}^{-1}\left[\frac{1}{s-2}\right] = e^{2t}.$$

Der Faltungssatz liefert direkt

$$\begin{aligned}
\mathcal{L}^{-1}\left[\frac{1}{(s-1)(s-2)}\right] &= \int_0^t e^\tau e^{2(t-\tau)}\,d\tau \\
&= e^{2t}\left[-e^{-\tau}\right]_0^t \\
&= e^{2t}\left[-e^{-t}+1\right] \\
&= e^{2t} - e^t.
\end{aligned}$$

7.5 Zusammenfassung

In der folgenden Tabelle stellen wir kurz und knapp die wichtigsten Sätze quasi zum Nachschlagen zusammen. Dabei verzichten wir bewußt darauf, die Voraussetzungen noch einmal zu nennen. Dazu muß man weiter vorne blättern. Prinzipiell sind f eine Funktion von t und F, die Laplace–Transformierte von f, eine Funktion von s, a und b reelle Parameter.

	Die wichtigsten Sätze in Kurzform	
	$f(t)$	$F(s) := \mathcal{L}\big[f(t)\big](s)$
Linearitätssatz	$af(t) + bg(t)$	$aF(s) + bG(s)$
Verhalten bei ∞	$f(t)$	$\lim_{s \to \infty} F(s) = 0$
Skalierung	$af(at)$	$F\left(\dfrac{s}{a}\right)$
Integrationssatz	$\displaystyle\int_0^t f(\tau)\,d\tau$	$\dfrac{F(s)}{s}$
Divisionssatz	$\dfrac{f(t)}{t}$	$\displaystyle\int_s^\infty F(\tilde{s})\,d\tilde{s}$
Multiplikationssatz	$tf(t)$	$-F'(s)$
	$t^n f(t)$	$(-1)^n F^{(n)}(s)$
	$t^2 f(t)$	$F''(s)$
Differentiationssatz	$f'(t)$	$sF(s) - f(0)$
	$f''(t)$	$s^2 F(s) - sf(0) - f'(0)$
	$f^{(n)}(t)$	$s^n F(s) - s^{n-1} f(0) - s^{n-2} f'(0)$ $-\ldots - f^{(n-1)}(0)$
Shift in s–Achse	$e^{at} f(t)$	$F(s - a)$
Shift in t–Achse	$\tilde{f}(t) := \begin{cases} 0 & \text{für } t < a \\ f(t-a) & \text{für } t \geq a \end{cases}$	$e^{-as} F(s)$
Faltungssatz	$\displaystyle\int_0^t f(\tau) \cdot g(t-\tau)\,d\tau$	$F(s) \cdot G(s)$
Periodizität	$f(t + T) = f(t)$	$\dfrac{1}{1 - e^{-sT}} \displaystyle\int_0^T e^{-su} f(u)\,du$

7.6 Anwendung auf Differentialgleichungen

Mit diesem Abschnitt kommen wir zum Hauptpunkt der Laplace–Transformation. Lineare Differentialgleichungen beliebiger Ordnung mit konstanten Koeffizienten lassen sich mit dieser Transformation auf algebraische Gleichungen zurückführen. Der Differentiationssatz gab uns ja bereits den wertvollen Hinweis, was aus einer Ableitung nach der Transformation entsteht, nämlich ein algebraischer Term in der Variablen s. Die Funktions– und Ableitungswerte der Originalfunktion an der Stelle 0 lassen sich wunderbar aus den Anfangsbedingungen bei Anfangswertaufgaben entnehmen. Damit liegt der Ablauf zur Lösung einer Anfangswertaufgabe fest.

Laplace–Transformation und Anfangswertaufgaben

Gegeben sei eine lineare Differentialgleichung n–ter Ordnung mit konstanten Koeffizienten der Form

$$y^{(n)}(x) + a_{n-1}y^{(n-1)}(x) + \cdots + a_0 y(x) = f(x) \tag{7.25}$$

mit den Anfangsbedingungen

$$y(0) = y_0, y'(0) = y_1, \ldots, y^{(n-1)}(0) = y_{n-1}. \tag{7.26}$$

Wir setzen

$$Y(s) := \mathcal{L}[y](s) \tag{7.27}$$

und wenden die Laplace–Transformation auf beide Seiten der Differentialgleichung an. Unter Einbeziehung der Anfangswerte entsteht eine algebraische Gleichung in Y, die wir nach Y auflösen.
Durch eine Rücktransformation wird daraus die Lösung y der Anfangswertaufgabe bestimmt.

Wir schreiben den Ablauf etwas kürzer und einprägsamer im Kasten auf Seite 274 auf.

Das schreit geradezu nach ein paar Übungsbeispielen.

Beispiel 7.34 *Lösen Sie die folgende Anfangswertaufgabe mit Hilfe der Laplace–Transformation.*

$$y'' - 3y' + 2y = 4e^{2t}, \quad y(0) = -3, \ y'(0) = 5.$$

Also, fangen wir mal an. Auf beide Seiten der Differentialgleichung wenden wir die Laplace–Transformation an:

$$\mathcal{L}[y''] - 3\mathcal{L}[y'] + 2\mathcal{L}[y] = 4\mathcal{L}[e^{2t}].$$

Der Differentiationssatz liefert mit $Y(s) := \mathcal{L}[y(t)](s)$

$$[s^2 Y - sy(0) - y'(0)] - 3[sY - y(0)] + 2Y = \frac{4}{s-2}.$$

> **Laplace–Transformation und Anfangswertaufgaben**
>
> $$\begin{array}{rl}
> \text{AWA} & = \text{DGL} + \text{AB} \\
> & \Downarrow \qquad\qquad \text{Laplace–Transformation } Y := \mathcal{L}[y] \\
> \text{algebraische Gleichung} & \\
> & \Downarrow \qquad\qquad \text{Auflösen nach } Y \\
> Y \text{ Lösung der algebr. Gleichung} & \\
> & \Downarrow \qquad\qquad \text{Rücktransformation } y = \mathcal{L}^{-1}[Y] \\
> y \text{ Lösung der AWA} &
> \end{array}$$

Jetzt bauen wir die Anfangsbedingungen ein:

$$[s^2 Y + 3s - 5] - 3[sY + 3] + 2Y = \frac{4}{s-2}.$$

Zur Auflösung nach Y sortieren wir die Terme etwas um:

$$[s^2 - 3s + 2]Y + 3s - 14 = \frac{4}{s-2}.$$

Jetzt liefert die Auflösung

$$Y(s) = \frac{4}{(s^2 - 3s + 2)(s-2)} + \frac{14 - 3s}{s^2 - 3s + 2}.$$

Nun erinnern wir uns, gerade diesen Term (welch ein Zufall!) im Beispiel 7.28 auf Seite 269 behandelt zu haben. Das war ein Glück. Wir können so ganz schnell den Term vereinfachen zu

$$Y(s) = \frac{-7}{s-1} + \frac{4}{s-2} + \frac{4}{(s-2)^2}$$

und auch die dort gewonnene Rücktransformation hier einsetzen, um die Lösung zu erhalten:

$$y(t) = -7e^t + 4e^{2t} + 4te^{2t}.$$

7.7 Einige Laplace–Transformierte

Die folgende Tabelle läßt sich in zweifacher Hinsicht verwerten. Einmal findet man zu den angegebenen Funktionen ihre Laplace–Transformierte. Zum anderen kann die Tabelle aber auch bei der Rücktransformation behilflich sein, wenn man denn Glück hat und seine Funktion auf der rechten Seite der Tabelle findet.

$$\mathcal{L}[f](s) = \int_0^\infty e^{-st} \cdot f(t)\, dt$$

Tabelle von Funktionen und ihren Laplace–Transformierten			
$f(t)$	$F(s) := \mathcal{L}[f(t)](s)$	$f(t)$	$F(s) := \mathcal{L}[f(t)](s)$
1	$\dfrac{1}{s}$	t	$\dfrac{1}{s^2}$
t^n	$\dfrac{n!}{s^{n+1}}$	t^a	$\dfrac{\Gamma(a+1)}{s^{a+1}}$
$\sqrt{t}$	$\dfrac{\sqrt{\pi}}{2s\sqrt{s}}$	$\dfrac{1}{\sqrt{t}}$	$\dfrac{\sqrt{\pi}}{\sqrt{s}}$
e^{at}	$\dfrac{1}{s-a}$	$e^{-t/a}$	$\dfrac{a}{as+1}$
$t \cdot e^{-t/a}$	$\dfrac{2a^3}{(as+1)^3}$	$\dfrac{e^{-at}}{\sqrt{t}}$	$\dfrac{\sqrt{\pi}}{\sqrt{s+a}}$
$t^n \cdot e^{at}$	$\dfrac{n!}{(s-a)^{n+1}}$	$t^b \cdot e^{at}$	$\dfrac{\Gamma(b+1)}{(s-a)^{b+1}}$
$\sin at$	$\dfrac{a}{s^2+a^2}$	$\cos at$	$\dfrac{s}{s^2+a^2}$
$\sin^2 at$	$\dfrac{2a^2}{s(s^2+4a^2)}$	$\cos^2 at$	$\dfrac{s^2+2a^2}{s(s^2+4a^2)}$
$e^{bt} \cdot \sin at$	$\dfrac{a}{(s-b)^2+a^2}$	$e^{bt} \cos at$	$\dfrac{s-b}{(s-b)^2+a^2}$
$\sinh at$	$\dfrac{a}{s^2-a^2}$	$\cosh at$	$\dfrac{s}{s^2-a^2}$
$e^{bt} \cdot \sinh at$	$\dfrac{a}{(s-b)^2-a^2}$	$e^{bt} \cosh at$	$\dfrac{s-b}{(s-b)^2-a^2}$
$e^{bt} - e^{at}$	$\dfrac{b-a}{(s-a)(s-b)}$	$be^{bt} - ae^{at}$	$\dfrac{(b-a)s}{(s-a)(s-b)}$

$f(t)$	$F(s) := \mathcal{L}\big[f(t)\big](s)$	$f(t)$	$F(s) := \mathcal{L}\big[f(t)\big](s)$
$\sin at + at\cos at$	$\dfrac{2as^2}{(s^2+a^2)^2}$	$\sin at - at\cos at$	$\dfrac{2a^3}{(s^2+a^2)^2}$
$t\cdot\sin at$	$\dfrac{2as}{(s^2+a^2)^2}$	$t\cdot\cos at$	$\dfrac{s^2-a^2}{(s^2+a^2)^2}$
$t^2\cdot\sin at$	$\dfrac{2a(3s^2-a^2)}{(s^2+a^2)^3}$	$t^2\cdot\cos at$	$\dfrac{2(s^3-3a^2s)}{(s^2-a^2)^3}$
$t^3\cdot\sin at$	$\dfrac{24a(s^3-a^2s)}{(s^2+a^4)^4}$	$t^3\cdot\cos at$	$\dfrac{6(s^4-6a^2s^2+a^4)}{(s^2+a^2)^4}$
$t\cdot\sinh at$	$\dfrac{2as}{(s^2-a^2)^2}$	$t\cdot\cosh at$	$\dfrac{s^2+a^2}{(s^2-a^2)^2}$
$t^2\sinh at$	$\dfrac{2a(3s^2+a^2)}{(s^2-a^2)^3}$	$t^2\cdot\cosh at$	$\dfrac{2(s^3+3a^2s)}{(s^2-a^2)^3}$
$t^3\cdot\sinh at$	$\dfrac{24a(s^3+a^2s)}{(s^2-a^2)^4}$	$t^3\cdot\cosh at$	$\dfrac{6(s^4+6a^2s^2+a^4)}{(s^2-a^2)^4}$
$\sin at\cdot\sinh at$	$\dfrac{2a^2s}{s^4+4a^4}$	$\cos at\cdot\cosh at$	$\dfrac{s^3}{s^4+4a^4}$
$\sin at+\sinh at$	$\dfrac{2as^2}{s^4-a^4}$	$\sin at-\sinh at$	$-\dfrac{2a^3}{s^4-a^4}$
$\cos at+\cosh at$	$\dfrac{2s^3}{s^4-a^4}$	$\cos at-\cosh at$	$-\dfrac{2a^2s}{s^4-a^4}$
$\sinh at+at\cosh at$	$\dfrac{2as^2}{(s^2-a^2)^2}$	$\sinh at-at\cosh at$	$-\dfrac{2a^3}{(s^2-a^2)^2}$
$(1+at)e^{at}$	$\dfrac{s}{(s-a)^2}$	$1+4ate^{at}$	$\dfrac{(s+a)^2}{s(s-a)^2}$
$1+2\sin at$	$\dfrac{(s+a)^2}{s(s^2+a^2)}$	$1-\cos at$	$\dfrac{a^2}{s(s^2+a^2)}$
$\dfrac{1-e^{at}}{t}$	$\ln\dfrac{s-a}{s}$	$\dfrac{e^{bt}-e^{at}}{t}$	$\ln\dfrac{s-a}{s-b}$
$\dfrac{\sin at}{t}$	$\arctan\dfrac{a}{s}$	$\dfrac{2}{t}(1-\cos at)$	$\ln\dfrac{s^2+a^2}{s^2}$

7.7 Einige Laplace–Transformierte

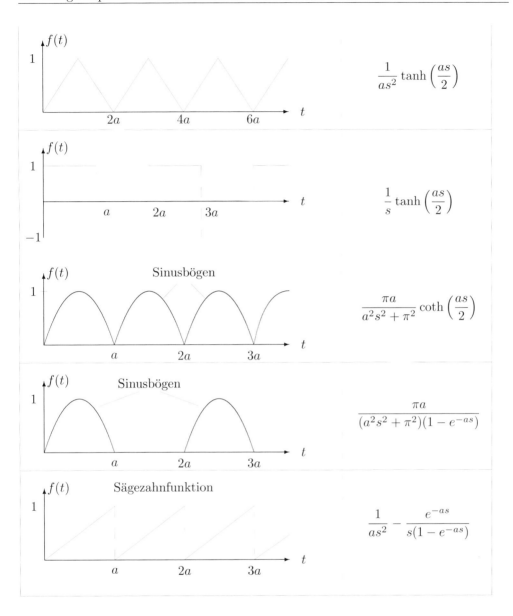

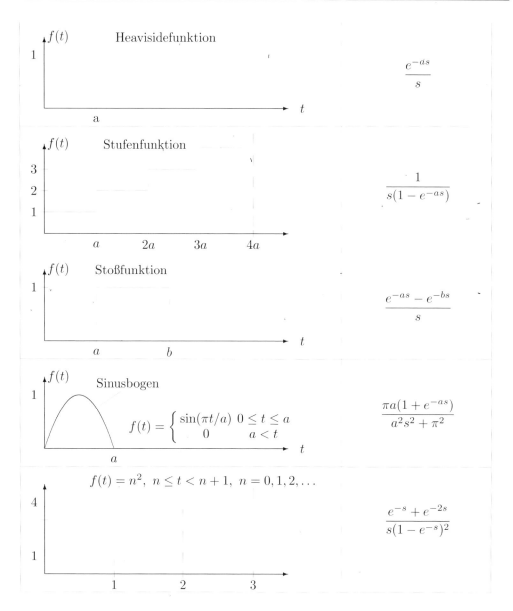

8 Fourierreihen

Häufig treten in der Natur Vorgänge auf, die sich durch periodische Funktionen beschreiben lassen. Denken wir an die Schwingungen von Tönen oder den elektrischen Strom. Für solche Funktionen hatte Fourier[1] eine geradezu sensationelle Idee, die von seinen Kollegen damals stark angezweifelt wurde. Es klang ja auch ziemlich verrückt. Er meinte zeigen zu können, daß man jede periodische Funktion in eine unendliche Reihe mit reinen Sinus– und Kosinustermen schreiben könnte. Wenn wir heute an die musikalische Tonerzeugung denken, so sind bereits den Kindern die Begriffe Grundton und Obertöne bekannt. Schon in der Schule lernt man im Physikunterricht, daß dabei der Grundton eine reine Sinusschwingung ist und die Obertöne die weiteren Schwingungen mit halber und Viertelperiode usw. sind. Daß jeder beliebige Ton sich damit als unendliche Reihe von Sinusschwingungen darstellen läßt, mag man somit hinnehmen, aber daß dies für beliebige periodische Funktionen im Verein mit Kosinusschwingungen auch noch richtig bleibt, war und ist verwunderlich. Ist doch auch z. B. eine Funktion wie die unten abgebildete periodisch:

Abb. 8.1: Periodische Funktion. Läßt sie sich als unendliche Reihe von Sinus– und Kosinus–Gliedern schreiben?

Die ist ja nicht einmal stetig. Nun, so ganz allgemein geht es ja auch nicht, aber die Einschränkungen an die Funktionen sind nicht sehr gewaltig. Wir werden das in späteren Sätzen genauer ausführen.

8.1 Erklärung der Fourierreihe

Definition 8.1 *Eine Funktion $f : \mathbb{R} \to \mathbb{R}$ heißt periodisch mit der Periode $2L$, wenn für alle $x \in \mathbb{R}$ gilt:*

$$f(x + 2L) = f(x). \tag{8.1}$$

---
[1] Jean Baptiste Joseph Fourier 1768 – 1830

Man sollte erwähnen, daß jedes ganzzahlige Vielfache von $2L$ auch Periode von f ist. Daher werden wir künftig unter *der Periode* stets die kleinste positive Periode verstehen.

Als Beispiel einer periodischen Funktion fällt wohl jedem Leser sofort die Funktion $\sin x$ ein. Diese hat die Periode 2π, und viele Verfahren und viele Aussagen beziehen sich auf Funktionen mit der Periode 2π. Dies kann uns aber nicht weiter nervös machen; hat nämlich f die Periode $2L$, so hat

$$g(x) := f\left(\frac{2Lx}{2\pi}\right) \tag{8.2}$$

die Periode 2π. Denn es ist

$$g(x + 2\pi) = f\left(\frac{2L(x+2\pi)}{2\pi}\right) = f\left(\frac{2Lx}{2\pi} + 2L\right) = f\left(\frac{2Lx}{2\pi}\right) = g(x).$$

Diese Transformation ist immer ausführbar. Daher könnte man sich ohne jede Einschränkung auf die Periode 2π zurückziehen und alle Aussagen nur dafür herleiten. Wir wollen diesen Weg hier nicht beschreiten, sondern schon die allgemeineren Formeln angeben.

Wir kommen damit zur Definition der Fourierreihe:

Definition 8.2 *Eine Reihe der Form*

$$\frac{a_0}{2} + \sum_{n=1}^{\infty}\left(a_n \cos\frac{n\pi x}{L} + b_n \sin\frac{n\pi x}{L}\right) \tag{8.3}$$

heißt reelle Fourierreihe oder trigonometrische Reihe.
Eine Reihe der Form

$$\sum_{n=-\infty}^{\infty} \left(c_n e^{\frac{in\pi x}{L}}\right) \tag{8.4}$$

heißt komplexe Fourierreihe. Sie heißt konvergent, wenn sowohl $\sum_{n=0}^{\infty} c_n e^{\frac{in\pi x}{L}}$ *als auch* $\sum_{n=-1}^{-\infty} c_n e^{\frac{in\pi x}{L}}$ *konvergieren.*

Wir sollten die etwas ungewöhnliche Schreibweise beim Summenzeichen der komplexen Reihe kurz kommentieren. Gemeint ist eine Reihe, die man auch so schreiben könnte:

$$\ldots c_{-3} e^{\frac{i(-3)\pi x}{L}} + c_{-2} e^{\frac{i(-2)\pi x}{L}} + c_{-1} e^{\frac{i(-1)\pi x}{L}} + c_0 + c_1 e^{\frac{i\pi x}{L}} + c_2 e^{\frac{i2\pi x}{L}} + c_3 e^{\frac{i3\pi x}{L}} + \ldots$$

Das ist jetzt zwar verständlicher, aber mit den Pünktchen ist das einfach nicht elegant geschrieben.

8.2 Berechnung der Fourierkoeffizienten

Lemma 8.3 (Orthogonalitätsrelation) *Für die Funktionen* $\cos\dfrac{n\pi x}{L}$ *und* $\sin\dfrac{n\pi x}{L}$ *gelten die folgenden sog. Orthogonalitätsrelationen:*

Für $m, n = 0, 1, 2, \ldots$ *ist*

$$\int_{-L}^{L} \cos\frac{n\pi x}{L} \cdot \cos\frac{m\pi x}{L}\, dx = \begin{cases} 0 & \text{für } n \neq m \\ L & \text{für } n = m > 0 \\ 2L & \text{für } n = m = 0 \end{cases} \qquad (8.5)$$

$$\int_{-L}^{L} \cos\frac{n\pi x}{L} \cdot \sin\frac{m\pi x}{L}\, dx = 0 \quad \text{für bel. } n, m = 0, 1, 2, \ldots \qquad (8.6)$$

$$\int_{-L}^{L} \sin\frac{n\pi x}{L} \cdot \sin\frac{m\pi x}{L}\, dx = \begin{cases} 0 & \text{für } n \neq m \\ L & \text{für } n = m > 0 \\ 0 & \text{für } n = m = 0 \end{cases} \qquad (8.7)$$

In $\mathbb{C}$ *lauten die Orthogonalitätsrelationen für* $n, m = 0, \pm 1, \pm 2, \ldots$

$$\int_{-L}^{L} e^{\frac{i(n-m)\pi x}{L}}\, dx = \begin{cases} 0 & \text{für } n \neq m \\ 2L & \text{für } n = m \end{cases}. \qquad (8.8)$$

Bew.: Mit Hilfe der bekannten Additionstheoreme

$$\sin(\alpha - \beta) = \sin\alpha\cos\beta - \cos\alpha\sin\beta \qquad \cos(\alpha - \beta) = \cos\alpha\cos\beta + \sin\alpha\sin\beta$$
$$\sin(\alpha + \beta) = \sin\alpha\cos\beta + \cos\alpha\sin\beta \qquad \cos(\alpha + \beta) = \cos\alpha\cos\beta - \sin\alpha\sin\beta$$

und elementarer Integration folgt das für die reelle Darstellung unmittelbar:

$$\int_{-L}^{L} \cos\frac{n\pi x}{L} \cdot \cos\frac{m\pi x}{L}\, dx = \frac{1}{2}\int_{-L}^{L}\left[\cos(n-m)\frac{\pi x}{L} + \cos(n+m)\frac{\pi x}{L}\right] dx$$
$$= \begin{cases} 0 & \text{für } n \neq m \\ L & \text{für } n = m > 0 \\ 2L & \text{für } n = m = 0 \end{cases}.$$

Mit denselben Theoremen folgt auch:

$$\int_{-L}^{L} \cos\frac{n\pi x}{L} \cdot \sin\frac{m\pi x}{L}\, dx = \frac{1}{2}\int_{-L}^{L}\left[\sin(n-m)\frac{\pi x}{L} + \sin(n+m)\frac{\pi x}{L}\right] dx = 0,$$

denn schließlich ist die Sinus–Funktion ja eine ungerade Funktion, und wir integrieren von $-L$ bis L.

Ganz analog folgt dann auch

$$\int_{-L}^{L} \sin\frac{n\pi x}{L} \cdot \sin\frac{m\pi x}{L}\, dx = \frac{1}{2}\int_{-L}^{L}\left[\cos(n-m)\frac{\pi x}{L} - \cos(n+m)\frac{\pi x}{L}\right] dx$$
$$= \begin{cases} 0 & \text{für } n \neq m \\ L & \text{für } n = m > 0 \\ 0 & \text{für } n = m = 0 \end{cases}.$$

Die komplexe Orthogonalitätsrelation ergibt sich, indem man den Integranden in Real- und Imaginärteil zerlegt und die reelle Relation anwendet. □

Diese Orthogonalität erlaubt uns nun eine konkrete Formel zur Berechnung der Koeffizienten anzugeben:

Satz 8.4 *Falls die Reihe*

$$\frac{a_0}{2} + \sum_{n=1}^{\infty} \left[a_n \cos \frac{n\pi x}{L} + b_n \sin \frac{n\pi x}{L} \right]$$

in $[-L, L]$ gleichmäßig konvergiert und die Funktion $T(x)$ definiert wird als die Grenzfunktion

$$T(x) := \frac{a_0}{2} + \sum_{n=1}^{\infty} \left[a_n \cos \frac{n\pi x}{L} + b_n \sin \frac{n\pi x}{L} \right], \tag{8.9}$$

so gilt für $n = 0, 1, 2, \ldots$

$$a_n = \frac{1}{L} \int_{-L}^{L} T(x) \cdot \cos \frac{n\pi x}{L} \, dx, \qquad b_n = \frac{1}{L} \int_{-L}^{L} T(x) \cdot \sin \frac{n\pi x}{L} \, dx. \tag{8.10}$$

Falls die komplexe Fourierreihe

$$\sum_{n=-\infty}^{\infty} c_n e^{-\frac{in\pi x}{L}}$$

in $[-L, L]$ gleichmäßig konvergiert und die Funktion $T(x)$ definiert wird als die Grenzfunktion

$$T(x) = \sum_{n=-\infty}^{\infty} c_n e^{-\frac{in\pi x}{L}}, \tag{8.11}$$

so gilt für $n = 0, \pm 1, \pm 2, \pm 3, \ldots$

$$c_n = \frac{1}{2L} \int_{-L}^{L} T(x) \cdot e^{-\frac{in\pi x}{L}} dx. \tag{8.12}$$

Bew.: Nach Voraussetzung konvergiert die Reihe für T gleichmäßig, das ist das kleine Fachwort, mit dem wir uns nicht mehr um die unendlich vielen Summanden scheren müssen, sondern gliedweise integrieren können. Das tun wir dann auch hemmungslos, multiplizieren jetzt $T(x)$ mit $\cos n\pi x/L$ und integrieren jeden Term einzeln:

$$\int_{-L}^{L} T(x) \cdot \cos \frac{n\pi x}{L} dx = \frac{a_0}{2} \int_{-L}^{L} \cos \frac{n\pi x}{L} dx + \sum_{m=1}^{\infty} \left[a_m \int_{-L}^{L} \cos \frac{m\pi x}{L} \cos \frac{n\pi x}{L} dx \right.$$

$$\left. + b_m \int_{-L}^{L} \sin \frac{m\pi x}{L} \cos \frac{n\pi x}{L} dx \right] = L \cdot a_n,$$

denn der erste Summand ist Null, weil ja der Kosinus über ein vollständiges Periodenintervall integriert wird. Wegen der Orthogonalität verschwindet der dritte Summand, und der zweite bringt nur einen Beitrag für $n = m$, und da ist das beteiligte Integral gleich L, woraus schon alles folgt.

Analog berechnet man

$$\int_{-L}^{L} T(x) \sin \frac{n\pi x}{L} \, dx = L \cdot b_n.$$

Die komplexen Koeffizienten ergeben sich aus der entsprechenden komplexen Orthogonalitätsrelation wiederum durch gliedweises Integrieren. □

Damit liegt folgende Benennung nahe.

Definition 8.5 *Die Funktion $f : \mathbb{R} \to \mathbb{R}$ habe die Periode $2L$ und sei über $[-L, L]$ integrierbar. Dann heißen die Zahlen*

$$a_n := \frac{1}{L} \int_{-L}^{L} f(x) \cos \frac{n\pi x}{L} \, dx \quad und \quad b_n := \frac{1}{L} \int_{-L}^{L} f(x) \sin \frac{n\pi x}{L} \, dx \tag{8.13}$$
$$n = 0, 1, 2, \ldots \qquad\qquad\qquad n = 1, 2, 3, \ldots$$

die Fourier–Koeffizienten von f, die Reihe

$$\frac{a_0}{2} + \sum_{n=1}^{\infty} \left(a_n \cos \frac{n\pi x}{L} + b_n \sin \frac{n\pi x}{L} \right) \tag{8.14}$$

mit diesen Koeffizienten heißt die zu f gehörige Fourier–Reihe.

Analog heißen die Zahlen

$$c_n = \frac{1}{2L} \int_{-L}^{L} f(x) e^{-\frac{in\pi x}{L}} \, dx, \qquad n = 0, \pm 1, \pm 2, \ldots \tag{8.15}$$

komplexe Fourier–Koeffizienten von f, die Reihe

$$\sum_{n=-\infty}^{\infty} c_n e^{\frac{in\pi x}{L}} \tag{8.16}$$

heißt die zu f gehörige komplexe Fourier–Reihe.

8.3 Reelle F–Reihe $\iff$ komplexe F–Reihe

Nun haben wir dauernd sowohl reell als auch komplex gedacht, dabei ist es recht leicht, die Darstellungen ineinander zu überführen. Das wesentliche Hilfsmittel dabei ist die sog. Euler–Relation:

$$e^{iy} = \cos y + i \sin y, \qquad e^{-iy} = \cos y - i \sin y. \tag{8.17}$$

Damit erhalten wir

$$\cos\frac{n\pi x}{L} = \frac{1}{2}\left[e^{\frac{in\pi x}{L}} + e^{\frac{-in\pi x}{L}}\right],$$

$$\sin\frac{n\pi x}{L} = \frac{1}{2i}\left[e^{\frac{in\pi x}{L}} - e^{\frac{-in\pi x}{L}}\right],$$

und mit $\frac{1}{i} = -i$ folgt

$$\frac{a_0}{2} + \sum_{n=1}^{\infty}\left(a_n\cos\frac{n\pi x}{L} + b_n\sin\frac{n\pi x}{L}\right)$$

$$= \frac{a_0}{2} + \sum_{n=1}^{\infty}\left\{\frac{a_n}{2}\left[e^{\frac{in\pi x}{L}} + e^{\frac{-in\pi x}{L}}\right] - \frac{ib_n}{2}\left[e^{\frac{in\pi x}{L}} - e^{\frac{-in\pi x}{L}}\right]\right\}$$

$$= \underbrace{\frac{a_0}{2}}_{=:c_0} + \sum_{n=1}^{\infty}\left\{\underbrace{\frac{a_n - ib_n}{2}}_{=:c_n} e^{\frac{in\pi x}{L}} + \underbrace{\frac{a_n + ib_n}{2}}_{=:c_{-n}} e^{\frac{-in\pi x}{L}}\right\}$$

Wir fassen das im folgenden Satz zusammen.

Satz 8.6 (Umrechnung reelle $\Rightarrow$ komplexe Koeffizienten) *Die Koeffizienten einer reellen Fourier–Reihe lassen sich nach den Formeln*

$$c_0 = \frac{a_0}{2}$$

$$c_n = \frac{a_n - ib_n}{2} \qquad n = 1, 2, 3, \ldots$$

$$c_{-n} = \frac{a_n + ib_n}{2} \qquad n = 1, 2, 3, \ldots$$

in die Koeffizienten der zugehörigen komplexen Fourier–Reihe umrechnen.

Der clevere Leser sieht natürlich sofort, daß die Koeffizienten c_{-n} gerade die konjugiert komplexen Zahlen der c_n sind. Aus dieser Erkenntnis lassen sich unmittelbar umgekehrt aus den komplexen Koeffizienten die reellen berechnen. Wir fassen die Formeln im folgenden Satz zusammen.

Satz 8.7 (Umrechnung komplexe $\Longrightarrow$ reelle Koeffizienten) *Die Koeffizienten einer komplexen Fourier–Reihe lassen sich nach den Formeln*

$$a_0 = 2c_0$$
$$a_n = 2\Re e(c_n) \qquad n = 1, 2, 3, \ldots$$
$$b_n = -2\Im m(c_n) \qquad n = 1, 2, 3, \ldots$$

in die Koeffizienten der zugehörigen reellen Fourier–Reihe umrechnen.

Wie es sich gehört, werden die Koeffizienten c_{-n} mit negativem Index bei dieser Umrechnung nicht benötigt, es sind ja auch nur die konjugiert komplexen der c_n.

8.4 Einige Sätze über Fourier–Reihen

Wir stellen hier nur einige Tatsachen über Fourier–Reihen zusammen, ohne sie zu beweisen. Die Beweise sind teilweise ganz schön heftig; es ist außerdem möglich, die Voraussetzungen weiter abzuschwächen, aber für all dies müssen wir auf die Spezialliteratur verweisen.

Satz 8.8 (Darstellungssatz von Dini) *Ist die Funktion f stückweise stetig und ist ihre Ableitung ebenfalls stückweise stetig und existieren links- und rechtsseitige Funktionsgrenzwerte von f und f' an den Unstetigkeitsstellen, so ist die Fourier–Reihe $T(x)$ von f konvergent.*
An jeder Stetigkeitsstelle x_0 gilt

$$T(x_0) = f(x_0), \tag{8.18}$$

an jeder Sprungstelle x_i gilt

$$T(x_i) = \frac{1}{2} \lim_{h \to 0_+} [f(x_i + h) + f(x_i - h)]. \tag{8.19}$$

Die Fourierreihe einer stetigen Funktion strebt also überall gegen diese Funktion. Für eine unstetige Funktion sagt uns die Formel (8.19), daß dort von der Reihe der Mittelwert aus links- und rechtsseitigem Funktionswert angenommen. Wir zeigen auf Seite 289 am Beispiel einer stückweise konstanten Funktion das Verhalten der ersten Partialsummen der Reihe. Dort sieht man auch sehr schön, daß an der Sprungstelle von allen Partialsummen der Mittelwert angenommen wird.

Satz 8.9 (Riemann–Lemma) *Ist die Funktion f stückweise stetig und ist ihre Ableitung ebenfalls stückweise stetig, so gilt für ihre Fourierkoeffizienten*

$$\lim_{n \to \infty} a_n = 0, \qquad \lim_{n \to \infty} b_n = 0 \tag{8.20}$$

Satz 8.10 (Parseval–Gleichung) *Ist die Funktion f stückweise stetig und ist ihre Ableitung ebenfalls stückweise stetig, so gilt für ihre Fourierkoeffizienten die Parsevalsche Gleichung:*

$$\frac{a_0^2}{2} + \sum_{n=1}^{\infty} \left(a_n^2 + b_n^2 \right) = \frac{1}{L} \int_{-L}^{L} (f(x))^2 \, dx \tag{8.21}$$

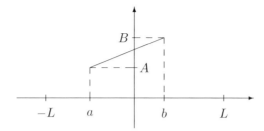

Abb. 8.2: Für diese Funktion wollen wir die komplexe Fourierreihe mit der herkömmlichen Methode berechnen und das Ergebnis mit dem Sprungstellenverfahren vergleichen.

8.5 Sprungstellenverfahren

Für periodische Funktionen, die stückweise linear sind, und nur für diese lassen sich die komplexen Fourierkoeffizienten durch das sog. Sprungstellenverfahren, wie es im Buch von Haase und Garbe vorgestellt wird, berechnen. Wir wollen gleich an einem einfachen Beispiel die Formeln überprüfen, doch zunächst die Aussage.

Satz 8.11 *Sei f eine stückweise lineare $2L$–periodische Funktion. Dann lassen sich ihre komplexen Fourierkoeffizienten wie folgt berechnen:*

$$c_0 = \frac{1}{2L} \int_{-L}^{L} f(x)\,dx \tag{8.22}$$

$$c_k = \frac{1}{2k\pi i} \left[\sum_{i=1}^{r} s_i e^{-\frac{ik\pi}{L}x_i} + \frac{L}{k\pi i} \sum_{i=1}^{r'} s'_i e^{-\frac{ik\pi}{L}x'_i} \right]; \tag{8.23}$$

dabei haben wir folgende Bezeichnungen benutzt:

Funktion f		Ableitung f'	
r	# Sprünge	r'	# Sprünge
x_i	Sprungstellen	x'_i	Sprungstellen
$s_i = f(x_{i+}) - f(x_{i-})$	Sprunghöhe	$s'_i = f'(x_{i+}) - f'(x_{i-})$	Sprunghöhe

Wir wollen die komplexen Fourier–Koeffizienten der unten skizzierten Funktion

$$f(x) := \begin{cases} \frac{B-A}{b-a}(x-a) + A & \text{für } -L < a < x < b < L \\ 0 & \text{sonst} \end{cases},$$

die also zwei Sprungstellen hat, berechnen und das Ergebnis mit der Aussage des Sprungstellenverfahrens vergleichen.

Wir müssen jetzt einfach etwas länger rechnen, um die Formel zu rechtfertigen. Ist jemand nur an der Anwendung interessiert, so mag er die folgenden Zeilen getrost

8.5 Sprungstellenverfahren

überspringen. Zunächst sieht man, daß c_0 in beiden Fällen gleich berechnet wird. Sei daher $n > 0$.

$$c_n = \frac{1}{2L}\int_{-L}^{L} f(x) \cdot e^{\frac{-in\pi x}{L}}\, dx = \frac{1}{2L}\int_{a}^{b}\left[\frac{B-A}{b-a}(x-a) + A\right]\cdot e^{\frac{-in\pi x}{L}}\, dx$$

$$= \frac{1}{2L}\frac{B-A}{b-a}\int_{a}^{b} e^{\frac{-in\pi x}{L}}\, dx + \frac{1}{2L}\int_{a}^{b} e^{\frac{-in\pi x}{L}}\, dx$$

Wenn wir zur Abkürzung $c := -in\pi/L$ setzen, sind hier im wesentlichen zwei Integrale zu knacken, was aber wirklich ein Kinderspiel ist:

$$\int_{a}^{b} x\cdot e^{cx}\, dx - a\int_{a}^{b} e^{cx}\, dx = \frac{1}{c}\left[be^{bc} - ae^{bc} - \frac{e^{bc}}{c} + \frac{e^{ac}}{c},\right]$$

$$\int_{a}^{b} e^{cx}\, dx = \frac{1}{c}e^{cb} - \frac{1}{c}e^{ca}.$$

Damit geht es nun munter weiter mit der Integriererei:

$$c_n = \frac{1}{2L}\frac{B-A}{b-a}\frac{-L}{in\pi}\left[be^{\frac{-in\pi}{L}b} - ae^{\frac{-in\pi}{L}b} - \frac{e^{\frac{-in\pi}{L}b}}{-in\pi/L} + \frac{e^{\frac{-in\pi}{L}a}}{-in\pi/L}\right] +$$

$$+ \frac{1}{2L}A\frac{1}{-in\pi/L}e^{\frac{in\pi}{L}b} - \frac{1}{2L}A\frac{1}{-in\pi/L}e^{\frac{-in\pi}{L}a}$$

$$= -(B-A)\frac{1}{2in\pi}e^{\frac{in\pi}{L}b} + \frac{B-A}{b-a}\frac{1}{2in\pi}\frac{e^{\frac{-in\pi}{L}b}}{-in\pi/L} - \frac{B-A}{b-a}\frac{1}{2in\pi}\frac{1}{-in\pi/L}e^{\frac{-in\pi}{L}a} +$$

$$+ \frac{1}{-2in\pi}Ae^{\frac{-in\pi}{L}b} - \frac{1}{-2in\pi}Ae^{\frac{-in\pi}{L}a}$$

$$= \frac{1}{2in\pi}\left[(-B+A)e^{\frac{-in\pi}{L}b} - \frac{B-A}{b-a}\frac{L}{in\pi}e^{\frac{-in\pi}{L}b} + \frac{B-A}{b-a}\frac{L}{in\pi}e^{\frac{-in\pi}{L}a}\right.$$

$$\left.-Ae^{\frac{-in\pi}{L}b} + Ae^{\frac{-in\pi}{L}a}\right]$$

$$= \frac{1}{2in\pi}\left[Ae^{\frac{-in\pi}{L}a} - Be^{\frac{-in\pi}{L}b} + \frac{1}{in\pi/L}\frac{B-A}{b-a}e^{\frac{-in\pi}{L}a} - \frac{1}{in\pi/L}\frac{B-A}{b-a}e^{\frac{-in\pi}{L}b}\right]$$

Diese Gleichung haben wir bewußt in die Form des Sprungstellenverfahrens gebracht. Wir müssen nur noch prüfen, ob das mit den Sprüngen so hinkommt. Dazu schauen wir auf die Skizze oben zurück. Die beiden Stellen, wo Sprünge auftreten, sind bei $t_1 = a$ und $t_2 = b$. Bei a macht die Funktion offensichtlich den Sprung der Höhe A, wieso aber bei b einen Sprung der Höhe $-B$? Die Definition 'Sprung' für dieses Verfahren muß genau beachtet werden. Es ist die Differenz der Funktionswerte, wenn man von rechts und von links sich der Stelle nähert, genau in dieser Reihenfolge. Bei b ist der Grenzwert von rechts her 0, von links her B, die Differenz ist also $0 - B = -B$. Unter diesem Gesichtspunkt bleibt der Sprung bei a natürlich von der Höhe A.

Vielleicht macht folgendes Beispiel das Verfahren noch klarer.

Beispiel 8.12

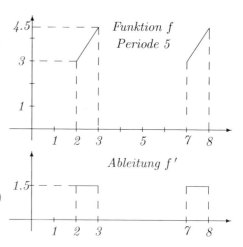

Sei f die rechts skizzierte periodische Funktion mit der Periode $2L = 5$.
Sprünge von f:

$$\begin{aligned}
x_1 &= 2 & x_2 &= 3 \\
s_1 &= f(2_+) - f(2_-) & s_2 &= f(3_+) - f(3_-) \\
&= 3 - 0 = 3 & &= 0 - 4.5 = -4.5
\end{aligned}$$

Sprünge von f':

$$\begin{aligned}
x'_1 &= 2 & x'_2 &= 3 \\
s'_1 &= f'(2_+) - f'(2_-) & s'_2 &= f'(3_+) - f'(3_-) \\
&= 1.5 - 0 = 3/2 & &= 0 - 1.5 = -3/2
\end{aligned}$$

Den Fourierkoeffizienten c_0 müssen wir so oder so direkt ausrechnen. Dazu berechnen wir einfach die Fläche des von f gebildeten Trapezes.

$$c_0 = \frac{1}{5}\int_0^5 f(x)\,dx = \frac{1}{5}\int_2^3 f(x)\,dx = 3.75$$

Die weiteren Fourierkoeffizienten entnehmen wir jetzt der Formel (8.23) im Sprungstellenverfahren. Es ist

$$c_n = \frac{1}{2n\pi i}\left[3e^{\frac{-in\pi}{5}\cdot 4} + (-4.5)e^{\frac{-in\pi}{5}\cdot 6} + \frac{1}{n\pi i}\frac{5}{2}\frac{3}{2}e^{\frac{-in\pi}{5/2}\cdot 3} - \frac{1}{n\pi i}\frac{5}{2}\frac{3}{2}e^{\frac{-in\pi}{5/2}\cdot 3}\right]$$

Mit diesen läßt sich nun die gesamte Reihe hinschreiben, aber die wird zu lang, darum lassen wir es so bewenden.

8.6 Zum Gibbsschen Phänomen

Der oben angeführte Satz von Dini gibt uns eine leichte Antwort, wie sich denn die Fourierreihe verhält, wenn man mehr und mehr Terme hinzunimmt. Nun, sie nähert sich all den Punkten, wo die vorgegebene Funktion f stetig ist. Und an den Sprungstellen, von denen es ja nach Voraussetzung (stückweise stetig) nur endlich viele in einem Periodenintervall geben kann, nimmt die Fourierreihe den Mittelwert aus links- und rechtsseitigem Funktionswert an. Als Ergänzung zu diesem Satz hat sich der amerikanische Physiker J. W. Gibbs[2] das Verhalten von Fourierreihen in der Umgebung von Sprungstellen angesehen und eine bemerkenswerte Entdeckung gemacht.

Lassen Sie uns an einem ausführlichen Beispiel seine Entdeckung nachvollziehen.

---
[2] Josiah William Gibbs, 1839 – 1903

8.6 Zum Gibbsschen Phänomen

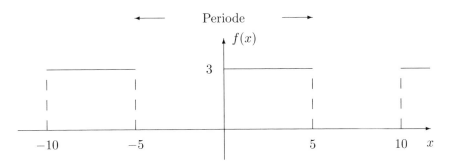

Abb. 8.3: Der Graph der in Beispiel 8.13 gegebenen Funktion

Beispiel 8.13 *Wir betrachten folgende 10-periodische Funktion f:*

$$f(x) = \begin{cases} 3 & \text{für } 0 < x < 5 \\ 0 & \text{für } 5 < x < 10 \end{cases} \qquad f(x+10) = f(x),$$

und berechnen ihre Fourierreihe.

Zunächst stellen wir die gegebene Funktion bildlich dar.

Die Funktion ist zwar periodisch, aber nicht mehr stetig, sie macht bei 0, 5 und allen positiven und negativen Vielfachen von 5 einen Sprung der Höhe 3 bzw. -3. Nach dem Satz von Dini (vgl. S.285) konvergiert die zugehörige Fourierreihe außer bei den Vielfachen von 5 sonst überall gegen die Funktion. In den Sprungstellen konvergiert sie stets gegen den Wert $3/2$. Was aber geschieht in der Umgebung einer Sprungstelle. Die Konvergenz kann und wird nicht gleichmäßig verlaufen. Dies war der Ansatzpunkt für Herrn Gibbs, er untersuchte die Art der Konvergenz einer Fourierreihe in der Umgebung einer Sprungstelle und entdeckte etwas sehr Merkwürdiges.

Die Fourier–Koeffizienten für diese stückweise konstante und periodische Funktion mit der Periode $L = 10$ lassen sich recht leicht berechnen.

Um nicht zu den Nulldividierern zu gehören, rechnen wir a_0 getrennt aus:

$$a_0 = \frac{1}{5} \int_{-5}^{5} f(x)\, dx = \frac{3}{5} \int_{0}^{5} dx = 3.$$

Für $n > 0$ rechnen wir sodann:

$$a_n = \frac{1}{5} \int_{-5}^{5} f(x) \cdot \cos \frac{n\pi x}{L} = \frac{3}{5} \int_{0}^{5} \cos \frac{n\pi x}{5}\, dx = \frac{3}{5} \left(\frac{5}{n\pi} \sin \frac{n\pi x}{5} \right) \Big|_0^5$$
$$= 0$$

Das war zu erwarten. Zwar ist die Funktion selbst nicht ungerade, aber wenn man sie um $3/2$ nach unten verschiebt, wird sie ungerade. Dieser subtraktive Term wird aber durch den Koeffizienten a_0 – er geht ja mit dem Faktor $1/2$ in die Fourierreihe ein –

aufgefangen. Also müssen alle Kosinus–Terme bis auf den konstanten Anteil verschwinden.

$$b_n = \frac{1}{5}\int_{-5}^{5} f(x) \cdot \sin\frac{n\pi x}{L} = \frac{3}{5}\int_{0}^{5} \sin\frac{n\pi x}{5}\,dx = \frac{3}{5}\left(-\frac{5}{n\pi}\cos\frac{n\pi x}{5}\right)\Big|_{0}^{5}$$
$$= \frac{3(1-\cos n\pi)}{n\pi}$$

So können wir nun die gesamte Fourierreihe für obige Funktion angeben:

$$f(x) \sim \frac{3}{2} + \sum_{n=1}^{\infty} \frac{3(1-\cos n\pi)}{n\pi}\sin\frac{n\pi x}{5}$$
$$= \frac{3}{2} + \frac{6}{\pi}\left(\sin\frac{\pi x}{5} + \frac{1}{3}\sin\frac{3\pi x}{5} + \frac{1}{5}\sin\frac{5\pi x}{5} + \cdots\right) \qquad (8.24)$$

Jetzt muß unser kleiner Knecht, Mister Computer wieder mal ran. Mit ihm ist es ein Leichtes, die ersten Partialsummen zu plotten. Wir zeigen das in der Abbildung 8.4, S. 291.

Zunächst fällt auf, wie schlecht die Approximation insgesamt ausfällt. Selbst die 11. Partialsumme schafft noch keine befriedigende Annäherung an die Abbruchkante der Funktion bei $x = 5$. Andererseits aber sieht man sehr schön, daß die Partialsummen zu den Abbruchkanten hin etwas höher hinauf bzw. unten etwas tiefer herunter schwingen. Das beginnt schon bei $n = 5$, und man erkennt, daß bei $n = 11$ die Höhe dieses Überschwingens die gleiche Größe hat wie bei $n = 5$.

Dies war die allgemeine Erkenntnis von Herrn Gibbs: Die Fourierreihe nähert sich nicht gleichmäßig der vorgegebenen Funktion, auch wenn man an den Sprungstellen eine geradlinige Verbindung hinzufügt. Sondern es treten an den Enden sogenannte „Überschwinger" auf. Man muß an der Sprungstelle den Graphen der Funktion nach oben und unten um ein kleines Stück verlängern. Diesem veränderten Graphen nähert sich die Fourierreihe. Eine genauere Analyse sagt auch etwas über die Größe dieser beiden Teilstücke, dieser Überschwinger. Bezeichnen wir die Sprunghöhe mit h, so gilt:

Die Höhe des Überschwingens beträgt

$$\frac{2 \cdot h \cdot 0.281}{\pi} = 0.18 \cdot h.$$

Das sind also ungefähr 18 % der Sprunghöhe.

Dies war es, was Herr Gibbs entdeckte und was wir heute Gibbssches Phänomen nennen.

8.7 Schnelle Fourieranalyse (FFT)

Hier herrscht eine gewisse Begriffsverwirrung. Daher wollen wir die Aufgabe der FFT zunächst sauber definieren:

8.7 Schnelle Fourieranalyse (FFT)

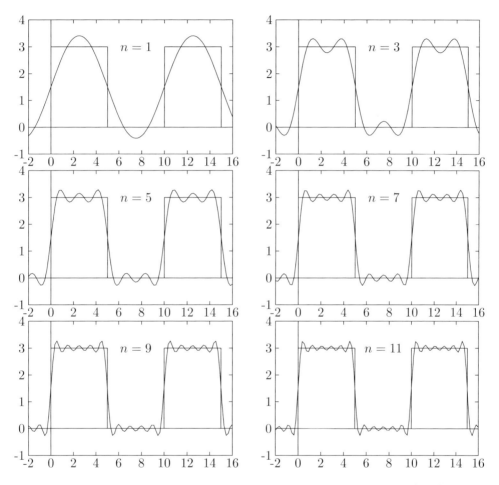

Abb. 8.4: Die Partialsummen für $n = 1$ bis $n = 11$ der Fourierreihe (8.24) für die Funktion im Beispiel 8.13

Generalvoraussetzung: f sei 2π–periodisch

Definition 8.14 *Unter der FFT verstehen wir die Aufgabe, für eine 2π–periodische Funktion f eine angenäherte diskrete komplexe Fourierentwicklung der Form*

$$f(x) \sim \sum_{n=0}^{N-1} c_n \cdot e^{inx} \tag{8.25}$$

zu bestimmen.

Gesucht wird also eine *endliche* Reihe mit N Gliedern. Wegen der oben gezeigten Orthogonalitätsrelation ergeben sich die Koeffizienten c_n wie früher zu

$$c_n = \frac{1}{2\pi} \int_{-\pi}^{\pi} f(x) \cdot e^{-inx}\, dx$$

Der entscheidende Trick für den ganzen FFT–Algorithmus liegt nun in der angenäherten Berechnung dieser Integrale mittels der *Trapezregel*. Dazu unterteilt man das Periodenintervall $[0, 2\pi]$ in N gleichlange Teilintervalle der Länge $x_{k+1} - x_k = h = \frac{2\pi}{N}$, wählt also als Stützstellen der Trapezregel

$$x_k = \frac{2\pi k}{N}, \quad k = 0, 1, \ldots, N-1$$

und erhält damit die (angenäherten) komplexen Fourierkoeffizienten

$$\widetilde{c}_n = \frac{1}{2N} \left(f(x_0) + 2 \cdot \sum_{k=1}^{N-1} f(k_k) e^{\frac{-nk2\pi i}{N}} + f(x_N) \right) \tag{8.26}$$

Wir führen nun die neuen Koeffizienten

$$a_0 = \frac{f(x_0) + f(x_N)}{2N}, a_k = \frac{f(x_k)}{N}, k = 1, 2, \ldots, N-1$$

ein. Wegen der Periodizität ist natürlich $f(x_0) = f(x_N)$, also ist $a_0 = \frac{f(x_0)}{N}$. Damit lauten jetzt die angenäherten diskreten Fourierkoeffizienten:

$$\widetilde{c}_n = \sum_{k=0}^{N-1} a_k \omega^{nk} \text{ mit } x_k = \frac{2\pi k}{N},\ a_k = \frac{f(x_k)}{N},\ \omega = e^{\frac{-2\pi i}{N}}, k = 0, 1, \ldots, N-1 \tag{8.27}$$

Nun kommt der Hauptpunkt, weswegen J. W. Cooley und J. W. Tukey 1965 die ganze Idee geboren haben. Sie wählten

$$N = 2^p, p \in \mathbb{N}. \tag{8.28}$$

Daraus ergeben sich wunderbare Vereinfachungen. Wir machen das am Beispiel $N = 2^3 = 8$ explizit vor. Zur Berechnung der c_n in (8.27) sind eigentlich 64 Multiplikationen erforderlich. Aber bekanntlich ist

$$e^{2\pi i} - 1 = 0.$$

8.7 Schnelle Fourieranalyse (FFT)

Diese Gleichung wird manchmal als die schönste Gleichung der Mathematik bezeichnet, enthält sie doch alle grundlegenden mathematischen Konstanten. Damit ist z. B. auch
$e^{-2\pi i} = 1$ also ist $\omega^N = 1, \omega^{N+1} = \omega, \omega^{N+2} = \omega^2, \ldots, \omega^{N+N} = \omega^N = 1, \ldots$
Wir schreiben für $N = 8$ explizit $\widetilde{c_4}$ auf:
$$\widetilde{c_4} = a_0 + a_1\omega^4 + a_2\omega^8 + a_3\omega^{12} + a_4\omega^{16} + a_5\omega^{20} + a_6\omega^{24} + a_7\omega^{28}$$
Nun ist $\omega^{16} = 1$ und daher $\omega^{20} = \omega^4$ und $\omega^{24} = \omega^8$ und $\omega^{28} = \omega^{12}$. Also können wir hier a_0 mit a_4, a_1 mit a_5, a_2 mit a_6 und a_3 mit a_7 zusammenfassen und erhalten
$$\widetilde{c_4} = a_0 + a_4 + (a_1 + a_5)\omega^4 + (a_2 + a_6)\omega^8 + (a_3 + a_7)\omega^{12}$$
Das Spiel geht ganz allgemein. Wir betrachten $\widetilde{c_n}$ mit geradem Index $n = 2m$ und beachten $\omega^{4n} = \omega^{8m} = \omega^0 = 1$. Dann können wir den nullten mit dem vierten, den ersten mit dem fünften, den zweiten mit dem sechsten usw. zusammenfassen. Dann geht (8.27) über in
$$n = 2m \Rightarrow \widetilde{c_{2m}} = \sum_{k=0}^{3} \omega^{2km}(a_k + a_{4+k}) = \sum_{k=0}^{3} (\omega^2)^{km} \cdot y_k,$$
wobei wir zur Abkürzung
$$y_k := a_k + a_{4+k}, \quad k = 0, 1, 2, 3$$
gesetzt haben. Die $\widetilde{c_{2m}}, m = 0, 1, 2, 3$ ergeben sich also durch diskrete Fourierentwicklung der halben Dimension.
Analog bekommen wir die $\widetilde{c_{2m+1}}$ für ungerade Indizes.
$$\widetilde{c_{2m+1}} = \sum_{k=0}^{3} \omega^{2km}\omega^k(a_k - a_{4+k}) = \sum_{k=0}^{3} (\omega^2)^{km} \cdot y_{4+k}$$
mit der analogen Abkürzung
$$y_{4+k} = \omega^k(a_k - a_{4+k}), k = 0, 1, 2, 3.$$
Damit ist unser Ausgangsproblem auf diese zwei neuen Berechnungen der halben Dimension reduziert. Jede dieser Gleichungen wird nun erneut nach demselben Schema zu einer weiteren Transformation wiederum der halbe Dimension zusammengefasst. Das ergibt die Formeln:
$$\widetilde{c_{4l}} = \sum_{k=0}^{1} (\omega^2)^{2lk}(y_k + y_{2+k}) = \sum k = 0^1 (\omega^4)^{lk} \cdot z_k, \quad l = 0, 1$$
$$\widetilde{c_{4l+2}} = \sum_{k=0}^{1} (\omega^2)^{2lk}(\omega^2)^k(y_k - y_{2+k}) = \sum k = 0^1 (\omega^4)^{lk} \cdot z_{k+2}, \quad l = 0, 1$$
$$\widetilde{c_{4l+1}} = \sum_{k=0}^{1} (\omega^2)^{2lk}(y_{4+k} + y_{6+k}) = \sum k = 0^1 (\omega^4)^{lk} \cdot z_{k+4}, \quad l = 0, 1$$
$$\widetilde{c_{4l+3}} = \sum_{k=0}^{1} (\omega^2)^{2lk}(\omega^2)^k(y_{4+k} - y_{6+k}) = \sum k = 0^1 (\omega^4)^{lk} \cdot z_{k+6}, \quad l = 0, 1,$$

wobei gesetzt wurde

$$z_k = y_k + y_{2+k}, z_{k+2} = (\omega^2)^k(y_k - y_{2+k}), z_{k+4} = y_{k+4} + y_{k+6},$$
$$z_{k+6} = (\omega^2)^k(y_{k+4} - y_{k+6}).$$

Aus diesen Formeln ergibt sich jetzt der endgültige Zusammenhang zwischen $\widetilde{c}_k$ und a_k:

$$\widetilde{c}_0 = z_0 + z_1, \widetilde{c}_4 = z_0 - z_1, \widetilde{c}_2 = z_2 + z_3, \widetilde{c}_6 = z_2 - z_3,$$
$$\widetilde{c}_1 = z_4 + z_5, \widetilde{c}_5 = z_4 - z_5, \widetilde{c}_3 = z_6 + z_7, \widetilde{c}_7 = z_6 - z_7.$$

Als Ergebnis sehen wir, daß wir in (8.27) 64 Multiplikationen hätten ausführen müssen, nun sind wir bei 5, in Worten fünf Multiplikationen angelangt. Dabei ist auch noch eine mit $\omega^2 = -i$, was ja nur eine Vertauschung von Real- und Imaginärteil mit einem Vorzeichenwechsel bedeutet. Da liegt der große Gewinn der FFT.

Zum leichteren Verständnis der folgenden Skizzen haben wir in Abbildung 8.5 zunächst mal den Fall $N = 4$ dargestellt, wobei links die Formeln stehen und rechts die Skizze verdeutlichen soll, wie man die Formeln graphisch sehen kann, um sie so leichter zu behalten.

$a_0 \qquad z_0 = a_0 + a_2 \quad c_0 = z_0 + z_1$

$a_1 \qquad z_1 = a_1 + a_3 \quad c_2 = z_0 - z_1$

$a_2 \qquad z_2 = a_0 - a_2 \quad c_1 = z_2 + z_3$

$a_3 \qquad z_3 = (a_1 - a_3)\omega \, c_3 = z_2 - z_3$

Abb. 8.5: Die FFT für $N = 4$. Die Formeln links erklären, wie wir aus den gegebenen Koeffizienten a_i die komplexen Koeffizienten der diskreten Fourier–Reihe berechnen können.

Für $N = 8$ haben wir das Ergebnis in der Abbildung 8.6, S. 295 zusammengefaßt. Die Pfeile bedeuten dabei, daß man die entsprechenden Werte addieren muß, ein $\ominus$ weist auf einen Vorzeichenwechsel hin.

Der interessierte Leser fragt vielleicht, die interessierte Leserin ganz sicher nach der Verallgemeinerung für größere N. Wir wollen daher in Abbildung 8.7, S. 296 das Schema für $N = 16$ mit Formeln und nicht als Grafik wie oben angeben. Zur eigenen Programmierung ist das sicher genauso gut geeignet. Die Verallgemeinerung dürfte dann auf der Hand liegen.

Abschließend darf eine kleine, aber lustige Bemerkung nicht fehlen. Wenn man sich die letzte Spalte der neuen Fourierkoeffizienten jeweils anschaut, so stellt man fest, daß die c_n nicht mehr in ihrer natürlichen Reihenfolge stehen. Sie haben sich eigentümlich vertauscht. Die zugehörige Merkregel sollte schon ein kleines Schmunzeln auf das Gesicht

8.7 Schnelle Fourieranalyse (FFT)

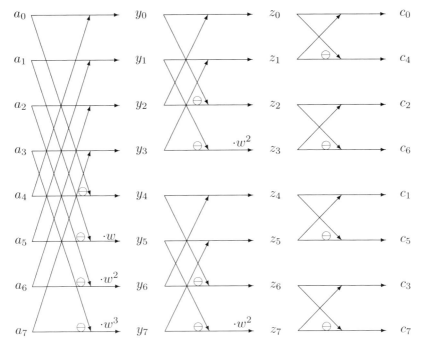

Abb. 8.6: Schema zur schnellen Fourier–Analyse (FFT) für $N = 8$

des Lesers zaubern. Man schreibe die Nummer des Koeffizienten a_i in der ersten Spalte als Dualzahl. Diese drehe man anschließend um, lese sie also von hinten nach vorn, und schon erhält man die Nummer des zugehörigen c_j. Wer kommt bloß auf solch eine Idee? Wir geben ein Beispiel.

Für $N = 8$ lautet 3 in Dualdarstellung OII, wobei wir mit O die Null und mit I die Eins bezeichnen. Von hinten nach vorn ist das IIO, also 6, daher steht in der Reihe mit a_3 der Fourierkoeffizient c_6. Hübsch, nicht?

Für unsere Standardaufgabe der FFT mit $N = 8$ schreiben wir diese Zuordnung in der Tabelle 8.1, S. 296 vollständig auf:

Im englischen heißt dieses Vorgehen „Bitreversal mapping".

a_0	$x_0 = a_0 + a_8$	$y_0 = x_0 + x_4$	$z_0 = y_0 + y_2$	$c_0 = z_0 + z_1$
a_1	$x_1 = a_1 + a_9$	$y_1 = x_1 + x_5$	$z_1 = y_1 + y_3$	$c_8 = z_0 - z_1$
a_2	$x_2 = a_2 + a_{10}$	$y_2 = x_2 + x_6$	$z_2 = y_0 - y_2$	$c_4 = z_2 + z_3$
a_3	$x_3 = a_3 + a_{11}$	$y_3 = x_3 + x_7$	$z_3 = (y_1 - y_3)\omega^4$	$c_{12} = z_2 - z_3$
a_4	$x_4 = a_4 + a_{12}$	$y_4 = x_0 - x_4$	$z_4 = y_4 + y_6$	$c_2 = z_4 + z_5$
a_5	$x_5 = a_5 + a_{13}$	$y_5 = (x_1 - x_5)\omega^2$	$z_5 = y_5 + y_7$	$c_{10} = z_4 - z_5$
a_6	$x_6 = a_6 + a_{14}$	$y_6 = (x_2 - x_6)\omega^4$	$z_6 = (y_4 - y_6)$	$c_6 = z_6 + z_7$
a_7	$x_7 = a_7 + a_{15}$	$y_7 = (x_3 - x_7)\omega^6$	$z_7 = (y_5 - y_7)\omega^4$	$c_{14} = z_6 - z_7$
a_8	$x_8 = a_0 - a_8$	$y_8 = x_8 + x_{12}$	$z_8 = y_8 + y_{10}$	$c_1 = z_8 + z_9$
a_9	$x_9 = (a_1 - a_9)\omega$	$y_9 = x_9 + x_{13}$	$z_9 = y_9 + y_{14}$	$c_9 = z_8 - z_9$
a_{10}	$x_{10} = (a_2 - a_{10})\omega^2$	$y_{10} = x_{10} + x_{14}$	$z_{10} = y_8 - y_{10}$	$c_5 = z_{10} + z_{11}$
a_{11}	$x_{11} = (a_3 - a_{11})\omega^3$	$y_{11} = x_{11} + x_{15}$	$z_{11} = (y_9 - y_{11})\omega^4$	$c_{13} = z_{10} - z_{11}$
a_{12}	$x_{12} = (a_4 - a_{12})\omega^4$	$y_{12} = x_8 - x_{12}$	$z_{12} = y_{12} + y_{14}$	$c_3 = z_{12} + z_{13}$
a_{13}	$x_{13} = (a_5 - a_{13})\omega^5$	$y_{13} = (x_9 - +x_{13})\omega^2$	$z_{13} = y_{13} + y_{15}$	$c_{11} = z_{12} - z_{13}$
a_{14}	$x_{14} = (a_6 - a_{14})\omega^6$	$y_{14} = (x_{10} - x_{14})\omega^4$	$z_{14} = y_{12} - y_{14}$	$c_7 = z_{14} + z_{15}$
a_{15}	$x_{15} = (a_7 - a_{15})\omega^7$	$y_{15} = (x_{11} - x_{15})\omega^6$	$z_{15} = (y_{13} - y_{15})\omega^4$	$c_{15} = z_{14} - z_{15}$

Abb. 8.7: Tabelle zur schnellen Fourieranalyse (FFT) für $N = 16$

Koeffizient a_i	Dualzahl		Dualzahl rückwärts	Koeffizient c_i
a_0	OOO	$\longrightarrow$	OOO	c_0
a_1	OOI	$\longrightarrow$	IOO	c_4
a_2	OIO	$\longrightarrow$	OIO	c_2
a_3	OII	$\longrightarrow$	IIO	c_6
a_4	IOO	$\longrightarrow$	OOI	c_1
a_5	IOI	$\longrightarrow$	IOI	c_5
a_6	IIO	$\longrightarrow$	OII	c_3
a_7	III	$\longrightarrow$	III	c_7

Tabelle 8.1: Bitreversal mapping für $N = 8$

9 Distributionen

9.1 Einleitung und Motivation

Fragt man einen Physiker oder Ingenieur: „Was ist eigentlich die Delta–Funktion?", so entdeckt man nicht selten ein gewisses Glänzen in den Augen, wenn er von dem großen Physiker Paul Dirac berichtet, der diese 'Funktion' eingeführt hat, um Phänomene in der Elektrodynamik beschreiben zu können. Als 'Definition' wird meistens folgendes angeboten:

Die **Dirac**[1]**–Funktion** oder der Dirac–Impuls, der Delta–Stoß oder die δ–Funktion (alles Synonyme) ist eine Funktion, nennen wir sie δ, mit folgenden Eigenschaften:

$$\delta(x) = 0 \ \forall x \neq 0, \ \delta(0) = \infty, \ \int_{-\infty}^{\infty} \delta(x)\, dx = 1$$

Hier bekommt aber dann der Mathematiker Sorgenfalten auf die Stirn. Was ist das?

$$\delta(0) = \infty???$$

Lernt doch bereits der Anfänger, daß dieses Symbol ∞ keine reelle Zahl ist. Ließe man sie zu, so gäbe es herrlich dumme Fragen. Was ist $\infty + 1$? Was ist die Hälfte von ∞? Sämtliche Rechenregeln würden ad Absurdum geführt. Nein, so geht das nicht.

Ziel dieses Kapitels ist es, die intuitiv von Dirac eingeführte Funktion, mit deren Hilfe hervorragende Ergebnisse erzielt wurden, auf eine gesicherte mathematische Grundlage zu stellen und dann zu erkennen, daß obige Vorstellung gar nicht so ganz verkehrt ist. Man muß die Aussage $\delta(0) = \infty$ nur richtig interpretieren. Als Vorteil der exakten Darstellung ergibt sich, daß man die eigentümlichen Rechenregeln mit dieser Funktion tatsächlich mathematisch korrekt begründen kann. Und das dürfte dann alle Seiten freuen.

Betrachten wir zur Motivation im Intervall $[a,b]$ die Funktion $g(x) = \sin x$, und betrachten wir für eine beliebige stetige Funktion $\varphi \in \mathcal{C}[a,b]$ die Zuordnung

$$T_{\sin}(\varphi) := \int_a^b \sin(x) \cdot \varphi(x)\, dx. \tag{9.1}$$

Diese Zuordnung liefert offensichtlich für jede Funktion φ eine reelle Zahl als Ergebnis. Es handelt sich also um eine Abbildung der auf dem Intervall $[a,b]$ stetigen Funktionen nach $\mathbb{R}$. So etwas nennt man ein **Funktional**.

---
[1] P. A. M. Dirac (1902 – 1984)

Definition 9.1 *Eine auf $\mathcal{C}[a,b]$ definierte Abbildung T heißt* **lineares stetiges Funktional** *oder auch* **stetige Linearform**, *wenn gilt:*

(i) T *ist linear: $T(\alpha\varphi_1 + \beta\varphi_2) = \alpha T(\varphi_1) + \beta T(\varphi_2)$,*

(ii) T *bildet nach $\mathbb{R}$ ab: $T(\varphi) \in \mathbb{R}$,*

(iii) T *ist stetig, also $\varphi_n \to \varphi \Rightarrow T(\varphi_n) \to T(\varphi)$.*

Dabei ist die Konvergenz $\varphi_n \to \varphi$ bezüglich der max–Norm zu verstehen, also für $n \to \infty$ sei

$$\varphi_n \to \varphi :\iff \|\varphi_n - \varphi\|_\infty := \max_{x \in [a,b]} |\varphi_n(x) - \varphi(x)| \to 0,$$

wohingegen sich die Konvergenz $T(\varphi_n) \to T(\varphi)$ natürlich lediglich in $\mathbb{R}$ abspielt.

9.2 Testfunktionen

Zuerst werden wir eine ziemlich hart eingeschränkte Klasse von Funktionen betrachten. Trotzdem haben wir genügend Spielraum für anständige Rechenregeln.

Definition 9.2 *Eine Funktion $\varphi \in \mathcal{C}^\infty(\mathbb{R})$ nennen wir* **Testfunktion**, *wenn sie außerhalb einer beschränkten und abgeschlossenen, also kompakten Teilmenge von $\mathbb{R}$ verschwindet. Die Menge aller Testfunktionen wollen wir mit $\mathcal{D}$ bezeichnen.*

Der aufmerksame Leser wird sofort fragen, ob es denn solch eine Funktion überhaupt gibt. Sie muß natürlich beliebig oft differenzierbar sein, wie wir in der Definition verlangt haben. Das macht die Sache etwas schwieriger.

Beispiel 9.3 *Beispiel einer* **Testfunkion**, *die auf ganz $\mathbb{R}$ definiert ist, an der Stelle 0 den Wert 1 annimmt, für ein beliebiges $a \in \mathbb{R}$ außerhalb des Intervalls $[-a, a]$ identisch verschwindet, aber insgesamt, also auch bei a und $-a$ beliebig oft differenzierbar ist.*

Wir starten mit der Funktion

$$g(t) := \begin{cases} 0 & \text{falls } t \leq 0 \\ e^{-1/t} & \text{falls } t > 0 \end{cases}.$$

Diese Funktion ist auf ganz $\mathbb{R}$ definiert und überall beliebig oft differenzierbar; denn jede Ableitung enthält den Term $e^{-1/t}$, der für $t \to 0$ verschwindet, wodurch die Stetigkeit sämtlicher Ableitungen gesichert ist.

Aus $g(t)$ basteln wir uns eine Funktion, die außerhalb des Intervalls $[-1, 1]$ verschwindet:

$$h(x) := g(1 - x^2) = \begin{cases} 0 & \text{falls } |x| \geq 1 \\ e^{-\frac{1}{1-x^2}} & \text{falls } |x| < 1 \end{cases}.$$

9.2 Testfunktionen

Die Kettenregel gibt uns die Gewißheit, daß $h(x)$ beliebig oft differenzierbar ist, auch in den Punkten -1 und 1. Für

$$|x| \geq 1, \text{ also } x \notin (-1,1)$$

verschwindet diese Funktion. Das ist doch schon die halbe Miete. Wir müssen sie nun noch so verändern, daß sie für ein beliebig vorgebbares $a \in \mathbb{R}$ außerhalb des Intervalls $[-a,a]$ verschwindet und bei 0 den Wert 1 hat.

Ersteres erreichen wir durch Zusammenziehen, also bilden wir

$$h_a(x) := h\left(\frac{x}{a}\right) = \begin{cases} 0 & \text{falls } |x| \geq a \\ e^{-\frac{1}{1-(\frac{x}{a})^2}} & \text{falls } |x| < a \end{cases}.$$

Wegen $h_a(0) = h(0) = g(1) = 1/e$ multiplizieren wir flugs diese Funktion mit e und erhalten auch noch bei 0 den erwünschten Wert. Unser Endergebnis der gesuchten Funktion lautet also:

$$k_a(x) := e \cdot h_a(x) = e \cdot h\left(\frac{x}{a}\right) = \begin{cases} 0 & \text{falls } |x| \geq a \\ e \cdot e^{-\frac{1}{1-(\frac{x}{a})^2}} = e^{-\frac{x^2}{a^2-x^2}} & \text{falls } |x| < a \end{cases}. \quad (9.2)$$

Sie hat die gewünschten Eigenschaften: sie ist beliebig oft differenzierbar, verschwindet außerhalb des Intervalles $[-a,a]$ und hat bei 0 den Wert 1.

Rechts haben wir diese Testfunktionen für $a = 1$, $a = 1/2$, $a = 1/4$ und $a = 1/8$ gezeichnet. Man sieht so deutlich, wie sich der Bereich, wo die Funktion ungleich Null ist, zusammenzieht. Auch wenn es nicht so aussieht, ist jede dieser Funktionen beliebig oft differenzierbar. Sie laufen sehr glatt in die x-Achse hinein.

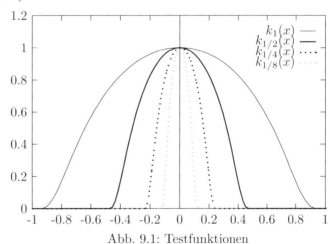

Abb. 9.1: Testfunktionen

Damit ist die Menge der Testfunktionen nicht leer, und wir können weiter über sie fabulieren.

Als erstes eine Festlegung, wie wir die Konvergenz bei Testfunktionen verstehen wollen. Wir werden an geeigneten Stellen darauf hinweisen, welche Bedeutung bei der folgenden Definition die erste Bedingung besitzt.

Definition 9.4 *Eine Folge $\varphi_1, \varphi_2, \varphi_3, \ldots$ von Testfunktionen aus $\mathcal{D}$ konvergiert gegen eine Testfunktion $\varphi \in \mathcal{D}$ (in Zeichen $\varphi_k \to_{k \to \infty} \varphi$ oder $\lim_{k \to \infty} \varphi_k \to \varphi$), wenn gilt*

1. alle φ_k, $k = 1, 2, 3, \ldots$ verschwinden außerhalb ein und desselben Intervalls $[a, b]$,
2. die Folge φ_1, φ_2, $\varphi_3, \ldots$ und alle Ableitungsfolgen $\varphi_1^{(i)}$, $\varphi_2^{(i)}$, $\varphi_3^{(i)}, \ldots$ für $i = 1, 2, 3, \ldots$ konvergieren gleichmäßig auf $[a, b]$ gegen φ bzw. $\varphi^{(i)}$.

9.3 Reguläre Distributionen

Jetzt kommt der schwerste Schritt in der Erklärung unserer neuen Objekte. Wir wollen eine Abbildung betrachten, die jeder solchen Testfunktion eine reelle Zahl zuordnet, also eine Funktion, deren unabhängige Variable wieder eine Funktion ist. Das hört sich apokryph an, aber erinnern wir uns, wie schwer verdaulich in der Mittelstufe der Begriff „Funktion" im Magen lag. Durch ständigen Umgang haben wir allmählich die Scheu abgelegt. Das ist auch jetzt wieder unser Vorschlag. Also frisch gewagt, und die Definition verdaut:

Definition 9.5 *Eine* **Distribution** *ist eine stetige Linearform auf $\mathcal{D}$, also eine stetige lineare Abbildung von $\mathcal{D}$ in $\mathbb{R}$.*

Geben wir zunächst ein paar Beispiele an. Dazu führen wir eine wirklich sehr allgemeine Funktionenmenge ein.

Definition 9.6 *$L_1^{loc}(\mathbb{R})$ sei folgende Menge von Funktionen:*

1. *L steht für Lebesgue–Integral.*
2. *$f \in L_p(\mathbb{R})$ bedeutet: $(\int_{\mathbb{R}} |f(x)|^p dx)^{1/p} < \infty$, die p–te Potenz der Funktion f ist (betraglich) Lebesgue–integrierbar; $L_1(\mathbb{R})$ heißt also $\int_{\mathbb{R}} |f(x)| dx < \infty$.*
3. *loc meint, daß obiges Integral wenigstens lokal, also in einer kleinen Umgebung eines jeden Punktes aus $\mathbb{R}$ existiert; äquivalent dazu ist, daß das Integral zwar nicht in ganz $\mathbb{R}$, aber doch wenigstens in jeder kompakten, also abgeschlossenen und beschränkten Teilmenge von $\mathbb{R}$ existiert.*

So sind dann z. B. die Polynome in $L_1^{loc}(\mathbb{R})$, obwohl sie nicht in $L_1(\mathbb{R})$ liegen. Fast alle Funktionen aus dem Elementarbereich liegen in dieser Menge. Es fällt schwer, eine Funktion anzugeben, die nicht zu diesem Raum gehört. Tatsächlich benötigt man das Auswahlaxiom, um eine solche Funktion zu „konstruieren".

Beispiel 9.7 *Jede Funktion $g \in L_1^{loc}(\mathbb{R})$ erzeugt eine Distribution auf $\mathcal{D}$. Wir setzen nämlich*

$$T_g(\varphi) := \int_{-\infty}^{\infty} g(t) \varphi(t) \, dt.$$

9.3 Reguläre Distributionen

Dieses Funktional ist natürlich linear; denn es gilt für beliebige stetige Funktionen $\varphi, \varphi_1, \varphi_2 \in \mathcal{C}[a,b]$ und jede reelle Zahl α

$$T_g(\varphi_1 + \varphi_2) = T_g(\varphi_1) + T_g(\varphi_2), \; T_g(\alpha \cdot \varphi) = \alpha \cdot T_g(\varphi).$$

Das Integral ist halt linear.

Offensichtlich entsteht, nachdem man das Integral ausgerechnet hat, als Ergebnis eine reelle Zahl.

Es ist aber auch stetig; betrachten wir nämlich eine Folge $(\varphi_1, \varphi_2, \ldots)$ von Testfunktionen in $\mathcal{D}$, die bezgl. der Maximum–Norm gegen eine Testfunktion φ konvergiert, so können wir uns mit der Integriererei wegen der ersten Bedingung in Definition 9.4 (vgl. S. 299) auf ein (für alle beteiligten Funktionen gemeinsames) Intervall $[a,b]$ beschränken und erhalten:

$$\begin{aligned}
|T_g(\varphi_n) - T_g(\varphi)| &= \left| \int_a^b g(x) \cdot (\varphi_n(x) - \varphi(x)) dx \right| \\
&\leq \int_a^b |g(x)| \, |\varphi_n(x) - \varphi(x)| dx \\
&\leq \max_{x \in [a,b]} |\varphi_n(x) - \varphi(x)| \cdot \int_a^b |g(x)| dx \\
&= C \cdot \|\varphi_n - \varphi\|_\infty.
\end{aligned}$$

Hier half uns der Mittelwertsatz der Integralrechnung. Wegen $\varphi_n \to \varphi$ strebt die rechte Seite in der letzten Zeile gegen Null, also erhalten wir auch $T_g(\varphi_n) \to T_g(\varphi)$, wie wir es behauptet haben. Also ist T_g ein stetiges lineares Funktional.

Definition 9.8 *Wir nennen eine Distribution T_g, die von einer Funktion $g \in L_1^{loc}(\mathbb{R})$ erzeugt wird, für die also gilt*

$$T_g(\varphi) := \int_{-\infty}^{\infty} g(t)\varphi(t)\, dt, \tag{9.3}$$

reguläre Distribution.

Die regulären Distributionen sind also gar nicht viel Neues. Man kann sie auf eindeutige Weise mit den Funktionen $g \in L_1^{loc}(\mathbb{R})$ identifizieren, die ja schon so unglaublich viele waren. Es gilt nämlich der Satz:

Satz 9.9 *Stimmen die von zwei stetigen Funktionen erzeugten regulären Distributionen überein, gilt also*

$$\int_{-\infty}^{\infty} f(x) \cdot \varphi(x)\, dx = \int_{-\infty}^{\infty} g(x) \cdot \varphi(x)\, dx, \tag{9.4}$$

so stimmt f mit g überein, es ist also

$$f \equiv g. \tag{9.5}$$

Wäre nämlich $f(x_0) \neq g(x_0)$ für ein $x_0 \in \mathbb{R}$, so wäre auch in einer ganzen Umgebung von x_0 wegen der Stetigkeit $f(x) \neq g(x)$. Wir können ohne Einschränkung annehmen, daß in dieser Umgebung $f(x) > g(x)$ ist. Dann basteln wir uns eine Testfunktion $\varphi(x)$, die nur gerade in dieser Umgebung ungleich Null ist, und man sieht sofort, daß für die dann auch gilt

$$\int_{-\infty}^{\infty} f(x) \cdot \varphi(x)\, dx > \int_{-\infty}^{\infty} g(x) \cdot \varphi(x)\, dx,$$

was unserer Voraussetzung widerspricht. □

9.4 Singuläre Distributionen

Es erhebt sich die Frage, ob es überhaupt noch andere Distributionen gibt. Dazu betrachten wir das folgende, harmlos daher kommende Beispiel. Der Leser wird natürlich gewarnt sein durch den Namen. Sollte diese Distribution etwas mit der von Dirac vorgeschlagenen „Funktion" zu tun haben?

Definition 9.10 *Für $x_0 \in \mathbb{R}$ heißt die Distribution*

$$\delta_{x_0}(\varphi) := \varphi(x_0) \quad \forall \varphi \in \mathcal{D} \tag{9.6}$$

Delta–Distribution. *Andere Bezeichnungen in der Literatur sind Dirac–Maß oder Delta–Impuls oder Delta–Stoß, Dirac–Funktion, Delta–Funktion etc.*

Speziell für $x_0 = 0$ werden wir den Index fortlassen und lediglich schreiben

$$\delta(\varphi) := \varphi(0) \quad \forall \varphi \in \mathcal{D}.$$

Wir zeigen zunächst, daß für ein festgehaltenes $x_0 \in [a, b]$ ein lineares und stetiges Funktional entsteht.

Die Linearität sieht man sofort:

$$\delta_{x_0}(\varphi_1 + \varphi_2) = (\varphi_1 + \varphi_2)(x_0) = \varphi_1(x_0) + \varphi_2(x_0) = \delta_{x_0}(\varphi_1) + \delta_{x_0}(\varphi_2)$$

$$\delta_{x_0}(\alpha\varphi) = (\alpha\varphi)(x_0) = \alpha\varphi(x_0) = \alpha\delta_{x_0}(\varphi)$$

Außerdem ist $\delta_{x_0}(\varphi)$ eine reelle Zahl.

Die Stetigkeit zeigen wir ganz analog zu oben:
Wir betrachten wieder eine Folge $(\varphi_1, \varphi_2, \ldots)$ von Testfunktionen in $\mathcal{D}$, die bezgl. der Maximum–Norm gegen eine Testfunktion φ konvergiert und können uns wieder wegen der ersten Bedingung in Definition 9.4 (vgl. S. 299) auf ein (für alle beteiligten Funktionen gemeinsames) Intervall $[a, b]$ beschränken und erhalten:

$$|\delta_{x_0}(\varphi_n) - \delta_{x_0}(\varphi)| = |\varphi_n(x_0) - \varphi(x_0)| \leq \max_{x \in [a,b]} |\varphi_n(x) - \varphi(x)|$$
$$= \|\varphi_n - \varphi\|_\infty,$$

9.4 Singuläre Distributionen

womit schon alles klar ist.

Und jetzt kommt ein erster Punkt, den man ernst nehmen sollte. Wir können nämlich zeigen, daß diese Distribution *nicht regulär* ist, sie kann also nicht von einer Funktion erzeugt werden.

Satz 9.11 *Die Delta–Distribution ist nicht regulär.*

Wir wollen uns überlegen, daß es keine Funktion $g \in L_1^{loc}(\mathbb{R})$ gibt mit

$$\delta(\varphi) = \int_{-\infty}^{\infty} g(x) \cdot \varphi(x)\, dx = \varphi(0) \quad \text{für alle } \varphi \in \mathcal{D}.$$

Nehmen wir nämlich an, wir hätten doch eine solche gefunden, dann zeigen wir, daß es eine Funktion $\varphi \in \mathcal{D}$ gibt mit $\varphi(0) = 1$, für die aber das Integral in obiger Gleichung beliebig klein werden kann.

Dazu nehmen wir eine Folge $(\varphi_n)_{n \in \mathbb{N}}$ aus $\mathcal{D}$ mit $\varphi_n(0) = 1$ für jedes $n \in \mathbb{N}$, deren Bereich, wo sie ungleich Null sind, aber immer enger zusammenschrumpft[2]. Da erinnern wir uns an die oben vorgestellte Funktion (9.2) (vgl. S. 299). Wir wählen hier $a = \frac{1}{n}$ und bilden

$$\varphi_n(x) := k_{\frac{1}{n}}(x), \quad n \in \mathbb{N}.$$

In der folgenden Rechnung benutzen wir den Mittelwertsatz der Integralrechnung, wenn wir die Zahl $|\varphi_n(\tau)|$ mit einer Zwischenstelle τ aus dem Integral herausziehen und dann durch das Maximum $\|\varphi_n\|_\infty$ abschätzen:

$$\begin{aligned}
1 = |\varphi_n(0)| &= \left| \int_{-\infty}^{\infty} g(t)\varphi_n(t)\, dt \right| \leq \int_{-\infty}^{\infty} |g(t)| \cdot |\varphi_n(t)|\, dt \\
&= \int_{-a}^{a} |g(t)| \cdot |\varphi_n(t)|\, dt \leq \|\varphi_n\|_\infty \cdot \int_{-a}^{a} |g(t)| \cdot |\, dt \\
&= 1 \cdot \int_{-a}^{a} |g(t)| \cdot |\, dt
\end{aligned}$$

Für $n \to \infty$ geht das letzte Integral gegen 0, da der Integrationsweg $\to 0$ geht, und damit haben wir unseren Widerspruch, mögen auch noch so viele knurren und es nicht wahrhaben wollen. Die Delta–Distribution läßt sich nicht als Integral schreiben. $\square$

Alle solchen Distributionen bekommen einen eigenen Namen.

Definition 9.12 *Eine Distribution, die sich nicht durch eine Funktion $g \in L_1^{loc}(\mathbb{R})$ erzeugen läßt, nennen wir* **singulär**.

---
[2]Kennen Sie ein deutsches Wort mit zehn Buchstaben, aber nur einem Vokal? (du) schrumpfst! Anschlußfrage: Gibt es ein Wort mit elf Buchstaben und nur einem Vokal?? Analoges Problem für Konsonanten? Minimumproblem? (Immer diese Mathematiker!)

9.5 Limes bei Distributionen

Nun müssen wir versuchen, den Namen „Deltadistribution" zu rechtfertigen. Was hat diese einfach gestaltete Distribution mit der von Dirac gewünschten 'Funktion' zu tun. Dazu müssen wir einen kleinen Umweg gehen und erklären, was wir unter dem Grenzwert einer Folge von Distributionen verstehen wollen.

Definition 9.13 *Ist $T_1, T_2, T_3, \ldots$ eine beliebige Folge von Distributionen, so sei der* **Limes dieser Folge** *die Distribution T, die wir folgendermaßen definieren:*

$$T(\varphi) := \lim_{k \to \infty} T_k(\varphi), \quad \forall \varphi \in \mathcal{D}. \tag{9.7}$$

Wenn für jedes $\varphi \in \mathcal{D}$ der Grenzwert rechts existiert, so schreiben wir

$$T_k \to_{k \to \infty} T \quad oder \quad \lim_{k \to \infty} T_k = T. \tag{9.8}$$

Zur Veranschaulichung müssen wir nur beachten, daß $T_k(\varphi)$ ja für jede Testfunktion $\varphi \in \mathcal{D}$ eine reelle Zahl ist. Dort wissen wir aber seit dem ersten Semester, was ein Limes ist. Der entscheidende Punkt der Definition liegt also in dem *für alle* $\varphi \in \mathcal{D}$.

Nun gehen wir den Umweg, indem wir eine geschickte Folge von Funktionen (nicht Distributionen) betrachten, die im herkömmlichen Sinn *nicht* gegen eine Funktion konvergiert. Jede einzelne Funktion dieser Folge erzeugt aber eine Distribution, deren Folge im obigen Sinn gegen eine Distribution konvergiert. Wir werden zeigen, daß die Grenzdistribution gerade δ wird.

Wir wählen für jedes $k = 1, 2, 3, \ldots$

$$f_k(x) = \begin{cases} k & \text{für } 0 \leq x < \frac{1}{k} \\ 0 & \text{sonst} \end{cases} \tag{9.9}$$

Für jede dieser Funktionen ist

$$\int_{-\infty}^{\infty} f_k(x)\, dx = 1,$$

und offensichtlich ist

$$f_k(0) \to_{k \to \infty} \infty,$$

aber genau deshalb besitzt diese Folge natürlich keine Grenzfunktion. Die wäre es aber, wonach Dirac verlangte.

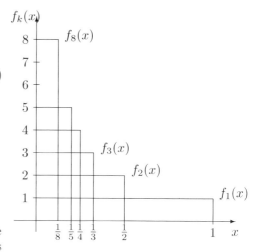

Abb. 9.2: Konstruktionsversuch einer Grenzfunktion

Betrachten wir jetzt die von diesen Funktionen erzeugten regulären Distributionen

$$T_{f_k}(\varphi) := \int_{-\infty}^{\infty} f_k(x) \cdot \varphi(x)\, dx.$$

Wir wissen, daß es nach dem Mittelwertsatz der Integralrechnung eine Zwischenstelle $\xi \in (0, \frac{1}{k})$ gibt mit

$$T_{f_k}(\varphi) = \int_0^{\frac{1}{k}} k \cdot \varphi(x)\,dx = k \cdot (\frac{1}{k} - 0) \cdot \varphi(\xi)$$
$$= \varphi(\xi).$$

Für $k \to \infty$ wird das Intervall $(0, \frac{1}{k})$ immer kleiner und schrumpft schließlich auf den Nullpunkt zusammen, so daß wir also erhalten:

$$\lim_{k \to \infty} T_{f_k}(\varphi) \to \varphi(0) = \delta(\varphi) \qquad \forall \varphi \in \mathcal{D}.$$

Das heißt aber gerade nach unserer Definition von Limes bei Distributionen

$$T_{f_k} \to \delta. \tag{9.10}$$

So wird also ein Schuh daraus. Im Sinne der Distributionen existiert dieser Grenzwert, den wir bei der Folge der Funktionen nicht erklären konnten.

Nachdem wir so zu Beginn dieses Kapitels Dirac einen Schuß vor den Bug gesetzt haben, indem wir seine „Funktion" als mathematisch nicht existent erkannt haben, kommen wir nun mit der Friedensfahne. Wir können seine Idee nämlich retten, wenn wir diesen kleinen Umweg gehen. Seine *Nicht–Funktion* läßt sich als Grenzwert einer Folge von Funktionen erklären, allerdings nur im Raum der Distributionen. Es ist schon ein erstaunlicher Punkt, wie 1950 der Mathematiker L. Schwartz auf diese Weise die Intuition des Physikers P. Dirac aus dem Jahre 1925 auf eine gesicherte Grundlage stellen konnte.

Und es ist dann die oben unter Diracs Namen eingeführte singuläre Distribution, die sich zwar nicht als von einer Funktion erzeugt herausstellt, die aber genau die von Dirac gewünschten Eigenschaften von den Funktionen, die wir zu ihrer Annäherung benutzen, vererbt bekommt.

Dieser Umweg zur Veranschaulichung von δ mag gerade Ingenieuren etwas unheimlich, vielleicht sogar überflüssig vorkommen; aber nur auf diesem Weg ist es möglich, die folgenden, teilweise erstaunlichen Rechengesetze mathematisch exakt nachzuweisen.

9.6 Rechenregeln

Distributionen bilden, wie es sich für anständige Funktionen gehört, zunächst mal einen Vektorraum. Wir können nämlich die Addition zweier Distributionen T_1 und T_2 und die Multiplikation einer Distribution T mit einer reellen Zahl α folgendermaßen definieren:

Definition 9.14 *Für zwei beliebige Distributionen T_1 und T_2 erklären wir ihre Summe $T_1 + T_2$ durch*

$$(T_1 + T_2)(\varphi) := T_1(\varphi) + T_2(\varphi) \text{ für jede Testfunktion } \varphi, \tag{9.11}$$

und für jede Distribution T erklären wir ihr Produkt mit einer beliebigen reellen Zahl α durch

$$(\alpha \cdot T)(\varphi) = \alpha \cdot T(\varphi) \quad \textit{für jede Testfunktion} \quad \varphi. \tag{9.12}$$

Damit haben wir auch die Null–Distribution, die wir mit $\square$ bezeichnen wollen. Es ist diejenige, die alle Testfunktionen auf die reelle Zahl 0 abbildet:

$$\square(\varphi) := 0 \quad \text{für jede Testfunktion} \quad \varphi. \tag{9.13}$$

Und wir können auch zu jeder Distribution $T \neq \square$ ihre additive Inverse angeben:

$$(-T)(\varphi) := -T(\varphi) \quad \text{für jede Testfunktion} \quad \varphi. \tag{9.14}$$

Natürlich müssen wir uns klarmachen, daß durch solche Definitionen wieder Distributionen entstehen. Also Linearität und Stetigkeit sind zu überprüfen. Da das aber zu keinen neuen Erkenntnissen führt, wollen wir es getrost übergehen.

Um den Begriff „verallgemeinerte Funktion" mit Leben zu erfüllen, wollen wir uns bei all diesen Operationen überlegen, daß sie sich aus dem entsprechenden Gesetz bei Funktionen herleiten. Für reguläre Distributionen erschaffen wir also nichts Neues.

So erzeugt die Summe zweier Funktionen f und g genau die Summe der von ihnen erzeugten Distributionen T_f und T_g:

$$T_f(\varphi) + T_g(\varphi) = T_{f+g}(\varphi),$$

wie man durch Übergang zur Integralschreibweise sofort sieht.

Ebenso ist die Nulldistribution die von der Nullfunktion erzeugte reguläre Distribution; denn es ist

$$\square(\varphi) = \int_{\infty}^{\infty} 0 \cdot \varphi(x)\,dx = 0 \qquad \forall \varphi \in \mathcal{D}. \tag{9.15}$$

Wenn wir schon an die Anwendungen bei Differentialgleichungen denken, können wir die Multiplikation einer Distribution mit einer Funktion definieren. Dazu lassen wir aber nur beliebig oft differenzierbare Funktionen zu, was seinen guten Grund hat, wie wir sofort sehen:

Definition 9.15 *Für eine Distribution T und eine $\mathcal{C}^\infty$-Funktionen f sei das* **Produkt** *$f \cdot T$ definiert durch:*

$$(f \cdot T)(\varphi) = T(f \cdot \varphi) \quad \forall \varphi \in \mathcal{D}, \ \forall f \in \mathcal{C}^\infty(\mathbb{R}). \tag{9.16}$$

Auf der rechten Seite wollen wir T auf das Produkt $f \cdot \varphi$ anwenden. Das muß eine Testfunktion, also beliebig oft differenzierbar und gleich Null außerhalb einer kompakten Teilmenge von $\mathbb{R}$ sein. Wenn wir für f nur beliebig oft differenzierbare Funktionen zulassen, haben wir da kein Problem; denn das Produkt mit φ verschwindet natürlich mindestens dort, wo φ verschwindet.

9.6 Rechenregeln

Für die nächste Regel wollen wir uns umgekehrt von den Funktionen leiten lassen. Es gilt für ein beliebiges $a > 0$ mit der Substitution

$$u := a \cdot x, \quad du = a\,dx$$

$$\int_{-\infty}^{\infty} f(a \cdot x) \cdot \varphi(x)\,dx = \int_{-\infty}^{\infty} f(u) \cdot \varphi(\frac{u}{a}) \cdot \frac{1}{a}\,du = \frac{1}{a}\int_{-\infty}^{\infty} f(x) \cdot \varphi(\frac{x}{a})\,dx,$$

wobei wir im letzten Schritt die Integrationsvariable rechts wieder in x umbenannt haben. Für $a < 0$ ergibt sich eine kleine Änderung in den Integralgrenzen.

$$\int_{-\infty}^{\infty} f(a \cdot x) \cdot \varphi(x)\,dx = \int_{\infty}^{-\infty} f(u) \cdot \varphi(\frac{u}{a}) \cdot \frac{1}{a}\,du = -\frac{1}{a}\int_{-\infty}^{\infty} f(x) \cdot \varphi(\frac{x}{a})\,dx.$$

Aber wegen $-1/a = 1/|a|$ für $a < 0$ und wegen $1/a = 1/|a|$ für $a > 0$ können wir die Formel für beliebiges $a \neq 0$ zusammenfassen zu:

$$\int_{-\infty}^{\infty} f(a \cdot x) \cdot \varphi(x)\,dx = \frac{1}{|a|}\int_{-\infty}^{\infty} f(x) \cdot \varphi(\frac{x}{a})\,dx.$$

Dieses Verhalten bei Funktionen übertragen wir nun genau so auf Distributionen:

Definition 9.16 *Für eine beliebige Distribution T und beliebiges $a \neq 0$ sei*

$$T(ax)(\varphi) := \frac{1}{|a|}T\left(\varphi\left(\frac{x}{a}\right)\right) \quad \text{für jede Testfunktion } \varphi. \tag{9.17}$$

Ebenso sei für eine beliebige Distribution T und eine beliebige reelle Zahl a

$$T(x - a)(\varphi) := T(\varphi(x + a)) \quad \text{für jede Testfunktion } \varphi \tag{9.18}$$

Damit können wir interessante Formeln aufstellen und beweisen, wie folgende Beispiele zeigen.

Beispiel 9.17 *Es gelten folgende Formeln:*

1. $\delta(x - a) = \delta(a - x) = \delta_a$, $\delta(x + a) = \delta_{-a}$.
2. $\delta(a \cdot x) = \frac{1}{|a|}\delta \; \forall a \neq 0$, *also* $\delta(3x) = \frac{1}{3}\delta(x)$, $\delta(-x) = \delta$.
3. *Ist $p(x)$ ein Polynom n-ten Grades mit nur einfachen Nullstellen $x_1, \ldots, x_n$, so gilt*

$$\delta(p(x)) = \sum_{i=1}^{n} \frac{\delta(x - x_i)}{|p'(x_i)|}, \; \text{also } \delta(x^2 - a^2) = \frac{1}{2|a|}(\delta(x - a) + \delta(x + a)).$$

Wir wollen beispielhaft die Formel aus 2. vorrechnen. Dazu wenden wir obige Formel (9.17) an und erhalten:

$$\delta(a \cdot x)(\varphi) = \frac{1}{|a|}\delta(\varphi(\frac{x}{a})) = \frac{1}{|a|}\varphi(\frac{0}{a}) = \frac{1}{|a|}\varphi(0) = \frac{1}{|a|}\delta(\varphi)$$

9.7 Ableitung von Distributionen

Die Erklärung der Ableitung einer Disribution wirkt sicher im ersten Moment etwas befremdlich. Erst der Rückgriff auf die Funktionen zeigt, daß alles so und nur so seine Ordnung hat.

Definition 9.18 *Für eine beliebige Distribution sei ihre Ableitung folgendermaßen erklärt:*

$$T'\varphi := -T(\varphi') \quad \forall \varphi \in \mathcal{D}. \tag{9.19}$$

Wir wälzen also die Ableitung auf die Testfunktion. Die Merkwürdigkeit liegt in dem Minuszeichen. Greifen wir auf eine Funktion f und die von ihr erzeugte Distribution T_f zurück. Dann würde es uns doch befriedigen, wenn die Ableitung T_f' von f' erzeugt würde. Genau das werden wir zeigen. Es gilt nämlich:

$$\begin{aligned}(T_f)'(\varphi) &= -T_f(\varphi') \\ &= -\int_{-\infty}^{\infty} f(x) \cdot \varphi'(x)\, dx \\ &= -f(x) \cdot \varphi(x)\big|_{-\infty}^{\infty} + \int_{-\infty}^{\infty} f'(x) \cdot \varphi(x)\, dx \\ &= T_{f'}(\varphi),\end{aligned}$$

und damit haben wir gezeigt:

$$(T_f)' = T_{f'} \tag{9.20}$$

Eine erstaunliche Tatsache zeigt sich bei genauer Betrachtung der Definition der Ableitung. Ohne jede Schwierigkeit kann man noch eine weitere Ableitung und noch eine usw. bilden, da ja die Testfunktionen beliebig ableitbar sind. Das ist doch mal eine beruhigende Auskunft, die für reelle Funktionen nun ganz und gar nicht stimmt:

Satz 9.19 *Jede Distribution ist beliebig oft differenzierbar, und es gilt:*

$$T^{(n)}\varphi := (-1)^n T(\varphi^{(n)}) \quad \forall \varphi \in \mathcal{D}. \tag{9.21}$$

Die Hintereinanderausführung von Distributionen ist nicht definiert, da ja das Ergebnis der Abbildung eine reelle Zahl ist, eine weitere Distribution aber zur Abbildung eine Testfunktion benötigt. So können wir auch keine Kettenregel angeben. Wir wollen uns nur noch überlegen, daß sich beim Produkt einer Distribution mit einer beliebig oft differenzierbaren Funktion die Produktregel überträgt.

Satz 9.20 *Es gilt für eine beliebige Distribution T und eine Funktion $f \in \mathcal{C}^\infty$*

$$(f \cdot T)' = f \cdot T' + f' \cdot T. \tag{9.22}$$

9.7 Ableitung von Distributionen

Zum Beweis starten wir mit der rechten Seite und rechnen los:

$$\begin{aligned}
(f \cdot T')(\varphi) + (f' \cdot T)(\varphi) &= T'(f \cdot \varphi) + T(f' \cdot \varphi) && \text{Prod. Fkt.· Distr.}\\
&= -T((f \cdot \varphi)') + T(f' \cdot \varphi) && \text{Ableitung}\\
&= -T(f' \cdot \varphi + f \cdot \varphi') + T(f' \cdot \varphi) && \text{Prod.-Regel bei Fktn}\\
&= -T(f' \cdot \varphi) + T(f \cdot \varphi') + T(f' \cdot \varphi)\\
&= -T(f \cdot \varphi')\\
&= -(f \cdot T)(\varphi') && \text{Prod. Fkt. · Distr.}\\
&= (f \cdot T)'(\varphi), && \text{Ableitung}
\end{aligned}$$

was zu zeigen war. $\square$

Wir fügen einige Beispiele an.

Beispiel 9.21 *Wir berechnen die Ableitung der von der Funktion $f(x) = \sin x$ erzeugten Distribution.*

Es ist mit partieller Integration

$$\begin{aligned}
T'_{\sin}(\varphi) &= -T_{\sin}(\varphi')\\
&= -\int_{-\infty}^{\infty} \sin x \cdot \varphi'(x)\,dx\\
&= -\sin x \cdot \varphi(x)\big|_{-\infty}^{\infty} + \int_{-\infty}^{\infty} \cos x \cdot \varphi(x)\,dx\\
&= \int_{-\infty}^{\infty} \cos x \cdot \varphi(x)\,dx\\
&= T_{\cos}(\varphi)
\end{aligned}$$

also ist

$$T'_{\sin} = T_{\cos}$$

wie wir es erwarten und wie es ohne das ominöse Minuszeichen in der Definition nicht gelungen wäre.

Beispiel 9.22 *Wir berechnen die Ableitung der von der Heaviside–Funktion*

$$h(x) := \begin{cases} 1, & x > 0 \\ 0, & x \leq 0 \end{cases}$$

erzeugten regulären Disribtion T_h.

Es ist

$$T_h(\varphi) := \int_{-\infty}^{\infty} h(x) \cdot \varphi(x)\,dx = \int_{0}^{\infty} \varphi(x)\,dx,$$

womit folgt:

$$\begin{aligned} T_h'(\varphi) &= -T_h(\varphi') \\ &= -\int_{-\infty}^{\infty} h(x) \cdot \varphi'(x) \, dx \\ &= -\int_0^{\infty} \varphi'(x) \, dx, \\ &= -(\varphi(\infty) - \varphi(0)) \\ &= \delta(\varphi). \end{aligned}$$

Damit haben wir die interessante Formel bewiesen:

$$T_h' = \delta. \tag{9.23}$$

Beispiel 9.23 *Wir berechnen die Ableitung einer regulären Disribution T_f, erzeugt von einer Funktion f, die an der Stelle $x_1 \in \mathbb{R}$ eine endliche Sprungstelle der Höhe s hat, sonst aber stetig differenzierbar ist.*

Wir sollten noch einmal betonen, daß die erzeugende Funktion f im klassischen Sinn im Punkt x_1 nicht differenzierbar ist.

Wir haben rechts die Funktion f mit ihrer Sprungstelle skizziert. Zugleich haben wir den rechten Ast von f nach unten verschoben, so daß eine stetige Funktion entstanden ist, die wir g nennen wollen. Damit läßt sich unsere Ausgangsfunktion f schreiben als:

$$f(x) = s \cdot h(x - x_1) + g(x),$$

wobei

$$h(x - x_1) := \begin{cases} 0 & \text{für } x - x_1 \leq 0 \\ 1 & \text{für } x - x_1 > 0 \end{cases}.$$

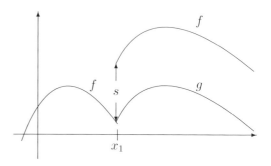

Abb. 9.3: Ableitung einer unstetigen Funktion

Damit erhalten wir für die von f erzeugte reguläre Distribution:

$$\begin{aligned} T_f(\varphi) &= \int_{-\infty}^{\infty} f(x) \cdot \varphi(x) \, dx \\ &= \int_{-\infty}^{\infty} (s \cdot h(x - x_1) + g(x)) \cdot \varphi(x) \, dx \\ &= s \cdot \int_{-\infty}^{\infty} h(x - x_1) \cdot \varphi(x) \, dx + \int_{-\infty}^{\infty} g(x) \cdot \varphi(x) \, dx \\ &= s \cdot T_{h(x_1)}(\varphi) + T_g(\varphi). \end{aligned}$$

Hier können wir nun leicht die gesuchte Ableitung bilden:

$$T_f{'} = s \cdot T'_{h(x_1)} + T_g{'} = s \cdot \delta(x_1) + T_g{'}.$$

Diese Formel wird nun in der Anwenderliteratur folgendermaßen geschrieben:

$$f{'}(x) = s \cdot \delta(x) + g{'}(x),$$

und als Rechenregel nimmt man die Aussage:

An der Sprungstelle muß ein Term 'Sprunghöhe mal delta' hinzugefügt werden.

Nachdem wir nun wissen, wie dieser Zusatzterm zustande kommt, ist gegen diese Kurzform eigentlich nichts mehr einzuwenden.

9.8 Faltung von Testfunktionen

Die Faltung ist uns früher schon begegnet, nämlich bei der Laplace–Transformation (vgl. S. 270). Wir wollen uns im folgenden mit einigen speziellen Punkten, die bei der Faltung mit Testfunktionen auftreten, befassen, um dann anschließend die Faltung von Distributionen anzugehen. Sie wird uns dann hilfreich zur Seite stehen, wenn wir Differentialgleichungen lösen wollen.

Zunächst wiederholen wir die Definition:

Definition 9.24 *Unter der Faltung zweier Testfunktionen f und g verstehen wir die neue Funktion*

$$(f * g)(x) := \int_{\infty}^{\infty} f(x-y) \cdot g(y)\, dy = \int_{\infty}^{\infty} g(x-y) \cdot f(y)\, dy. \tag{9.24}$$

Die Assoziativität und die Kommutativität lassen sich genau so beweisen, wie es bei gewöhnlichen Funktionen geklappt hat. Wir übergehen daher den Beweis.

Satz 9.25 *Die Faltung zweier Testfunktionen ist assoziativ:*

$$(f * g) * h = f * (g * h), \tag{9.25}$$

und sie ist kommutativ:

$$f * g = g * f. \tag{9.26}$$

Da wir uns bei Testfunktionen keine Sorgen um die Differenzierbarkeit machen müssen, können wir so einige Rechenregeln zusammenstellen, die bei normalen Funktionen weiterer Voraussetzungen bedürfen:

Satz 9.26 *Die Faltung zweier Testfunktionen ist mit der Translation vertauschbar:*

$$(f * g)(x - a) = f(x - a) * g(x) = f(x) * g(x - a), \tag{9.27}$$

und für die Ableitung gilt:

$$(f * g)' = f' * g = f * g'. \tag{9.28}$$

Bew.: Die Sache mit der Translation ergibt sich unmittelbar aus der Definition. Die Ableitungsregel rechnen wir einfach nach, indem wir unter dem Integralzeichen differenzieren; denn nur dort steht die Variable x.

$$\frac{d}{dx} \int_\infty^\infty f(x-y) \cdot g(y)\, dy = \int_\infty^\infty g(x-y) \cdot f(y)\, dy = \int_\infty^\infty f'(x-y) \cdot g(y)\, dy.$$

Damit haben wir schon gezeigt:

$$(f * g)' = f' * g.$$

Wegen der Kommutativität folgt dann sofort die weitere Formel. □

Diese Formel mutet etwas merkwürdig an; denn links soll ja die Ableitung im Prinzip auf beide Funktionen, also ihre Faltung wirken. Dann wird da rechts gesagt, daß nur eine Funktion abzuleiten ist. Außerdem ist es egal, welche der beiden beteiligten Kandidaten man ableitet. Im Prinzip könnte man also sogar eine nicht differenzierbare Funktion mit einer differenzierbaren falten und das Faltprodukt dann ableiten, indem man halt nur die differenzierbare ableitet. Schaut man sich den Beweis an, so sieht man schon, daß alles mit rechten Dingen zugeht. Es liegt eben an der Definition der Faltung.

Aus dieser Eigenschaft der Faltung rührt auch der Name, der manchmal gebräuchlich ist, her. Man nennt den Faltungsoperator auch Glättungsoperator, weil er in dieser Weise nichtglatte Funktionen sogar zu differenzierbaren wandelt.

9.9 Faltung bei Distributionen

Die Faltung, wie wir sie oben für Funktionen erklärt haben, läßt sich ausgezeichnet auf Distributionen übertragen. Genau wie dort wird eine weitere Variable y eingeführt, die dort durch die Integration gebunden war, hier wird sie durch die zweite Distribution gebunden. Das ganze sieht etwas merkwürdig aus, ein anschließendes Beispiel wird aber wohl Klarheit bringen.

Definition 9.27 *Sind T_1 und T_2 zwei Distributionen, so sei die Faltung*

$$T_1 * T_2$$

definiert durch

$$(T_1 * T_2)(\varphi) := T_1^x \left(T_2^y(\varphi(x+y)) \right) \qquad \forall \varphi \in \mathcal{D}. \tag{9.29}$$

9.9 Faltung bei Distributionen

Die oberen Indizes haben folgende Bedeutung: Wir halten in der Funktion $\varphi(x+y)$ die Variable x fest und wenden die Distribution T_2 auf φ als Funktion von y an. Dadurch entsteht eine Funktion von x, auf die wir anschließend die Distribution T_1 anwenden.

Am besten hilft hier ein Beispiel:

Beispiel 9.28 *Wir bezeichnen für dieses Beispiel reguläre Distributionen durch Einklammerung, schreiben also*

$$T_f(\varphi) = [f](\varphi).$$

So können wir auch

$$[1](\varphi) = \int_{-\infty}^{\infty} 1 \cdot \varphi(x)\, dx$$

deutlich kennzeichnen. Mit der Bezeichnung T_1 wäre nicht klar, ob die 1 vielleicht nur ein Index ist.

Unsere Aufgabe lautet: Was ergibt

$$[1] * \delta' = ?$$

Wir greifen uns zur Berechnung wieder eine Testfunktion $\varphi \in \mathcal{D}$. Dann ist

$\big([1](\varphi) * \delta'\big)(\varphi)$

$= [1]^x \big\{ \delta'^{\,y}(\varphi(x+y)) \big\}$	Hier nutzen wir einfach die Definition aus und fügen daher bei φ die Variable $x+y$ ein.
$= [1]^x \big\{ -\delta^y\big(\varphi'^{\,y}(x+y)\big) \big\}$	Hier haben wir die Definition für 'Ableitung' eingesetzt; dadurch entsteht das Minuszeichen
$-[1]^x \{\varphi'(x+0)\}$	Das ist nun die Definition für δ; wir sollen für ihre Variable, die ja hier y war, den Wert 0 einsetzen. Das haben wir ganz formal gean.
$= -[1]^x \varphi'(x)$	Hier haben wir nur die 0 weggelassen.
$= -\int_{-\infty}^{\infty} 1 \cdot \varphi'(x)\, dx$	So ist die reguläre Distribution $[1]$ gerade erklärt.
$= -\varphi(x)\Big|_{-\infty}^{\infty} = 0$	Die Auswerung des Integrals ist ja leicht, da der Integrand schon eine Ableitung ist, uns also die Suche nach einer Stammfunktion erspart bleibt. Da es sich um eine Testfunktion handelt, verschwindet sie bei $-\infty$ und $+\infty$.

$$\int_{-\infty}^{\infty} 0 \cdot \varphi(x)\, dx$$

Um das Ergebnis klarer zu machen, schreiben wir diese Zeile auf, die eigentlich umständlicher aussieht; aber die nächste Zeile zeigt dann den Sinn dieser Darstellung.

$$= [0](\varphi)$$

Das ist also die Nulldistribution, und wir können als Ergebnis festhalten:

$$[1] * \delta' = [0].$$

Einige Rechenregeln für den Umgang mit der Faltung mögen folgen. Dem Assoziativgesetz müssen wir eine Sonderstellung einräumen. Denn es ist nicht allgemeingültig, sondern gilt nur für Distributionen mit kompaktem Träger. Wir wollen diesen Begriff hier nicht weiter vertiefen, sondern verweisen auf die Spezialliteratur.

Satz 9.29 *Haben mindestens zwei der drei Distributionen T_1, T_2, T_3 einen kompakten Träger, so gilt:*

$$(T_1 * T_2) * T_3 = T_1 * (T_2 * T_3). \tag{9.30}$$

Für ein Gegenbeispiel verweisen wir auf [5].

Satz 9.30 *Rechenregeln für die Faltung*

$$\begin{aligned} (T_1 * T_2) &= T_2 * T_1 & &\textit{Kommutativgesetz} & &(9.31)\\ (T_1 * T_2)' &= T_1' * T_2 = T_1 * T_2' & &\textit{Ableitungsregel} & &(9.32)\\ T_1 * \delta &= \delta * T_1 = T_1 & &\textit{Faltung mit } \delta & &(9.33) \end{aligned}$$

Die Ableitungsregel ist eine unmittelbare Verallgemeinerung der entsprechenden Regel bei der Faltung von Funktionen.

Den Nachweis für die Faltung mit δ können wir schnell aufschreiben:

Es ist

$$(T * \delta)(\varphi) = T^x(\delta^y(x+y)) = T^x \varphi(x) = T(\varphi),$$

und damit ist schon alles gezeigt. □

9.10 Anwendung auf Differentialgleichungen

Betrachten wir einmal folgende Differentialgleichung:

$$y' + ay = \delta. \tag{9.34}$$

9.10 Anwendung auf Differentialgleichungen

Problematisch ist die rechte Seite. Wir haben ja nun erkannt, daß δ keine Funktion ist. Wie ist denn dann diese Gleichung aufzufassen? Wenn auf der rechten Seite keine Funktion, sondern eine Distribution steht, so muß man die linke Seite auch so auffassen.

Wir schlagen daher vor, das gesuchte y mit einem großen Buchstaben zu bezeichnen, um klarzumachen, daß wir eine Distribution Y als Lösung dieser Gleichung suchen. Wir betrachten also die Gleichung

$$Y' + aY = \delta \qquad (9.35)$$

und suchen eine Distribution Y, die ihr genügt.

Offenkundig ist dies eine in Y lineare Differentialgleichung, also werden wir ersuchen, genauso wie bei gewöhnlichen Differentialgleichungen vorzugehen.

1. Lösung der homogenen Differentialgleichung
2. Suche nach einer speziellen Lösung der nichthomogenen Gleichung mittels Variation der Konstantem
3. Ermittlung der allgemeinen Lösung nach dem Superpositionsprinzip:

   allg. Lösung = spez. Lösung der inhom. DGL. + allg. Lösung der hom. DGl.

Zu 1. Schauen wir uns die homogene Gleichung an

$$Y' + aY = \square,$$

so sehen wir nichts Besonderes, was auf die Bedeutung als Distribution hinweist. Also werden wir diese Gleichung als gewöhnliche DGl auffassen und auch so lösen, aber das Ergebnis wieder in den Raum der Distributionen geleitet.

Ihre charakteristische Gleichung lautet

$$\lambda + a = 0 \text{ mit der Lösung } \lambda = -a.$$

Die allgemeine Lösung der homogenen DGl ist also

$$Y = c \cdot Exp(-ax), \quad c \in \mathbb{R}, \qquad (9.36)$$

wobei wir mit $Exp(-ax)$ die von der Exponentialfunktion e^{-ax} erzeugte reguläre Distribution meinen. Wir haben also

$$Y(\varphi) = c \cdot \int_{-\infty}^{\infty} e^{-ax} \cdot \varphi(x)\, dx \quad \forall \varphi \in \mathcal{D}.$$

Bis hierher waren die Distributionen gar nicht in Erscheinung getreten, alles spielte sich so ab, wie bei Funktionen. Jetzt geht's erst los, denn jetzt tritt δ auf den Plan.

Zu 2. Eine spezielle Lösung der nichthomogenen Gleichung (9.35) versuchen wir mit demselben Trick, wie er uns bei gewöhnlichen DGl begegnet ist, zu finden, der 'Variation der Konstantem'. Dazu wählen wir den Ansatz:

$$Y_{spez} := e^{-ax} \cdot C \qquad (9.37)$$

$$\text{also } Y_{spez}(\varphi) = e^{-ax} \cdot C(\varphi) \qquad (9.38)$$

$$= C\big(e^{-ax} \cdot \varphi(x)\big). \qquad (9.39)$$

Wir haben also die Rollen in der allgemeinen Lösung für die homogene DGl (9.36) vertauscht. Die dortige Konstante c wird hier zur gesuchten Distribution C, die dortige Distribution $Exp(-ax)$ hier zur multiplikativen Funktion.

Wir bilden nun die Ableitung

$$Y' = e^{-ax}C' - ae^{-ax}C$$

und setzen alles in (9.35) ein:

$$e^{-ax}C' - ae^{-ax}C + ae^{-ax}C = e^{-ax}C' = \delta.$$

Jetzt lösen wir nach der Unbekannten C' auf und nutzen unser Wissen über δ aus:

$$C'(\varphi) = e^{ax}\delta(\varphi) = \delta(e^{ax}\varphi(x)) = e^{a0}\varphi(0) = \varphi(0) = \delta(\varphi).$$

Das heißt also

$$C'(\varphi) = \delta(\varphi),$$

woraus wir sofort eine Lösung für C gewinnen:

$$C = T_h. \tag{9.40}$$

Dabei ist T_h die von der Heaviside–Funktion erzeugte Distribution.

Damit lautet die spezielle Lösung

$$Y_{spez} = e^{-ax} \cdot T_h. \tag{9.41}$$

Zu 3. Die allgemeine Lösung ermitteln wir nun noch durch Superposition aus (9.36) und (9.41):

$$Y = cExp(-ax) + e^{-ax}H, \tag{9.42}$$

$$\text{also } Y(\varphi) = c \cdot \int_{-\infty}^{\infty} e^{-ax}\varphi(x)\,dx + e^{-ax}T_h(\varphi), \tag{9.43}$$

und lächeln milde, wenn anderswo gesagt wird, die Lösung sei:

$$y = c \cdot e^{-ax} + e^{-ax} \cdot h(x);$$

denn ein richtiger Kern steckt ja drin, wenn wir alle Augen zudrücken, aber wie man drauf kommt, das haben wir uns oben überlegt.

Beispiel 9.31 *Gegeben sei im Raum der Distributionen die Differentialgleichung*

$$(x+1)Y' + 2Y = \delta.$$

1. *Bestimmen Sie die allgemeine Lösung der homogenen Gleichung.*
2. *Berechnen Sie mittels Variation der Konstanten eine spezielle Lösung der nichthomogenen Differentialgleichung und damit die allgemeine Lösung obiger Differentialgleichung.*

9.10 Anwendung auf Differentialgleichungen

Der Ablauf ist nun ganz genau so wie oben, also können wir uns wohl kürzer fassen.

Zu 1. Betrachten wir zunächst die homogene Gleichung

$$(x+1)Y' + 2Y = \square.$$

Da hier nichts Distributionelles versteckt ist, lösen wir sie so wie früher, übertragen das Ergebnis aber dann in den Raum der Distributionen.

Die Differentialgleichung

$$(x+1)y'(x) + 2y(x) = 0$$

lösen wir durch Trennung der Veränderlichen:

$$\frac{dy}{y} = -\frac{2}{x+1}\,dx \Rightarrow \ln y = -2\ln(x+1) + c$$

$$y(x) = \widetilde{c}e^{-2\ln(x+1)}$$
$$= \widetilde{c}(x+1)^{-2}.$$

Damit lautet die allgemeine Lösung der homogenen DGl in der Sprache der Distributionen, wenn wir mit $[f(x)]$ die von f erzeugte reguläre Distribution bezeichnen:

$$Y_{hom} = \widetilde{c}\left[(x+1)^{-2}\right]. \tag{9.44}$$

Zu 2. Variation der Konstanten, um eine spezielle Lösung der nichthomogenen Gleichung zu finden:

$$\text{Ansatz: } Y_{spez} = (x+1)^{-2} \cdot C, \quad C \text{ gesuchte Distribution}$$
$$Y_{spez}{}' = C'(x+1)^{-2} + C(-2)(x+1)^{-3}.$$

Einsetzen in die DGL:

$$(x+1)[C'(x+1)^{-2} + C(-2)(x+1)^{-3}] + 2C(x+1)^{-2} = \delta,$$
$$C'(x+1)^{-1} - 2C(x+1)^{-2} + 2C(x+1)^{-2} = \delta.$$

Das heißt also:

$$C' = (x+1)\delta,$$

und damit

$$C'(\varphi) = (x+1)\delta(\varphi) = \delta((x+1)\varphi) = (0+1)\varphi(0) = \varphi(0) = \delta(\varphi), \tag{9.45}$$
$$C(\varphi) = T_h(\varphi).$$

So lautet denn eine spezielle Lösung der nichthomogenen DGl

$$Y_{spez} = (x+1)^{-2} \cdot T_h.$$

Zu 3. Aus 1. und 2. setzen wir nun die allgemeine Lösung der DGL zusammen:
$$Y = c\left[(x+1)^{-2}\right] + (x+1)^{-2}T_h, \tag{9.46}$$
und wieder strahlt unser mildes Lächeln, wenn wir auch folgende Antwort als allgemeine Lösung gelten lassen:
$$y(x) = c \cdot \frac{1+h(x)}{(x+1)^2} \quad \text{mit der Sprungfunktion } h(x).$$

Hier schlagen wir zur Abwechslung vor, eine Probe durchzuführen. Das übt viele Rechengesetze. Allerdings wollen wir uns, um nicht zu lange zu rechnen, nur überlegen, daß die spezielle Lösung Y_{spez} die DGl erfüllt.

$$\begin{aligned}
Y_{spez}{}' &= (x+1)^{-2}\cdot\delta + (-2)(x+1)^{-3}T_h\\
(x+1)Y'_{spez} + 2Y_{spez} &= (x+1)[(x+1)^{-2}\cdot\delta - 2(x+1)^{-3}T_h] + 2(x+1)^{-2}\cdot T_h\\
&= (x+1)^{-1}\cdot\delta - 2(x+1)^{-2}\cdot T_h + 2(x+1)^{-2}\cdot T_h\\
&= (x+1)^{-1}\cdot\delta\\
&= \delta \quad \text{analog zu (9.45)}
\end{aligned}$$

10 Numerik von Anfangswertaufgaben

10.1 Einführung

Das Ziel dieses Kapitels ist die numerische Behandlung von gewöhnlichen Differentialgleichungen. Wie sich das gehört, werden wir zuerst fragen, ob denn die Aufgaben, die wir uns stellen, überhaupt lösbar sind. Für die numerische Berechnung einer Näherung ist es dann auch wichtig, daß man nur eine einzige Lösung finden kann. In kleinen Ansätzen werden wir auf elementare Lösungsmethoden zur Bestimmung einer exakten Lösung eingehen, dies aber nur soweit, wie es unseren Beispielen geziemt. Eine vollständige Abhandlung der exakten Lösungsverfahren findet man in Spezialbüchern über Differentialgleichungen.

Zur Motivation möchte das folgende Beispiel dienen. Es zeigt recht anschaulich, wo überall mit dem Auftreten von Differentialgleichungen zu rechnen ist. Mit ihrer Hilfe lassen sich sehr viele, wenn nicht gar die meisten Naturphänomene beschreiben.

10.2 Wie ein Auto bei Glätte rutscht[1]

Wie kommt es eigentlich, daß bei durchdrehenden Rädern ein Auto so leicht seitlich wegrutscht? Eine Frage, die man sich so in Einzelheiten kaum selbst stellt, aber jeder, der einmal ins Schleudern geraten ist, fragt sich doch, warum das Auto nicht einfach geradeaus weitergefahren oder besser gerutscht ist. Dann wäre ja gar kein Problem entstanden. Aber nein, es wollte seitlich weg.

Um dieses Phänomen beschreiben zu können, müssen wir ein wenig Physik betreiben. Nehmen wir also einen Körper mit der Masse m. Das ist unser Auto. Es hat also ein Gewicht $G = m \cdot g$, wobei g die Erdbeschleunigung ist. Wir vereinfachen nun den Vorgang dadurch, daß wir mit dem Auto auf einer perfekten Geraden fahren, natürlich der x–Achse, die dazu noch in einer perfekten Ebene eingebettet ist, der x–y–Ebene. Sonst wird es zu kompliziert. Außerdem wollen wir uns mit der Geschwindigkeit $v = \frac{dx}{dt} > 0$ fortbewegen, t ist die Zeit.

Eines der physikalischen Grundgesetze lautet:

$$
\begin{array}{ccc}
Kraft & = & Masse \times Beschleunigung \\
\vec{F} & = & m \cdot \vec{a}
\end{array}
$$

---

[1] Dieses Beispiel verdanke ich einer Veröffentlichung meines verehrten Kollegen Dr. D. Wode in Math. Sem. Ber. **35**, (1988)

Dabei ist die Beschleunigung $\vec{a}$ die zweite Ableitung der Bewegung nach der Zeit, also $\vec{a} = \frac{d^2x}{dt^2}, \frac{d^2y}{dt^2}$.

Dieses Gesetz machen wir zur Grundlage unserer Überlegung.

Wir betrachten drei verschiedene Arten von Kräften, die auf das Fahrzeug einwirken. Zuerst ist da die Motorkraft, die wir in Richtung der Fortbewegung, also der x–Achse einsetzen. Wir bezeichnen sie mit J. Und dann haben wir die böse Seitenkraft in Richtung y, verursacht z. B. durch Seitenwind, Gefälle, schiefe Fahrbahn o.ä. Sie sei mit K bezeichnet.

Außerdem ist da noch die Reibung. Die Physik lehrt uns, daß die Reibungskraft $\vec{R}$ in Richtung der Fortbewegung, also in Richtung von $\vec{v} = (\frac{dx}{dt}, \frac{dy}{dt})^\top$, zeigt und proportional zur Gewichtskraft, also der Kraft senkrecht zur x-y-Ebene ist. Dabei wird eine dimensionslose Reibungszahl μ eingeführt. Den Geschwindigkeitsvektor normieren wir zu 1, was die Wurzel im Nenner ergibt:

$$\vec{R} = \frac{G \cdot m \cdot \mu}{\sqrt{\left(\frac{dx}{dt}\right)^2 + \left(\frac{dy}{dt}\right)^2}} \cdot \begin{pmatrix} \frac{dx}{dt} \\ \frac{dy}{dt} \end{pmatrix}$$

Wir fassen nun alles zusammen und beachten nur noch, daß die Reibungskraft der Bewegung entgegengerichtet ist. Also erhält sie ein negatives Vorzeichen:

$$\begin{pmatrix} J \\ K \end{pmatrix} - \frac{G \cdot m \cdot \mu}{\sqrt{\left(\frac{dx}{dt}\right)^2 + \left(\frac{dy}{dt}\right)^2}} \cdot \begin{pmatrix} \frac{dx}{dt} \\ \frac{dy}{dt} \end{pmatrix} = m \cdot \begin{pmatrix} \frac{d^2x}{dt^2} \\ \frac{d^2y}{dt^2} \end{pmatrix} \qquad (10.1)$$

Bevor wir uns diese Gleichung etwas genauer ansehen, wollen wir uns noch Gedanken über den Anfangszustand machen. Wir starten mit der Untersuchung zur Zeit $t = 0$. Das sei also der Zeitpunkt, zu dem das Fahrzeug seitlich zu rutschen beginnt. Da befindet es sich demnach noch genau in der Spur, sei also noch nicht von der x–Achse abgewichen, was wir mathematisch so ausdrücken:

$$y(0) = 0$$

Zu diesem Zeitpunkt soll das seitliche Rutschen beginnen, eine Änderung dieser Seitenbewegung hat also noch nicht Platz gegriffen. Mathematisch heißt das:

$$\frac{dy}{dt}(0) = 0$$

Diese beiden Bedingungen nennen wir *Anfangsbedingungen*. Genau das ist die Welt dieses Kapitels, die Untersuchung solcher sog. Anfangswertaufgaben. Sie sind mehr als häufig in den Anwendungen zu finden. Da diese aber in der Regel sehr viel komplizierter gebaut sind, wollen wir uns darauf konzentrieren, solche Aufgaben näherungsweise zu lösen.

10.2 Wie ein Auto bei Glätte rutscht

Um die Autorutschpartie zu Ende führen zu können, wollen wir noch eine weitere Vereinfachung hinzufügen. Zumindest am Beginn des Rutschvorgangs, also für kleine t sei die seitliche Rutschbewegung sehr viel kleiner als die Geradeausbewegung:

$$\frac{dy}{dt} < \frac{dx}{dt} \Rightarrow \left(\frac{dy}{dt}\right)^2 \ll \left(\frac{dx}{dt}\right)^2$$

Damit können wir die Wurzel im Nenner deutlich vereinfachen. Sie ist gleich $v := dx/dt$.
Da wir das seitliche Rutschen untersuchen wollen, interessiert uns nur die zweite Komponente der Gleichung (10.1):

$$K - G \cdot \mu \cdot \frac{1}{v} \cdot \frac{dy}{dt} = m \cdot \frac{d^2 y}{dt^2}.$$

Eine leichte Umformung ergibt dann die Gleichung:

$$\frac{K \cdot v}{G \cdot \mu} = \frac{dy}{dt} + \frac{m \cdot v}{G \cdot \mu} \frac{d^2 y}{dt^2} \quad \text{mit } y(0) = 0, \; \frac{dy}{dt}(0) = 0 \quad (10.2)$$

Wir haben somit eine Gleichung erhalten, in der unsere gesuchte Funktion $y(t)$ auftritt, aber etwas versteckt, es sind nur ihre erste und zweite Ableitung vorhanden. Solch eine Gleichung nennt man eine *Differentialgleichung*. Wir werden das gleich im nächsten Abschnitt genau definieren. Zur Interpretation fügen wir die folgenden Bemerkungen an.

Bemerkung 10.1 *1. Die erste Komponente der Gleichung (10.1)*

$$J - \frac{G \cdot \mu}{v} \cdot \frac{dx}{dt} = m \cdot \frac{d^2 x}{dt^2}$$

beschreibt die normale Fortbewegung auf der Straße, also in x–Richtung. Hier ist μ der Haftreibungskoeffizient. Die Industrie versucht, μ möglichst klein zu machen, was durch Schmierung der Achsen, eine bessere Gummimischung der Reifen usw. erreicht werden kann. $\mu \to 0$ bedeutet dann, daß links der zweite Term, also keine Reibungskraft, auftritt. Wir suchen (und finden) sehr leicht eine Funktion, deren zweite Ableitung konstant ist, denn das heißt ja, daß die Beschleunigung konstant ist. Ohne Reibung wird das Auto immer schneller.

2. Die zweite Komponente beschreibt die Querbewegung. Hier ist μ die Gleitreibung. Natürlich möchte man diese möglichst groß machen, um das seitliche Wegrutschen zu verhindern. Für $\mu \to \infty$ entsteht die Gleichung

$$\frac{dy}{dt} = 0 \implies y = const.$$

Wegen der Anfangsbedingungen bleibt da nur die Funktion $y \equiv 0$ übrig. Das heißt dann, daß das Auto stur geradeaus fährt. Seitliches Wegrutschen tritt nicht auf.

Als Fazit erhalten wir: Gewünscht wird ein Reibungskoeffizient, der richtungsabhängig und zwar in Fahrtrichtung möglichst klein, quer zur Fahrtrichtung möglichst groß ist. Die Industrie arbeitet daran.

Wir suchen nun eine Lösung der Gleichung (10.2). Zur weiteren Vereinfachung nehmen wir noch an, daß wir uns mit konstanter Geschwindigkeit fortbewegen, also $v = const.$ gelte. Es sei darauf hingewiesen, daß (10.2) dann eine lineare Differentialgleichung mit konstanten Koeffizienten ist. In der Theorie der Differentialgleichungen lernt man gleich zu Beginn, wie man eine solche Gleichung löst. Da wir das hier in diesem Buch nicht behandeln – wir wollen ja zur Numerik vorstoßen –, aber doch eine Lösung angeben wollen, greifen wir zurück auf das Kapitel 'Laplace–Transformation'. Dort haben wir ein Verfahren kennengelernt, daß sich hier ausgezeichnet anwenden läßt. Wir lassen die gesamte Durchrechnung kleingedruckt folgen, der kundige oder auch der an den Einzelheiten nicht so interessierte Leser mag dies dann getrost überspringen.

Berechnung einer Lösung mittels Laplace–Transformation. Wir betrachten also folgende Anfangswertaufgabe:

$$\frac{K \cdot v}{G \cdot \mu} = \frac{dy}{dt} + \frac{m \cdot v}{G \cdot \mu} \frac{d^2 y}{dt^2} \quad \text{mit } y(0) = 0,\ \frac{dy}{dt}(0) = 0 \tag{10.3}$$

$$y(0) = 0, \quad \frac{dy}{dt}(0) = 0 \tag{10.4}$$

Auf beide Seiten der Differentialgleichung wenden wir die Laplace–Transformation an:

$$\mathcal{L}\left[\frac{mv}{G\mu} \cdot \frac{d^2 y}{dt^2} + \frac{dy}{dt}\right](s) = \mathcal{L}\left[\frac{Kv}{G\mu}\right](s)$$

Ausnutzen der Linearität des Laplace–Operators und des Differentiationssatzes ergibt:

$$\frac{mv}{G\mu} \cdot s^2 \cdot \mathcal{L}[y](s) - s \cdot \underbrace{y(0)}_{=0} - \underbrace{y'(0)}_{=0} + s \cdot \mathcal{L}[y](s) - \underbrace{y(0)}_{=0} = \frac{Kv}{G\mu} \cdot \frac{1}{s}, \quad s > 0$$

Hier haben wir bereits zusätzlich die Anfangsbedingungen durch Unterklammern eingebaut. Da fallen also einige Terme weg. Rechts haben wir unser Wissen von früher, nämlich $\mathcal{L}[1](s) = 1/s$ verwendet.

Zusammengefaßt ergibt sich:

$$\left(\frac{mv}{G\mu} \cdot s^2 + s\right) \mathcal{L}[y](s) = \frac{Kv}{G\mu} \cdot \frac{1}{s}$$

Das lösen wir auf:

$$\mathcal{L}[y](s) = \frac{Kv}{(mvs + G\mu) \cdot s^2}$$
$$= Kv \cdot \frac{1}{(mvs + G\mu) \cdot s^2} \tag{10.5}$$

Nun kommt der schwere Akt der Rücktransformation. Dazu versuchen wir, den Term auf der rechten Seite in einfachere Terme aufzuspalten. Als Hilfsmittel dient die Partialbruchzerlegung; wir machen dazu folgenden Ansatz:

$$\frac{1}{(mvs + G\mu) \cdot s^2} = \frac{As + B}{s^2} + \frac{C}{mvs + G\mu} \tag{10.6}$$

10.2 Wie ein Auto bei Glätte rutscht

Durch Multiplikation mit dem Hauptnenner führt das auf

$$1 = (As + B)(mvs + G\mu) + Cs^2$$

Drei Unbekannte A, B und C harren ihrer Bestimmung. Irgendwo müssen wir drei Gleichungen für sie finden. Durch den Hauptnennertrick haben wir die Ausnahme für $s = 0$ beseitigt. Wir können also sagen, daß diese Gleichung für alle $s \in \mathbb{R}$ gültig sein möge. Durch Wahl von $s = 0$, $s = 1$ und $s = -1$ erhalten wir dann unsere drei Gleichungen:

$$s = 0 \implies 1 = B \cdot G\mu \implies B = \frac{1}{G\mu}$$

$$s = 1 \implies 1 = \left(A + \frac{1}{G\mu}\right)(mv + G\mu) + C = A(mv + G\mu) + \frac{mv}{G\mu} + 1 + C$$

Hieraus folgt:

$$A(mv + G\mu) + C = -\frac{mv}{G\mu} \tag{10.7}$$

$$s = -1 \implies 1 = \left(-A + \frac{1}{G\mu}\right)(-mv + G\mu) + C = -A(-mv + G\mu) - \frac{mv}{G\mu} + 1 + C$$

Das führt auf

$$-A(-mv + G\mu) + C = \frac{mv}{G\mu} \tag{10.8}$$

Wir subtrahieren (10.8) von (10.7) und erhalten

$$Amv + AG\mu + C - Amv + AG\mu - C = -\frac{mv}{G\mu} - \frac{mv}{G\mu},$$

Also

$$A = -\frac{mv}{G^2\mu^2} \tag{10.9}$$

C berechnen wir durch Einsetzen in (10.7):

$$\begin{aligned} C &= -\frac{mv}{G\mu} + \frac{mv}{G^2\mu^2}(mv + G\mu) \\ &= \frac{m^2v^2}{G^2\mu^2} \end{aligned} \tag{10.10}$$

Das setzen wir jetzt in den Ansatz (10.6) zusammen mit (10.5) ein:

$$\begin{aligned}
\mathcal{L}[y](s) &= Kv \left[\frac{-\frac{mv}{G^2\mu^2}s + \frac{1}{G\mu}}{s^2} + \frac{\frac{m^2v^2}{G\mu}}{mvs + G\mu} \right] \\
&= \frac{Kv}{G^2\mu^2} \left[\frac{-mvs + G\mu}{s^2} + \frac{m^2v^2}{mvs + G\mu} \right] \\
&= \frac{Kmv^2}{G^2\mu^2} \left[\frac{-s + \frac{G\mu}{mv}}{s^2} + \frac{mv}{mvs + G\mu} \right] \\
&= \frac{Kmv^2}{G^2\mu^2} \left[\frac{-s + \frac{G\mu}{mv}}{s^2} + \frac{1}{s + \frac{G\mu}{mv}} \right] \\
&= \frac{Kmv^2}{G^2\mu^2} \left[-\frac{1}{s} + \frac{\frac{G\mu}{mv}}{s^2} + \frac{1}{s + \frac{G\mu}{mv}} \right] \\
&= -\frac{Kmv^2}{G^2\mu^2} \cdot \frac{1}{s} + \frac{Kv}{G\mu} \cdot \frac{1}{s^2} + \frac{Kmv^2}{G^2\mu^2} \cdot \frac{1}{s + \frac{G\mu}{mv}}
\end{aligned}$$

Jetzt ist das Ganze in dem Topf, wo es kocht, wir können also rücktransformieren und erhalten die Lösung:

$$y = -\frac{Kmv^2}{G^2\mu^2} \cdot 1 + \frac{Kv}{G\mu} \cdot t + \frac{Kmv^2}{G^2\mu^2} \cdot exp\left(-\frac{G\mu}{mv}t\right) \tag{10.11}$$

Dies Ergebnis sieht nicht gerade vielversprechend aus, dabei enthält es alle Informationen, die uns das Rutschen erklärt. Wir müssen es nur finden. Wir fragen nach dem Beginn des Vorgangs, was geschieht in dem Moment, wo wir auf Glatteis geraten. Also werden wir nur kleine Zeiten betrachten.

Dazu entwickeln wir die Exponentialfunktion in eine Reihe, wie wir sie ja im Anfangsstudium kennen gelernt haben:

$$e^{-kt} = 1 - kt + \frac{k^2 t^2}{2!} - \frac{k^3 t^3}{3!} + \frac{k^4 t^4}{4!} \pm \cdots$$

Das setzen wir oben ein und werden Erstaunliches feststellen:

$$\begin{aligned}
y(t) &= \frac{Kmv^2}{G^2\mu^2}\left(-1 + 1 - \frac{G\mu}{mv}t + \frac{1}{2}\frac{G^2\mu^2}{m^2v^2}t^2 - \frac{1}{6}\frac{G^3\mu^3}{m^3v^3}t^3 \pm \cdots\right) + \frac{Kv}{G\mu}t \\
&= \frac{1}{2}\frac{K}{m}t^2 - \frac{1}{6}\frac{GK\mu}{m^2v}t^3 \pm \cdots
\end{aligned}$$

Die Lösung enthält also als erstes einen Term mit t^2 und dann nur noch Terme mit höheren Potenzen in t.

Physikalisch läßt sich das folgendermaßen deuten: Für kleines $t > 0$ ist $t^3 \ll t^2$. Zu Beginn des Wegrutschens, also in der Tat für kleines t, kann daher der zweite Term vernachlässigt werden. Im ersten Term steckt aber kein μ drin. Das bedeutet, daß der Rutschbeginn nicht mehr von der Gleitreibung beeinflußt wird. Es ist praktisch ein reibungsfreies Abdriften möglich. Jede noch so kleine Unebenheit oder seitliche Windböe

10.2 Wie ein Auto bei Glätte rutscht

kann dieses Querrutschen verursachen. Dann aber ist die Bewegung gleichmäßig beschleunigt, wie der t^2–Term sagt. Und genau das spürt man und es ist schrecklich unangenehm, wenn man ins Schleudern gerät.

Dieser für den Autoverkehr so verhängnisvolle Sachverhalt hat aber bei anderen Gelegenheiten seine Vorteile.

- So wissen wir jetzt, warum man beim Brotschneiden das Messer hin- und herbewegt. Eigentlich will man ja nach unten schneiden. Durch die seitliche Bewegung ist aber die Reibung für das senkrechte Schneiden praktisch aufgehoben, und wir kommen leicht nach unten. Das ist ja auch das Prinzip jedes Sägevorgangs, auch der Kreissäge.
- Jeder, der mit einer Bohrmaschine hantiert hat, weiß, daß sich der Bohrer am Ende gerne festfrißt. Man kann ihn aber leicht wieder herausziehen, wenn man die Bohrmaschine weiter drehen läßt.
- Die Autoindustrie bemüht sich zur Zeit intensiv um eine ASR, eine Anti-Schlupf-Regulierung. Sie dient derzeit aber nur zum Anfahren bei Glatteis und nutzt lediglich aus, daß die Gleitreibung deutlich kleiner als die Haftreibung ist. Sie vermeidet also das Durchdrehen der Räder beim Anfahren. Es wäre aber auch sinnvoll, sie während der Fahrt zur Verfügung zu haben. Wenn das überaus nachteilige Durchdrehen oder auch das Blockieren der Räder und damit das Rutschen verhindert werden könnte, wäre sicherlich mancher Unfall vermeidbar.

Nach diesem kleinen Ausflug in ein Anwendungsgebiet kommen wir zurück zu den Differentialgleichungen. Oben bei dem Beispiel haben wir ausgenutzt, daß wir eine exakte Lösung mittels Laplace–Transformation berechnen konnten. Das wird aber in den meisten praktischen Fällen überhaupt nicht denkbar sein. Eine exakte Lösung wird für die allermeisten technischen Probleme stets ein Wunschtraum bleiben. Wir werden uns daher um Ideen kümmern, wie wir eine Näherungslösung finden können.

10.2.1 Explizite Differentialgleichungen n-ter Ordnung

Allgemein können wir eine Differentialgleichung so beschreiben:

Definition 10.2 *Eine gewöhnliche Differentialgleichung ist eine Gleichung, in der eine unbekannte Funktion $y(x)$ der einen unabhängigen Variablen x zusammen mit ihren Ableitungen $y'(x)$, $y''(x)$ usw. steht, also eine Gleichung der Form*

$$F(x, y(x), y'(x), \ldots, y^{(n)}) = 0 \qquad (10.12)$$

mit einer allgemeinen Funktion F von $n+2$ Variablen.

Hier haben wir als letzte Ableitung die n–te eingetragen. Die höchste vorkommende Ableitung bekommt einen Namen:

Definition 10.3 *Die Ordnung der höchsten vorkommenden Ableitung nennen wir die Ordnung der Differentialgleichung.*

Unsere allgemeine Differentialgleichung ist also von n–ter Ordnung. Leider können wir für solch einen allgemeinen Typ keine gemeinsame Theorie aufstellen, in der wir mitteilen, unter welchen Bedingungen die Aufgabe überhaupt lösbar ist, vielleicht genau eine Lösung besitzt usw. Wir müssen die Aufgabe etwas einschränken. Behandelt werden nur explizite Differentialgleichungen, also vom Typ

$$y^{(n)}(x) = f(x, y(x), y'(x), \ldots, y^{(n-1)}(x)).$$

Um zu sehen, wie einschränkend das ‚explizit' ist, betrachten wir folgende Differentialgleichung:

$$y'(x) + (y')^2(x) \cdot \sqrt{y(x)} - \ln y(x) = 0.$$

Sie läßt sich nicht explizit nach $y'(x)$ auflösen, jedenfalls ist es dem Autor nicht gelungen. Solche Gleichungen können wir also mit unserer Theorie nicht erfassen.

10.2.2 Umwandlung Differentialgleichung n–ter Ordnung in System 1. Ordnung

Unser Ziel ist es, Verfahren vorzustellen, mit denen gewöhnliche Differentialgleichungen näherungsweise gelöst werden können. Oben haben wir die Einschränkung *explizit* kennengelernt. Sie ist noch nicht ausreichend, wir müssen uns noch weiter spezialisieren, werden aber feststellen, daß dies keine wirkliche Einschränkung bedeutet. Haben wir eine explizite Differentialgleichung n–ter Ordnung vorliegen, so können wir natürlich nicht erwarten, sie in eine Differentialgleichung erster Ordnung überführen zu können. Wir schaffen es aber leicht, aus ihr ein *System* von n Differentialgleichungen erster Ordnung herzustellen. Das geht so.

Betrachten wir eine allgemeine Differentialgleichung n–ter Ordnung

$$y^{(n)}(x) = f(x, y(x), y'(x), \ldots, y^{(n-1)}(x)). \tag{10.13}$$

Wir suchen eine Differentialgleichung der Form

$$\vec{y}\,'(x) = \vec{f}(x, \vec{y}(x)) \tag{10.14}$$

mit $\vec{y}(x) = (y_1(x), \ldots, y_n(x))^\top$ und $\vec{f}(x, \vec{y}(x)) = (f_1(x, \vec{y}(x)), \ldots, f_n(x, \vec{y}(x)))^\top$. Wir brauchen also Funktionen y_1 bis y_n und f_1 bis f_n.

Dazu setzen wir

$$\begin{aligned} y_1(x) &= y(x) \\ y_2(x) &= y'(x) \\ &\vdots \\ y_n(x) &= y^{(n-1)}(x) \end{aligned}$$

Durch schlichtes Ableiten auf beiden Seiten erhalten wir sofort das System

$$\begin{aligned} y_1'(x) &= y_2(x) & &= f_1(x, \vec{y}(x)) \\ y_2'(x) &= y_3(x) & &= f_2(x, \vec{y}(x)) \\ &\vdots & &\vdots \\ y_n'(x) &= y^{(n)}(x) = f(x, y_1(x), y_2(x), \ldots, y_n(x)) &&= f_n(x, \vec{y}(x)) \end{aligned}$$

Ein Beispiel mag die Leichtigkeit der Aufgabe verdeutlichen.

Beispiel 10.4 *Wir betrachten folgende Differentialgleichung*
$$y'''(x) + xy''(x) - y'(x) + 4y(x) = x^2$$
und führen sie auf ein System von Differentialgleichungen erster Ordnung zurück.

Zunächst schreiben wir sie als explizite Gleichung, indem wir sie nach $y'''(x)$ auflösen:
$$y'''(x) = -xy''(x) + y'(x) - 4y(x) + x^2$$

Da sie von dritter Ordnung ist, brauchen wir drei Funktionen y_1, y_2 und y_3. Wir setzen
$$y_1(x) = y(x), \quad y_2(x) = y'(x), \quad y_3(x) = y''(x).$$

Damit erhalten wir das System
$$\begin{aligned} y_1'(x) &= y_2(x) & = f_1(x, \vec{y}(x)) \\ y_2'(x) &= y_3(x) & = f_2(x, \vec{y}(x)) \\ y_3'(x) &= -xy_3(x) + y_2(x) - 4y_1(x) + x^2 & = f_3(x, \vec{y}(x)) \end{aligned}$$

Wir ziehen folgendes Fazit:

Jede explizite Differentialgleichung n–ter Ordnung kann in ein System von expliziten Differentialgleichungen 1. Ordnung zurückgeführt werden.

So wissen wir nun, wie wir mit einer expliziten Differentialgleichung höherer als erster Ordnung umgehen. Wir können uns daher beschränken auf die Behandlung von (Systemen von) Differentialgleichungen erster Ordnung.

Wir sollten unbedingt erwähnen, daß die Lösung dieses Systems uns zuviel Information liefert. Zunächst erhalten wir $y_1(x)$ als unsere gesuchte Lösung. Daneben bekommen wir aber noch die Funktionen $y_2(x)$ und $y_3(x)$, also die Ableitungen $y'(x)$ und $y''(x)$ (allgemein $y^{(n)}(x)$). Vielleicht kann man ja diese Zusatzinformation auch verwerten.

10.3 Aufgabenstellung

Nach diesen Vorbemerkungen ist also klar, wie die Differentialgleichungen, mit denen wir uns befassen wollen, auszusehen haben.

Gegeben sei das folgende explizite Differentialgleichungssystem 1. Ordnung:
$$\vec{y}'(x) = \vec{f}(x, \vec{y}(x)) \tag{10.15}$$

Kommt in einer Gleichung eine Ableitung der gesuchten Funktion vor, so muß man ja im Prinzip einmal integrieren, um die Lösung zu ermitteln. Bekanntlich tritt dabei eine Integrationskonstante auf, die wir frei wählen können. Bei höheren Ableitungen treten entsprechend mehr Integrationskonstanten auf. Das bedeutet, daß unsere Gleichung nicht nur genau eine Lösung besitzt, sondern wir können vielleicht sogar unendlich viele Lösungen bestimmen. Das ist nicht nur theoretisch unangenehm, sondern stürzt einen Computer normalerweise in höchste Verwirrung. Der will immer genau eine Lösung finden.

Wir retten uns aus dieser Misere, indem wir weitere einschränkende Bedingungen hinzufügen. Dazu wählen wir in diesem Abschnitt sog. Anfangsbedingungen. Auch diese wollen wir gleich ganz allgemein formulieren, orientieren uns aber zunächst an einfachen Beispielen.

Beispiel 10.5

1. *Ist die Differentialgleichung von erster Ordnung, so bietet es sich an, an einer Stelle x_0 im betrachteten Intervall den Wert der gesuchten Funktion $y(x)$ vorzuschreiben:*

$$y(x_0) = y_0$$

2. *Ist die Differentialgleichung von n-ter Ordnung, $n > 1$, so kann man n Bedingungen stellen, z. B. also an einer Stelle x_0 im betrachteten Intervall neben dem Funktionswert auch noch die Werte der ersten bis zur $n-1$-ten Ableitung vorschreiben:*

$$y(x_0) = y_0, \ y'(x_0) = y_1, \ldots, \ y^{(n-1)}(x_0) = y_{n-1}$$

3. *Aber auch beliebige Kombinationen dieser Ableitungswerte sind als Bedingung vorstellbar:*

$$y^2(x_0) + y'(x_0) - \sqrt{3y(x_0)} - \ln y'(x_0) = 0$$

Damit wollen wir nun allgemein festlegen, was wir unter Anfangsbedingungen verstehen.

Definition 10.6 *Unter Anfangsbedingungen für eine gewöhnliche Differentialgleichung n-ter Ordnung verstehen wir n Gleichungen der Form*

$$A_1[y(x_0), y'(x_0), \ldots, y^{(n-1)}(x_0)] = 0$$
$$A_2[y(x_0), y'(x_0), \ldots, y^{(n-1)}(x_0)] = 0$$
$$\vdots$$
$$A_n[y(x_0), y'(x_0), \ldots, y^{(n-1)}(x_0)] = 0$$

Unsere damit entstehende Aufgabe erhält einen eigenen Namen:

Definition 10.7 *Eine gewöhnliche explizite Differentialgleichung erster Ordnung zusammen mit Anfangsbedingungen nennen wir eine Anfangswertaufgabe (AWA). Sie hat also die Form*

$$\vec{y}'(x) = \vec{f}(x, \vec{y}(x)) \quad mit \quad \vec{y}(x_0) = \vec{y}_0, \tag{10.16}$$

wobei wir mit dem Vektorpfeil andeuten, daß es sich evtl. um ein System von Differentialgleichungen handeln kann.

10.4 Zur Existenz und Einzigkeit einer Lösung

Bei der Lösung einer solchen Anfangswertaufgabe treten i.a. Parameter auf. Die entstehen dadurch, daß man ja eigentlich integrieren muß, um die Lösung zu ermitteln. Es sind also die Integrationskonstanten, bei einem System n–ter Ordnung gerade n Stück, die wir noch frei wählen können. Als Lösung ergibt sich damit eine ganze Schar von Kurven. Mit der oder den Anfangsbedingungen wählen wir dann eine einzelne Lösung aus dieser Gesamtheit aus.

Beispiel 10.8 *Wir betrachten die AWA*

$$y'(x) = y(x) \quad mit\ y(0) = 1.$$

Die Differentialgleichung $y'(x) = y(x)$ hat als Lösung die Schar $y(x) = c \cdot e^x$, in der $c \in \mathbb{R}$ eine beliebige Konstante ist. Die Anfangsbedingung $y(0) = 1$ führt auf $c = 1$, also auf die einzige Lösung $y(x) = e^x$.

Beispiel 10.9 *Wir betrachten die AWA*

$$y'(x) = \sqrt{y(x)} \quad mit\ y(0) = 0.$$

Offensichtlich ist $y(x) = 0$ eine Lösung der DGl, die auch der Anfangsbedingung genügt. Aber es ist nicht schwer, eine weitere Lösung zu finden. Für jedes $c \in \mathbb{R}$ ist

$$y(x) = \begin{cases} 0 & 0 < x < c, \\ \frac{1}{4}(x-c)^2 & x \geq c \end{cases}$$

eine Lösung. Also hat die Aufgabe unendlich viele Lösungen.

Genau diese Fragen nach Existenz und Einzigkeit einer Lösung werden von vielen Ingenieuren als typisch mathematisch abgetan. Dabei würde jeder Anwender mit seiner Rechenkunst scheitern, wenn er eine Aufgabe behandelt, die gar keine Lösung besitzt. Auch sind Aufgaben mit vielen Lösungen nicht gerade computerfreundlich. Dieser Kerl kann ja nicht entscheiden, welche Lösung die richtige wäre. Also wird er in der Regel mit **error** antworten. Wir wollen also nicht nur aus mathematischem Interesse, sondern auch zur Hilfe für den Anwender nach Möglichkeiten suchen, wie man einer Aufgabe von vorne herein ansieht, ob sie überhaupt lösbar ist. Mit welchen Einschränkungen muß man leben, damit wir genau eine Lösung haben? Und welchen Fehler hat unser Beispiel 10.9?

Tatsächlich hat Peano[2] eine recht einfache Bedingung aufgestellt, mit der man schon vor jeder weiteren Rechnung prüfen kann, ob es sich überhaupt lohnt, weiter zu arbeiten, ob es also eine Lösung gibt.

---
[2] Peano, G. (1858 – 1932)

Satz 10.10 (Existenzsatz von Peano) *Sei $\vec{f}$ stetig im Gebiet $G \subseteq \mathbb{R}^{n+1}$ und sei $(x_0, y_0) \in G$. Dann gibt es ein $\delta > 0$, so daß die Anfangswertaufgabe*

$$\vec{y}\,'(x) = \vec{f}(x, \vec{y}(x)), \quad \vec{y}(x_0) = \vec{y}_0$$

(mindestens) eine Lösung im Intervall $[x - \delta, x + \delta]$ besitzt.

Einfach die Stetigkeit der rechten Seite reicht aus, um sicher eine Lösung zu finden. Also schön, nur in einer kleinen Umgebung, unter δ versteht ja jeder Mathematiker etwas furchtbar kleines. Aber immerhin, das kann man doch auch als Anwender wenigstens mal kurz in Augenschein nehmen, bevor man losrechnet. Wir sollten zum Beweis nur bemerken, daß hier trefflich das Eulersche Polygonzug-Verfahren eingesetzt werden kann. Wir wollen das aber erst später im Rahmen der wirklichen Numerik einführen.

Stetigkeit ist eine recht schwache Bedingung. Sie reicht für die Existenz, aber auch nicht weiter, wie uns das Beispiel 10.9 gelehrt hat. Die folgende Definition nennt eine weitere leicht nachprüfbare Bedingung, mit der wir erschöpfend Antwort auf die obigen Fragen nach genau einer Lösung geben können.

Definition 10.11 (Lipschitz–Bedingung) *Es sei $G \subseteq \mathbb{R}^2$ ein Gebiet. Wir sagen dann, daß eine Funktion $f : G \to \mathbb{R}$ bezüglich ihrer zweiten Variablen einer Lipschitz–Bedingung[3] genügt, wenn es eine Konstante $L > 0$ gibt, so daß gilt:*

$$|f(x, y_1) - f(x, y_2)| \leq L \cdot |y_1 - y_2| \text{ für alle } (x, y_1), (x, y_2) \in G. \quad (10.17)$$

Vergleichen wir diese Lipschitzbedingung bitte mit der Kontraktionsbedingung (6.20) für Systeme im Kapitel „Nichtlineare Gleichungen". Dort mußte die Funktion f bezüglich sämtlicher Variablen eine solche Lipschitz–Eigenschaft besitzen, ja, damit es kontrahiert, mußte dieses L auch noch kleiner als 1 sein. Das ist hier nicht nötig. Nur bezogen auf die zweite Variable brauchen wir eine Beschränktheit mit einer Zahl $L > 0$.

Wir sollten kurz auf Systeme von Differentialgleichungen erster Ordnung eingehen und schildern, wie sich die Lipschitz–Bedingung dahin überträgt.

Definition 10.12 (Lipschitz–Bedingung für Systeme) *Es sei f eine auf dem Gebiet $G := \{(x, \vec{y}) : x_0 < x < b, \vec{y} \in G \subseteq \mathbb{R}^n\} \subseteq \mathbb{R}^{n+1}$ erklärte Funktion. Wir sagen dann, daß $\vec{f}(x, \vec{y}) : G \to \mathbb{R}$ bezüglich $\vec{y}$ einer Lipschitz–Bedingung genügt, wenn es eine Konstante $L > 0$ gibt, so daß gilt:*

$$\|\vec{f}(x, \vec{y}_1) - \vec{f}(x, \vec{y}_2)\| \leq L \cdot \|\vec{y}_1 - \vec{y}_2\| \text{ für alle } (x, \vec{y}_1), (x, \vec{y}_2) \in G. \quad (10.18)$$

Als Norm $\| \|$ verwenden wir dabei eine Vektornorm des $\mathbb{R}^n$, wie wir sie im Kapitel „Lineare Gleichungssysteme" eingeführt haben. Da im endlich dimensionalen Vektorraum $\mathbb{R}^n$ alle Normen äquivalent sind, können wir uns die raussuchen, die wir am bequemsten berechnen können.

---
[3]Lipschitz, R. (1832 – 1903)

10.4 Zur Existenz und Einzigkeit einer Lösung

Seinerzeit hatten wir auch schon eine hinreichende Bedingung gefunden zum Nachweis der Kontraktion: die erste Ableitung mußte betraglich kleiner als 1 sein. Das können wir hierher analog übertragen und erhalten:

Satz 10.13 (Hinreichende Bedingung für Lipschitz–Bedingung) *Ist die Funktion f als Funktion der zwei Variablen x und y partiell nach y differenzierbar und bleibt diese partielle Ableitung dem Betrage nach beschränkt im Gebiet G, gibt es also eine Konstante $K > 0$ mit*

$$\left|\frac{\partial f(x,y)}{\partial y}\right| < K \tag{10.19}$$

so erfüllt f bezgl. y eine Lipschitz–Bedingung.

Beweis: Diese hinreichende Bedingung wird uns vom Mittelwertsatz beschert. Da nämlich f nach Voraussetzung eine stetige partielle Ableitung bezgl. y besitzt, gilt

$$f(x,y_1) - f(x,y_2) = \frac{\partial f}{\partial y}(x,\overline{y})(y_1 - y_2) \quad \text{mit} \quad y_1 < \overline{y} < y_2.$$

Nennen wir nun unsere Schranke der partiellen Ableitung K, ist also $\left|\frac{\partial f}{\partial y}\right| < K$, so wählen wir $L = K$ und haben eine Lipschitz–Konstante gefunden. $\square$

Auch diese hinreichende Bedingung können wir auf Systeme von Differentialgleichungen erster Ordnung übertragen. Die Rolle der 1. Ableitung wird dann von der Funktionalmatrix übernommen.

Satz 10.14 (Hinreichende Bedingung bei Systemen) *Sind sämtliche ersten partiellen Ableitungen $\frac{\partial f_i}{\partial y_j}$ beschränkt, so erfüllt $\vec{f}$ bezgl. $\vec{y}$ eine Lipschitz–Bedingung. Eine Lipschitzkonstante ist dann die Zahl M, die die Funktionalmatrix in einer beliebigen Matrixnorm beschränkt:*

$$\left\|\frac{\partial \vec{f}}{\partial \vec{y}}\right\| < M \tag{10.20}$$

Diese Lipschitz–Eigenschaft schafft die Lösung herbei. Picard[4] und Lindelöf[5] haben den folgenden Satz bewiesen:

Satz 10.15 (Globaler Existenz– und Einzigkeitssatz) *Es sei G ein Gebiet des $\mathbb{R}^2$ und $f: G \to \mathbb{R}$ eine stetige Funktion, die bezgl. der zweiten Variablen y einer Lipschitz–Bedingung genügt,*

Dann gibt es zu jedem Punkt $(x_0, y_0) \in G$ genau eine stetig differenzierbare Funktion $y: [a,b] \to \mathbb{R}$, die der folgenden Anfangswertaufgabe genügt:

$$y'(x) = f(x, y(x)) \text{ mit } y(x_0) = y_0 \tag{10.21}$$

---
[4]Picard, É. (1856 – 1941)
[5]Lindelöf, E. (1870 – 1946)

Bevor wir etwas zum Beweis sagen, wollen wir unser böses Beispiel 10.9 analysieren. Probieren wir es mit der hinreichenden Bedingung. Es ist

$$f_y(x,y) = \begin{cases} \frac{1}{2\sqrt{y}} & \text{für } y > 0 \\ -\frac{1}{2\sqrt{-y}} & \text{für } y < 0 \end{cases}$$

Oh, oh, für $y = 0$ haben wir keine Ableitung, dort ist unsere hinreichende Bedingung also nicht anwendbar. Aber genau dort liegt ja das Problem, da wir ja als Anfangspunkt einen Punkt auf der x–Achse vorgeben. Versuchen wir unser Glück mit der Original–Lipschitz–Bedingung.

$$\begin{aligned} |f(x,y_1) - f(x,y_2)| &= \left|\sqrt{|y_1|} - \sqrt{|y_2|}\right| = \left|\frac{|y_1| - |y_2|}{\sqrt{|y_1|} + \sqrt{|y_2|}}\right| \\ &= \frac{1}{\sqrt{|y_1|} + \sqrt{|y_2|}}||y_1| - |y_2|| \\ &\leq \boxed{\frac{1}{\sqrt{|y_1|}+\sqrt{|y_2|}}} (|y_1 - y_2|) . \end{aligned}$$

Frage: Können wir den umrahmten Ausdruck als L verwenden, bleibt er also beschränkt? Wegen des Anfangspunktes auf der x–Achse setzen wir $y_2 = 0$. Wenn wir dann noch $y_1 \to 0$ streben lassen, geht der Nenner gegen 0, der ganze Bruch also über jede Schranke hinweg. Auch hiermit ist kein Blumentopf zu gewinnen. So wie wir es mit den unendlich vielen Lösungen bereits gesehen haben, war hier von vorne herein keine Einzigkeit zu erwarten.

Den Beweis des Satzes wollen wir hier nicht komplett vorstellen, sondern nur den wesentlichen Punkt nennen, mit dem der Beweis vollbracht wird. Er fußt auf der „Picard–Iteration". Es ist ein Verfahren, mit dem in den Anfängen der Numerik sogar versucht wurde, eine Näherungslösung einer Anfangswertaufgabe zu erhalten.

Wir integrieren die Differentialgleichung $y'(x) = f(x,y(x))$ nach x:

$$\int_{x_0}^{x} y'(\xi)\, d\xi = \int_{x_0}^{x} f(\xi, y(\xi))\, d\xi.$$

Wir beachten dabei, daß wir die Integrationsvariable umbenennen mußten, weil wir als obere Grenze x wählen. So entsteht auf beiden Seiten wieder eine Funktion von x. Das links stehende Integral können wir leicht ausrechnen, da wir ja über eine Ableitung integrieren. Nach dem Hauptsatz der Differential- und Integralgleichung folgt:

$$y(x) - y(x_0) = \int_{x_0}^{x} f(\xi, y(\xi))\, d\xi.$$

Mit der Anfangsbedingung erhalten wir damit folgende Integralgleichung, die nach Volterra[6] benannt ist:

$$y(x) = y_0 + \int_{x_0}^{x} f(\xi, y(\xi))\, d\xi. \tag{10.22}$$

---

[6]Volterra, V. (1860 – 1940)

10.4 Zur Existenz und Einzigkeit einer Lösung

Dies ist eine Integralgleichung zweiter Art, weil die gesuchte Funktion einmal im Integral auftaucht, dann aber ein zweites Mal außerhalb, nämlich auf der linken Seite. Vielleicht erinnern wir uns an eine ähnlich aufgebaute Gleichung bei den nichtlinearen Gleichungen oder beim Gesamt– und Einzelschrittverfahren, wo auch die gesuchte Lösung links und rechts in der Gleichung stand. Eine solche Gleichung deuten wir als Fixpunktaufgabe und versuchen, sie näherungsweise zu lösen, indem wir eine beliebige erste Lösung $y_0(x)$ irgend woher greifen, diese rechts einsetzen und damit links eine neue Näherung $y_1(x)$ erhalten und dann genau so weiter fortfahren. So erhalten wir $y_2(x), y_3(x), \ldots$ und hoffen, daß diese Folge gegen unsere gesuchte Lösung konvergiert. Genau dies wird dann im Satz von Picard–Lindelöf nachgewiesen. Zum Aufbau des Verfahrens liegt es nahe, als erste Näherung die konstante Funktion $y_0(x) = y_0$ mit y_0 aus der Anfangsbedingung zu wählen. Damit lautet das Verfahren:

Picard–Iteration

Wähle $\quad y_0(x) = y_0$ und bilde

$$y_1(x) = y_0 + \int_{x_0}^{x} f(\xi, y_0(\xi))\, d\xi$$

$$y_2(x) = y_0 + \int_{x_0}^{x} f(\xi, y_1(\xi))\, d\xi$$

$$\vdots$$

Üben wir das Verfahren an einem Beispiel.

Beispiel 10.16 *Gegeben sei die Anfangswertaufgabe*

$$y'(x) = 2x + y(x), \quad mit \quad y(0) = 1.$$

Wir wollen eine Näherung an der Stelle $x = 0.5$ mit Hilfe der Picard–Iteration bestimmen.

Wir wollen die Gelegenheit wahrnehmen und hier wenigstens an einem Beispiel kurz demonstrieren, wie man sich bei solch einer einfachen Aufgabe die exakte Lösung beschaffen kann. Es ist ja eine lineare Differentialgleichung mit konstanten Koeffizienten. Die Aufgabe gliedert sich in vier Teile:

1. **Allgemeine Lösung der homogenen Differentialgleichung**
   Wir betrachten die Differentialgleichung
   $$y'(x) - y(x) = 0.$$
   Hier hilft unser guter alter Ansatz
   $$y_{hom}(x) = e^{\lambda x}.$$

Setzen wir diesen Ansatz in die homogene DGl ein, so erhalten wir

$$\lambda \cdot e^{\lambda x} - e^{\lambda x} = (\lambda - 1) \cdot e^{\lambda x} = 0.$$

Da die Exponentialfunktion nirgendwo Null wird, muß der Vorfaktor verschwinden, es ist also

$$\lambda = 1.$$

Die allgemeine Lösung der homogenen DGL lautet damit

$$y_{hom}(x) = c \cdot e^x.$$

2. **Eine spezielle Lösung der nichthomogenen Differentialgleichung**
   Am besten wäre es, wir könnten eine solche spezielle Lösung raten oder vom Nachbarn abschreiben. Wenn alles nichts hilft, müssen wir arbeiten. Die Variation der Konstanten ist ein probates Mittel. Also ran an den Ansatz

$$y_{spez}(x) = C(x) \cdot e^x.$$

Eingesetzt in die nichthomogene DGL folgt

$$C'(x) \cdot e^x + C(x) \cdot e^x = 2x + C(x) \cdot e^x.$$

Hier bleibt übrig

$$C'(x) \cdot e^x = 2x \Longrightarrow C'(x) = 2x \cdot e^{-x} \Longrightarrow C(x) = 2e^{-x}(-x - 1).$$

Das ergibt folgende spezielle Lösung

$$y_{spez}(x) = 2e^{-x}(-x - 1) \cdot e^x = -2x - 2.$$

3. **Allgemeine Lösung der nichthomogenen Differentialgleichung**
   Die allgemeine Lösung ist nun einfach die Summe aus y_{spez} und y_{hom}

$$y_{allg}(x) = y_{spez}(x) + y_{hom}(x) = -2x - 2 + c \cdot e^x.$$

4. **Anpassen der Anfangsbedingung** Wir setzen die Anfangsbedingung ein, um damit die Konstante c zu bestimmen.

$$y_{allg}(0) = 1 = -2 \cdot 0 - 2 + c \cdot e^0 = -2 + c \Longrightarrow c = 3.$$

Damit erhalten wir die Lösung, die auch noch der Anfangsbedingung genügt

$$y(x) = -2x - 2 + 3 \cdot e^x. \tag{10.23}$$

Diese Lösung wollen wir nun mit dem Picard–Verfahren annähern. So können wir später beides gut vergleichen. Hier ist $x_0 = 0$ und $y_0 = 1$. Damit läßt sich die Differentialgleichung sofort als Integralgleichung schreiben:

$$y(x) = y_0 + \int_0^x (2\xi + y(\xi)) \, d\xi.$$

10.4 Zur Existenz und Einzigkeit einer Lösung

Als Startfunktion für die Iteration

$$y_1(x) = y_0 + \int_{x_0}^{x} f(\xi, y_0(\xi))\, d\xi$$

wählen wir die konstante Funktion $y_0(x) = y_0$, die Konstante ist also der vorgegebene Anfangswert. Dann ergibt sich $y_1(x)$ zu

$$y_1(x) = 1 + \int_0^x (2\xi + 1)\, d\xi = 1 + x + x^2.$$

Weil das so leicht ging, machen wir weiter:

$$y_2(x) = 1 + \int_0^x (2\xi + y_1(\xi))\, d\xi = 1 + \int_0^x (2\xi + 1 + \xi + \xi^2)\, d\xi$$
$$= 1 + x + \frac{3x^2}{2} + \frac{x^3}{3}$$
$$y_3(x) = 1 + \int_0^x (2\xi + y_2(\xi))\, d\xi = 1 + \int_0^x \left(2\xi + 1 + \xi + \frac{3\xi^2}{2} + \frac{\xi^3}{3}\right)$$
$$= 1 + x + \frac{3x^2}{2} + \frac{x^3}{2} + \frac{x^4}{12}$$
$$y_4(x) = 1 + \int_0^x (2\xi + y_3(\xi))\, d\xi = 1 + \int_0^x \left(2\xi + 1 + \xi + \frac{3\xi^2}{2} + \frac{\xi^3}{2} + \frac{\xi^4}{12}\right) d\xi$$
$$= 1 + x + \frac{3x^2}{2} + \frac{x^3}{2} + \frac{x^4}{8} + \frac{x^5}{60}$$
$$y_5(x) = 1 + \int_0^x (2\xi + y_4(\xi))\, d\xi = 1 + \int_0^x \left(2\xi + 1 + \xi + \frac{3\xi^2}{2} + \frac{\xi^3}{2} + \frac{\xi^4}{8} + \frac{\xi^5}{60}\right) d\xi$$
$$= 1 + x + \frac{3x^2}{2} + \frac{x^3}{2} + \frac{x^4}{8} + \frac{x^5}{40} + \frac{x^6}{360}$$

Um nun eine Näherung an der Stelle $x = 0.5$ zu bestimmen, berechnen wir $y_5(0.5)$ und erhalten

$$y(0.5) \approx y_5(0.5) = 1 + 0.5 + 0.375 + 0.0625 + 0.078125 + 0.0007812 = 1.9460937.$$

Man sieht, daß die einzelnen Summanden immer kleiner werden, so daß am Schluß nur noch eine Zahl in der vierten Dezimale hinzuaddiert wird. Man kann also annehmen, daß das Ergebnis der Summation zu einer guten Näherung reicht. Und in der Tat sagt uns ja das exakte Ergebnis (10.23)

$$y(0.5) = -2 \cdot 0.5 - 2 + 3 \cdot e^{0.5} = 1.94616381.$$

Kommen wir nach der kleinen Abschweifung zurück zum Existenz- und Einzigkeitssatz. Das folgende geradezu simple Beispiel sollte uns sehr zu denken geben.

Beispiel 10.17 *Betrachten wir die AWA*

$$y'(x) = y^2(x), \quad mit \quad y(0) = 1.$$

Natürlich hat sie genau eine Lösung

$$y(x) = \frac{1}{1-x}$$

wie man unschwer nachrechnet. Wenn wir aber die Lipschitz–Bedingung oder die hinreichende Bedingung anwenden wollen, so scheitern wir, wenn wir uns nicht auf ein endliches Gebiet beschränken. Es ist nämlich

$$f(x,y) = y^2 \Longrightarrow \frac{\partial f}{\partial y} = 2y.$$

Dieser Wert $2y$ strebt aber dem Betrage nach gegen ∞, wenn wir die gesamte (x,y)-Ebene als Gebiet zulassen. Auch Original–Lipschitz führt nicht weiter:

$$|f(x,y_1) - f(x,y_2)| = |y_1^2 - y_2^2| = |y_1 + y_2| \cdot |y_1 - y_2|.$$

Auch $|y_1 + y_2|$ strebt nach unendlich, wenn y_1 und y_2 die ganze Ebene durchstreifen können.

Zum Glück reicht eine viel, viel schwächere Bedingung:

Satz 10.18 (Lokaler Existenz– und Einzigkeitssatz) *Es sei G ein Gebiet des $\mathbb{R}^2$ und $f : G \to \mathbb{R}$ eine stetige Funktion, die bezgl. der zweiten Variablen y* **lokal** *einer Lipschitz–Bedingung genügt, für jeden Punkt $(x,y) \in G$ gebe es also eine (vielleicht winzig) kleine Umgebung $U(x,y)$, in der eine Konstante $L > 0$ existiert mit*

$$|f(x,y_1) - f(x,y_2)| \leq L \cdot |y_1 - y_2| \; \textit{für alle } (x,y_1),(x,y_2) \in U. \qquad (10.24)$$

Dann gibt es zu jedem Punkt $(x_0, y_0) \in G$ genau eine stetig differenzierbare Funktion $y : [a,b] \to \mathbb{R}$, die der folgenden Anfangswertaufgabe genügt:

$$y'(x) = f(x, y(x)) \; \textit{mit } y(x_0) = y_0 \qquad (10.25)$$

Es reicht also, wenn es zu jedem Punkt eine klitzekleine Umgebung gibt, in der wir Lipschitz oder auch die Beschränktheit der partiellen Ableitung haben. Diese Umgebung muß nicht mal für jeden Punkt die gleiche Größe haben. Das ist wirklich eine schwache Bedingung. Ist denn selbst diese schwache Bedingung bei unserem Beispiel 10.9 von Seite 329 nicht erfüllt? Richtig, denn wir müssen ja wegen der Anfangsbedingung $y(x_0) = 0$ entweder y_1 oder y_2 auf die x–Achse legen und den anderen Punkt auf die x–Achse zulaufen lassen. Dann aber geht die Wurzel im Nenner auch in jeder noch so kleinen Umgebung gegen Null, der ganze Bruch also nach unendlich. Um Einzigkeit zu erreichen, müssen wir daher die x–Achse aus unserem Gebiet heraushalten und den Anfangspunkt entweder in die obere oder die untere Halbebene verlegen. Dann geht durch jeden Punkt (x_0, y_0) mit $y_0 \neq 0$ genau eine Lösungskurve, eben der oben schon angegebene Parabelbogen.

10.5 Numerische Einschritt–Verfahren

Unsere bisher vorgestellten und behandelten Beispiele und auch die noch folgenden Beispiele zeigen nicht die wahre Natur. Was Ingenieure heute schon an Aufgaben zu lösen haben, sieht weit komplizierter aus. Da wird es in der Regel überhaupt keine Chance geben, eine exakte Lösung zu finden. Hier kommt die numerische Mathematik ins Spiel. Wenn die Aufgaben so übermächtig sind, daß wir sie nicht exakt lösen können, dann lassen wir unsere Numerik–Puppen tanzen. Mit ihren Verfahren kann man wenigstens eine Näherungslösung finden. Aber prompt stellen sich folgende Fragen:

1. Hat die Näherungslösung etwas mit der richtigen exakten Lösung der Aufgabe zu tun, verdient sie also den Namen *Näherungslösung*?
2. Kann man erreichen, daß man der gesuchten exakten Lösung beliebig nahe kommt? Oder anders gefragt, kann man mit dem Näherungsverfahren eine Folge von Näherungslösungen konstruieren, die gegen die exakte Lösung konvergiert?
3. Kann man vielleicht sogar etwas über die Konvergenzgeschwindigkeit aussagen?

Im folgenden betrachten wir die Anfangswertaufgabe (AWA)

$$\vec{y}\,'(x) = \vec{f}(x, \vec{y}(x)) \quad \text{mit} \quad \vec{y}(x_0) = \vec{y}_0 \tag{10.26}$$

und versuchen, sie näherungsweise zu lösen. Dazu werden wir verschiedene Verfahren, die von klugen Leuten vorgeschlagen wurden, vorstellen, an Beispielen durchrechnen, um dann auch noch obige Fragen zu beantworten.

Wir werden generell voraussetzen, daß unsere AWA genau eine Lösung besitzt, damit der kleine Computer nicht weint, weil er nicht rechnen kann.

Gemäß der Anfangsbedingung werden wir beim Punkt x_0, y_0 starten. Zunächst geben wir uns eine Schrittweite $h > 0$ vor und bilden damit folgende *Stützstellen*:

$$x_0 \text{ vorgegeben}, x_1 := x_0 + h, x_2 = x_1 + h = x_0 + 2h, \ldots, x_i = x_0 + ih, \ldots$$

Falls wir eine Näherung in einem abgeschlossenen Intervall $[a, b]$ suchen, wobei als Anfangsstelle $a = x_0$ gesetzt wird, so wählen wir eine natürliche Zahl N und setzen

$$h := \frac{b-a}{N} \implies x_0 = a, x_1 = a + h, \ldots, x_N = a + N \cdot h = b.$$

Damit haben wir das Intervall $[a, b]$ in N äquidistante Teilintervalle zerlegt.

Mit den durch die Anfangsbedingung gegebenen Werten x_0 und $y_0 = y(x_0)$ suchen wir jetzt Näherungswerte für die im allgemeinen unbekannte Lösung $y(x)$ an den Stützstellen $x_1, x_2, \ldots$.

Definition 10.19 *Bezeichnen wir den Näherungswert für $y(x_i)$ mit y_i, $i = 1, 2, \ldots$, so nennen wir folgende Vorschrift zur Berechnung von y_{i+1} ein Einschritt–Verfahren:*

$$y_{i+1} = y_i + h \cdot \Phi(x_i, y_i; h). \tag{10.27}$$

Die Funktion $\Phi(x, y, ; h)$ ist dabei die Verfahrensfunktion, die für die Berechnung von y_{i+1} nur an der Stelle x_i, y_i, also einen Schritt zurück ausgewertet werden muß. Darum also Einschritt–Verfahren. Wir werden später auch noch Mehrschritt–Verfahren kennenlernen.

10.5.1 Euler–Polygonzug–Verfahren

Eines der einfachsten Verfahren zur näherungsweisen Lösung einer Anfangswertaufgabe stammt von Leonhard Euler[7]. Er benutzte dabei eine Idee von Brook Taylor[8], der 1712, also mit 27 Jahren, die nach ihm benannte Reihendarstellung differenzierbarer Funktionen gefunden hatte. Wir benutzen sie in der folgenden Fassung:

$$y(x_1) = y(x_0 + h) = y(x_0) + h \cdot y'(x_0) + \frac{h^2}{2} y''(\xi),$$

wobei ξ eine unbekannte Stelle mit $x_0 < \xi < x_1$ ist. Wir ignorieren nun diesen letzten Summanden und benutzen den Restausdruck als Näherung für $y(x_1)$, also

$$y(x_1) \approx y_1 = y_0 + h \cdot y'(x_0).$$

Indem wir hier noch die Differentialgleichung verwenden, gelangen wir so immer schön Schrittchen vor Schrittchen zum *Verfahren von Euler*:

Euler–Polygonzug–Verfahren

$$\begin{aligned} y_0 &= y(x_0), \\ y_{i+1} &= y_i + h \cdot f(x_i, y_i), \quad i = 0, 1, 2, \ldots. \end{aligned} \quad (10.28)$$

Das schreit nach einem Beispiel, mit dessen Hilfe wir auch die sehr anschauliche Vorgehensweise graphisch erläutern wollen.

Beispiel 10.20 *Wir betrachten die Anfangswertaufgabe*

$$y'(x) = -x \cdot y(x), \qquad mit \qquad y(0) = 1.$$

Wir denken zuerst kurz nach, ob es überhaupt eine Lösung gibt und ob es dann vielleicht auch keine zweite mehr gibt. Dann berechnen wir eine Näherung an die exakte Lösung mittels Euler.

Die Lipschitzbedingung überprüfen wir mit Hilfe der partiellen Ableitung nach y:

$$\frac{\partial f}{\partial y} = -x$$

---

[7] Euler, L. (1707 – 1783)
[8] Taylor, B. (1685 – 1731)

10.5 Numerische Einschritt–Verfahren

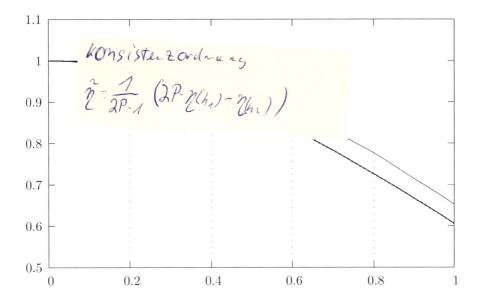

Abb. 10.1: In der Skizze ist die exakte Lösung $y(x) = e^{-x^2/2}$ der Anfangswertaufgabe (untere Kurve) zusammen mit dem Polygonzug (oberer Linienzug) nach Euler dargestellt.

Nun, offensichtlich gibt es für jeden Punkt (x, y) eine kleine Umgebung, in der diese Ableitung beschränkt bleibt. Und schon wissen wir, daß sich jede weitere Anstrengung zur Lösung der Aufgabe lohnt. Es gibt nämlich nur genau eine einzige Lösung.

Mittels Trennung der Veränderlichen, die wir hier nicht durchführen wollen, sondern getrost den Anfängern überlassen wollen, erhält man schnell die Lösung:

$$y(x) = e^{-\frac{x^2}{2}}.$$

Und nun auf zum Euler–Verfahren:

Nach Aufgabenstellung ist $x_0 = 0$ und $y_0 := y(x_0) = 1$ und $f(x, y) = -x \cdot y$. Wir geben uns die Schrittweite $h = 0.2$ vor, legen also die Stützstellen $x_1 = x_0 + h = 0.2$, $x_2 = x_0 + 2h = 0.4, \ldots$ fest und berechnen mit (10.28) Näherungen $y_1 \approx y(x_1) = y(0.2)$, $y_2 \approx = y(x_2) = y(0.4), \ldots$ Links daneben schreiben wir die Werte der exakten Lösung:

$$
\begin{array}{llll}
y(0.2) = 0.980 & \approx y_1 = y_0 + 0.2 \cdot f(0, 1) & = 1 + 0.2 \cdot 0 & = 1. \\
y(0.4) = 0.923 & \approx y_2 = y_1 + 0.2 \cdot f(0.2, 1) & = 1 + 0.2 \cdot (-0.2 \cdot 1) & = 0.96 \\
y(0.6) = 0.835 & \approx y_3 = y_2 + 0.2 \cdot f(0.4, 0.96) & & = 0.8832 \\
y(0.8) = 0.726 & \approx y_4 = y_3 + 0.2 \cdot f(0.6, 0.8832) & & = 0.777 \\
y(1.0) = 0.6065 & \approx y_5 = y_4 + 0.2 \cdot f(0.8, 0.777) & & = 0.653
\end{array}
$$

Gleich beim ersten Schritt fängt man sich einen Fehler ein, der sich dann weiter durchzieht. Für diese einfache Aufgabe sieht das Ergebnis nicht gerade berauschend aus. Wir werden also nach besseren Verfahren forschen müssen.

Eine Bemerkung, die wir später im Abschnitt Konsistenz 10.6 noch eingehend erläutern werden, wollen wir hier schon anfügen.

Bemerkung 10.21 *Das war natürlich ein Trick, einfach den Term $\frac{h^2}{2}y''(\xi)$ unter den Teppich zu kehren, weil wir die Schrittweite h immer kleiner machen wollen und daher h^2 furchtbar klein wird. Moment, was ist denn, wenn $y''(x_i)$ zugleich furchtbar groß wird? Es ist doch überhaupt nicht schwer, eine Funktion hinzuschreiben, deren zweite Ableitung an einer Stelle singulär wird.*

Das ist die Leiche im Keller aller Verfahren, die auf dem Taylorschen Satz beruhen. Immer muß vorausgesetzt werden, daß die Ableitung im Restterm beschränkt bleibt, damit die Kleinheit von h wirksam werden kann. Für das Euler–Verfahren bedeutet das eine Einschränkung für die zweite Ableitung der gesuchten Lösungsfunktion. Aber wie gesagt, dat krieje mer später.

10.5.2 Verbessertes Euler–Verfahren

Vielleicht war ja die Idee, im Punkt (x_i, y_i) mit der dortigen Steigung einen ganzen Schritt durchzuführen, ein bißchen zu grob. Im folgenden Verfahren wird dieses Vorgehen verfeinert:

Verbessertes Euler–Verfahren

$$y_0 = y(x_0),$$
$$y_{i+1} = y_i + h \cdot f\left(x_i + \frac{h}{2}, y_i + \frac{h}{2} \cdot f(x_i, y_i)\right), \quad i = 0, 1, 2, \ldots. \quad (10.29)$$

Wenn wir versuchen wollen, diese Formel anschaulich zu deuten, so müssen wir sie von rechts nach links sezieren. Ganz rechts der Term $f(x_i, y_i)$ ist die Steigung der Lösung im Punkt (x_i, y_i). Wir schreiten nun also nur einen halben Schritt voran mit dieser Steigung. Mit der Steigung in dem Punkt, den wir nach diesem halben Schritt erreichen, vollführen wir dann, wieder bei (x_i, y_i) startend, unseren Gesamtschritt.

Wie wirkt sich diese Verbesserung bei unserem Beispiel aus?

Beispiel 10.22 *Wieder betrachten wir die Anfangswertaufgabe*

$$y'(x) = -x \cdot y(x), \quad mit \quad y(0) = 1.$$

10.5 Numerische Einschritt–Verfahren

Mit $x_0 = 0$, $y_0 = 1$ und der Schrittweite $h = 0.2$ berechnen wir Näherungswerte
$y_1 \approx y(x_1) = y(x_0 + h)$, $y_2 \approx y(x_2) = y(x_0 + 2h)$, $y_3 \approx y(x_3) = y(x_0 + 3h)$, ...

$$
\begin{aligned}
& & y_0 & & &= 1 \\
y(0.2) = 0.980 \approx\ & y_1 = & y_0 + h \cdot f(x_0 + \tfrac{h}{2}, y_0 + \tfrac{h}{2} \cdot f(x_0, y_0)) & & & \\
& = & 1 + 0.2 \cdot f(0.1, 1 + 0.1 \cdot f(0, 1)) & & &= 0.9800 \\
y(0.4) = 0.923 \approx\ & y_2 = & 0.98 + 0.2 \cdot f(0.3, 0.98 + 0.1 \cdot (-0.196)) & & &= 0.9224 \\
y(0.6) = 0.835 \approx\ & y_3 = & 0.9224 + 0.2 \cdot f(0.5, y_2 + 0.1 \cdot f(0.4, 0.9224)) & & &= 0.8338 \\
y(0.8) = 0.726 \approx\ & y_4 = & & & &= 0.7241 \\
y(1.0) = 0.6065 \approx\ & y_5 = & & & &= 0.6042
\end{aligned}
$$

Das sieht nach einer deutlichen Verbesserung aus. Tatsächlich können und werden wir im Abschnitt 10.6 genau das zeigen.

10.5.3 Implizites Euler–Verfahren

Man sieht es gar nicht auf den ersten Blick, aber das jetzt folgende Verfahren ist von gänzlich anderer Bauart.

Wieder starten wir mit dem Satz von Taylor, machen nun aber einen Schritt vorwärts:

$$y(x_0) = y(x_1 - h) = y(x_1) - h \cdot y'(x_1) + \frac{h^2}{2} y''(\xi),$$

wobei wie oben ξ eine unbekannte Stelle mit $x_0 < \xi < x_1$ ist. Wiederum ignorieren wir diesen letzten Summanden, benutzen den Restausdruck als Näherung für $y(x_1)$ und erhalten, wenn wir noch die Differentialgleichung einbeziehen:

$$
\begin{aligned}
y(x_1) \approx y_1 &= y_0 + h \cdot y'(x_1) \\
&= y_0 + h \cdot f(x_1, y_1)
\end{aligned}
$$

Gehen wir Schritt für Schritt weiter, so erhalten wir:

Implizites Euler–Polygonzug–Verfahren

$$
\begin{aligned}
y_0 &= y(x_0), \\
y_{i+1} &= y_i + h \cdot f(x_{i+1}, y_{i+1}), \quad i = 0, 1, 2, \ldots.
\end{aligned}
\qquad (10.30)
$$

Gänzlich neu ist hier, daß die zu berechnende Größe y_{i+1} sowohl links wie rechts auftritt. Das genau wird mit dem Begriff *implizit* ausgedrückt. Das Euler–Polygonzug–Verfahren von oben wird daher auch als *explizites Euler–Polygonzug–Verfahren* bezeichnet. Wo liegt der Vorteil dieser Vorgehensweise? Es sieht doch eher unbrauchbar aus. Nun, an unserem sehr einfachen Beispiel werden wir gleich zeigen, wie man damit umgehen kann. Später werden wir an zwei weiteren Stellen darauf näher eingehen, einmal bei der Stabilitätsuntersuchung in 10.6.2, dann ein zweites Mal bei den Prädiktor–Korrektor–Verfahren in 10.9.

Beispiel 10.23 *Wieder betrachten wir die Anfangswertaufgabe*

$$y'(x) = -x \cdot y(x), \qquad mit \qquad y(0) = 1.$$

Mit $x_0 = 0$, $y_0 = 1$ und der Schrittweite $h = 0.2$ berechnen wir Näherungswerte $y_1 \approx y(x_1) = y(x_0+h)$, $y_2 \approx y(x_2) = y(x_0+2h)$, $y_3 \approx y(x_3) = y(x_0+3h)$, ... Allgemein erhalten wir

$$y_{i+1} = y_i + h \cdot f(x_{i+1}, y_{i+1}) = y_i + h \cdot (-x_{i+1} \cdot y_{i+1}).$$

Diese implizite Gleichung können wir leicht nach y_{i+1} auflösen, aber das liegt natürlich krass an dem einfachen Beispiel:

$$y_{i+1} = \frac{y_i}{1 + h \cdot x_{i+1}}.$$

Sobald die AWA komplizierter gebaut ist, läßt sich diese Auflösung nur noch schwer oder vielleicht gar nicht bewerkstelligen. Unser Rechenergebnis sieht dann so aus:

$$\begin{aligned}
y_0 &= 1 \\
y(0.2) = 0.980 \approx y_1 &= \frac{1}{1+0.2\cdot 0.2} = 0.9615 \\
y(0.2) = 0.923 \approx y_2 &= \frac{0.9615}{1+0.2\cdot 0.4} = 0.8903 \\
y(0.2) = 0.835 \approx y_3 &= \frac{0.8903}{1+0.2\cdot 0.6} = 0.7949 \\
y(0.2) = 0.726 \approx y_4 &= \frac{0.7949}{1+0.2\cdot 0.8} = 0.6853 \\
y(0.2) = 0.6065 \approx y_5 &= \frac{0.6853}{1+0.2\cdot 1.0} = 0.5711
\end{aligned}$$

Auch hier tritt bereits im ersten Schritt ein Fehler auf. Während wir aber beim expliziten Euler über der Lösung blieben, bleibt der Näherungswert jetzt unter der Lösung. Auch dieser Fehler wird im Laufe der weiteren Rechnung nicht kompensiert. Also auf zu noch weiteren Verbesserungen.

10.5.4 Trapez–Verfahren

Jetzt sind wir schon geübter und können wohl direkt das nächste Verfahren vorstellen.

Trapez–Verfahren

$$y_0 = y(x_0),$$
$$y(i+1) = y_i + \frac{h}{2} \cdot \left[f(x_i, y_i) + f(x_{i+1}, y_{i+1}) \right], \quad i = 0, 1, 2, \ldots. \quad (10.31)$$

Wieder ist hier die unbekannte Größe y_{i+1} links und rechts, also ist auch dies ein implizites Verfahren. Wir werden daher stets versuchen, die Formel nach y_{i+1} aufzulösen, was natürlich nur bei einfachen Beispielen klappt, wie eben auch bei unserm Beispiel:

10.5 Numerische Einschritt–Verfahren

Beispiel 10.24 *Wieder betrachten wir die Anfangswertaufgabe*

$$y'(x) = -x \cdot y(x), \qquad mit \qquad y(0) = 1,$$

und berechnen diesmal eine Näherungslösung mit dem Trapezverfahren.

$x_0 = 0$, $y_0 = 1$ und die Schrittweite $h = 0.2$ sind vorgegeben. Die Formel ergibt dann

$$y_{i+1} = y_i - \frac{h}{2} \cdot x_i \cdot y_i - \frac{h}{2} \cdot x_{i+1} \cdot y_{i+1}.$$

Aufgelöst folgt mit $h/2 = 0.1$

$$y_{i+1} = \frac{1 - 0.1 \cdot x_i}{1 + 0.1 \cdot x_{i+1}} \cdot y_i.$$

Hier setzen wir die gegebenen Anfangswerte ein und berechnen folgende Näherungen:

$$\begin{aligned}
y_0 &= 1 \\
y(0.2) = 0.980 \approx y_1 &= \tfrac{1}{1+0.02\cdot 1} = 0.9804 \\
y(0.2) = 0.923 \approx y_2 &= \tfrac{1-0.02}{1+0.04\cdot 0.9804} = 0.9238 \\
y(0.2) = 0.835 \approx y_3 &= \tfrac{1-0.04}{1+0.06\cdot 0.9238} = 0.8366 \\
y(0.2) = 0.726 \approx y_4 &= \tfrac{1-0.06}{1+0.08\cdot 0.8366} = 0.7280 \\
y(0.2) = 0.6065 \approx y_5 &= \tfrac{1-0.08}{1+0.1\cdot 0.7280} = 0.6090
\end{aligned}$$

Das Ergebnis läßt sich fast mit dem verbesserten Euler–Verfahren verwechseln. Daß dies kein Zufall ist, werden wir im Abschnitt 10.6 sehen.

10.5.5 Runge–Kutta–Verfahren

Als letztes dieser ganzen Gruppe von Verfahren stellen wir das klassische Runge–Kutta–Verfahren vor. Es hat die meiste Verbreitung und wird gerne von Ingenieuren benutzt, da es, wie wir sehen werden, ziemlich gute Ergebnisse liefert, was wir nicht nur am Beispiel vormachen werden, sondern auch theoretisch zeigen können. Es ist etwas aufwendiger in seiner Anwendung, da nicht irgendwie eine Steigung verwendet wird, sondern eine Mixtur aus vier verschiedenen Steigungen. Es ist natürlich für die Anwendung durch Computer gedacht, und denen ist es ziemlich egal, wie lang die Formeln sind.

[handschriftliche Notiz:]
Schrittweitenkontrolle
$0.05 \leq L \cdot h \leq 0.2$ sonst h/2
$0.05 \leq 2 \cdot \left|\frac{k_2 - k_3}{k_1 - k_2}\right| \leq 0.2$

Runge–Kutta–Verfahren

$$y_0 = y(x_0),$$
$$k_1 = f(x_i, y_i)$$
$$k_2 = f\left(x_i + \frac{h}{2}, y_i + \frac{h}{2}k_1\right)$$
$$k_3 = f\left(x_i + \frac{h}{2}, y_i + \frac{h}{2}k_2\right)$$
$$k_4 = f(x_i + h, y_i + hk_3)$$
$$y_{i+1} = y_i + \frac{h}{6}\left(k_1 + 2k_2 + 2k_3 + k_4\right), \quad i = 0, 1, 2, \ldots. \quad (10.32)$$

Weil die Formeln so aufwendig mit Hand zu berechnen sind, wollen wir für unser Beispiel von oben nur mal die erste Näherung y_1 ausrechnen. Die weiteren Näherungen lassen wir den kleinen Rechner machen, der freut sich schon drauf.

Beispiel 10.25 *Wieder betrachten wir die Anfangswertaufgabe*

$$y'(x) = -x \cdot y(x), \quad \text{mit} \quad y(0) = 1,$$

und berechnen diesmal eine Näherungslösung mit dem Runge–Kutta–verfahren.

$x_0 = 0$, $y_0 = 1$ und die Schrittweite $h = 0.2$ sind wie oben vorgegeben.

Wir berechnen die Hilfsgrößen $k_1, \ldots, k_4$, die sich ja graphisch als Steigungen darstellen lassen; es sind doch Funktionswerte $f(x, y) = y'(x)$ laut Differentialgleichung.

$$k_1 = f(x_0, y_0) = -x_0 \cdot y_0 = 0$$
$$k_2 = f\left(x_0 + \frac{h}{2}, y_0 + \frac{h}{2}k_1\right) = -(x_0 + 0.1) \cdot (y_0 + 0.1 \cdot 0) = -0.1$$
$$k_3 = f\left(x_0 + \frac{h}{2}, y_0 + \frac{h}{2}k_2\right) = -(x_0 + 0.1) \cdot (y_0 + 0.1 \cdot k_2) = -0.099$$
$$k_4 = f(x_0 + h, y_0 + hk_3) = -(x_0 + 0.2) \cdot y_0 + 0.2 \cdot k_3) = -0.19604$$
$$y_1 = y_0 + \frac{h}{6}\left(k_1 + 2k_2 + 2k_3 + k_4\right) = 0.9802$$

Das sieht nicht schlecht aus, ist aber für eine Beurteilung zu kurz. Erst wenn wir mehrere Schritte durchführen, können wir das Ergebnis mit den anderen Verfahren vergleichen. Unser Rechner sagt:

x_i	0	0.2	0.4	0.6	0.8	1.0
y_exakt	1.0	0.980	0.923	0.835	0.726	0.6065
Runge–Kutta	1.0	0.980	0.923	0.835	0.726	0.6065

10.5 Numerische Einschritt–Verfahren

Hier sieht man also tatsächlich keine Unterschiede mehr zur exakten Lösung. Da müßten wir mehrere Nachkommastellen berücksichtigen, um Abweichungen zu finden. Das liegt natürlich auch an dem sehr einfachen Beispiel.

Zum Schluß dieses einführenden Abschnittes stellen wir noch einmal die Ergebnisse in einer gemeinsamen Tabelle zusammen.

x_i	0	0.2	0.4	0.6	0.8	1.0
y_{exakt}	1.0	0.980	0.923	0.835	0.726	0.6065
Euler	1.0	1.0	0.960	0883	0.777	0.653
verb. Euler	1.0	0.980	0.922	0.834	0.724	0.604
Euler, impl.	1.0	0.9615	0.8903	0.7949	0.6853	0.5711
Trapez	1.0	0.980	0.923	0.837	0.728	0.609
Runge–Kutta	1.0	0.980	0.923	0.835	0.726	0.6065

Selbst bei diesem simplen Beispiel fallen Unterschiede deutlich ins Auge. Offensichtlich trägt das verbesserte Euler–Verfahren seinen Namen nicht zu unrecht. Auch das Trapezverfahren schafft eine bessere Näherung als der implizite Euler, wo doch beide implizit sind. Am besten schneidet Runge–Kutta ab. Der nächste Abschnitt hat genau das zum Ziel, die Verfahren auf ihre Güte hin zu untersuchen.

10.5.6 Die allgemeinen Runge–Kutta–Verfahren

Ein Herr Butcher hat sich ein Schema ausgedacht, mit dem man allgemein Runge–Kutta–Verfahren darstellen kann. Wir wollen ehrlich sein. Diese Darstellung erfreut das Herz jeden Mathematikers, aber sie hat für den Anwender herzlich wenig Bedeutung. Jener mag dieses Kapitel mit Gewinn lesen, dieser kann es getrost überspringen.

Zur näherungsweisen Lösung der Anfangswertaufgabe

$$y'(x) = f(x, y(x)), \quad y(x_0) = y_0$$

sei wieder eine Schrittweite $h > 0$ vorgegeben, und mit $x_i := x_0 + i \cdot h$ werden die Näherungswerte $y_i \approx y(x_i), i = 1, 2, 3, \ldots$ bestimmt.

Definition 10.26 *Ein explizites s–stufiges Runge–Kutta–Verfahren hat die Gestalt:*

$$y_0 := y(x_0)$$
$$x_{i+1} := x_i + h \quad i = 0, 1, 2, \ldots$$
$$y_{i+1} := y_i + h \cdot \Phi(x_i, y_i, h), \quad i = 0, 1, 2, \ldots$$

mit

$$\Phi(x, y, h) := \sum_{j=1}^{s} b_j \cdot v_j(x, y)$$

und

$$v_1(x, y) := f(x, y)$$
$$v_2(x, y) := f(x + c_2 \cdot h, y + h \cdot a_{21} \cdot v_1(x, y))$$
$$\vdots$$
$$v_s(x, y) := f\left(x + c_s \cdot h, y + h \cdot \sum_{j=1}^{s-1} a_{sj} \cdot v_j(x, y)\right)$$

Die Koeffizienten $a_{ik}, b_i, c_i \in \mathbb{R}$ können wir in folgendem Schema, dem Butcher–Diagramm *anordnen*:

$$\begin{array}{c|ccccc}
0 & & & & & \\
c_2 & a_{21} & & & & \\
c_3 & a_{31} & a_{32} & & & \\
\vdots & \vdots & & \ddots & & \\
c_s & a_{s1} & a_{s2} & \cdots & a_{s,s-1} & \\
\hline
 & b_1 & b_2 & \cdots & b_{s-1} & b_s
\end{array} \qquad (10.33)$$

In dieses Diagramm lassen sich alle unsere bisherigen expliziten Verfahren einordnen und es lassen sich weitere daraus gewinnen.

Beispiel 10.27 *Das Euler–Verfahren im Butcher–Diagramm :*

$$\begin{array}{c|c} 0 & \\ \hline & 1 \end{array}$$

Aus diesem Schema liest man wegen $b_1 = 1$ die Formel ab:

$$y_{i+1} = y_i + h \cdot f(x_i, y_i), \quad \text{also}$$
$$\Phi(x_i, y_i, h) = f(x_i, y_i) = v_1(x_i, y_i),$$

und das ist genau das Euler–Verfahren.

10.5 Numerische Einschritt–Verfahren

Beispiel 10.28 *Das verbesserte Euler–Verfahren im Butcher–Diagramm:*

$$\begin{array}{c|cc} 0 & & \\ 1/2 & 1/2 & \\ \hline & 0 & 1 \end{array}$$

Hier ist also $c_2 = \frac{1}{2}$ und $a_{21} = \frac{1}{2}$ und $b_1 = 0$, $b_2 = 1$. Also ergibt sich die Formel:

$$y_{i+1} = y_i + h \cdot f\left(x_i + \frac{h}{2}, y_i + \frac{h}{2} \cdot f(x_i, y_i)\right), \quad also$$

$$\Phi(x_i, y_i, h) = 0 \cdot v_1(x_i, y_i) + 1 \cdot v_2(x_i, y_i) \quad mit$$

$$v_2(x, y) := f\left(x + \frac{h}{2}, y + h \cdot \frac{1}{2} \cdot v_1(x, y)\right),$$

und das ist genau das verbesserte Euler–Verfahren.

Beispiel 10.29 *Weitere Verfahren im Butcher–Diagramm:*

$$\begin{array}{c|cc} 0 & & \\ 1 & 1 & \\ \hline & 1/2 & 1/2 \end{array} \qquad \text{Euler–Cauchy–Verfahren}$$

$$\begin{array}{c|ccc} 0 & & & \\ 1/3 & 1/3 & & \\ 2/3 & 0 & 2/3 & \\ \hline & 1/4 & 0 & 3/4 \end{array} \qquad \text{Heun–Verfahren}$$

$$\begin{array}{c|ccc} 0 & & & \\ 1/2 & 1/2 & & \\ 1 & -1 & 2 & \\ \hline & 1/6 & 4/6 & 1/6 \end{array} \qquad \text{Kutta–Verfahren}$$

$$\begin{array}{c|cccc} 0 & & & & \\ 1/2 & 1/2 & & & \\ 1/2 & 0 & 1/2 & & \\ 1 & 0 & 0 & 1 & \\ \hline & 1/6 & 2/6 & 2/6 & 1/6 \end{array} \qquad \text{Runge–Kutta–Verfahren}$$

Der freundliche Leser mag sich ja mal daran versuchen, aus dem letzten Diagramm unser klassisches Runge–Kutta–Verfahren (10.32) von Seite 344 wieder zu gewinnen.

10.6 Konsistenz, Stabilität und Konvergenz bei Einschrittverfahren

10.6.1 Konsistenz

Im vorigen Abschnitt sah alles so leicht und glatt aus. Dem müssen wir gegensteuern und schildern nun ein Beispiel, das eigentlich auch ganz harmlos daherkommt, bei dem aber erhebliche Probleme auftreten:

Beispiel 10.30 *Wir betrachten die Anfangswertaufgabe*

$$y'(x) = -100 \cdot y(x) + 100, \qquad y(0.05) = e^{-5} + 1 \approx 1.006738. \tag{10.34}$$

Es handelt sich um eine lineare inhomogene Differentialgleichung mit konstanten Koeffizienten erster Ordnung. Einfacher geht es kaum. Wie man sofort sieht, ist $y(x) \equiv 1$ eine spezielle Lösung der inhomogenen Differentialgleichung, die allgemeine Lösung der homogenen lautet $y(x) = c \cdot e^{-100x}$. Dann ist $y(x) = c \cdot e^{-100x} + 1$ die allgemeine Lösung. Durch Einsetzen der Anfangsbedingung ergibt sich $c = 1$. Damit lautet die Lösung der Anfangswertaufgabe

$$y(x) = e^{-100x} + 1. \tag{10.35}$$

Diese Funktion hat bei 0 den Wert 2 und fällt dann sehr schnell gegen die x–Achse hin ab.

Wir berechnen nun eine Näherungslösung mit dem Euler–Verfahren. Dazu sei also $x_0 = 0.05$ und $y_0 = 1.006738$. Um nicht zu lange rechnen zu müssen und somit die Rundungsfehler klein zu halten, wählen wir eine moderate Schrittweite $h = 0.05$, und sind völlig überrascht über das folgende desaströse Verhalten der Näherung. Wir schreiben als dritte Spalte den Fehler zur exakten Lösung auf:

x_i	y_i	$y(x_i) - y_i$
0.10	0.973048	0.0269952
0.15	1.107807	-0.107807
0.20	0.568771	0.431229
0.25	2.724914	-1.724914
0.30	-5.899658	6.899658
0.35	28.59863	-27.59863
0.40	-109.3945	110.3945
0.45	442.5781	-441.5781
0.50	-1175.312	1766.312
0.55	7066.250	-7065.250

(10.36)

Der Fehler wird offensichtlich immer größer, er schaukelt sich auf.

Jetzt wählen wir doch eine kleinere Schrittweite („Scheiß' auf die Rundungsfehler!", denkt man sich). Und siehe da, es wird besser. In der Tabelle haben wir die Ergebnisse mit der Schritt-

10.6 Konsistenz, Stabilität und Konvergenz bei Einschrittverfahren

weite $h = 0.02$ und $h = 0.01$ nebeneinander gestellt.

$h = 0.02$			$h = 0.01$		
x_i	y_i	$y(x_i) - y_i$	x_i	y_i	$y(x_i) - y_i$
			0.06	1.000000	0.002478752
0.07	0.993262	0.006738	0.07	1.000000	0.000911882
			0.08	1.000000	0.000335463
0.09	1.006738	−0.006738	0.09	1.000000	0.000124098
			0.10	1.000000	0.000045399
0.11	0.993262	0.006738	0.11	1.000000	0.000016702
			0.12	1.000000	0.000006144
0.13	1.006738	−0.006738	0.13	1.000000	0.000002260
			0.14	1.000000	0.000000832
0.15	0.993262	0.006738	0.15	1.000000	0.000000306
			0.16	1.000000	0.000000113
0.17	1.006738	−0.006738	0.17	1.000000	0.000000041
			0.18	1.000000	0.000000015
0.19	0.993262	0.006738	0.19	1.000000	0.000000006
			0.20	1.000000	0.000000002
0.21	1.006738	−0.006738	0.21	1.000000	0.0000000008
			0.22	1.000000	0.0000000003
0.23	0.993262	0.006738	0.23	1.000000	0.0000000001
			0.24	1.000000	0.00000000004
0.25	1.006738	−0.006738	0.25	1.000000	0.00000000001

Auf der linken Seite bei Schrittweite $h = 0.02$ schwanken die Werte hin und her, während rechts bei Schrittweite $h = 0.01$ der Fehler immer kleiner wird, je weiter wir voranschreiten. Nix da mit Rundungsfehlern, die uns angeblich alles kaputt machen, wenn wir die Schrittweite verfeinern und dadurch immer mehr Berechnungen durchführen müssen. Hier scheinen sie noch keine Rolle zu spielen.

Irgendwie juckt es, eines der anderen Verfahren anzuwenden. Wir versuchen es mit dem impliziten Euler–Verfahren. Für unsere Differentialgleichung ergibt sich durch Auflösen nach y_{i+1} folgende Formel:

$$y_{i+1} = y_i + h \cdot f(x_{i+1}, y_{i+1}) \implies y_{i+1} = \frac{y_i + 100h}{1 + 100h}.$$

Wieder lassen wir den Rechenknecht arbeiten und erhalten:

x_i	y_i	$y(x_i) - y_i$
0.05	1.006738	$-1.07756 \cdot 10^{-3}$
0.10	1.001123	$-1.86859 \cdot 10^{-4}$
0.15	1.000187	$-3.11921 \cdot 10^{-5}$
0.20	1.000031	$-5.19902 \cdot 10^{-6}$
0.25	1.000005	$-8.66506 \cdot 10^{-7}$
0.30	1.000001	$-1.44419 \cdot 10^{-7}$
0.35	1.000000	$-2.40707 \cdot 10^{-8}$
0.40	1.000000	$-4.01269 \cdot 10^{-9}$
0.45	1.000000	$-6.69388 \cdot 10^{-10}$
0.50	1.000000	$-1.10958 \cdot 10^{-10}$

Was ist denn das? Hier geht der Fehler offenkundig gegen Null, es gibt überhaupt kein Problem, die Lösung anzunähern. Wir könnten noch das Ergebnis aufschreiben, wenn wir die Schrittweite auf $h = 0.02$ herabsetzen, Aber es wird niemanden überraschen, daß auch da der Fehler gegen Null geht. Wir sparen uns den Abdruck der Tabelle und fragen statt dessen, wie dieses Verhalten zu erklären ist. Warum hat der explizite Euler ein Problem, der implizite Euler aber nicht? Was ist so anders bei diesen sonst fast identischen Verfahren?

Dieses erstaunliche Verhalten zu analysieren ist der Zweck der folgenden Abschnitte.

Bei der ganzen Fehleruntersuchung unterscheiden wir prinzipiell zwei Arten von Fehlern:

- den lokalen Fehler,
- den globalen Fehler

Lokal meint dabei, daß wir nur den Fehlerbeitrag während der Ausführung eines einzigen Schrittes untersuchen. Das ist das Ziel dieses Abschnittes. Mit dem globalen Fehler fassen wir sämtliche Beiträge von Fehlern im Laufe der gesamten Rechnung zusammen. Dies gipfelt dann in der Konvergenzuntersuchung eines Verfahrens. Und damit werden wir uns im Abschnitt 10.6.3 befassen.

Beginnen wir mit der Definition des lokalen Diskretisierungsfehlers. Im Prinzip ist es der Fehler $y(x_{i+1}) - y_{i+1}$, links steht die exakte Lösung an der Stelle x_{i+1}, rechts der Näherungswert an dieser Stelle. *Lokal* bedeutet jetzt aber, daß wir nur den Fehler betrachten wollen, der bei dem einen Schritt von x_i nach x_{i+1} aufgetreten ist. Dazu werden wir also verlangen, daß bei x_i kein Fehler entstanden ist. Das drücken wir dadurch aus, daß wir bei x_i den nicht mit Fehlern behafteten Wert der exakten Lösung $y(x_i)$ verwenden. Man möchte also bitte die folgende Definition sehr sorgfältig lesen.

Definition 10.31 *Sei y die Lösung der Anfangswertaufgabe*

$$y'(x) = f(x, y(x)) \quad mit \quad y(x_0) = y_0 \qquad (10.37)$$

im Intervall I. Seien x_i und $x_i + h$, $h > 0$, zwei Punkte aus I. Dann nennen wir

$$d(x_i, y(x_i), h) := y(x_i + h) - \big[y(x_i) + h \cdot \Phi(x_i, y(x_i), h)\big] \qquad (10.38)$$

10.6 Konsistenz, Stabilität und Konvergenz bei Einschrittverfahren

den lokalen Diskretisierungsfehler des Einschrittverfahrens (10.27) an der Stelle $(x_i, y(x_i))$.

Vielleicht noch mal ein Blick zurück. In der eckigen Klammer steht der mit dem Einschrittverfahren berechnete Näherungswert an der Stelle x_{i+1}, wobei wir an der Stelle x_i den exakten Wert $y(x_i)$ verwenden, also bei x_i keinen Fehler zulassen. Dadurch wird es eben der lokale Fehler.

Mit diesem jetzt hoffentlich nicht mehr geheimnisvollen Begriff hängt auf einfache Weise der Begriff *Konsistenz* zusammen:

Definition 10.32 *Ein Einschrittverfahren (10.27) zur Anfangswertaufgabe (10.37) heißt konsistent mit der AWA, falls gleichmäßig für alle Stützstellen x_i gilt:*

$$\frac{1}{h}\left|d(x_i, y(x_i), h)\right| \to 0 \qquad \text{für } h \to 0. \tag{10.39}$$

Das Einschrittverfahren besitzt dann die Konsistenzordnung $p > 0$, wenn es eine Konstante $C > 0$ gibt, so daß gleichmäßig für alle Stützstellen x_i gilt:

$$\frac{1}{h}\left|d(x_i, y(x_i), h)\right| \leq C \cdot h^p \qquad \text{für } h \to 0. \tag{10.40}$$

Einige Bemerkungen zu diesem wichtigen Begriff.

1. Links haben wir den Diskretisierungsfehler (betragsmäßig) noch durch h geteilt. Das hat nur „Schönheitsgründe". Einmal sieht es links dann so aus wie ein Differenzenquotient. Aber was wichtiger ist, es wird sich später zeigen, daß die noch zu definierende Konvergenzordnung mit der obigen Konsistenzordnung übereinstimmt. Ohne die Division durch h wäre sie um 1 größer. Nicht wirklich ein tiefliegender Grund.

2. Die Konvergenz möchte für alle Stützstellen gleichartig verlaufen, d.h. wenn wir uns eine kleine Schranke $\varepsilon > 0$ vorgeben, unter die wir die linke Seite drücken möchten, so soll dazu, egal welche Stützstelle wir betrachten, stets dasselbe kleine $h > 0$ ausreichen. Das bedeutet *gleichmäßig*. Also gut.

Beispiel 10.33 *Ist das Euler–Polygonzug–Verfahren konsistent mit der AWA? Und wie groß ist gegebenenfalls seine Konsistenzordnung?*

Der typische Trick zum Nachweis der Konsistenz besteht in der Anwendung der Taylorentwicklung. Wir tun das ohne Hemmungen und setzen einfach voraus, daß unsere Funktion bitteschön hinreichend oft differenzierbar sein möge, damit wir das dürfen. Dann gilt zunächst für den lokalen Diskretisierungsfehler:

$$\begin{aligned} d(x_i, y(x_i), h) &= y(x_{i+1}) - \left[y(x_i) + h \cdot f(x_i, y(x_i))\right] \\ &= y(x_i + h) - y(x_i) - h \cdot f(x_i, y(x_i)) \\ &= y(x_i) + hy'(x_i) + \frac{h^2}{2}y''(x_i) + \cdots - y(x_i) - h \cdot y'(x_i) \\ &= \frac{h^2}{2}y''(x_i) + \mathcal{O}(h^3) \end{aligned}$$

Zur Konsistenzbetrachtung dividieren wir beide Seiten durch h und erhalten:

$$\frac{1}{h}d(x_i,y(x_i),h) = \frac{1}{h}\cdot(\frac{h^2}{2}y''(x_i) + \mathcal{O}(h^3)) = \mathcal{O}(h).$$

Zusammengefaßt folgt also:

Satz 10.34 (Konsistenz des Euler–Verfahrens) *Das Euler–Verfahren ist konsistent mit der AWA und hat die Konsistenzordnung 1.*

Warum hat es dann aber dieses Problem bei unserem einfachen Beispiel (10.36)? Lokal scheint doch alles in Ordnung. Verwunderlich ist dieses Verhalten um so mehr, wenn wir uns die Konsistenz des impliziten Euler–Verfahrens ansehen. Aber was soll da schon passieren? Dort wird ja lediglich statt des vorwärts genommenen Differenzenquotienten der rückwärtige verwendet. Die Taylorentwicklung führt also zum gleichen Ergebnis:

Satz 10.35 (Konsistenz des impliziten Euler–Verfahrens) *Das implizite Euler–Verfahren ist konsistent mit der AWA und hat die Konsistenzordnung 1.*

Da muß also noch etwas versteckt sein, was diese beiden lokal so ähnlichen Verfahren wesentlich unterscheidet. Wir kommen im nächsten Abschnitt ausführlich darauf zurück.

Es lohnt sich, die Verbesserung des verbesserten Euler–Verfahrens zu untersuchen. Beim Nachweis der Konsistenz ergibt sich auch ein klein wenig Neues.

Beispiel 10.36 *Ist das verbesserte Euler–Verfahren konsistent mit der AWA? Und wie groß ist gegebenenfalls seine Konsistenzordnung?*

Das verbesserte Euler–Verfahren lautete:

$$y_{i+1} = y_i + h\cdot f\left(x_i + \frac{h}{2}, y_i + \frac{h}{2}\cdot f(x_i,y_i)\right), \quad i=0,1,2,\ldots$$

mit der sogenannten Flußfunktion:

$$\Phi(x,y,h) = f\left(x+\frac{h}{2}, y+\frac{h}{2}\cdot f(x,y)\right).$$

Zur Abschätzung des lokalen Diskretisierungsfehlers betrachten wir die Differenz:

$$\begin{aligned}d(x_i,y(x_i),h) &= y(x_i+h) - [y(x_i) + h\cdot\Phi(x_i,y(x_i),h)] \\ &= [y(x_i+h) - y(x_i)] - h\cdot\Phi(x_i,y(x_i),h).\end{aligned}$$

Sowohl den Term in eckigen Klammern als auch die Funktion $\Phi(x_i,y_i,h)$ entwickeln wir nach Taylor.

10.6 Konsistenz, Stabilität und Konvergenz bei Einschrittverfahren

Für die Funktion Φ benutzen wir die Taylorformel für zwei Variable in der Form:

$$f(x+a, y+b) = f(x,y) + \frac{\partial f(x,y)}{\partial x} \cdot a + \frac{\partial f(x,y)}{\partial y} \cdot b$$
$$+ \frac{1}{2!}\left(\frac{\partial^2 f(x,y)}{\partial x^2} \cdot a^2 + 2\frac{\partial^2 f(x,y)}{\partial x \partial y} \cdot a \cdot b + \frac{\partial^2 f(x,y)}{\partial y^2} \cdot b^2\right)$$
$$+ \text{Terme 3. Ordnung,} \tag{10.41}$$

und erhalten, wenn wir im Auge behalten, daß hier $a = \frac{h}{2}$ und $b = \frac{h}{2} \cdot f(x_i, y(x_i))$ ist, einfach durch Einsetzen, wobei wir zur Abkürzung wie gewohnt die partiellen Ableitungen mit unteren Indizes bezeichnen:

$$\Phi(x_i, y(x_i), h) = f(x_i + \frac{h}{2}, y(x_i) + \frac{h}{2}f(x_i, y(x_i)))$$
$$= f(x_i, y(x_i)) + \frac{h}{2}f_x(x_i, y(x_i)) + \frac{h}{2} \cdot f(x_i, y(x_i)) \cdot f_y(x_i, y(x_i)) +$$
$$+ \frac{h^2}{2}\left(\frac{1}{4}f_{xx}(x_i, y(x_i)) + \frac{1}{2} \cdot f(x_i, y(x_i)) \cdot f_{xy}(x_i, y(x_i))\right.$$
$$\left. + \frac{1}{4} \cdot f^2(x_i, y(x_i)) \cdot f_{yy}(x_i, y(x_i))\right) + \mathcal{O}(h^3).$$

Etwas schwieriger wird es mit dem Term in eckigen Klammern. Zunächst entwickeln wir mit der einfachen Formel:

$$y(x_i + h) = y(x_i) + h \cdot y'(x_i) + \frac{h^2}{2} \cdot y''(x_i) + \frac{h^3}{6} \cdot y'''(x_i) + \mathcal{O}(h^4).$$

Dann jedoch fällt uns ein, daß wir ja mit Hilfe der Differentialgleichung die Ableitung von y durch die Funktion f der rechten Seite ersetzen können. Und jetzt wird es kompliziert, denn in dieser Funktion f steckt ja x in beiden Variablen. Also muß man immer noch die inneren Ableitungen dazupacken. Damit wird dann z.B.:

$$y''(x_i) = \frac{d}{dx}(y'(x_i)) = \frac{d}{dx}f(x_i, y(x_i))$$
$$= f_x(x_i, y(x_i)) + f_y(x_i, y(x_i)) \cdot \frac{dy(x_i)}{dx}$$
$$= f_x(x_i, y(x_i)) + f_y(x_i, y(x_i)) \cdot f(x_i, y(x_i)).$$

Ganz analog, aber mit ein paar Termen mehr, rechnet man (wir lassen jetzt, um die Übersicht zu erleichtern, die jeweilige Stelle $(x_i, y(x_i))$ weg):

$$y''' = \frac{d^2}{dx^2}y' = \frac{d^2}{dx^2}f$$
$$= \frac{d}{dx}(f_x + f_y \cdot f)$$
$$= f_{xx} + f_{xy} \cdot f + f_{yx} \cdot f + f_{yy} \cdot f^2 + f_y \cdot f_x + f_y \cdot f \cdot f_y + \mathcal{O}(h^4)$$

Man darf nie die inneren Ableitungen vergessen! Nun packen wir alles zusammen und lassen wieder die Stelle $(x_i, y(x_i))$ weg:

$$\frac{1}{h} \cdot d(x_i, y(x_i), h) = \frac{1}{h}\left(x \cdot (x_i + h) - x(x_i)\right) - h \cdot \Phi(x_i, y(x_i), h)$$
$$= h^2 \left[\frac{1}{24}(f_{xx} + 2 \cdot f \cdot f_{xy} + f^2 \cdot f_{yy}) + \frac{1}{6}(f_x + f \cdot f_y) \cdot f_y\right] + \mathcal{O}(h^3)$$
$$= \mathcal{O}(h^2)$$

Das fassen wir, weil es so schön ist, im folgenden Satz zusammen:

Satz 10.37 (Konsistenz des verbesserten Euler–Verfahrens) *Das verbesserte Euler–Verfahren ist konsistent mit der AWA und hat die Konsistenzordnung 2.*

Es ist also wirklich lokal besser als der einfache Euler: nomen est omen.

Wir wollen die Leser nicht mit noch mehr Taylorentwicklung nerven und verweisen auf die Literatur, z.B. [8] wenn man sich die Konsistenz des Trapez–Verfahrens anschauen will. Als Ergebnis folgt:

Satz 10.38 (Konsistenz des Trapez–Verfahrens) *Das Trapez–Verfahren ist konsistent mit der Anfangswertaufgabe und hat die Konsistenzordnung 2.*

Richtig viel Arbeit müßte man bei Runge–Kutta einsetzen, um die Konsistenz nachzuweisen. M. Lotkin hat sich dieser Mühe schon 1951 unterzogen und bewiesen:

Satz 10.39 (Konsistenz des Runge–Kutta–Verfahrens) *Das klassische Runge–Kutta–Verfahren ist konsistent mit der AWA und hat die Konsistenzordnung 4.*

Nun, das macht jedenfalls Sinn. Runge–Kutta berechnet ja aus vier Steigungen den nächsten Wert durch eine geschickte Mittelbildung. Da muß natürlich etwas Besseres rauskommen. Wir wiederholen aber noch einmal: Lokal ist der Diskretisierungsfehler von 5. Ordnung, die Konsistenzordnung ist also 4. Das sagt aber noch nichts über die Güte der Konvergenz. Da müssen wir noch heftig dran arbeiten. Dazu dient das folgende Kapitel.

10.6.2 Stabilität

Hinter dem Begriff *Stabilität* verbirgt sich eigentlich gar kein großes Geheimnis, man kann es recht leicht anschaulich erklären. Trotzdem fällt es gerade Ingenieuren häufig schwer, diesen Begriff umzusetzen. Vielleicht liegt es an der umgangssprachlichen Bedeutung oder auch der anschaulichen ingenieurmäßigen Darstellung, die den Anwender auf das Glatteis führt. Wir werden daher versuchen, durch viel Anschauung Stabilität auch im mathematischen Kontext zu verdeutlichen.

10.6 Konsistenz, Stabilität und Konvergenz bei Einschrittverfahren

Absolute Stabilität. Beginnen wir mit einigen Festlegungen und der Definition des Begriffes *Stabilität*. Dazu betrachten wir folgende Anfangswertaufgabe für ein System von gewöhnlichen Differentialgleichungen:

$$\vec{y}\,'(x) = \vec{f}(x, \vec{y}(x)), \qquad \vec{y}(x_0) = \vec{y}_0. \tag{10.42}$$

Definition 10.40 $\widehat{\vec{y}}$ *heißt* Gleichgewichtspunkt *der Anfangswertaufgabe (10.42), wenn gilt:*

$$\vec{f}(x, \widehat{\vec{y}}) = \vec{0} \qquad \forall x \geq x_0 \tag{10.43}$$

Denken wir uns die Variable x als die Zeit, so ist also ein Gleichgewichtspunkt ein Punkt, in dem keine zeitliche Änderung der Lösung stattfindet. Dort ruht das System also, oder wie man so sagt, es befindet sich im Gleichgewicht. Vielleicht stellen wir uns einen Ball vor, der auf dem Erdboden in einer Kuhle liegt und der andererseits auf dem Zeigefinger balanciert wird. Beide Male befindet sich der Ball in Ruhestellung, also im Gleichgewicht, wenn man das Balancieren geübt hat. Aber von der Fingerspitze kann ihn der Flügelschlag eines Schmetterlings herunterschupsen. In der Kuhle liegt er ziemlich sicher. Der Zustand in der Kuhle ist stabil, auf der Fingerspitze ziemlich wackelig, also instabil. Dies übertragen wir auf Differentialgleichungen.

Definition 10.41 *Sei* $\widehat{\vec{y}}$ *ein Gleichgewichtspunkt für die Anfangswertaufgabe (10.42), und sei* $\vec{y}(x)$ *eine Lösung, die der Anfangsbedingung* $\vec{y}(x_0) = \vec{y}_0$ *genügt. Dann heißt* $\widehat{\vec{y}}$ *stabil (im Sinne von Ljapunov[9]), wenn es zu jedem* $\varepsilon > 0$ *ein* $\delta > 0$ *gibt mit der Eigenschaft:*

Ist für den Anfangspunkt $\|\vec{y}(x_0) - \widehat{\vec{y}}(x_0)\| < \delta$, *so ist auch*

$$\|\vec{y}(x) - \widehat{\vec{y}}(x)\| < \varepsilon \qquad \forall x \geq x_0. \tag{10.44}$$

Ist der Gleichgewichtspunkt nicht stabil im obigen Sinn, so heißt er instabil.

Es geht also um eine langfristige Vorhersage, wie verhält sich die Lösung nach langer Zeit oder nach vielen Schritten. Der Kernpunkt liegt in dem $\forall x \geq x_0$, also für alle $x \geq x_0$ in (10.44).

Die Abb. 10.2 kann das nur vage verdeutlichen.

Als Sonderfall der Stabilität nach Ljapunov führen wir den Begriff *asymptotisch stabil* ein:

Definition 10.42 $\widehat{y}$ *heißt asymptotisch stabil, falls gilt:*

1. $\widehat{y}$ *ist stabil*
2. $\exists \gamma > 0 : |y(x) - \widehat{y}(x)| < \gamma \Longrightarrow \lim\limits_{x \to \infty} y(x) = 0.$

---
[9]Ljapunov,A.M. (1857 – 1918)

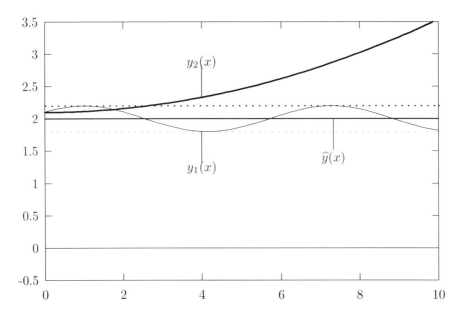

Abb. 10.2: Dies kann nur eine grobe Skizze zur Veranschaulichung von Stabilität sein. Als Gleichgewichtspunkt denken wir uns die Funktion $\widehat{y}(x) \equiv 2$, als Lösung $y_1(x)$ haben wir eine sinusförmige Funktion eingetragen, als Lösung $y_2(x)$ eine polynomartige. Starten wir am Anfangspunkt $y(x_0) = 2.1$, wie eingetragen, so möchte für Stabilität die Lösung für alle Zeit in einer kleinen Umgebung von $\widehat{y}(x)$ bleiben, also sich so verhalten wie $y_1(x)$, und in der gepunkteten Umgebung verlaufen. Driftet sie dagegen ab und bleibt nicht in einer kleinen Umgebung, wie wir das für $y_2(x)$ skizziert haben, so nennen wir $\widehat{y}(x)$ instabil. Der Ball auf der Fingerkuppe – diese ist der Gleichgewichtspunkt – kann sich durch eine kleinste Luftbewegung sehr weit weg bewegen, wenn er herunterfällt. Stuppst man ihn in der Kuhle – der unterste Punkt ist ein Gleichgewichtspunkt – an, bleibt er nur in der kleinen Umgebung.

Wenn wir unser Bild oben vervollständigen wollten, um asymptotisch stabil zu erläutern, so müßten wir eine Funktion hineinzeichnen, die sich immer mehr der Funktion $\widehat{y}(x)$ annähert. Da man sich das leicht vorstellen kann, wollen wir unser Bild nicht überfrachten. Denken Sie noch einmal an den Ball in der Kuhle. Der tiefste Punkt der Kuhle ist wohl als asymptotisch stabil anzusehen, wenn man obigen Begriff sinnvoll übertragen will.

Die interessante Frage ist nun, wie man der Lösung einer Differentialgleichung ansehen kann, ob sie stabil ist. Wir brauche also ein Kriterium für Stabilität. Hierzu gibt es ganz erstaunliche Sätze.

Wir betrachten zunächst einen sehr speziellen Fall. Man rümpfe nicht die Nase, denn es wird sich zeigen, daß dieser Fall fast alles enthält.

Definition 10.43 *Ein Differentialgleichungssystem $\vec{y}\,'(x) = \vec{f}(x, \vec{y}(x))$ heißt autonom,*

10.6 Konsistenz, Stabilität und Konvergenz bei Einschrittverfahren

wenn die Variable x auf der rechten Seite nicht explizit vorkommt. Im anderen Fall heißt es nichtautonom oder heteronom.

Solch ein lineares autonomes System kann man einfach als Matrizengleichung mit einer konstanten Matrix A schreiben. Das sieht dann vielleicht so aus:

Beispiel 10.44

$$\begin{aligned} y_1' &= -2y_1 + y_2 + 3y_3 \\ y_2' &= \phantom{-2y_1 +{}} -6y_2 - 5y_3 \\ y_3' &= - y_3 \end{aligned}$$

Offensichtlich ist für ein solches System stets $\widehat{\vec{y}} \equiv \vec{0}$ ein Gleichgewichtspunkt. Den wollen wir auf Stabilität untersuchen. Gesetzt den Fall, wir hätten Stabilität von $\widehat{\vec{y}}$ nachgewiesen, müssen wir das dann für alle weiteren Lösungen auch noch nachweisen oder ergibt sich das von allein? Nun, wir zeigen:

Satz 10.45 *Ist die Lösung $\widehat{\vec{y}} \equiv \vec{0}$ des Differentialgleichungssystems $\vec{y}'(x) = A\vec{y}(x)$, wobei A eine konstante $(n \times n)$-Matrix ist, asymptotisch stabil, stabil oder instabil, so gilt dasselbe für jede weitere Lösung $\vec{y}$ dieses Systems.*

Beweis: Das ist schnell überlegt. Gehen wir davon aus, daß $\widehat{\vec{y}} \equiv \vec{0}$ stabil ist, und betrachten wir eine weitere Lösung $\vec{y}_1(x)$. Um ihre Stabilität zu prüfen, starten wir in der Nähe von $\vec{y}_1(x_0)$ mit einer weiteren Lösung, nennen wir sie $\vec{y}_2(x)$. Als Trick betrachten wir $\vec{z}(x) = \vec{y}_1(x) - \vec{y}_2(x)$. Jetzt kommt die Linearität der Differentialgleichung zum Zuge. Offensichtlich ist auch $\vec{z}(x)$ eine Lösung, und $\vec{z}(x_0)$ liegt ganz in der Nähe von $\vec{0}$. Da $\widehat{\vec{y}} \equiv \vec{0}$ stabil ist, bleibt damit $\vec{z}(x)$ für alle $x > x_0$ in der Nähe von $\widehat{\vec{y}} \equiv \vec{0}$. Das bedeutet aber, daß $\vec{z}(x)$ immer klein bleibt. Damit bleibt $\vec{y}_2(x)$ stets in der Nähe von $\vec{y}_1(x)$, also ist $\vec{y}_1$ stabil.

Das gleiche Argument kann man wiederholen für den Fall, daß $\widehat{\vec{y}} \equiv \vec{0}$ asymptotisch stabil ist.

Ist dagegen $\widehat{\vec{y}} \equiv \vec{0}$ nicht stabil, so bleibt eine weitere Lösung, die ganz in der Nähe von $\widehat{\vec{y}}(x_0)$ startet, nicht in der Nähe von $\widehat{\vec{y}}$. Diese dumme Kuh nennen wir $\vec{y}_3(x)$. Betrachten wir jetzt wieder $\vec{y}_1(x)$ und untersuchen ihre Stabilität, so werfen wir einen Blick auf $\vec{z}(x) = \vec{y}_1(x) + \vec{y}_3(x)$, was ja wieder eine Lösung ist, die aber bei x_0 ganz in der Nähe von $\vec{y}_1$ startet. Sie bleibt aber nicht in der Nähe, da sich $\vec{y}_3(x)$ zu immer größeren Werten aufschaukelt. Also ist $\vec{y}_1$ auch nicht stabil. $\square$

Das haben wir ganz schön kompliziert ausgedrückt, aber im wesentlichen doch nur die Linearität der Differentialgleichung ausgenützt. Also nicht bange machen lassen. Als Fazit stellen wir fest, daß es reicht, die Lösung $\widehat{\vec{y}} \equiv \vec{0}$ auf Stabilität zu untersuchen. Dann wissen wir alles auch von den anderen Lösungen.

Der folgende Satz gibt uns ein sehr einfaches Hilfsmittel in die Hand, die Stabilität von $\widehat{\vec{y}} \equiv \vec{0}$ zu überprüfen:

Satz 10.46 *Gegeben sei ein lineares autonomes Differentialgleichungssystem*

$$\vec{y}'(x) = A \cdot \vec{y}(x). \tag{10.45}$$

Dabei sei A regulär, so daß also $\widehat{\vec{y}} \equiv \vec{0}$ isolierter Gleichgewichtspunkt ist. Dann gilt:

1. *Haben alle Eigenwerte von A einen negativen Realteil, so ist $\widehat{\vec{y}} \equiv \vec{0}$ asymptotisch stabil.*
2. *Hat auch nur ein Eigenwert von A einen Realteil größer als 0, so ist $\widehat{\vec{y}} \equiv \vec{0}$ instabil.*
3. *Haben alle Eigenwerte einen Realteil größer oder gleich 0 und haben die Eigenwerte mit Realteil gleich 0 genau soviele linear unabhängige Eigenvektoren wie ihre Vielfachheit, so ist $\widehat{\vec{y}} \equiv \vec{0}$ stabil.*

Beispiel 10.47 *Betrachten wir folgendes System*

$$\begin{aligned} y_1' &= -2y_1 + y_2 + 3y_3 \\ y_2' &= -6y_2 - 5y_3 \\ y_3' &= - y_3 \end{aligned}$$

und fragen nach der Stabilität des Gleichgewichtspunktes $\widehat{\vec{y}} \equiv \vec{0}$.

Dazu schauen wir uns die Systemmatrix an:

$$A = \begin{pmatrix} -2 & 1 & 3 \\ 0 & -6 & -5 \\ 0 & 0 & -1 \end{pmatrix}.$$

Als Dreiecksmatrix liest man ihre Eigenwerte auf der Hauptdiagonalen ab:

$$\lambda_1 = -2, \quad \lambda_2 = -6, \quad \lambda_3 = -1.$$

Da sie alle reell und negativ sind, haben sie auch negativen Realteil. Also trifft Fall 1. aus dem Satz zu, die Lösung $\widehat{\vec{y}} \equiv \vec{0}$ ist asymptotisch stabil.

Einige weitere Beispiele können nicht schaden.

Beispiel 10.48 *Die folgenden Matrizen seien Systemmatrizen eines linearen autonomen Systems von Differentialgleichungen. Wir untersuchen jeweils das Stabilitätsverhalten jeder Lösung $y(t)$:*

$$A = \begin{pmatrix} -1 & 0 & 0 \\ -2 & -1 & 2 \\ -3 & -2 & -1 \end{pmatrix}, \quad B = \begin{pmatrix} 1 & 5 \\ 5 & 1 \end{pmatrix}, \quad C = \begin{pmatrix} 0 & -3 \\ 2 & 0 \end{pmatrix}, \quad D = \begin{pmatrix} 2 & -3 & 0 \\ 0 & -6 & -2 \\ -6 & 0 & -3 \end{pmatrix}.$$

Zu A:

Das charakteristische Polynom erhalten wir sofort durch Entwicklung der Determinante nach der ersten Zeile:

$$p_A(\lambda) = -(1+\lambda)^3 - 4(1+\lambda) = -(1+\lambda)(\lambda^2 + 2\lambda + 5).$$

Seine Nullstellen und damit die Eigenwerte sind:

$$\lambda_1 = -1,\ \lambda_{2,3} = -1 \pm 2i.$$

Alle drei haben also einen negativen Realteil, also ist jede Lösung asymptotisch stabil.

Zu B:

Hier lautet das charakteristische Polynom

$$p_B(\lambda) = (1-\lambda)^2 - 25.$$

Damit sind $\lambda_1 = 6$ und $\lambda_2 = -4$ die Eigenwerte, von denen λ_1 einen Realteil deutlich größer als 0 hat; also ist jede Lösung instabil.

Zu C:

$$p_C(\lambda) = \lambda^2 + 6.$$

Die Eigenwerte lauten also:

$$\lambda_{1,2} = \pm\sqrt{6}\,i.$$

Beide Eigenwerte haben also den Realteil $= 0$ und sind einfach, also ist jede Lösung zwar stabil, aber nicht asymptotisch stabil.

Zu D:

$$p_D(\lambda) = -\lambda^2(\lambda + 7),$$

und die Eigenwerte sind

$$\lambda_1 = -7, \lambda_2 = \lambda_3 = 0.$$

$\lambda_{2,3}$ ist also ein zweifacher Eigenwert mit verschwindendem Realteil. Für diesen Fall müssen wir etwas mehr arbeiten, nämlich die Anzahl der linear unabhängigen Eigenvektoren bestimmen. Die Eigenvektoren selbst brauchen wir nicht. Es ist

$$D - \lambda_2 E = \begin{pmatrix} 2 & -3 & 0 \\ 0 & -6 & -2 \\ -6 & 0 & -3 \end{pmatrix}$$

Man sieht sofort, daß rg $(A - \lambda_2 E) = 2$, daß es also zu λ_2 nur einen linear unabhängigen Eigenvektor gibt. Daher ist jede Lösung instabil.

Damit haben wir theoretisch alles gesagt, um bei linearen autonomen Systemen Stabilität zu überprüfen. Die Berechnung der Eigenwerte mag bei größeren Matrizen aufwendig sein; dann müssen wir halt die Verfahren aus dem Kapitel *Eigenwertaufgaben* heranziehen, aber im Prinzip ist diese Aufgabe erledigt.

Nun kommen wir zu einem der großen erstaunlichen Sätze der Mathematik. Wie oben schon angedeutet, wollen wir ja gar nicht mit solch trivialen linearen Systemen hantieren, unser Sinn steht nach nichtlinearen Aufgaben. Die sind aber mathematisch von ganz neuem Kaliber. Normalerweise kann ein Mathematiker bei nichtlinearen Problemen nur die Segel streichen. Der Ingenieur begnügt sich daher häufig mit dem zugehörigen linearisierten Problem. Dazu wird der nichtlineare Anteil zum Beispiel nach Taylor entwickelt. Der erste Term ist dann der lineare Anteil. Nur diesen betrachtet man, den Rest wirft man weg. Damit macht man einen Fehler, aber was soll der arme Mensch machen, wenn bessere Möglichkeiten fehlen.

Hier nun haben die Herren Hartman, Grobman und Ljapunov eine großartige Antwort gegeben: Die Stabilitätsanalyse des linearisierten Problems läßt sich fast vollständig auf das nichtlineare Problem übertragen.

Satz 10.49 (Hartman, Grobman, Ljapunov) *Gegeben sei ein nichtlineares autonomes System von Differentialgleichungen erster Ordnung:*

$$\vec{y}\,' = \vec{f}(\vec{y}) \tag{10.46}$$

mit dem Gleichgewichtspunkt $\widehat{\vec{y}} \equiv \vec{0}$. Es sei

$$\vec{y}\,' = \vec{f}\,'(\vec{0}) \cdot \vec{y} \tag{10.47}$$

das zu diesem System gehörige linearisierte Problem mit der Funktionalmatrix $\vec{f}\,'(\vec{0})$. Dann gilt:

1. *Haben alle Eigenwerte von $\vec{f}\,'(\vec{0})$ einen negativen Realteil, so ist $\widehat{\vec{y}} \equiv \vec{0}$ asymptotisch stabil.*

2. *Hat auch nur ein Eigenwert von $\vec{f}\,'(\vec{0})$ einen Realteil größer als 0, so ist $\widehat{\vec{y}} \equiv \vec{0}$ instabil.*

Das ist also fast vollständig parallel zum Satz 10.46 (S. 358). Allerdings fehlt eine Übertragung des Falles mehrfacher Eigenwerte mit verschwindendem Realteil. Das sollte man nicht vergessen.

Die Anwendung dieses Satzes läßt nun das Herzchen jubeln. Kaum zu glauben, wie einfach das geht. Betrachten wir folgendes Beispiel:

10.6 Konsistenz, Stabilität und Konvergenz bei Einschrittverfahren

Beispiel 10.50 *Gegeben sei das Differentialgleichungssystem:*

$$\begin{aligned} y_1 &= -2y_1 + y_2 + 3y_3 + 9y_2^3 \\ y_2 &= -6y_2 - 5y_3 + 7y_3^5 \\ y_3 &= -y_3 + y_1^2 + y_2^2 \end{aligned}$$

Wir untersuchen, ob die Lösung $y \equiv \vec{0}$ stabil oder instabil ist.

Was ist hier das zugehörige linearisierte Problem? Nun, wir lassen einfach die additiven nichtlinearen Terme weg und erhalten:

$$\begin{aligned} y_1 &= -2y_1 + y_2 + 3y_3 \\ y_2 &= -6y_2 - 5y_3 \\ y_3 &= -y_3 \end{aligned}$$

Zu diesem linearisierten Problem gehört die Matrix

$$A = \begin{pmatrix} -2 & 1 & 3 \\ 0 & -6 & -5 \\ 0 & 0 & -1 \end{pmatrix}$$

Sie hat die Eigenwerte $\lambda_1 = -2$, $\lambda_2 = -6$ und $\lambda_3 = -1$, die sämtlich einen negativen Realteil haben; also ist die Gleichgewichtslösung $\widehat{y} \equiv \vec{0}$ des linearisierten Problems und damit auch zugleich des nichtlinearen Problems asymptotisch stabil.

Das folgende Beispiel hat eine kleine Abwandlung:

Beispiel 10.51 *Gegeben sei das Differentialgleichungssystem:*

$$\begin{aligned} y_1' &= 1 - y_1 \cdot y_2 \\ y_2' &= y_1 - y_2^3 \end{aligned}.$$

Wir untersuchen seine Gleichgewichtspunkte auf Stabilität.

Seine Gleichgewichtslösungen erhält man aus $y_1' = 0$ und $y_2' = 0$, also aus $1 = y_1 \cdot y_2$, also $y_1 = 1/y_2$, und $y_1 = y_2^3 = 1/y_2$. Daraus folgt $y_2^4 = 1$ also $y_2 = \pm 1$.

Wählen wir $y_2 = +1$, so folgt $y_1 = +1$, aus $y_2 = -1$ folgt $y_1 = -1$. Die beiden Gleichgewichtslösungen lauten also:

$$\widehat{y}_1 = \begin{pmatrix} 1 \\ 1 \end{pmatrix}, \qquad \widehat{y}_2 = \begin{pmatrix} -1 \\ -1 \end{pmatrix}$$

Beginnen wir mit der Untersuchung des Gleichgewichtspunktes $\widehat{y}_1 = (1,1)^\top$.

Da es nicht der Nullvektor ist, nehmen wir eine kleine Transformation vor:

$$u_1 := y_1 - 1, \quad u_2 := y_2 - 1.$$

Damit folgt:
$$\frac{du_1}{dx} = \frac{dy_1}{dx} = 1 - (1+u_1)(1+u_2) = -u_1 - u_2 - u_1 u_2,$$
$$\frac{du_2}{dx} = \frac{dy_2}{dx} = (1+u_1) - (1-u_2)^3 = u_1 - 3u_2 - 3u_2^2 - u_2^3.$$

Wir erhalten damit die neue Aufgabe: Zu untersuchen ist, ob $\widehat{u} = (0,0)^\top$ ein stabiler Gleichgewichtspunkt des folgenden Systems ist:
$$\begin{pmatrix} u_1{'} \\ u_2{'} \end{pmatrix} = \begin{pmatrix} -1 & -1 \\ 1 & -3 \end{pmatrix} \begin{pmatrix} u_1 \\ u_2 \end{pmatrix} - \begin{pmatrix} u_1 u_2 \\ 3u_2^2 + u_2^3 \end{pmatrix}.$$

Jetzt sind wir auf der leichten Schiene. Wir betrachten nur das linearisierte Problem
$$\begin{pmatrix} u_1{'} \\ u_2{'} \end{pmatrix} = \begin{pmatrix} -1 & -1 \\ 1 & -3 \end{pmatrix} \begin{pmatrix} u_1 \\ u_2 \end{pmatrix}.$$

Die Systemmatrix hat den doppelten Eigenwert $\lambda_1 = \lambda_2 = -2$. Dieser hat einen negativen Realteil. $\widehat{u}$ ist also asymptotisch stabil. Nach Hartman–Grobman–Ljapunov ist also auch der Gleichgewichtspunkt $\widehat{y}$ des nichtlinearen Problems asymptotisch stabil.

Der Vollständigkeit wegen wollen wir noch kurz auf den zweiten Gleichgewichtspunkt $\widehat{y}_2 = (-1,-1)^\top$ eingehen, obwohl sich prinzipiell nicht Neues ergibt. Mit der Transformation
$$u_1 := y_1 + 1, \quad u_2 := y_2 + 1$$
entsteht das System:
$$\frac{du_1}{dx} = \frac{dy_1}{dx} = 1 - (u_1-1)(u_2-1) = u_1 + u_2 - u_1 u_2,$$
$$\frac{du_2}{dx} = \frac{dy_2}{dx} = (u_1-1) - (u_2-1)^3 = u_1 - 3u_2 + 3u_2^2 - u_2^3.$$

Wir untersuchen hier also, ob $\widehat{u} = (0,0)^\top$ ein stabiler Gleichgewichtspunkt des folgenden Systems ist:
$$\begin{pmatrix} u_1{'} \\ u_2{'} \end{pmatrix} = \begin{pmatrix} 1 & 1 \\ 1 & -3 \end{pmatrix} \begin{pmatrix} u_1 \\ u_2 \end{pmatrix} + \begin{pmatrix} -u_1 u_2 \\ 3u_2^2 - u_2^3 \end{pmatrix}.$$

Die Eigenwerte der Matrix des linearisierten Problems sind
$$\lambda_1 = -1 - \sqrt{5}, \quad \lambda_2 = -1 + \sqrt{5}.$$

λ_2 ist positiv, hat also positiven Realteil, daher ist $\widehat{u} = (0,0)^\top$ instabiler Gleichgewichtspunkt des linearisierten Problems und $\widehat{y}_2 = \begin{pmatrix} -1 \\ -1 \end{pmatrix}$ instabiler Gleichgewichtspunkt des nichtlinearen Problems.

Das folgende Beispiel dient dazu aufzuzeigen, daß Hartman–Grobman–Ljapunov nicht das volle Programm abdecken.

10.6 Konsistenz, Stabilität und Konvergenz bei Einschrittverfahren

Beispiel 10.52 *Gegeben sei das Differentialgleichungssystem*

$$\frac{dy_1}{dx} = -y_2 + y_1^3$$
$$\frac{dy_2}{dx} = y_1 + y_2^3$$

Warum hilft der Satz von Hartman–Grobman–Ljapunov nicht bei der Stabilitätsanalyse?

Der einzige Gleichgewichtspunkt ist $\widehat{\vec{y}} = (0,0)^\top$. Die Eigenwerte der Systemmatrix

$$\begin{pmatrix} 0 & -1 \\ 1 & 0 \end{pmatrix}$$

sind $\lambda_1 = i$, $\lambda_2 = -i$. Beide haben verschwindenden Realteil, dafür gibt unser Satz leider nichts her.

Numerische Stabilität. Nun wollen wir ernten, was wir im vorigen Abschnitt gesät haben. Wir untersuchen also, welche Bedeutung die Stabilität bei den verschiedenen Einschrittverfahren hat.

Der Hauptgedanke wird uns durch den Satz von Hartman–Grobmann–Ljapunov nahe gelegt.

Statt der gegebenen Differentialgleichung

$$\vec{y}\,'(x) = \vec{f}(x, \vec{y(x)}) \tag{10.48}$$

betrachten wir ihre linearisierte Form:

$$\vec{y}\,' = A\vec{y}.$$

Da sind wir ja sofort beim vorigen Abschnitt. Wir untersuchen lediglich die Matrix A und sind fertig. Aber halt, jetzt kommt ein zusätzlicher Effekt, der sich aus der numerischen Behandlung ergibt. Die absolute Stabilität könnte doch durch die Fehler der Näherung aufgehoben werden. Wir müssen also eine genauere Analyse durchführen und werden dabei auf erstaunliche Tatsachen geführt, die das Verhalten der Näherungslösungen bei unserm Beispiel 10.30 von Seite 348 erklären.

Um nun die Übersicht nicht zu verlieren, wollen wir uns auf die Betrachtung von gewöhnlichen Differentialgleichungen 1. Ordnung beschränken, Systeme von gewöhnlichen Differentialgleichungen also außer Acht lassen. Die würden inhaltlich nichts Neues bringen, aber durch viele Symbole vielleicht Verwirrung stiften.

Definition 10.53 *Die Anfangswertaufgabe*

$$y'(x) = \lambda y(x), \quad y(x_0) = y_0, \quad \lambda \in \mathbb{C} \tag{10.49}$$

nennen wir das Testproblem zur Analyse der Fehlerfortpflanzung bei der Stabilitätsuntersuchung.

Die Systemmatrix A ist hier lediglich einzeilig und einspaltig und besteht aus der Zahl λ. Zur absoluten Stabilität der Lösung $y \equiv 0$ muß demnach der Realteil von λ kleiner als 0 sein. Dies reicht aber zur numerischen Stabilität noch nicht aus.

Stabilität des Euler–Verfahrens. Beginnen wir mit dem einfachen Euler–Verfahren und wenden es an auf unser Testproblem. Ausgehend vom gegebenen Anfangswert $y_0 = y(x_0)$ ergibt sich nach Euler

$$y_{i+1} = y_i + h \cdot f(x_i, y_i) = y_i + h \cdot \lambda \cdot y_i = (1 + h \cdot \lambda) y_i \qquad (10.50)$$

Zur Stabilitätsanalyse denken wir uns zusätzlich am Beginn einen kleinen Fehler, wir können also den Anfangswert y_0 nicht exakt angeben, sondern haben lediglich eine mit Fehler behaftete Größe

$$\widetilde{y}_0 = y_0 + \varepsilon_0.$$

Dann ist auch der Näherungswert y_1 mit einem zusätzlichen Fehler versehen, und wir erhalten:

$$\widetilde{y}_1 = y_1 + \varepsilon_1 = \widetilde{y}_0 + h \cdot f(x_0, \widetilde{y}_0) = \widetilde{y}_0 + h \cdot \lambda \cdot \widetilde{y}_0$$

Allgemein folgt:

$$\widetilde{y}_{i+1} = y_{i+1} + \varepsilon_{i+1} = \widetilde{y}_i + h \cdot f(x_i, \widetilde{y}_i) = \widetilde{y}_i + h \cdot \lambda \cdot \widetilde{y}_i = \underbrace{(1 + \lambda \cdot h) y_i}_{y_{i+1}} + (1 + \lambda \cdot h) \varepsilon_i$$

$$= y_{i+1} + (1 + \lambda \cdot h) \varepsilon_i \qquad (10.51)$$

Wir erhalten also

$$\varepsilon_{i+1} = (1 + \lambda \cdot h) \varepsilon_i.$$

Eine einfache Fortführung dieses Schrittes ergibt dann:

$$\varepsilon_{i+1} = (1 + \lambda \cdot h) \varepsilon_i = (1 + \lambda \cdot h)^2 \varepsilon_{i-1} = \cdots = (1 + \lambda \cdot h)^{i+1} \varepsilon_0 \qquad (10.52)$$

Stabilität bedeutet, daß sich der kleine Fehler ε_0 nicht schwerwiegend fortpflanzt. Aus der letzten Gleichung lesen wir ab, daß dazu gelten muß:

$$|1 + \lambda \cdot h| < 1 \qquad (10.53)$$

Da λ eine beliebige komplexe Zahl sein darf, ist das ein Kreis in der $\lambda \cdot h$–Ebene mit Mittelpunkt $(-1, 0)$ und Radius 1. Das Innere dieses Kreises ist das sog. *Stabilitätsgebiet* des Euler–Verfahrens. Es bedeutet eine Einschränkung an die zu wählende Schrittweite h; denn λ wird ja durch die Differentialgleichung vorgegeben. Wenn wir wie bei den meisten von uns betrachteten Differentialgleichungen λ als reell annehmen, so ergibt sich folgende Einschränkung an die Schrittweite h:

$$|1 + \lambda \cdot h| < 1 \iff -1 < 1 + \lambda \cdot h < 1.$$

Die rechte Ungleichung ergibt

$$\lambda \cdot h < 0, \text{ also } \lambda < 0,$$

weil ja die Schrittweite h stets positiv gewählt wird. Diese Bedingung hatten wir oben schon aus der absoluten Stabilität erhalten, sie ist also nichts Neues.

Die linke Ungleichung führt, da $\lambda < 0$, also $-\lambda > 0$ ist, auf

$$-\lambda \cdot h < 2 \iff h < \frac{2}{-\lambda}.$$

Das ist eine echte Einschränkung an die Schrittweite: wir dürfen sie nicht zu groß wählen.

10.6 Konsistenz, Stabilität und Konvergenz bei Einschrittverfahren

Satz 10.54 (Stabilität des Euler–Verfahrens) *Gegeben sei die Anfangswertaufgabe*

$$\vec{y}'(x) = \vec{f}(x, \vec{y}(x)), \quad \vec{y}_0 = \vec{y}(x_0) \tag{10.54}$$

und ihre linearisierte Form:

$$\vec{y}' = A\vec{y}, \quad \vec{y}_0 = \vec{y}(x_0).$$

Dann ist das Euler–Verfahren mit der Schrittweite $h > 0$ genau dann stabil, wenn gilt:

$$h < \frac{2}{-\lambda} \tag{10.55}$$

Wenden wir diese Erkenntnis an auf unser Beispiel 10.30 von Seite 348. Dort war $\lambda = -100 < 0$. Das bedeutet eine Einschränkung an die Schrittweite

$$h < 0.02$$

Erinnern wir uns an das Ergebnis der Rechnung. Genau bei $h = 0.02$ war die Schnittstelle, die Lösung schwankte hin und her. Jetzt ist auch klar, warum bei der Schrittweite $h = 0.05$ das reine Chaos auftrat. Da war eben keine Stabilität gegeben. Bei $h = 0.01$ aber herrschte eitel Sonnenschein.

Stabilität des impliziten Euler–Verfahrens. Wir erinnern uns, daß das implizite Euler–Verfahren dieses Rumgezicke nicht machte. Egal, welche Schrittweite wir wählten, es klappte gut. Also, auf geht's, analysieren wir auch dieses Verfahren.

Die Formel zur Berechnung von y_{i+1} lautet hier, angewendet auf unser Testproblem:

$$y_{i+1} = y_i + h \cdot f(x_{i+1}, y_{i+1}) = y_i + h \cdot \lambda \cdot y_{i+1}.$$

Daraus folgt sofort:

$$y_{i+1} = \frac{1}{1 - h \cdot \lambda} y_i.$$

Vergleichen wir das mit der Gleichung (10.50). Eine ganz analoge Auswertung der Fehlerfortpflanzung ergibt hier die Bedingung:

$$\left| \frac{1}{1 - h \cdot \lambda} \right| < 1 \iff |h \cdot \lambda - 1| > 1 \tag{10.56}$$

Wieder spielt ein Kreis mit Radius 1, diesmal aber um den Punkt $(1, 0)$, die Hauptrolle; und hier wird das Außengebiet betrachtet.

Nehmen wir auch hier an, daß unsere Zahl λ reell und negativ ist, weil wir ja sonst schon wissen, daß keine absolute Stabilität gegeben ist. Dann bedeutet die Ungleichung:

$$h \cdot \lambda - 1 > 1 \quad \text{oder} \quad h \cdot \lambda - 1 < -1.$$

Die linke Ungleichung führt ins Leere, denn wegen $\lambda < 0$ müßte h auch negativ werden. Aber was soll eine negative Schrittweite?

Die rechte Ungleichung ergibt:
$$h \cdot \lambda < 0 \iff h > 0.$$

Das bedeutet, numerische Stabilität haben wir *für jede Schrittweite* $h > 0$. Das ist die wichtige Nachricht. Wir können unsere Schrittweite beim impliziten Euler–Verfahren beliebig einrichten, es herrscht immer Stabilität. Das erklärt das gutmütige Verhalten im Beispiel 10.30.

Satz 10.55 (Stabilität des impliziten Euler–Verfahrens) *Das implizite Euler–Verfahren ist für jede Schrittweite stabil.*

Stabilität des Trapez–Verfahrens. Weil das so schön ging, versuchen wir unser Glück auch noch mit dem Trapez–Verfahren. Wieder wenden wir dieses Verfahren auf unser Testproblem 10.49 an. Hartman-Grobman-Ljapunov lassen grüßen. Wir erhalten:
$$y_{i+1} = y_i + \frac{h}{2}\left[f(x_i, y_i) + f(x_{i+1}, y_{i+1})\right] = y_i + \frac{h}{2}[\lambda \cdot y_i + \lambda \cdot y_{i+1}].$$

Daraus ergibt sich:
$$y_{i+1} = \frac{1 + \frac{\lambda \cdot h}{2}}{1 - \frac{\lambda \cdot h}{2}} \cdot y_i = \frac{2 + \lambda \cdot h}{2 - \lambda \cdot h} \cdot y_i \qquad (10.57)$$

Mit der analogen Überlegung wie bei Euler lautet hier die Bedingung dafür, daß sich der Fehler nicht in rasende Höhen begibt:
$$\left|\frac{2 + \lambda \cdot h}{2 - \lambda \cdot h}\right| < 1 \qquad (10.58)$$

Nun müssen wir in unsere Überlegung ernsthaft einbeziehen, daß λ eine komplexe Zahl sein kann. Erinnern wir uns bitte an folgende Rechengesetze für komplexe Zahlen $z = a + ib$:
$$|z|^2 = z \cdot \overline{z}, \quad z + \overline{z} = 2a \in \mathbb{R}.$$

Wir setzen $\lambda = \lambda_1 + i \cdot \lambda_2$ und rechnen damit jetzt los:
$$\left|\frac{2 + \lambda \cdot h}{2 - \lambda \cdot h}\right| = \sqrt{\frac{(2 + \lambda \cdot h) \cdot \overline{(2 + \lambda \cdot h)}}{(2 - \lambda \cdot h) \cdot \overline{(2 - \lambda \cdot h)}}}$$
$$= \sqrt{\frac{(2 + \lambda \cdot h) \cdot (2 + \overline{\lambda} \cdot h)}{(2 - \lambda \cdot h) \cdot (2 - \overline{\lambda} \cdot h)}}$$
$$= \sqrt{\frac{4 + 2 \cdot \lambda \cdot h + 2\overline{\lambda} \cdot h + |\lambda|^2 \cdot h^2}{4 - 2 \cdot \lambda \cdot h - 2\overline{\lambda} \cdot h + |\lambda|^2 \cdot h^2}}$$
$$= \sqrt{\frac{4 + 4 \cdot \lambda_1 \cdot h + |\lambda|^2 \cdot h^2}{4 - 4 \cdot \lambda_1 \cdot h + |\lambda|^2 \cdot h^2}}$$

10.6 Konsistenz, Stabilität und Konvergenz bei Einschrittverfahren

Hier steht im Zähler fast das gleiche wie im Nenner, aber der mittlere Term wird im Zähler addiert und im Nenner subtrahiert. Damit wird normalerweise der Zähler vergrößert und der Nenner verkleinert.

Es sei denn, ja, es sei denn, daß λ_1 negativ ist. Dann wird aus der Addition im Zähler eine Subtraktion und aus der Subtraktion im Nenner eine Addition. Der Zähler wird also verkleinert und der Nenner vergrößert. Genau dann ist der ganze Bruch und dann natürlich auch die Quadratwurzel kleiner als 1, und unsere Konvergenzbedingung ist erfüllt.

Damit erhalten wir die Stabilitätsbedingung für das Trapez–Verfahren:

$$\lambda_1 := \Re(\lambda) < 0. \tag{10.59}$$

Das *Stabilitätsgebiet des Trapez–Verfahrens* ist also die ganze linke Halbebene. Ist λ reell und (damit sein Realteil) negativ, was wir wegen der absoluten Stabilität haben müssen, so ist das Trapez–Verfahren für jede beliebige Schrittweite $h > 0$ stabil.

Satz 10.56 (Stabilität des Trapez–Verfahrens) *Das Trapez–Verfahren ist für jede Schrittweite stabil.*

Stabilität des klassischen Runge–Kutta–Verfahrens. Erstaunlicherweise ist die Rechnung für dieses Verfahren gar nicht so aufwendig. Wir müssen die vier k-Faktoren berechnen, indem wir wieder unser Testproblem betrachten. Es ist

$$k_1 = \lambda \cdot y_i$$
$$k_2 = \lambda \cdot \left(y_i + \frac{h}{2} \cdot k_1\right) = \lambda \cdot y_i + \frac{h}{2} \cdot \lambda^2 \cdot y_i$$
$$k_3 = \lambda \cdot \left(y_i + \frac{h}{2} \cdot k_2\right) = \lambda \cdot y_i + \frac{h}{2} \cdot \lambda^2 \cdot y_i + \frac{h^2}{4} \cdot \lambda^3 \cdot y_i$$
$$k_4 = \lambda \cdot (y_i + h \cdot k_3) = \lambda \cdot y_i + h \cdot \lambda^2 \cdot y_i + \frac{h^2}{2} \cdot \lambda^3 \cdot y_i + \frac{h^3}{4} \cdot \lambda^4 \cdot y_i$$
$$\Longrightarrow$$
$$y_{i+1} = \left(1 + h \cdot \lambda + \frac{(h \cdot \lambda)^2}{2} + \frac{(h \cdot \lambda)^3}{6} + \frac{(h \cdot \lambda)^4}{24}\right) \cdot y_i$$

Analog zu oben erhalten wir folgende Bedingung für numerische Stabilität:

$$\left|1 + h \cdot \lambda + \frac{(h \cdot \lambda)^2}{2} + \frac{(h \cdot \lambda)^3}{6} + \frac{(h \cdot \lambda)^4}{24}\right| < 1 \tag{10.60}$$

Einen Plot des zugehörigen Stabilitätsgebietes wollen wir auslassen, aber statt dessen auf den wesentlichen Punkt hinweisen. Wenn wir uns auf reelle Differentialgleichungen beschränken, so ergibt sich als Bedingung für Stabilität

$$-2.78 < h \cdot \lambda < 0.$$

Aus der rechten Ungleichung entnehmen wir wegen $h > 0$ sofort $\lambda < 0$. Aus der linken Ungleichung bekommen wir damit eine Einschränkung für unsere Schrittweite h:

$$0 < h < \frac{2.78}{-\lambda}$$

Nur für eine solche Wahl der Schrittweite bekommen wir ein stabiles Verfahren. Analog erhalten wir für alle anderen expliziten R–K–Verfahren ein beschränktes Stabilitätsgebiet, während bei den impliziten die Gebiete die ganze linke Halbebene enthalten. Wir fassen das im folgenden Satz zusammen:

Satz 10.57 (Stabilität des Runge–Kutta–Verfahrens) *Die Stabilitätsgebiete expliziter Runge–Kutta–Verfahren sind sämtlich beschränkt.*
Implizite Runge–Kutta–Verfahren sind für jede Schrittweite stabil..

10.6.3 Konvergenz

Konvergenz ist ein Begriff, der sehr häufig falsch angewendet, also nicht verstanden wird, oder gar mißbräuchlich verwendet wird. Man denke nur zurück an die „Konvergenzkriterien" von Maastricht; das waren Bedingungen, die festlegen sollten, wer von den Staaten der Europäischen Union am gemeinsamen Geld, dem „Euro" teilnehmen durfte. Was sollte nur in diesem Zusammenhang der Begriff „Konvergenz"?

In der Mathematik benutzen wir diesen Begriff nur im Zusammenhang mit Folgen oder Reihen, also Gebilden, die irgendetwas mit ∞ zu tun haben. Davon kann die normale Welt und erst recht ein Politiker doch nur träumen, wo sie doch gerade mal eine Wahlperiode im Kopf haben.

Aber auch außermathematische Wissenschaftler begehen hier Frevel, wenn sie z. B. verkünden, daß das Runge–Kutta–Verfahren „konvergiert". Sie meinen damit, daß sich nach mehreren Schritten die Näherungslösung nicht weit von der erwarteten Lösung wegbewegt. Wo spielt hier ∞ eine Rolle?

Nein, nein, das müssen wir schon richten. Bleiben wir bei dem Beispiel der R–K–Verfahren. Damit wird bei festgehaltener Schrittweite *eine* Näherungslösung berechnet. Eine Schwalbe macht aber noch keinen Sommer und eine Näherungslösung noch keine Konvergenz. Interessant wird die Geschichte, wenn wir eine weitere, natürlich kleinere Schrittweite betrachten und erneut mit R–K eine Näherung berechnen. Das ist immer noch nicht ∞, aber warten Sie's ab. Denn jetzt fragt der Mathematiker nach immer kleineren Schrittweiten, ja schließlich wird er vermessen und jagt $h \to 0$. Damit entstehen ∞ viele Näherungslös**ungen** (bitte beachten Sie den Plural), und es macht Sinn zu fragen, ob die gegen die wahre und damit meist unbekannte Lösung konvergieren. Und hier müssen die Mathematiker ran, es zu beweisen oder Gegenbeispiele zu finden, wohlgemerkt, bei ∞ vielen Näherungslösungen, die kein Mensch und erst recht kein Computer berechnen kann. Das ganze kann sich also nur im Kopf abspielen. Wir müssen rein theoretisch vorgehen, um hier Aussagen treffen zu können. Eigentlich sollte sich beim Leser ein gewisser Schauer einstellen, wenn er oder sie sich klarmachen, daß wir hier über ∞ reden und zu sinnvollen Aussagen gelangen über die Annäherung, wobei wir noch nicht einmal die wahre Lösung kennen.

10.6 Konsistenz, Stabilität und Konvergenz bei Einschrittverfahren

Also erklären wir zuerst, was wir unter Konvergenz verstehen wollen. Dazu betrachten wir folgende Anfangswertaufgabe:

$$\vec{y}'(x) = \vec{f}(x, \vec{y}(x)) \quad \text{mit} \quad \vec{y}(x_0) = \vec{y}_0, \tag{10.61}$$

und setzen voraus, daß $\vec{f}$ eine Lipschitzbedingung bezgl. y erfüllt, so daß es durch jeden Anfangspunkt genau eine Lösung gibt. Außerdem betrachten wir ein numerisches Verfahren, welches zuerst für ein $h > 0$ ein Gitter Δ_h festlegt

$$\Delta_h : \quad x_0, x_1 = x_0 + h, x_2 = x_0 + 2h, x_3 = x_0 + 3h, \ldots$$

und dann, ausgehend vom Anfangswert $(x_0 \vec{y}_0)$, zu den *Stützstellen* $x_1, x_2, x_3, \ldots$ Näherungswerte $\vec{y}_1, \vec{y}_2, \vec{y}_3, \ldots$ berechnet.

Definition 10.58 *Das oben beschriebene numerische Verfahren zur angenäherten Lösung der AWA heißt konvergent für die AWA, wenn für den globalen Fehler gilt:*

$$\max_{x_i} |y_h(x_i) - y(x_i)| \to 0 \qquad \text{für } h \to 0 \tag{10.62}$$

Wir sagen, das Verfahren hat die Konvergenzordnung $p > 0$, wenn gilt:

$$\max_{x_i} |y_h(x_i) - y(x_i)| = \mathcal{O}(h^p) \tag{10.63}$$

Erst beim zweiten Blick sieht man hier ∞ durchleuchten. Verschämt auf der rechten Seite in (10.62) steht $h \to 0$. Wir betrachten also mit immer kleinerer Schrittweite h eine Folge von Näherungslösungen und fragen, ob diese Folge gegen die wahre Lösung konvergiert. Hier macht der Begriff *Konvergenz* Sinn.

Schauen wir uns das an einem Beispiel an.

Beispiel 10.59 *Wir betrachten gleich die linearisierte Form einer gewöhnlichen Anfangswertaufgabe*

$$y'(x) = \lambda \cdot y(x), \quad y_0 = y(x_0), \quad \lambda \in \mathbb{R}$$

und fragen nach der Konvergenz des Euler–Verfahrens.

Wir müssen also an den Stützstellen die exakte Lösung mit den Näherungswerten vergleichen. Dazu brauchen wir die exakte Lösung, die wir leicht durch Trennung der Veränderlichen erhalten:

$$\int \frac{dy}{y} = \lambda \cdot \int dx \Longrightarrow \ln y(x) = \lambda \cdot x + c \Longrightarrow y(x) = c \cdot e^{\lambda x}.$$

Mit der Anfangsbedingung erhalten wir dann die allgemeine Lösung:

$$y(x) = y_0 \cdot e^{\lambda(x - x_0)}.$$

Wenden wir nun Herrn Euler, beginnend mit $y_0 = y(x_0)$ an, so erhalten wir nach etlichen Schritten

$$y_j = y_{j-1} + \lambda \cdot h \cdot y_{j-1} = (1 + h \cdot \lambda) y_{j-1} = (1 + h \cdot \lambda)^2 y_{j-2} = \cdots = (1 + h \cdot \lambda)^j y_0.$$

Eine kleine Erinnerung an den Studienanfang führt uns jetzt den entscheidenden Schritt weiter. Wir kennen folgende Reihenentwicklung für die Exponentialfunktion

$$e^{h\lambda} = 1 + h\lambda + \frac{(h\lambda)^2}{2!} + \frac{(h\lambda)^3}{3!} + \cdots = 1 + h\lambda + \mathcal{O}(h^2)$$

Daraus folgt

$$1 + h\lambda = e^{h\lambda} + \mathcal{O}(h^2)$$

Das setzen wir oben ein und erhalten

$$\begin{aligned} y_j &= (1+h\lambda)^j y_0 = (e^{h\lambda} + \mathcal{O}(h^2))^j y_0 \\ &= (e^{jh\lambda} + \mathcal{O}(jh^2)) y_0 \end{aligned}$$

Damit folgt für die gesuchte Differenz

$$\begin{aligned} \max_{0 \leq j \leq m} |y_j - y(x_0 + jh)| &= \max_{0 \leq j \leq m} |(e^{jh\lambda} + \mathcal{O}(jh^2)) y_0 - e^{jh\lambda} y_0| \\ &= \max_{0 \leq j \leq m} |\mathcal{O}(jh^2) y_0| \end{aligned}$$

Nun hängt aber doch die Anzahl j der Schritte mit der Schrittweite zusammen, und zwar sind sie umgekehrt proportional zueinander, je kleiner die Schrittweite ist, umso mehr Schritte muß man tun, um ein Ziel zu erreichen. Es ist also

$$j = \frac{M}{h} \quad \text{mit einer Konst. } M.$$

Daher folgt

$$\max_{0 \leq j \leq m} |y_j - y(x_0 + jh)| = \mathcal{O}(h);$$

das Euler–Verfahren ist also konvergent mit der Ordnung 1.

Da stellt sich doch die Frage nach dem Zusammenhang mit dem Begriff 'Konsistenz'. Und in der Tat, ein Zusammenhang besteht. Zum Beweis des folgenden Satzes benötigt man ein diskretes Analogon des Gronwallschen Lemmas. Wir verweisen auf die Spezialliteratur und zitieren hier nur:

Satz 10.60 (Konvergenzsatz für Einschrittverfahren) *Gegeben sei für eine AWA ein Einschrittverfahren*

$$y_{i+1} = y_i + h \cdot \Phi(x_i, y_i; h).$$

1. *Ist die Verfahrensfunktion $\Phi(x, y; h)$ Lipschitzstetig bezüglich der Variablen y und*
2. *ist das Einschrittverfahren konsistent mit der AWA,*

so ist das Verfahren auch konvergent.
Die Konsistenzordnung ist dann zugleich die Konvergenzordnung.

Beispiel 10.61 *Als Beispiel betrachten wir folgende AWA*
$$y'(x) = -x \cdot y(x), \quad y(0) = 1$$
und untersuchen das verbesserte Euler–Verfahren.

Zunächst suchen wir die Verfahrensfunktion $\Phi(x, y; h)$ für das verbesserte Euler–Verfahren. Es ist

$$\begin{aligned}y_{i+1} &= y_i + h \cdot f(x_i + \frac{h}{2}, y_i + \frac{h}{2} \cdot f(x_i, y_i)) \\ &= y_i + h \cdot f\left(x_i + \frac{h}{2}, y_i + \frac{h}{2} \cdot (-x_i \cdot y_i)\right) \\ &= y_i + h \cdot f\left(x_i + \frac{h}{2}, (1 - \frac{h}{2} \cdot x_i) y_i\right) \\ &= y_i \underbrace{- h \cdot \left(x_i + \frac{h}{2}\right)\left(1 - \frac{h}{2} x_i\right) \cdot y_i}_{\Phi(x_i, y_i; h)}\end{aligned}$$

Die Verfahrensfunktion lautet also

$$\Phi(x, y; h) = -h \cdot \left(x + \frac{h}{2}\right)\left(1 - \frac{h}{2} x\right) \cdot y$$

Zur Untersuchung, ob diese Funktion bezgl. y Lipschitzstetig ist, benutzen wir das hinreichende Kriterium und betrachten die partielle Ableitung nach y:

$$\frac{\partial \Phi}{\partial y} = -\left(x + \frac{h}{2}\right) \cdot \left(1 + \frac{h}{2} x\right)$$

Diese Ableitung bleibt auf jedem endlichen Intervall beschränkt. Also ist Φ bezgl. y Lipschitzstetig.

Im Satz 10.37 auf Seite 354 haben wir gesehen, daß das verbesserte Euler–Verfahren die Konsistenzordnung 2 besitzt. Unser Satz liefert damit, daß das verbesserte Euler–Verfahren mit der Ordnung 2 auch konvergiert.

10.7 Lineare Mehrschritt–Verfahren

Bisher haben wir uns mit sog. Einschritt–Verfahren befaßt. Das sind Verfahren, bei denen aus der Kenntnis einer Näherung an *einer* Stelle x_i die Näherung an der nächsten Stelle x_{i+1} berechnet wird. Man macht also nur einen Schritt der Schrittweite h vorwärts, um den nächsten Wert zu berechnen.

Anders ist das bei Mehrschritt–Verfahren. Dort berechnet man z. B. bei einem Vier–Schritt–Verfahren aus der Kenntnis von Näherungswerten an den Stellen x_i, x_{i+1}, x_{i+2} und x_{i+3} den neuen Näherungswert an der Stelle x_{i+4}. Kennt man also bei x_i den Näherungswert y_i, bei x_{i+1} den Näherungswert y_{i+1}, bei x_{i+2} den Näherungswert y_{i+2} und dann noch bei x_{i+3} den Näherungswert y_{i+3}, so kommt man nach dem vierten Schritt nach x_{i+4} und berechnet dort den neuen Näherungswert y_{i+4} aus den vier vorherigen Werten.

Um die Situation überschaubar zu halten, beschränken wir uns auf lineare Mehrschritt–Verfahren, die wir folgendermaßen definieren:

Definition 10.62 *Sind die Näherungswerte y_i, y_{i+1}, ..., y_{i+k-1} bekannt, so nennt man folgende Formel zur Berechnung von y_{i+k}*

$$\alpha_0 y_i + \alpha_1 y_{i+1} + \cdots + \alpha_k y_{i+k} =$$
$$= h \cdot [\beta_0 f(x_i, y_i) + \beta_1 f(x_{i+1}, y_{i+1}) + \cdots + \beta_k f(x_{i+k}, y_{i+k})] \quad (10.64)$$

ein lineares k–Schritt–Verfahren zur Lösung der Anfangswertaufgabe (10.37).

Für $\beta_k = 0$ heißt das Verfahren explizit, für $\beta_k \neq 0$ heißt es implizit.

Das sieht schlimmer aus, als es ist. Für $k = 1$, $\alpha_0 = -1$; $\alpha_1 = 1$, $\beta_0 = 1$ und $\beta_1 = 0$ entsteht, wie man hoffentlich sofort sieht, unser guter alter expliziter Euler.

Für $k = 1$, $\alpha_0 = -1$; $\alpha_1 = 1$, $\beta_0 = 0$ und $\beta_1 = 1$ erhält man den impliziten Euler.

Beides sind aber Einschritt–Verfahren, die wahre Mehrschrittigkeit sieht man an ihnen nicht.

Mit der folgenden Formel

$$y_{i+1} = y_i + \frac{h}{2} \cdot (3f(x_i, y_i) - f(x_{i-1}, y_{i-1})) \quad (10.65)$$

wird dagegen ein echtes Zwei–Schritt–Verfahren vorgestellt: Man braucht die Werte y_{i-1} und y_i, um dann damit y_{i+1} berechnen zu können. Es ist außerdem explizit, da der neu zu berechnende Näherungswert y_{i+1} nur links auftritt.

Wir wollen an diesem Beispiel stellvertretend erklären, wie man im Prinzip solche Mehrschritt–Verfahren entwickelt.

10.7.1 Herleitung von Mehrschritt–Verfahren

Wir betrachten statt der Anfangswertaufgabe (10.37) die zugeordnete Integralgleichung

$$\int_{x_i}^{x_{i+1}} y'(t)\, dt = \int_{x_i}^{x_{i+1}} f(t, y(t))\, dt$$

aus der wir durch einfaches Ausnutzen des Hauptsatzes der Diff.- und Integralrechnung erhalten:

$$y(x_{i+1}) = y(x_i) + \int_{x_i}^{x_{i+1}} f(t, y(t))\, dt.$$

10.7 Lineare Mehrschritt–Verfahren

Nun kommt der Trick: Wir ersetzen im Integral die Funktion f durch das zugehörige Interpolationspolynom, das f in den beiden Stellen x_i und x_{i-1} interpoliert. Ein solches Polynom läßt sich leicht integrieren, und auf diese Weise erhalten wir unsere gewünschte 2–Schritt–Formel.

Mit Schulmethoden (Zwei–Punkte–Form) oder auch dem Newton–Verfahren kann man sofort das Polynom 1. Grades durch die Punkte $(x_i, f(x_i, y_i))$ und $(x_{i-1}, f(x_{i-1}, y_{i-1}))$ hinschreiben. Es lautet

$$p_1(x) = f(x_i, y_i) + \frac{f(x_i, y_i) - f(x_{i-1}, y_{i-1})}{h} \cdot (x - x_i).$$

Das ist genau so schnell integriert:

$$\begin{aligned}
\int_{x_i}^{x_{i+1}} p_1() \, dt &= \int_{x_i}^{x_{i+1}} \left[f(x_i, y_i) + \frac{f(x_i, y_i) - f(x_{i-1}, y_{i-1})}{h} \cdot (t - x_i) \right] dt \\
&= f(x_i, y_i) \cdot h + \frac{f(x_i, y_i) - f(x_{i-1}, y_{i-1})}{h} \cdot \frac{(x_{i-1} - x_i)^2}{2} \\
&= h \left[f(x_i, y_i) + \frac{f(x_i, y_i) - f(x_{i-1}, y_{i-1})}{2} \right] \\
&= \frac{h}{2} \left[3 f(x_i, y_i) - f(x_{i-1}, y_{i-1}) \right]
\end{aligned}$$

Das ergibt unsere 2–Schritt–Formel:

$$y_{i+1} = y_i + \frac{h}{2} \left[3 f(x_i, y_i) - f(x_{i-1}, y_{i-1}) \right]$$

Aha, so spielt die Musik also. Wir berechnen zu den vorgegebenen Stützstellen mit den Funktionswerten das zugehörige Interpolationspolynom, das sich leicht integrieren läßt. Daraus entsteht je nach Anzahl der vorgegeben Stützstellen eine Mehrschritt–Formel.

Wie schon bei Einschritt–Verfahren treibt uns auch hier die Frage um, ob diese Verfahren freundlich genug sind, uns zum richtigen Ergebnis zu führen. Hier wie dort müssen wir dazu drei verschiedene Punkte beachten.

- Wie steht es mit dem lokalen Fehler, also dem Fehler, der sich bei Ausführung eines einzigen Schrittes ergibt? → Konsistenz

- Bleibt das Verfahren lieb, wenn man sehr, sehr viele Schritte ausführt? → Stabilität

- Führt uns das Verfahren schließlich auch zur gesuchten Lösung? → Konvergenz

Damit ist klar, wie unser nächster Abschnitt heißt.

10.8 Konsistenz, Stabilität und Konvergenz bei Mehrschrittverfahren

10.8.1 Konsistenz

Wir erinnern an den Abschnitt 10.6 von Seite 348, wo wir einführend über den Begriff *Konsistenz* gesprochen haben. Es geht um den Fehler, der bei einem einzigen Schritt gemacht wird. Hier bei den Mehrschritt–Verfahren überträgt sich die Definition fast wörtlich. Aber wegen der Linearität der Verfahren ergeben sich einfachere Kriterien zum Nachweis der Konsistenz.

Bei dem Mehrschritt–Verfahren wird die Näherung y_{i+k} zum Wert $y(x_{i+k})$ der exakten Lösung berechnet. Betrachten wir daher die Differenz

$$y(x_{i+k} - y_{i+k}$$

und setzen den Näherungswert y_{i+k} aus dem Mehrschritt–Verfahren ein, wobei wir voraussetzen und das in der Schreibweise auch ausdrücken, daß die Werte $y(x_i), \ldots, y(x_{i+k-1})$ an den vorderen Stellen exakt sind. Eine harmlose Hin- und Herrechnerei führt uns sofort zur Definition:

Definition 10.63 *Wir betrachten wieder eine Anfangswertaufgabe (10.37) und zu ihr ein lineares k–Schritt–Verfahren wie in (10.64). Wir nennen das k–Schritt–Verfahren konsistent mit der AWA, wenn gleichmäßig für alle Stützstellen gilt:*

$$\frac{1}{h}\left|(\alpha_0 y(x_i) + \cdots + \alpha_k y(x_{i+k})) - h \cdot [\beta_0 f(x_i, y(x_i)) + \cdots + \beta_k f(x_{i+k}, y(x_{i+k}))]\right| \to 0$$

$$\text{für} \quad h \to 0 \tag{10.66}$$

Wir sagen, daß das k–Schritt–Verfahren die Konsistenzordnung $p \geq 0$ hat, wenn für jede Funktion $f \in \mathcal{C}^{p+1}$ gleichmäßig für alle Stützstellen gilt:

$$\frac{1}{h}\left|(\alpha_0 y(x_i) + \cdots + \alpha_k y(x_{i+k})) - h[\beta_0 f(x_i, y(x_i)) + \cdots + \beta_k f(x_{i+k}, y(x_{i+k}))]\right| = \mathcal{O}(h^p)$$

$$\text{für} \quad h \to 0 \tag{10.67}$$

Wir weisen noch einmal auf die kleine Wichtigkeit hin, daß wir überall statt der Näherung $y_i, \ldots, y_{i+k}$ die exakten Werte $y(x_i), \ldots, y(x_{i+k})$ verwenden. Außerdem haben wir auch hier durch die Schrittweite h dividiert. Dadurch wird die Potenz von h auf der rechten Seite um 1 erniedrigt, und so schaffen wir es, daß auch bei den Mehrschritt–Verfahren die Konsistenzordnung mit der Konvergenzordnung in Übereinstimmung bleibt, wie wir später sehen werden. So haben wir es ja auch oben schon gemacht.

Der nächste Satz enthält ein sehr einfaches hinreichendes Kriterium, wann ein lineares k–Schritt–Verfahren konsistent ist. Es lautet:

10.8 Konsistenz, Stabilität und Konvergenz bei Mehrschrittverfahren

Satz 10.64 *Das lineare k–Schritt–Verfahren (10.64) zur AWA (10.37) ist konsistent mit mindestens der Konsistenzordnung 1, falls folgende beiden Gleichungen erfüllt sind:*

$$\alpha_0 + \alpha_1 + \cdots + \alpha_k = 0 \qquad (10.68)$$

$$1 \cdot \alpha_1 + 2 \cdot \alpha_2 + \cdots + k \cdot \alpha_k = \beta_0 + \beta_1 + \cdots + \beta_k \qquad (10.69)$$

Bevor wir ein Beispiel dazu betrachten, wollen wir erwähnen, daß man diese Bedingungen auch ganz witzig mit Hilfe der das k–Schritt–Verfahren erzeugenden Polynome beschreiben kann.

Dazu nennen wir

$$\varrho(x) = \alpha_0 + \alpha_1 \cdot x + \alpha_2 \cdot x^2 + \cdots + \alpha_k \cdot x^k \qquad (10.70)$$

das erste charakteristische Polynom und

$$\sigma(x) = \beta_0 + \beta_1 \cdot x + \beta_2 \cdot x^2 + \cdots + \beta_k x^k \qquad (10.71)$$

das zweite charakteristische Polynom des k–Schritt–Verfahrens. Betrachten Sie nun diese Polynome lange genug, so sehen Sie, daß sich die beiden Gleichungen (10.68) und (10.69) auch so ausdrücken lassen:

Satz 10.65 *Das lineare k–Schritt–Verfahren (10.64) zur AWA (10.37) ist konsistent mit mindestens der Konsistenzordnung 1, falls folgende beiden Gleichungen erfüllt sind:*

$$\varrho(1) = 0, \qquad \varrho'(1) = \sigma(1) \qquad (10.72)$$

Beispiel 10.66 *Wenn wir, wie wir es oben schon mal erläutert haben, unsere Anfangswertaufgabe in eine Integralgleichung verwandeln und diese dann mit der Keplerschen Faßregel (vgl. Kapitel 'Numerische Quadratur' Seite 207) integrieren, so erhalten wir folgende Formel, die nach Milne–Simpson benannt wird:*

$$y_i = y_{i-2} + \frac{h}{3} \left(f(x_i, y_i) + 4 f(x_{i-1}, y_{i-1}) + f(x_{i-2}, y_{i-2}) \right) \qquad (10.73)$$

Offensichtlich handelt es sich um ein implizites Verfahren, da die neu zu berechnende Näherung y_i auch rechts zu finden ist. Wir wollen untersuchen, ob diese Formel konsistent ist.

Zuerst müssen wir die Formel in die Form unserer MSV (10.64) bringen. Man sieht ihr an, daß es ein 2–Schritt–Verfahren ist. Eine Indexverschiebung $i \to i+2$ läßt folgende Formel entstehen:

$$y_{i+2} = y_i + \frac{h}{3} \left(f(x_{i+2}, y_{i+2}) + 4 f(x_{i+1}, y_{i+1}) + f(x_i, y_i) \right)$$

Daraus lesen wir das erste charakteristische Polynom

$$\varrho(x) = x^2 - 1$$

und das zweite charakteristische Polynom

$$\sigma(x) = \frac{1}{3}\left(x^2 + 4x + 1\right)$$

ab. Natürlich sieht man sofort

$$\varrho(1) = 0 \quad \text{und} \quad \varrho'(1) = 2 = \sigma(1).$$

Damit ist (10.72) erfüllt, unser Verfahren ist also konsistent. Wir wissen aber noch nichts über die Konsistenzordnung.

Der folgende Satz gibt uns ein Kriterium in die Hand, die Konsistenzordnung direkt aus dem Verfahren zu berechnen.

Satz 10.67 *Das lineare k–Schritt–Verfahren (10.64) zur AWA (10.37) hat die Konsistenzordnung p genau dann, wenn gilt*

$$\alpha_0 + \alpha_1 + \cdots + \alpha_k = 0 \tag{10.74}$$

und zugleich folgende Gleichungen für $\lambda = 1, \ldots, p$ erfüllt sind:

$$\sum_{j=0}^{k} \left[\alpha_j \cdot \frac{j^\lambda}{\lambda!} - \beta_j \cdot \frac{j^{\lambda-1}}{(\lambda-1)!} \right] = 0, \quad \lambda = 1, \ldots, p \tag{10.75}$$

Um nicht den Überblick zu verlieren, schreiben wir die Formeln für die Ordnung $p = 4$ mal explizit auf.

Beispiel 10.68 *Gleichungen zur Überprüfung der Konsistenzordnung $p = 4$ für ein lineares Mehrschritt–Verfahren.*

Wir schreiben die ersten Glieder der jeweiligen Gleichung hin, den Rest kann man dann leicht weiter fortsetzen.

$$\alpha_0 + \alpha_1 + \cdots + \alpha_k = 0 \tag{10.76}$$

$$\begin{aligned}
\lambda = 1: & \quad -\beta_0 + \alpha_1 - \beta_1 + 2\alpha_2 - \beta_2 + 3\alpha_3 - \beta_3 + - \cdots = 0 \\
\lambda = 2: & \quad \tfrac{1}{2}\alpha_1 - \beta_1 + \tfrac{4}{2}\alpha_2 - 2\beta_2 + \tfrac{9}{2}\alpha_3 - 3\beta_3 + - \cdots = 0 \\
\lambda = 3: & \quad \tfrac{1}{6}\alpha_1 - \tfrac{1}{2}\beta_1 + \tfrac{8}{6}\alpha_2 - \tfrac{4}{2}\beta_2 + \tfrac{27}{6}\alpha_3 - \tfrac{9}{2}\beta_3 + - \cdots = 0 \\
\lambda = 4: & \quad \tfrac{1}{24}\alpha_1 - \tfrac{1}{6}\beta_1 + \tfrac{16}{24}\alpha_2 - \tfrac{8}{6}\beta_2 + \tfrac{81}{24}\alpha_3 - \tfrac{27}{6}\beta_3 + - \cdots = 0
\end{aligned} \tag{10.77}$$

Beispiel 10.69 *Wieder nehmen wir das Verfahren von Milne–Simpson*

$$y_i = y_{i-2} + \frac{h}{3}\left(f(x_i, y_i) + 4f(x_{i-1}, y_{i-1}) + f(x_{i-2}, y_{i-2})\right),$$

10.8 Konsistenz, Stabilität und Konvergenz bei Mehrschrittverfahren

schreiben es aber gleich um in die Form der Definition (10.64)

$$-y_i + y_{i+2} = \frac{h}{3}\left(f(x_i, y_i) + 4f(x_{i+1}, y_{i+1}) + f(x_{i+2}, y_{i+2})\right)$$

und fragen jetzt nach der genauen Konsistenzordnung.

Nun, durch Vergleich sehen wir $\alpha_0 = -1, \alpha_1 = 0, \alpha_2 = 1$ und auf der rechten Seite $\beta_0 = \frac{1}{3}, \beta_1 = \frac{4}{3}, \beta_2 = \frac{1}{3}$. Das setzen wir ein in die Gleichung (10.74)

$$\alpha_0 + \alpha_1 + \cdots + \alpha_k = -1 + 0 + 1 = 0$$

und in die Gleichungen (10.77)

$\lambda = 1:$ $\quad -\beta_0 + \alpha_1 - \beta_1 + 2\alpha_2 - \beta_2 + 3\alpha_3 - \beta_3 = \quad -\frac{1}{3} + 0 - \frac{4}{3} + 2 \cdot 1 - \frac{1}{3} = 0$

$\lambda = 2:$ $\quad \frac{1}{2}\alpha_1 - \beta_1 + \frac{4}{2}\alpha_2 - 2\beta_2 = \quad \frac{1}{2} \cdot 0 - \frac{4}{3} + \frac{4}{2} \cdot 1 - 2 \cdot \frac{1}{3} = 0$

$\lambda = 3:$ $\quad \frac{1}{6}\alpha_1 - \frac{1}{2}\beta_1 + \frac{8}{6}\alpha_2 - \frac{4}{2}\beta_2 = \quad \frac{1}{6} \cdot 0 - \frac{1}{2} \cdot \frac{4}{3} + \frac{8}{6} \cdot 1 - \frac{4}{2} \cdot \frac{1}{3} = 0$

$\lambda = 4:$ $\quad \frac{1}{24}\alpha_1 - \frac{1}{6}\beta_1 + \frac{16}{24}\alpha_2 - \frac{8}{6}\beta_2 = \quad \frac{1}{24} \cdot 0 - \frac{1}{6} \cdot \frac{4}{3} + \frac{16}{24} \cdot 1 - \frac{8}{6} \cdot \frac{1}{3} = 0$

Damit haben wir locker gezeigt, daß dieses Verfahren mindestens die Konsistenzordnung 4 besitzt. Jetzt werden wir frech und probieren noch eine Gleichung weiter. Hat es vielleicht gar die Ordnung 5?

$$\lambda = 5: \quad \frac{1}{120}\alpha_1 - \frac{1}{24}\beta_1 + \frac{32}{120}\alpha_2 - \frac{16}{24}\beta_2 = \frac{1}{120} \cdot 0 - \frac{1}{24} \cdot \frac{4}{3} + \frac{32}{120} \cdot 1 - \frac{16}{24} \cdot \frac{1}{3}$$
$$= -\frac{1}{90} \neq 0$$

Also, es war ja einen Versuch wert, so konnten wir immerhin die Konsistenzordnung 4 dingfest machen.

Wir wollen noch erwähnen, daß man den Satz 10.67 in einer Art Umkehrung dazu benutzen kann, lineare Mehrschritt–Verfahren zu entwickeln. Dazu nutzen wir das *genau dann, wenn ...* im Satz aus.

Beispiel 10.70 *Wir betrachten folgendes explizite 3-Schritt–Verfahren:*

$$y_{i+1} = \alpha \cdot y_i + h[\beta_2 \cdot f(x_i, y_i) + \beta_1 \cdot f(x_{i-1}, y_{i-1}) + \beta_0 \cdot f(x_{i-2}, y_{i-2})]$$

Wir bestimmen mit Hilfe des Kriteriums in Satz 10.67 die Koeffizienten α, β_0, β_1 und β_2 so, daß dieses Verfahren die größtmögliche Konsistenzordnung besitzt.

Zunächst bringen wir unser Verfahren durch eine harmlose Indexverschiebung ($i \to i+2$) auf die Form in Definition 10.64 von Seite 372:

$$y_{i+3} - \alpha \cdot y_{i+2} = h[\beta_0 \cdot f(x_i, y_i) + \beta_1 \cdot f(x_{i+1}, y_{i+1}) + \beta_2 \cdot f(x_{i+2}, y_{i+2})]$$

Jetzt sehen wir unmittelbar das 3-Schritt–Verfahren durchleuchten. Im Vergleich mit Def. 10.64 ist dabei: $\alpha_0 = \alpha_1 = 0, \alpha_2 = -\alpha, \alpha_3 = 1$.

Aus der ersten Gleichung (10.76) folgt sofort

$$-\alpha + 1 = 0 \quad \Longleftrightarrow \quad \boxed{\alpha = 1}$$

Damit bleiben noch drei Unbekannte β_0, β_1 und β_2 zu bestimmen. Wir benutzen daher von (10.75) drei Gleichungen und erhalten

$$\lambda = 1: \quad -\beta_0 \quad -\beta_1 \quad +2\alpha \quad -\beta_2 \quad +3 = 0$$
$$\lambda = 2: \quad \qquad -\beta_1 \quad -2\alpha \quad -2\beta_2 \quad +\tfrac{9}{2} = 0$$
$$\lambda = 3: \quad \qquad -\tfrac{1}{2}\beta_1 \quad -\tfrac{8}{6}\alpha \quad -\tfrac{4}{2}\beta_2 \quad +\tfrac{27}{6} = 0$$

Daraus ergibt sich folgendes lineare Gleichungssystem

$$\begin{pmatrix} -1 & -1 & -1 \\ 0 & -1 & -1 \\ 0 & -\tfrac{1}{2} & -2 \end{pmatrix} \begin{pmatrix} \beta_0 \\ \beta_1 \\ \beta_2 \end{pmatrix} = \begin{pmatrix} -1 \\ -\tfrac{5}{2} \\ -\tfrac{19}{6} \end{pmatrix},$$

das genau eine Lösung besitzt, nämlich

$$\beta_2 = \frac{23}{12}, \ \beta_1 = -\frac{4}{3}, \ \beta_0 = \frac{5}{12}.$$

Damit erhalten unser gesuchtes 3-Schritt-Verfahren mit der Konsistenzordnung 3:

$$y_{i+1} = y_i + h[\frac{23}{12} \cdot f(x_i, y_i) - \frac{4}{3} \cdot f(x_{i-1}, y_{i-1}) + \frac{5}{12} \cdot f(x_{i-2}, y_{i-2})]$$

Dieses Verfahren wurde seinerzeit von Adams[10] und Bashforth[11] entwickelt. Wir stellen hier die wichtigsten ihrer Formeln zusammen.

Adams–Bashforth–Formeln

$$y_{i+1} = y_i + hf(x_i, y_i)$$
$$y_{i+1} = y_i + \frac{h}{2}[3f(x_i, y_i) - f(x_{i-1}, y_{i-1})]$$
$$y_{i+1} = y_i + \frac{h}{12}[23f(x_i, y_i) - 16f(x_{i-1}, y_{i-1}) + 5f(x_{i-2}, y_{i-2})]$$

Analoge Formeln für den impliziten Fall wurden von Adams zusammen mit Moulton[12] entwickelt.

---

[10]Adams, J.C. (1819-1892)
[11]Bashforth, F. (1819-1912)
[12]Leider ist es dem Autor nicht gelungen, der Lebensdaten von Frau oder Herrn Moulton habhaft zu werden.

10.8 Konsistenz, Stabilität und Konvergenz bei Mehrschrittverfahren   379

Adams–Moulton–Formeln

$$y_{i+1} = y_i + \frac{h}{2}[f(x_i, y_i) + f(x_{i+1}, y_{i+1})]$$

$$y_{i+1} = y_i + \frac{h}{12}[5f(x_{i+1}, y_{i+1}) + 8f(x_i, y_i) - f(x_{i-1}, y_{i-1})]$$

$$y_{i+1} = y_i + \frac{h}{24}[9f(x_{i+1}, y_{i+1}) + 19f(x_i, y_i) - 5f(x_{i-1}, y_{i-1}) + f(x_{i-2}, y_{i-2})]$$

10.8.2 Stabilität

Zur Motivation für die neuerliche Untersuchung des Begriffs *Stabilität* beginnen wir mit einem Beispiel.

Beispiel 10.71 *Wir betrachten folgende sehr einfache Anfangswertaufgabe*

$$y'(x) = 0 \quad mit \quad y(0) = 0,$$

der die Lösung $y \equiv 0$ aus allen Knopflöchern schaut. Zur näherungsweisen Lösung geben wir uns eine Schrittweite $h > 0$ vor, bestimmen damit die Stützstellen x_0, x_1, ... und verwenden das 2-Schritt-Verfahren

$$y_i - 4y_{i-1} + 3y_{i-2} = -2f(x_{i-2}, y_{i-2}), i = 2, 3, 4 \ldots \tag{10.78}$$

mit den Startwerten

$$y_0 = y(0) = 0, \quad y_1 = 2h,$$

um damit die Näherungen y_2, y_3, ... zu berechnen.

Die beiden charakteristischen Polynome lauten:

$$\varrho(x) = x^2 - 4x + 3, \quad \sigma(x) = -2.$$

Wir sehen sofort, daß $\varrho(1) = 1$ und $\varrho'(1) = \sigma(1) = -2$ ist, daß also unser Verfahren mindestens die Konsistenzordnung 1 besitzt.

Die Gleichung (10.78) ist eine sog. lineare Differenzengleichung, bei der auf der rechten Seite die Funktion f aus der Differentialgleichung auftritt, also die Nullfunktion $f \equiv 0$. Damit ist die Differenzengleichung homogen, und wir lösen sie mit ganz ähnlichen Methoden wie eine lineare Differentialgleichung.

Wir berechnen die Nullstellen des sog. charakteristischen Polynoms, das sich aus den Koeffizienten der linken Seite zusammensetzt:

$$p(x) = x^2 - 4x + 3 = 0 \Longrightarrow x_1 = 3, x_2 = 1$$

Damit entsteht die allgemeine Lösung der Differenzengleichung, indem wir als Grundfunktion hier die allgemeine Exponentialfunktion verwenden, also

$$y_i = A \cdot 3^i + B \cdot 1^i = A \cdot 3^i + B$$

Hier setzen wir die beiden Anfangsterme ein und erhalten

$$y_0 = 0 \Longrightarrow A \cdot 3^0 + B = A + B = 0 \Rightarrow B = -A,$$

$$y_1 = 2h \Longrightarrow A \cdot 3^1 + B = 2h \Rightarrow A = h = -B.$$

Und damit lautet die Lösung

$$y_i = (3^i - 1) \cdot h.$$

So, nun kommen wir zur Konvergenz. Dazu betrachten wir eine feste Stelle x, Nehmen wir an, daß wir i Schritte getan haben, um nach x zu gelangen. Dann ist also $x = i \cdot h$ oder wenn wir anders auflösen

$$i = \frac{x}{h}.$$

Die Schrittweite h ist also bei festem x umgekehrt proportional zur Schrittzahl i.

Die exakte Lösung bei x hat ja den Wert 0. Den Näherungswert bei x nennen wir y_i. Also müssen wir nur y_i gegen 0 abschätzen. Nun ist

$$y_i = (3^i - 1) \cdot h = (3^{\frac{x}{h}} - 1) \cdot h.$$

Jetzt sehen wir, daß zwar der Faktor h mit kleinerer Schrittweite gegen 0 geht, aber der Term $3^{\frac{x}{h}}$ geht weit schneller nach ∞, es handelt sich ja um eine Exponentialfunktion. Der Näherungswert y_i wird sich also für $h \to 0$ nicht der exakten Lösung annähern, und das trotz Konsistenzordnung 1.

Es braucht also etwas mehr als nur die Konsistenz, um Konvergenz zu sichern. Wir brauchen *Stabilität*, die wir nun für Mehrschritt–Verfahren definieren.

Definition 10.72 (Stabilität) *Wir betrachten eine Anfangswertaufgabe (10.37) und zu ihr ein lineares k–Schritt–Verfahren wie in (10.64). Für eine Schrittweite $h > 0$ bestimmen wir also, ausgehend vom Anfangswert (x_0, y_0), Stützstellen $x_1, x_2, \ldots$ und mit dem k–Schrittverfahren Näherungswerte $y_1, y_2 \ldots$ Mit D_h werde die folgende auf den Stützstellen definierte Defektfunktion bezeichnet:*

$$D_h(v) = \begin{cases} v_j - y_j & \text{für } j = 0, 1, \ldots, k-1 \text{ Startwerte} \\ \frac{1}{h}\Big[\alpha_0 v_i + \cdots + \alpha_k v_{i+k} - h[\beta_0 f_i + \cdots + \beta_k f_{i+k}]\Big] \\ & \text{für } i = 0, 1, \ldots, m-k \end{cases}$$

Das k–Schrittverfahren heißt dann stabil, wenn es positive Konstanten H und K gibt, so da für jedes $h \leq H$ und jede Gitterfunktion v gilt:

$$\|v\| \leq K \cdot \|D_h(v)\|$$

Die Norm ist hierbei die Maximumnorm.

10.9 Prädiktor–Korrektor–Verfahren

In der letzten Ungleichung ist zu beachten, da die Konstante K unabhängig von der Schrittweite h zu sein hat. Es muß also eine globale Konstante K geben, so daß die Inverse der Defektfunktion Lipschitz–stetig mit derselben Lipschitzkonstanten für alle Schrittweiten h ist. Diese Bedingung ist wirklich schwer überprüfbar. Bei Mehrschrittverfahren kann diese Bedingung durch eine einfach nachweisbare „Wurzelbedingung" ersetzt werden.

Satz 10.73 (Wurzelbedingung) *Das k–Schrittverfahren (10.64) ist für beliebige Startwerte genau dann stabil, wenn die Nullstellen des charakteristischen Polynoms*

$$\varrho(x) = \alpha_0 + \alpha_1 x + \cdots + \alpha_k x^k$$

einen Betrag kleiner oder gleich 1 haben und wenn diejenigen vom Betrag 1 einfache Nullstellen sind.

Jetzt klärt sich unser obiges Beispiel. Die Nullstellen haben wir ja berechnet, und siehe da, eine war 3 und hatte daher einen Betrag größer als 1, also ist unser 2–Schrittverfahren nicht stabil.

10.8.3 Konvergenz

Hier fassen wir uns kurz und schildern lediglich das Hauptergebnis. Der Beweis kann in der Spezialliteratur nachgelesen werden.

Den Zusammenhang mit der Konvergenz liefert der folgende wichtige Satz:

Satz 10.74 (Äquivalenzsatz von Lax) *Ist das k–Schrittverfahren für die Anfangswertaufgabe stabil, so ist das Verfahren genau dann konvergent, wenn es konsistent ist. Die Konsistenzordnung p ist dann zugleich die Konvergenzordnung.*

In den Anwendungen wird man diesen Satz wohl eher zur Begründung für Konvergenz heranziehen, nicht um Stabilität zu prüfen. Darum dürfte sich folgende Kurzform besser im Gedächtnis einnisten:

Satz 10.75 (Äquivalenzsatz von Lax, in Kurzform) *Aus Konsistenz und Stabilität folgt Konvergenz.*

10.9 Prädiktor–Korrektor–Verfahren

Dieses Verfahren ist eine interessante Kombination aus expliziten und impliziten Verfahren. Dabei nutzt man die Vorteile beider Verfahren geschickt aus.

- *explizite Verfahren:* Schritt für Schritt kann man bei guter Konsistenz immer weitere Näherungswerte ausrechnen,
  leider sind sie nur eingeschränkt stabil

- implizite Verfahren: Zur Berechnung weiterer Werte müßte man eine implizite Gleichung lösen, sie sind weitgehend stabil, das Trapezverfahren ist unbedingt stabil

Eine Kleinigkeit muß noch geklärt werden. Zur Anwendung eines k–Schritt–Verfahrens braucht man die Startwerte y_0 bei x_0 – dafür nimmt man in der Regel den gegebenen Anfangswert $y_0 = y(x_0)$ – und die Werte $y_1, \ldots, y_k$ bei $x_1, \ldots, x_k$. Zu ihrer Berechnung bedient man sich einer sogenannten Anlaufrechnung, da treibt man es z. B. mit Herrn Euler oder den Herren Runge und Kutta. Erst dann beginnt das Prädizieren und Korrigieren.

Prädiktor–Korrektor–Verfahren

1. Anlaufrechnung: Ausgehend vom Anfangswert $y_0 = y(x_0)$ verschaffen wir uns mit einem expliziten Einschritt–Verfahren die Startwerte $y_1, \ldots, y_k$ bei $x_1, \ldots, x_k$.

2. Prädiktorschritt: Mit einem expliziten k–Schritt–Verfahren berechnen wir einen Näherungswert y_{k+1} bei x_{k+1}.

3. Korrektorschritt: Diesen Wert y_{k+1} nehmen wir als Startwert $y_{k+1}^{(0)}$ für ein iteratives Vorgehen mit dem impliziten Verfahren, mit dem wir einen korrigierten Wert $y_{k+1}^{(1)}$ berechnen, um damit erneut durch Einsetzen auf der rechten Seite der Verfahrensgleichung einen neuen korrigierten Wert $y_{k+1}^{(2)}$ zu berechnen und so fort.

4. Prädiktorschritt: Wenn sich die Korrektur nach n Schritten nicht mehr wesentlich ändert, nehmen wir den so entstandenen Wert $y_{k+1}^{(n)}$ als Wert y_{k+1} in die explizite Formel, mit der wir durch Erhöhung des Indexes um 1 den Wert y_{k+2} berechnen, den wir dann auf dieselbe Weise wie zuvor mit dem impliziten Verfahren korrigieren
und so weiter und so fort

Man beginnt also mit einem der expliziten Mehrschritt–Verfahren, dabei dessen gute Konsistenz ausnutzend, und berechnet einen neuen Näherungswert an der nächsten Stützstelle.

Dann verbessert man diesen Wert durch iteratives Vorgehen mit dem impliziten Verfahren. Dabei benutzt man den expliziten Wert als Startwert auf der rechten Seite der impliziten Gleichung und berechnet links den neuen Wert als Korrektur des alten Wertes. Genau so kommt der Name für dieses Vorgehen zustande.

Da gibt es nun eine Fülle von Abwandlungen, vielleicht will ja jemand erst nach drei bis vier direkten Schritten mit dem impliziten Verfahren korrigierend eingreifen. Das bleibt dem Anwender überlassen.

Die Erfahrung zeigt, daß man beim Korrigieren gar nicht viel investieren muß; häufig sind ein oder zwei Korrekturschritte genug, um die gewünschte Genauigkeit zu erreichen.

10.9 Prädiktor-Korrektor-Verfahren

Wir zeigen das Vorgehen am besten an einem Beispiel.

Beispiel 10.76 *Gegeben sei die Anfangswertaufgabe*

$$y'(x) = -x \cdot y^2(x), \qquad y(0) = 2.$$

Wir berechnen eine Näherung für $y(1)$ mit dem folgenden Prädiktor-Korrektor-Verfahren zur Schrittweite $h = \frac{1}{2}$:

Setze $x_0 = 0$, $y_0 = 2$ (gegebener Anfangswert) und $x_k = k \cdot h, k = 1, 2, \ldots$.

Für $k = 0$ und $k = 1$ berechne

$$y_{k+1}^{(0)} = y_k + h \cdot f(x_k, y_k) \qquad \text{(Euler-Verfahren)}$$

Für $\ell = 0$ und $\ell = 1$ berechne

$$y_{k+1}^{(\ell+1)} = y_k + \frac{h}{2} \cdot \left(f(x_k, y_k) + f(x_{k+1}, y_{k+1}^{(\ell)}) \right) \qquad \text{(Trapez-Verfahren)}$$

Setze $y_{k+1} = y_{k+1}^{(2)}$, bestimme also y_2 als Näherung für $y(1)$.

Mit Euler als Prädiktor und dem Trapez-Verfahren als Korrektor wollen wir unser Verfahren durchführen. Dabei wollen wir den jeweiligen Euler-Wert zweimal mit dem Trapez-Verfahren korrigieren.

$k = 0$ Erster Eulerschritt

$$y_1^{(0)} = y_0 + h \cdot f(x_0, y_0) = 2 + \frac{1}{2}(-0 \cdot 2^2) = 2$$

$\ell = 0$ Erster Korrekturschritt

$$y_1^{(1)} = y_0 + \frac{h}{2}(f(x_0, y_0) + f(x_1, y_1^{(0)})) = 2 + \frac{1}{4}\left(0 - \frac{1}{2} \cdot 2^2\right) = 1.5$$

$\ell = 1$ Zweiter Korrekturschritt

$$y_1^{(2)} = y_0 + \frac{h}{2}(f(x_0, y_0) + f(x_1, y_1^{(1)})) = 2 + \frac{1}{4}\left(0 - \frac{1}{2} \cdot \left(\frac{3}{2}\right)^2\right)$$

$$= \frac{55}{32} = 1.71875$$

Damit erhalten wir als Näherung für $y(0.5)$ den Wert

$$y_1 = \frac{55}{32} = 1.71875$$

$k = 1$ Zweiter Eulerschritt

$$y_2^{(0)} = y_1 + h \cdot f(x_1, y_1) = \frac{55}{32} + \frac{1}{2}\left(-\frac{1}{2} \cdot \left(\frac{55}{32}\right)^2\right) = \frac{4015}{4096} = 0.98022$$

$\ell = 0$ Erster Korrekturschritt

$$y_2^{(1)} = y_1 + \frac{h}{2}(f(x_1, y_1) + f(x_2, y_2^{(0)}))$$
$$= 1.71875 + \frac{1}{4}\left(-\frac{1}{2} \cdot 1.71875^2 - 1 \cdot (0.98022)^2\right) = 1.10928$$

$\ell = 1$ Zweiter Korrekturschritt

$$y_2^{(2)} = y_1 + \frac{h}{2}(f(x_1, y_1) + f(x_2, y_1^{(1)}))$$
$$= 1.71875 + \frac{1}{4}\left(-\frac{1}{2} \cdot (1.71875)^2 - 1 \cdot (1.10928)^2\right) = \frac{55}{32} = 1.04186$$

Damit erhalten wir insgesamt

$$y(1) \approx y_2 = y_2^{(2)} = 1.04186$$

Die exakte Lösung der Anfangswertaufgabe lautet übrigens

$$y(x) = \frac{2}{1+x^2}, \qquad \text{also ist} \quad y(1) = 1.$$

Die Korrektur bringt also noch eine deutliche Verbesserung.

11 Numerik von Randwertaufgaben

11.1 Aufgabenstellung

Beginnen wir diesen Abschnitt mit einem Beispiel.

Beispiel 11.1 *Durchhängendes elastisches Seil*

Betrachten wir doch einmal ein längeres Seil aus einem elastischen Material, dessen beide Enden an zwei Punkten festgemacht sind. Unter dem Einfluß der Schwerkraft hängt es dann nach unten durch. Interessant ist doch die Frage, was das für eine Kurve ist, die das Seil annimmt. Nun, die Physik lehrt, daß dieses Seil einer Differentialgleichung gehorcht:

$$-(E(x) \cdot y`(x))' = F(x),$$

wobei $E(x)$ die Elastizität des Materials beschreibt, $F(x)$ die Kraft ist, die das Seil nach unten zieht, und $y(x)$ die Funktion ist, deren Graph unsere Seilkurve ist. Das Festmachen des Seils bedeutet, daß zwei Punkte vorgegeben ist, die unverrückbar mit dem Seil verbunden sind. Die gesuchte Kurve $y(x)$ muß durch diese beiden Punkte hindurchgehen. Nehmen wir an, wir hängen es bei $x = a$ in der Höhe A und dann bei $x = b$ in der Höhe B auf, so bedeutet das:

$$y(a) = A, \quad y(b) = B. \tag{11.1}$$

Diese beiden Bedingungen sind es, die unsere Aufgabenstellung von den Anfangswertaufgaben des vorigen Abschnittes unterscheidet. Wir geben nicht an einer Stelle zwei Bedingungen vor, also vielleicht den Ort und die Geschwindigkeit, sondern betrachten zwei verschiedene Stellen, an denen wir jeweils einen Wert vorschreiben. Diese Stellen bestimmen das Intervall, in dem wir uns für eine Lösung interessieren. Wir nennen sie die Ränder, *und damit heißen die beiden Bedingungen (11.1)* Randbedingungen *und die Differentialgleichung zusammen mit den Randbedingungen* Randwertaufgabe.

Damit können wir nun allgemein unsere Aufgabe beschreiben, wobei wir uns auf Differentialgleichungen zweiter Ordnung beschränken wollen, um die Übersicht nicht zu verlieren. Eine Verallgemeinerung auf höhere Ordnung ist nicht schwer.

Definition 11.2 *Unter einer Randwertaufgabe verstehen wir folgende Fragestellung:*

Gesucht ist eine Funktion $y(x)$, die der Differentialgleichung

$$F(x, y(x), y'(x), y''(x)) = 0 \tag{11.2}$$

und den Randbedingungen

$$R_1\big(a, y(a), y'(a), b, y(b), y'(b)\big) = 0 \qquad (11.3)$$

$$R_2\big(a, y(a), y'(a), b, y(b), y'(b)\big) = 0 \qquad (11.4)$$

genügt.

Dabei sind also F und R_1 und R_2 willkürlich vorgebbare oder aus einer physikalischen Aufgabe hervorgehende Funktionen für die DGl und die beiden Randbedingungen.

Dies ist die allgemeinste Randwertaufgabe zweiter Ordnung, wie wir sie hier nur der Vollständigkeit wegen zitieren. Wenn wir gleich anschließend verschiedene Verfahren schildern, werden wir uns auf Spezialfälle beschränken, weil für diese allgemeine Form Aussagen nur schwer erreichbar sind.

11.1.1 Homogenisierung der Randbedingungen

Bei vielen numerischen Verfahren ist es angenehmer, wenn man sich nicht mit verrückten Randbedingungen herumplagen muß, sondern wenn sie homogen sind. Aber machen wir uns, wenn wir lediglich homogene Randbedingungen betrachten, das Leben nicht zu leicht? Gehen wir den wahren Schwierigkeiten aus dem Weg? Oder ist das egal?

Wir wollen uns hier überlegen, daß man für eine ziemlich weite Klasse von Aufgaben getrost homogene Randbedingungen betrachten kann, nichthomogene lassen sich stets auf homogene zurückführen.

Betrachten wir folgende Randwertaufgabe:

$$y''(x) = f(x, y(x)) \quad \text{mit} \quad y(a) = A, y(b) = B,$$

und hier seien häßlicherweise $A \neq 0$ und $B \neq 0$. Es ist also eine explizite DGl zweiter Ordnung, die keine erste Ableitung der gesuchten Funktion enthält; sie darf aber ganz schön nichtlinear sein.

Dann suchen wir uns eine lineare Funktion $u(x)$, die durch die beiden Punkte (a, A) und (b, B) geht. Die Zwei–Punkte–Form aus der seeligen Schulzeit liefert die Funktion:

$$u(x) = A + (x - a) \cdot \frac{B - A}{b - a}.$$

Bezeichnen wir mit $y(x)$ die Lösung unserer Randwertaufgabe, so betrachten wir jetzt die Funktion

$$w(x) := y(x) - u(x).$$

Die hat es ganz schön in sich, sie erfüllt nämlich die homogenen Randbedingungen

$$w(a) = y(a) - u(a) = A - A = 0, \quad w(b) = y(b) - u(b) = B - B = 0.$$

Bilden wir $w''(x)$ und benutzen wir unsere DGl, so erhalten wir, da $u(x)$ eine lineare Funktion ist,

$$w''(x) = y''(x) - u''(x) = f(x, y(x)) + 0 = f(x, w(x) + u(x)).$$

11.2 Zur Existenz und Einzigkeit einer Lösung

Das bedeutet also, daß wir folgende neue Randwertaufgabe mit homogenen Randbedingungen für $w(x)$ lösen:

$$w''(x) = f(x, w(x) + u(x)) \quad \text{mit} \quad w(a) = w(b) = 0.$$

Anschließend nach hoffentlich erfolgreicher Bestimmung von $w(x)$ addieren wir die Interpolationsfunktion $u(x)$ und erhalten als Lösung unserer ursprünglichen Aufgabe die Funktion:

$$y(x) = w(x) + u(x).$$

Beispiel 11.3 *Betrachte*

$$-y''(x) + y(x) = \frac{x+\pi}{\pi}, \quad y(0) = 1, \ y(\pi) = 2.$$

Wir suchen eine Funktion $u(x)$, die durch die beiden Punkte $(0,1)$ und $(\pi, 2)$ geht:

$$u(x) = \frac{x}{\pi} + 1 \quad \text{mit} \quad u'(x) = \frac{1}{\pi} \quad \text{und} \quad u''(x) = 0.$$

Setze $w(x) = y(x) - u(x)$, woraus sofort $w(0) = w(\pi) = 0$ folgt. Dann bilden wir $w''(x)$ und verwenden die DGl

$$\begin{aligned}
-w''(x) &= -(y''(x) - u''(x)) \\
&= -y(x) + \frac{x+\pi}{\pi} + \underbrace{u''(x)}_{=0} \\
&= -w(x) - u(x) + \frac{x+\pi}{\pi} \\
&= -w(x)
\end{aligned}$$

Damit erhalten wir die neue RWA für die Funktion $w(x)$ mit homogenen Randbedingungen

$$-w''(x) + w(x) = 0, \quad w(0) = w(\pi) = 0.$$

11.2 Zur Existenz und Einzigkeit einer Lösung

Die Frage, ob eine Randwertaufgabe überhaupt eine Lösung besitzt und dann vielleicht sogar keine zweite mehr, ist leider nicht so ganz leicht zu beantworten. Das folgende Beispiel gibt einen Hinweis, wo das Übel verborgen ist.

Beispiel 11.4 *Wir betrachten folgende Randwertaufgaben*

$$\begin{aligned}
(i) &\quad -y''(x) - y(x) = 0, &&y(0) = 1, \ y(1) = 0 \\
(ii) &\quad -y''(x) - y(x) = 0, &&y\left(-\frac{\pi}{2}\right) = 1, \ y\left(\frac{\pi}{2}\right) = 1 \\
(iii) &\quad -y''(x) - y(x) = 0, &&y\left(-\frac{\pi}{2}\right) = 0, \ y\left(\frac{\pi}{2}\right) = 1
\end{aligned}$$

Hier ist also jedesmal genau die gleiche simple Differentialgleichung gegeben, die Aufgaben unterscheiden sich nur in den Randbedingungen. Die allgemeine Lösung dieser linearen DGl mit konst. Koeffizienten gewinnen wir sofort aus den Nullstellen der charakteristischen Gleichung

$$\lambda^2 + 1 = 0 \quad \Rightarrow \quad \lambda_{1,2} = \pm i.$$

Damit sind also zwei unabhängige Lösungen

$$y_1(x) = e^{ix} \quad \text{und} \quad y_2(x) = e^{-ix}.$$

Wir hätten nun gerne reelle Lösungen, da ja die ganze Aufgabe im Reellen formuliert ist. Benutzen wir dazu die Formel von Euler–Moivre

$$e^{iz} = \cos z + i \cdot \sin z, \quad \text{bzw. } e^{-iz} = \cos z - i \cdot \sin z,$$

und bilden wir die beiden Linearkombinationen

$$\frac{1}{2}(y_1(x) + y_2(x)) = \cos x, \quad \frac{1}{2i}(y_1(x) - y_2(x)) = \sin x,$$

so erhalten wir zwei reelle linear unabhängige Lösungen, aus denen wir unsere neue reelle allgemeine Lösung zusammensetzen können.

$$y(x) = c_1 \cdot \cos x + c_2 \cdot \sin x.$$

Wie gesagt, das ist die allgemeine Lösung für die Differentialgleichung in jeder der obigen Aufgaben. Nun kommen die Randbedingungen.

Zu (i): Die erste ergibt sofort

$$y(0) = 1 = c_1$$

Die zweite sagt uns dann

$$y(1) = 0 = \cos 1 + c_2 \cdot \sin 1 \quad \Longrightarrow \quad c_2 = -\frac{\cos 1}{\sin 1} = -0.642$$

Damit ist also

$$y(x) = -0.642 \cdot \sin x$$

Lösung unserer RWA und zugleich die einzige Lösung.

Zu (ii): Hier ergeben die beiden RBen

$$y\left(-\frac{\pi}{2}\right) = 0 = -c_2, \quad y\left(\frac{\pi}{2}\right) = 0 = c_2$$

Wir finden keine Einschränkung für c_1. Das bedeutet, wir können c_1 beliebig wählen, stets ergibt sich eine Lösung. Wir erhalten also unendlich viele Lösungen dieser RWA

$$y(x) = c_1 \cdot \cos x \quad c_1 \in \mathbb{R}$$

Zu (iii): Die erste RB führt zu
$$y\left(-\frac{\pi}{2}\right) = 0 = -c_2 \implies c_2 = 0,$$
die zweite ergibt
$$y\left(\frac{\pi}{2}\right) = 1 = c_2 \implies c_2 = 1,$$
ein glatter Widerspruch, also gibt es diesmal leider überhaupt keine Lösung.

Es liegt also an den Randbedingungen, ob wir keine oder eine oder gar unendlich viele Lösungen finden.

Unsere DGl war linear, dafür hat Stakgold 1979 einen allgemeinen Satz angegeben, von dem wir hier eine vereinfachte Version angeben, um obiges Verhalten zu erklären:

Satz 11.5 *Genau dann, wenn die lineare vollhomogene RWA*
$$y''(x) + p(x) \cdot y'(x) + q(x) \cdot y(x) = 0, \quad y(a) = y(b) = 0$$
nur die triviale Lösung $y \equiv 0$ besitzt, hat die nichthomogene RWA
$$y''(x) + p(x) \cdot y'(x) + q(x) \cdot y(x) = r(x), \quad y(a) = A, \, y(b) = B$$
für jede Vorgabe von $r(x)$, A und B eine einzige Lösung.

Schauen wir zurück auf obiges Beispiel. Im Fall (i) müssen wir uns nur die erste Randbedingung homogen denken, um zu sehen, daß diese homogene Aufgabe $c_1 = 0$ und $c_2 = 0$ ergibt, also nur die triviale Lösung. Damit hat die nichthomogene Aufgabe genau eine Lösung.

Im Fall (ii) haben wir andere Randbedingungen, aber es handelt sich um eine sowohl in der rechten Seite als auch den Randbedingungen homogene Aufgabe. Für sie haben wir eine nichttriviale Lösung gefunden. Der Satz sagt dafür, daß eben nicht für jede beliebige Vorgabe von nichthomogenen Randbedingungen genau eine Lösung zu erwarten ist. Und in der Tat, unser Fall (iii) führt zu gar keiner Lösung.

11.3 Kollokationsverfahren

Als erstes stellen wir ein ziemlich einfaches Verfahren zur numerischen Lösung der Randwertaufgabe
$$y''(x) = f(x, y(x)), \quad y(a) = y(b) = 0 \tag{11.5}$$
vor. Die Differentialgleichung ist dabei recht allgemein; zwar ist sie explizit, aber rechts können ganz schön nichtlineare Terme auftreten. Zur Vereinfachung der Rechnung habe wir homogene Randbedingungen gewählt, was ja nach Abschnitt 11.1.1 keine Einschränkung bedeutet.

Als erste Tat zur Annäherung wählen wir als mögliche Lösung eine Kombination aus Funktionen, die wir einfacher berechnen können oder von denen wir das zumindest glauben. Klugerweise werden wir darauf achten, daß diese erhoffte Lösung den Randbedingungen genügt, damit wir mit denen keinen Stress mehr haben. Diese Idee einer Ansatzfunktion findet sich in vielen Verfahren. Wir verweisen auf Ritz und Galerkin, die wir später vorstellen werden. Mit Kombination meinen wir natürlich eine Linearkombination, also lautet unser

$$\text{Ansatz:} \quad w(x, a_1, \ldots, a_n) = a_1 \cdot w_1(x) + \cdots + a_n \cdot w_n(x), \quad a_1, \ldots, a_n \in \mathbb{R}$$

wobei die $w_i(x)$ natürlich linear unabhängig sein müssen, da es sonst keinen Sinn macht. Man könnte sie ja sonst einfach zusammen fassen. Außerdem müssen sie den Randbedingungen genügen. Damit genügt dann die Ansatzfunktion $w(x)$ auch den Randbedingungen.

Dann kommt der zweite Schritt. Woher gewinnen wir die unbekannten Koeffizienten $a_1, \ldots, a_n$? Hier kommt jetzt die Spezialität der Kollokation zum Tragen. Wir verlangen nicht, daß diese Ansatzfunktion die Differentialgleichung überall erfüllt, das würde praktisch bedeuten, die Differentialgleichung exakt zu lösen.

Nein, als Näherung reicht es uns aus, wenn die Differentialgleichung in diskreten Punkten $x_1, \ldots, x_n$, den *Kollokationsstellen*, erfüllt wird. Dabei wählen wir uns gerade so viele Stellen, wie wir unbekannte Koeffizienten haben. So erhalten wir durch Einsetzen dieser Stellen die entsprechende Anzahl von Gleichungen. Ist die Differentialgleichung linear, so entsteht auf die Weise ein System von n linearen Gleichungen für die unbekannten $a_1, \ldots, a_n$. Das lösen wir mit unseren Kenntnissen aus Kapitel 1.

Eine Warnung vor einem Fehlschluß darf nicht fehlen. Dadurch, daß in den Kollokationsstellen die Differentialgleichung erfüllt ist, ist keineswegs gewährleistet, daß die Ansatzfunktion dort mit der exakten Lösung $y(x)$ übereinstimmt. In aller Regel ist

$$w(x_i, a_1, \ldots, a_n) \neq y(x_i), \quad i = 1, \ldots, n$$

Beispiel 11.6 *Gegeben sei die Randwertaufgabe*

$$-((1+x)y')' + y = 2x \quad \text{mit } y(0) = y(1) = 0.$$

Wir wollen diese Aufgabe näherungsweise mit dem Kollokationsverfahren unter Verwendung eines 2-parametrigen Ansatzes und mit den Kollokationsstellen $x_1 = \frac{1}{3}$, $x_2 = \frac{2}{3}$ lösen

Der Ansatz wird so gewählt, daß die Randbedingungen erfüllt sind. Dazu nehmen wir

$$v_1(x) = x(x-1), \quad v_2(x) = x^2(x-1),$$

zwei Funktionen, die offensichtlich den Randbedingungen genügen, und bilden mit ihnen den

$$\text{Ansatz:} \quad w(x, a_1, a_2) := a_1 \cdot x(x-1) + a_2 \cdot x^2(x-1), \quad a_1, a_2 \in \mathbb{R}.$$

11.3 Kollokationsverfahren

Kollokationsverfahren

Wir betrachten die Randwertaufgabe
$$y''(x) = f(x, y(x)), \qquad y(a) = y(b) = 0$$

1. Wir wählen (linear unabhängige) Funktionen $w_1(x),\ldots,w_n(x)$ mit $w_i(a) = w_i(b) = 0, i = 1,\ldots,n$ und bilden mit ihnen den

   Ansatz: $\quad w(x, a_1, \ldots, a_n) = a_1 \cdot w_1(x) + \cdots + a_n \cdot w_n(x), \quad a_1, \ldots, a_n \in \mathbb{R}$

2. Wir setzen diese Ansatzfunktion in die Differentialgleichung ein und bilden den Defekt (linke Seite minus rechte Seite)
$$d(x, a_1, \ldots, a_n) = w''(x, a_1, \ldots, a_n) - f(x, w(x, a_1, \ldots, a_n))$$
   (Wäre $w(x, a_1, \ldots, a_n)$ die exakte Lösung, so wäre dieser Defekt exakt 0.)

3. Wir wählen n (nicht notwendig äquidistante) Knoten, die *Kollokationsstellen* $x_1, \ldots, x_n$ im Intervall $[a, b]$.

4. Wir fordern, daß der Defekt $d(x, a_1, \ldots, a_n)$ in den Kollokationsstellen verschwindet
$$d(x_i, a_1, \ldots, a_n) = w''(x_i, a_1, \ldots, a_n) - f(x_i, w(x, a_1, \ldots, a_n)) = 0, i = 1, \ldots, n.$$

   Dadurch entstehen n Gleichungen, aus denen wir die unbekannten Koeffizienten $a_1, \ldots, a_n$ versuchen zu berechnen. Ist die Differentialgleichung linear, so ist dies ein lineares Gleichungssystem, und die Berechnung ist leicht möglich.

Leichte Rechnung ergibt
$$w'(x; a_1, a_2) = 2a_1 x - a_1 + 3a_2 x^2 - 2a_2 x$$
$$w''(x; a_1, a_2) = 2a_1 + 6a_2 x - 2a_2$$

Diesen Ansatz setzen wir in die Differentialgleichung ein
$$-((1+x)w'(x, a_1, a_2))' + w(x, a_1, a_2) = 2x$$

Jetzt kommt die Kollokation. Als Kollokationsstellen hat uns der freundliche Aufgabensteller bereits $x_1 = 1/3, x_2 = 2/3$ vorgegeben. Also bilden wir

$$x_1 = \tfrac{1}{3}: \; -\tfrac{4}{3}[2a_1 + 6a_2 \cdot \tfrac{1}{3} - 2a_2] - [2a_1 \cdot \tfrac{1}{3} - a_1 + 3a_2 \cdot \tfrac{1}{9} - 2a_2 \cdot \tfrac{1}{3}]$$
$$+ a_1[\tfrac{1}{9} - \tfrac{1}{3}] + a_2[\tfrac{1}{27} - \tfrac{1}{9}] = 2 \cdot \tfrac{1}{3}$$

$$x_2 = \tfrac{2}{3}: \; -\tfrac{5}{3}[2a_1 + 6a_2 \cdot \tfrac{2}{3} - 2a_2] - [2a_1 \cdot \tfrac{2}{3} - a_1 + 3a_2 \cdot \tfrac{4}{9} - 2a_2 \cdot \tfrac{2}{3}]$$
$$+ a_1[\tfrac{4}{9} - \tfrac{2}{3}] + a_2[\tfrac{8}{27} - \tfrac{4}{9}] = 2 \cdot \tfrac{2}{3}$$

Das sind zwei lineare Gleichungen für die zwei Unbekannten a_1, a_2. Ein klein wenig Rumrechnerei führt auf das System

$$-69a_1 + 7a_2 = 18$$
$$-105a_1 - 94a_2 = 36,$$

dessen Lösung $a_1 = -0,2692$ und $a_2 = -0,0823$ lautet. Als Näherung ergibt sich also

$$w(x) = -0,2692\, x(x-1) - 0,0823\, x^2(x-1).$$

11.4 Finite Differenzenmethode FDM

Dieses Verfahren zeichnet sich durch seine große Einfachheit aus. Wir stellen zunächst die Aufgabe vor, die wir behandeln möchten.

Gesucht ist eine Funktion $y(x)$, die folgender RWA genügt:

$$-p(x) \cdot y''(x) - m(x) \cdot y'(x) + q(x) \cdot y(x) = r(x), \quad y(a) = y(b) = 0 \qquad (11.6)$$

Es handelt sich also um eine lineare DGl zweiter Ordnung mit nichtkonstanten Koeffizientenfunktionen. Die Randbedingungen sind getrennt nach Anfangs- und Endpunkt.

Die FDM ist ein Verfahren zur Berechnung von Näherungswerten an bestimmten Stellen an die exakte Lösung, es liefert also keine Funktion als Näherung, sondern nur diskrete Werte.

Diese Stellen sind in aller Regel äquidistant verteilte Punkte im Intervall $[a, b]$, das durch die Randbedingungen bestimmt wird. Wir werden gleich sehen, wo die Äquidistanz von Vorteil ist.

Wahl der Stützstellen

Wähle $N \in \mathbb{N}$ und berechne die Schrittweite

$$h := \frac{b-a}{N}$$

Setze $x_0 = a, x_1 = a+h, x_2 = a+2h, \ldots, x_N = a + N \cdot h = a + N \cdot \frac{b-a}{N} = b$

An diesen Stützstellen werden nun Näherungswerte gesucht. Wenn wir die exakten Werte mit $y(x)$ bezeichnen, so suchen wir also folgende

---

Näherungswerte

$$y_0 = y(a) \text{(durch 1. RB gegebener Wert,}$$
$$y_1 \approx y(x_1), y_2 \approx y(x_2), \ldots,$$
$$y_N = y(x_N) = y(b) \text{durch 2. RB gegener Wert}$$

11.4 Finite Differenzenmethode FDM

Wie gewinnt man nun diese Näherungswerte?

Hauptgedanke der finiten Differenzenmethode FDM

Betrachte die Differentialgleichung nur an den Stützstellen und ersetze alle Ableitungen in der Differentialgleichung (und auch in den Randbedingungen) durch Differenzenquotienten.

Betrachten wir mal eine beliebige Stützstelle x_{i+1} und wenden dort die Taylor–Entwicklung an:

$$y(x_{i+1} = y(x_i + h) = y(x_i) + h \cdot y'(x_i) + \frac{h^2}{2!} \cdot y''(\xi) \quad \text{mit } \xi \in (x_i, x_{i+1}). \quad (11.7)$$

Hier ist ξ eine im allgemeinen unbekannte Stelle im Innern des Intervalls (x_i, x_{i+1}). Diese Gleichung lösen wir nach $y'(x_i)$ auf:

$$y'(x_i) = \frac{y(x_i + h) - y(x_i)}{h} - \frac{h}{2!} \cdot y''(\xi).$$

Wenn jetzt also in der vorgelegten DGl die erste Ableitung erscheint, so wählen wir als Stelle x eine Stützstelle x_i und ersetzen die Ableitung bei x_i durch obige rechte Seite. Unglücklicherweise steht rechts dieses dumme ξ, das wir nicht kennen. Diesen additiven Term lassen wir einfach weg. Soll er doch bleiben, wo der Pfeffer wächst; denn da steht ja vor ihm ein h. Wenn nun $h \to 0$ geht, wird doch dieser Term immer kleiner, oder??? Oh, oh, das ist reichlich vorlaut geschlossen. Was ist denn bitte, wenn gleichzeitig $y''(\xi)$ immer größer wird, ja schließlich gegen ∞ geht?. Dann ist nix mit weglassen. Also genau so haben wir doch schon beim Euler–Verfahren argumentiert (vgl. Seite 340). Diese Bemerkung zeigt eine wesentliche Beschränkung der Differenzenmethode.

Wenn wir diesen Term jetzt trotzdem weglassen, so unter der klaren Prämisse, daß unsere Lösung $y(x)$ sich bitte anständig zu benehmen hat und schön beschränkt bleibt, eine harte Bedingung, da wir ja normalerweise $y(x)$ gar nicht kennen, sondern erst berechnen wollen.

Damit erhalten wir aber immerhin unter Einschränkungen eine Näherung:

$$y'(x_i) \approx \frac{y(x_i + h) - y(x_i)}{h} + \mathcal{O}(h), \quad \text{falls } \sup |y''(x)| < \infty.$$

Dies nennt man den ersten vorwärts genommenen Differenzenquotienten (DQ) oder kurz Vorwärts-DQ. Wir haben schließlich bei der Taylor–Entwicklung einen Schritt vorwärts getan.

Wenn jetzt unsere Stützstellen nicht äquidistant gewählt wären, so müßten wir für jedes x_i ein anderes h verwenden. Dies ist möglich, aber doch ein recht erheblicher Aufwand.

Das schreit geradezu nach dem Rückwärts–DQ, also ran an den Speck. Es ist

$$y(x_{i-1} = y(x_i - h) = y(x_i) - h \cdot y'(x_i) + \frac{h^2}{2!} \cdot y''(\xi). \quad (11.8)$$

Wieder dieses ξ wie oben, aber natürlich verschieden von obigem und genau so unbekannt. Wir lösen auch hier nach $y'(x_i)$ auf und lassen den Term $\frac{h}{2!} \cdot y''(\xi)$ unter derselben Voraussetzung an die Lösungsfunktion $y(x)$ wie oben weg. Das ergibt eine etwas andere Näherung für die erste Ableitung:

$$y'(x_i) \approx \frac{y(x_i) - y(x_i - h)}{h} + \mathcal{O}(h), \quad \text{falls } \sup |y''(x)| < \infty. \tag{11.9}$$

Eine interessante Variante ergibt sich, wenn wir die Taylorentwicklungen für den Vorwärts–DQ und für den Rückwärts–DQ jeweils noch etwas weiter treiben und dann voneinander *subtrahieren*:

$$y(x_{i+1}) = y(x_i + h) = y(x_i) + h \cdot y'(x_i) + \frac{h^2}{2!} \cdot y''(xi) + \frac{h^3}{3!} \cdot y'''(\xi) \text{ mit } \xi \in (x_i, x_{i+1})$$

und analog

$$y(x_{i-1}) = y(x_i - h) = y(x_i) - h \cdot y'(x_i) + \frac{h^2}{2!} \cdot y''(xi) - \frac{h^3}{3!} \cdot y'''(\xi) \text{ mit } \xi \in (x_i, x_{i+1})$$

Bei der Subtraktion heben sich dann die Terme mit h^2 gegenseitig auf; es bleibt ein Term, der h^3 enthält. Nach Division durch $2h$ bleibt also noch immer ein Term, der h^2 enthält. Wir erhalten also eine h^2–Näherung für die erste Ableitung. Da hierbei die Stützstelle x_i in der Mitte zwischen den beiden verwendeten anderen liegt, entsteht ein sog. zentraler DQ:

$$y'(x_i) \approx \frac{y(x_i + h) - y(x_i - h)}{2h} + \mathcal{O}(h^2) \quad \text{falls } \sup |y'''(x)| < \infty.$$

Jetzt treiben wir das Spielchen noch einen kleinen Schritt weiter, entwickeln also noch einen Term mehr ($\xi \in (x_i, x_{i+1})$)

$$y(x_{i+1}) = y(x_i + h) = y(x_i) + h \cdot y'(x_i) + \frac{h^2}{2!} \cdot y''(xi) + \frac{h^3}{3!} \cdot y'''(xi) + \frac{h^4}{4!} \cdot y''''(\xi)$$

und analog ($\xi \in (x_i, x_{i+1})$)

$$y(x_{i-1}) = y(x_i - h) = y(x_i) - h \cdot y'(x_i) + \frac{h^2}{2!} \cdot y''(xi) - \frac{h^3}{3!} \cdot y'''(\xi) + \frac{h^4}{4!} \cdot y''''(\xi),$$

und *addieren* die beiden Gleichungen. Das ergibt den zentralen DQ für die zweite Ableitung:

$$y''(x_i) \approx \frac{y(x_i + h) - 2y(x_i) + y(x_i - h)}{h^2} + \mathcal{O}(h^2), \text{ falls } \sup |y''''(x)| < \infty. \tag{11.10}$$

Interessant ist hier, daß der Fehlerterm so wie oben beim zentralen DQ erster Ordnung von h^2 abhängt. Hat man es also in einer DGL mit erster und zweiter Ableitung zu tun, so wird man tunlichst beide Male den zentralen DQ verwenden und nicht mit einem läppischen DQ erster Ordnung für die erste Ableitung hantieren.

Die üblicherweise verwendeten Differenzenquotienten stellen wir in der folgenden Tabelle zusammen.

11.4 Finite Differenzenmethode FDM

Differenzenquotienten

$$y'(x_i) \approx \frac{y(x_{i+1}) - y(x_i)}{h} \qquad +\mathcal{O}(h) \qquad \text{vorderer DQ}$$

$$y'(x_i) \approx \frac{y(x_{i+1}) - y(x_{i-1})}{2h} \qquad +\mathcal{O}(h^2) \qquad \text{zentraler DQ}$$

$$y'(x_i) \approx \frac{y(x_i) - y(x_{i-1})}{h} \qquad +\mathcal{O}(h) \qquad \text{hinterer DQ}$$

$$y''(x_i) \approx \frac{y(x_{i+1}) - 2y(x_i) + y(x_{i-1})}{h^2} \qquad +\mathcal{O}(h^2) \qquad \text{zentraler DQ}$$

$$y'''(x_i) \approx \frac{y(x_{i+2}) - 2y(x_{i+1}) + 2y(x_{i-1}) - y(x_{i-2})}{2h^3} \qquad +\mathcal{O}(h^4) \qquad \text{zentraler DQ}$$

Zurück zur FDM. Obige DQ verwenden wir also an Stelle der Ableitungen. Dabei lassen wir die Fehlerterme weg, wodurch in der Tat nur noch eine Näherungsformel entsteht. Unsere DGl

$$-p(x) \cdot y''(x) - m(x) \cdot y'(x) + q(x) \cdot y(x) = r(x) \tag{11.11}$$

wird also ersetzt bei Verwendung des zentralen DQ für die 2. Ableitung und des Vorwärts–DQ für die 1. Ableitung durch

$$-\frac{p(x_i)}{h^2}[y_{i+1} - 2y_i + y_{i-1}] - \frac{p'(x_i)}{2h}[y_{i+1} - y_i] + q(x_i)y_i = r(x_i), \tag{11.12}$$

und das ganze für $i = 1, \ldots, N-1$; es entstehen also $N-1$ Gleichungen für die Unbekannten $y_0, y_1, \ldots, y_{N-1}$ und y_N. Hier sind aber $y_0 = y_N = 0$ aus den RB bekannt, also haben wir auch genau $N-1$ wirkliche Unbekannte.

Nun müssen wir das ganze Verfahren an einem Beispiel durchrechnen.

Beispiel 11.7 *Gegeben sei die Randwertaufgabe*

$$-y''(x) + y(x) = 0, \quad y(0) = 0, \ y(1) = 1.$$

(a) Wir bestimmen ihre exakte Lösung zum Vergleichen.

(b) Wir homogenisieren die RB.

(c) Wir berechnen Näherungen nach der FDM mit Schrittweite $h = 0.2$, zentrale DQ.

(d) Zum guten Schluß vergleichen wir die Näherungswerte mit der exakten Lösung.

Die exakte Lösung ist sehr leicht ermittelt, handelt es sich doch um eine lineare homogene DGl mit konstanten Koeffizienten. Ihre charakteristische Gleichung lautet

$$-\lambda^2 + 1 = 0 \implies \lambda_1 = 1, \lambda_2 = -1.$$

Damit lautet die allgemeine Lösung (der homogenen DGL)

$$y(x) = c_1 \cdot e^{\lambda_1 x} + c_2 \cdot e^{\lambda_2 x} = c_1 \cdot e^x + c_2 \cdot e^{-x}.$$

Anpassen der Randbedingungen:

$$y(0) = 0 = c_1 + c_2, \implies c_2 = -c_1$$

$$y(1) = 1 = c_1 \cdot e + (-c_1)e^{-1} \implies c_1 = \frac{1}{e - e^{-1}} = \frac{e}{e^2 - 1}.$$

Also lautet die exakte Lösung

$$y(x) = \frac{e}{e^2 - 1} \left(e^x - e^{-x} \right).$$

Zur Anwendung unserer Differenzenmethode führen wir die Aufgabe auf eine andere mit homogenen RB zurück.

Sei $u(x) = x$. Dann ist $u(0) = 0$ und $u(1) = 1$, also erfüllt $u(x)$ die RB. Setze mit $y(x)$ als exakter Lösung

$$w(x) = y(x) - u(x)$$

Damit wird aus der DGl

$$\begin{aligned}-w''(x) + w(x) &= -y''(x) + u''(x) + y(x) - u(x) \\ &= \underbrace{-y''(x) + y(x)}_{=0,\text{urspr. DGl}} + u''(x) - u(x) \\ &= u''(x) - u(x) \\ &= = -x\end{aligned}$$

Also erhalten wir eine neue RWA

$$-w''(x) + w(x) = -x, \quad w(0) = w(1) = 0.$$

Jetzt zur FDM. Wir setzen $x_0 = 0$, dann lauten wegen $h = 0.2$ die nächsten Stützstelle $x_1 = 0.2$, $x_2 = 0.4$, $x_3 = 0.6$, $x_4 = 0.8$, und schließlich setzen wir noch $x_5 = 1$.

Mit $y_0 = 0$ und $y_5 = 1$ aus den RB sind dann gesucht die Näherungswerte $w_1 \approx w(0.2)$, $w_2 \approx w(0.4)$, $w_3 \approx w(0.6)$ und $w_4 \approx w(0.8)$.

Wir betrachten nun die DGl an der Stützstelle x_i und ersetzen die zweite Ableitung durch den zentralen DQ zweiter Ordnung an dieser Stelle x_i:

$$-\frac{w_{i+1} - 2w_i + w_{i-1}}{h^2} + w_i = -x_i, \quad i = 1, \ldots, 4.$$

Das sind vier Gleichungen, und da $w_0 = 0$ und $w_5 = 0$ bekannt sind, bleiben auch nur vier Unbekannte w_1, w_2, w_3 und w_4. Paßt ja perfekt.

11.4 Finite Differenzenmethode FDM

Wir multiplizieren die Gleichungen mit h^2 und fassen etwas zusammen:

$$
\begin{aligned}
i = 1: & \quad -w_2 + 2w_1 + h^2 \cdot w_1 = -h^2 \cdot x_1 \\
i = 2: & \quad -w_3 + 2w_2 - w_1 + h^2 \cdot w_2 = -h^2 \cdot x_2 \\
i = 3: & \quad -w_4 + 2w_3 - w_2 + h^2 \cdot w_3 = -h^2 \cdot x_3 \\
i = 4: & \quad 2w_4 - w_3 + h^2 \cdot w_4 = -h^2 \cdot x_4
\end{aligned}
$$

Als lineares Gleichungssystem geschrieben, erhalten wir:

$$
\begin{pmatrix} 2+h^2 & -1 & 0 & 0 \\ -1 & 2+h^2 & -1 & 0 \\ 0 & -1 & 2+h^2 & -1 \\ 0 & 0 & -1 & 2+h^2 \end{pmatrix} \begin{pmatrix} w_1 \\ w_2 \\ w_3 \\ w_4 \end{pmatrix} = -0.04 \begin{pmatrix} 0.2 \\ 0.4 \\ 0.6 \\ 0.8 \end{pmatrix}
$$

Zur Lösung benutzen wir eines der Verfahren aus dem ersten Kapitel und erhalten

$$\vec{w} = (-0.02859, -0.05033, -0.05808, -0.04416)^\top.$$

Damit bekommen wir auch schon gleich die Näherungswerte an die exakte Lösung der ursprünglichen Aufgabe, rechts daneben schreiben wir die Werte der exakten Lösung zum Vergleich.

$$
\vec{y} = \vec{w} + \begin{pmatrix} 0.2 \\ 0.4 \\ 0.6 \\ 0.8 \end{pmatrix} = \begin{pmatrix} 0.1714 \\ 0.3497 \\ 0.5419 \\ 0.7558 \end{pmatrix}, \quad \vec{y}_{exakt} = \begin{pmatrix} 0.13048 \\ 0.26619 \\ 0.41259 \\ 0.57554 \end{pmatrix}
$$

Das Ergebnis ist nicht berauschend, aber wir haben ja auch nur mit vier unbekannten Knoten gehandelt. Zum Vergleich mit den später vorgestellten Verfahren zitieren wir hier drei Sätze zum theoretischen Hintergrund der FDM.

Satz 11.8 *Es seien $p(x)$ und $q(x)$ stetige Funktionen mit $p(x) > 0$ und $q(x) \geq 0$ in $[aa, b]$. Dann ist die Systemmatrix der FDM nicht zerfallend und schwach diagonaldominant, damit also regulär, und das lineare Gleichungssystem hat genau eine Lösung.*

Die Voraussetzungen sind ganz schön eigen. Man sieht im ersten Moment gar nicht, ob das überhaupt Einschränkungen sind. Man kann doch evtl., falls $p(x)$ keine Nullstelle hat, die ganze DGl mit -1 multiplizieren, um $p(x) > 0$ zu erreichen möchte. Dann aber muß gleichzeitig auch $q(x) \geq 0$ bleiben. Also jetzt sieht man den Haken.

Sind diese Voraussetzungen aber erfüllt, sind wir stets auf der sicheren Seite, das LGS läßt sich immer auf anständige Weise lösen.

Die folgenden beiden Sätze erklären uns, unter welchen Voraussetzungen die FDM konvergiert. Das bedeutet, zu jeder Schrittweite $h > 0$ können wir mit der FDM Näherungswerte an die exakte Lösung gewinnen. Die Frage ist, ob diese Werte sich der wahren Lösung annähern, wenn $h \to 0$ geht, wir also eine immer feinere Unterteilung des Grundintervalls vornehmen.

Satz 11.9 (Konvergenz der FDM) *Sei $y(x) \in \mathcal{C}^4(a,b)$ die exakte Lösung von*

$$-p(x) \cdot y''(x) - p'(x) \cdot y'(x) + q(x) \cdot y(x) = r(x), \quad y(a) = y(b) = 0 \quad (11.13)$$

mit

$p(x) \in \mathcal{C}^3(a,b)$, $p(x) \geq p_0 > 0$, $q(x) \in \mathcal{C}(a,b)$, $q(x) \geq q_0 > 0$, $r(x) \in \mathcal{C}(a,b)$.

Sei $\vec{y}_h = (y_1, y_2, \ldots, y_{N-1})$ die FDM-Näherungslösung an den inneren Stützstellen $x_1, x_2, \ldots, x_{N-1}$.
Dann gibt es eine Konstante $K > 0$ mit

$$|y(x_i) - y_i| \leq K \cdot h^2 \quad \text{für } i = 1, 2, \ldots, N-1. \quad (11.14)$$

Haben Sie's gemerkt, wo der Hund begraben liegt? Richtig, in dem $\mathcal{C}^4$, die Lösung muß also viermal stetig differenzierbar sein, obwohl die DGl nur zweiter Ordnung ist. Man möchte also meinen, mit einer $\mathcal{C}^2$-Lösung auszukommen. Aber wir brauchen noch die Stetigkeit der vierten Ableitung. Dann erst können wir sicher sein, daß Konvergenz eintritt, und zwar quadratisch. Das ist immerhin eine gute Nachricht.

Für eine noch speziellere DGL können wir die Konstante K direkt angeben:

Satz 11.10 *Sei $y(x) \in \mathcal{C}^4(a,b)$ die exakte Lösung von*

$$-y''(x) + q(x) \cdot y(x) = r(x), \quad y(a) = y(b) = 0 \quad (11.15)$$

mit $p(x) = 1$, $q(x), r(x) \in \mathcal{C}(a,b), q(x) \geq 0$ in (a,b).

Dann gilt

$$|y(x_i) - y_i| \leq \frac{(b-a)^2}{288} \cdot h^2 \cdot \sup_{(a,b)} |y^{(4)}(x)| \quad \text{für } i = 1, 2, \ldots, N-1. \quad (11.16)$$

Leider haben wir wieder dieselbe scharfe Voraussetzung an die Lösung. Die rechte Seite zeigt uns sehr klar, daß diese Voraussetzung wichtig ist. Dann aber haben wir auch hier quadratische Konvergenz.

11.5 Verfahren von Galerkin

B.G.Galerkin[1], (er schreibt sich eigentlich russisch 'Galërkin', was heute dank LaTeX kein Problem mehr ist, und spricht sich deshalb 'Galorkin') entwickelte bereits 1915 ein Näherungsverfahren zur Lösung von Randwertaufgaben mit vor allem partiellen Differentialgleichungen, das sich aber ebenso für gewöhnliche DGl eignet. Damals war das näherungsweise Berechnen einer Lösung ein mühsames Geschäft, da Zuse noch keine elektronische Rechenmaschine erfunden hatte und alle Rechnungen per Hand erledigt werden mußten. Galerkins Idee hat sich als sehr fruchtbar in den letzten Jahren gerade

---
[1] Galerkin, B.G. (1871-1945)

11.5 Verfahren von Galerkin

unter Einschluß der neuen Rechner erwiesen. Wir kommen darauf im Abschnitt 11.6 zurück.

Wir betrachten folgende Randwertaufgabe:

$$-(p(x) \cdot y'(x))' + q(x) \cdot y(x) = r(x), \quad y(a) = y(b) = 0 \tag{11.17}$$

Es handelt sich um eine sogenannte selbstadjungierte Differentialgleichung. Wir geben die allgemeine Form an:

Definition 11.11 *Eine Differentialgleichung der Form*

$$\ldots + (p_2(x) \cdot y''(x))'' - (p(x) \cdot y'(x))' + q(x) \cdot y(x) = r(x) \tag{11.18}$$

heißt selbstadjungiert.

Einige Bemerkungen zu dieser Differentialgleichung:

1. Der Begriff bezieht sich nur auf die linke Seite, also sollte man eigentlich nur von selbstadjungiertem Operator sprechen, wie es in vielen Büchern geschieht.

2. Die Vorzeichen wechseln von Term zu Term. Also hat unsere Differentialgleichung (11.17) das ominöse negative Vorzeichen. Das sieht nach rechter Willkür aus; den wahren Grund werden wir später erläutern.

3. Die Ordnung der Differentialgleichung ist auf jeden Fall gerade, wie ja sofort zu sehen ist.

4. Wenn wir in unserer Gleichung (11.17) die Differentiation durchführen, erhalten wir:

$$-p(x) \cdot y''(x) - p'(x) \cdot y'(x) + q(x) \cdot y(x) = r(x).$$

Man sieht sofort die zweite Ordnung, aber erkennt auch die spezielle Gestalt. Der Faktor vor dem y' muß die Ableitung des Faktors vor dem y'' sein. Das schränkt die zu behandelnden Differentialgleichungen durchaus ein. So ist zum Beispiel die Gleichung

$$-x^2 \cdot y''(x) - x \cdot y'(x) + y(x) = x$$

nicht selbstadjungiert, vor dem y' müßte der Faktor $2x$ stehen.

5. Andererseits steckt in der selbstadjungierten Form auch eine Verallgemeinerung. Die gesuchte Funktion y muß nämlich in dieser Form nicht zweimal differenzierbar sein; es reicht, wenn sie einmal differenzierbar ist und wenn das Produkt mit p noch einmal abgeleitet werden kann. Dabei kann also p Stellen, wo y schlecht aussieht, auffressen, Polstellen können geglättet werden.

6. Interessanterweise sind fast sämtliche Differentialgleichungen in der Physik selbstadjungiert. Man betrachte bei partiellen Differentialgleichungen die Poissongleichung, die Membrangleichung, die Bipotentialgleichung und die Plattengleichung.

Galerkin hatte folgenden Gedanken: Wir betrachten das Residuum (hier und für die weiteren Überlegungen in diesem Vorabschnitt lassen wir jetzt die Variable x weg, um die Übersicht zu verbessern)

$$R(y) := (-p \cdot y')' + q \cdot y - r \qquad (11.19)$$

Dann wählen wir eine sog. *Testfunktion*, das mag eine Funktion sein, die genügend glatt ist, damit wir sie in der DGl verwenden können, vor allem aber muß sie den Randbedingungen genügen

$$\text{Testfunktion} \quad v_1(x) \text{ mit } v_1(a) = v_1(b) = 0$$

Wir bestimmen eine erste Näherungsfunktion mit Hilfe dieser Testfunktion

$$y_1(x) = \alpha_1 \cdot v_1(x), \quad \alpha \in \mathbb{R}$$

dadurch, daß wir y_1 in das Residuum einsetzen und dann α_1 so bestimmen, daß das innere Produkt genau mit dieser Testfunktion v_1 verschwindet:

$$((-p \cdot y_1')' + q \cdot y_1 - r, v_1) = 0, \quad \text{mit } (f,g) := \int_a^b f(x) \cdot g(x)\, dx.$$

Ausgeschrieben lautet das

$$(a \cdot (\alpha_1 \cdot y_1)'' + b \cdot (\alpha_1 \cdot y_1)' + q \cdot \alpha_1 \cdot y_1 - r, v_1) = 0$$

Inneres Produkt = 0 bedeutet, daß die beiden 'Vektoren' aufeinander senkrecht stehen, v_1 ist also senkrecht zum Residuum $R(y_1)$.

Jetzt weiter, wir wählen eine zweite Testfunktion v_2 wieder mit $v_2(a) = v_2(b) = 0$ und bestimmen damit eine zweite Näherungsfunktion

$$y_2(x) = \alpha_1 \cdot y_1(x) + \alpha_2 \cdot y_2(x), \quad \alpha_1, \alpha_2 \in \mathbb{R}.$$

Dann werden die unbekannten Koeffizienten $\alpha_1, \alpha_2 \in \mathbb{R}$ dadurch bestimmt, daß diesmal das Residuum orthogonal zu $v_1(x)$ und $v_2(x)$ gesetzt wird. Das ergibt zwei Gleichungen

$$\begin{array}{rcl}(R, v_1) = 0 & \Rightarrow & R \perp v_1 \\ (R, v_2) = 0 & \Rightarrow & R \perp v_2\end{array}$$

Wir wählen immer mehr Testfunktionen $v_1, v_2, \ldots, v_N$ mit $v_i(a) = v_i(b) = 0$ für $i = 1, \ldots, N$, bilden mit ihnen die Ansatzfunktion

$$y_N(x) = \alpha_1 \cdot y_1(x) + \alpha_2 \cdot y_2(x) + \cdots + \alpha_N \cdot y_N(x)$$

und bestimmen die Koeffizienten $\alpha_1, \ldots, \alpha_N$ dadurch daß wir das Residuum orthogonal zu allen Testfunktionen setzen, also

$$\begin{array}{rcl}(R, v_1) = 0 & \Rightarrow & R \perp v_1 \\ \vdots & & \vdots \\ (R, v_N) = 0 & \Rightarrow & R \perp v_N\end{array}$$

11.5 Verfahren von Galerkin

Die Idee oder Hoffnung von Herrn Galerkin bestand nun darin: Wähle so viele $v_1, v_2, \ldots$, daß diese schließlich den ganzen Raum aufspannen. Dann ist das Residuum R orthogonal zum gesamten Raum. Das tut aber nur die Nullfunktion. Also ist $R(y) = 0$, und damit ist y die gesuchte exakte Lösung.

Aber, aber, was ist hier 'der ganze Raum'? Wir suchen ja in einem Funktionenraum, der ist in aller Regel unendlich, ja überabzählbar unendlich dimensional. So viele Testfunktionen kann man gar nicht wählen. Die Hoffnung auf eine exakte Lösung trügt also, aber ein Näherungsverfahren sollte daraus schon entstehen können.

Beispiel 11.12 *Wir berechnen eine Näherungslösung nach Galerkin für die Randwertaufgabe*

$$-y''(x) + x \cdot y(x) = 2 \cdot x^2, \qquad y(-1) = y(1) = 0$$

unter Verwendung eines möglichst einfachen einparametrigen Ansatzes aus Polynomen.

Wählen wir als Ansatz eine Funktion $y_1(x)$, die den Randbedingungen genügt, was hier natürlich sehr leicht ist:

$$y_1(x) = a \cdot (x-1) \cdot (x+1) \quad \Rightarrow \quad y_1'(x) = 2a \cdot x, \; y_1''(x) = 2a.$$

Als Testfunktion nehmen wir genau diese Funktion, natürlich ohne Parameter:

$$v_1(x) := (x-1) \cdot (x+1)$$

Idee von Galerkin: Residuum senkrecht zu v_1:

$$(R(y_1), v_1) = 0 \Leftrightarrow (-2a + x \cdot a \cdot (x-1)(x+1) - 2x^2, (x-1)(x+1)) = 0$$

Das bedeutet

$$\int_{-1}^{1} [-2a + x \cdot a \cdot (x-1)(x+1) - 2x^2] \cdot [(x-1)(x+1)] \, dx = 0$$

Jetzt müssen wir ein wenig rechnen, was wir aber abkürzen wollen:

$$\int_{-1}^{1} [-2ax^2 + 2a + ax^5 - 2ax^3 + ax - ax^3 + ax - 2x^4 + 2x^2] \, dx = 0$$

Unser Integrationsintervall ist symmetrisch zum Ursprung, also können wir alle ungeraden Potenzen von x weglassen. Nach ausgeführter Integration und Einsetzen der Grenzen erhält man die simple Gleichung:

$$\frac{16}{6}a + \frac{8}{15} = 0,$$

also

$$a = -\frac{1}{5}.$$

Als Näherungslösung ergibt sich damit

$$y_1(x) = -\frac{1}{5}(x-1)(x+1).$$

Jetzt müßte man den Ansatz erweitern durch Hinzunahme weiterer unabhängiger Funktionen, um eine bessere Annäherung zu erhalten. Aber die Integrale waren ja schon für diesen einfachsten Fall aufwendig genug auszurechnen, das wird immer schrecklicher und stößt sehr bald an seine Grenzen. Wir werden daher den Originalweg von Herrn Galerkin nicht weiter verfolgen, sondern benutzen seine Ideen dazu, ein wirklich praktikables Verfahren einzuführen, die Methode der Finiten Elemente, der wir uns nun in Riesenschritten nähern.

11.5.1 Die schwache Form

Oben unter der Nummer 5 haben wir gesehen, daß wir die Forderungen an die Lösung und damit auch an die Ansatzfunktionen schon allein wegen der Aufgabenstellung abschwächen konnten. Dies läßt sich beim Galerkin–Verfahren noch erheblich verbessern. Wir bilden ja das innere Produkt mit Testfunktionen, also muß doch die Ableitung des Produktes $p \cdot y'$ nur integrierbar sein.

Jetzt gehen wir noch einen Schritt weiter, indem wir partiell integrieren. Dabei wollen wir noch einmal ganz von vorne starten.

Also, wir betrachten nicht das Residuum – die Idee von Galerkin haben wir ja verstanden, jetzt geht es um die praktische Umsetzung –, sondern wir gehen von der Differentialgleichung aus. Diese multiplizieren wir mit einer Testfunktion und integrieren beide Seiten der Gleichung. Dabei nutzen wir genüßlich aus, daß unsere Testfunktion v den homogenen Randbedingungen $v(a) = v(b) = 0$ genügt:

$$\int_a^b [-(p(x) \cdot y'(x))' \cdot v(x) + q(x) \cdot y(x) \cdot v(x)]\, dx =$$

$$= \int_a^b r(x) \cdot v(x)\, dx \underbrace{-p(x) \cdot y'(x) \cdot v(x)\Big|_a^b}_{=0} + \int_a^b p(x) \cdot y'(x) \cdot v'(x) + q(x) \cdot y(x) \cdot v(x)\, dx$$

$$= \int_a^b r(x) \cdot v(x)\, dx$$

Der unterklammerte Teil verschwindet, weil ja unsere Testfunktion die Randwerte 0 hat.

Definition 11.13 *Die schwache Form der Galerkin–Gleichung lautet*

$$\int_a^b p(x) \cdot y'(x) \cdot v'(x) + q(x) \cdot y(x) \cdot v(x)\, dx = \int_a^b r(x) \cdot v(x)\, dx \text{ für alle Testfktnen } v.$$

Dabei haben wir noch völlig offen gelassen, was eine Testfunktion nun genau ist. Die linke Seite dieser Gleichung sieht jetzt viel schöner aus, sie hat eine symmetrische Form angenommen, was die Ableitungen anbelangt. Eine mögliche Lösung y muß nun in der Tat nicht mehr aus $\mathcal{C}^1$, also stetig differenzierbar sein, sondern es reicht, wenn die Ableitung integrierbar ist. Da können also etliche Lücken auftreten, das Integral wischt ja darüber hinweg. Welche Funktionen das genau sind, die wir hier zulassen können, wollen wir im nächsten Abschnitt besprechen.

11.5.2 Sobolev–Räume

Dieser Abschnitt sieht auf den ersten Blick ziemlich theoretisch aus. Mathematiker mögen sich damit vergnügen, wird sich mancher Ingenieur sagen. Aber die moderne Entwicklung geht dahin, daß immer komplexere Aufgaben zu bearbeiten sind. Dort sind dann genau formulierte Voraussetzungen an die zu betrachtenden Funktionen von großer Bedeutung. Erst wenn man sie verstanden hat, kann man damit spielen und sie verändern. Darum wollen wir frohen Mutes dieses schwierige Kapitel angehen.

Zur Motivation überlegen wir uns, daß wir ja mit dem Näherungsverfahren nach Galerkin eine Näherungs*funktion* ausrechnen. Als erstes stellt sich die Frage, wie gut diese Näherung ist. Dazu müssen wir versuchen, diese Näherungslösung in Beziehung zur (unbekannten) exakten Lösung zu setzen. Wir werden also die Differenz zwischen beiden abschätzen und dazu brauchen wir eine Norm. Für Funktionen bietet es sich analog zur Euklidischen Norm bei Vektoren an, zunächst ein inneres Produkt zu definieren, aus dem wir dann eine Norm entwickeln. Aus der Analysis kennen wir für stetige Funktionen $f, g : [a, b] \to \mathbb{R}$ das innere Produkt:

$$(f, g) := \int_a^b f(x) \cdot g(x) \, dx.$$

Daraus ergibt sich die Norm:

$$\|f\| := \sqrt{\int_a^b f^2(x) \, dx}. \tag{11.20}$$

Eigentlich reicht es hier aus, wenn $f^2(x)$ integrierbar ist, f selbst muß nicht stetig sein. Aber Achtung, eine Norm muß, damit sie diesen Namen verdient, positiv definit sein; es muß sich also stets, wenn $f(x) \neq 0$ ist, eine positive Zahl ergeben. Wenn wir aber frecherweise eine Funktion wählen, die überall gleich 0 ist, nur an einer einzigen Stelle $\neq 0$, so ist das nicht die Nullfunktion, aber wir erhalten $\|f\| = 0$, da das Integral diese eine Stelle gar nicht merkt. Wenn wir nur stetige Funktionen zulassen, tritt dieses Problem nicht auf. Aber wir wollen uns ja gerade auf die Suche nach Verallgemeinerungen begeben. Wir wollen diese Problematik hier nicht weiter vertiefen, sondern lediglich erwähnen, daß Mathematiker einen Trick benutzen. Wir identifizieren einfach Funktionen, die sich nur an wenigen Stelle unterscheiden, miteinander und betrachten fortan lediglich solche Klassen von Funktionen.

Ein zu beachtendes Problem ergibt sich aus einer weiteren Überlegung. Wir möchten ja nicht nur eine Näherungsfunktion, sondern am besten eine ganze Folge davon berechnen. Diese Folge möchte dann aber

- konvergieren,

- und zwar gegen eine Funktion vom selben Typ wie unsere Ansatzfunktion,
- und das möchte dann auch noch die exakte Lösung sein.

Das sind durchaus drei verschiedenen Wünsche. Für das erste brauchen wir eine Cauchy–Folge, für das zweite eine Menge von Funktionen, die vollständig ist, und für das dritte eine Fehlerabschätzung. Damit ist das Programm vorgegeben, und wir fangen gleich an, ein paar Grundlagen aus der Analysis zu wiederholen.

Definition 11.14 *Eine Folge $(a_n)_{n\in\mathbb{N}}$ heißt Cauchy²–Folge, wenn zu jedem $\varepsilon > 0$ ein Index $N \in \mathbb{N}$ existiert mit*

$$|a_m - a_n| < \varepsilon \quad \text{für alle} \quad m,n > N \tag{11.21}$$

Ein Raum X heißt vollständig, wenn jede Cauchy–Folge dieses Raumes gegen ein Element aus X konvergiert.

Beispiel 11.15 *Betrachten wir jetzt unsere geliebten stetigen Funktionen und bilden eine spezielle Folge:*

$$f_n(x) := \begin{cases} 1 & -1 \le x \le 0 \\ \sqrt{1-nx} & 0 < x < 1/n \\ 0 & 1/n \le x \le 1 \end{cases}$$

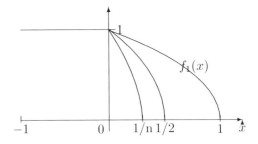

Abb. 11.1: Cauchyfolge mit unstetiger Grenzfunktion

Die Stetigkeit erkennt man am Bild rechts. Wir werden zeigen, da diese Folge eine Cauchyfolge in obiger Norm (11.20) ist, da aber ihre Grenzfunktion nicht mehr stetig ist, sondern bei 0 einen Sprung macht.

Zunächst zeigen wir, daß wir es mit einer Cauchy–Folge zu tun haben. Dazu müssen wir in obiger Norm (11.20) die Differenz $f_n - f_m$ abschätzen und zeigen, daß sie klein genug wird.

Bei der folgenden Rechnung benutzen wir einen Trick. Aus den binomischen Formeln ergibt sich

$$(a-b)^2 = a^2 - 2ab + b^2 \ge 0,$$

weil ja links ein Quadrat steht. Das bedeutet aber

$$2ab \le a^2 + b^2$$

und damit

$$(a-b)^2 \le 2(a^2 + b^2).$$

---
[2]Cauchy, A.L. (1789-1857)

11.5 Verfahren von Galerkin

Nun geht es los. Für die Differenz zweier Funktionen ist ja nur das Intervall $[0,1]$ interessant. Für Werte kleiner als Null ist die Differenz ja per Definition gleich Null:

$$\|f_n - f_m\|^2 = \int_0^1 |f_n(x) - f_m(x)|^2\, dx$$
$$\leq \int_0^1 2 \cdot (|f_n(x)|^2 + |f_m(x)|^2)\, dx$$
$$= \frac{1}{n} + \frac{1}{m}$$

Gibt uns jetzt jemand ein kleines $\varepsilon > 0$ vor, so wählen wir unser N gerade als die nächstgrößere natürliche Zahl von $\frac{1}{\varepsilon/2} = 2/\varepsilon$. Nehmen wir dann ein $n > N$ und ein $m > N$, so ist jeder Term der obigen Summe garantiert kleiner als $\varepsilon/2$, also der ganze Ausdruck kleiner als ε, was wir zeigen mußten.

Das ging leicht. Noch einfacher ist es zu zeigen, daß die Folge gegen die Sprungfunktion

$$f(x) := \begin{cases} 1 & -1 \leq x \leq 0 \\ 0 & 0 < x \leq 1 \end{cases}$$

konvergiert. Wieder ist nur das positive Intervall $[0,1]$ interessant.

$$\|f_n - f\|^2 = \int_0^1 |f_n(x)|^2\, dx$$
$$= \int_0^{1/n} (1 - nx)\, dx$$
$$= x - \frac{nx^2}{2}\bigg|_0^{1/n}$$
$$= \frac{1}{n} - \frac{n}{2n^2}$$
$$= \frac{1}{2n}$$

Wenn hier n immer größer wird und schließlich $n \to \infty$ geht, so wird diese Zahl immer kleiner, und damit strebt f_n gegen f.

Also Konvergenz haben wir schon, und wir kennen die Grenzfunktion, aber die gehört leider nicht mehr zu unseren geliebten stetigen Funktionen; sie macht einen häßlichen Sprung bei 0. Das bedeutet, der Raum der stetigen Funktionen ist bezüglich obiger Norm nicht vollständig.

Ist das ein Drama? Nein, denn wir müssen uns zwar nach einem neuen Raum umsehen, der dieses Manko nicht hat; aber da hat Herr Sobolev glücklicherweise Räume eingeführt, die wir jetzt betrachten.

11.5.3   1. Konstruktion der Sobolev–Räume

Folgende Konstruktion orientiert sich genau an dem Vorgehen, wie man von den rationalen Zahlen $\mathbb{Q}$ zu den reellen Zahlen $\mathbb{R}$ kommt: Man vervollständigt $\mathbb{Q}$. Das geschieht auf recht komplizierte Weise, die wir hier nur kurz andeuten. Man bildet Cauchy–Folgen in $\mathbb{Q}$ und betrachtet alle solche Folgen, die denselben Grenzwert haben, als äquivalent. Jede solche Äquivalenzklasse nennen wir dann eine reelle Zahl.

Hier betrachten wir den Raum $\mathcal{C}^k[a,b]$ der k-mal stetig-differenzierbaren Funktionen mit der Norm

$$\|f\| := \sqrt{\int_a^b f^2(x)\,dx + \int_a^b f'^2(x)\,dx + \cdots + \int_a^b (f^{(k)})^2(x)\,dx} \qquad (11.22)$$

Mit dieser Norm ist, wie man mit einem zu Beispiel 11.15 analogen Beispiel zeigen kann, leider keine Vollständigkeit zu erreichen. Nun geht man denselben Weg wie oben von $\mathbb{Q}$ nach $\mathbb{R}$, also, Cauchy–Folgen aus Funktionen $f_n \in \mathcal{C}^k[a,b]$ bilden und alle Folgen mit demselben Grenzelement zu Klassen zusammenfassen. Das führt zum

$$\text{Sobolev--Raum } H^k(a,b).$$

Das hört sich schrecklich an und ist auch in der Praxis nicht wirklich zu gebrauchen.

11.5.4   2. Konstruktion der Sobolev–Räume

Hier beschreiten wir einen gänzlich verschiedenen Weg zur Konstruktion. Wir beschreiben zunächst eine Verallgemeinerung des Ableitungsbegriffs. Für Funktionen, die bisher nicht differenzierbar waren, erklären wir eine 'schwache' oder 'verallgemeinerte Ableitung':

Definition 11.16 *Es seien*

$$u, v \in L^2(a,b) := \{f : (a,b) \to \mathbb{R} : \int_a^b f(x)^2\,dx < \infty.\}$$

Dann heißt $v(x)$ schwache Ableitung von $u(x)$, wenn gilt:

$$\int_a^b u(x) \cdot \varphi'(x)\,dx = -\int_a^b v(x) \cdot \varphi(x)\,dx \qquad \forall\ \varphi \in \mathcal{C}_0^\infty(a,b) \qquad (11.23)$$

Zu dieser Definition müssen wir einiges an Erklärungen hinzufügen, damit niemand das Buch verärgert zuschlägt:

1. Alle Integrale sind Lebesgue–Integrale, daher rührt das L gleich zu Beginn; die 2 stammt vom Quadrat unter dem Integral. Die Funktionen aus $L^2(a,b)$ (gesprochen 'L zwei von a,b') heißen daher auch quadratisch Lebesgue–integrierbar.
2. Der Raum $\mathcal{C}_0^\infty(a,b)$ heißt der Raum der Testfunktionen und wird folgendermaßen definiert

$$\mathcal{C}_0^\infty(a,b) := \{\varphi(x) \in \mathcal{C}^\infty(a,b) : \text{supp}\,(\varphi) \Subset (a,b)\} \qquad (11.24)$$

11.5 Verfahren von Galerkin

Dabei heißt supp φ der Träger von φ. Gemeint ist damit die Menge aller Abszissenpunkte, wo $\varphi \neq 0$ ist. Genauer nimmt man davon dann noch die abgeschlossene Hülle. Der Träger ist also stets eine abgeschlossene Teilmenge. Das Zeichen $\Subset$ bedeutet, daß diese abgeschlossene Menge beschränkt (also insgesamt kompakt) sein und vollständig im offenen Intervall (a,b) liegen möge. Man spricht das Zeichen daher auch 'kompakt enthalten in'.

Definition 11.17 *Die Menge $\mathcal{C}_0^\infty(a,b)$ heißt die Menge der unendlich oft differenzierbaren Funktionen mit kompaktem Träger in (a,b).*

3. Die Formel (11.23) ist merkwürdig genug. Wir werden sie gleich an Beispielen üben. Dann wird klarer, daß hinter dem ganzen nur die partielle Integration steckt, woher auch das Minuszeichen stammt. Für Experten sei noch hinzugefügt, daß es sich um die distributionelle Ableitung handelt.

Beispiel 11.18 *Wir betrachten im Intervall $(a,b) = (-1,1)$ die Funktionen $u(x) = |x|$ und $v(x) = \text{sign}(x)$ und zeigen, daß $v(x)$ die schwache Ableitung von $u(x)$ ist, obwohl $u(x)$ ja im herkömmlichen Sinn bei 0 nicht differenzierbar ist.*

Wir beginnen mit der linken Seite der Formel (11.23), nehmen uns also ein Funktion $\varphi(x) \in \mathcal{C}_0^\infty(-1,1)$, also mit $\varphi(-1) = \varphi(1) = 0$ und rechnen los:

$$\begin{aligned}
\int_{-1}^{1} u(x) \cdot \varphi'(x)\,dx &= \int_{-1}^{0} (-x) \cdot \varphi'(x)\,dx + \int_{0}^{1} x \cdot \varphi'(x)\,dx \\
&\stackrel{p.I.}{=} -x \cdot \varphi(x)\Big|_{-1}^{1} - \int_{-1}^{1}(-1)\cdot\varphi(x)\,dx + x\cdot\varphi(x)\Big|_{0}^{1} - \int_{0}^{1} 1\cdot\varphi(x)\,dx \\
&= \underbrace{-0\cdot\varphi(0)}_{=0} + \underbrace{(-1)\cdot\varphi(-1)}_{=0} - \int_{-1}^{0}(-1)\cdot\varphi(x)\,dx \\
&\quad + \underbrace{1\cdot\varphi(1)}_{=0} - \underbrace{(0)\cdot\varphi(0)}_{=0} - \int_{0}^{1} 1\cdot\varphi(x)\,dx \\
&= -\int_{-1}^{1} \text{sign}(x) \cdot \varphi(x)\,dx,
\end{aligned}$$

wobei wir beachten, daß das letzte Integral die Sprungstelle des Integranden bei 0 mißachtet. Das macht ja schon das Riemann–Intergral. Damit haben wir insgesamt gezeigt, daß $u'(x) = \text{sign}(x)$ im schwachen Sinn ist.

Wir fassen einige Tatsachen über die schwache Ableitung im folgenden Satz zusammen:

Satz 11.19 1. *Zu einer Funktion $u \in L^2(a,b)$ gibt es höchstens eine schwache Ableitung.*

2. *Hat $u \in L^2(a,b)$ eine gewöhnliche Ableitung u', so ist u' auch die schwache Ableitung von u.*

3. Die üblichen Ableitungsregeln wie Linearität, Produktregel usw. übertragen sich auf die schwache Ableitung.

Die Definitionsgleichung (11.23 läßt sich völlig analog auf höhere Ableitungen übertragen, und das hat eine interessante Konsequenz:

Definition 11.20 *Es seien $u, v \in L^2(a, b)$.*

Dann heißt $v(x)$ j–te schwache Ableitung von $u(x)$, wenn gilt:

$$\int_a^b u(x) \cdot \varphi^{(j)}(x)\,dx = (-1)^j \int_a^b v(x) \cdot \varphi(x)\,dx \qquad \forall\ \varphi \in \mathcal{C}_0^\infty(a, b) \qquad (11.25)$$

Bemerkung 11.21 *Schauen wir genau hin. In der ganzen Gleichung wird nirgends die $(j-1)$-te Ableitung benötigt. Das bedeutet, man kann die j–te Ableitung erklären, ohne die Ableitungen niedrigerer Ordnung zu kennen. Tatsächlich gibt es sogar Funktionen, die z. B. die zweite schwache Ableitung besitzen, aber keine erste. Das ist schon recht seltsam und von unseren bisherigen Vorstellungen arg verschieden.*

Der Verdacht liegt nahe, daß wir einen solch allgemeinen Begriff gewählt haben, daß quasi jede Funktion schwach ableitbar ist. Aber das täuscht, wie unser nächstes Beispiel zeigt.

Beispiel 11.22 *Sei $u : (-1, 1) \to \mathbb{R}$ mit*

$$u(x) := \operatorname{sign}(x) = \begin{cases} -1 & \text{für } x \in (-1, 0) \\ 0 & \text{für } x = 0 \\ 1 & \text{für } x \in (0, 1) \end{cases}$$

Wir werden zeigen, daß diese Funktion keine schwache Ableitung besitzt.

Wir werden die linke Seite von (11.23 ein wenig vereinfachen und zeigen, daß sich keine rechte Seite finden läßt.

$$\begin{aligned}
\int_{-1}^1 \operatorname{sign}(x) \cdot \varphi'(x)\,dx &= \int_{-1}^0 \varphi'(x)\,dx + \int_0^1 \varphi'(x)\,dx \\
&= -\varphi(0) - \underbrace{(-\varphi(-1))}_{=0} + \underbrace{\varphi(1)}_{=0} - \varphi(0) \\
&= -2 \cdot \varphi(0)
\end{aligned}$$

Wir müßten also folgende Gleichung erfüllen:

$$-2 \cdot \varphi(0) = -\int_{-1}^1 v(x) \cdot \varphi(x)\,dx \qquad (11.26)$$

Dazu müßten wir eine Funktion $v(x)$ angeben, die der Gleichung (11.26) genügt und zwar — jetzt kommt der entscheidende Knackpunkt — *für alle* nur denkbaren Testfunktionen $\varphi(x) \in \mathcal{C}_0^\infty(-1, 1)$. Jetzt erinnern wir uns an die Testfunktion, die wir in Beispiel

11.5 Verfahren von Galerkin

9.3 auf Seite 298 untersucht haben. Wenn wir dort a immer kleiner wählen, wird der Träger immer schmaler. Egal welche Funktion $v(x)$ wir uns ausdenken, mit diesen Testfunktionen wird der Wert des Integrals immer kleiner. Da aber alle Testfunktionen bei 0 den Wert 1 haben, bleibt die linke Seite beim Wert -2, ein klarer Widerspruch.

Fazit: Sprungfunktionen haben an der Sprungstelle keine normale und auch keine schwache Ableitung. Dies ist eine ganz wichtige Erkenntnis, auf die wir später bei den finiten Elementen (vgl. Seite 408) noch zurückkommen werden.

Was uns bei den Räumen H^k dank ihrer Definition in den Schoß fiel, ihre Vollständigkeit, mußten wir uns hier hart erarbeiten. Wir verweisen dazu wie auch für die Beweise der folgenden Sätze auf die Spezialliteratur über Sobolevräume.

Definition 11.23 *Bezeichnen wir mit $f^{(j)}$ die schwache j-te Ableitung von f, so sei der Sobolevraum $W^k(a,b)$ definiert durch*

$$W^k(a,b) := \{f \in L^2(a,b) : f^{(j)} \in L^2(a,b), 0 \leq j \leq k\}. \tag{11.27}$$

Klar, daß die Bezeichnung W^k vom englischen Wort 'weak' für 'schwach' herrührt.

Satz 11.24 (Vollständigkeit) *$W^k(a,b)$ ist vollständig bzgl. der Norm (11.22)*

$$\|f\| := \sqrt{\int_a^b f^2(x)\,dx + \int_a^b f'^2(x)\,dx + \cdots + \int_a^b (f^{(k)})^2(x)\,dx} \tag{11.28}$$

Völlig überraschend bewiesen 1964 Meyers und Serrin in einer Arbeit, der sie den Titel 'H = W' gaben, den Satz:

Satz 11.25 (H=W)

$$H^k(a,b) = W^k(a,b). \tag{11.29}$$

Das Besondere lag darin, daß keinerlei Einschränkungen an das Gebiet nötig war. Für unser Intervall im $\mathbb{R}^1$ ist das nicht aufregend; aber dieser Satz ist genau so auch im $\mathbb{R}^2$ richtig für jedes beliebige Gebiet. Das war aufregend.

Braucht man zum Beweis dieses Satzes schon recht kräftige Hilfsmittel aus der Funktionalanalysis, so ist der Beweis des sogenannten Einbettungssatzes geradezu ein Hammer. Im Standardwerk über Sobolevräume von Adams umfaßt er 12 Seiten. Wir zitieren hier nur eine abgespeckte Version für den $\mathbb{R}^1$ und verweisen für den nicht so komplizierten Beweis auf die Fachliteratur:

Satz 11.26 (Einbettungssatz im $\mathbb{R}^1$) *$H^1(a,b)$ ist enthalten in $\mathcal{C}(a,b)$, jede schwach ableitbare Funktion ist also stetig.*

Keineswegs ist damit umgekehrt jede stetige Funktion auch sofort schwach ableitbar. Wir werden aber später bei den finiten Elementen einen Satz kennen lernen, der eine Aussage in dieser Richtung macht, dort wird aber eine weitere Voraussetzung gebraucht (vgl. Satz 11.33 auf Seite 416).

Für unsere weitere Untersuchung über gewöhnliche Differentialgleichungen und damit im $\mathbb{R}^1$ fassen wir das wesentliche zusammen:

Sobolevräume

$$H^0(a,b) = L^2(a,b)$$

$$H^1(a,b) := \{f \in L2(a,b) : f' \in L^2(a,b)\}$$

$$\|f\|_{H^1} := \sqrt{\int_a^b |f(x)|^2\,dx + \int_a^b |f'(x)|^2\,dx}$$

$$H_0^1(a,b) := \{f \in H^1(a,b) : f(a) = f(b) = 0\}$$

11.5.5 Durchführung des Verfahrens von Galerkin

Kommen wir nach diesem Ausflug in die Sobolevräume zurück zum Galerkin–Verfahren. Was bringen uns da die Sobolevräume?

Die folgenden beiden Beispiele mögen uns aufhorchen lassen.

Beispiel 11.27 *Wir betrachten die Randwertaufgabe*

$$y''(x) = f(x), \quad y(0) = y(3) = 0$$

Dabei sei die rechte Seite $f(x)$ die Funktion

$$f(x) := \begin{cases} 0 & \text{für } x \in [0,1) \\ 1 & \text{für } x \in [1,2) \\ 0 & \text{für } x \in [2,3] \end{cases}$$

Wie wir gerade eben gelernt haben, ist $f \notin H^1(0,3)$; denn als Sprungfunktion ist sie nicht schwach ableitbar. Damit ist z. B. auch die Theorie über die Lösbarkeit (vgl. Satz 10.18 von S. 336) nicht anwendbar. Dort mußte ja die rechte Seite sogar stetig sein. Trotzdem können wir bei dieser einfachen Aufgabe fast eine Lösung raten. Im ersten und dritten Intervall möchte die zweite Ableitung verschwinden, also ist dort die Lösung jeweils eine Gerade. Dazwischen soll die Lösung konstant = 1 sein, also ist sie dort parabelförmig. Damit sie insgesamt differenzierbar wird, verlangen wir an

11.5 Verfahren von Galerkin

den inneren Stützstellen, also bei $x = 1$ und bei $x = 2$ jeweils die Stetigkeit der ersten Ableitung. All das zusammen führt uns zur Hermite–Interpolation, wie wir sie in Kapitel 'Interpolation' kennen gelernt haben. Die Antwort lautet:

$$y(x) = \begin{cases} -\frac{x}{2} & \text{für } x \in [0,1) \\ -\frac{5}{8} + \frac{1}{2}\left(x - \frac{3}{2}\right)^2 & \text{für } x \in [1,2) \\ \frac{1}{2}(x-3) & \text{für } x \in [2,3] \end{cases}$$

Bilden wir zum Verständnis des folgenden stückweise die erste und die zweite Ableitung,

$$\widetilde{y}'(x) = \begin{cases} -\frac{1}{2} & \text{für } x \in [0,1) \\ x - \frac{3}{2} & \text{für } x \in [1,2) \\ \frac{1}{2} & \text{für } x \in [2,3] \end{cases}, \quad \widetilde{y}''(x) = \begin{cases} 0 & \text{für } x \in [0,1) \\ 1 & \text{für } x \in [1,2) \\ 0 & \text{für } x \in [2,3] \end{cases}.$$

Wir betonen noch einmal, daß das *nicht* die Ableitungen der Funktion y sind, sondern nur die stückweise gebildeten Ableitungen. Bei $x = 1$ ist $\widetilde{y}'$ zwar stetig, aber dort existiert ja offensichtlich keine zweite Ableitung, dort macht $\widetilde{y}''$ einen Sprung. Im schwachen Sinn aber existiert die zweite Ableitung auch bei $x = 1$ und bei $x = 2$. Das haben wir uns im Beispiel 11.18 klargemacht.

y gehört daher nicht zum Raum $\mathcal{C}^2(0,3)$ sondern in der Sprache der Sobolevräume zum Raum $H^2(0,3)$. So ein einfaches Beispiel würde also unsere Suche nach einer Lösung in $/\mathcal{C})^{\in}$ scheitern lassen. Wir müßten in $H^2(a,b)$ suchen, was ja immerhin noch ein gewisser Ersatz wäre. Man denkt halt 'schwach' und macht das gleiche.

Das nächste Beispiel ist noch verrückter. Da hilft nicht mal H^2.

Beispiel 11.28 *Wir betrachten die Randwertaufgabe*

$$-(p(x) \cdot y'(x))' = 12 \qquad mit\, y(0) = y(2) = 0$$

Das sieht ja reichlich harmlos aus, aber jetzt spezifizieren wir die Funktion $p(x)$:

$$p(x) := \begin{cases} -2 & \text{für } x \in [0,1] \\ -1 & \text{für } x \in (1,2] \end{cases}$$

$p(x)$ kann man als Materialkonstante, z. b. als Elastizitätsmodul deuten. Dann haben wir es mit einem zusammengesetzten Material zu tun, zu Beginn im Intervall $[0,1)$ etwas härter, im hinteren Bereich im Intervall $[1,2]$ weicher.

Hier ist es schon mal wenig sinnvoll, die Differentiation auszuführen. Notgedrungen käme man zu $p'(x)$, was bei $x = 1$ gar nicht existiert. Also müssen wir eine schwächere Form unserer Aufgabe finden. Wir kommen gleich darauf zurück.

Wir können wieder mit recht einfacher Hermite–Interpolation eine Funktion angeben, die stückweise unser Problem löst.

$$y(x) := \begin{cases} 3x^2 - 7x & \text{für } x \in [0,1] \\ 6x^2 - 14x + 4 & \text{für } x \in (1,2] \end{cases}$$

Wir rechnen stückweise ihre Ableitungen aus:

$$y'(x) = \begin{cases} 6x - 7 & \text{für } x \in [0,1] \\ 12x - 14 & \text{für } x \in (1,2] \end{cases}, \quad y''(x) = \begin{cases} 6 & \text{für } x \in [0,1] \\ 12 & \text{für } x \in (1,2] \end{cases}$$

Wenn wir uns der Stelle $x = 1$ von links nähern, so erhalten wir $y'(1_-) = -1$, kommen wir dagegen von rechts, so folgt $y'(1_+) = -2$. Wir sehen also, daß die erste Ableitung bei $x = 1$ nicht existiert. $y(x)$ ist aber bei $x = 1$ stetig, also entspricht das dem Beispiel 11.18, wir haben $y \in H^1(0,2)$. y ist aber nicht mehr in $H^2(0,2)$.

Diese Aufgabe können wir also in der obigen Form mit Galerkin nicht lösen. Und daher führen wir jetzt die schwache Form der Randwertaufgabe ein. Sie entsteht dadurch, daß wir die ganze Differentialgleichung mit einer 'Testfunktion' v multiplizieren, dann über das Intervall $[a,b]$ integrieren und schließlich mittels partieller Integration umformen.

Definition 11.29 *Zu der Randwertaufgabe*

$$-(p(x) \cdot y'(x))' + q(x) \cdot y(x) = r(x), \quad y(a) = y(b) = 0 \tag{11.30}$$

heißt die Aufgabe

Gesucht ist eine Funktion $y \in H^1(a,b)$ mit $y(a) = y(b) = 0$, also $y \in H_0^1(a,b)$, die der Gleichung genügt:

$$\int_a^b (p(x) \cdot y'(x) \cdot v'(x) + q(x) \cdot y(x) \cdot v(x))\, dx = \int_a^b r(x) \cdot v(x)\, dx \quad \forall v \in H_0^1(a,b) \tag{11.31}$$

schwache Form der obigen Randwertaufgabe.
Eine Lösung dieser schwachen Form heißt dann schwache Lösung der Randwertaufgabe.

Der Mathematiker fragt nach Existenz und Eindeutigkeit. Dazu können wir den Satz angeben:

Satz 11.30 *Sei $p(x) > 0$ und $q(x) \geq 0$ in $[a,b]$. Dann gibt es eine einzige schwache Lösung $y \in H_0^1(a,b)$ der Randwertaufgabe.*

Offensichtlich ist jede Lösung der Randwertaufgabe, die auch manchmal als klassische Lösung bezeichnet wird, zugleich eine schwache Lösung. Umgekehrt ist das aber im allgemeinen falsch. Um von der schwachen Form zurück zur Randwertaufgabe zu gelangen, muß man ja die partielle Integration rückgängig machen. Dazu muß das Produkt $p(x) \cdot y'(x)$ differenzierbar sein. Unser Beispiel 11.28 oben zeigt uns, daß wir das nicht immer erwarten können.

Nun ist aber unsere Randwertaufgabe hier so speziell, daß wir den Satz beweisen können:

Satz 11.31 *Jede schwache Lösung der Randwertaufgabe (11.30) ist zugleich (klassische) Lösung der Randwertaufgabe, also zweimal stetig differenzierbar.*

11.5 Verfahren von Galerkin

Wir wollen das noch einmal klar herausstellen. Eine (klassische) Lösung der Randwertaufgabe suchen wir in $\mathcal{C}^2(a,b)$, eine schwache Lösung lediglich in $H^1(a,b)$. Das ist wirklich schwach.

Wir fassen den Algorithmus von Galerkin im Kasten auf S. 414 zusammen.

Beispiel 11.32 *Wir kommen zurück auf unser Beispiel 11.12 von Seite 401 und berechnen erneut, jetzt aber in der schwachen Form, eine Näherungslösung nach Galerkin der Randwertaufgabe*

$$-y''(x) + x \cdot y(x) = 2 \cdot x^2, \qquad y(-1) = y(1) = 0$$

unter Verwendung eines möglichst einfachen einparametrigen Ansatzes aus Polynomen.

Wieder wählen wir als Ansatz eine Funktion $y_1(x)$, die den Randbedingungen genügt, und nehmen natürlich dieselbe wie oben:

$$y_1(x) = a \cdot (x-1) \cdot (x+1) \quad \Rightarrow \quad y_1'(x) = 2a \cdot x, \; y_1''(x) = 2a.$$

Als Testfunktion nehmen wir ebenso wie oben:

$$v_1(x) := (x-1) \cdot (x+1)$$

Jetzt ändern wir das Vorgehen und gehen zur schwachen Form:

$$\int_{-1}^{1} y_1'(x) \cdot v_1'(x)\,dx + \int_{-1}^{1} x \cdot y_1(x) \cdot v_1(x)\,dx = \int_{-1}^{1} 2x^2\, v_1(x)\,dx.$$

Hier setzen wir die Ansatzfunktion ein:

$$\int_{-1}^{1} 2ax \cdot v_1'(x)\,dx + \int_{-1}^{1} xa(x-1)(x+1)(x-1)(x+1)\,dx = \int_{-1}^{1} 2x^2(x+1)(x-1)\,dx.$$

Nun kommt die Integriererei von oben und, welch Wunder, wir erhalten dasselbe Ergebnis wie oben:

$$a = -\frac{1}{5}.$$

Algorithmus von Galerkin in der schwachen Form

Wir betrachten die Randwertaufgabe

$$-y''(x) + x \cdot y(x) = 2 \cdot x^2, \qquad y(-1) = y(1) = 0$$

und die ihr zugeordnete schwache Form

$$\int_a^b (p(x) \cdot y'(x) \cdot v'(x) + q(x) \cdot y(x) \cdot v(x))\, dx = \int_a^b r(x) \cdot v(x)\, dx \quad \forall v \in H_0^1(a,b)$$

1. Wähle endlich dimensionalen Unterraum D_N von $H_0^1(a,b)$ mit Basis $w_1, \ldots w_N$.
2. Bilde den Ansatz für die Näherungslösung

$$y_N(x) = \alpha_1 w_1(x) + \cdots + \alpha_N w_N(x) \text{ mit } \alpha_1, \ldots, \alpha_N \in \mathbb{R}$$

3. Wähle in der schwachen Form als Testfunktion v die Basisfunktionen $w_1, \ldots, w_N$. Das führt zu den Gleichungen:

$$\int_a^b (p(x) \cdot y'_N(x) \cdot w'_1(x) + q(x) \cdot y_n(x) \cdot w_1(x))\, dx = \int_a^b r(x) \cdot w_1(x)\, dx$$

$$\vdots \qquad (11.32)$$

$$\int_a^b (p(x) \cdot y'_N(x) \cdot w'_N(x) + q(x) \cdot y_n(x) \cdot w_N(x))\, dx = \int_a^b r(x) \cdot w_N(x)\, dx$$

4. Das sind N lineare Gleichungen für N unbekannte Koeffizienten $\alpha_1, \ldots, \alpha_N$, die in der Näherungslösung y_N versteckt sind. Löse dieses System mit den Methoden aus Kapitel 1.
5. Bilde mit diesen Koeffizienten die Näherungslösung y_N.

Als Näherungslösung ergibt sich damit

$$y_1(x) = -\frac{1}{5}(x-1)(x+1).$$

Nun, daß wir zum selben Ergebnis kommen, ist völlig klar, denn unsere Ausgangsdifferentialgleichung war ja in einer sehr einfachen selbstadjungierten Form, also führt die partielle Integration direkt zur schwachen Form.

Wir schreiben die Gleichungen (11.32) noch einmal in ausführlicher Form hin, allerdings lassen wir wegen der Übersicht jeweils die Variable x und das dx bei den Integralen weg:

11.6 Methode der finiten Elemente

$$\underbrace{\begin{pmatrix} \int_a^b p \cdot w'_1 \cdot w'_1 & \int_a^b p \cdot w'_2 \cdot w'_1 & \cdots & \int_a^b p \cdot w'_N \cdot w'_1 \\ \int_a^b p \cdot w'_2 \cdot w'_1 & \int_a^b p \cdot w'_2 \cdot w'_2 & \cdots & \int_a^b p \cdot w'_N \cdot w'_2 \\ \vdots & \vdots & \vdots & \vdots \\ \int_a^b p \cdot w'_N \cdot w'_1 & \int_a^b p \cdot w'_N \cdot w'_2 & \cdots & \int_a^b p \cdot w'_N \cdot w'_N \end{pmatrix}}_{A:=\text{Steifigkeitsmatrix}} \begin{pmatrix} \alpha_1 \\ \alpha_2 \\ \vdots \\ \alpha_N \end{pmatrix} +$$

$$+ \underbrace{\begin{pmatrix} \int_a^b q \cdot w'_1 \cdot w'_1 & \int_a^b q \cdot w'_2 \cdot w'_1 & \cdots & \int_a^b q \cdot w'_N \cdot w'_1 \\ \int_a^b q \cdot w'_2 \cdot w'_1 & \int_a^b q \cdot w'_2 \cdot w'_2 & \cdots & \int_a^b q \cdot w'_N \cdot w'_2 \\ \vdots & \vdots & \vdots & \vdots \\ \int_a^b q \cdot w'_N \cdot w'_1 & \int_a^b q \cdot w'_N \cdot w'_2 & \cdots & \int_a^b q \cdot w'_N \cdot w'_N \end{pmatrix}}_{B:=\text{Massenmatrix}} \begin{pmatrix} \alpha_1 \\ \alpha_2 \\ \vdots \\ \alpha_N \end{pmatrix} = \underbrace{\begin{pmatrix} \int_a^b r \cdot w_1 \\ \int_a^b r \cdot w_2 \\ \vdots \\ \int_a^b r \cdot w_N \end{pmatrix}}_{\text{Lastvektor}}.$$

Die beiden Matrizen A und B sind offensichtlich symmetrisch; die Spezialliteratur zeigt uns auch, daß die Steifigkeitsmatrix A positiv definit ist. Damit läßt sich bei der Lösung des Gleichungssystems trefflich das Cholesky–Verfahren anwenden, was bei echten Problemen mit Hunderten von Unbekannten viel Speicherplatz spart.

Ein großer Nachteil aber zeigt sich ebenfalls bei der Anwendung. Die Integrale in den beiden Matrizen sind fast immer ungleich Null. Das bedeutet, die Matrizen sind voll besetzt. Das ist zwar kein Drama, denn bei manch anderem Verfahren ist es auch nicht besser. Gerade bei der starken Konkurrenz, dem finiten Differenzenverfahren, sind die Matrizen aber schwach besetzt. Durch den 5-Punkte-Stern sind dort sehr viele Nullen in den Matrizen. Das Ist die Motivation, finite Elemente einzuführen, mit denen wir uns im nächsten Abschnitt beschäftigen wollen.

11.6 Methode der finiten Elemente

11.6.1 Kurzer geschichtlicher Überblick

Im Jahre 1943 beschrieb R. Courant[3] in einer kurzen Anmerkung, wie man ein zweidimensionales Gebiet in kleine Dreiecke einteilt, um damit eine partielle Differentialgleichung näherungsweise zu lösen. Wegen der damals noch fehlenden Rechnerausstattung konnte Courant diese Idee nur andeuten. Das zugehörige Dreieck heißt heute noch Courant–Dreieck. 1946 hat Argyris unabhängig von Courant in Stuttgart die grundlegende Idee vorgestellt, wie man mit ‚finiten Elementen' die Statik eines großen Bauwerks berechnen kann. Motiviert wurde diese Arbeit mit ingenieurwissenschaftlichen Überlegungen. Die erste Veröffentlichung stammt von 1963. Erst 1969 veröffentlichte Milos Zlamal die erste mathematische Arbeit, mit der er eine Fehlerabschätzung dieser neuen

---
[3]Courant, R. (1888-1972)

Methode vorstellte. Die Arbeitsgruppe um Argyris bestand dann ihre Bewährungsprobe bei der Berechnung der Statik des Daches vom Olympiastadion in München für die olympischen Spiele 1972. Der Name „Methode der Finiten Elemente" engl. Finite Element Method (FEM) wurde 1972 von Clough geprägt.

11.6.2 Algorithmus zur FEM

Nach all den Vorbereitungen in den vorausgehenden Abschnitten ist die Schilderung der Methode nun kein großer Aufwand mehr; denn wir können in Kurzfassung sagen:

> *FEM bedeutet Galerkin–Verfahren in der schwachen Form mit Splinefunktionen als Ansatzfunktionen*

Die einzige kleine Frage ist nur, ob die linearen Splinefunktionen in $H_0^1(a,b)$ liegen. Dazu findet man in der Literatur folgenden Satz:

Satz 11.33 *Gehört die Ansatzfunktion in jedem Teilstück (in jedem finiten Element) zu H^1 und ist sie im ganzen Bereich stetig, so gehört sie im ganzen Bereich zu H^1.*

Wir hatten beim Einbettungssatz 11.26 angemerkt, daß aus Stetigkeit nicht schwach ableitbar folgt. Im obigen Satz haben wir ja auch eine kleine Zusatzforderung versteckt, daß die Funktion nämlich in jedem Element aus H^1 ist und vor allem, daß es bei der FEM nur *endlich viele* Elemente gibt. Die Zahl der Stellen, wo die Funktion keine gewöhnliche Ableitung besitzen mag, ist also endlich. Das ist die Zusatzforderung, die dann auf schwache Ableitung zu schließen gestattet.

Man prüft das analog wie im Beispiel 11.18, Seite 407.

Bevor wir an einem ausführlichen Beispiel die FEM erläutern, wollen wir noch einige Bemerkungen anfügen.

1. In der Steifigkeitsmatrix mit ihren Ableitungen treten die Spline–Funktionen als Konstante in Erscheinung, in der Massenmatrix sind es lineare Terme. Das bedeutet eine wesentliche Erleichterung bei der Berechnung der Integrale, ein gefundenes Fressen für numerische Quadraturverfahren.

2. Die Integrale sind im Prinzip über das ganze Intervall $[a,b]$ zu berechnen; da aber die Hutfunktionen nur einen kleinen Träger, nämlich gerade zwei Teilintervalle haben, sind auch die Integrale nur dort auszuwerten.

3. Wegen dieser kleinen Träger der Hutfunktionen sind viele Integrale in der Steifigkeits– und der Massenmatrix von vorne herein gleich Null; wenn nämlich das Produkt von zwei Hutfunktionen oder ihren Ableitungen zu bilden ist, deren Indices um mehr als zwei differieren ($|i-j| > 2$), so verschwindet das Integral, weil ja entweder die erste oder die zweite Hutfunktion verschwindet. Also erhalten beide Matrizen eine Bandstruktur, in diesem Fall eine Tridiagonalgestalt, was die Berechnung des linearen Gleichungssystems noch wesentlich vereinfacht – einer der Hauptvorteile der FEM.

11.6 Methode der finiten Elemente

4. Als letzte Bemerkung sei die Frage angefügt, warum wir nicht zur noch stärkeren Vereinfachung der Integration einfach konstante Funktionen, also z. B. die charakteristischen Funktionen der Teilintervalle, als Ansatzfunktionen verwenden. Der Grund liegt sehr einfach in der Tatsache, daß Sprungfunktionen an der Sprungstelle keine normale und auch keine schwache Ableitung besitzen; die wird aber in der Steifigkeitsmatrix gebraucht. Hier erkennen wir neidlos den Vorteil der Randelement–Methode BEM an, die diese Vereinfachung ausnutzen kann. Dafür hat deren Matrix dann aber keine Bandstruktur, sondern ist vollbesetzt.

Algorithmus FEM

Wir betrachten die Randwertaufgabe

$$-y''(x) + x \cdot y(x) = 2 \cdot x^2, \qquad y(-1) = y(1) = 0$$

und die ihr zugeordnete schwache Form

$$\int_a^b (p(x) \cdot y'(x) \cdot v'(x) + q(x) \cdot y(x) \cdot v(x)) \, dx = \int_a^b r(x) \cdot v(x) \, dx \quad \forall v \in H_0^1(a,b)$$

1. Wähle als endlich dimensionalen Unterraum S_N von $H_0^1(a,b)$ den Raum der linearen Spline–Funktionen mit den Hutfunktionen $\varphi_1, \ldots \varphi_N$ der Abbildung 4.4 von Seite 180 als Basis.
2. Bilde den Ansatz für die Näherungslösung

$$y_N(x) = \alpha_1 \varphi_1(x) + \cdots + \alpha_N \varphi_N(x) \text{ mit } \alpha_1, \ldots, \alpha_N \in \mathbb{R}$$

3. Wähle in der schwachen Form als Testfunktion v die Basisfunktionen $\varphi_1, \ldots, \varphi_N$. Das führt zu den Gleichungen:

$$\begin{aligned} \int_a^b (p(x) \cdot y_N'(x) \cdot \varphi_1'(x) + q(x) \cdot y_n(x) \cdot \varphi_1(x)) \, dx &= \int_a^b r(x) \cdot \varphi_1(x) \, dx \\ &\vdots \\ \int_a^b (p(x) \cdot y_N'(x) \cdot \varphi_N'(x) + q(x) \cdot y_n(x) \cdot \varphi_N(x)) \, dx &= \int_a^b r(x) \cdot \varphi_N(x) \, dx \end{aligned} \qquad (11.33)$$

4. Das sind N lineare Gleichungen für N unbekannte Koeffizienten $\alpha_1, \ldots, \alpha_N$, die in der Näherungslösung y_N versteckt sind. Löse dieses System mit den Methoden aus Kapitel 1.
5. Bilde mit diesen Koeffizienten die Näherungslösung y_N.

Beispiel 11.34 *Gegeben sei die Randwertaufgabe*

$$-y''(x) = \sin x, \qquad y(0) = y(\pi) = 0. \qquad (11.34)$$

Wir wollen mit der FEM Näherungslösungen bestimmen, indem wir lineare Splines verwenden bei äquidistanten Knoten

(a) mit der Schrittweite $h = \pi$,

(b) mit der Schrittweite $h = \pi/2$,

(c) mit der Schrittweite $h = \pi/3$.

Offensichtlich ist

$$y(x) = \sin x$$

die exakte Lösung dieser Aufgabe. Mit der werden wir unser Ergebnis vergleichen. Die schwache Form der Randwertaufgabe lautet:

$$\int_0^\pi y'(x) \cdot v(x)\, dx = \int_0^\pi \sin x \cdot v(x)\, dx \qquad \forall v \in H_0^1(0, \pi).$$

zu (a) Unser Intervall, in dem wir die Lösung suchen, ist $[0, \pi]$. Mit der Schrittweite $h = \pi$ haben wir also keine Unterteilung des Intervalls, sondern die Stützstellen $x_0 = 0$ und $x_1 = \pi$. Lineare Splinefunktionen sind also schlicht die Geraden, und die einzige lineare Splinefunktion, die diese beiden Punkte verbindet, ist die Nullfunktion. Mit einem kleinen Lächeln um die Lippen mag man sie als erste Näherung bezeichnen.

zu (b) Jetzt wird es ernster. Schrittweite $h = \pi/2$ bedeutet, wir zerlegen das Intervall $[0, \pi]$ in zwei Teile, womit wir drei Stützstellen $x_0 = 0$, $x_1 = \pi/2$ und $x_2 = \pi$ erhalten. Darüber können wir schon eine echte lineare Spline–Funktion aufbauen. Als Basisfunktion nehmen wir die Dachfunktion φ_1, die bei 0 und bei π verschwindet und bei $x_1 = \pi/2$ den Wert 1 hat:

$$\varphi_1(x) := \begin{cases} \frac{2x}{\pi} & \text{für} \quad 0 \leq x \leq \frac{\pi}{2} \\ \frac{2(\pi - x)}{\pi} & \text{für} \quad \frac{\pi}{2} \leq x \leq 1 \end{cases} \qquad \varphi_1'(x) := \begin{cases} \frac{2}{\pi} & \text{für} \quad 0 \leq x \leq \frac{\pi}{2} \\ \frac{-2}{\pi} & \text{für} \quad \frac{\pi}{2} \leq x \leq 1 \end{cases}$$

Damit bilden wir also unsere Näherungsfunktion

$$y_h(x) = a_1 \cdot \varphi_1(x),$$

nehmen φ_1 zugleich als Testfunktion, also $v(x) = \varphi_1(x)$ und setzen alles in die schwache Form ein. Wir beginnen mit der linken Seite:

$$\int_0^\pi y_h'(x) \cdot v(x)\, dx = \int_0^\pi a_1 \cdot \varphi_1'(x) \cdot \varphi_1'(x)$$

Wir erinnern uns, daß φ_1 als lineare Splinefunktion bei $x = \pi/2$ im üblichen Sinn nicht differenzierbar ist, aber im schwachen Sinn. Das Integral oben existiert, und

11.6 Methode der finiten Elemente

wir können es stückweise auswerten:

$$\int_0^\pi a_1 \cdot \varphi_1'(x) \cdot \varphi_1(x)\, dx = \int_0^{\pi/2} a_1 \cdot \varphi_1'(x) \cdot \varphi_1'(x)\, dx + \int_{\pi/2}^\pi a_1 \cdot \varphi_1'(x) \cdot \varphi_1'(x)\, dx$$

$$= \int_0^{\pi/2} a_1 \cdot \frac{2}{\pi} \cdot \frac{2}{\pi}\, dx + \int_{\pi/2}^\pi a_1 \cdot \frac{-2}{\pi} \cdot \frac{-2}{\pi}\, dx$$

$$= a_1 \cdot \frac{4}{\pi^2} \cdot (\pi - 0) = \frac{4}{\pi} \cdot a_1$$

Nun zur rechten Seite:

$$\int_0^\pi \sin x \cdot \varphi_1(x)\, dx = \int_0^{\pi/2} \sin x \cdot \frac{2x}{\pi}\, dx + \int_{\pi/2}^\pi \sin x \cdot \frac{2\pi - 2x}{\pi}\, dx$$

$$= \frac{2}{\pi} \int_0^{\pi/2} x \cdot \sin x\, dx + 2 \int_{\pi/2}^\pi \sin x\, dx - \frac{2}{\pi} \int_{\pi/2}^\pi x \cdot \sin x\, dx$$

$$= \frac{2}{\pi} \Big[\sin x - x \cos x\Big]_0^{\pi/2} - 2 \Big[\cos x\Big]_{\pi/2}^\pi - \frac{2}{\pi} \Big[\sin x - x \cdot \cos x\Big]_{\pi/2}^\pi$$

Daraus folgt dann

$$a_1 = 1, \text{ also als Näherungslösung } y_h(x) = 1 \cdot \varphi_1(x).$$

zu (c) Jetzt verkleinern wir die Schrittweite noch einmal zu $h = \pi/3$ und haben die Stützstellen $x_0 = 0$, $x_1 = \pi/3$, $x_2 = 2\pi/3$ und $x_3 = \pi$.

Damit haben wir zwei innere Knoten x_1 und x_2, bei denen wir eine Hutfunktion ansetzen können:

$$y_h(x) := a_1 \cdot \varphi_1(x) + a_2 \cdot \varphi_2(x).$$

Zugleich wählen wir φ_1 und φ_2 als Testfunktionen, so daß die Galerkin–Gleichungen von Seite 415 also zu einem System von zwei Gleichungen mit zwei Unbekannten führen. Dabei können wir die Massenmatrix vergessen, da wir in der Differentialgleichung keinen Term mit $q(x)$ haben.

$$\begin{pmatrix} \int_0^\pi \varphi'_1 \cdot \varphi'_1 & \int_0^\pi \varphi'_2 \cdot \varphi'_1 \\ \int_0^\pi \varphi'_2 \cdot \varphi'_1 & \int_0^\pi \varphi'_2 \cdot \varphi'_2 \end{pmatrix} \begin{pmatrix} a_1 \\ a_2 \end{pmatrix} = \begin{pmatrix} \int_0^\pi \sin x \cdot \varphi_1 \\ \int_0^\pi \sin x \cdot \varphi_2 \end{pmatrix}$$

Die Berechnung der Integrale wollen wir nun nicht in Einzelheiten vorführen; vielleicht reicht es ja, wenn wir die Integrale einzeln hinschreiben, damit man sieht, was zu berechnen ist. Die reine Rechnerei übergehen wir dann. Wir müssen zuerst die beiden Hutfunktionen φ_1 und φ_2 an unsere Stützstellen anpassen.

$$\varphi_1(x) := \begin{cases} \frac{3x}{\pi} & \text{für } 0 \leq x \leq \frac{\pi}{3} \\ -\frac{3x}{\pi} + 2 & \text{für } \frac{\pi}{3} \leq x \leq \frac{2\pi}{3} \\ 0 & \text{für } \frac{2\pi}{3} \leq x \leq \pi \end{cases}, \quad \varphi_1'(x) := \begin{cases} \frac{3}{\pi} & \text{für } 0 \leq x \leq \frac{\pi}{3} \\ -\frac{3}{\pi} & \text{für } \frac{\pi}{3} \leq x \leq \frac{2\pi}{3} \\ 0 & \text{für } \frac{2\pi}{3} \leq x \leq \pi \end{cases}$$

$$\varphi_2(x) := \begin{cases} 0 & \text{für } 0 \leq x \leq \frac{\pi}{3} \\ \frac{3x}{\pi} - 1 & \text{für } \frac{\pi}{3} \leq x \leq \frac{2\pi}{3} \\ -\frac{3x}{\pi} + 3 & \text{für } \frac{2\pi}{3} \leq x \leq \pi \end{cases}, \quad \varphi_2'(x) := \begin{cases} 0 & \text{für } 0 \leq x \leq \frac{\pi}{3} \\ \frac{3}{\pi} & \text{für } \frac{\pi}{3} \leq x \leq \frac{2\pi}{3} \\ -\frac{3}{\pi} & \text{für } \frac{2\pi}{3} \leq x \leq \pi \end{cases}$$

Das Element a_{11} in der Steifigkeitsmatrix ist dann

$$a_{11} = \int_0^\pi \varphi_1'(x) \cdot \varphi_1'(x) = \int_0^{\pi/3} \left(\frac{3}{\pi}\right)^2 dx + \int_{\pi/3}^{2\pi/3} \left(-\frac{3}{\pi}\right)^2 dx = \frac{6}{\pi}$$

Wegen der Symmetrie der Matrix ist

$$a_{12} = a_{21} = \int_0^\pi \varphi_1'(x) \cdot \varphi_2'(x) \, dx = -\int_{\pi/3}^{2\pi/3} \left(\frac{3}{\pi}\right)^2 dx = -\frac{3}{\pi}$$

und

$$a_{22} = \int_0^\pi \varphi_2'(x) \cdot \varphi_2'(x) \, dx = \int_{\pi/3}^{2\pi/3} \left(\frac{3}{\pi}\right)^2 dx + \int_{2\pi/3}^\pi \left(-\frac{3}{\pi}\right)^2 dx = \frac{6}{\pi}$$

Nun kommt die rechte Seite dran.

$$b_1 = \int_0^\pi \sin x \cdot \varphi_1(x) \, dx$$
$$= \int_0^{\pi/3} \sin x \cdot \frac{3x}{\pi} \, dx + \int_{\pi/3}^{2\pi/3} \sin x \cdot \left(-\frac{3}{\pi}\right) dx$$
$$= \frac{3\sqrt{3}}{2\pi}$$

Ganz analog berechnet man:

$$b_2 = \int_0^\pi \sin x \cdot \varphi_2(x) \, dx = \frac{3\sqrt{3}}{2\pi}$$

Damit haben wir alle Werte zusammen, um das lineare Gleichungssystem zu lösen:

$$\begin{pmatrix} \frac{6}{\pi} & -\frac{3}{\pi} \\ -\frac{3}{\pi} & \frac{6}{\pi} \end{pmatrix} \cdot \begin{pmatrix} a_1 \\ a_2 \end{pmatrix} = \begin{pmatrix} \frac{3\sqrt{3}}{2\pi} \\ \frac{3\sqrt{3}}{2\pi} \end{pmatrix}$$

Dieses hat die Lösung

$$\begin{pmatrix} a_1 \\ a_2 \end{pmatrix} = \begin{pmatrix} \frac{\sqrt{3}}{2} \\ \frac{\sqrt{3}}{2} \end{pmatrix}$$

Damit erhalten wir als Näherung

$$y_h(x) = \frac{\sqrt{3}}{2} \cdot \varphi_1(x) + \frac{\sqrt{3}}{2} \cdot \varphi_2(x).$$

11.6 Methode der finiten Elemente

Zum Vergleich betrachten wir folgende Skizze, in die wir die exakte Lösung $y = \sin x$ und die drei Näherungen $y_0(x) = 0$, $y_1(x) = varphi_1(x)$ und $y_2(x) = \frac{\sqrt{3}}{2} \cdot \varphi_1(x) + \frac{\sqrt{3}}{2} \cdot \varphi_2(x)$ eingetragen haben. Dabei erinnern wir uns, daß die Darstellung der linearen Splines mit den Hutfunktionen als Basis die sehr benutzerfreundliche Eigenschaft besitzen, daß sie jeweils nur an einer einzigen Stützstelle den Wert 1, an allen anderen Stützstellen den Wert 0 haben. Dadurch erhalten in einer Linearkombination die Koeffizienten eine starke Bedeutung, es sind genau die y–Werte an der zugeordneten Stützstelle. Damit ist die Skizze leicht hergestellt.

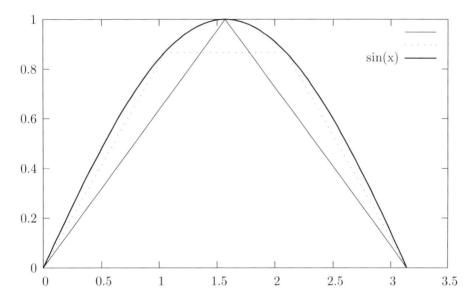

Abb. 11.2: Graphische Darstellung der Lösung der Randwertaufgabe (11.34) und der ersten und zweiten Näherung mittels FEM. Exakte Lösung ist die Sinus–Kurve, als erste Näherung ist der einfache Hut mit Spitze in der Mitte, als zweite Näherung die lineare Splinefunktion mit zwei Basisfunktionen dargestellt.

11.6.3 Zur Fehlerabschätzung

Hier kommt nun die Nagelprobe für das Verfahren. Ist es wirklich so gut, wie alle Welt schwärmt? Dazu müssen wir die Näherungsfunktionen gegen die wahre Lösung abschätzen. Diese Abschätzung muß mit dem Parameter h, dem Durchmesser der finiten Elemente, in Zusammenhang gebracht werden.

Ein erster wichtiger Zwischenschritt ist folgendes Lemma:

Lemma 11.35 (Lemma von Céa) *Es sei* $y \in H_0^1(a, b)$ *die schwache Lösung obiger Randwertaufgabe. Sei y_h die mittels FEM mit linearen Splines ermittelte Nähe-*

rungslösung. Dann existiert eine Konstante $C > 0$, so daß gilt:

$$\|y - y_h\| \leq C \cdot \inf_{\varphi \in S_0^1} \|y - \varphi\|_{H^1} \qquad (11.35)$$

Die rechte Seite dieser Ungleichung sieht unhandlich aus, aber sie enthält eine wesentliche Information, die auch sofort zur Hauptidee für eine Abschätzung überleitet. Das Infimum wird über sämtliche linearen Splinefunktionen gebildet, die zu der Gitterzerlegung mit h gehören. Stets hat die FEM–Lösung einen kleineren Abstand. Das ist eine Approximationsaussage; die FEM–Lösung hat den kleinsten Abstand zum Raum der linearen Splines. Das hört sich ganz interessant an, aber kann man damit etwas anfangen? Und ob.

Dieses Infimum ist ja prinzipiell gar nicht zu bestimmen, und das wollen wir auch gar nicht. Man muß ja nicht immer nach den Sternen greifen. Sind wir etwas bescheidener und wählen wir als spezielle Funktion die lineare Splinefunktion, die die unbekannte Lösung interpoliert. Für die gilt die Abschätzung ja auch. Und genau für die können wir eine Fehlerabschätzung aus dem Kapitel 'Interpolation' übernehmen. Dort hatten wir im Satz 4.28 auf Seite 182 gezeigt:

$$\|f - s\|_\infty \leq \frac{h^2}{8} \|f''\|_\infty. \qquad (11.36)$$

Jetzt haben wir den Zusammenhang mit der Schrittweite h, und es ergibt sich der Satz:

Satz 11.36 (Fehlerabschätzung) *Seien y, y_h wie oben, sei $h := \max_{0 \leq i \leq N-1} |x_{i+1} - x_i|$. Dann gibt es eine Konstante $c > 0$ mit*

$$\|y - y_h\|_{H^1} \leq c \cdot h \cdot \|y''\|_{L^2} \qquad (11.37)$$

Leider ist bei der Fehleraussage eine Potenz von h auf der Strecke geblieben. Das wurmt uns besonders, da dieses moderne Verfahren so nicht mit den hausbackenen finiten Differenzen konkurrieren kann, die ja eine h^2-Konvergenz besaßen. Hoffnung gibt die Tatsache, daß hier ja auch 'nur' eine Abschätzung in der H^1–Norm angegeben ist.

Wie das so geht im Leben, das Hammerklavier wurde von drei Leuten gleichzeitig entwickelt und der Trick mit der h^2-Potenz wurde von drei Mathematikern fast zeitgleich gefunden. Er wird kurz und griffig als Nitsche–Trick bezeichnet. Die Idee besteht darin, ein Randwertproblem zu betrachten, dessen rechte Seite gerade der Fehler $y(x) - y_h(x)$ ist. Dann läuft alles ganz einfach. Darauf kommen muß man nur.

Satz 11.37 (Aubin–Nitsche–Ladyzsenskaya–Lemma) *Seien y, y_h und h wie oben. Dann gibt es eine Konstante $c > 0$ mit*

$$\|y - y_h\|_{L^2} \leq c \cdot h^2 \cdot \|y''\|_{L^2} \qquad (11.38)$$

Hier wird der Fehler in der gewünschten L^2–Norm betrachtet und wie durch ein Wunder ist jetzt der h^2–Term da. Der Vergleich mit der FDM fällt damit klar zu Gunsten der FEM aus.

1. Die Voraussetzungen bei der FEM sind ungleich geringer. FDM verlangte, daß die Lösung viermal stetig–differenzierbar ist. Unsere Beispiel oben zeigen, daß dies in realistischen Aufgaben völlig illusorisch ist zu erwarten. FEM braucht lediglich eine Lösung in H^1, also mit schwacher erster Ableitung. Damit lassen sich wesentlich mehr Aufgaben behandeln.
2. Beide Verfahren liefern dann eine h^2–Potenz für die Fehlerabschätzung.

11.7 Exkurs zur Variationsrechnung

11.7.1 Einleitende Beispiele

Berühmte Geschichten und Legenden prägen den Ursprung der Variationsrechnung.

- Da ist zum einen die sagenhafte Dido, die Tochter des Königs von Tyros. Ihr Bruder Pygmalion tötete aus Habgier ihren Mann. Dido blieb nur die Flucht nach Nordafrika. Dort beanspruchte sie soviel Land, wie man mit einer Stierhaut umfassen kann.

  Das brachte viele Probleme. Sie mußte einen möglichst großen Stier finden, dann dessen Haut in möglichst feine Streifen schneiden, ja und dann schließlich unser Problem, das

    Problem der Dido: Wie sollte sie die Streifen auslegen, um möglichst viel Land zu umfassen?

  Klar, daß jedes Schulkind hier einen Kreis auslegt. Kann man auch mathematisch begründen, daß der Kreis wirklich die größte Fläche ist, die die habgierige Dido erhalten konnte? Wir werden am Schluß dieses Exkurses kurz auf Didos Problem eingehen.

- Jeder, der schon mal nach Amerika gejettet ist, fragt sich doch, warum der Pilot diesen „Umweg" über Grönland nimmt. Legt man aber zu Hause einen Faden an den Globus von Frankfurt nach New York an und zieht ihn straff, damit er möglichst kurz wird, so nimmt dieser die Lage des Großkreisbogens an, der durch Frankfurt und New York geht. Dieser Bogen streift tatsächlich Grönland. Die mathematische Frage lautet, und das ist das

    Problem der kürzesten Verbindung: Welches ist die kürzeste Verbindung zweier Punkte?

  In der Ebene mit der euklidischen Geometrie ist das offensichtlich die gerade Linie, auf einer Kugel aber der kürzere Großkreisbogen. Noch andere Verhältnisse ergeben sich im Weltraum, wo große Massen die Geometrie erheblich stören. Dort braucht man die sog. Schwarzschildmetrik, mit der sich ganz andere kürzeste Verbindungen ergeben.

- Eine niedliche Geschichte ist die von Mutter Wurm, die sich Sorgen um ihr kleines Baby macht. Damit es sich nicht erkältet, möchte sie eine Decke zum Zudecken stricken. Aber Mutter Wurm ist sehr sparsam und fragt sich, und das ist das

Wurmproblem: Wie sieht die kleinste Decke aus, mit der Mutter Wurm stets ihr Baby zudecken kann, egal wie sich dieser Wurm auch krümmt?

Mathematisch wird das Baby nur als Strecke mit fester Länge herhalten müssen, die sich beliebig biegen und winden kann. Natürlich reicht der Halbkreis, dessen Durchmesser gerade die Länge des Babys ist. Bis heute aber kennt man nicht die genaue minimale Decke, es sind nur Abschätzungen bekannt; dabei läßt sich der Halbkreis erheblich verkleinern. Mutter Wurm wird also etwas länger stricken müssen.

- Berühmt ist auch das Problem des Johann Bernoulli[4], der 1696, also mit 19 Jahren, die Frage stellte:

  Problem der Brachystochrone: Wie sieht die Kurve aus, auf der eine Kugel unter Schwerkrafteinfluß am schnellsten von einem Punkt A zu einem schräg unterhalb liegenden Punkt B gelangt.

Er fügte der Aufgabenstellung gleich hinzu, daß die gesuchte Kurve *nicht* die gerade Linie ist. Es dauerte ein Jahr, dann veröffentlichten er selbst, sein Bruder Jacob[5] und auch Leibniz[6], zu der Zeit Geheimer Justizrat des Kurfürsten von Hannover, die richtige Lösung, nämlich die Zykloide. Jacobs Lösung erwies sich dabei als verallgemeinerungsfähig und bildete damit den Ausgangspunkt zur Entwicklung der Variationsrechnung, deren Grundzüge wir im folgenden kurz schildern wollen.

11.7.2 Grundlagen

Drei Dinge braucht der Mensch zur allgemeinen Beschreibung einer Variationsaufgabe:

1. Wir gehen aus von einem reellen Vektorraum X von Funktionen, das mag z. B. der Raum $\mathcal{C}^n$ der n-mal stetig differenzierbaren Funktionen sein oder der Raum $L^2(a,b)$ aller Funktionen, deren Quadrat auf dem Intervall (a,b) Lebesgue[7]-integrierbar ist.
2. Unsere Beispiele oben zeigen, daß wir häufig eine Kurve suchen, die einen bestimmten Ausdruck zum Minimum macht. Wir brauchen also eine Funktion, in die wir Funktionen als Variable einsetzen können. So etwas erhält einen speziellen Namen.

Definition 11.38 *Ein Funktional* Φ *ist eine Abbildung*

$$\Phi : X \to \mathbb{R}.$$

Ein Funktional ist also eine Abbildung, die jeder Funktion eines bestimmten Raumes eine reelle Zahl zuordnet. Z.B. ist das bestimmte Integral über eine Funktion f ein solches Funktional.

---

[4] Bernoulli, Johann (1667-1784)
[5] Bernoulli, Jacob (1654-1705)
[6] Leibniz, G.W. (1646-1716)
[7] Lebesgue, H.L. (1875-1941)

11.7 Exkurs zur Variationsrechnung

3. Als letztes brauchen wir noch sog. Rand– oder Nebenbedingungen. Randbedingungen entstehen z. B. dadurch, daß wir eine Kurve suchen, die durch zwei vorgegebene Punkte verläuft. Sind die beiden Punkte in der Ebene gegeben durch (a, A) und (b, B), so entstehen die

$$\text{Randbedingungen:} \qquad y(a) = A, \quad y(b) = B$$

Es können aber auch recht komplizierte Bedingungen gestellt werden wie z. B.

$$\text{Randbedingungen:} \qquad y(a) + 3y'(a) - 2y'(b) = A, \quad y(b) - 3y'(b) = B$$

Bei Dido möchte die Kurve (der Streifen Stierhaut) immer die gleiche Länge besitzen. Das führt auf die

$$\text{Nebenbedingungen:} \qquad L = \int_a^b \sqrt{1 + y'^2(x)}\, dx$$

Eine notwendige Bedingung für ein Extremum in der reellen Analysis war das Verschwinden der ersten Ableitung. Dazu suchen wir nun ein Pendant, das sich hier auf Funktionale anwenden läßt. Das geeignete Hilfsmittel ist die Richtungsableitung, die wir so beschreiben:

Definition 11.39 *Gegeben sei ein Funktional* $\Phi : X \to \mathbb{R}$, *eine Funktion* y_0 *aus* X *und eine Funktion* g *aus* X. *Dann heißt*

$$\left.\frac{\partial \Phi}{\partial g}\right|_{y_0} := \left.\frac{d}{d\varepsilon} \Phi(y_0 + \varepsilon \cdot g)\right|_{\varepsilon=0} \qquad (11.39)$$

die Richtungsableitung oder Gateaux[8]–Ableitung von Φ *an der Stelle* y_0 *in Richtung* g.

Mit ihrer Hilfe gelingt es, eine notwendige Bedingung für ein Extremum anzugeben.

Satz 11.40 *Gegeben sei ein Funktional* $\Phi : X \to \mathbb{R}$ *und gewisse zum Problem gehörige Rand– und/oder Nebenbedingungen. Sei* $Y \subseteq X$ *die Menge aller derjenigen Funktionen, die die Rand– und/oder Nebenbedingungen erfüllen. Wir werden sie als Menge der zulässigen Funktionen bezeichnen. Sei* $y_0 \in Y$ *so, daß* $\Phi(y_0) = extr.$ *ist. Dann gilt:*

$$\left.\frac{\partial \Phi}{\partial g}\right|_{y_0} = 0 \qquad (11.40)$$

für alle $g \in X$, *für die* $y_0 + \varepsilon \cdot g \in Y$ *ist, also* ε *hinreichend klein ist.*

Bemerkung 11.41 *Der Satz gibt lediglich eine notwendige Bedingung für ein Extremum des Funktionals* Φ *an, die Analogie zur reellen Analysis ist offensichtlich. Hier muß man nur statt der gewöhnlichen Ableitung die Gateaux–Ableitung verwenden.*

---
[8] Gateaux, R., C.R.Acad.Sci.Paris Ser. I Math. 157 (1913), 325 - 327

Der Beweis ist ziemlich kurz, daher sei er angefügt.

Beweis: Wir setzen voraus, daß ein Maximum vorliege, für ein Minimum geht das analog. Dann ist für jede Funktion g

$$\Phi(y_0 + \varepsilon \cdot g) \leq \Phi(y_0).$$

Halten wir die Funktion g fest, so ist hier eine Funktion der gewöhnlichen Veränderlichen ε entstanden:

$$H(\varepsilon) := \Phi(y_0 + \varepsilon \cdot g),$$

die für $\varepsilon = 0$ ein Maximum annimmt. Also wissen wir aus der reellen Analysis, daß ihre Ableitung dort verschwindet, also

$$\left.\frac{dH}{d\varepsilon}\right|_{\varepsilon=0} = 0$$

Das aber bedeutet:

$$\left.\frac{d}{d\varepsilon}\Phi(y_0 + \varepsilon \cdot g)\right|_{\varepsilon=0} = \left.\frac{\partial \Phi}{\partial g}\right|_{y_0} = 0,$$

was wir zeigen wollten. □

11.7.3 Eine einfache Standardaufgabe

An folgender Standardaufgabe werden wir den einfachen Weg aufzeigen, wie man von einer Variationsaufgabe zur zugeordneten Differentialgleichung gelangt.

Definition 11.42 *Es sei $X = \mathcal{C}^2[a,b]$. Betrachte auf X das Funktional*

$$\Phi[y] := \int_a^b F(x, y(x), y'(x))\, dx. \tag{11.41}$$

Die Funktion

$$F(x, u, v), \tag{11.42}$$

eine Funktion von drei Variablen, nennen wir die Grundfunktion des obigen Funktionals. Wir setzen voraus, daß sie insgesamt zweimal stetig differenzierbar ist. Zusätzlich betrachten wir die Randbedingungen

$$y(a) = A, \quad y(b) = B. \tag{11.43}$$

Dann nennen wir

$$Y := \{f \in X : f(a) = A, f(b) = B\}$$

den Raum der zulässigen Funktionen.

Dann nennen wir die Aufgabe

11.7 Exkurs zur Variationsrechnung

Gesucht ist eine Funktion $y_0 \in Y$ mit $\Phi(y_0) = extr.$

Standardaufgabe der Variationsrechnung.

Die Grundfunktion ist eine Funktion von drei Veränderlichen x, u und v. Wir ersetzen also im Integranden die von x abhängige Variable y durch eine unabhängige Variable u und genau so die von x abhängige Variable $y'(x)$ durch eine weitere unabhängige Variable v. So gelangen wir zu einer gewöhnlichen Funktion $F(x, u, v)$ von drei unabhängigen Variablen.

Beispiel 11.43 *Wir bestimmen unter allen Kurven, welche die Punkte $A = (1,0)$ und $B = (2,1)$ verbinden, diejenige, welche dem Integral*

$$\Phi[y] = \int_1^2 (x \cdot y'(x)^4 - 2y(x) \cdot y'^3(x))\, dx$$

einen extremalen Wert erteilt.

Die Grundfunktion lautet hier

$$F(x, u, v) = x \cdot v^4 - 2u \cdot v^3.$$

Als Grundraum wählen wir $X = \mathcal{C}^2[1,2]$ und die Randbedingungen entsprechend dem Beispiel. Dann ist

$$Y := \{f \in X : f(a) = A,\ f(b) = B\}$$

die Menge der zulässigen Funktionen. Unsere Aufgabe lautet nun:

Man bestimme ein $y_0 \in Y$ mit $\Phi[y_0] = $ extr.

Wir werden dieses Beispiel unten weiter verfolgen.

Der folgende *Einbettungsansatz* geht auf Lagrange[9] zurück:

Definition 11.44 (Einbettungsansatz) *Sei $y_0 \in Y$ Lösung von $\Phi[y] = extr$. Dann wähle $\varepsilon \in \mathbb{R}$ beliebig und $g \in \mathcal{C}^1[a,b]$ mit $g(a) = g(b) = 0$ und bilde*

$$y = y_0 + \varepsilon \cdot g \tag{11.44}$$

Wir betten also die Lösung y_0 in eine Schar y ein, bei der g die Richtung angibt und ε die zurückgelegte Strecke. Zunächst folgt:

$$y(a) = y_0(a) + \varepsilon \cdot g(a) = A, \quad \text{und analog} \quad y(b) = B \Rightarrow y \in Y.$$

---
[9]Lagrange, J.L. (1736-1813)

Jetzt nutzen wir aus, daß y_0 eine Lösung des Extremalproblems ist. Nach Satz 11.40 (S. 425) verschwindet daher die Richtungsableitung von Φ in Richtung von g an der Stelle y_0.

Bei der folgenden Rechnung müssen wir die Ableitung eines

Integrals, das von einem Parameter abhängt, nach diesem Parameter bilden. Aus den Anfangssemestern kennt man dafür den Zusammenhang:

$$\frac{d}{dt}\int_{a(t)}^{b(t)} G(x,t)\,dt = \int_{a(t)}^{b(t)} \frac{\partial G(x,t)}{\partial t}\,dx + G(b(t),t)\cdot b'(t) - G(a(t),t)\cdot a'(t) \quad (11.45)$$

Diese Formel nutzen wir in der dritten Zeile aus:

$$\begin{aligned}
0 &= \left.\frac{\partial \Phi}{\partial g}\right|_{y_0} = \left.\frac{d}{d\varepsilon}\Phi(y_0+\varepsilon g)\right|_{\varepsilon=0} \\
&= \left.\frac{d}{d\varepsilon}\int_a^b F(x, y_0(x)+\varepsilon g(x), y_0'(x)+\varepsilon g'(x))\,dx\right|_{\varepsilon=0} \\
&= \int_a^b \left[\frac{\partial F}{\partial u}(x, y_0(x)+\varepsilon g(x), y_0'(x)+\varepsilon g'(x))\cdot g(x) + \right. \\
&\quad \left. + \frac{\partial F}{\partial v}(x, y_0(x)+\varepsilon g(x), y_0'(x)+\varepsilon g'(x))\cdot g'(x)\right]dx\bigg|_{\varepsilon=0} \\
&= \int_a^b \left[\frac{\partial F}{\partial u}(x, y_0(x), y_0'(x))\cdot g(x) + \frac{\partial F}{\partial v}(x, y_0(x), y_0'(x))\cdot g'(x)\right] \\
\underset{=}{\text{p.I.}} &\quad\text{''}\qquad + \underbrace{\left.\frac{\partial F}{\partial v}\cdot g\right|_a^b}_{=0\text{ da }g(a)=g(b)=0} - \int_a^b \frac{d}{dx}\left(\frac{\partial F}{\partial v}\right)\cdot g(x)\,dx \quad (11.46)
\end{aligned}$$

Eine Bemerkung zur partiellen Integration (p.I.). Wir haben zur besseren Übersicht die Variablen weggelassen, müssen aber im Blick behalten, daß wir y_0 und g fest gewählt haben und daher nur noch eine Abhängigkeit von x wirksam ist. Darum haben wir mit Recht die gewöhnliche Ableitung d/dx verwendet.

Notwendig für ein (relatives oder lokales) Extremum ist also

$$\int_a^b \left[\frac{\partial F}{\partial u}(x, y_0(x), y_0'(x)) - \frac{d}{dx}\frac{\partial F}{\partial v}(x, y_0(x), y_0'(x))\right]\cdot g(x)\,dx = 0 \quad (11.47)$$

für beliebiges $g \in \mathcal{C}^1[a,b]$ mit $g(a) = g(b) = 0$.

Das ist doch schon fast in dem Topf, wo es kocht. Durch geschicktes Hantieren haben wir die Funktion g nach rechts außen schieben können. Jetzt müßte sie zusammen mit dem Integral verschwinden. Da hilft uns das wichtige

11.7 Exkurs zur Variationsrechnung

Satz 11.45 (Fundamentallemma der Variationsrechnung) *Gilt für eine auf $[a,b]$ stetige Funktion G und alle Funktionen $g \in \mathcal{C}^1[a,b]$ mit $g(a) = g(b) = 0$*

$$\int_a^b G(x) \cdot g(x)\, dx = 0, \tag{11.48}$$

so ist $G(x) = 0$ für alle $x \in [a,b]$.

Beweis: Das ist fast trivial; wenn wir nämlich annehmen, daß wenigstens für ein einziges $x_0 \in [a,b]$ die Funktion $G(x_0) \neq 0$ ist, so ist sie sofort wegen ihrer Stetigkeit auch in einer ganzen Umgebung von x_0 von Null verschieden. Dann wählen wir eine Funktion g, die gerade auf dieser Umgebung auch ungleich Null ist, sonst beliebige Werte annehmen kann, allerdings muß sie aus $\mathcal{C}^1$ sein. Das ist der kleine Knackpunkt, ob es eine solche Funktion gibt. Nun, wir wollen das hier nicht vertiefen. Im Kapitel 'Distributionen' werden wir sogar eine Funktion konstruieren, die genau in der offenen Umgebung positiv, sonst aber identisch Null und dabei noch unendlich oft differenzierbar ist. So etwas geht also. Dann ist aber das Integral auch nicht Null im Widerspruch zur Voraussetzung. Und schon ist unser Beweis geschafft. □

Gschafft ist damit aber auch die Herleitung der Eulerschen Differentialgleichung als notwendige Bedingung für ein Extremum der Variationsaufgabe. Denn wenden wir das Fundamentallemma auf Gleichung (11.47) an, so muß der Integrand ohne die Funktion g verschwinden. Das fassen wir zusammen im

Satz 11.46 *Ist $y_0(x)$ Lösung der Variationsaufgabe*

$$\Phi[y] := \int_a^b F(x, y(x), y'(x))\, dx = extr.,$$

so ist $y_0(x)$ auch Lösung der Eulerschen Differentialgleichung (der Variationsrechnung):

$$\frac{\partial F}{\partial y}(x, y(x), y'(x)) - \frac{d}{dx}\frac{\partial F}{\partial y'}(x, y(x), y'(x)) = 0 \tag{11.49}$$

Die Eulersche Differentialgleichung, in Kurzform

$$F_y - \frac{d}{dx} F_{y'} = 0,$$

ist also eine notwendige Bedingung für ein Extremum der Variationsaufgabe. Erkennen Sie die Parallelität zur gewöhnlichen Analysis? Dort war für ein Extremum einer reellen Funktion das Verschwinden der ersten Ableitung notwendig. Die Funktion dort ist hier unser Funktional, die verschwindende Ableitung dort ist hier die Eulersche DGl, die Ableitung dort ist hier die Richtungs- oder Gateaux-Ableitung.

Ein Name sei noch eingeführt:

Definition 11.47 *Die Lösungskurven der Eulerschen Differentialgleichung heißen Extremalen.*

Beispiel 11.48 *Wir kommen zurück auf Beispiel 11.43 von Seite 427. Wir suchten unter allen Kurven, die die Punkte $A = (1,0)$ und $B = (2,1)$ verbinden, diejenige, welche dem Integral*

$$\Phi[y] = \int_1^2 (x \cdot y'(x)^4 - 2y(x) \cdot y'^3(x))\, dx$$

einen extremalen Wert erteilt.

Die Grundfunktion lautet hier

$$F(x, u, v) = x \cdot v^4 - 2u \cdot v^3.$$

Dann berechnen wir zunächst die partiellen Ableitungen

$$F_u = -2v^3, \quad F_v = 4xv^3 - 6uv^2.$$

Das geschah rein formal, indem wir y und y' als unabhängige Variable u und v angesehen haben. Jetzt müssen wir uns sehr genau die Eulersche DGl anschauen. Denn jetzt steht da die gewöhnliche Ableitung d/dx. Dazu müssen wir überall die Abhängigkeit von x einführen, also bei y und bei y'. Dann erst wird nach x abgeleitet, wodurch dann y'' als innere Ableitung hinzukommt, also (der Übersichtlichkeit wegen lassen wir die Variable x als Funktionsargument weg):

$$\frac{d}{dx} F_{y'}(x, y(x), y'(x)) = 4y'^3 + 4x \cdot 3y'^2 \cdot y'' - 6y' \cdot y'^2 - 6y \cdot 2y' \cdot y''$$
$$= 4y'^3 + 12x \cdot y'^2 \cdot y'' - 6y'^3 + 12y' \cdot y''$$

So, nun fassen wir zusammen und lassen zur besseren Übersicht in der ersten Zeile die Variable x wieder weg:

$$\left(F_y - \frac{d}{dx} F_{y'}\right)(x, y(x), y'(x), y''(x)) = -2y'^3 - 4y'^3 - 12xy'^2 y'' + 6y'^3 + 12y'y''$$
$$= 12y'(x) \cdot y''(y)(1 - x \cdot y'(x)) = 0$$

Um die Extremalen zu bestimmen, müssen wir die allgemeine Lösung dieser DGl bestimmen und sie den Randbedingungen, die durch die Punkte $A = (1,0)$ und $B = (2,1)$ beschrieben sind, anpassen. Wir suchen also eine Funktion $y = y(x)$, die die DGl erfüllt und den Randbedingungen $y(1) = 0$ und $y(2) = 1$ genügt.

Wir haben die DGl schon klug als Produkt von drei Faktoren geschrieben, deren Produkt verschwindet. Dann muß mindestens einer der Faktoren verschwinden. Daraus ergeben sich drei Fälle:

1. $y' = 0 \Longrightarrow y = \text{const.}$, aber damit lassen sich die Randbedingungen nicht mehr erfüllen.
2. $1 - x \cdot y' = 0 \Longrightarrow y' = \frac{1}{x} \Longrightarrow y = \ln|x| + c$. Hier haben wir nur eine Konstante c, an der wir drehen können. Auch damit lassen sich nicht zwei Randbedingungen erfüllen.

11.7 Exkurs zur Variationsrechnung

3. $y'' = 0 \implies y = ax + b$. Hier klappt es mit den Randbedingungen. Einfaches Einsetzen ergibt die beiden Gleichungen:
$$y(1) = 0 = a + b \quad \text{und} \quad y(2) = 1 = 2a + b$$

Daraus erhält man die Lösung
$$y(x) = x - 1$$

Diese Gerade ist also die Extremale unseres Variationsproblems, die den vorgegebenen Randbedingungen genügt. Das heißt aber nicht, daß sie auch dem Variationsproblem einen Extremwert erteilt. Die Eulersche DGl war ja nur notwendig für ein Extremum. Um sicher zu gehen, müßten wir eine hinreichende Bedingung haben. Diese gibt es, aber dafür müssen wir auf die Spezialliteratur verweisen.

11.7.4 Verallgemeinerung

Hier wollen wir nur kurz auf Aufgaben mit höheren Ableitungen eingehen. Dazu geben wir für eine allgemeinere Variationsaufgabe ihre zugeordnete Eulersche DGl an und rechnen ein Beispiel durch.

Satz 11.49 *Ist $y_0(x)$ Lösung der Variationsaufgabe*

$$\Phi[y] := \int_a^b F(x, y(x), y'(x)), \ldots, y^{(n)}(x)\, dx = extr.$$

so ist $y_0(x)$ auch Lösung der Eulerschen Differentialgleichung (der Variationsrechnung):

$$\left[F_y - \frac{d}{dx} F_{y'} + \frac{d^2}{dx^2} F_{y''} + \cdots + (-1)^n \cdot \frac{d^n}{dx^n} F_{y^{(n)}} = 0 \right] (x, y(x), y'(x), \ldots, y^{(n)}) = 0$$

Man erkennt hoffentlich das Bildungsgesetz und könnte so recht allgemeine Variationsaufgaben angehen. Zur Erläuterung betrachten wir folgendes

Beispiel 11.50 *Gegeben sei die Variationsaufgabe*

$$\Phi[y] := \int_0^1 [(x^2 + 1)\, y''^2(x) + x \cdot y(x) \cdot y'(x) + 4 \cdot y^2(x)]\, dx = extr.$$

Wie lautet die zugehörige Eulersche Differentialgleichung?

Die Grundfunktion lautet:
$$F(x, u, v_1, v_2) = (x^2 + 1)v_2^2 + x \cdot u \cdot v_1 + 4 \cdot u^2.$$

Wir erhalten
$$F_u = x \cdot v_1 + 8u, \quad F_{v_1} = xu, \quad F_{v_2} = 2(x^2 + 1)v_2.$$

Jetzt erinnern wir uns, daß u, v_1 und v_2 ja eigentlich Funktionen von x sind. Und dann müssen wir die gewöhnliche Ableitung nach eben diesem x bilden. Damit folgt:

$$\frac{d}{dx}F_{v_1}(x,y(x),y'(x),y''(x)) = \frac{d}{dx}(x \cdot y) = y + x \cdot y'$$

und analog

$$\frac{d}{dx}F_{v_2}(x,y(x),y'(x),y''(x)) = \frac{d}{dx}(2(x^2+1)y'') = 2 \cdot 2x \cdot y'' + 2(x^2+1)y'''.$$

Genau so wird das nochmal abgeleitet:

$$\frac{d^2}{dx^2}F_{v_2}(x,y(x),y'(x),y''(x)) = 4y'' + 4x \cdot y''' + 2 \cdot 2x \cdot y''' + 2(x^2+1)y^{(iv)}.$$

Die Euler-DGl lautet allgemein für die hier vorgegebene Grundfunktion:

$$\left[F_y - \frac{d}{dx}F_{y'} + \frac{d^2}{dx^2}F_{y''}\right](x,y(x),y'(x),y''(x)) = 0;$$

also entsteht, wenn wir alles einsetzen,

$$x \cdot y' + 8y - y - xy' + 4y'' + 4xy''' + 4xy''' + 2(x^2+1)y^{(iv)} = 0,$$

oder zusammengefaßt die Eulersche Differentialgleichung:

$$2(x^2+1)y^{(iv)}(x) + 8xy'''(x) + 4y''(x) - 7y(x) = 0$$

11.7.5 Belastete Variationsprobleme

Bislang haben wir uns ausschließlich auf die einfachen Randbedingungen (11.43) (vgl. S. 426) gestützt. Was ändert sich, wenn wir andere Randbedingungen zulassen?

Bei der Herleitung der Eulerschen Differentialgleichung haben wir in (11.46) auf Seite 428 wesentlich die homogenen Randbedingungen der Vergleichsfunktion g ausgenutzt. Bei komplizierteren Randvorgaben muß vielleicht auch unsere Vergleichsfunktion kompliziertere Bedingungen einhalten. Dann fallen auch die durch partielle Integration ausintegrierten Anteile nicht automatisch weg. Um das zu kompensieren, müssen wir also unser Funktional von Beginn an mit einigen Zusatztermen versehen. Diese heißen in der Literatur *Belastungsglieder* und die Variationsaufgabe heißt mit diesen Termen *belastet*.

Wir wollen hier nur für einen etwas spezielleren Fall die genauen Bedingungen herleiten. Dazu unterteilen wir zunächst die Randbedingungen in verschiedene Klassen.

Definition 11.51 *Betrachten wir eine Differentialgleichung $2n$-ter Ordnung. Dann nennen wir Randbedingungen, die Ableitungen höchstens bis zur Ordnung $n-1$ enthalten, wesentlich. Die übrigen Randbedingungen nennen wir restlich.*

Durch geschickte Wahl der Grundfunktion F gelingt es manchmal, daß restliche Randbedingungen automatisch erfüllt werden. Diese Randbedingungen nennen wir dann natürlich.

11.7 Exkurs zur Variationsrechnung

Nun kommen wir zum angekündigten Spezialfall.

Satz 11.52 *Gegeben sei folgende Randwertaufgabe*

$$-(p(x) \cdot y'(x))' + q(x) \cdot y(x) = r(x) \quad \text{mit } p(x) \geq p_0 > 0 \quad \text{in } (a,b),$$
$$\text{und } p \in \mathcal{C}^1(a,b), q \in \mathcal{C}(a,b)$$
$$\alpha_1 \cdot y(a) + \alpha_2 \cdot y'(a) = A,$$
$$\beta_1 \cdot y(b) + \beta_2 \cdot y'(b) = B.$$

Dann ist die Differentialgleichung Eulersche Differentialgleichung (also notwendige Bedingung für ein Extremum) und die restlichen Randbedingungen für $\alpha_2 \neq 0, \beta_2 \neq 0$ ergeben sich als natürliche Randbedingungen der folgenden Variationsaufgabe

$$\Phi(y) = \int_a^b [p(x) \cdot y'^2 + q(x) \cdot y^2 - 2 \cdot r(x) \cdot y] \, dx + 2G - 2H = \text{Extr.}$$

$$\text{mit} \quad G := \begin{cases} 0 & \text{falls } \alpha_2 = 0 \text{ (wesentl. RB)} \\ \dfrac{p(a)}{\alpha_2} \left(A \cdot y(a) - \dfrac{\alpha_1}{2} \cdot y(a)^2 \right) & \text{falls } \alpha_2 \neq 0 \text{ (restl. RB)} \end{cases},$$

$$\text{und} \quad H := \begin{cases} 0 & \text{falls } \beta_2 = 0 \text{ (wesentl. RB)} \\ \dfrac{p(b)}{\beta_2} \left(B \cdot y(b) - \dfrac{\beta_1}{2} \cdot y(b)^2 \right) & \text{falls } \beta_2 \neq 0 \text{ (restl. RB)} \end{cases}.$$

Dieser Satz gibt uns eine Art Kochrezept, um aus einer speziellen Randwertaufgabe auf das zugehörige Variationsproblem zurückzuschließen. Schauen wir uns die einzelnen Teile etwas genauer an.

Die Differentialgleichung ist linear und selbstadjungiert, ein Begriff, den wir hier nicht intensiver vorstellen wollen, da wir keine weiteren Folgerungen daraus ableiten werden; später (vgl. S. 399) kommen wir darauf zurück und werden ihn etwas präzieser beschreiben.

Die Randbedingungen sind ebenfalls linear. Sie sind getrennt nach Anfangs- und Endpunkt. Ist $\alpha_2 = 0$, so ist die erste Randbedingung wesentlich, und sofort sieht man, daß $G \equiv 0$ ist. Analog ist die zweite wesentlich, wenn $\beta_2 = 0$ ist, was ebenso $H \equiv 0$ ergibt. Im anderen Fall sind beide restlich. Dann entstehen echte Terme G und H, die dem Variationsfunktional hinzugefügt werden.

Die ganze Randwertaufgabe wird als Sturm[10]–Liouville[11]–Randwertaufgabe bezeichnet.

Jetzt sind wir so weit vorbereitet, daß wir uns an das nächste Verfahren heranwagen können.

---

[10]Sturm, R. (1841-1919)
[11]Liouville, J. (1809-1882)

11.8 Verfahren von Ritz

Wie wir im vorigen Abschnitt gesehen haben, wird in der Variationsrechnung eine Variationsaufgabe auf eine Differentialgleichung mit Randbedingungen zurückgeführt. Der Anwender hat dann das Problem, diese Randwertaufgabe zu lösen. Walter Ritz[12] kam im Jahre 1909 auf die geniale Idee, den Spieß umzudrehen. Ihm lag wohl mehr daran, Randwertprobleme zu lösen. Also versuchte er, sie auf ein Variationsproblem zurückzuführen und dieses dann zu lösen. Wie uns auch der vorige Abschnitt zeigt, sind nicht beliebige Randwertprobleme damit zu knacken, sondern sie müssen in einer speziellen Form vorliegen. Wir haben uns im Satz 11.52 auf sog. Sturm–Liouville-Aufgaben beschränkt und werden das hier fortsetzen.

Beispiel 11.53 *Wir lösen die Randwertaufgabe*

$$-y''(x) + x \cdot y(x) = x^2, \qquad y(0) = y(\tfrac{\pi}{2}) = 0$$

näherungsweise nach Ritz mit einem einparametrigen Ansatz aus möglichst einfachen trigonometrischen Funktionen.

Wie man sieht, sind beide Randbedingungen wesentlich, also müssen sie beide beachtet werden.

Offensichtlich erfüllt

$$w(x,a) = a \cdot \sin 2x \quad \text{mit} \quad w'(x,a) = 2a \cdot \cos 2x, \, w''(x,a) = -4a \cdot \sin 2x$$

beide Bedingungen.

Vergleichen wir mit Kasten S. 435, so ist also hier $p(x) \equiv 1$, $q(x) = x$ und $r(x) = x^2$. Damit lautet das zugehörige Variationsfunktional

$$\Phi(y) = \int_0^{\pi/2} (y'^2(x) + x \cdot y^2(x) - 2x^2 \cdot y(x))\, dx = \text{extr.}$$

Hier setzen wir den Ansatz ein:

$$\int_0^{\pi/2} (4a^2 \cdot \cos^2 2x + x \cdot a^2 \sin^2 2x - 2x^2 a \sin 2x)\, dx = \text{extr.}$$

---

[12] Ritz, W. (1878-1909)

11.8 Verfahren von Ritz

Ritzverfahren

Der Grundgedanke des Ritzverfahrens besteht darin, statt der vorgelegten Differentialgleichung eine zu ihr äquivalente Variationsaufgabe näherungsweise zu lösen. Gegeben sei die folgende sogenannte Sturm–Liouville–Randwertaufgabe:

$$-(p(x) \cdot y')' + q(x) \cdot y = r(x) \quad \text{mit } p(x) \geq p_0 > 0 \quad \text{in } (a,b),$$
$$\text{und } p \in \mathcal{C}^1(a,b), q \in \mathcal{C}(a,b)$$

$$\alpha_1 \cdot y(a) + \alpha_2 \cdot y'(a) = A,$$

$$\beta_1 \cdot y(b) + \beta_2 \cdot y'(b) = B.$$

Die folgende Variationsaufgabe ist zu ihr äquivalent:

$$\Phi(y) = \int_a^b [p(x) \cdot y'^2 + q(x) \cdot y^2 - 2 \cdot r(x) \cdot y]\, dx + 2G - 2H = \text{Extr.}$$

$$G := \begin{cases} 0 & \text{falls } \alpha_2 = 0 \text{ (wesentl. RB)} \\ \dfrac{p(a)}{\alpha_2}\left(A \cdot y(a) - \dfrac{\alpha_1}{2} \cdot y(a)^2\right) & \text{falls } \alpha_2 \neq 0 \text{ (restl. RB)} \end{cases},$$

$$H := \begin{cases} 0 & \text{falls } \beta_2 = 0 \text{ (wesentl. RB)} \\ \dfrac{p(b)}{\beta_2}\left(B \cdot y(b) - \dfrac{\beta_1}{2} \cdot y(b)^2\right) & \text{falls } \beta_2 \neq 0 \text{ (restl. RB)} \end{cases}.$$

Diese Aufgabe wird nun näherungsweise in einem endlich dimensionalen Teilraum gelöst. Dazu bilden wir als Ansatzfunktion eine Funktion $w(x; a_1, \ldots, a_n)$, die von n Parametern abhängt, aber lediglich den wesentlichen Randbedingungen genügen muß. Setzen wir diese Funktion in die Variationsaufgabe ein, so ergibt sich eine Funktion von n reellen Veränderlichen $a_1, \ldots, a_n$, die mit den üblichen Mitteln der Differentialrechnung auf Extrema zu untersuchen ist.

In dieser Gleichung steht zwar noch x, aber dieses ist ja die Integrationsvariable; nach Ausführung der Integration ist kein x mehr da. Die einzige Variable ist das a. Durch die Verwendung des Ansatzes haben wir also eine neue Funktion $\Phi(a)$ einer Variablen a erhalten, deren Extrema wir suchen. Eine notwendige Bedingung dazu kennen wir schon aus der Schule, nämlich ihre Ableitung 0 zu setzen, also

$$\text{notwendige Bedingung:} \quad \frac{d\Phi(a)}{da} = 0$$

Jetzt hat man die Freiheit, erst den Integranden nach a abzuleiten und dann die Integration auszuführen, oder umgekehrt, erst zu integrieren und dann abzuleiten. Jeder mag tun, was ihm leichter aussieht, das Ergebnis bleibt gleich.

Wir erhalten nach kurzer Rechnung

$$a = \frac{2(\pi^2 - 4)}{\pi^2 + 16\pi}, \quad \text{also als Näherungslösung:} \quad w(x) = \frac{2(\pi^2 - 4)}{\pi^2 + 16\pi} \cdot \sin 2x$$

Bemerkung 11.54 *Im obigen Kasten bedürfen nach dem Abschnitt über Variationsrechnung nur die beiden Terme G und H einer Erläuterung.*

Erste Erkenntnis, $G \equiv 0$, falls $\alpha_2 = 0$. Dieses α_2 tritt in der ersten Randbedingung auf und zwar vor dem Term mit der Ableitung. Wenn $\alpha_2 = 0$ ist, so gibt es keine Ableitung in der RB, also ist sie wesentlich. Also

wesentliche RB bei $a \Longrightarrow G \equiv 0$.

Ist dagegen $\alpha_2 \neq 0$, so ist die RB restlich und G ist ernsthaft zu beachten. Es tritt als Zusatzterme im Variationsfunktional auf. Damit wird die RB in unserer Sprechweise von Def 11.51 natürlich.

Genau das gleiche gilt für den Term H in Bezug auf die Randbedingung bei b.

11.8.1 Vergleich von Galerkin– und Ritz–Verfahren

Ritz und Galerkin sind so eng miteinander verbunden, daß wir in diesem Abschnitt sowohl theoretisch als auch an einem praktischen Beispiel die Gemeinsamkeiten und die Unterschiede zusammentragen wollen.

Beispiel 11.55 *Wir betrachten die Randwertaufgabe*

$$-y''(x) + y(x) = -1 \quad \text{mit } y'(0) ==, \ y(2) = 1$$

und lösen sie näherungsweise zuerst mit Galerkin und dann mit Ritz. Dabei verwenden wir in beiden Fällen einen einparametrigen Ansatz aus Polynomen.

Die zweite Randbedingung ist nichthomogen, also suchen wir flugs eine Funktion, die dieser Randbedingung genügt. Wir strengen uns nicht an und wählen

$$w(x) \equiv 1.$$

Dann bilden wir

$$u(x) = y(x) - w(x)$$

und rechnen aus

$$\begin{aligned}-u''(x) + u(x) &= -y''(x) + w''(x) + y(x) - w(x) \\ &= -y''(x) + y(x) - w(x) = -1 - 1 \\ &= -2\end{aligned}$$

11.8 Verfahren von Ritz

	Galerkin (1915)	Ritz (1908)
Vorauss.:	beliebige (lineare) DGl in $[a,b]$ $$L(y) = r$$ und RB bei a und b	selbstadj. DGl in $[a,b]$ $$-(py')' + qy = r$$ und RB bei a und b
Ansatz:	$w(x) = a_1 w_1(x) + \cdots + a_n w_n(x)$, wobei $w_1, \ldots, w_n$ lin. unabh. sein und *sämtlichen* Randbedingungen genügen müssen	$w(x) = a_1 w_1(x) + \cdots + a_n w_n(x)$, wobei $w_1, \ldots, w_n$ lin. unabh. sein und den *wesentlichen* Randbedingungen genügen müssen
Rechnung:	Bilde Defekt $$d := L(w) - r$$ und setze $d \perp w_1, \ldots, w_n$: $$\int_a^b (L(y) - r) \cdot w_i \, dx = 0,$$ $$i = 1, \ldots, n$$	Bilde Variationsaufgabe $$\Phi[w] = \int_a^b (pw'^2 + qw^2 - 2rw)\, dx$$ $$= \text{extr.}$$ und berechne $a_1, \ldots, a_n$ aus der (für Extremum notwendigen) Bedingung, daß die partiellen Ableitungen verschwinden: $$\frac{\partial \Phi}{\partial a_i} = 0, \; i = 1, \ldots n$$

Aus $y(x) = u(x) + w(x)$ schließen wir wegen $y'(x) = u'(x) + w'(x)$ auf die Randbedingung

$$y'(0) = u'(0) + w'(0) = u'(0).$$

Also betrachten wir für die weitere Lösung die homogenisierte Randwertaufgabe

$$-u''(x) + u(x) = -2 \quad \text{mit } u'(0) = 0, u(2) = 0.$$

(a) **Lösung nach Galerkin:**

Nun, der Ansatz wird durch die Randbedingungen bestimmt; beide müssen erfüllt werden. Die Nullfunktion würde das zwar tun, aber als Ergebnis auch nur die Nullfunktion liefern, was uns nicht wirklich weiter hilft. Eine lineare Funktion reicht leider auch nicht, wie man sofort sieht, also wählen wir eine nach oben geöffnete

Parabel, die bei $x = 0$ ihren Scheitel hat und die wir nach unten verschieben, so daß sie bei $x = 2$ den Wert 0 annimmt:

$$\text{Ansatz:} \quad w(x,a) = a \cdot w_1(x) := a \cdot (x^2 - 4), \quad a \in \mathbb{R}$$

Der Defekt lautet

$$d(u(x)) = -u''(x) + y(x) - (-2),$$

und damit erhalten wir für unseren Ansatz

$$d(w(x,a)) = -w''(x,a) + w(x,a) + 2.$$

Jetzt bestimmen wir den unbekannten Koeffizienten a aus der Forderung, daß dieser Defekt senkrecht steht zur Funktion $w_1(x) = x^2 - 4$:

$$\int_0^2 (-w''(x) + w(x) + 2) \cdot (x^2 - 4) \, dx = 0$$

Hier setzen wir den Ansatz ein und rechnen ein wenig:

$$\int_0^2 (-2a + a \cdot (x^2 - 4) + 2) \cdot (x^2 - 4) \, dx = 0.$$

Das läßt sich leicht ausrechnen, und wir erhalten

$$a = \frac{5}{13}, \quad \text{also} \quad w(x) = \frac{5}{13}(x^2 - 4)$$

als erste Näherungslösung nach Galerkin.

Jetzt müßten wir das Spiel weiter treiben mit einer Ansatzfunktion, die mehrere Parameter enthält, z. B. mit

$$w(x, a_1, a_2) = a_1 \cdot w_1(x) + a_2 \cdot w_2(x)$$
$$:= a_1 \cdot (x^2 - 4) + a_2 \cdot (x^2 - 4)^2$$

Das bringt dann etwas mehr Rechnerei, aber keine neue Erkenntnis, und darum belassen wir es dabei.

(b) **Lösung nach Ritz:** Bei Herrn Ritz müssen wir lediglich die wesentlichen Randbedingungen im Ansatz unterbringen. Wesentlich ist hier nur die zweite Bedingung $u(2) = 0$, die erste enthält die Ableitung, was bei einer DGl 2. Ordnung eine restliche RB ist.

Damit können wir mit einer viel einfacheren Funktion ansetzen; es reicht hier ein Polynom ersten Grades

$$\text{Ansatz:} \quad w(x,a) = a \cdot (x - 2), \quad a \in \mathbb{R}.$$

Die zugehörige Variationsaufgabe lautet

$$\int_0^2 (u'^2(x) + u^2(x) + 4u(x)) \, dx = \text{extr}.$$

11.8 Verfahren von Ritz

also mit dem Ansatz $w(x, a)$

$$\int_0^2 (a^2 + a^2(x-2)^2 + 4a(x-2))\,dx = \text{extr.}$$

Auch hier beginnt jetzt das Rechnen, das einem Mathematiker so gar nicht schmeckt, aber eben doch auch ab und zu sein muß, und wir erhalten

$$a = \frac{6}{7}, \quad \text{also} \quad w(x) = \frac{6}{7}(x-2)$$

als erste Näherungslösung nach Ritz.

Wenn wir die Ansatzfunktion so wie bei Galerkin nehmen, entsteht natürlich auch dasselbe Ergebnis wie oben.

12 Partielle Differentialgleichungen

Viele Naturgesetze enthalten Ableitungen, man denke an das Wachstumsverhalten oder den radioaktiven Zerfall. Neben den drei Raumvariablen spielt aber häufig auch noch die Zeit als vierte Variable eine Rolle. Daher sind es in aller Regel die partiellen Ableitungen, die eine wesentliche Rolle in der Gleichung spielen. So gelangt man zu den partiellen Differentialgleichungen.

Definition 12.1 *Die folgende Gleichung*

$$F\left(x_1,\ldots,x_n, u, \frac{\partial u}{\partial x_1},\ldots,\frac{\partial u}{\partial x_n}, \frac{\partial^2 u}{\partial x_1^2}, \frac{\partial^2 u}{\partial x_1 \partial x_2},\ldots,\frac{\partial^2 u}{\partial x_k^2},\ldots,\frac{\partial^k u}{\partial x_n^k}\right) = 0 \quad (12.1)$$

stellt die allgemeinste partielle Differentialgleichung der Ordnung k in n Veränderlichen dar; mit Ordnung meinen wir dabei wie bei gewöhnlichen Differentialgleichungen die größte vorkommende Ableitungsordnung.

Die Funktion F kann dabei auch nichtlinear sein, und dann fällt es schwer, etwas über Lösbarkeit usw. zu sagen. Wir wollen für unsere folgenden Untersuchungen nur 2. Ableitungen zulassen. Daran sehen wir genug, um das allgemeine Prinzip zu erkennen. Außerdem wollen uns auf lineare partielle Differentialgleichungen 2. Ordnung beschränken:

$$\underbrace{\sum_{j,k=1}^{n} A_{jk}(x) \frac{\partial^2 u}{\partial x_j \partial x_k}}_{\text{Hauptteil}} + \sum_{k=1}^{n} A_k(x) \frac{\partial u}{\partial x_k} + A_0(x) u = f(x), \quad (12.2)$$

wobei $A_{jk}, A_k, j, k = 1,\ldots,n, A_0$ und f gegebene Funktionen von x sind. Der unterklammerte Hauptteil enthält sämtliche Terme mit den zweiten Ableitungen. Wir werden später nur diesen Hauptteil dazu benutzen, die verschiedenen Typen von Differentialgleichungen zu klassifizieren.

Nach Hermann Amandus Schwarz[1] weiß man, daß (unter gewissen Voraussetzungen) die Reihenfolge bei der zweiten partiellen Ableitung vertauschbar ist, daß also gilt:

$$\frac{\partial^2 u}{\partial x_j \partial x_k} = \frac{\partial^2 u}{\partial x_k \partial x_j}.$$

Somit können wir ohne großes Verheben

$$A_{jk}(x) = A_{kj}(x)$$

---
[1] H. A. Schwarz, 1843 – 1921

voraussetzen. Dann werden wir natürlich diese Koeffizienten in einer Matrix darstellen, der Koeffizientenmatrix, und können von vornherein annehmen, daß diese Koeffizientenmatrix des Hauptteils symmetrisch ist.

Bevor wir obige Begriffe an, wie sich zeigen wird, wesentlichen Beispielen üben, wollen wir kurz umreißen, wie unser weiteres Vorgehen aussieht. Wir wollen zunächst die zu untersuchenden Gleichungen (12.2) in Klassen einteilen. Leider müssen wir dann jede dieser Klassen für sich behandeln. Es gibt keine einheitliche Theorie; jeder Typ verlangt eine ganz eigene Betrachtung. Dazu werden wir jedesmal den berühmten Bernoulli-Trick vorführen und uns anschließend Gedanken über die numerische Berechnung einer Lösung machen.

12.1 Einige Grundtatsachen

Wir beginnen mit einigen Beispielen, die sich als charakteristisch für jeden der später bestimmten Typen von partiellen Differentialgleichungen herausstellen werden.

1. Schwingende Saite: Betrachtet man eine Gitarrensaite und zupft sie an, so kann man ihre Ausdehnung im zeitlichen Verlauf durch folgende Differentialgleichung beschreiben:

$$\frac{\partial^2}{\partial t^2} - a^2 \frac{\partial^2 u}{\partial x^2} = f(x,t). \tag{12.3}$$

Dabei haben wir eine Variable t genannt, womit wir andeuten wollen, daß diese Variable in der physikalischen Wirklichkeit die Zeit ist. Die Funktion $f(x,t)$ der rechten Seite beschreibt die Kraft, die die Saite in Spannung hält. Der Parameter a stellt die Ausbreitungsgeschwindigkeit der Schwingung dar. Wir schreiben a^2, um damit das negative Vorzeichen zu fixieren, denn a^2 ist für $a \neq 0$ stets positiv, das negative Vorzeichen kann also nicht durch den Parameter a aufgefressen werden.

Hier stehen links nur Terme mit zweiten Ableitungen. Beide zusammen bilden also den Hauptteil. Die zugehörige Koeffizientenmatrix lautet:

$$\begin{pmatrix} 1 & 0 \\ 0 & -a^2 \end{pmatrix}.$$

2. Membranschwingung:
Eine schwingende Membran, wie man sie in jedem Lautsprecher findet, gehorcht unter starken Einschränkungen in erster Näherung folgender Gleichung:

$$\frac{\partial^2 u(x,y,t)}{\partial t^2} - a^2 \left(\frac{\partial^2 u(x,y,t)}{\partial x^2} + \frac{\partial^2 u(x,y,t)}{\partial y^2} \right) = f(x,y,t). \tag{12.4}$$

Der Unterschied zur Saite liegt lediglich in der einen Veränderlichen, die wir mehr haben, was ja auch klar ist, denn die Membran liegt ja in der Ebene. Die zugehörige

12.1 Einige Grundtatsachen

Koeffizientenmatrix lautet:
$$\begin{pmatrix} 1 & 0 & 0 \\ 0 & -a^2 & 0 \\ 0 & 0 & -a^2 \end{pmatrix}.$$

Man beachte auch hier das Quadrat des Parameters a. Nur dadurch sind im Hauptteil zwei Diagonalelemente echt negativ (für $a \neq 0$).

3. Betrachten wir einen Körper im dreidimensionalen Raum mit den Koordinaten x, y und z. Interessant ist die Frage, wie sich Wärme in diesem Körper im Verlaufe der Zeit t ausbreitet. Die Physiker wissen die Antwort. Die folgende partielle Differentialgleichung liegt diesem Vorgang zugrunde:

$$k \cdot \frac{\partial u}{\partial t} - \left(\frac{\partial^2 u}{\partial x^2} + \frac{\partial^2 u}{\partial y^2} + \frac{\partial^2 u}{\partial z^2} \right) = f(x, y, z, t). \tag{12.5}$$

Hier muß man aufpassen, nicht den falschen Hauptteil aufzuschreiben. Wir haben vier Variable x, y, z und t. Also besteht unser Hauptteil auch aus einer vierreihigen Matrix. Nun kommt die Variable t nicht als zweite partielle Ableitung vor, sondern nur als erste. Damit enthält der Hauptteil eine Nullzeile, um so das Vorhandensein der vierten Variablen anzudeuten, aber klarzumachen, daß diese nicht im Hauptteil mitspielt:

$$\begin{pmatrix} 0 & 0 & 0 & 0 \\ 0 & -1 & 0 & 0 \\ 0 & 0 & -1 & 0 \\ 0 & 0 & 0 & -1 \end{pmatrix}.$$

4. Zur Bestimmung des elektrischen Feldes eines geladenen Körpers kann man mit großem Gewinn den berühmten Divergenzsatz von C. F. Gauß heranziehen. Mit seiner Hilfe läßt sich ein solches Feld folgendermaßen beschreiben:

$$\Delta u(x, y, z) := \frac{\partial^2 u(x, y, z)}{\partial x^2} + \frac{\partial^2 u(x, y, z)}{\partial y^2} + \frac{\partial^2 u(x, y, z)}{\partial z^2}$$
$$= \begin{cases} 0 & \text{Laplace–Gleichung} \\ f(x, y, z) & \text{Poisson–Gleichung} \end{cases} \tag{12.6}$$

Die Koeffizientenmatrix des Hauptteils ist schlicht die 3×3–Einheitsmatrix, wie man unmittelbar erkennt.

Die folgenden beiden Beispiele werden wir später hinsichtlich ihres Typs genauer betrachten und dabei feststellen, daß eine partielle Differentialgleichung nicht in der ganzen Ebene demselben Typ angehören muß.

5.
$$y \frac{\partial^2 u}{\partial x^2} + \frac{\partial^2 u}{\partial y^2} = 0 \tag{12.7}$$

Dies ist die Tricomi–Differentialgleichung, die Koeffizientenmatrix des Hauptteils lautet:
$$\begin{pmatrix} y & 0 \\ 0 & 1 \end{pmatrix}.$$

6.
$$(1+y^2)\frac{\partial^2 u}{\partial x^2} - 2xy\frac{\partial^2 u}{\partial x \partial y} + (1+x^2)\frac{\partial^2 u}{\partial y^2} - x^3\frac{\partial u}{\partial y} = x \cdot y^2 \qquad (12.8)$$

Die Koeffizientenmatrix des Hauptteils lautet hier:
$$\begin{pmatrix} 1+y^2 & -xy \\ -xy & 1+x^2 \end{pmatrix}$$

12.1.1 Klassifizierung von partiellen Differentialgleichungen zweiter Ordnung

In diesem Abschnitt wollen wir uns ansehen, in welche Klassen man die partiellen Differentialgleichungen zweiter Ordnung einteilt. Dies ist beileibe keine mathematische Spitzfindigkeit ohne Sinn. Ganz im Gegenteil. Für jede der nun folgenden Klassen gibt es eine ganz eigenständige Theorie bezüglich Lösbarkeit und auch hinsichtlich der numerischen Berechnung. Daher müssen wir diese Einteilung dringend kennenlernen. Anschließend werden wir jede einzelne Klasse gesondert betrachten und uns die zugehörige Theorie und Numerik zu Gemüte führen.

Durch unsere Überlegung mit Hermann Amandus Schwarz ist die Koeffizientenmatrix stets symmetrisch. Also sind nach unserer Kenntnis der Hauptachsentransformation alle Eigenwerte reell. Das nutzen wir in der folgenden Definition gnadenlos zur Typeinteilung aus:

Definition 12.2 *Eine partielle Differentialgleichung zweiter Ordnung gehört im Punkt $\vec{x} = (x_1, x_2, \ldots, x_n)$ zum Typ (α, β, γ), wenn die Koeffizientenmatrix ihres Hauptteils α positive, β negative Eigenwerte hat und γ Eigenwerte gleich Null sind (alle mit Vielfachheiten gezählt).*

Eine partielle Differentialgleichung gehört in einer Punktmenge zum Typ (α, β, γ), wenn sie in jedem ihrer Punkte zu diesem Typ gehört.

In Kurzform lautet das also:
$$\text{Typ } (\alpha, \beta, \gamma) \iff \begin{array}{l} \alpha \text{ Anzahl der Eigenwerte } > 0 \\ \beta \text{ Anzahl der Eigenwerte } < 0 \\ \gamma \text{ Anzahl der Eigenwerte } = 0 \end{array}$$

Bemerkung 12.3 *Offensichtlich gehört eine PDGl im ganzen Raum zum selben Typ, wenn die Koeffizientenfunktionen konstant sind.*

Es ist

12.1 Einige Grundtatsachen

$$\text{Typ } (\alpha, \beta, \gamma) = \text{Typ } (\beta, \alpha, \gamma).$$

Man muß ja lediglich die ganze PDGL mit -1 multiplizieren. Dann wechseln alle von Null verschiedenen Eigenwerte ihr Vorzeichen, also α wird zu β, β zu α, und die Eigenwerte $= 0$ bleiben gleich, γ ändert sich also nicht.

Damit können wir nun ohne Probleme für unsere oben vorgestellten Beispiele jeweils den Typ bestimmen.

1. Die schwingende Saite hat als

   Eigenwerte $1, -a^2$, ist also vom Typ $(1, 1, 0)$.

2. Die Membran hat als

   Eigenwerte $1, -a^2, -a^2$ ist also vom Typ $(2, 1, 0)$.

3. Die Wärmeleitung hat als

   Eigenwerte $-1, -1, -1, 0$ ist also vom Typ $(0, 3, 1)$.

4. Die Laplace–Gleichung hat als

   Eigenwerte $1, 1, 1$, ist also vom Typ $(3, 0, 0)$.

5. Die Tricomi–Gleichung hat als

   Eigenwerte $1, y$, ist also vom Typ $\begin{cases} (2, 0, 0) \text{ falls } y > 0 \\ (1, 1, 0) \text{ falls } y < 0 \\ (1, 0, 1) \text{ falls } y = 0 \end{cases}$.

6. Zur Bestimmung der Eigenwerte der Koeffizientenmatrix

   $$\begin{pmatrix} 1 + y^2 & -xy \\ -xy & 1 + x^2 \end{pmatrix}$$

   stellen wir ihr charakteristisches Polynom auf. Es ist

   $$\det \begin{pmatrix} 1 + y^2 - \lambda & -xy \\ -xy & 1 + x^2 - \lambda \end{pmatrix} = (1 + y^2 - \lambda)(1 + x^2 - \lambda) - x^2 y^2 = 0.$$

   Das geht leicht aufzulösen mit der bekannten p-q-Formel:

   $$\lambda_{1,2} = \frac{2 + x^2 + y^2}{2} \pm \sqrt{\left(\frac{2 + x^2 + y^2}{2}\right)^2 - 1 - x^2 - y^2}.$$

   Löst man die Klammer unter der Wurzel auf, so heben sich verschiedene Terme weg, und es bleibt:

   $$\lambda_{1,2} = 1 + \frac{x^2}{2} + \frac{y^2}{2} \pm \left(\frac{x^2}{2} + \frac{y^2}{2}\right).$$

Also finden wir die beiden Eigenwerte
$$\lambda_1 = 1, \quad \lambda_2 = 1 + x^2 + y^2,$$
also sind beide Eigenwerte positiv (sogar > 1), also gehört die PDGl zum Typ $(2, 0, 0)$.

Für den Fall, daß wir uns mit drei unabhängigen Veränderlichen plagen müssen, uns also im dreidimensionalen Raum bewegen, haben wir ja höchstens drei Eigenwerte unserer 3×3-Koeffizientenmatrix des Hauptteils. Da gibt es also gar nicht so sehr viel verschiedene Typen. Den drei wichtigsten geben wir folgende Namen:

Definition 12.4

$$Typ \quad \begin{matrix} (n,0,0) = (0,n,0) \\ (n-1,1,0) = (1,n-1,0) \\ (n-1,0,1) = (0,n-1,1) \end{matrix} \quad heißt \quad \begin{matrix} \textbf{elliptisch}, \\ \textbf{hyperbolisch}, \\ \textbf{parabolisch}. \end{matrix}$$

Die Motivation für diese Namensgebung erhalten wir, wenn wir uns im $\mathbb{R}^2$ tummeln. Lassen wir also nur zwei unabhängige Veränderliche zu, so nimmt der Hauptteil die Gestalt an

$$H(u(x,y)) = a_{11}(x, y, u(x, y), u_x(x, y), u_y(x, y))u_{xx}(x, y)$$
$$+ 2a_{12}(\ldots)u_{xy}(\ldots) + a_{22}(\ldots)u_{yy}(\ldots).$$

Zur besseren Übersicht haben wir ... verwendet, wenn wir den gleichen Eintrag wie zuvor hinschreiben müßten. Die Koeffizientenfunktionen a_{11}, a_{12} und a_{22} kann man in einer Matrix anordnen, da wir ja wegen H. A. Schwarz ohne weiteres $2a_{12}u_{xy} = a_{12}u_{xy} + a_{21}u_{yx}$ schreiben können; wir haben also einfach $a_{21} := a_{12}$ gesetzt und erhalten die Matrix

$$A = \begin{pmatrix} a_{11} & a_{12} \\ a_{21} & a_{22} \end{pmatrix}.$$

Denken wir nun zurück an die lineare Algebra. Einer solchen Matrix können wir eine quadratische Form zuordnen. Es zeigt sich bekanntlich, daß diese Form eine Ellipse darstellt, wenn beide Eigenwerte der Matrix positiv sind. Sie ist eine Hyperbel, wenn ein Eigenwert positiv und der zweite negativ ist. Und es ist eine Parabel, wenn ein Eigenwert 0 auftritt. Genau das ist unsere Klassifizierung der Typen. Daher also der Name.

Vergleichen wir mit obigen Beispielen, so sehen wir:

1. Die PDGl der schwingenden Saite ist hyperbolisch.
2. Die PDGl der Membran ist hyperbolisch.
3. Die Wärmeleitungsgleichung ist parabolisch.
4. Die Laplace–Gleichung und die Poisson–Gleichung sind elliptisch.

12.1 Einige Grundtatsachen

5. Die Tricomi–Gleichung ist in der oberen Halbebene elliptisch, in der unteren Halbebene hyperbolisch und auf der x-Achse parabolisch.
6. Diese PDGl ist elliptisch.

Leider ist mit diesen drei Begriffen keine vollständige Einteilung aller PDGln erreicht. Beziehen wir die Zeit als vierte unabhängige Variable mit ein, so könnte man an folgende PDGl denken:

$$\frac{\partial^2 u}{\partial x^2} + \frac{\partial^2 u}{\partial y^2} - \frac{\partial^2 u}{\partial z^2} - \frac{\partial^2 u}{\partial t^2} = f(x,y,z,t).$$

Hier sind zwei Terme positiv, zwei Terme negativ. Als Eigenwerte haben wir 1 und -1 jeweils mit der Vielfachheit 2, also ist der Typ $(2,2,0)$. Der paßt aber nicht in unser obiges Schema. Diese PDGL ist also keinem Typ zugeordnet. Sie ist weder elliptisch noch hyperbolisch noch parabolisch. Man sieht, daß sich die Einteilung stark an den bekannten PDGL der Physik orientiert hat.

12.1.2 Anfangs– und Randbedingungen

Wie bei den gewöhnlichen Differentialgleichungen sind auch bei PDGl weitere Einschränkungen erforderlich, um auf genau eine Lösung zu kommen. Wieder stark an der Physik orientiert, nimmt man Bedingungen am Rand des zu betrachtenden Gebietes hinzu oder man stellt, wenn die Zeit als unabhängige Variable mit einbezogen ist, sog. Anfangsbedingungen. Wir demonstrieren das an einigen wichtigen Beispielen.

Beispiel 12.5 *Die Poisson–Gleichung*[2]

$$\Delta u = f \qquad in\ \Omega,$$

wobei Ω ein beschränktes Gebiet im $\mathbb{R}^2$ oder $\mathbb{R}^3$ und Δ der Laplace–Operator ist:

$$\Delta u = \frac{\partial^2 u}{\partial x^2} + \frac{\partial^2 u}{\partial y^2} + \frac{\partial^2 u}{\partial z^2}$$

Im wesentlichen betrachtet man für die Poissongleichung drei verschiedene Formen von Randbedingungen:

1. Dirichlet–Randbedingungen[3]:

    $$u|_\Gamma = \varphi(\vec{x}), \quad \vec{x} \in \Gamma,$$

    und hier ist Γ der Rand des betrachteten Gebietes Ω. Es werden also nur die Funktionswerte der gesuchten Lösung auf dem Rand vorgegeben.

---

[2]S. D. Poisson (1781 – 1840)
[3]L. P. G. Dirichlet (1805 – 1859)

2. Neumann–Randbedingungen[4]:

$$\frac{\partial u}{\partial n}\bigg|_\Gamma = \psi(\vec{x}), \quad \vec{x} \in \Gamma.$$

Hier werden nur die Normalableitungen der gesuchten Lösung in Richtung $\vec{n}$ auf dem Rand vorgegeben, wobei $\vec{n}$ der Normalenvektor auf dem Rand ist.

3. Gemischte Randbedingungen:

$$\alpha u|_\Gamma + \beta \frac{\partial u}{\partial n}\bigg|_\Gamma = \chi(\vec{x}), \quad \vec{x} \in \Gamma.$$

Je nach Wahl von α und β stecken hier die Dirichlet– und die Neumann–Randbedingungen mit drin. Gemischt sind sie aber erst, wenn sowohl α als auch β von Null verschieden sind.

Beispiel 12.6 *Betrachten wir als weiteres Beispiel die Wellengleichung und als Spezialfall im $\mathbb{R}^1$ die schwingende Saite:*

$$\frac{\partial^2 u}{\partial t^2} - a^2 \frac{\partial^2 u}{\partial x^2} = f(x,t), \quad (x,t) \in [0,\ell] \times [0,\infty).$$

Dabei ist a die Ausbreitungsgeschwindigkeit der Welle, $f(x,t)$ die zur Zeit t auf den Punkt x einwirkende äußere Kraft, die z. B. beim Anzupfen der Saite gebraucht wird oder beim Anreißen mit dem Bogen bei der Geige.

Rechts haben wir die Saite auf die x–Achse gelegt von 0 bis ℓ. Senkrecht nach oben wollen wir die Zeitachse auftragen. Damit haben wir als Gesamtgebiet einen nach oben offenen Streifen, der drei Randlinien besitzt. Der untere Rand liegt auf der x–Achse, also bei $t = 0$, der linke Rand ist der Anfangspunkt der Saite und seine zeitliche Entwicklung, der rechte Rand ist der Endpunkt in der zeitlichen Entwicklung.

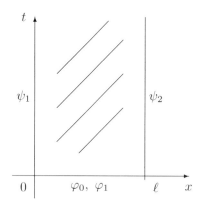

Damit ist bereits die Wellengleichung vollständig beschrieben, und wir werden uns später fragen, ob und wie wir diese Gleichung lösen können. Da wir noch keine Einschränkungen an die Ränder vorgegeben haben, wird die Lösung, wenn es denn eine gibt, noch viele Freiheiten besitzen.

In dieser Gleichung finden wir sowohl zweite Ableitungen nach t als auch nach x. In der Lösung darf man also vier Parameter erwarten, und wir können vier Bedingungen

---
[4] C. G. Neumann, (1832 – 1925)

12.1 Einige Grundtatsachen

gebrauchen. Häufig werden für die Saite eine Anfangslage $\varphi_0(x)$ und eine Anfangsgeschwindigkeit $\varphi_1(x)$ vorgegeben, also sog. Anfangsbedingungen:

$$u(x,0) = \varphi_0(x), \quad \frac{\partial u(x,0)}{\partial t} = \varphi_1(x), \quad 0 \leq x < \ell.$$

Die so beschriebene Aufgabe ist für sich allein schon interessant, auch wenn sie immer noch recht viele Freiheiten besitzt. Sie verdient bereits einen eigenen Namen:

Definition 12.7 *Unter dem* **Cauchy-Problem der Wellengleichung** *verstehen wir die Wellengleichung lediglich mit gegebenen Anfangswerten, also*

$$\frac{\partial^2 u}{\partial t^2} - a^2 \frac{\partial^2 u}{\partial x^2} = f(x,t), \quad (x,t) \in [0,\ell] \times [0,\infty) \tag{12.9}$$

$$u(x,0) = \varphi_0(x) \tag{12.10}$$

$$\frac{\partial u(x,0)}{\partial t} = \varphi_1(x), \quad 0 \leq x < \infty \tag{12.11}$$

Die beiden Funktionen $\varphi_0(x)$ und $\varphi_1(x)$ heißen die **Cauchy-Daten** *des Problems.*

Als weitere Festlegung kann man daran denken vorzugeben, wie sich der linke und der rechte Endpunkt der Saite im Laufe der Zeit zu verhalten haben, das sind die sog. Randbedingungen:

$$u(0,t) = \psi_1(t), \quad u(\ell,t) = \psi_2(t), \quad 0 \leq t < \infty.$$

Auch diese Aufgabe wollen wir benennen:

Definition 12.8 *Unter dem* **Anfangs-Randwert-Problem der Wellengleichung** *(im $\mathbb{R}^1$) verstehen wir folgende Aufgabe:*

$$\frac{\partial^2 u}{\partial t^2} - a^2 \frac{\partial^2 u}{\partial x^2} = f(x,t), \quad (x,t) \in [0,\ell] \times [0,\infty) \tag{12.12}$$

$$u(x,0) = \varphi_0(x) \tag{12.13}$$

$$\frac{\partial u(x,0)}{\partial t} = \varphi_1(x), \quad 0 \leq x < \infty \tag{12.14}$$

$$u(0,t) = \psi_1(t), \quad u(\ell,t) = \psi_2(t), \quad 0 \leq t < \infty \tag{12.15}$$

Eventuell werden darüber hinaus Verträglichkeitsbedingungen verlangt. Damit die Lösung auch auf dem Rand stetig ist, muß gelten:

$$\psi_1(0) = \varphi_0(0), \quad \psi_2(0) = \varphi_0(\ell).$$

Vielleicht will man ja auch sicherstellen, daß die Lösung differenzierbar ist, dann muß zumindest gefordert werden:

$$\psi_1{}'(0) = \varphi_1(0), \quad \psi_2{}'(0) = \varphi_1(\ell).$$

Damit haben wir die Grundaufgaben, die sich bei der Wellengleichung ergeben, beschrieben. Für diese Aufgaben werden wir uns im folgenden bemühen, Lösungsansätze zu erarbeiten.

12.1.3 Korrekt gestellte Probleme

Der Begriff des korrekt gestellten Problems wurde von Hadamard[5] eingeführt. Er legte dazu folgendes fest:

Definition 12.9 *Ein PDGl–Problem heißt korrekt gestellt, wenn*

1. *es mindestens eine Lösung besitzt (Existenz),*
2. *es höchstens eine Lösung besitzt (Einzigkeit),*
3. *die Lösung stetig von den Vorgaben (den „Daten") abhängt (Stabilität).*

Diesen Begriff wollen wir ausführlich am folgenden Beispiel erläutern.

Beispiel 12.10 *Wir betrachten die Randwertaufgabe:*

$$\frac{\partial^2 u(x,y)}{\partial x \partial y} = 0 \quad \text{in } \Omega = (0,1) \times (0,1) \quad (12.16)$$
$$u(0,y) = \varphi_1(y), \quad u(x,0) = \psi_1(x)$$
$$u(1,y) = \varphi_2(y), \quad u(x,1) = \psi_2(x)$$

Wir fordern zusätzlich folgende Verträglichkeitsbedingungen, damit die Lösung stetig wird:

$$\varphi_1(0) = \psi_1(0), \quad \varphi_2(1) = \psi_2(0), \quad \varphi_2(0) = \psi_1(1), \quad \varphi_2(1) = \psi_2(1).$$

Nun rechnen wir ein wenig. Wenn wir die Differentialgleichung nur etwas anders schreiben, können wir die äußere Differentiation nach x leicht durch eine Integration nach x aufheben.

$$\frac{\partial}{\partial x}\left(\frac{\partial u(x,y)}{\partial y}\right) = 0 \Longrightarrow \frac{\partial u(x,y)}{\partial y} = f(y) \, (= \text{const. bezgl } x).$$

---
[5] J.S. Hadamard (1865–1963)

Bei dieser Integration bleibt wie stets eine Integrationskonstante $f(y)$, die hier von der zweiten Variablen y abhängen kann. Das Spiel ging so schön, also versuchen wir es gleich noch einmal, indem wir die letzte Gleichung jetzt nach y integrieren:

$$u(x,y) = F_2(y) + F_1(x) \quad \text{mit} \quad F_2'(y) = f(y).$$

Auch hier ist wiederum $F_1(x)$ als Integrationskonstante hinzugekommen, die jetzt wegen der Integration nach y noch von x abhängen kann. Damit haben wir die allgemeine Darstellung der Lösung. Jetzt müssen wir sehen, ob die Randbedingungen erfüllt werden können. Wir setzen also ein:

$$u(0,y) = F_1(0) + F_2(y) \stackrel{!}{=} \varphi_1(y) \Rightarrow F_2(y) = \varphi_1(y) - F_1(0)$$
$$u(x,0) = F_1(x) + F_2(0) \stackrel{!}{=} \psi_1(x) \Rightarrow F_1(x) = \psi_1(x) - F_2(0)$$

Wir können eine der Konstanten $F_1(0)$ oder $F_2(0)$ willkürlich wählen, setzen also z. B. $F_2(0) = 0$. Dann liegt

$$F_1(x) = \psi_1(x)$$

fest, denn die Funktion ψ_1 war ja vorgegeben. Damit liegt aber auch

$$F_2(y) = \varphi_1(y) - \psi_1(0)$$

fest. Und schon ist die Lösung (bis auf die Konstante $F_2(0)$) eindeutig bestimmt. Wie können wir die beiden anderen Randbedingungen erfüllen? Vielleicht sind sie ja zufällig erfüllt:

$$u(1,y) = F_1(1) + F_2(y) = \varphi_2(y)$$

bedeutet dann, daß $F_2(y)$ darstellbar ist als

$$F_2(y) = \varphi_2(y) - F_1(1).$$

Damit haben wir eine zweite Darstellung für $F_2(y)$. Der Vergleich liefe auf folgende Festlegung der Randvorgaben hinaus:

$$\varphi_1(y) - \psi_1(0) = \varphi_2(y) - F_1(1).$$

$\varphi_1(y)$ und $\varphi_2(y)$ waren aber doch in der Aufgabenstellung willkürlich vorgebbar. Das ist ein Widerspruch. Also besitzt die Aufgabe bei willkürlicher Vorgabe von $\varphi_1(y)$ und $\varphi_2(y)$ keine Lösung. Das Problem (12.16) ist also nicht korrekt gestellt.

12.2 Die Poissongleichung und die Potentialgleichung

In diesem Abschnitt wollen wir uns als Beispiel einer elliptischen Gleichung

die Poissongleichung $\quad \Delta u(x,y) = f(x,y)$ in $\Omega \subseteq \mathbb{R}^2$

und als zugehörige homogene Gleichung

$$\text{die Potentialgleichung} \quad \Delta u(x,y) = 0 \text{ in } \Omega \subseteq \mathbb{R}^2$$

ansehen. Wie der Name sagt, stellt die Potentialgleichung das Potential eines Kraftfeldes wie z. B. das elektrische Potential einer geladenen Platte dar.

Für die beiden Probleme, die am häufigsten in der Natur und auch in der Literatur auftreten, die Dirichletsche Randwertaufgabe oder das Randwertproblem 1. Art und die Neumannsche Randwertaufgabe oder das Randwertproblem 2. Art, werden wir uns detailliert die Lösungsansätze erarbeiten.

12.2.1 Dirichletsche Randwertaufgabe

Definition 12.11 *Die Aufgabe*

$$\Delta u(x,y) = f(x,y) \quad in \ \Omega \subseteq \mathbb{R}^2 \tag{12.17}$$

$$u(x,y) = g(x,y) \quad auf \ \Gamma = \partial\Omega \tag{12.18}$$

heißt Randwertproblem 1. Art oder Dirichletsche Randwertaufgabe.

Bei diesem Problem sind also auf dem Rand die Funktionswerte der gesuchten Lösungsfunktion vorgegeben.

Korrektgestelltheit Unsere erste Frage muß nun lauten, ob die Aufgabe korrekt gestellt ist. Einige einfache Beispiele zeigen uns hier die Problematik.

Beispiel 12.12 *Betrachten wir doch nur mal die Potentialgleichung für das Einheitsquadrat $\Omega = (0,1) \times (0,1)$ und dort die Randbedingung:*

$$g(x,y) = x^2 \qquad \textit{für } (x,y) \in \textit{ Rand des Quadrates.}$$

Angenommen, wir hätten uns im Einheitsquadrat eine Funktion $u(x,y)$ einfallen lassen, die auf dem Rand des Quadrates mit $g(x,y)$ übereinstimmt. Auf dem Teil der y–Achse, der zum Quadrat gehört, hätten wir dann

$$u_{xx}(x,0) = g_{xx}(x,0) = 2 \quad \text{für } x \in [0,1].$$

Im Nullpunkt wäre also

$$u_{xx}(0,0) = 2.$$

Genauso schnell rechnen wir auf dem Rand des Quadrates die zweite Ableitung nach y aus:

$$u_{yy}(x,0) = g_{yy}(x,0) = 0 \quad \text{für } x \in [0,1].$$

Im Nullpunkt folgt hier

$$u_{yy}(0,0) = 0.$$

Damit folgt aber insgesamt

$$\Delta u(0,0) = u_{xx}(0,0) + u_{yy}(0,0) = 2.$$

Die zweite Ableitung der uns da eingefallenen Funktion $u(x,y)$ läßt sich also nicht stetig auf den Rand fortsetzen, in Kurzform drücken wir das so aus: $u(x,y) \notin \mathcal{C}^2(\overline{\Omega})$. Häßlich, nicht?

Die Wirklichkeit ist aber noch schlimmer. Wir zeigen am folgenden Beispiel, daß sogar schon die *erste* Ableitung einer Lösung einer speziellen Potentialgleichung mit Dirichlet–Randbedingungen nicht beschränkt bleibt in dem betrachteten Gebiet.

Beispiel 12.13 *Wir betrachten wieder die Potentialgleichung*

$$\Delta u(x,y) = 0$$

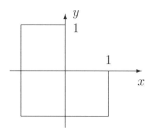

in dem rechts abgebildeten L–förmigen Gebiet. Der Nullpunkt des Koordinatensystems liegt dabei in der einspringenden Ecke. Und genau dort wird unsere Lösung eine nicht beschränkte erste Ableitung besitzen.

Um das zu sehen, führen wir Polarkoordinaten ein durch

$$x = r\cos\varphi, \ y = r\sin\varphi$$

und betrachten die Funktion

$$u(r,\varphi) = r^{2/3} \sin\frac{2\varphi - \pi}{3}.$$

Ihre Einschränkung auf den Rand des L–förmigen Gebietes liefert uns die Randbedingung.

Nun haben wir uns auf das Adventure der Polarkoordinaten eingelassen und müssen daher auch den Laplace–Operator in diesen Koordinaten angeben. Dazu schreiben wir

$$u(x,y) = u(x(r,\varphi), y(r,\varphi))$$

und bilden z. B. die Ableitung

$$\frac{\partial u}{\partial r} = \frac{\partial u}{\partial x}\frac{\partial x}{\partial r} + \frac{\partial u}{\partial y}\frac{\partial y}{\partial r}.$$

Das ist eine leichte Rechnerei; bis wir den Laplace–Operator erreicht haben, ist aber sicher ein klein wenig Zeit vergangen. Als Ergebnis folgt

$$\Delta_{r,\varphi} u(x(r,\varphi), y(r,\varphi)) = \frac{\partial^2 u}{\partial r^2} + \frac{1}{r}\frac{\partial u}{\partial r} + \frac{1}{r^2}\frac{\partial^2 u}{\partial \varphi^2}.$$

Nun zeigen wir zuerst, daß wir oben die als Randbedingung getarnte Funktion mit großem Bedacht gewählt haben. Sie ist nämlich unsere gesuchte Lösungsfunktion. Dazu lassen wir den Laplace–Operator in Polarkoordinatenform auf sie los.

$$\begin{aligned}\Delta_{r,\varphi}(r^{2/3}\sin\frac{2\varphi-\pi}{3}) &= \sin\frac{2\varphi-\pi}{3}\left(-\frac{2}{9}r^{-4/3}\right) + \frac{1}{3}\frac{2}{3}r^{-1/3}\sin\frac{2\varphi-\pi}{3} \\ &\quad + \frac{1}{r^2}r^{2/3}(-\frac{4}{9})\sin\frac{2\varphi-\pi}{3} \\ &= \sin\frac{2\varphi-\pi}{3}\left(-\frac{2}{9}r^{-4/3}+\frac{6}{9}r^{-4/3}+\left(-\frac{4}{9}\right)\right) \\ &= 0\end{aligned}$$

Tatsächlich erfüllt also unsere Funktion die Potentialgleichung. Na, und die Randbedingung war ja geradezu mit ihr vorgegeben. Also ist sie eine Lösung unseres Problems. Bilden wir aber nun ihre erste partielle Ableitung nach r, so wird uns schummrig.

$$\frac{\partial u}{\partial r} = \frac{2}{3}r^{-1/3}\sin\frac{2\varphi-\pi}{3}.$$

Wegen des Faktors $r^{-1/3}$ geht die ganze Ableitung nach ∞, wenn wir uns dem Nullpunkt, also der einspringenden Ecke nähern. Die erste partielle Ableitung dieser Lösung bleibt also nicht beschränkt.

Auch mit der Einzigkeit einer Lösung haben wir so unser Problem. Denn betrachten wir mal die ganze rechte Halbebene als Gebiet Ω. Und wählen wir jetzt zur Vereinfachung homogene Randbedingungen. Dann ist, wie man sofort sieht, die Nullfunktion eine Lösung unserer Randwertaufgabe. Aber es tut auch die folgende Funktion:

$$u(x,y) = x$$

Die erfüllt natürlich die Potentialgleichung, und auf dem Rand, der ja nur von der y–Achse gebildet wird, veschwindet sie auch. Um die Einzigkeit zu retten, müssen wir also geschickte Einschränkungen finden. Das Palaver tritt deshalb auf, weil unser Gebiet nicht ringsherum mit einem Rand versehen war. Es war unbeschränkt. Wenn wir aber ein beschränktes Gebiet zugrunde legen, sind wir auf der sicheren Seite.

Zum Beweis der Einzigkeit führt dann ein erstaunlicher Satz, der auch für sich allein schon eine große Bedeutung hat.

Satz 12.14 (Maximumprinzip) *Sei $\Omega \subseteq \mathbb{R}^2$ ein beschränktes Gebiet. Die Funktion $u \in \mathcal{C}^2(\Omega)$ mit $u \in \mathcal{C}(\Omega \cup \partial\Omega)$ sei Lösung des obigen Dirichlet-Problems für die Potentialgleichung. Dann nimmt u ihr Maximum (und ihr Minimum) auf dem Rand $\Gamma = \partial\Omega$ an, d. h. es gilt für jeden Punkt $(x,y) \in \Omega \cup \partial\Omega$*

$$u(x,y) \leq M := \max_{(\xi,\eta)\in\Gamma} u(\xi,\eta) \tag{12.19}$$

Es ist doch wirklich verblüffend, was dieser Satz uns sagen will. Betrachten wir irgendeinen Punkt der Lösungsfunktion im Innern des Gebietes Ω, so ist der Wert dort stets

12.2 Die Poissongleichung und die Potentialgleichung

kleiner als der maximale Wert, den die Lösung garantiert auf dem Rand annimmt. Diese Garantie des Satzes haben wir durch die Verwendung des Begriffs Maximum ausgedrückt. Sonst hätten wir vom Supremum sprechen müssen.

Zum Beweis dieses wunderschönen Satzes müssen wir den interessierten Leser auf die Spezialliteratur verweisen.

Eine Folgerung aus diesem Satz können wir aber beweisen.

Korollar 12.15 (Einzigkeit) *Ist $\Omega \subseteq \mathbb{R}^2$ ein beschränktes Gebiet, so hat das Dirichlet-Problem für die Potentialgleichung höchstens eine Lösung, die dann auch stabil ist.*

Beweis: Nehmen wir mal an, wir hätten mehr als eine Lösung, also es seien $u_1(x,y)$ und $u_2(x,y)$ zwei Lösungen. Wir werden zuerst zeigen, daß Stabilität vorliegt, und daraus dann die Einzigkeit herleiten.

Nehmen wir also an, daß sowohl u_1 als auch u_2 die Randwerte nicht genau annehmen, sondern daß da jeweils eine kleine Störung eingebaut ist. Es sei also

$$u_1(x,y) = g_1(x,y) \text{ und } u_2(x,y) = g_2(x,y) \text{ auf } \Gamma.$$

Dabei sei weder g_1 noch g_2 gerade die vorgegebene Randfunktion g, aber sie seien beide nicht weit entfernt von ihr. Wir nehmen also an, es sei

$$|g_1(x,y) - g_2(x,y)| \leq \varepsilon \text{ auf } \partial\Omega.$$

Dann betrachten wir

$$u(x,y) := u_1(x,y) - u_2(x,y).$$

Diese Funktion $u(x,y)$ ist dann natürlich Lösung von folgendem Dirichlet-Problem:

$$\Delta u(x,y) = 0 \text{ in } \Omega \subseteq \mathbb{R}^2 \quad (12.20)$$
$$u(x,y) = g_1(x,y) - g_2(x,y) \text{ auf } \Gamma = \partial\Omega; \quad (12.21)$$

denn der Δ-Operator ist ja linear, also gilt $\Delta(u_1 + u_2) = \Delta(u_1) + \Delta(u_2)$.

Nach dem Maximum-Prinzip gilt damit

$$u(x,y) \leq \max_{(\xi,\eta)\in\Gamma} u(\xi,\eta) = \max_{(\xi,\eta)\in\Gamma} (u_1(\xi,\eta) - u_2(\xi,\eta)) = \max_{(\xi,\eta)\in\Gamma} (g_1(\xi,\eta) - g_2(\xi,\eta)) \leq \varepsilon.$$

Betrachten wir auch noch $-u(x,y)$, so ist diese Funktion offensichtlich Lösung des Dirichlet–Problems

$$\Delta(-u(x,y)) = 0 \text{ in } \Omega \subseteq \mathbb{R}^2 \quad (12.22)$$
$$u(x,y) = g_2(x,y) - g_1(x,y) \text{ auf } \Gamma = \partial\Omega. \quad (12.23)$$

Wiederum nach dem Maximum-Prinzip folgt

$$-u(x,y) \leq \max_{(\xi,\eta)\in\Gamma} -u(x,y) = \max_{(\xi,\eta)\in\Gamma} (u_2(\xi,\eta) - u_1(\xi,\eta)) = \max_{(\xi,\eta)\in\Gamma} (g_2(\xi,\eta) - g_1(\xi,\eta))$$
$$\leq \varepsilon.$$

Damit haben wir insgesamt

$$|u(x,y)| \leq \varepsilon \quad \text{in } \Omega,$$

und genau das ist unsere gesuchte Stabilität.

Nun zur Einzigkeit. Nehmen wir jetzt an, daß wir zwar zwei Lösungen u_1 und u_2 haben, daß aber beide nicht gestört sind, daß also gilt

$$\Delta u_1(x,y) = g_1(x,y) = \Delta u_2(x,y) = g_2(x,y) = g(x,y).$$

Dann folgt aus obiger Überlegung:

$$|u(x,y)| = |u_1(x,y) - u_2(x,y)| \leq 0,$$

und das gilt ja genau nur für

$$|u(x,y)| = 0.$$

Das ist gleichbedeutend mit

$$u(x,y) = 0,$$

und hieraus folgt unmittelbar

$$u_1(x,y) = u_2(x,y) \quad \text{in } \Omega,$$

also unsere gesuchte Einzigkeit. □

Für die Potentialgleichung haben wir also bei einem beschränkten Gebiet höchstens eine Lösung. Wie sieht das ganze für die nichthomogene Poissongleichung aus?

Hier wird im allgemeinen das Maximumprinzip seine Gültigkeit verlieren. Aber wir haben es ja mit einer linearen Differentialgleichung zu tun. Die Differenz zweier Lösungen u_1 und u_2 der Poissongleichung ist dann also eine Lösung der Potentialgleichung:

$$\Delta[u_1(x,y) - u_2(x,y)] = \Delta u_1(x,y) - \Delta u_2(x,y) = f(x,y) - f(x,y) = 0,$$

und wir erhalten auch hier die gesuchte Einzigkeit:

Korollar 12.16 (Einzigkeit) *Ist $\Omega \subseteq \mathbb{R}^2$ ein beschränktes Gebiet, so hat das Dirichlet-Problem für die Poissongleichung höchstens eine Lösung, die dann auch stabil ist.*

Korrekt gestellt ist das Problem nun, wenn wir auch noch die Existenz einer Lösung sicherstellen können. Das machen wir im folgenden Abschnitt ganz praktisch, indem wir die Lösung konstruieren. Allerdings können wir das nur für ein ziemlich einfaches Gebiet, nämlich für ein Rechteck. Für allgemeinere Gebiete ist das schwierig, ja manchmal unmöglich. Hier hilft der Übergang zur schwachen Lösung im Rahmen der Sobolev-Räume. Dieses Feld wollen wir aber der Mathematik überlassen.

12.2 Die Poissongleichung und die Potentialgleichung

Separationsansatz nach Bernoulli Wir starten mit einer ziemlich eingeschränkten Aufgabe, bei der wir die Lösung in einem Rechteck suchen und dabei auf drei Rändern als Randbedingung Null vorgeben. Aber so eingeschränkt ist das gar nicht. Natürlich, das Rechteck stellt schon eine Beschränkung dar, von der wir auch nicht wegkommen. Allgemeinere Gebiete zu behandeln ist recht schwierig. Die Festlegung der Randbedingungen ist aber nicht sehr einschränkend. Wir kommen gleich im Anschluß an unsere Lösungskonstruktion auf den allgemeinen Fall zu sprechen.

Spezielle Randvorgaben Wir wollen eine Lösung für folgendes Dirichlet–Problem konstruieren.

Gesucht ist im Rechteck
$$R = \{(x,y) \in \mathbb{R}^2 : 0 < x < a, 0 < y < b\}$$
eine Lösung des Randwertproblems 1. Art:
$$\Delta u(x,y) = 0 \quad \text{in } R$$
$$u(x,0) = 0, u(x,b) = 0,$$
$$u(0,y) = 0, u(a,y) = g(y)$$

Zunächst eine harmlos erscheinende Bemerkung, die sich später als ausgesprochen wichtig erweisen wird. In der Praxis wird man uns vielleicht eine solche Aufgabe mit einem Rechteck vorlegen, aber nichts über das Koordinatensystem sagen. Es ist unsere Freiheit, die linke untere Ecke des Rechtecks als Koordinatenursprung zu wählen.

Zunächst betrachten wir eine Teilaufgabe:
$$\Delta u = 0 \text{ mit } u(x,0) = u(x,b) = u(0,y) = 0,$$
wir übergehen also die vierte (nichthomogene) Randbedingung.

Der Ansatz von Bernoulli lautet nun:

$$u(x,y) = X(x) \cdot Y(y). \tag{12.24}$$

Hier sind also $X(x)$ und $Y(y)$ jeweils gesuchte Funktionen von nur einer Veränderlichen.

Um diesen Ansatz in der partielle Differentialgleichung verwenden zu können, müssen wir jeweils die zweite partielle Ableitung bilden. Wir schreiben sie ausführlich, um Verwechslungen zu vermeiden.
$$\frac{\partial^2 u}{\partial x^2} = \frac{d^2 X}{dx^2} \cdot Y(y)$$
$$\frac{\partial^2 u}{\partial y^2} = X(x) \cdot \frac{d^2 Y}{dy^2}$$

Damit geht die Differentialgleichung über in
$$\frac{d^2 X}{dx^2} \cdot Y(y) + X(x) \cdot \frac{d^2 Y}{dy^2} = 0.$$

Zur Erleichterung der Schreibweise und zur besseren Übersichtlichkeit schreiben wir

$$X''(x) := \frac{d^2 X}{dx^2}$$
$$Y''(y) := \frac{d^2 Y}{dy^2}$$

Die Striche bedeuten also die Ableitung nach der jeweiligen Variablen, die wir immer dazu schreiben. Zusätzlich dividieren wir durch $X(x) \cdot Y(y)$ und erhalten

$$\frac{X''(x)}{X(x)} + \frac{Y''(y)}{Y(y)} = 0 \iff \frac{Y''(y)}{Y(y)} = -\frac{X''(x)}{X(x)}$$

Nun kommt die Überlegung von Herrn Bernoulli, weswegen er seinen Ansatz überhaupt gewählt hat. In der rechten Gleichung stehen linker Hand nur Funktionen der Variablen y, rechter Hand aber nur solche von x. Wenn hier für alle Variablen stets Gleichheit herrschen soll, so ist das nur möglich, wenn weder die linke Seite von y noch die rechte Seite von x abhängt, sondern beide Seiten konstant sind. Wegen der Gleichheit ist es dann natürlich dieselbe Konstante, d. h. wir erhalten

$$\frac{Y''(y)}{Y(y)} = -\frac{X''(x)}{X(x)} = -\lambda$$

mit einer Konstanten $\lambda \in \mathbb{R}$. (Das Minuszeichen haben wir nur wegen der besseren Übersichtlichkeit in den folgenden Überlegungen eingefügt.)

Damit können wir diese rechte Gleichung in zwei Gleichungen aufspalten:

$$\frac{Y''(y)}{Y(y)} = -\lambda, \quad -\frac{X''(x)}{X(x)} = -\lambda.$$

Eine kleine Umformung zeigt, wes Geistes Kind diese Gleichungen sind:

$$Y''(y) + \lambda Y(y) = 0, \quad X''(x) - \lambda X(x) = 0.$$

Das sind also zwei gewöhnliche Differentialgleichungen, die erste in der Variablen y, die zweite in der Variablen x. Ein toller Trick! Genau auf die gleiche Weise lassen sich auch die Randbedingungen behandeln. Setzen wir unseren Ansatz ein, so folgt:

$$u(x,0) = X(x) \cdot Y(0) = 0 = X(x) \cdot Y(b) = X(0) \cdot Y(y).$$

Wir können davon ausgehen, daß weder $X \equiv 0$ noch $Y \equiv 0$ ist, weil sonst die Lösung $u(x,y) \equiv 0$ wäre. Wie soll da aber die nichthomogene vierte Randbedingung erfüllt werden? Daher können diese Gleichungen nur erfüllt werden, wenn die festen Faktoren verschwinden, also:

$$Y(0) = Y(b) = X(0) = 0.$$

Damit können wir zwei gewöhnliche Randwertaufgaben behandeln:

(a) $Y''(y) + \lambda Y(y) = 0$ mit $Y(0) = Y(b) = 0$,
(b) $X''(x) - \lambda X(x) = 0$ mit $X(0) = 0$.

12.2 Die Poissongleichung und die Potentialgleichung

Die Aufgabe (a) ist vollständig. Es ist eine DGl 2-ter Ordnung mit zwei Randbedingungen. Die Aufgabe (b) ist ebenfalls zweiter Ordnung, hat aber nur eine Randbedingung. Hier erhalten wir also noch die nötige Freiheit, die vierte Randbedingung einzubauen.

zu (a) Es handelt sich um eine lineare homogene Differentialgleichung zweiter Ordnung mit konstanten Koeffizienten. Die charakteristische Gleichung lautet:
$$\kappa^2 + \lambda = 0.$$

Jetzt treffen wir eine Fallunterscheidung.

<u>Fall 0:</u> $\lambda = 0$ führt wegen der Randbedingungen nur zur trivialen und damit uninteressanten Lösung; denn für sie ist die vierte Randbedingung nicht erfüllbar.

<u>Fall 1:</u> Sei $\lambda < 0$.
Dann lautet die allgemeine Lösung:
$$Y(y) = c_1 e^{\sqrt{-\lambda} y} + c_2 e^{-\sqrt{-\lambda} y},$$

und die Randbedingungen führen zu den beiden Gleichungen:
$$c_1 + c_2 = 0$$
$$c_1(e^{\sqrt{-\lambda} b} - e^{-\sqrt{-\lambda} b}) = 0$$

Nach unserer Wahl von λ und b ist $\sqrt{-\lambda} \cdot b > 0$, also ist $e^{\sqrt{-\lambda} \cdot b} \neq e^{-\sqrt{-\lambda} \cdot b}$. Also folgt:
$$c_1 = c_2 = 0,$$

und es ergibt sich wiederum nur die triviale Lösung, die wir ja nicht gebrauchen können.

<u>Fall 2:</u> Sei $\lambda > 0$.
Hier lautet die allgemeine Lösung:
$$Y(y) = c_1 \cos(\sqrt{\lambda} y) + c_2 \sin(\sqrt{\lambda} y).$$

Die Randbedingungen führen zu den zwei Gleichungen:
$$c_1 = 0, c_2 \sin(\sqrt{\lambda} b) = 0.$$

Endlich gelingt es uns, für gewisse Werte des Parameters λ auch eine nichttriviale Lösung dingfest zu machen:
$$\sqrt{\lambda} = \frac{n\pi}{b} \Leftrightarrow \lambda = \lambda_n = \frac{n^2 \pi^2}{b^2}, n \in \mathbb{N}.$$

Damit erhalten wir also für jedes $n \in \mathbb{N}$ eine Lösung:
$$Y(y) = Y_n(y) = c_n \cdot \sin(\frac{n\pi}{b} y).$$

zu(b) Für die Lösung dieser Gleichung nutzen wir unser eben erworbenes Wissen aus, indem wir $\lambda = \lambda_n$ einsetzen. Die Differentialgleichung lautet:

$$X'' - \frac{n^2\pi^2}{b^2}X = 0.$$

Die charakteristische Gleichung führt zu:

$$\kappa = \pm\frac{n\pi}{b} \Rightarrow X(x) = c_1 e^{\frac{n\pi}{b}x} + c_2 e^{-\frac{n\pi}{b}x}.$$

Die einzige Randbedingung ergibt: $c_1 = -c_2$ und damit die allgemeine Lösung:

$$X(x) = \tilde{c}\left(e^{\frac{n\pi}{b}x} - e^{-\frac{n\pi}{b}x}\right) = c \cdot \sinh(\frac{n\pi}{b}x).$$

So lautet also die Gesamtlösung unserer Teilaufgabe:

$$u(x,y) = u_n(x,y) = c_n \sinh(\frac{n\pi}{b}x) \cdot \sin(\frac{n\pi}{b}y), \quad n \in \mathbb{N},$$

das heißt also, für jedes $n = 1, 2, 3, \ldots$ haben wir eine Lösung.

Nun können wir uns daranmachen, auch noch die letzte Randbedingung anzupassen. Dies geschieht mit einem, fast möchte man sagen, ‚hinterfotzigen' Trick. Wir wählen nicht eine dieser unendlich vielen Lösungen, da hätten wir vermutlich mit der vierten Randbedingung kein Glück. Nein, wir nehmen sie alle in unseren Ansatz rein, indem wir eine unendliche Reihe aus ihnen bilden:

$$\text{Ansatz:} \quad u(x,y) = \sum_{n=1}^{\infty} c_n \sinh\frac{n\pi x}{b} \cdot \sin\frac{n\pi y}{b}.$$

Dadurch haben wir jetzt unendlich viele Konstanten zur Anpassung zur Verfügung. Der Trick ist aber noch übler. Die vierte Randbedingung führt zu der Gleichung:

$$u(a,y) = \sum_{n=1}^{\infty} c_n \sinh\frac{n\pi a}{b} \cdot \sin\frac{n\pi y}{b} = f(y).$$

Dies sieht doch genau so aus wie eine Fourierentwicklung der Funktion $f(y)$ nach reinen sin–Termen. Damit das möglich ist, müßte demnach f eine ungerade Funktion sein. Ja, aber f ist doch nur auf dem Intervall $[0, b]$ interessant, weil wir uns die Freiheit genommen haben, unser Rechteck in den ersten Quadranten zu legen. Wie wir nun die Funktion in diesem Fall nach unten fortsetzen, ob beliebig oder gerade oder eben auch ungerade, ist ganz und gar unser Bier. Wer will uns daran hindern, f also als ungerade Funktion aufzufassen und damit eine Fourierentwicklung nach obigem Muster für f zu erreichen?

Genial, nicht?

Dieser Trick wird in der Literatur als kleiner Satz zusammengefaßt:

12.2 Die Poissongleichung und die Potentialgleichung

Satz 12.17 (Existenz einer Fourier–Entwicklung) *Sei mit f auch noch f' auf $[0, l]$ stückweise stetig. Dann besitzt f, je nachdem, ob wir f nach links gerade oder ungerade fortsetzen, eine Fourierentwicklung der Form:*

$$f(x) \sim \frac{a_0}{2} + \sum_{n=1}^{\infty} a_n \cos \frac{n\pi x}{l} \quad \text{mit } a_n = \frac{2}{l} \int_0^l f(x) \cos \frac{n\pi x}{l/2} dx$$
$$n = 0, 1, 2 \ldots$$

$$f(x) \sim \sum_{n=1}^{\infty} b_n \sin \frac{n\pi x}{l} \qquad \text{mit } b_n = \frac{2}{l} \int_0^l f(x) \sin \frac{n\pi x}{l/2} dx$$
$$n = 1, 2 \ldots$$

Damit wählen wir also unsere Koeffizienten im Lösungsansatz wie folgt:

$$c_n = \frac{2}{b \cdot \sinh(n\pi a/b)} \int_0^b f(y) \sin \frac{n\pi y}{b} dy, n = 1, 2, \ldots,$$

und unsere Aufgabe ist vollständig gelöst.

Beliebige Randvorgaben In der im vorigen Unterabschnitt behandelten Aufgabe war lediglich auf einem Randabschnitt des betrachteten Rechtecks die Randvorgabe ungleich Null. Was nun, wenn auf mehreren Rändern oder gar auf allen die Randbedingungen nicht homogen sind? Das bringt uns überhaupt nicht aus der Ruhe, denn schließlich ist das ganze ja eine lineare Aufgabe, also gilt ein Superpositionssatz, die Lösungen lassen sich linear kombinieren. Wenn wir also die Randvorgaben

$$u(x, 0) = h(x), \quad u(x, b) = k(x), \quad 0 \leq x \leq a,$$
$$u(0, y) = f(y), \quad u(a, y) = g(y), \quad 0 \leq y \leq b,$$

haben, so betrachten wir vier Teilaufgaben.

Teilaufgabe I:	Teilaufgabe II:
$\Delta u(x, y) = 0 \quad$ in R $\\$ $u(x, 0) = 0, \quad u(x, b) = 0,$ $\\$ $u(0, y) = f(y), u(a, y) = 0$	$\Delta u(x, y) = 0 \quad$ in R $\\$ $u(x, 0) = 0, \quad u(x, b) = 0,$ $\\$ $u(0, y) = 0, u(a, y) = g(y)$
Teilaufgabe III:	Teilaufgabe IV:
$\Delta u(x, y) = 0 \quad$ in R $\\$ $u(x, 0) = h(x), u(x, b) = 0,$ $\\$ $u(0, y) = 0, \quad u(a, y) = 0$	$\Delta u(x, y) = 0 \quad$ in R $\\$ $u(x, 0) = 0, u(x, b) = k(x),$ $\\$ $u(0, y) = 0, \quad u(a, y) = 0$

Jede dieser Teilaufgaben ist nach obigem Muster vollständig zu lösen. Wir erhalten die Teillösungen $u_I(x, y)$, $u_{II}(x, y)$, $u_{III}(x, y)$ und $u_{IV}(x, y)$, aus denen wir dann unsere Gesamtlösung additiv zusammenbauen:

$$u(x, y) := u_I(x, y) + u_{II}(x, y) + u_{III}(x, y) + u_{IV}(x, y)$$

Diese Funktion genügt der Differentialgleichung wegen der Linearität. Sie erfüllt aber auch sämtliche Randbedingungen, da ja nur eine der beteiligten Teillösungen einen Beitrag auf dem jeweiligen Randstück liefert.

12.2.2 Neumannsche Randwertaufgabe

Wir schildern noch einmal kurz die Aufgabe.

Definition 12.18 *Die Aufgabe*

$$\Delta u(x,y) = 0 \qquad in \ \Omega \subseteq \mathbb{R}^2 \qquad (12.25)$$

$$\frac{\partial u(x,y)}{\partial n} = f(x,y) \quad auf \ \Gamma = \partial\Omega \qquad (12.26)$$

heißt Randwertproblem 2. Art oder Neumannsche Randwertaufgabe.

Bei diesem Problem sind also auf dem Rand die Normalableitungen der gesuchten Lösungsfunktion vorgegeben. Das läßt uns natürlich sofort aufhorchen. Wie, wenn wir eine Lösung gefunden hätten und eine Konstante hinzuaddierten? Die Differentialgleichung merkt das gar nicht. Beim zweimaligen Differenzieren verschwindet diese Konstante. Beim Dirichlet-Problem hätte man dann aber Schwierigkeiten bei den Randvorgaben bekommen. Hier gerade nicht; denn auch hier wird ja differenziert, also fällt eine additive Konstante weg. Das macht natürlich einen Strich durch die Einzigkeitsüberlegung. Die Neumannsche Randwertaufgabe hat also nicht höchstens eine Lösung, sondern wenn überhaupt, dann unendlich viele.

Satz 12.19 *Ist $u(x,y)$ eine Lösung der Neumannschen Randwertaufgabe, so ist für jede beliebige Konstante K auch $u(x,y) + K$ eine Lösung.*

Gespannt darf man sein, wie sich diese Verletzung der Einzigkeit bei der Konstruktion einer Lösung bemerkbar macht. Wir werden an der entsprechenden Stelle darauf hinweisen.

Separationsansatz nach Bernoulli Wir betrachten wieder nur eine recht eingeschränkte Aufgabe auf einem Rechteck

$$R = \{(x,y) \in \mathbb{R}^2 : 0 < x < a, 0 < y < b\}.$$

Gesucht wird eine Lösung der Aufgabe

$$\Delta u(x,y) = 0 \quad \text{in } R$$
$$\frac{\partial u(x,0)}{\partial y} = 0, \quad \frac{\partial u(x,b)}{\partial y} = 0,$$
$$\frac{\partial u(0,y)}{\partial x} = 0, \quad \frac{\partial u(a,y)}{\partial x} = f(y)$$

12.2 Die Poissongleichung und die Potentialgleichung

So wie bei Herrn Dirichlet wollen wir zunächst nur eine Teilaufgabe betrachten, indem wir die vierte nichthomogene Randbedingung hintanstellen. Sie muß aber nicht traurig sein, sie kommt auch schon noch dran. Unser Vorgehen wird von dem gleichen fundamentalen Trick des Herrn Bernoulli wie beim Dirichlet–Problem beherrscht. Wieder verwenden wir den Produktansatz

$$u(x,y) = X(x) \cdot Y(y).$$

Und genau so wie oben zerfällt auch hier unsere partielle Differentialgleichung in zwei gewöhnliche Differentialgleichungen, und auch die drei Randbedingungen teilen sich entsprechend:

$$Y''(y) + \lambda \cdot Y(y) = 0, \quad Y'(0) = Y'(b) = 0 \tag{12.27}$$

$$X''(x) - \lambda \cdot X(x) = 0, \quad X'(0) = 0 \tag{12.28}$$

Für die erste Gleichung (12.27) erkennen wir, daß nichttriviale Lösungen nur für spezielle Werte von λ existieren, nämlich für

$$\lambda_n = \frac{n^2 \pi^2}{b^2}, \quad n = 0, 1, 2, \ldots$$

Für diese Werte lautet unsere Lösung

$$Y_n(y) = \cos \frac{n\pi y}{b}, \quad n = 0, 1, 2, \ldots$$

Mit diesen λ–Werten können wir die zweite Differentialgleichung (12.28) lösen und erhalten

$$X_n(x) = \cosh \frac{n\pi x}{b}, \quad n = 0, 1, 2, \ldots$$

Aus beiden Teilen bilden wir durch Multiplikation die allgemeine Lösung für unsere erste Teilaufgabe mit den drei homogenen Randbedingungen.

$$u_n(x,y) = \cosh \frac{n\pi x}{b} \cdot \cos \frac{n\pi y}{b}, \quad n = 0, 1, 2, \ldots$$

Wir betonen noch einmal, daß wir so für jede natürliche Zahl $n \geq 0$ eine Lösung gefunden haben; wir haben also unendlich viele Lösungen. Das ist die entscheidende Hilfe für die vierte Randbedingung

$$u_x(a,y) = f(y).$$

Für sie bilden wir nämlich jetzt einen Ansatz, in den wir alle diese unendlich vielen Lösungen einbauen. Nur dadurch erhalten wir eine reelle Chance, unsere Aufgabe lösen zu können:

$$u(x,y) = \sum_{n=0}^{\infty} a_n \cosh \frac{n\pi x}{b} \cdot \cos \frac{n\pi y}{b}. \tag{12.29}$$

Bilden wir also flugs die partielle Ableitung dieser Funktion nach x, wie es die vierte Randbedingung verlangt:

$$u_x(a, y) = \sum_{n=1}^{\infty} \frac{n\pi}{b} a_n \cdot \sinh \frac{n\pi a}{b} \cdot \cos \frac{n\pi y}{b} = f(y).$$

Eigentlich ist diese Formel ganz schön aufregend, man muß sie aber genau betrachten. Die Summation beginnt hier bei $n = 1$, während wir sie in (12.29) bei $n = 0$ beginnen lassen. Für $n = 0$ entstand aber eine schlichte additive Konstante a_0, die nun beim Differenzieren wegfällt. Wir können also a_0 willkürlich vorgeben. Das entspricht doch exakt unserer Beobachtung oben, daß die Lösung nur bis auf eine Konstante festgelegt ist. Prima, wie das zusammenpaßt, gell?

Der Rest ist immer noch eine unendliche Reihe, in der aber, versehen mit der Variablen y, nur cos–Terme auftreten. Damit wir also unsere vierte Randbedingung befriedigen können, muß unsere Vorgabefunktion $f(y)$ in eine Fourierreihe nur aus cos–Termen und dann noch ohne konstantes Glied entwickelbar sein. Das führt uns zu zwei Feststellungen.

1. Die in der vierten Randbedingung vorgegebene Funktion muß eine gerade Funktion sein, sie muß sich also in eine Fourierreihe mit ausschließlich cos-Termen entwickeln lassen. Das erreichen wir so wie bei Dirichlet, indem wir unsere weise Voraussicht beachten, daß wir das Koordinatensystem in die linke untere Ecke des Rechtecks gelegt haben. So interessiert uns die Funktion nur in dem Intervall $[0, b]$ oberhalb der y–Achse. Also können wir sie auf dem gesamten Rest willkürlich festsetzen. Wir wählen sie dort so, daß sie eine gerade Funktion wird und auch noch periodisch mit der Periode b ist. Denn dann hat sie eben eine solche Fourierreihe.

2. Das konstante Glied in dieser Reihe muß verschwinden, es muß also gelten, wenn wir bedenken, wie sich die Fourierkoeffizienten berechnen lassen:

$$a_0 = 0, \quad \text{und das gilt genau für} \quad \int_0^b f(y)\, dy = 0. \qquad (12.30)$$

Dies ist also eine notwendige Bedingung zur Lösbarkeit der Neumannschen Randwertaufgabe.

Dies alles wohlbedenkend, erhalten wir für die Koeffizienten in (12.29):

$$a_0 \quad \text{beliebig wählbar}$$
$$a_n = \frac{2}{n\pi \sinh \frac{n\pi a}{b}} \int_0^b f(y) \cos \frac{n\pi y}{b}\, dy, \quad n = 1, 2, 3, \ldots$$

Damit ist unsere Lösung des Problems bestimmt, und zwar in gutem Einklang mit unserer Überlegung oben die Einzigkeit betreffend.

12.2.3 Numerische Lösung mit dem Differenzenverfahren

Der gerade hinter uns gebrachte theoretische Teil hilft in praktischen Fällen aber nur sehr bedingt. Schon wenn das Gebiet nicht mehr rechteckig ist, haben wir große Schwierigkeiten. Die Aufgaben, die heute in der Praxis angefaßt werden müssen, sind da in der Regel von einem erheblich höheren Schwierigkeitsgrad. Da wird in seltensten Fällen eine exakte Lösung zu bestimmen sein. Hier setzt die numerische Mathematik ein. Wir wollen nun erklären, wie wir uns wenigstens ungefähr eine Lösung verschaffen können. Am Schluß dieses Abschnitts werden wir dann sogar einige Aussagen zusammenstellen, die etwas über die Genauigkeit unseres nun zu erklärenden Näherungsverfahrens sagen werden.

Wir verallgemeinern den Grundgedanken der Differenzenverfahren von den gewöhnlichen Randwertaufgaben auf die partiellen Differentialgleichungen. Dieser Grundgedanke lautet:

Wir ersetzen die in der Differentialgleichung und den Randbedingungen auftretenden Differentialquotienten durch Differenzenquotienten.

Dazu wiederholen wir die Darstellung der Differenzenquotienten aus dem Kapitel 'Numerik von Randwertaufgaben' von Seite 395.

Differenzenquotienten

$y'(x_i) \approx \dfrac{y(x_{i+1}) - y(x_i)}{h}$ vorderer Diff.-Quot.

$y'(x_i) \approx \dfrac{y(x_{i+1}) - y(x_{i-1})}{2h}$ zentraler Diff.-Quot.

$y'(x_i) \approx \dfrac{y(x_i) - y(x_{i-1})}{h}$ hinterer Diffquot.

$y''(x_i) \approx \dfrac{y(x_{i+1}) - 2y(x_i) + y(x_{i-1})}{h^2}$ zentraler Diff.-Quot.

$y'''(x_i) \approx \dfrac{y(x_{i+2}) - 2y(x_{i+1}) + 2y(x_{i-1}) - y(x_{i-2})}{2h^3}$ zentraler Diff.-Quot.

Wir starten wieder mit der einfachen Aufgabe, die wir auch für Herrn Bernoulli gewählt haben, um leicht die Übersicht behalten zu können.

Gesucht ist im Rechteck
$$R = \{(x,y) \in \mathbb{R}^2 : 0 < x < a, 0 < y < b\}$$

eine Lösung des Randwertproblems 1. Art:

$$\Delta u(x,y) = 0 \quad \text{in } R$$
$$u(x,0) = 0, u(x,b) = 0,$$
$$u(0,y) = 0, u(a,y) = g(y)$$

In den späteren Beispielen werden wir dann darauf eingehen, wie man sich bei komplizierteren Gebieten verhält. Zuerst betrachten wir den Laplace–Operator im $\mathbb{R}^2$:

$$\Delta u(x,y) := \frac{\partial^2 u(x,y)}{\partial x^2} + \frac{\partial^2 u(x,y)}{\partial y^2}.$$

Hier sind zwei partielle Ableitungen durch Differenzenquotienten zu ersetzen. So wie im $\mathbb{R}^1$ beginnen wir mit einer Diskretisierung des zugrunde liegenden Gebietes. Da die beiden partiellen Ableitungen in Richtung der Koordinatenachsen zu bilden sind, werden wir ein Gitter einführen, indem wir das Gebiet mit Linien, die parallel zu den Achsen laufen, überziehen. Dabei wählen wir einen festen Abstand $h > 0$ für diese Parallelen in x–Richtung und einen festen Abstand $k > 0$ in y–Richtung. Wir starten mit einem x_0, das uns in der Regel durch die Randbedingungen (hier $x_0 = 0$) gegeben ist, und setzen dann $x_i := x_0 + h \cdot i$ für $i = 1, \ldots, n$. Wenn wir x_n wieder durch die Randbedingung festlegen wollen (hier $x_n = a$), schränkt uns das in der Wahl des h etwas ein. Man wird dann $h := a/n$ setzen. Analog geht das auf der y–Achse und liefert uns die Stützstellen $y_0, \ldots, y_m$. Durch diese Punkte ziehen wir die Parallelen. Die Schnittpunkte sind dann unsere Knoten, die wir (x_i, y_j) nennen wollen. In diesen Knoten suchen wir nun Näherungswerte für die Lösung unserer Randwertaufgabe. Entsprechend der Knotennumerierung nennen wir diese Werte $u_{i,j} \approx u(x_i, y_j)$.

Knotennummerierung

Setze $x_0 := 0$, wähle $h = a/n$ und $x_i = x_0 + h \cdot i$ für $i = 1, \ldots, n$, (12.31)

setze $y_0 := 0$, wähle $k = b/m$ und $y_j = y_0 + k \cdot j$ für $j = 1, \ldots, m$ (12.32)

Zur Ersetzung der partiellen Ableitungen im Laplace–Operator verwenden wir den zentralen Differenzenquotienten in x–Richtung und in y–Richtung und erhalten:

$$\frac{\partial^2 u(x_i, y_j)}{\partial x^2} + \frac{\partial^2 u(x_i, y_j)}{\partial y^2} \approx \frac{u_{i-1,j} - 2u_{i,j} + u_{i+1,j} + u_{i,j-1} - 2u_{i,j} + u_{i,j+1}}{h^2}$$

$$= \frac{u_{i-1,j} + u_{i,j-1} - 4u_{i,j} + u_{i+1,j} + u_{i,j+1}}{h^2}$$

12.2 Die Poissongleichung und die Potentialgleichung

Die letzte Formel signalisiert uns, daß wir den zentralen Knotenwert $u_{i,j}$, diesen mit dem Faktor -4, und die unmittelbaren Nachbarwerte, und zwar den linken, den rechten, den oberen und den unteren, verwenden müssen, diese jeweils mit dem Faktor 1. Rechts haben wir den sogenannten „Fünf–Punkte–Stern" abgebildet. Seine Bedeutung ist aus dem oben Gesagten unmittelbar klar, wird aber in den Beispielen noch hervorgehoben. Die Faktoren -4 und 1 werden in diesem Zusammenhang auch Gewichte genannt.

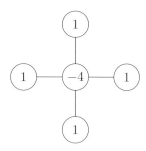

Das folgende Beispiel soll die Anwendung dieses Verfahrens verdeutlichen. Gleichzeitig wollen wir zeigen, welche Auswirkungen allein schon die Wahl der Knotennumerierung hat.

Beispiel 12.20 *Für das Gebiet*

$$\Omega = \{(x,y) : x \geq 0, y \geq 0,\ 1 < x+y < 2.5\}$$

sei die folgende Randwertaufgabe gestellt:

$$\begin{aligned}
\Delta u(x,y) &= 0 \ \text{in}\ \Omega, & u(x,y) &= 0 \ \text{für}\ x+y = 2.5 \\
& & u(x,y) &= 0 \ \text{für}\ x > 1, y = 0 \\
& & u(x,y) &= 0 \ \text{für}\ x = 0, y > 1 \\
& & u(x,y) &= 1 \ \text{für}\ x+y = 1
\end{aligned}$$

Wir lösen diese Aufgabe näherungsweise, indem wir mit der Schrittweite $h = 0.5$ nach dem Differenzenverfahren (5–Punkte–Stern) für verschiedene Knotennummerierungen das zugehörige lineare Gleichungssystem aufstellen. Bei geschicktem Vorgehen werden wir ein Tridiagonalsystem entwickeln können.

In der Abbildung rechts haben wir das
trapezförmige Gebiet Ω, das sich durch
die Randbedingungen ergibt, angedeutet. Im ersten Quadranten haben wir
ein Gitternetz angebracht mit dem Gitterabstand $h = 0.5$. Die dicken Punkte auf dem Rand des Gebietes sind die
Gitterpunkte, die durch dieses Netz auf
der Randkurve liegen. Dort sind durch
die Randbedingung die Werte der gesuchten Funktion gegeben, und zwar
auf der Parallelen zur zweiten Winkelhalbierenden, die näher am Ursprung
liegt, jeweils der Wert 1, in allen anderen Randpunkten der Wert 0. Im Innern liegen fünf Punkte des Gitternetzes, die wir durch hohle Kreise bezeichnet haben. Dort werden Näherungswerte für unsere Lösung der Randwertaufgabe gesucht. Wir wollen diese gesuchten Werte mit $u_1, \ldots, u_5$ bezeichnen.

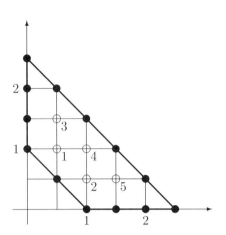

Da erhebt sich die Frage, in welcher Reihenfolge wir diese Punkte numerieren wollen. In der Spezialliteratur zu Differenzenverfahren wird ein Vorgehen in Schrägzeilen, das sind Parallelen zur zweiten Winkelhalbierenden, bevorzugt. Diese Numerierung haben wir in der Skizze durch die Zahlen rechts unterhalb der eingekreisten Punkte angedeutet. Dort sind nun für unsere Lösung der Randwertaufgabe Näherungswerte $u_1, \ldots, u_5$ gesucht.

Rechts haben wir unseren geliebten 5–
Punkte–Stern in die Skizze des Gebietes
so eingefügt, daß sein Zentrum auf dem
Punkt mit der Nummer 1 liegt. Der dort
gesuchte Näherungswert u_1 erhält also
das Gewicht -4. Zwei der vier äußeren
Punkte des Sterns liegen auf dem Rand,
und zwar in Punkten, in denen uns die
Randbedingungen jeweils den Wert 1
vorgeben. Die beiden anderen Punkte
liegen beim Knoten mit der Nummer 2
bzw. der Nummer 3. Die dort gesuchten
Näherungswerte u_2 bzw. u_3 erhalten also jeweils das Gewicht 1. So erhalten
wir insgesamt die erste Ersatzgleichung
für unsere Randwertaufgabe:

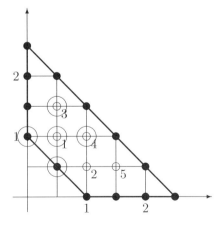

$$-4 \cdot u_1 + 0 \cdot u_2 + 1 \cdot u_3 + 1 \cdot u_4 + 0 \cdot u_5 + 1 + 1 = 0 \cdot h^2 = 0$$

Diese leicht gefundene Gleichung stimmt uns freudig, und wir fahren frohgemut fort.

12.2 Die Poissongleichung und die Potentialgleichung

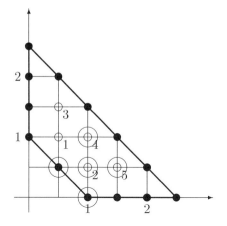

In der Skizze rechts haben wir unseren Stern auf den Punkt mit der Nummer 2 gelegt. Ganz analog wie oben bekommt jetzt also der Näherungswert u_2 im Punkt 2 das Gewicht -4. Wieder liegen zwei der äußeren Punkt auf dem Rand, und dort ist jeweils als Wert 1 vorgegeben. Die Unbekannten u_4 und u_5 erhalten das Gewicht 1. Insgesamt entsteht so unsere zweite Gleichung

$$0 \cdot u_1 + (-4) \cdot u_2 + 0 \cdot u_3 + 1 \cdot u_4 + 1 \cdot u_5 + 1 + 1 = 0 \cdot h^2 = 0.$$

Wir schreiben jetzt nur noch mal zur letzten Klarheit die Gleichung auf, wenn wir den Stern auf den Punkt 3 legen:

$$1 \cdot u_1 + 0 \cdot u_2 + (-4) \cdot u_3 + 0 \cdot u_4 + 0 \cdot u_5 + 0 + 0 = 0 \cdot h^2 = 0$$

Insgesamt führt das auf das System:

$$\begin{pmatrix} -4 & 0 & 1 & 1 & 0 \\ 0 & -4 & 0 & 1 & 1 \\ 1 & 0 & -4 & 0 & 0 \\ 1 & 1 & 0 & -4 & 0 \\ 0 & 1 & 0 & 0 & -4 \end{pmatrix} \begin{pmatrix} u_1 \\ u_2 \\ u_3 \\ u_4 \\ u_5 \end{pmatrix} = \begin{pmatrix} -2 \\ -2 \\ 0 \\ 0 \\ 0 \end{pmatrix}$$

Dies ist, wie man sieht, kein Tridiagonalsystem. Es hat zwar Bandstruktur, aber wir müßten ihm richtigerweise eine Bandbreite von 7 zuordnen; denn jeweils drei Parallelen rechts und links der Hauptdiagonalen[6] enthalten noch Einträge ungleich Null. Allerdings bestehen die benachbarten Parallelen nur aus Nullen. Das riecht nach einer anderen Möglichkeit.

---

[6]In einem 'Lexikon der Mathematik' – wir verschweigen der Höflichkeit wegen den Verlag und den Autor – wird definiert, was eine Hauptdiagonale ist: die längere Diagonale im Rechteck. Diese Definition ist in doppelter Hinsicht erstaunlich; denn erstens ist es nicht die Begriffsbildung der Mathematiker, die sprechen eigentlich nur bei quadratischen Matrizen von Hauptdiagonalen; und zweitens ist es herrlicher Unsinn, denn jedes Schulkind erkennt beim Papierfalterbau, daß die Diagonalen im Rechteck gleich lang sind!

Und in der Tat, wenn wir eine Numerierung von links oben nach rechts unten anwenden, so wie es rechts in der Abbildung die Zahlen links oberhalb der eingekreisten Punkte angeben, ergibt sich ein Tridiagonalsystem. Wir haben hier nur die Position des 5–Punkte–Sterns für den Punkt 1 gezeigt und sparen uns auch die detaillierte Aufstellung der Gleichungen.

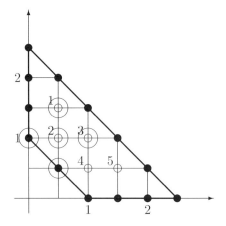

Das zugehörige lineare Gleichungssystem lautet:

$$\begin{pmatrix} -4 & 1 & 0 & 0 & 0 \\ 1 & -4 & 1 & 0 & 0 \\ 0 & 1 & -4 & 1 & 0 \\ 0 & 0 & 1 & -4 & 1 \\ 0 & 0 & 0 & 1 & -4 \end{pmatrix} \begin{pmatrix} u_1 \\ u_2 \\ u_3 \\ u_4 \\ u_5 \end{pmatrix} = \begin{pmatrix} 0 \\ -2 \\ 0 \\ -2 \\ 0 \end{pmatrix}$$

Es ist eine Kleinigkeit, dieses 5×5–System durch Gauß–Elimination zu lösen. Einzelheiten dazu findet man im Kapitel ‚Lineare Gleichungssysteme' S. 1. Wir schreiben nur das Endergebnis auf.

$$\begin{aligned} y_5 &= 0.153846, \\ y_4 &= 0.615385, \\ y_3 &= 0.307692, \\ y_2 &= 0.615385, \\ y_1 &= 0.153846. \end{aligned}$$

Man erkennt eine Symmetrie der Werte, die ja aus der Symmetrie des Gebietes und der Randbedingungen erklärlich ist.

Zur Konvergenz

Hier wollen wir nur einen der wichtigsten Sätze zitieren, aus dem wir interessantes für das Differenzenverfahren ablesen können.

Satz 12.21 (Konvergenz) *Die Lösung der Poisson–Gleichung $u(x,y)$ sei in $\mathcal{C}^4(\overline{\Omega})$. Dann konvergiert die nach der Differenzmethode mit dem Fünf–Punkte–Stern ermittelte Näherungslösung $u_h(x,y)$ quadratisch für $h \to 0$ gegen $u(x,y)$; genauer gilt:*

$$\|u - u_h\|_\infty \leq \frac{h^2}{48} \cdot \|u\|_{\mathcal{C}^4(\overline{\Omega})}. \tag{12.33}$$

Die Voraussetzung $u \in \mathcal{C}^4(\overline{\Omega})$ bedeutet dabei, daß die vierte Ableitung der Lösungsfunktion noch stetig sein möchte und, das ist die Bedeutung des Querstriches über Ω, stetig auf den Rand fortsetzbar ist. Klar, diese Voraussetzung mußten wir ja schon bei der Herleitung des Differenzenquotienten einhalten. Und damals haben wir sie auch schon als zu hart angesehen, was noch klarer wird, wenn wir uns an das Beispiel 12.12, S. 452 erinnern, wo schon die zweite Ableitung trouble hatte zu existieren, wer denkt da noch an die vierte Ableitung?

Man kann die Voraussetzung $u \in \mathcal{C}^4(\overline{\Omega})$ etwas abschwächen. Es reicht schon, wenn $u \in \mathcal{C}^3(\overline{\Omega})$ ist und die dritte Ableitung noch Lipschitz–stetig ist. Aber das sind Feinheiten, die wir nicht weiter erläutern wollen. Der interessierte Leser mag in der Fachliteratur nachlesen.

Die Aussage, daß wir für eine genügend glatte Lösung quadratische Konvergenz haben, ist dann natürlich schön und interessant, aber bei solch harten Vorgaben nicht gerade erstaunlich. Wer soviel reinsteckt, kann ja wohl auch viel erwarten. Diese Kritik muß sich das Differenzenverfahren gefallen lassen, denn die Ingenieure waren es, die bereits in den fünfziger Jahren des vorigen Jahrhunderts ein anderes Verfahren entwickelt haben, nämlich die Methode der Finiten Elemente. Unter weit schwächeren Voraussetzungen – für die Poissongleichung reicht es aus, wenn die Lösung $u(x,y)$ nur einmal im schwachen Sinn differenzierbar ist ($u(x,y) \in H^1(\Omega)$) – kann dort ebenfalls quadratische Konvergenz nachgewiesen werden. Leider müssen wir dazu auf die Speziallitatur, die zu diesem Thema sehr umfangreich vorliegt, verweisen.

12.3 Die Wärmeleitungsgleichung

12.3.1 Einzigkeit und Stabilität

Hier geht es um die Frage, wie sich Wärme in einem festen Medium ausbreitet. Die Konvektion und die Wärmestrahlung wollen wir nicht betrachten. Nehmen wir einen Stab und heizen ihn an einem Ende auf. Dann fragt man sich, wie die Wärme in dem Stab weiterwandert. Die Natur gehorcht dabei einem sehr einfachen Gesetz.

Wärme strömt immer vom warmen Gebiet zum kalten, und zwar um so schneller, je höher die Temperaturdifferenz ist.

Das läßt sich mathematisch folgendermaßen ausdrücken. Wir betrachten die Wärmestromdichte $\vec{j}$. Da die Temperatur stark vom Ort abhängig ist, wird die Temperaturdifferenz durch den Gradienten beschrieben. Obiges Gesetz bedeutet dann:

$$\vec{j} = -\lambda \cdot \operatorname{grad} T \qquad (12.34)$$

Dabei ist λ eine Stoffkonstante, die *Wärmeleitfähigkeit*. Das negative Vorzeichen bedeutet, daß die Strömung in Richtung abnehmender Temperatur erfolgt.

Wenn wir jetzt ein festes Volumenstück betrachten, so kann Wärme dort hinein– oder auch hinausströmen. Dieser Vorgang wird durch die Divergenz $\operatorname{div} \vec{j}$ der Wärmestromdichte $\vec{j}$ beschrieben, und es ist:

$$\frac{dT}{dt} = -\frac{1}{\varrho \cdot c} \operatorname{div} \vec{j} \tag{12.35}$$

Hierin sind ϱ und c weitere Materialkonstanten, die uns nicht weiter interessieren, da wir weiter unten alle Konstanten in einer gemeinsamen neuen Konstanten zusammen fassen.

Aus (12.34) und (12.35) erhalten wir die allgemeine Wärmeleitunggleichung:

$$\frac{dT}{dt} = \frac{\lambda}{\varrho \cdot c} \operatorname{div} \operatorname{grad} T = \frac{\lambda}{\varrho \cdot c} \Delta T \tag{12.36}$$

Nun fügen wir weitere Vorgaben hinzu. Der Stab hat ja zu Beginn bereits eine Temperatur. Vielleicht wollen wir ihn in gewissen Teilen auf konstanter Temperatur halten. Dann soll er vielleicht an einem Ende dauernd beheizt werden, wir werden also Wärme mit einem Brenner oder ähnlichem Werkzeug hinzufügen. Alles dies zusammen nennen wir die Anfangs- und die Randbedingungen. Unsere allgemeine Aufgabe lautet nun:

Definition 12.22 *Unter dem Anfangs–Randwert–Problem der Wärmeleitung verstehen wir folgende Aufgabe:*

Gegeben sei ein Gebiet $G \subseteq \mathbb{R}^3$, dessen Rand ∂G hinreichend glatt sei. Gesucht ist dann eine Funktion $u = u(x, y, z, t)$ in $G \times (0, \infty) = \{(x, y, z, t) : (x, y, z) \in G, t > 0\}$, die zweimal stetig nach (x, y, z) und einmal stetig nach t differenzierbar ist, der Differentialgleichung

$$u_t(x, y, z, t) - K^2 \cdot \Delta u(x, y, z, t) = 0 \tag{12.37}$$

genügt und folgende Anfangs- und Randbedingungen erfüllt:

$$\begin{array}{ll} u(x, y, z, 0) = f(x, y, z) & \text{für } (x, y, z) \in G \cup \partial G \\ u(x, y, z, t) = g(x, y, z, t) & \text{für } (x, y, z) \in \partial G, t \geq 0 \end{array} \tag{12.38}$$

Damit hat der Mathematiker natürlich sofort das Problem, ob diese Aufgabe gut gestellt ist. Wir wollen und werden prüfen, daß wir höchstens eine und nicht vielleicht sehr viele Lösungen haben, daß diese Lösung stetig von den Anfangs- und Randbedingungen abhängt, und schließlich sind wir sehr interessiert an der Frage, woher wir eine Lösung nehmen können. Also am besten wäre eine Konstruktionsvorschrift.

Genau in diese Richtung führt uns ein verblüffender Satz, den wir analog auch schon bei den elliptischen Gleichungen kennen gelernt haben, wie er aber nicht bei hyperbolischen Gleichungen anzutreffen ist.

Satz 12.23 (Maximumprinzip) *Es sei u eine Lösung des oben geschilderten Anfangs–Randwert–Problems der Wärmeleitung. Dann nimmt u in*

$$D_T := \{(x, y, z, t) : (x, y, z) \in G \cup \partial G, \ 0 \leq t \leq T\}$$

ihr Maximum (und ihr Minimum) auf jeden Fall (auch) in Punkten an, die auf

$$B_T := \{(x, y, z, t) : (x, y, z) \in G \cup \partial G, \ t = 0, \ \text{oder } (x, y, z) \in \partial G, \ 0 < t < T\}$$

liegen.

12.3 Die Wärmeleitungsgleichung

Dieser Satz ist für sich genommen reichlich erstaunlich. Daher hätte er eigentlich eine intensivere Beschäftigung verdient. Uns dient er aber lediglich als Hilfssatz, um den folgenden Satz damit leicht beweisen zu können. So wollen wir den Beweis, der zudem reichlich kompliziert ist, übergehen und verweisen den sehr interessierten Leser auf die einschlägige Fachliteratur.

An der Skizze rechts können wir die wesentliche Aussage illustrieren. Wir haben als Gebiet G ein kleines Teilintervall auf der x-Achse genommen, beschränken uns also auf eine Raumvariable. Dann besteht der Rand ∂G von G aus den beiden Endpunkten dieses Intervalls, wie wir es in der Skizze angedeutet haben. Das Rechteck ohne die Ränder ist dann das Gebiet $G \times (0, T)$, und mit D_T haben wir das ganze abgeschlossene Rechteck mit seinem Rand bezeichnet.

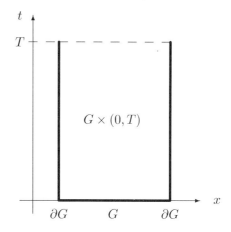

Dann nimmt also eine Lösung u ihr Maximum und auch ihr Minimum auf den dick gezeichneten Randteilen an.

Dieses Maximumprinzip beschert uns nun als ziemlich einfache Folgerung die Tatsache, daß unsere Anfangs–Randwert–Aufgabe höchstens eine Lösung besitzt, und zugleich ergibt sich auch die Stabilität.

Satz 12.24 (Einzigkeit und Stabilität) *Die Lösung des Anfangs–Randwert–Problems ist einzig und stabil.*

Dabei verstehen wir unter stabil das folgende Verhalten: Unterscheiden sich zwei Lösungen in den Anfangs- und den Randbedingungen um höchstens (ein kleines) $\varepsilon > 0$, so unterscheiden sich die Lösungen insgesamt auch nur um höchstens dieses $\varepsilon > 0$.

Beweis: Dank des Maximumprinzips ist das richtig leicht gemacht, geradezu ein Vergnügen! Wir zeigen zunächst die Stabilität. Die Einzigkeit ist dann eine triviale Folgerung.

Der Trick ist immer derselbe. Wir denken uns, daß es mehrere Lösungen, sagen wir zwei, gäbe und betrachten dann ihre Differenz:

Seien also u_1 und u_2 zwei Lösungen mit den zugehörigen Anfangsbedingungen f_1 und f_2 und den zugehörigen Randbedingungen g_1 und g_2. Dann ist, da wir ja immer nur mit linearen Differentialgleichungen operieren, auch $u := u_1 - u_2$ eine Lösung, und eben noch mal wegen der Linearität genügt u der Anfangsbedingung $u(x, y, z, 0) = f_1(x, y, z) - f_2(x, y, z)$ und der Randbedingung $u(x, y, z, t) = g_1(x, y, z, t) - g_2(x, y, z, t)$ für $(x, y, z) \in \partial G$ und $t \geq 0$. Für die Stabilität hatten wir vorausgesetzt:

$$|f_1 - f_2| \leq \varepsilon, \quad |g_1 - g_2| \leq \varepsilon$$

Das bedeutet aber

$$-\varepsilon \leq f_1 - f_2 \leq \varepsilon, \quad -\varepsilon \leq g_1 - g_2 \leq \varepsilon,$$

oder noch anders ausgedrückt:

$$f_1 - f_2 \leq \varepsilon, \quad f_2 - f_1 \leq \varepsilon, \quad g_1 - g_2 \leq \varepsilon, \quad g_2 - g_1 \leq \varepsilon. \tag{12.39}$$

Nun kommt das Maximumprinzip. Es besagt, daß unsere Lösung u ihr Maximum auf dem Rand annimmt. Dort ist sie aber kleiner oder gleich ε, also ist sie *überall* kleiner oder gleich ε:

$$u \leq \varepsilon. \tag{12.40}$$

Sie könnte natürlich auch negative Werte annehmen. Das wird ihr aber auch durch das Maximumprinzip verleidet. Wir betrachten nämlich einfach $-u = f_2 - f_1$ und nutzen unsere zweiten Ungleichungen in (12.39) aus. Das Maximumprinzip führt unmittelbar auf

$$-u \leq \varepsilon. \tag{12.41}$$

Beide Ungleichungen (12.40) und (12.41) zusammen ergeben damit

$$|u| = |u_1 - u_2| \leq \varepsilon. \tag{12.42}$$

Das aber ist genau die behauptete Stabilität.

Wählen wir nun schlichtweg $\varepsilon = 0$, so ergibt die gleiche Schlußkette

$$|u| = |u_1 - u_2| = 0, \tag{12.43}$$

und daraus folgt sofort

$$u_1 = u_2,$$

was ja unsere behauptete Einzigkeit ist. □

12.3.2 Zur Existenz

Wir wissen nun schon ziemlich viel über die Wärmeleitung, fast haben wir, daß das Problem gut gestellt ist, wenn wir nur auch noch eine Lösung hätten. Allgemeine Aussagen zur Existenz von Lösungen sind sehr schwierig zu erhalten. Wir wollen im folgenden für einen einfachen Spezialfall zeigen, wie man sich im Prinzip mit Hilfe des berühmten Bernoulli–Ansatzes eine Lösung verschaffen kann.

Satz 12.25 (Existenz) *Für das eindimensionale Anfangs–Randwert–Problem*

$$\begin{aligned} u_t(x,t) - K^2 u_{xx}(x,t) &= 0 & \text{für} \quad 0 < x < s, t > 0 \\ u(x,0) &= f(x) & \text{für} \quad 0 \leq x \leq s \\ u(0,t) &= g(t) & \text{für} \quad t \geq 0 \\ u(s,t) &= h(t) & \text{für} \quad t \geq 0 \end{aligned} \tag{12.44}$$

läßt sich für gewisse Funktionen f, g und h mit dem Produktansatz (nach Bernoulli) eine Lösung gewinnen.

12.3 Die Wärmeleitungsgleichung

Wir haben die Auswahl der Funktionen f, g und h mit Absicht etwas apokryph gelassen. Denn eine genaue Angabe der Funktionen, für die die Konstruktion erfolgreich verläuft, führt uns in ungeahnte Höhen der Analysis. Das geht weit über das Ziel dieses Buches hinaus. Hier wagt der Autor nicht einmal, den Leser auf Literatur zu verweisen. Dieses Thema muß wohl den echten Analysis–Freaks überlassen bleiben.

Den Beweis gliedern wir in zwei große Teilbereiche. Zunächst zeigen wir, wie man sich mittels des Produktansatzes von J. Bernoulli eine allgemeine Lösung der Wärmeleitungsgleichung verschaffen kann. Danach beziehen wir die Anfangs– und die Randwerte mit ein, um eine Lösung der vollständigen Aufgabe zu konstruieren.

Separationsansatz nach Bernoulli. Zur besseren Übersicht kleiden wir das Ergebnis unserer nun folgenden Berechnung in einen Satz.

Satz 12.26 *Für die eindimensionale Wärmeleitungsgleichung*

$$u_t(x,t) = u_{xx}(x,t) \tag{12.45}$$

ergibt sich mit dem Separationsansatz von Bernoulli folgende Darstellungsformel für die beschränkten Lösungen, wobei λ eine beliebige negative Zahl sein kann:

$$u_\lambda(x,t) = e^{\lambda t} \cdot (c_{1\lambda} \cos \sqrt{-\lambda}\, x + c_{2\lambda} \sin \sqrt{-\lambda}\, x) \tag{12.46}$$

Beweis: Der bekannte Ansatz von Bernoulli (Wie ist er bloß darauf gekommen?) lautet

$$u(x,t) = X(x) \cdot T(t). \tag{12.47}$$

Wir versuchen also, die gesuchte Funktion als Produkt aus zwei Funktionen, die jeweils nur von einer Variablen abhängen, darzustellen.

Wir betonen, daß dies rein formal zu verstehen ist. Wir machen uns keinerlei Gedanken darüber, ob dieser Ansatz Sinn macht, ob es erlaubt sein mag, so vorzugehen usw. Wir wollen auf irgendeine Weise lediglich eine Lösung finden. Im Anschluß müssen wir uns dann aber überlegen, ob die durch solche hinterhältigen Tricks gefundene Funktion wirklich eine Lösung unserer Aufgabe ist.

Setzen wir den Ansatz in die Wärmeleitungsgleichung ein, so ergibt sich

$$X(x) \cdot \frac{dT(t)}{dt} = \frac{d^2 X(x)}{dx^2} \cdot T(t).$$

Hier brauchen wir keine partiellen Ableitungen zu benutzen, denn die einzelnen Funktionen sind ja jeweils nur von einer Variablen abhängig. Um die mühselige Schreibweise mit den Ableitungen zu vereinfachen, gehen wir ab sofort dazu über, die Ableitungen mit Strichen zu bezeichnen. Es ist ja stets klar, nach welcher Variablen abzuleiten ist.

Jetzt Haupttrick: Wir trennen die Variablen, bringen also alles, was von t abhängt, auf die eine Seite und alles, was von x abhängt auf die andere.

$$\frac{T'(t)}{T(t)} = \frac{X''(x)}{X(x)}.$$

Wieder machen wir uns keine Sorgen darum, ob wir hier vielleicht durch 0 dividieren. Unsere spätere Rechtjertigung wird es schon zeigen.

Nun der fundamentale Gedanke von Bernoulli: In obiger Gleichung steht links etwas, was nur von t abhängt. Wenn es sich aber in echt mit t verändern würde, müßte sich auch die rechte Seite verändern. Die hängt doch aber gar nicht von t ab, kann sich also nicht verändern. Also ändert sich die linke Seite auch nicht mit t. Sie ist also eine Konstante. Jetzt schließen wir analog, daß sich ebenso wenig die rechte Seite mit x ändern kann, auch sie ist eine Konstante. Wegen der Gleichheit kommt beide Male dieselbe Konstante heraus. Wir nennen sie λ. Also haben wir

$$\frac{T'(t)}{T(t)} = \frac{X''(x)}{X(x)} = \lambda = \text{const.}$$

Das sind also zwei Gleichungen, aus denen wir die folgenden Gleichungen gewinnen:

$(i) \quad T'(t) = \lambda \cdot T(t), \qquad (ii) \quad X''(x) = \lambda \cdot X(x).$

Hier muß man genau hinschauen, und dann vor Herrn Bernoulli den Hut ziehen. Was hat er geschafft? *Es sind zwei gewöhnliche Differentialgleichungen entstanden.* Das war sein Trick!

Die Lösung der ersten Gleichung (i) fällt uns in den Schoß:

$$T(t) = e^{\lambda t}.$$

Für die zweite Gleichung (ii) müssen wir uns ein klein wenig anstrengen. Es handelt sich um eine lineare homogene DGl zweiter Ordnung mit konstanten Koeffizienten. Das hat uns schon mal jemand erzählt. Also, die charakteristische Gleichung und ihre Lösung lautet

$$\kappa^2 - \lambda = 0 \implies \kappa = \pm\sqrt{\lambda}.$$

Jetzt unterscheiden wir drei Fälle:

Fall 1: Sei $\lambda = 0$. Dann ist $X''(x) = 0$, also ist

$$X(x) = a_0 + a_1 x$$

eine Lösung. Aus (i) folgt dann sofort, daß $T(t) = \text{const}$ ist. Diese Konstante, die wir bei der Produktbildung in (12.47) berücksichtigen müßten, können wir getrost vergessen, wir haben ja schon a_0 und a_1.

Fall 2: Sei $\lambda > 0$. Mit $\kappa = \pm\lambda$ lautet dann die allgemeine Lösung

$$X(x) = c_1 e^{\sqrt{\lambda}x} + c_2 e^{-sqrt\lambda x}.$$

12.3 Die Wärmeleitungsgleichung

Der erste Summand bleibt aber sicherlich nicht beschränkt. Diese Lösung wollen wir also nicht betrachten. Unsere Wärmeleitungsgleichung verlangt nach einer beschränkten Lösung.

Fall 3: Sei $\lambda < 0$. Dann erhalten wir aus der charakteristischen Gleichung

$$\kappa = \pm i\sqrt{-\lambda}.$$

Also lautet dann die allgemeine Lösung

$$u_\lambda(x,t) = e^{\lambda t} \cdot (c_{1\lambda} \cos \sqrt{-\lambda}x + c_{2\lambda} \sin \sqrt{-\lambda}x) \quad \text{für} \quad \lambda < 0$$
$$u_0(x,t) = a_0 + a_1 x \quad \text{für} \quad \lambda = 0$$

□

Konstruktion einer Lösung der vollen Anfangs–Randwert–Aufgabe. Um die im vorigen Abschnitt gewonnene allgemeine Lösung den Anfangs– und Randbedingungen anzupassen, gehen wir nun noch weiter raffiniert vor. Wir wollen die Bedingungen einzeln verarbeiten und setzen dann die Einzelergebnisse zusammen. Hier hilft uns natürlich erneut die Linearität der Aufgabe.

$$\text{Ansatz: } u(x,t) := u_A(x,t) + u_R(x,y) + u_L(x,t)$$

Dabei seien die einzelnen Funktionen natürlich jeweils eine Lösung der Wärmeleitungsgleichung, also von der Form (12.46); außerdem mögen sie den folgenden Bedingungen genügen:

(i) $u_A(0,t) = u_A(s,t) = 0$,

(ii) $u_R(s,t) = h(t)$, $u_R(0,t) = 0$, $t \geq 0$,

(iii) $u_L(0,t) = g(t)$, $u_L(s,t) = 0$, $t \geq 0$,

(iv) $u_A(x,0) = f(x) - u_R(x,0) - u_L(x,0)$, $0 \leq x \leq s$.

Gesetzt den Fall, wir hätten solche Funktionen gefunden oder besser konstruiert, dann haben wir fertig, denn da jede einzeln der Wärmeleitung genügt, tut es auch die Summe. Prüfen wir vielleicht nur mal die Anfangsbedingung:

$$u(x,0) = u_A(x,0) + u_R(x,0) + u_L(x,0)$$
$$= f(x) - u_R(x,0) - u_L(x,0) + u_R(x,0) + u_L(x,0) = f(x),$$

und genau so werden auch alle anderen Bedingungen erfüllt.

Nun also, wie gewinnen wir solche Funktionen? Wir starten mit der Funktion $u_A(x,t)$, die wir uns in der Form (12.46) gegeben denken, und fordern am linken Rand gemäß (i) $u_A(0,t) = 0$. Das bedeutet also, daß für jedes $\lambda < 0$ gelten muß $u_\lambda(0,t) = 0$. Daraus folgt:

$$0 = e^{\lambda 0}(c_{1\lambda} + c_{2\lambda} \cdot 0) = c_{1\lambda}, \quad \text{und } u_0(0,t) = 0 = a_0.$$

Also folgt
$$u_\lambda(x,t) = c_{1\lambda} e^{\lambda t}, \quad u_0(x,t) = a_1 x.$$

Aus der Forderung am rechten Rand erhalten wir
$$u_A(s,t) = 0 \Longrightarrow u_0(s,t) = a_1 \cdot s = 0 \Longrightarrow a_1 = 0.$$

Damit erhalten wir
$$u_\lambda(s,t) = c_{2\lambda} e^{\lambda t} \cdot \sin \sqrt{-\lambda} s = 0.$$

Diese Gleichung ist auch für $c_{2\lambda} \neq 0$ erfüllbar, wenn wir für λ spezielle Werte zulassen, nämlich
$$\sqrt{-\lambda} = \frac{n\pi}{s}, \; n = 1, 2, 3, \ldots \Longrightarrow \lambda = -\frac{n^2\pi^2}{s^2}, \; n = 1, 2, 3, \ldots$$

Das sind abzählbar viele Werte, die wir nun alle miteinander benutzen werden, um eine Lösung als unendliche Reihe aufzubauen. Wir bilden also den Ansatz:
$$u_A(x,t) = \sum_{n=1}^{\infty} c_n e^{-\frac{n^2\pi^2 x}{s^2} t} \cdot \sin \frac{n\pi x}{s}.$$

Auch für $u_R(x,t)$ wollen wir mit einem solchen Ansatz die Bedingungen (ii) zu erfüllen suchen. Aus $u_\lambda(0,t) = 0$ folgt sofort $c_{1\lambda} = 0$. Aus $u_0(0,t) = 0$ erhalten wir $a_0 = 0$. Beides hatten wir schon oben mittels u_A gefunden. Wir haben also den Ansatz für $u_R(x,t)$
$$u_R(x,t) = a_1 x + \sum_{n=1}^{\infty} c_n e^{-\frac{n^2\pi^2}{s^2} t} \cdot \sin \frac{n\pi x}{s}.$$

Nutzen wir nun die zweite Randbedingung aus.
$$u_R(s,t) = h(t) = a_1 s + \sum_{n=1}^{\infty} c_n e^{-\frac{n^2\pi^2}{s^2} t} \cdot \sin n\pi.$$

Dies ist eine Darstellung der gegebenen Funktion $h(t)$ mit einer Summe aus Exponentialfunktionen. Wir werden also nur die Funktionen $h(t)$ gebrauchen können, die eine solche Darstellung zulassen. Damit wird unsere geheimnisvoll klingende Aussage des Satzes etwas klarer.

Nach genau dem gleichen Muster spielt sich die Behandlung der linken Randbedingung, also der Funktion $u_L(x,t)$ ab. Wir geben hier nur noch das Ergebnis an:
$$-a_0 s + \sum_{n=1}^{\infty} c_n e^{-\frac{n^2\pi^2}{s^2} t} \cdot \sin \sqrt{-\lambda} s = g(t).$$

Und auch hier nehmen wir die Botschaft mit, daß wir nur die Funktionen $g(t)$ zu betrachten haben, die eine solche Darstellung zulassen.

12.3 Die Wärmeleitungsgleichung

Zum Schluß kommen wir zurück auf die Funktion $u_A(x,0)$. Mit Hilfe der Bedingung (iv) können wir nun noch die unbekannten Koeffizienten c_n bestimmen; denn wir erhalten

$$f(x) = u_R(x,0) + u_L(x,0) + \sum_{n=1}^{\infty} c_n \sin\frac{n\pi x}{s}.$$

Dies ist eine Fourierentwicklung für die gegebene Funktion $f(x)$, die aus reinen Sinus–Termen besteht. Auch das gibt einen Hinweis, welche Funktionen $f(x)$ wir im Satz betrachten werden.

Insgesamt haben wir damit im Prinzip ein Verfahren vorgestellt, wie man zu einer Lösung gelangen kann. Aus der Beschreibung wird aber wohl klar, daß dieses Vorgehen nur in ziemlich eingeschränkten Einzelfällen möglich ist. Daher verlegen wir unsere Aktivität auf die numerische Lösung dieser Anfangs-Randwert-Aufgaben.

12.3.3 Numerische Lösung mit dem Differenzenverfahren

Am Beispiel der Wärmeleitungsgleichung wollen wir uns an numerisches Vorgehen herantasten. Wir betrachten also folgende Anfangsrandwertaufgabe:

$$u_t(x,t) = \frac{1}{16} u_{xx}(x,t) \quad \text{für } 0 \le x \le 1, \ 0 \le t < \infty \tag{12.48}$$

$$u(x,0) = \frac{x^2}{2} \quad \text{Anfangsbedingung} \tag{12.49}$$

$$u(0,t) = t \quad \text{1. Randbedingung} \tag{12.50}$$

$$u(1,t) = t + \frac{1}{2} \quad \text{2. Randbedingung} \tag{12.51}$$

Zur numerischen Lösung überziehen wir den Streifen

$$G = \{(x,t) \in \mathbb{R}^2 : \ 0 \le x \le 1, \ 0 \le t < \infty\},$$

in dem die Lösung gesucht wird, mit einem Rechteckgitter und bezeichnen die Gitterpunkte mit (x_i, t_j). Wieder bezeichnen wir mit

$$u_{i,j} \approx u(x_i, t_j)$$

die gesuchte Näherung für $u(x_i, t_j)$

Nun beginnen wir damit, daß wir u_{xx} durch den zentralen und u_t durch den vorderen Differenzenquotienten ersetzen. Dabei wählen wir als Schrittweite in t-Richtung k und als Schrittweite in x-Richtung h. Dadurch gelangen wir zu einer Ersatzaufgabe, mit der wir eine Näherung für die Lösung $u(x,t)$ berechnen können. Die Differenzenquotienten haben wir schon früher eingeführt.

Wir benutzen sie jetzt hemmungslos und erhalten

$$\frac{1}{k}(u_{i,j+1} - u_{i,j}) = \frac{1}{16h^2}(u_{i+1,j} - 2u_{i,j} + u_{i-1,j}).$$

Hier stehen fünf u–Terme, vier von ihnen im Zeitschritt t_j und einer links im Zeitschritt t_{j+1}. Wir lösen daher obige Gleichung nach $u_{i,j+1}$ auf, was sich explizit machen läßt.

$$u_{i,j+1} = u_{i,j} + \frac{k}{16h^2}\, u_{i+1,j} + \left(1 + \frac{2k}{16h^2}\right) u_{i,j} + \frac{k}{16h^2}\, u_{i-1,j}. \qquad (12.52)$$

Nun haben wir ja die Anfangsbedingung und kennen also Werte im Zeitschritt $t = 0$, d.h. für $j = 0$. Aus obiger Gleichung können wir daher die Werte im Zeitschritt $j = 1$, d.h. für $t = k$ berechnen. Mit diesen Werten gehen wir zum Zeitschritt $j = 2$, d.h. für $t = 2k$ und rechnen dort unsere Näherungswerte aus. So schreiten wir Schritt für Schritt voran, bis wir zu einem Zeitschritt kommen, den uns die Aufgabe stellt oder für den wir uns aus anderen Gründen interessieren.

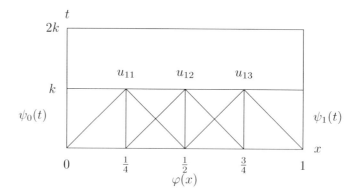

Oben haben wir einen Stab als eindimensionales Gebilde auf die x–Achse gelegt. Die Zeit tragen wir nach oben auf. $t = 0$ ist also die x–Achse, dort tragen wir die in der Aufgabe gegebenen Anfangswerte ein. Die Randbedingungen besagen, wie sich die Wärme am linken und rechten Rand ausbreitet. In der Skizze sind also die Werte auf der t–Achse am linken Rand und auf der Parallelen zur t–Achse am rechten Rand gegeben. Um nun für den Zeitpunkt $t = k$, also $j = 1$ die Näherung zu berechnen, schauen wir uns die Gleichung (12.52) genau an und sehen, daß rechts der Wert zum selben Ortspunkt x_i, aber zur Zeit $t = 0$ steht. Außerdem sind seine beiden Nachbarwerte links und rechts von diesem Ortspunkt dabei. Wir haben das rechts ausgehend vom Zeitschritt $t = 0$ angedeutet. Der Näherungswert u_{11} im Zeitpunkt $t = k$ ergibt sich nach obiger Formel aus den Vorgabewerten im Nullpunkt, im Punkt $(0, \frac{1}{4})$ und im Punkt $(0, \frac{1}{2})$. Den Näherungswert u_{12} erhält man aus den Werten im Punkt $(0, \frac{1}{2})$, im Punkt $(0, \frac{1}{4})$ und im Punkt $(0, \frac{3}{4})$. Und die Näherung u_{13} erhalten wir aus den Werten im Punkt $(0, \frac{1}{2})$ und im Punkt $(0, \frac{3}{4})$ und im Punkt $(0, 1)$ alle zum Zeitpunkt $t = 0$. Das ergibt zusammen mit den gegebenen Werten am linken und rechten Rand die Möglichkeit, alle Werte im Zeitschritt t_{i+1} zu bestimmen. Wir haben das durch die Verbindungslinien angedeutet.

Nun wollen wir noch konkret rechnen und wählen deshalb als Beispiel die Schrittweite $h = \frac{1}{4}$ in x–Richtung und die Schrittweite und $k = \frac{1}{2}$ in t–Richtung. Dann ist $\frac{k}{16h^2} = \frac{1}{2}$

12.3 Die Wärmeleitungsgleichung

und $1 - \frac{2k}{16h^2} = 0$. Unsere Gleichung (12.52) lautet dann:

$$u_{i,j+1} = \frac{1}{2}(u_{i+1,j} + u_{i-1,j}). \tag{12.53}$$

Das ist nun ein leichtes Spiel, hier Werte auszurechnen. Wir benutzen unten dieselbe Skizze wie oben. Hier ist also wieder die Ortskoordinate nach rechts aufgetragen, und die Zeit schreitet nach oben fort. Wir wollen Näherungen für die Zeitschritte $t_1 = k = \frac{1}{2}$ und $t_2 = 2k = 1$ berechnen. Für die Zeit $t = 0$ tragen wir an der unteren Kante die Vorgabewerte aus der Anfangsbedingung (12.49) ein. Am linken Rand benutzen wir (12.50) und am rechten analog (12.51). Die neu berechneten Werte haben wir eingerahmt. Für den zweiten Schritt haben wir keine Verbindungslinien gezogen, um das Bild übersichtlich zu halten.

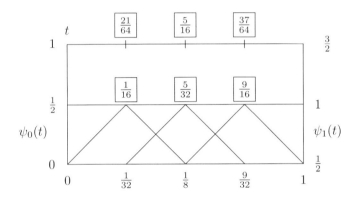

An Hand eines zweiten Beispiels wollen wir ein gerade für die Anwendungen sehr wichtiges Phänomen ansprechen. Dazu wählen wir ein Beispiel, wo wir die exakte Lösung kennen und daher mit unserer Näherungslösung vergleichen können.

Beispiel 12.27 *Wir lösen die Anfangs–Randwert–Aufgabe*

$$\begin{aligned} u_t(xx,t) &= u_{xx}(x,t) & 0 &< x < 1,\ t > 0 \\ u(x,0) &= 100 \cdot \sin \pi x & 0 &< x < 1 \\ u(0,t) &= u(1,t) = 0 & t &> 0 \end{aligned}$$

sowohl exakt als auch numerisch und vergleichen die Ergebnisse.

Exakte Lösung. Die Randvorgaben $g(t) = h(t) \equiv 0$ führen uns sofort zu $u_R(x,t) \equiv 0$ und $u_L(x,t) \equiv 0$. Daraus schließen wir, wie die Funktion u_A auszusehen hat:

$$u_A(x,0) = \sum_{n=1}^{\infty} c_n \sin \frac{n\pi x}{s} = f(x).$$

Wenn wir $f(x)$ ungerade fortsetzen, können wir diese Gleichung befriedigen. Mit der vorgegebenen Funktion $f(x) = 100 \cdot \sin \pi x$ wird dann diese Gleichheit erreicht wegen $s = 1$, wenn wir wählen

$$c_1 = 100, \ c_2 = c_3 = \cdots = 0.$$

Damit lautet die gesuchte exakte Lösung

$$u(x,t) = 100 \cdot e^{-\pi^2 t} \sin \pi x.$$

Numerische Lösung. Fein, daß wir die exakte Lösung zum Vergleich heranziehen können. Jetzt gehen wir numerisch ran. Dazu wählen wir wieder das Differenzenverfahren und ersetzen die erste zeitliche Ableitung durch den Vorwärtsdifferenzquotienten und die zweite räumliche Ableitung durch den zentralen Differenzquotienten. Wir erhalten so die Näherungsformel

$$\frac{u_{i,j+1} - u_{i,j}}{k} = \frac{u_{i+1,j} - 2u_{i,j} + u_{i-1,j}}{h^2}.$$

Das können wir auflösen:

$$u_{i,j+1} = u_{i,j} + \frac{k}{h^2}(u_{i+1,j} - 2u_{i,j} + u_{i-1,j}). \tag{12.54}$$

Dies ist eine explizite Gleichung zur Bestimmung der gesuchten Näherungswerte im Zeitschritt $j + 1$. Da wir die Zeitableitung so ersetzt haben, wie wir das auch schon beim Euler–Verfahren für gewöhnliche Differentialgleichungen gelernt haben, nennen wir die Gleichung (12.54) **Explizite Euler–Methode**.

Berücksichtige wir nun, daß wir für den Zeitschritt $j = 0$, also zur Zeit $t = 0$ die Werte $u_{i,0}$ der Funktion $u(x,t)$ als Anfangswerte in der Aufgabe gegeben haben, so sehen wir, daß dies eine explizite Gleichung zur Berechnung der Näherungswerte $u_{i,1}$ von $u(x,t)$ in den Stützstellen zum Zeitpunkt $t = k$ ist.

Mit diesen Werten lassen sich sodann die Näherungen $u_{i,2}$ explizit berechnen. Und so können wir fortfahren mit der Rechnung. Wie wir das schon im vorigen Beispiel skizzenhaft angedeutet haben, werden auch hier nur spezielle Werte eines Zeitschrittes benötigt, um den jeweiligen Wert im folgenden Zeitschritt zu berechnen. Man braucht nämlich nur den Wert im selben Ortsschritt und die beiden links und rechts daneben stehenden Werte. Die Formel ist so einfach zu lesen, daß wir uns hier eine erneute Skizze sparen.

Natürlich schreit das nach dem kleinen Knecht, Herrn Computer. Der hat mit wirklich sehr wenig Programmieraufwand überhaupt keine Mühe, hier Ergebnisse zu erzielen. Wir zerlegen das gegebene Intervall $[0, 1]$ in 10 Teilintervalle und wollen Näherungswerte zum Zeitpunkt $T = 0.5$ erhalten. Dazu geben wir drei verschiedene Teitschrittweiten k vor, nämlich

$$(i) \ \ k = \frac{1}{600} = 0.001\overline{6}, \quad (ii) \ \ k = \frac{1}{200} = 0.005, \quad (iii) \ \ k = \frac{3}{500} = 0.006$$

Das bedeutet, daß Mr. C. im Fall (i) 300 Zeitschritte zu rechnen hat, im Fall (ii) nur 100 Zeitschritte und im Fall (iii) noch gerade 83 Zeitschritte. Wir wollen also sehen, ob

12.3 Die Wärmeleitungsgleichung

wir durch die Wahl der Zeitschritte Zeit (und damit für jeden Großcomputer zugleich Geld) sparen können. Das Ergebnis ist schon einigermaßen erstaunlich, wenn wir die Näherungen mit den exakten Werten vergleichen:

Explizite Euler–Methode

Ort	exakt	Näherung 300 Zeitschritte	Näherung 100 Zeitschritte	Näherung 83 Zeitschritte
0.0	0.000000	0.000000	0.000000	0.00
0.1	0.222239	0.222266	0.204463	-8341.01
0.2	0.422724	0.422775	0.388912	15866.85
0.3	0.581830	0.581899	0.535292	-21838.91
0.4	0.683982	0.684064	0.629273	25676.11
0.5	0.719181	0.719267	0.661657	-26998.11
0.6	0.683982	0.684064	0.629273	25679.84
0.7	0.581830	0.581899	0.535292	-21844.94
0.8	0.422724	0.422775	0.388912	15872.87
0.9	0.222239	0.222266	0.204463	-8344.73
1.0	0.000000	0.000000	0.000000	0.00

Bei 300 Zeitschritten sieht das Ergebnis recht vertrauensvoll aus, vier Nachkommastellen sind korrekt. Das ändert sich bei nur noch 100 Zeitschritten. Eigentlich möchte man auf bessere Ergebnisse hoffen, weil ja doch u.a. weniger Rundungsfehler auftreten, aber jetzt ist nur noch eine Nachkommastelle zu gebrauchen. Desaströs aber wird es bei 83 Zeitschritten. Das Ergebnis ist total unbrauchbar.

So wie wir es auch schon bei Anfangswertaufgaben mit gewöhnlichen Differentialgleichungen kennengelernt haben, tritt auch hier das Phänomen der Stabilität auf. Der folgende Satz, den wir hier als einzigen aus einer Vielzahl weiterer Ergebnisse zitieren wollen, erklärt die Geschichte.

Satz 12.28 *Die explizite Euler–Methode ist von der Ordnung $\mathcal{O}(k+h^2)$ konsistent; sie ist genau dann stabil, wenn gilt:*

$$\frac{k}{h^2} < \frac{1}{2} \tag{12.55}$$

Schauen wir uns obige Rechnung noch einmal daraufhin an und berechnen wir den Faktor $\dfrac{k}{h^2}$.

Fall (i) $\quad \dfrac{k}{h^2} = \dfrac{1}{6} = 0.000 1\overline{6}$

Fall (ii) $\quad \dfrac{k}{h^2} = \dfrac{1}{2} = 0.5$

Fall (iii) $\quad \dfrac{k}{h^2} = \dfrac{3}{5} = 0.6$

Aha, da liegt der Hund begraben. Der Faktor $\frac{k}{h^2}$ ist im Fall (iii) größer als 0.5. Man muß also folgendes beachten:

Gibt man bei der expliziten Euler–Methode die Ortsschrittweite vor, so darf man die Zeitschrittweite nicht beliebig wählen, sondern muß die Einschränkung beachten:

$$k < \frac{h^2}{2}$$

Dieses instabile Verhalten zeigt sich nicht, wenn man folgende implizite Methode wählt:

Wir ersetzen wie gehabt die zeitliche Ableitung durch den Vorwärtsdifferenzenquotienten, zur Ersetzung der räumlichen zweiten Ableitung benutzen wir den zentralen Differenzenquotienten, den wir aber diesmal an der Stelle $u_{i,j+1}$ statt bei $u_{i,j}$ auswerten. Das ergibt die Formel:

$$\frac{u_{i,j+1} - u_{i,j}}{k} = \frac{u_{i+1,j+1} - 2u_{i,j+1} + u_{i-1,j+1}}{h^2} \qquad (12.56)$$

Diese Formel lösen wir folgendermaßen auf

$$u_{i,j+1} - \frac{k}{h^2} \cdot (u_{i+1,j+1} - 2u_{i,j+1} + u_{i-1,j+1})x = u_{i,j} \qquad (12.57)$$

und erhalten so die **implizite Euler–Methode**.

Bekannt sind die Werte im Zeitschritt $k = 0$ durch die Vorgabe der Anfangswerte. Setzen wir also $j = 0$, so ist die rechte Seite in obiger Formel für $i = 0, 1, \ldots, N$ bekannt. Die Formel benutzen wir dann für $i = 1, 2, \ldots, N-1$, erhalten also $N-1$ Gleichungen für die $N-1$ Unbekannten $u_{1,1}, \ldots, u_{N-1,1}$. Dabei beachten wir daß die Randwerte $u_{0,1}$ und $u_{N,1}$ durch die Randbedingungen gegeben sind.

Unschwer erkennt man, daß so ein lineares Gleichungssystem mit $N-1$ Gleichungen und $N-1$ Unbekannten entsteht. Sukzessive arbeiten wir für die Zeitschritte $k = 1$, $k = 2$, usw. fort. Jedesmal muß also ein lineares Gleichungssystem gelöst werden. Dies ist aber von besonders einfacher Bauart, es ist ein Tridiagonalsystem, wie man aus der Gleichung (12.57) direkt abliest.

Bei der praktischen Berechnung für unser obiges Beispiel 12.27 hat uns unser kleiner Computer nicht im Stich gelassen und folgendes ausgespuckt:

Implizite Euler–Methode

Ort	exakt	Näherung 300 Zeitschritte	Näherung 100 Zeitschritte	Näherung 83 Zeitschritte
0.0	0.000000	0.000000	0.000000	0.000000
0.1	0.222239	0.236981	0.259878	0.270856
0.2	0.422724	0.450764	0.494318	0.515200
0.3	0.581830	0.620423	0.680370	0.709111
0.4	0.683982	0.729351	0.799823	0.833610
0.5	0.719181	0.766885	0.840984	0.876510
0.6	0.683982	0.729350	0.799823	0.833611
0.7	0.581830	0.620422	0.680370	0.709112
0.8	0.422724	0.450763	0.494318	0.515200
0.9	0.222239	0.236980	0.259878	0.270856
1.0	0.000000	0.000000	0.000000	0.000000

Das ist zwar nicht gerade berauschend, wenn man das Ergebnis jeweils mit der exakten Lösung vergleicht, aber zumindest fehlt dieses Chaos, wenn wir die Zeitschrittweite größer machen. Das wird durch folgenden Satz bestätigt.

Satz 12.29 *Die implizite Euler–Methode ist von der Ordnung $\mathcal{O}(k+h^2)$ konsistent; sie ist ohne Einschränkung stabil.*

Das ist es: Stabilität auf jeden Fall. Natürlich ist die Annäherung zu grob mit einer Ortsschrittweite von 0.1, da müßten wir unsern kleinen Knecht schon erheblich mehr anstrengen. Aber dann würde das Ergebnis auch deutlich besser werden, eben mit der Ordnung $k+h^2$.

Eine andere Methode, das Ergebnis zu verbessern, haben sich Crank und Nicolson ausgedacht, indem sie die Vorwärts– und die Rückwärtsmethode kombiniert haben.

Sie haben also die Zeitableitung wieder durch den Vorwärtsdifferenzenquotienten angenähert, dann aber die örtliche zweite Ableitung durch den zentralen Differenzenquotienten sowohl an der Stelle $u_{i,j}$ als auch an der Stelle $u_{i,j+1}$ approximiert. Aus beiden haben sie dann den Mittelwert gebildet und kamen zu folgender Formel:

$$\frac{u_{i,j+1} - u_{i,j}}{k} = \frac{1}{2h^2} \cdot \left(\frac{u_{i+1,j+1} - 2u_{i,j+1} + u_{i-1,j+1}}{h^2} + \frac{u_{i+1,j} - 2u_{i,j} + u_{i-1,j}}{h^2} \right).$$

Auch dies ist eine implizite Methode, denn die unbekannten Werte stehen links und rechts. Wieder müssen wir nach diesen Werten auflösen

$$u_{i,j+1} - \frac{k}{2h^2}(u_{i+1,j+1} - 2u_{i,j+1} + u_{i-1,j+1}) = u_{i,j} + \frac{k}{2h^2}(u_{i+1,j} - 2u_{i,j} + u_{i-1,j})$$

und erhalten sie die Formel für die **Crank–Nicolson–Methode**.

Auch hier ist ein lineares Gleichungssystem entstanden, das ebenfalls tridiagonal ist. Das Rechenergebnis für unser obiges Beispiel zeigen wir in der folgenden Tabelle.

Crank–Nicolson–Methode

Ort	exakt	Näherung 300 Zeitschritte	Näherung 100 Zeitschritte	Näherung 83 Zeitschritte
0.0	0.000000	0.000000	0.000000	0.000000
0.1	0.222239	0.231408	0.231189	0.235662
0.2	0.422724	0.440163	0.439748	0.448255
0.3	0.581830	0.605833	0.605261	0.616970
0.4	0.683982	0.712200	0.711527	0.725292
0.5	0.719181	0.748852	0.748143	0.762618
0.6	0.683982	0.712201	0.711527	0.725292
0.7	0.581830	0.605834	0.605261	0.616971
0.8	0.422724	0.440165	0.439748	0.448255
0.9	0.222239	0.231408	0.231189	0.235662
1.0	0.000000	0.000000	0.000000	0.000000

Bei zu kleiner Zeitschrittweite wird die Annäherung schlechter, aber das Ergebnis ist irgendwo noch nachvollziehbar. Auch hier ist die Stabilität also kein Problem, was im folgenden Satz auch klar zum Ausdruck kommt.

Satz 12.30 *Die implizite Crank–Nicolson–Methode ist von der Ordnung $\mathcal{O}(k^2 + h^2)$ konsistent; sie ist ohne Einschränkung stabil.*

12.4 Die Wellengleichung

Im Beispiel 12.6 auf Seite 448 haben wir uns schon recht ausführlich mit einer korrekten Beschreibung einer schwingenden Saite befaßt und dabei drei verschiedene Aufgaben, bedingt durch die Randvorgaben, festgelegt:

1. die allgemeine Wellengleichung (keine Anfangs– oder Randbedingungen)
2. das Cauchy–Problem (nur Anfangsbedingungen)
3. das volle Anfangs–Randwert–Problem (sowohl Anfangs– als auch Randvorgaben)

Wir wollen nun zu jeder der drei Aufgaben eine Beschreibung der Lösung geben.

12.4.1 Die allgemeine Wellengleichung

Der folgende Satz erzählt uns, wie man eine Lösung der allgemeinen Wellengleichung aus zwei anderen Funktionen von jeweils einer Veränderlichen aufbauen kann.

Satz 12.31 *Ist $u(x,t)$ eine im ganzen (x,t)–Raum zweimal differenzierbare Lösung der Gleichung*
$$u_{tt}(x,t) - c^2 u_{xx}(x,t) = 0, \qquad (12.58)$$
so gibt es zwei Funktionen $f, g \in \mathcal{C}^2(\mathbb{R})$ mit
$$u(x,t) = f(x+ct) + g(x-ct). \qquad (12.59)$$
Umgekehrt ist auch jede Funktion $u(x,t)$, die sich so mit zwei Funktionen $f, g \in \mathcal{C}^2(\mathbb{R})$ darstellen läßt, eine Lösung der Wellengleichung (12.58).

12.4 Die Wellengleichung

Nun, solch einen schönen Satz läßt ein anständiger Mathematiker nicht ohne Beweis gehen; denn so allein ist er gar nicht sehr hilfreich. Es wird zwar gesagt, daß es zwei hübsche Funktionen f und g gibt, aus denen man die Lösung aufbauen kann, aber woher nehmen, wenn nicht stehlen. Das ist recht typisch für solche Existenzsätze: die nutzbringende Idee steckt im Beweis. Dort muß man nämlich zur Sache kommen und erklären, wie man sich solche Funktionen beschafft. Also wagen wir uns an den Beweis.

Beweis: Wir setzen

$$\xi = x + ct, \ \eta = x - ct \ \text{ und erhalten } \ x = \frac{\xi + \eta}{2}, \ t = \frac{\xi - \eta}{2c}.$$

Dann ist

$$u(x,t) = u\left(\frac{\xi + \eta}{2}, \frac{\xi - \eta}{2c}\right)$$

eine Funktion von ξ und η. Wir nennen sie $v(\xi, \eta)$ und rechnen die Wellengleichung auf diese neuen Koordinaten um. Wir lassen zur besseren Übersicht im folgenden die jeweiligen Variablen weg; denn jetzt müssen wir differenzieren, und zwar implizit, da sowohl ξ also auch η jeweils Funktionen von x sind. Also los geht's:

$$\begin{aligned} u_x &= v_\xi \cdot \xi_x + v_\eta \cdot \eta_x = v_\xi + v_\eta, \\ u_t &= v_\xi \cdot \xi_t + v_\eta \cdot \eta_t = v_\xi \cdot c - v_\eta \cdot c, \\ u_{xx} &= v_{\xi\xi} \cdot \xi_x + v_{\xi\eta} \cdot \eta_x + v_{\eta\xi} \cdot \xi_x + v_{\eta\eta} \cdot \eta_x \\ &= v_{\xi\xi} + 2v_{\xi\eta} + v_{\eta\eta} \\ u_{tt} &= c[v_{\xi\xi} \cdot \xi_t + v_{\xi\eta} \cdot \eta_t - v_{\eta\xi} \cdot \xi_t - v_{\eta\eta} \cdot \eta_z] \\ &= c^2[v_{\xi\xi} - 2v_{\xi\eta} + v_{\eta\eta}] \end{aligned}$$

Das setzen wir nun in die Wellengleichung ein und erhalten:

$$\begin{aligned} u_{tt} - c^2 u_{xx} &= c^2[v_{\xi\xi} - 2v_{\xi\eta} + v_{\eta\eta} - v_{\xi\xi} - 2v_{\xi\eta} - v_{\eta\eta}] \\ &= -4c^2 v_{\xi\eta} = 0 \end{aligned}$$

Wegen $4c^2 \neq 0$ können wir durch diesen Term teilen und kommen zu der Gleichung

$$v_{\xi\eta} = 0.$$

Diese Gleichung schreiben wir ein klein wenig anders und fügen wieder unsere abhängigen Veränderlichen ξ und η hinzu:

$$(v_\xi)_\eta (\xi, \eta) = 0.$$

Jetzt sieht man, daß wir leicht integrieren können, zunächst nach η. Dabei entsteht eine Konstante, die aber nur bezgl. η eine Konstante ist; sie kann eventuell von ξ abhängen. Wir erhalten also

$$v_\xi(\xi, \eta) = h(\xi).$$

Hierin ist $h(\xi)$ eine $\mathcal{C}^1$–Funktion, denn v war ja eine $\mathcal{C}^2$–Funktion. Nun integrieren wir munter noch einmal, diesmal nach ξ. Wiederum entsteht eine Integrationskonstante bezgl. ξ, die also diesmal von η abhängen kann; wir nennen sie $g(\eta)$:

$$v(\xi, \eta) = f(\xi) + g(\eta).$$

Hierin ist $f(\xi)$ eine Stammfunktion von $h(\xi)$, die damit eine Funktion aus $\mathcal{C}^2$ ist. Daher ist wegen der Gleichheit und wegen $v \in \mathcal{C}^2$ und $f \in \mathcal{C}^2$ auch $g \in \mathcal{C}^2$. Wenn wir auf unsere alten Variablen x und t zurückschalten, so folgt:

$$u(x,t) = v(\xi, \eta) = f(\xi) + g(\eta) = f(x+ct) + g(x-ct).$$

Die Existenz unserer zwei gesuchten Funktionen haben wir also als Integrationskonstanten gesichert.

Die umgekehrte Behauptung zeigen wir durch schlichtes Nachrechnen. Sei also

$$u(x,t) = f(x+ct) + g(x-ct).$$

Dann ist

$$\begin{aligned}
u_t &= \frac{df}{d\xi} \cdot \xi_t + \frac{dg}{d\eta} \cdot \eta_t = \frac{df}{d\xi} \cdot c - \frac{dg}{d\eta} \cdot c, \\
u_{tt} &= \frac{d^2 f}{d\xi^2} \cdot \xi_t \cdot c - \frac{d^2 g}{d\eta^2} \cdot \eta_t \cdot c = c^2 \cdot \frac{d^2 f}{d\xi^2} + c^2 \cdot \frac{d^2 g}{d\eta^2}, \\
u_x &= \frac{df}{d\xi} + \frac{dg}{d\eta}, \\
u_{xx} &= \frac{d^2 f}{d\xi^2} + \frac{d^2 g}{d\eta^2}.
\end{aligned}$$

Damit folgt insgesamt

$$u_{tt} - c^2 \cdot u_{xx} = 0,$$

wie wir es im Satz behauptet haben. □

12.4.2 Das Cauchy–Problem

Der obige Satz über die Lösung der allgemeinen Wellengleichung führt uns unmittelbar zur Lösung des Cauchy–Problems:

Satz 12.32 *Das Cauchy–Problem*

$$u_{tt}(x,t) - c^2 \cdot u_{xx}(x,t) = 0, \quad u(x,0) = u_0(x), u_t(x,0) = u_1(x) \quad (12.60)$$

ist korrekt gestellt, falls $u_0 \in \mathcal{C}^2$ und $u_1 \in \mathcal{C}^1$ ist.

Die Lösung lautet dann:

$$u(x,y) = \frac{u_0(x+ct) + u_0(x-ct)}{2} + \frac{1}{2c} \int_{x-ct}^{x+ct} u_1(\xi)\, d\xi. \quad (12.61)$$

12.4 Die Wellengleichung

Nun, im Gegensatz zum vorigen reinen Existenzsatz ist hier in der Formulierung alles verraten. Wir bringen den Beweis dieses Satzes daher nur der Vollständigkeit wegen für 'Experten'. Wer nur an der Anwendung interessiert ist, mag ihn getrost überspringen.

Beweis: Wir wissen nach dem vorigen Satz, daß sich die Lösung der Wellengleichung mit zwei Funktionen f und g so darstellen läßt:

$$u(x,t) = f(x+ct) + g(x-ct), \quad f, g \in \mathcal{C}^2.$$

Wir müssen nur versuchen, diese Lösung den Anfangsbedingungen anzupassen. Also setzen wir diese ein und beachten, daß wir ja $t = 0$ zu nehmen haben.

$$u(x,0) = u_0(x) = f(x) + g(x) \Rightarrow g(x) = u_0(x) - f(x),$$
$$u_t(x,0) = u_1(x) = c \cdot f'(x) - c \cdot g'(x)$$

Die zweite Gleichung integrieren wir und erhalten:

$$f(x) - g(x) = \frac{1}{c} \int_{x_0}^{x} u_1(\widetilde{x}) \, d\widetilde{x}$$

mit willkürlich gewähltem Anfangspunkt x_0 im Integral (dadurch sparen wir uns die Integrationskonstante). Hier verwenden wir die erste Anfangsbedingung

$$f(x) = g(x) + \frac{1}{c} \int_{x_0}^{x} u_1(\widetilde{x}) \, d\widetilde{x} = u_0(x) - f(x) + \frac{1}{c} \int_{x_0}^{x} u_1(\widetilde{x}) \, d\widetilde{x}.$$

Fassen wir das zusammen, so folgt

$$f(x) = \frac{1}{2} u_0(x) + \frac{1}{2c} \int_{x_0}^{x} u_1(\widetilde{x}) \, d\widetilde{x}$$

und analog

$$g(x) = \frac{1}{2} u_0(x) - \frac{1}{2c} \int_{x_0}^{x} u_1(\widetilde{x}) \, d\widetilde{x}.$$

Damit lautet unsere gesuchte Lösung:

$$\begin{aligned} u(x,t) &= f(x+ct) + g(x+ct) \\ &= \frac{1}{2} u_0(x+ct) + \frac{1}{2c} \int_{x_0}^{x+ct} u_1(\widetilde{x}) \, d\widetilde{x} + \frac{1}{2} u_0(x-ct) - \frac{1}{2c} \int_{x_0}^{x-ct} u_1(\widetilde{x}) \, d\widetilde{x} \\ &= \frac{u_0(x+ct) + u_0(x-ct)}{2} + \frac{1}{2c} \int_{x-ct}^{x+ct} u_1(\widetilde{x}) \, d\widetilde{x}. \end{aligned}$$

So haben wir also die Lösung des Cauchy–Problems durch Konstruktion angegeben und dadurch die Existenz gesichert.

Durch Zusammenfassen der beiden Integrale haben wir ganz heimlich den willkürlich gewählten Anfangspunkt x_0 wieder beseitigen können. Er war die letzte Freiheit in der konstruierten Lösung. Nun haben wir keine solche Freiheit mehr und darum auch nur eine einzige Lösung.

Um nun die Korrektgestelltheit vollständig zu machen, müssen wir die Stabilität sichern.

Nehmen wir daher an, es seien $u(x,t)$ und $\widetilde{u}(x,t)$ zwei Lösungen und daß sowohl u als auch $\widetilde{u}$ die Randwerte nicht genau annehmen, sondern daß da jeweils eine kleine Störung eingebaut ist. Es sei also für die zugehörigen Randwerte $u_0(x)$ und $\widetilde{u}_0(x)$ und $u_1(x)$ und $\widetilde{u}_1(x)$

$$|u_0(x) - \widetilde{u}_0(x)| < \varepsilon, \quad |u_1(x) - \widetilde{u}_1(x)| < \delta.$$

Dann hilft uns die Dreiecksungleichung weiter:

$$\begin{aligned}|u(x,t) - \widetilde{u}(x,t)| &\leq \frac{1}{2}|u_0(x+ct) - \widetilde{u}_0(x+ct)| + \frac{1}{2}|u_0(x-ct) - \widetilde{u}_0(x-ct)| \\ &\quad + \frac{1}{2c}\int_{x-ct}^{x+ct}|u_1(\widetilde{x}) - \widetilde{u}_1(\widetilde{x})|\,d\widetilde{x} \\ &= \frac{1}{2}\varepsilon + \frac{1}{2}\varepsilon + \frac{1}{2c}\int_{x-ct}^{x+ct}\delta\,d\widetilde{x} = \varepsilon + \frac{1}{2c}\delta(x+ct - (x-ct)) \\ &= \varepsilon + \delta t.\end{aligned}$$

In einem beliebigen endlichen Intervall $[0,T]$ wird also $u - \widetilde{u}$ beliebig klein, wenn $\varepsilon, \delta \to 0$ geht. Das ist die Stabilität. □

12.4.3 Das allgemeine Anfangs–Randwert–Problem

Zur besseren Übersicht formulieren wir im folgenden Satz die volle Aufgabe noch einmal, bevor wir zur Behauptung kommen, daß die Lösung, falls es sie denn gibt, einzig ist. Die Stabilität werden wir nicht nachweisen, denn das wäre nur eine Wiederholung aus dem Beweis des vorigen Satzes.

Satz 12.33 *Das Anfangs–Randwert–Problem*

$$\begin{aligned}u_{tt}(x,t) - c^2 \cdot u_{xx}(x,t) &= 0, & 0 < t,\ 0 < x < s & \quad \textit{Wellengleichung} \\ u(x,0) &= u_0(x), & 0 < x < s & \quad \textit{Anfangsbedingung} \\ u_t(x,0) &= u_1(x), & 0 < x < s & \quad \textit{Anfangsbedingung} \\ u(0,t) &= h(t), & t > 0 & \quad \textit{Randbedingung} \\ u(s,t) &= k(t), & t > 0 & \quad \textit{Randbedingung}\end{aligned}$$

(12.62)

hat höchstens eine Lösung $u(x,t)$, falls $u \in \mathcal{C}^2$ ist. Diese ist dann auch stabil.

Dieser Satz liefert nur die Einzigkeit und versichert uns, daß die Lösung stabil bleibt, er sagt aber nichts über ihre Existenz. Schon gar nicht erzählt er uns, wie man die Lösung denn erhalten könnte. Wenn man also den folgenden Beweis überspringt, ist das eine läßliche Sünde, die der Autor gerne vergibt.

12.4 Die Wellengleichung

Beweis: Wir wollen hier nur die Einzigkeit beweisen, denn der Stabilitätsnachweis läuft analog wie im vorigen Satz 12.32. Wir wollen ihn daher übergehen.

Wir nehmen an, daß es zwei Lösungen $u_1(x,t)$ und $u_2(x,t)$ dieser Aufgabe gibt. Wie schon jeweils zuvor betrachten wir die Differenz

$$\widehat{u}(x,t) = u_1(x,t) - u_2(x,t).$$

Diese Funktion $\widehat{u}(x,t)$ ist ebenfalls Lösung der Wellengleichung, erfüllt aber die folgenden homogenen Randbedingungen:

$$\widehat{u}(x,0) = \widehat{u}_t(x,0) = 0, \; \widehat{u}(0,t) = \widehat{u}(s,t) = 0.$$

Daraus ergeben sich noch zwei weitere Gleichungen:

$$\widehat{u}_t(0,t) = \widehat{u}_t(s,t) = 0. \tag{12.63}$$

Nun kommt ein kleiner, ach, vielleicht doch ein größerer Trick. Ist $u(x,t)$ eine Lösung der Wellengleichung, so gilt auch

$$2u_t(u_{tt} - c^2 \cdot u_{xx}) = (u_t^2 + c^2 \cdot u_x^2)_t - 2c^2(u_t \cdot u_x)_x \tag{12.64}$$

Das erkennt man durch einfaches Nachrechnen, indem man die rechte Seite ausdifferenziert und $u_{xt} = u_{tx}$ beachtet. Außerdem sieht man, daß links in der Klammer unsere Wellengleichung steht, die ja für eine Lösung den Wert 0 ergibt. Also ist der ganze linke Ausdruck und dann natürlich auch der rechte Term gleich Null.

Unsere Differenzfunktion $\widehat{u}$ war eine Lösung, also können wir sie in die Gleichung (12.64) einsetzen:

$$0 = \int_{t=0}^{T} \int_{x=0}^{s} [(\widehat{u}_t^2(x,t) + c^2 \cdot \widehat{u}_x^2(x,t))_t - 2c^2(\widehat{u}_t(x,t) \cdot \widehat{u}_x(x,t))_x] \, dx \, dt$$

$$= \int_0^s [\widehat{u}_t^2(x,t) + c^2 \cdot \widehat{u}_x^2(x,t)] \, dx \Big|_0^T - 2c^2 \int_0^T \widehat{u}_t(x,t) \cdot \widehat{u}_x(x,t) \, dt \Big|_{x=0}^{x=s}.$$

Der Term auf der rechten Seite in der letzten Zeile verschwindet nun wegen der Randbedingungen (12.63). Im verbleibenden Integral stehen nur quadratische Terme. Damit es verschwindet, muß also jeder Summand verschwinden, und wir erhalten

$$u_t(x,T) \equiv 0, \quad u_x(x,T) \equiv 0.$$

Hieraus schließen wir aber sofort, daß $u(x,t)$ eine konstante Funktion ist. Wegen der homogenen Anfangsbedingung für diese Differenzlösung folgt damit

$$u(x,t) \equiv 0,$$

also ergibt sich unsere gesuchte Einzigkeit

$$u_1(x,t) = u_2(x,t) \quad \text{für alle } (x,t) \text{ mit } 0 < x < s, 0 < t.$$

□

Nun zur Existenz! Der freundliche Leser wird hoffentlich nicht unfreundlich, wenn wir ihn daran erinnern, wie wir die Existenz bei der Wärmeleitungsgleichung nachzuweisen versuchten. Das war ziemlich nervig und gar nicht lustig. Leider führt ein solcher Nachweis hier bei der Wellengleichung zu ähnlichen Konflikten. Um nun den Leser nicht endgültig zu verprellen, wollen wir daher auf den allgemeinen Weg verzichten und uns lediglich an einem ziemlich einfachen Beispiel das Prinzip klarmachen. Das gleiche Beispiel können wir dann anschließend numerisch behandeln und Theorie und Praxis miteinander vergleichen. Das wird uns wieder aufmuntern.

Beispiel 12.34 *Wir betrachten folgendes Anfangs–Randwert–Problem der Wellengleichung:*

$$\begin{array}{lll} u_{tt}(x,t) = 4u_{xx}(x,t) & 0 < x < 1,\ t > 0 & \text{Wellengleichung} \\ u(x,0) = \sin 2\pi x & 0 < x < 1 & \text{1. Anfangsbedingung} \\ u_t(x,0) = 0 & 0 < x < 1 & \text{2. Anfangsbedingung} \\ u(0,t) = u(1,t) = 0 & t > 0 & \text{Randbedingungen} \end{array}$$

Das, was uns das Leben erheblich erleichtert, sind die homogenen Randbedingungen und die zweite homogene Anfangsbedingung. Lediglich die erste Anfangsbedingung sei nichthomogen. Außerdem haben wir nur eine Raumdimension vorgegeben.

Unser berühmter Produktansatz schlägt nun wieder gnadenlos zu:

$$\text{Ansatz nach Bernoulli:} \quad u(x,t) = X(x) \cdot T(t)$$

Wir hoffen, wie dürfen das alles jetzt kurz zusammenfassen, denn die Überlegungen bleiben sehr ähnlich zu denen bei elliptischen und parabolischen Gleichungen.

Durch Einsetzen in die Differentialgleichung erhält man zwei gewöhnliche Differentialgleichungen

$$T''(t) - \lambda T(t) = 0, \qquad X''(x) - \lambda X(x) = 0.$$

Wir betrachten zunächst die zweite dieser Gleichungen. Aus den Randbedingungen erhalten wir

$$X(0) = 0, X(1) = 0.$$

Damit haben wir eine gewöhnliche Randwertaufgabe für $X(x)$

$$X''(x) - \lambda X(x) = 0 \quad \text{mit } X(0) = X(1) = 0,$$

worin λ ein freier Parameter ist. Wir suchen nun nach Werten von λ, für die diese Randwertaufgabe nichttriviale Lösungen besitzt. Dies ist eine sog. Eigenwertaufgabe.

Mit denselben Fallunterscheidungen wie früher ergibt sich, daß nur für $\lambda < 0$ solche nichttrivialen Lösungen auftreten. Nach dem Umweg über die komplexen Zahlen erhalten wir als allgemeine Lösung

$$X(x) = a_1 \cos\left(\frac{\sqrt{-\lambda}}{2}x\right) + a_2 \sin\left(\frac{\sqrt{-\lambda}}{2}x\right).$$

12.4 Die Wellengleichung

Die erste Randbedingung $X(0) = 0$ liefert sofort $a_1 = 0$. Die zweite Randbedingung $X(1) = 0$ führt aber so wie früher zu speziellen λ–Werten, für die es nichttriviale Lösungen gibt:
$$\sqrt{-\lambda} = 2k\pi \Longrightarrow \lambda = -4k^2\pi^2 \qquad \text{für } k = 1, 2, \ldots$$

Damit erhalten wir für jede natürliche Zahl $k = 1, 2, \ldots$ eine Lösung
$$X_k(x) = a_2 \sin(k\pi x)$$
mit einer willkürlichen Konstanten a_2.

Dieselben Werte für λ galten nun auch für die erste Differentialgleichung in t. Sie lautet daher
$$T''(t) + 4k^2\pi^2 T(t) = 0.$$

Die charakteristische Gleichung liefert wiederum nur komplexe Lösungen:
$$\kappa = \pm 2k\pi i.$$

Das führt auf die allgemeine Lösung
$$T(t) = b_1 \cos(2k\pi t) + b_2 \sin(2k\pi t)$$
für jede natürliche Zahl $k = 1, 2, 3, \ldots$

Beide Ergebnisse setzen wir zusammen und wissen nun, daß für jede natürliche Zahl $k = 1, 2, \ldots$ die Funktion
$$u_k(x, t) = [a_k \cos(2k\pi t) + b_k \sin(2k\pi t)] \sin(k\pi x)$$
Lösung unserer Wellengleichung ist, die auch den homogenen Randbedingungen genügt.

Nun müssen wir diese Lösung noch den Anfangsbedingungen anpassen. Dazu nehmen wir nach altem Muster nicht eine der obigen Lösungen, sondern bilden eine Summe aus ihnen, die hier wegen der einfachen Anfangsfunktion aus endlich vielen dieser Lösungen bestehen kann:
$$u(x, t) = \sum_{k=1}^{n} [a_k \cos 2k\pi t + b_k \sin 2k\pi t] \sin k\pi x.$$

Mit der ersten Anfangsbedingung folgt
$$u(x, 0) = \sum_{k=1}^{n} [a_k \cos 2k\pi 0 + b_k \sin 2k\pi 0] \sin k\pi x = \sum_{k=1}^{n} a_k \sin k\pi x$$
$$= \sin 2\pi x$$

Das bedeutet $a_2 = 1$, $a_1 = a_3 = a_4 = \cdots = a_n = 0$. Die zweite Anfangsbedingung wird uns die noch unbekannten Koeffizienten b_k liefern.
$$u_t(x, t) = \sum_{k=1}^{n} 2k\pi [a_k \cos 2k\pi t + b_k \sin 2k\pi t] \sin k\pi x.$$

Also folgt

$$u_t(x,0) = \sum_{k=1}^{n} 2k\pi[a_k \cos 2k\pi 0 + b_k \sin 2k\pi 0] \sin k\pi x$$
$$= \sum_{k=1}^{n} 2k\pi b_k \sin k\pi x = 0$$

Das geht natürlich nur für $b_k = 0$ für $k = 1, \ldots, n$.

Das ergibt nun insgesamt unsere gesuchte Lösung der Anfangsrandwertaufgabe:

$$u(x,t) = K \cdot \cos 4\pi t \cdot \sin 2\pi x, \tag{12.65}$$

wobei wir mit K eine beliebige Konstante bezeichnen.

12.4.4 Numerische Lösung mit dem Differenzenverfahren

Unser Vorgehen hier ähnelt sehr stark dem Verfahren bei parabolischen Gleichungen, wie wir es im Abschnitt 12.3.3 geschildert haben. Wieder ersetzen wir zur Berechnung einer Näherungslösung die Differentialquotienten durch geeignete Differenzenquotienten. Betrachten wir nochmal das Beispiel 12.34:

Beispiel 12.35 *Gegeben sei das Anfangs–Randwert–Problem der Wellengleichung:*

$$\begin{array}{llll} u_{tt}(x,t) = 4u_{xx}(x,t) & 0 < x < 1,\ t > 0 & \textit{Wellengleichung} \\ u(x,0) = f(x) = \sin 2\pi x & 0 < x < 1 & \textit{1. Anfangsbedingung} \\ u_t(x,0) = g(x) = 0 & 0 < x < 1 & \textit{2. Anfangsbedingung} \\ u(0,t) = u(1,t) = 0 & t > 0 & \textit{Randbedingungen} \end{array} \tag{12.66}$$

Zur Diskretisierung der Differentialgleichung unterteilen wir die Zeit in kleine Zeitschritte der Größe $k > 0$ und den Raum, also hier die x–Achse in kleine Ortsschritte der Länge $h > 0$.

Zuerst benutzen wir sowohl für die Zeitableitung als auch für die Ortsableitung jeweils den zentralen Differenzenquotienten an der Stelle $u_{i,j}$, wobei wir wieder wie oben mit $u_{i,j}$ die Näherung an unsere gesuchte Lösung an der Stelle (x_i, t_j) bezeichnen, also setzen

$$u_{ij} \approx u(x_i, t_j),$$

und erhalten die Gleichung

$$\frac{u_{i,j+1} - 2u_{i,j} + u_{i,j-1}}{k^2} = 4 \cdot \frac{u_{i+1,j} - 2u_{i,j} + u_{i-1,j}}{h^2}, \tag{12.67}$$

für $i = 1, 2, \ldots, n-1$ und $j = 1, 2, \ldots$.

Nun kommt das Charakteristikum der Wellengleichung voll zum Tragen. Da in der Differentialgleichung die zweite Ableitung nach der Zeit vorkommt, mußten wir den

12.4 Die Wellengleichung

zweiten Differenzenquotienten verwenden. In obiger Gleichung stehen damit Werte im Zeitschritt $j-1$, im Zeitschritt j und im Zeitschritt $j+1$. Unsere 1. Anfangsbedingung in (12.66) liefert uns die Werte im Zeitschritt $j=0$. Wir brauchen jetzt also noch Werte im Zeitschritt $j=1$, um dann mit dieser Gleichung die Werte im Zeitschritt $j=2,3,\ldots$ berechnen zu können. Woher nehmen, wenn nicht stehlen?

Mister Brooke Taylor[7], der im selben Jahr wie J. S. Bach geboren wurde, weist uns mit seiner Reihenentwicklung den Weg. Dazu müssen wir allerdings voraussetzen, daß die Funktion f der ersten Anfangsbedingung zweimal stetig differenzierbar ist. Dann halten wir die Stelle x_n fest und entwickeln die Lösung $u(x,t)$ an der Stelle (x_n, t_1) nur bezüglich der Zeitvariablen um den Zeitpunkt $t_0 = 0$ in eine Taylorreihe:

$$u(x_n, t_1) = u(x_n, 0) + k \cdot u_t(x_n, 0) + \frac{k^2}{2} \cdot u_{tt}(x_n, 0) + \mathcal{O}(k^3).$$

Jetzt bringen wir unsere Differentialgleichung ins Spiel

$$= u(x_n, 0) + k \cdot g(x_n) + \frac{k^2}{2} \cdot 4 u_{xx}(x_n, 0) + \mathcal{O}(k^3).$$

Hier setzen wir die erste Anfangsbedingung ein:

$$= u(x_n, 0) + k \cdot g(x_n) + \frac{k^2}{2} \cdot 4 f''(x_n) + \mathcal{O}(k^3).$$

Die zweite Ableitung approximieren wir jetzt mit dem zweiten zentralen Differenzenquotienten:

$$= u(x_n, 0) + k \cdot g(x_n) + \frac{k^2}{2h^2} \cdot 4[f(x_{n-1} - 2f(x_n) + f(x_{n+1})] + \mathcal{O}(k^2 h^2 + k^3).$$

Diese Gleichung benutzen wir nun zur Berechnung von u_{n1}:

$$u_{n1} = u_{n0} + k \cdot g(x_n) + \frac{k^2}{2h^2} \cdot 4[f(x_{n-1} - 2f(x_n) + f(x_{n+1})] + \mathcal{O}(k^2 h^2 + k^3).$$

Damit kennen wir aus der ersten Anfangsbedingung die Werte zum Zeitpunkt $t_0 = 0$, aus obiger Gleichung Näherungswerte zum Zeitpunkt $t_1 = k$. Und so haben wir alles beisammen, um mit der Gleichung (12.67) die Werte im Zeitschritt $t_2 = 2k$, dann die im Zeitschritt $t = 3k$ usw. auszurechnen, und fahren solange fort, bis wir bei einem verabredeten Zeitpunkt ankommen. Wieder hilft uns unser Computer.

Wir wählen eine Ortsdiskretisierung $h = 0.05$, indem wir 20 Ortsschritte vorgeben. Als Zeitintervall nehmen wir $[0,1]$. Die Zeitdiskretisierung verändern wir von $k = 0.01$ zu $k = 0.025$ und schließlich zu $k = 0.027$. Dadurch ergeben sich 100 bzw. 40 bzw 37 Zeitschritte. Man möchte meinen, daß der Unterschied von 40 zu 37 doch überhaupt

---
[7]Taylor, B. (1685 - 1731)

nichts bedeutet. Aber wehe, wenn ich auf das Ende sehe. Unsere mit dem Computer berechneten Näherungen vergleichen wir mit den Werten der exakten Lösung (12.65):

Explizite Methode für die Wellengleichung

Ort	Näherung 100 Zeitschritte	Näherung 40 Zeitschritte	Näherung 37 Zeitschritte	exakt
0.0	0.000000	0.000000	0.00	0.000000
0.1	0.587230	0.587786	−9497.27	0.587787
0.2	0.950161	0.951057	−20895.21	0.951056
0.3	0.950159	0.951056	−35143.76	0.951056
0.4	0.587228	0.587783	−51419.44	0.587787
0.5	−0.000004	−0.000003	−66739.52	0.000000
0.6	−0.587234	−0.587789	−76429.15	−0.587787
0.7	−0.950162	−0.951058	−75620.63	−0.951056
0.8	−0.950156	−0.951055	−61384.83	−0.951056
0.9	−0.587227	−0.587780	−34527.61	−0.587787
1.0	0.000000	0.000000	0.00	0.000000

Das sieht ja zunächst bei 100 Zeitschritten und dann bei 40 Zeitschritten ganz manierlich aus. Aber der Unterschied von 40 Zeitschritten zu nur noch 37 ist doch wahrlich gering. Und dann solch ein desolates Ergebnis.

Die Erklärung bringt folgender Satz:

Satz 12.36 *Ist die Lösung unserer Anfangs–Randwert–Aufgabe (12.66) viermal stetig differenzierbar, so hat die explizite Methode (12.67) einen lokalen Diskretisierungsfehler*

$$\mathcal{O}(k^2 + h^2). \tag{12.68}$$

Sie ist stabil genau dann, wenn gilt

$$a^2 \cdot k^2 \leq h^2. \tag{12.69}$$

In unserem Beispiel war $a^2 = 4$ gewählt. Die Bedingung (12.69) vereinfacht sich dann hier zu

$$\text{Stabilität} \iff k \leq \frac{h}{2}.$$

Wir haben für das Ortsintervall $[0, 1]$ in allen drei Durchrechnungen $n = 20$ und damit $h = 0.05$ fest gewählt. 100 Zeitschritte für ein Zeitintervall $[0, 1]$ bedeutet $k = 0.01$. Hier ist die Bedingung erfüllt.

Bei 40 Zeitschritten wird es schon knapp wegen $k = 0.025$.

Wenn jetzt aber das kleine Sparschwein noch um drei Zeitschritte pokern will, verliert er alles. Hier ist $k = 0.027$ und damit größer als $h/2 = 0.025$. Das Ergebnis ist völlig unbrauchbar.

Wegen dieses chaotischen Verhaltens liegt es nahe, auch hier wie bei der Wärmeleitung nach einer impliziten Methode zu suchen, die dann stabil ist. Das machen wir folgendermaßen:

12.4 Die Wellengleichung

Wir ersetzen die zweite zeitliche Ableitung wie oben durch den zentralen zweiten Differenzenquotienten bei $u_{i,j}$. Als Ersatz für die zweite räumliche Ableitung verwenden wir eine Mittelung zwischen dem zweiten Differenzenquotienten bei $u_{i,j+1}$ und dem bei $u_{i,j-1}$:

$$\frac{u_{i,j+1} - 2u_{i,j} + u_{i,j-1}}{k^2} = \frac{4}{h^2} \cdot \left[\frac{[u_{i+1,j+1} - 2u_{i,j+1} + u_{i-1,j+1}]}{2} + \frac{[u_{i+1,j-1} - 2u_{i,j-1} + u_{i-1,j-1}]}{2} \right]$$

für $i = 1, 2, \ldots, n-1$ und $j = 1, 2, \ldots$ Diese Mittelung hat so etwas mehr Symmetriecharakter bezüglich des Punktes $u_{i,j}$. Weil hier die unbekannten Werte im Zeitschritt $j+1$ links und rechts auftreten, ist es wieder eine **implizite Methode**. Wir multiplizieren mit $2k^2$ und lösen folgendermaßen auf:

$$-\frac{4k^2}{h^2} u_{i-1,j+1} + \left(2 + \frac{8k^2}{h^2}\right) u_{i,j+1} - \frac{4k^2}{h^2} u_{i+1,j+1} =$$
$$= 4u_{i,j} - 2u_{i,j-1} + \frac{4k^2}{h^2} \left(u_{i+1,j-1} - 2u_{i,j-1} + u_{i-1,j-1}\right).$$

Hier schaut uns wieder ein tridiagonales lineares Gleichungssystem an, das wir mit Hilfe des Rechners lösen und mit der exakten Lösung aus (12.65) vergleichen können:

Implizite Methode für die Wellengleichung

Ort	Näherung 100 Zeitschritte	Näherung 40 Zeitschritte	Näherung 37 Zeitschritte	exakt
0.0	0.000000	0.000000	0.000000	0.000000
0.1	0.585313	0.563007	0.553871	0.587787
0.2	0.947057	0.910966	0.896179	0.951056
0.3	0.947055	0.910963	0.896177	0.951056
0.4	0.585313	0.563003	0.553865	0.587787
0.5	−0.000001	−0.000002	−0.000002	0.000000
0.6	−0.585316	−0.563008	−0.553871	−0.587787
0.7	−0.947055	−0.910965	−0.896179	−0.951056
0.8	−0.947053	−0.910965	−0.896181	−0.951056
0.9	−0.585311	−0.563008	−0.553870	−0.587787
1.0	0.000000	0.000000	0.000000	0.000000

Hier wird das Ergebnis zwar bei Vergrößerung der Zeitschrittweite deutlich schlechter, aber ein totales Ausflippen der Werte wie beim expliziten Vorgehen tritt nicht auf.

Satz 12.37 *Ist die Lösung unserer Anfangs–Randwert–Aufgabe (12.66) viermal stetig differenzierbar, so hat die implizite Methode (12.70) einen lokalen Diskretisierungsfehler*

$$\mathcal{O}(k^2 + h^2).$$

Sie ist ohne Einschränkung stabil.

Da haben wir also ganz analog zu unserer Erfahrung bei der Wärmeleitung Stabilitätsverlust bei der expliziten Vorgehensweise, wogegen die implizite Methode keine solchen Probleme macht. Dafür muß man bei ihr ja auch ein Gleichungssystem lösen.

Literaturverzeichnis

[1] Burg, K.; Haf, H.; Wille, F.: *Höhere Mathematik für Ingenieure, I – IV*
    Teubner, Stuttgart, 1985/1987

[2] Dirschmidt, H.J.: *Mathematische Grundlagen der Elektrotechnik*
    Vieweg, Braunschweig, 1987

[3] Engeln-Müllges, G.; Reutter, F.: *Num. Mathematik für Ingenieure*
    BI, Mannheim, 1978

[4] Feldmann, D.: *Repetitorium der Ingenieurmathematik*
    Binomi Verlag, Springe, 1988

[5] Haase, H, Garbe, H.: *Elektrotechnik*
    Springer-Verlag Berlin, u.a., 1998

[6] Hämmerlin, G.; Hoffmann, K.-H.: *Numerische Mathematik*
    Springer, Berlin u.a., 1989

[7] Hermann, M.: *Numerische Mathematik*
    Oldenbourg Wissenschaftsverlag, München, 2001

[8] Herrmann, N.: *Höhere Mathematik für Ingenieure, Aufgabensammlung*
    Bd. I und II, Oldenbourg Wissenschaftsverlag, München, 1995

[9] Maess, G.: *Vorlesungen über numerische Mathematik I, II*
    Birkhäuser, Basel u.a., 1985/88

[10] Meyberg, K., Vachenauer, P.: *Höhere Mathematik*
     Band 1 und 2, Springer–Verlag, Berlin et al., 1990

[11] Papula, L.: *Mathematik für Ingenieure und Naturwissenschaftler*
     Vieweg Verlag, Braunschweig et.al., 2001

[12] Schaback, R., Werner, H.: *Numerische Mathematik*
     Springer–Verlag, Berlin et al., 1993

[13] Schmeißer, G.; Schirmeier, H.: *Praktische Mathematik*
     W. de Gruyter-Verlag, Berlin u.a., 1976

[14] Schwarz, H. R.: *Numerische Mathematik*
     Teubner, Stuttgart, 1988

[15] Schwetlick, H.; Kretschmar, H.: *Numerische Verfahren für Naturwissenschaftler und Ingenieure*
     Fachbuchverlag, Leipzig, 1991

[16] Törnig, W.; Spellucci, P.: *Numerische Mathematik für Ingenieure und Phys. I, II*
     Springer–Verlag, Berlin u.a., 1990

[17] Törnig, W.; Gipser, M.; Kaspar, B.: *Numerische Lösung von partiellen Differentialgleichungen der Technik*
Teubner, Stuttgart, 1985

[18] Werner, H.; Arndt, H.: *Gewöhnliche Differentialgleichungen*
Springer–Verlag, Berlin u.a., 1986

[19] Wörle, H.; Rumpf, H.-J.: *Ingenieur–Mathematik in Beispielen I, II, III*
Oldenbourg Verlag, München, 1986

Index

Abbildung
    kontrahierende, 232
Ableitung bei Distributionen, 308
Abschneide–Funktion, 193
Adams–Bashforth
    Formeln von, 378
Adams–Moulton
    Formel von, 379
ähnliche Matrizen, 89
Äquivalenz
    Fixpunkt- und Nullstellensuche, 231
Äquivalenzsatz von Lax, 381
Algorithmus von Neville–Aitken, 171
allgemeinste PDGl., 441
allgemeinste PDGl. 2. Ordnung, 441
Alternativsatz für lin. Gleich.–Systeme, 2
Anfangs-Randwert-Problem, 449
Anfangsbedingung, 449
Anfangsbedingungen, 328
Anfangswertaufgabe, 328
Ansatz für Galerkin–Verfahren, 400
Ansatz für Kollokation, 391
Ansatz für Kollokationsverfahren, 390
Apfelmännchen, 250
a posteriori Fehlerabschätzung, 235
a priori Fehlerabschätzung, 235
Ausgleichpolynom, 59
autonomes System, 356
AWA, 328

B–Splines, 194
Bairstow
    Verfahren von, 244
Banachscher Fixpunktsatz, 233
    für Systeme, 248
Bandmatrix, 416
Basislösung, 147
Basisvariable, 147

Bernoulli–Ansatz, 457, 463, 475, 492
Brachystochrone, 424
Butcher–Diagramm, 346

Cauchy–Folge, 404
Cauchy–Problem
    Wellengleichung, 488
Cauchy-Daten, 449
Céa
    Lemma von, 421
cg–Verfahren, 70
charakteristisches Polynom, 87
Cholesky–Zerlegung, 64
    Lösung mittels, 69
Crank–Nicolson–Methode, 485
$\mathcal{C}(a, b)$, 407

Daten, 30
Defekt, 192
Defekt bei Kollokation, 391
Defektfunktion, 380
degenerierter Eckpunkt, 145
Delta–Distribution, 302
diagonalähnlich, 89
Dido
    Problem der, 423
Difeenzenquotient, 167
Differentialgleichung
    gewöhnliche, 325
Differenzenmethode, finite, 393
Differenzenquotienten, 168, 395, 465
Differenzenverfahren
    Wellengleichung, 494
Dimension
    Hermite Splines, 184
    kubische Splines, 192
    lineare Splines, 179
Dirac–Maß, 302
Dirichlet–Problem
    Einzigkeit, 455

Dirichlet–Problem für die Poissongleichung
    Einzigkeit, 456
Dirichlet–Randbedingungen, 447
Dirichletsche Randwertaufgabe, 452
disjunkte Mengen, 92
Distribution, 300
    Ableitung, 308
    Faltung, 312
    Limes bei, 304
    reguläre, 301
    singuläre, 303
dyadisches Produkt, 99

Eckpunkt, 145
    degenerierter, 145
    entartet, 145
Eigenvektor, 86
Eigenvektoraufgabe, 86
Eigenwert, 86
    Vielfachheit, 87
Eigenwertaufgabe, 86
Eigenwerte
    Berechnung, 88
eimplizite k–Schritt–Verfahren, 372
Einbettungsansatz, 427
Einschritt–Verfahren, 337
1–Norm, 20
Einzelschrittverfahren, 75
elliptisch, 446
entarteter Eckpunkt, 145
euklidische Norm, 20
Euler–Methode
    explizite, 483
    implizite, 484
Euler–Polygonzug–Verfahren, 338
Euler–Verfahren
    implizites, 341
    verbessertes, 340
Eulersche Differentialgleichung
    Variationsrechnung, 429
Exaktheitsgrad einer Quadraturformel, 204
Existenz und Einzigkeit
    global, 331
    lokal, 336
Existenz und Einzigkeit bei RWA, 387

Existenzsatz für AWA, 330
Explizite Euler–Methode, 483
explizite k–Schritt–Verfahren, 372
Extremalen, 429

f. ü., 268
Faber
    Satz von, 178
Faltung bei Distributionen, 312
Faltung von Distributionen
    Rechenregeln, 314
Faßregel, 207
fast überall, 268
FDM, 392, 393
Fehlerabschätzung
    a posteriori, 235
    a priori, 235
FEM, 415, 417
    Fehlerabschätzung, 422
FFT, 290
Finite Differenzenmethode, 392
finite Differenzenmethode, 393
Finite Elemente, 415
    Algorithmus, 417
Fixpunkt, 231
Fixpunktaufgabe, 231
Fixpunktsatz
    Banachscher, 233
    Banachscher für Systeme, 248
Fixpunktverfahren, 232–238
    für Systeme, 247
Fréchet–Ableitung, 248
Frobenius–Norm, 22
Frobeniusmatrix, 11
Fünf–Punkte–Stern, 467
Fundamentallemma
    Variationsrechnung, 428
Funktion
    stückweise stetig, 258
Funktional
    lineares stetiges, 298
Funktionalmatrix, 248

Galerkin–Verfahren
    schwache Form, 414
Gateaux–Ableitung, 425
Gaußsche Quadraturformeln

Exaktheitsgrad, 220
   Restglied, 220
Gaußsche Normalgleichungen, 57
Gaußsche Quadraturformeln
   G_3, 217
   Gewichte, 220
   Stützstellen und Gewichte, 226
gemischte Randbedingungen, 448
Gesamtschrittverfahren, 75
gewöhnliche Differentialgleichung, 325
Gewicht
   des Funfpunktesterns, 467
Gewichte einer Quadraturformel, 203
Gleichgewichtspunkt, 355
Grundfunktion, 426

Hauptabschnittsdeterminante, 5
Hauptminor, 5
Hauptteil, 441
Hauptunterdeterminante, 5
Heaviside–Funktion, 259
Hermite–Interpolation, 175
Hermite–Splines, 184
hermitesch, 3
Hermitesche Interpolation, 174
   Existenz und Einzigkeit, 174
Hessenberg–Form, 96
heteronomes System, 357
Hilbertmatrix, 26
Homogenisierung
   Randbedingungen, 386
Householder
   Verfahren von, 100
Hyman
   Verfahren von, 108
hyperbolisch, 446

implizite Euler–Methode, 484
implizites Euler–Verfahren, 341
indefinite Matrix, 6
inneres Produkt bei stetigen Funktionen, 403
instabil, 355
Interpolation
   Hermite, 174, 175
Interpolation mit kubischen Splines
   Ansatz, 196

Interpolationspolynom
   Lagrange, 165
inverse Iteration, 134
inverse Matrix
   L–R–Zerlegung, 47

Jacobi–Rotation, 121
Jacobi–Rotationsmatrix, 120
Jacobi–Verfahren
   zyklisch, 125
j–te schwache Ableitung, 408

Kardinalsplines, 193
Keplerregel, 207
Kleinste–Quadrate–Lösung, 59
Knotennummerierung, 466
Koeffizientenmatrix des Hauptteils, 442
Kollokationsstellen, 390, 391
Kollokationsverfahren, 391
Kondition, 25
   Hilbert–Matrizen, 27
konjugiert, 70
konjugierte Gradienten, 70
Konsistenz, 351
   Mehrschritt–Verfahren, 374
Konsistenz für Mehrschritt–Verfahren
   hinreichende Bedingung, 375
Konsistenzordnung, 351
Konsistenzordnung für Mehrschritt–Verfahren, 374
kontrahierende Abbildung, 232
Kontraktion
   hinreichende Bedingung, 233
   hinreichende Bedingung für Systeme, 249
Konvergenz
   Differenzenverfahren, 470
   Näherungsverfahren für AWA, 369
Konvergenz der FDM, 398
Konvergenz des SOR–Verfahrens, 83
Konvergenzordnung, 238, 369
   des Newton–Verfahrens, 239
   des Sekanten–Verfahrens, 243
   linear, 238
   quadratisch, 238
Konvergenzsatz
   Einschrittverfahren, 370

korrekt gestellt, 450
Kroneckersymbol, 165
Krümmung, 201
k–Schritt–Verfahren
  lineare, 372
kubische Spline–Funktionen
  Algorithmus, 197
kubische Splines, 192
kürzeste Verbindung, 423

L–R–Zerlegung, 36
  Durchführung, 36
  Lösung mittels, 45
Lösung
  zulässige, 145
Lagrange–Grundpolynome, 165
Lagrangesches Interpolationspolynom, 165
Laplace–Gleichung, 443
Laplace–Operator, 466
  Polarkoordinaten, 453
Legendre–Polynome, 218
  normierte, 218
  Orthogonalität, 219
$L_1^{loc}(\mathbb{R})$, 300
Lemma von Céa, 421
lineare Spline–Funktionen
  Konstruktion, 181, 188
lineare Splines, 178
lineares Gleichungssystem, 1
Linearform
  stetige, 298
Lipschitz–Bedingung, 330
  hinreichende Bedingung, 331
Lipschitz–Bedingung für Systeme, 330
  hinreichnede Bedingung, 331
lokaler Diskretisierungsfehler, 351

Mandelbrotmenge, 250
Marcinkiewicz
  Satz von, 178
Matrix
  ähnlich, 89
  diagonalähnlich, 89
  Frobenius–, 11
  hermitesch, 3
  Hessenberg–Form, 96
  indefinit, 6

negativ definit, 6
negativ definite, 18
orthogonal, 8
Permutations–, 10
positiv definit, 4
positiv definite, 18
positiv semidefinit, 4
positiv semidefinite, 18
reduzibel, 15
schiefsymmetrisch, 120
schwach zeilendiagonaldominant, 13
stark zeilendiagonaldominant, 13
symmetrisch, 3
Transpositions–, 10
zerfallend, 15
Matrixnorm, 22
Maximumnorm, 20
Maximumprinzip, 454
  Wärmeleitung, 472
Membranschwingung, 442
Milne–Simpson–Verfahren, 375
Mittelpunktregel, 209

natürliche Spline–Funktion, 196
Nebenbedingungen, 138
negativ definite Matrix, 6
negativ definite Matrix, 18
Neumann–Randbedingungen, 448
Neumannsche Randwertaufgabe, 462
Neville–Aitken
  Algorithmus von, 171
Newton–Verfahren, 238–241
  für Systeme, 250–251
  modifiziertes, 252–254
  vereinfachtes, 251–252
Nichtbasisvariable, 147
nichtlineare Gleichungen, 231
  System, 247
Nitsche–Trick, 422
Norm, 19
  1–Norm, 20
  euklidische, 20
  Frobenius–, 22
  Maximum–, 20
  Schur–, 22
  Spaltensummen–, 22
  Spektral, 22

Zeilensummen–, 22
Norm bei stetigen Funktionen, 403
Norm einer Matrix, 22
Norm im Sobolev–Raum, 406
Normalenvektor, 448
Normalgleichungen
    Gaußsche, 57
Normierung, 216
Nullstellensuche, 231
Nullvariable, 147

ONB, 3
Optimierungsaufgabe, 143
    lineare, 144
Ordnung
    Differentialgleichung, 325
Ordnung einer Quadraturformel, 204
orthogonal, 8
Orthonormalbasis, 3

parabolisch, 446
Permutationsmatrix, 10
Picard–Iteration, 333
Pivotelement, 152
p–Norm, 19
Poisson–Gleichung, 443
Polarkoordinaten, 453
Polygonzug–Verfahren von Euler, 338
Polynominterpolation
    Konvergenzsatz, 178
positiv definit, 4, 18
positiv semidefinit, 4, 18
Prädiktor–Korrektor–Verfahren, 382
Produkt Funktion mit Distribution, 306
Produktansatz, 475
Produktansatz nach Bernoulli, 457, 463, 492

Q–R–Schritt, 115
Q–R–Verfahren, 114
Q–R–Verfahren von Francis, 111
Q–R–Zerlegung, 50
Quadraturformel, 203
    Exaktheitsgrad, 204
    Gewichte, 203
    Ordnung, 204
    Restglied, 203

    summierte, 209
Quadratutformel
    Stützstellen, 203

Rückwärtsanalyse, 30
Randbedingung, 449
Randbedingungen, 386
Randwertaufgabe
    allgemeinste Form, 385
Rayleigh–Quotient, 129
Rayleigh–Quotienten–Verfahren, 131
Rayleigh–Shift, 114
Rechteckregel, 205
reduzible Matrix, 15
reguläre Distribution, 301
Relaxationsparameter
    optimaler, 82
Residuenvektor, 70
Richtungsableitung, 425
Ritzverfahren, 435
Runge–Kutta–Verfahren
    s-stufig, 346
Runge–Kuttta–Verfahren , 344

Saite
    schwingende, 442
Schlupfvariable, 144
Schnelle Fourier–Analyse (FFT), 290
Schrittweite, 392
Schur–Norm, 22
schwach zeilendiagonaldominant, 13
schwache Ableitung, 406
schwache Form, 402
schwache Form der RWA, 412
schwache Lösung, 412
schwaches Zeilensummenkriterium, 13
schwingende Saite, 442
Sekanten–Verfahren, 242–243
selbstadjungierte DGl, 399
Separationsansatz nach Bernoulli, 457, 463, 475, 492
Shift, 110, 114, 136
Simplex–Tableau, 149
Simplexverfahren , 150
singuläre Distribution, 303
Sobolev–Räume, 410
SOR–Verfahren, 81

Konvergenz, 83
Spaltenpivotisierung, 40, 41
Spaltensummennorm, 22
Spektralnorm, 22
Spektralradius, 24
Spiegelung, 85
Spline–Funktion
    Darstellungssatz, 193
    Extremaleigenschaft, 200
    natürliche, 196
Spline–Funktionen, 192
    Defekt, 192
Sprungfunktion
    schwache Ableitung, 408
stückweise stetig, 258
Stützstellen einer Quadraturformel, 203
stabil, 355
Stabilität
    implizites Euler–Verfahren, 366
Stabilität des Euler–Verfahrens, 365
Stabilität des Trapez–Verfahrens, 367
Stabilität für Mehrschritt–Verfahren, 380
Stabilitätsgebiet, 364
Standardaufgabe
    Variationsrechnung, 427
Standardform
    lineare Optimierung, 138
stark zeilendiagonaldominant, 13
starkes Zeilensummenkriterium, 13
stetige Linearform, 298
Stützstellen, 392
Sturm–Liouville–Randwertaufgabe, 435
symmetrisch, 3

Tableau
    Simplex–, 149
Tableauauswertung , 153
Tableaurechnung , 153
Taylor–Entwicklung
    Funktion zweier Variabler, 353
Teleskopsumme, 201
Testfunktion, 298, 406
Testproblem für Stabiität, 363
Träger einer Funktion, 407
Transformation, 216
Transpositionsmatrix, 10
Trapez–Verfahren , 342
Trapezregel, 206
    summierte, 211
Tricomigleichung, 443
Typeinteilung, 444

überbestimmtes Gleichungssystem, 63
Umwandlung DGl in System, 326

Variation der Konstanten
    bei Distibutionen, 315
Variationsrechnung, 423
verbessertes Euler–Verfahren, 340
Verfahren
    von Householder, 100
    von Hyman, 108
    von Jacobi, 121, 125
    von Wielandt, 134
    von Wilkinson, 97
Verfahren von Bairstow, 243–245
Verfahrensfunktion, 338
verträgliche Normen, 25
Verträglichkeit
    Matrixnorm – Vektornorm, 24
Vielfachheit eines Eigenwertes, 87
vollständig, 404
Volterra–Integralgleichung, 332
Von–Mises–Verfahren, 129
Vorwärtsanalyse, 27

Wärmeleitung
    ARWA, 479
    Einzigkeit, 473
    Stabilität, 473
Wärmeleitungsgleichung, 443, 472
Wellengleichung, 448, 486
    ARWA, 490
    Cauchy–Problem, 449, 488
    Differenzenverfahren, 494
    Differenzenverfahren, explizit, 494
    Differenzenverfahren, implizit, 497
Wielandt
    Verfahren von, 134
Wilkinson
    Verfahren von, 97
Wilkinson–Shift, 114
Wurmproblem, 424
Wurzelbedingung, 381

Index 507

Zeilensummenkriterium
    schwaches, 13
    starkes, 13
Zeilensummennorm, 22
zerfallende Matrix, 15
Zielfunktion, 138
zulässige Funktionen, 426
zulässige Lösung, 145
zulässiger Punkt, 145